U0298544

中国石油地质志

第二版·卷三

吉林油气区

吉林油气区编纂委员会　编

石油工业出版社

图书在版编目（CIP）数据

中国石油地质志 . 卷三，吉林油气区 / 吉林油气区
编纂委员会编 . —北京：石油工业出版社，2022.10
　　ISBN 978-7-5183-5177-0

　　Ⅰ . ① 中… Ⅱ . ① 吉… Ⅲ . ① 石油天然气地质 – 概况
– 中国 ② 油气田开发 – 概况 – 吉林 Ⅳ . ① P618.13
② TE3

中国版本图书馆 CIP 数据核字（2021）第 275096 号

责任编辑：常泽军　吴英敏　张　贺　潘玉全
责任校对：郭京平
封面设计：周　彦

审图号：GS 京（2022）0893 号

出版发行：石油工业出版社
　　　　　（北京安定门外安华里 2 区 1 号　　100011）
　　　　　网　　址：www. petropub. com
　　　　　编辑部：（010）64523825　图书营销中心：（010）64523633
经　　销：全国新华书店
印　　刷：北京中石油彩色印刷有限责任公司

2022 年 10 月第 1 版　　2022 年 10 月第 1 次印刷
787×1092 毫米　开本：1/16　印张：36
字数：970 千字

定价：375.00 元

ISBN 978-7-5183-5177-0

《中国石油地质志》

（第二版）

总编纂委员会

主　编：翟光明

副主编：侯启军　马永生　谢玉洪　焦方正　王香增

委　员：（按姓氏笔画排序）

万永平	万　欢	马新华	王玉华	王世洪	王国力
元　涛	支东明	田　军	代一丁	付锁堂	匡立春
吕新华	任来义	刘宝增	米立军	汤　林	孙焕泉
杨计海	李东海	李　阳	李战明	李俊军	李绪深
李鹭光	吴聿元	何文渊	何治亮	何海清	邹才能
宋明水	张卫国	张以明	张洪安	张道伟	陈建军
范土芝	易积正	金之钧	周心怀	周荔青	周家尧
孟卫工	赵文智	赵志魁	赵贤正	胡见义	胡素云
胡森清	施和生	徐长贵	徐旭辉	徐春春	郭旭升
陶士振	陶光辉	梁世君	董月霞	雷　平	窦立荣
蔡勋育	撒利明	薛永安			

《中国石油地质志》

第二版·卷三

吉林油气区编纂委员会

序

三十多年前，在广大石油地质工作者艰苦奋战、共同努力下，从中华人民共和国成立之前的"贫油国"，发展到可以生产超过 1 亿吨原油和几十亿立方米天然气的产油气大国，可以说是打了一个大大的"翻身仗"，获得丰硕成果，对我国油气资源有了更深的认识，广大石油职工充满无限信心、继续昂首前进。

在 1983 年全国油气勘探工作会议上，我和一些同志建议把过去三十年的勘探经历和成果做一系统总结，既可作为前一阶段勘探的历史记载，又可作为以后勘探工作的指引或经验借鉴。1985 年我到石油勘探开发科学研究院工作后，便开始组织编写《中国石油地质志》，当时材料分散、人员不足、资金缺乏，在这种困难的条件下，石油系统的很多勘探工作者投入了极大的热情，先后有五百余名油气勘探专家学者参与编写工作，历经十余年，陆续出版齐全，共十六卷 20 册。这是首次对中华人民共和国成立后石油勘探历程、勘探成果和实践经验的全面总结，也是重要的基础性史料和科技著作，得到业界广大读者的认可和引用，在油气地质勘探开发领域发挥了巨大的作用。我在油田现场调研过程中遇到很多青年同志，了解到他们在刚走出校门进入油田现场、研究部门或管理岗位时，都会有摸不着头脑的感觉，他们说《中国石油地质志》给予了很大的启迪和帮助，经常翻阅和参考。

又一个三十年过去了，面对国内极其复杂的地质条件，这三十年可以说是在过去的基础上，勘探工作又有了巨大的进步，相继开展的几轮油气资源评价，对中国油气资源实情有了更深刻的认识。无论是在烃源岩、油气储层、沉积岩序列、构造演化以及一系列随着时间推移的各种演化作用带来的复杂地质问题，还是在石油地质理论、勘探领域、勘探认识、勘探技术等方面都取得了许多新进展，不断发现新的油气区，探明的油气田数量逐渐增多、油气储量大幅增加，油气产量提升到一个新台阶。截至 2020 年底（与 1988 年相比），发现的油田由 332 个增至 773 个，气田由 102 个增至 286 个；30 年来累计探明石油地质储量增加 284 亿吨、天然气地质储量增加 17.73 万亿立方米；原油年产量由 1.37 亿吨增至 1.95 亿吨，天然气年产量由 139 亿立方米增至 1888 亿立方米。

油气勘探发现的过程既有成功时的喜悦，更有勘探失利带来的煎熬，其间积累的经验和教训是宝贵的、值得借鉴的。《中国石油地质志》不仅仅是一套学术著作，它既有对中国各大区地质史、构造史、油气发生史等方面的详尽阐述，又有对油气田发现历程的客观分析和判断；它既是各探区勘探理论、勘探经验、勘探技术的又一次系统回顾和总结，又是各探区下一步勘探领域和方向的指引。因此，本次修编的《中国石油地质志》对今后的油气勘探工作具有新的启迪和指导。

在编写首版《中国石油地质志》过程中，经过对各盆地、各地区勘探现状、潜力和领域的系统梳理，催生了"科学探索井"的想法，并在原石油工业部有关领导的支持下实施，取得了一批勘探新突破和成果。本次修编，其指导思想就是通过总结中国油气勘探的"第二个三十年"，全面梳理现阶段中国各油气区的现状和前景，旨在提出一批新的勘探领域和突破方向。所以，在 2016 年初本版编委会尚未完全成立之时，我就在中国工程院能源与矿业工程学部申请设立了"中国大型油气田勘探的有利领域和方向"咨询研究项目，全国有 32 个地区石油公司参与了研究实施，该项目引领各油气区在编写《中国石油地质志》过程中突出未来勘探潜力分析，指引了勘探方向，因此，在本次修编章节安排上，专门增加了"资源潜力与勘探方向"一章内容的编写。

本次修编本着实事求是的原则，在继承原版经典的基础上，基本框架延续原版章节脉络，体现学术性、承续性、创新性和指导性，着重充实近三十年来的勘探发展成果。《中国石油地质志》修编版分卷设置，较前一版进行了拆分和扩充，共 25 卷 32 册。补充了冀东油气区、华北油气区（下册·二连盆地）两个新卷，将原卷二"大庆、吉林油田"拆分为大庆油气区和吉林油气区两卷；将原卷七"中原、南阳油田"拆分为中原油气区和南阳油气区两卷；将原卷十四"青藏油气区"拆分为柴达木油气区和西藏探区两卷；将原卷十五"新疆油气区"拆分为塔里木油气区、准噶尔油气区和吐哈油气区三卷；将原卷十六"沿海大陆架及毗邻海域油气区"拆分为渤海油气区、东海—黄海探区、南海油气区三卷。另外，由于中国台湾地区资料有限，故本次修编不单独设卷，望以后修编再行补充和完善。

此外，自 1998 年原中国石油天然气总公司改组为中国石油天然气集团公司、中国石油化工集团公司和中国海洋石油总公司后，上游勘探部署明确以矿权为界，工作范围和内容发生了很大变化，尤其是陆上塔里木、准噶尔、四川、鄂尔多斯等四大盆地以及滇黔桂探区均呈现中国石油、中国石化在各自矿权同时开展勘探研究的情形，所处地质构造区带、勘探程度、理论认识和勘探进展等难免存在差异，为尊重各探区勘探研究实际，便于总结分析，因此在上述探区又酌情设置分册加以处理。各分卷和分册按以下顺序排列：

卷次	卷名	卷次	卷名
卷一	总论	卷十四	滇黔桂探区（中国石化）
卷二	大庆油气区	卷十五	鄂尔多斯油气区（中国石油）
卷三	吉林油气区		鄂尔多斯油气区（中国石化）
卷四	辽河油气区	卷十六	延长油气区
卷五	大港油气区	卷十七	玉门油气区
卷六	冀东油气区	卷十八	柴达木油气区
卷七	华北油气区（上册）	卷十九	西藏探区
	华北油气区（下册）	卷二十	塔里木油气区（中国石油）
卷八	胜利油气区		塔里木油气区（中国石化）
卷九	中原油气区	卷二十一	准噶尔油气区（中国石油）
卷十	南阳油气区		准噶尔油气区（中国石化）
卷十一	苏浙皖闽探区	卷二十二	吐哈油气区
卷十二	江汉油气区	卷二十三	渤海油气区
卷十三	四川油气区（中国石油）	卷二十四	东海—黄海探区
	四川油气区（中国石化）	卷二十五	南海油气区（上册）
卷十四	滇黔桂探区（中国石油）		南海油气区（下册）

　　《中国石油地质志》是我国广大石油地质勘探工作者集体智慧的结晶。此次修编工作得到中国石油、中国石化、中国海油、延长石油等油公司领导的大力支持，是在相关油田公司及勘探开发研究院 1000 余名专家学者积极参与下完成的，得到一大批审稿专家的悉心指导，还得到石油工业出版社的鼎力相助。在此，谨向有关单位和专家表示衷心的感谢。

中国工程院院士　翟光明

2022 年 1 月　北京

FOREWORD

Some 30 years ago, under the unremitting joint efforts of numerous petroleum geologists, China became a major oil and gas producing country with crude oil and gas producing capacity of over 100 million tons and billions of cubic meters respectively from an 'oil-poor country' before the founding of the People's Republic of China. It's indeed a big 'turnaround' which yielded substantial results, allowed us to have a better understanding of oil and gas resources in China, and gave great confidence and impetus to numerous petroleum workers.

At the National Oil and Gas Exploration Work Conference held in 1983, some of my comrades and I proposed to systematically summarize exploration experiences and results of the last three decades, which could serve as both historical records of previous explorations and guidance or references for future explorations. I organized the compilation of *Petroleum Geology of China* right after joining the Research Institute of Petroleum Exploration and Development (RIPED) in 1985. Though faced with the difficulties including scattered information, personnel shortage and insufficient funds, a great number of explorers in the petroleum industry showed overwhelming enthusiasm. Over five hundred experts and scholars in oil and gas exploration engaged in the compilation successively, and 16-volume set of 20 books were published in succession after over 10 years of efforts. It's not only the first comprehensive summary of the oil exploration journey, achievements and practical experiences after the founding of the People's Republic of China, but also a fundamental historical material and scientific work of great importance. Recognized and referred to by numerous readers in the industry, it has played an enormous role in geological exploration and development of oil and gas. I met many young men in the course of oilfield investigations, and learned their feeling of being lost during transition from school to oilfields, research departments or management positions. They all said they were greatly inspired and benefited from *Petroleum Geology of China* by often referring to it.

Another three decades have passed, and it can be said that though faced with extremely complicated geological conditions, we have made tremendous progress in exploration over the years based on previous works and acquisition of more profound knowledge on China's oil and gas resources after several rounds of successive evaluations. New achievements have been made in not only source rock, oil and gas reservoir, sedimentary development, tectonic evolution and a series of complicated geological issues caused by different evolutions over time, but also petroleum geology theories, exploration areas, exploration knowledge, exploration techniques and other aspects. New oil and gas provinces were found one after another, and with gradual increase in the number of proven oil and gas fields, oil and gas reserves grew significantly, and production was brought to a new level. By the end of 2022 (compared with 1988), the number of oilfields and gas fields had increased from 332 and 102 to 773 and 286 respectively, cumulative proved oil in place and gas in place had grown by 28.4 billion tons and 17.73 trillion cubic meters over the 30 years, and the annual output of crude oil and gas had increased from 137 million tons and 13.9 billion cubic meters to 195 million tons and 188.8 billion cubic meters respectively.

Oil and gas exploration process comes with both the joy of successful discoveries and the pain of failures, and experiences and lessons accumulated are both precious and worth learning. *Petroleum Geology of China*'s more than a set of academic works. It not only contains geologic history, tectonic history and oil and gas formation history of different major regions in China, but also covers objective analyses and judgments on discovery process of oil and gas fields, which serves as another systematic review and summary of exploration theories, experiences and techniques as well as guidance on future exploration areas and directions of different exploratory areas. Therefore, this revised edition of *Petroleum Geology of China* plays a new role of inspiring and guiding future oil and gas exploration works.

Systematic sorting of exploration statuses, potentials and domains of different basins and regions conducted during compilation of the first edition of *Petroleum Geology of China* gave rise to the idea of 'Scientific Exploration Well', which was implemented with supports from related leaders of the former Ministry of Petroleum Industry, and led to a batch of breakthroughs and results in exploration works. The guiding idea of this revision is to propose a batch of new exploration areas and breakthrough directions by summarizing 'the second 30 years' of China's oil and gas exploration works and comprehensively sorting out current statuses and prospects of different exploratory areas in China at the current stage. Therefore, before the editorial team was fully formed at the beginning of 2016, I applied to the Division of Energy and Mining Engineering, Chinese Academy of Engineering for the establishment of a consulting research project on 'Favorable Exploration Areas and Directions of Major Oil and Gas Fields in China'. A total of 32 regional oil companies throughout the country participated in the research project, which guided different exploratory areas in giving prominence to analysis on future exploration potentials in the course of compilation of *Petroleum Geology of China*, and pointed out exploration directions. Hence a new dedicated chapter of 'Exploration Potentials and Directions of Oil and Gas Resources' has been added in terms of chapter arrangement of this revised edition.

Based on the principles of seeking truth from facts and inheriting essence of original works, the basic framework of this revised edition has inherited the chapters and context of the original edition, reflected its academics, continuity, innovativeness and guiding function, and focused on supplementation of exploration and development related achievements made in the recent 30 years. This revised edition of *Petroleum Geology of China*, which consists of sub-volumes, has divided and supplemented the previous edition into 25-volume set of 32 books. Two new volumes of Jidong Oil and Gas Province and Huabei Oil and Gas Province (The Second Volume·Erlian Basin) have been added, and the original Volume 2 of 'Daqing and Jilin Oilfield' has been divided into two volumes of Daqing Oil and Gas Province and Jilin Oil and Gas Province. The original Volume 7 of 'Zhongyuan and Nanyang Oilfield' has been divided into two volumes of Zhongyuan Oil and Gas Province and Nanyang Oil and Gas Province. The original Volume 14 of 'Qinghai-Tibet Oil and Gas Province' has been divided into two volumes of Qaidam Oil and Gas Province and Tibet Exploratory Area. The original volume 15 of 'Xinjiang Oil and Gas Province' has been divided into three volumes of Tarim Oil and Gas Province, Junggar Oil and Gas Province and Turpan-Hami Oil and Gas Province. The original Volume 16 of 'Oil and Gas Province of Coastal Continental Shelf and Adjacent Sea Areas' has been divided into three volumes of Bohai Oil and Gas Province, East China Sea-Yellow Sea Exploratory Area and South China Sea Oil and Gas Province.

Besides, since the former China National Petroleum Company was reorganized into CNPC, SINOPEC and CNOOC in 1998, upstream explorations and deployments have been classified based on the scope of mining rights, which led to substantial changes in working range and contents. In particular, CNPC and SINOPEC conducted explorations and researches under their own mining rights simultaneously in the four major onshore basins of Tarim, Junggar, Sichuan and Erdos as well as Yunnan-Guizhou-Guangxi Exploratory Area, so differences in structural provinces of their locations, degree of exploration, theoretical knowledge and exploration progress were inevitable. To respect the realities of explorations and researches of different exploratory areas and facilitate summarization and analysis, fascicules have been added for aforesaid exploratory areas as appropriate. The sequence of sub-volumes and fascicules is as follows:

Volume	Volume name	Volume	Volume name
Volume 1	Overview	Volume 14	Yunnan-Guizhou-Guangxi Exploratory Area (SINOPEC)
Volume 2	Daqing Oil and Gas Province	Volume 15	Erdos Oil and Gas Province (CNPC)
Volume 3	Jilin Oil and Gas Province		Erdos Oil and Gas Province (SINOPEC)
Volume 4	Liaohe Oil and Gas Province	Volume 16	Yanchang Oil and Gas Province
Volume 5	Dagang Oil and Gas Province	Volume 17	Yumen Oil and Gas Province
Volume 6	Jidong Oil and Gas Province	Volume 18	Qaidam Oil and Gas Province
Volume 7	Huabei Oil and Gas Province (The First Volume)	Volume 19	Tibet Exploratory Area
	Huabei Oil and Gas Province (The Second Volume)	Volume 20	Tarim Oil and Gas Province (CNPC)
Volume 8	Shengli Oil and Gas Province		Tarim Oil and Gas Province (SINOPEC)
Volume 9	Zhongyuan Oil and Gas Province	Volume 21	Junggar Oil and Gas Province (CNPC)
Volume 10	Nanyang Oil and Gas Province		Junggar Oil and Gas Province (SINOPEC)
Volume 11	Jiangsu-Zhejiang-Anhui-Fujian Exploratory Area	Volume 22	Turpan-Hami Oil and Gas Province
Volume 12	Jianghan Oil and Gas Province	Volume 23	Bohai Oil and Gas Province
Volume 13	Sichuan Oil and Gas Province (CNPC)	Volume 24	East China Sea-Yellow Sea Exploratory Area
	Sichuan Oil and Gas Province (SINOPEC)	Volume 25	South China Sea Oil and Gas Province (The First Volume)
Volume 14	Yunnan-Guizhou-Guangxi Exploratory Area (CNPC)		South China Sea Oil and Gas Province (The Second Volume)

Petroleum Geology of China is the essence of collective intelligence of numerous petroleum geologists in China. The revision received vigorous supports from leaders of CNPC, SINOPEC, CNOOC, Yanchang Petroleum and other oil companies, and it was finished with active engagement of over 1,000 experts and scholars from related oilfield companies and RIPED, thoughtful guidance of a great number of reviewers as well as generous assistance from Petroleum Industry Press. I would like to express my sincere gratitude to relevant organizations and experts.

Zhai Guangming, Academician of Chinese Academy of Engineering

Jan. 2022, Beijing

前　言

　　本书为 1993 年出版的《中国石油地质志·卷二　大庆、吉林油田（下册）》的修编版，介绍内容所辖范围为松辽盆地南部及吉林省东部多个中—新生代沉积盆地，主要研究区域为松辽盆地南部和东部盆地群的伊通盆地，另外还对辽源盆地、柳河盆地、通化盆地和鸭绿江盆地四个盆地做了简要描述。

　　松辽盆地是由断陷和坳陷地层叠合而成的大型陆相盆地，油气资源丰富，是我国主要的大型含油气盆地，其中断陷层主要发育天然气资源，坳陷层则以石油资源为主。勘探历程划分为盆地普查及勘探发现、构造油气藏勘探、岩性油藏勘探、天然气勘探、精细勘探与非常规勘探并重五个阶段。1959 年扶 27 井喷出原油，发现了当时国内最浅的油田——扶余油田，结束了吉林省内没有原油的历史。进入 20 世纪 70 年代，吉林油田开展了"七〇"会战，发出了"宁肯筋骨断，誓死也要拿下一百万"的壮志豪情，经过三年持续的会战，原油产量从 1969 年的 24.61×10^4t 猛增到 1972 年的 126.7×10^4t。之后重点对构造相对落实区开展勘探，发现了红岗、英台、乾安、四方坨子、一棵树、新民、海坨子及四家子等多个油田，奠定了吉林油田的基础。进入"八五"期间，面对勘探对象复杂隐蔽的特征，通过加强地质认识和物探技术攻关，发现了大情字井等多个大型岩性油藏，20 世纪末吉林油田产量突破 400×10^4t。2005 年以后，加强天然气勘探和非常规油气勘探。2005 年松辽盆地南部长深 1 井在营城组火山岩获 46×10^4m^3 高产气流，无阻流量达 150×10^4m^3，发现了长岭 I 号气田；翌年，东北油气分公司在腰英台地区（哈尔金构造东翼）钻探腰深 1 井，在泉头组、登娄库组砂泥岩段、营城组火山岩段见良好油气显示。并对营城组火山岩段进行了中途和完井系统测试，中途测试获日产 20.5×10^4m^3 的高产天然气流，无阻流量为 29.66×10^4m^3，断陷层油气勘探取得重大突破，发现了松南气田。由此，拉开了松辽盆地南部深层天然气勘探序幕，松辽盆地南部勘探进入油气并举发展时期。2012 年应用致密油勘探理念，重新认识松辽盆地南部中央坳陷区扶余油层，加强水平井体积压裂等配套技术攻关，实现了致密油效益开发从技术可行到经济可行，为吉林油田稳产提供了保障。

　　东部盆地群为吉林省东部一系列中—新生代的盆地组合，主要勘探工作集中于伊通盆地。伊通盆地位于郯庐断裂带北段西半支佳伊断裂带内，为一狭长的走滑型新生代盆地，勘探始于 20 世纪 80 年代，20 世纪主要针对构造进行钻探，并取得了较好的效果，1989 年在莫里青钻探的伊 6 井获得 61.52t 的高产油流，之后在鹿乡断陷发现了长春油气田；2006 年以来对复杂构造带、岩性油气藏勘探理论认识及配套的工程技术等多方面开展了大量工作，2008 年在莫里青西北缘发现了伊 59 大型岩性油藏，落实了亿吨级储量规模。

在勘探实践中，针对吉林油气区地质特征，创新发展了陆相湖盆石油地质理论，形成适用的勘探配套技术，作为基础性史料和科技论著的《中国石油地质志》，有必要总结补充近 30 年油气勘探新成果、理论认识新进展、勘探技术新突破，为广大油气勘探开发与科技工作者提供理论认识新、实践性强、参考价值更大的工具书。本次修编资料截止时间为 2018 年底，总体保持原版本的内容格架，简述前 30 年成果，重点总结近 30 年新成果、新认识，与原版本不同的是在内容上增加了勘探战例，更能体现勘探思路的转变、地质认识的深化、勘探技术的进步以及勘探管理方面的有效做法对勘探发现的促进作用。

本书系统总结了吉林油气区勘探领域的地质理论进展。一是首创深盆油成藏理论，二是拓展三角洲前缘相带控油理论，三是深层火山岩天然气成藏认识，四是建立断褶带成藏认识，五是致密碎屑岩天然气成藏理论。逐步形成四项配套勘探技术：一是地震处理解释一体化技术，提高探井成功率；二是复杂油气层钻井技术，加快发现节奏，提高勘探效益；三是复杂油气层测井评价技术，较好地支撑了吉林油气区试油及储量提交工作；四是石油、天然气勘探压裂技术。五大理论认识分别明确了成藏关键因素和油气分布规律等，指出了下步勘探方向。勘探发现与勘探技术的发展和进步紧密相关，因此勘探理论认识和技术没有详细论述，主要在勘探历程和勘探战例中会涉及。

本书重点描述松辽盆地南部和东部盆地群，分为两篇，第一篇介绍松辽盆地南部，第二篇介绍东部盆地群。修编过程中，多方征求意见，经过多轮讨论、反复修改，确定了整体框架和提纲，具体章节主要编写人员如下：

前言、绪论，由赵占银、张坤等编写；第一篇松辽盆地南部，共十章，第一章地层由孙凯等编写，第二章构造由刘鸿友、李国库等编写，第三章沉积环境与相、第五章储层由黄铭志、赵静等编写，第四章烃源岩由李晶秋等编写，第六章油藏形成与分布由杨亮、黄铭志等编写，第七章气藏形成与分布由邵明礼、洪雪、贾可心等编写，第八章油气田各论由刘祥、陈延哲、贾可心等编写，第九章典型油气勘探案例由唐振兴、邵明礼、袁智广、杨光、赵家宏、陈延哲、孙国翔等编写，第十章油气资源潜力与勘探方向由王颖等编写；第二篇东部盆地群，共二章，第一章伊通盆地由宋立斌等编写，

第二章外围盆地由刘华等编写；吉林油气区勘探大事记由张坤、袁智广等编写。本书最后由王颖、张坤统一审编成稿。

本书主要由吉林油田公司完成，东北油气分公司提供资料并编写部分内容，全书经赵志魁、秦都、张大伟审阅，并就其中的主要内容、主流观点、勘探理论和技术成果的总结和提炼进行了充分讨论，反复推敲，几易其稿。本书编纂过程中得到了从事吉林油气区勘探各方面人士的大力支持，特别是勘探重大事件的亲身参加者和组织者提供了宝贵的资料，保证了编纂工作质量，是集体智慧的结晶；得到了中国石油勘探开发研究院陶士振、方向、赵长毅、池英柳、贾进华、邓胜徽等专家亲临现场进行指导；得到了高瑞祺教授、袁选俊教授等专家的悉心指导；同时特别感谢中国石油勘探与生产分公司、石油工业出版社有限公司的大力支持和指导。在本书问世之时，谨向上述各有关单位及给予帮助的专家和同仁致以诚挚的敬意和感谢！

本卷由于编纂周期跨度较长、涉及资料众多，疏漏和不妥之处在所难免，望各位专家和读者给予批评指正。

PREFACE

This book is the revised edition of the second volume of *Petroleum Geology of China* series *Daqing and Jilin Oil field* (*Volume* 2). It covers several Meso-cenozoic sedimentary basins in the southern Songliao Basin and eastern Jilin Province. The main research area is southern Songliao Basin and Yitong Basin in the Eastern Basin Group. In addition, a brief description of the four basins, Liaoyuan Basin, Liuhe Basin, Tonghua Basin and Yalu River Basin, is given.

Songliao Basin is a large continental basin composed of fault depressions and depressions. It is a major large petroliferous basin in China, rich in oil and gas resources. The fault depressions mainly develop natural gas resources, and the depressions mainly oil resources. Its exploration history is divided into five stages: basin general survey and exploration discovery, structural reservoir exploration, lithological reservoir exploration, natural gas exploration, fine exploration and unconventional oil and gas exploration.As oil gushed from Fu 27 well in 1959, Fuyu oil field, the shallowest oil field in China at that time was discovered, ending the history of no crude oil in Jilin Province.Into the 1970s, Jilin oil field launched the battle for oil exploration and development in 1970, and expressed the lofty ambition of "would rather break bones and swear to produce one million (tons of crude oil) " . After three years of continuous battle, crude oil production had increased from 246,100 tons in 1969 to 1,267,000 tons in 1972. Afterwards, exploration was focused on areas with relatively clear structures, and several oil fields such as Honggang, Yingtai, Qian'an, Sifangtuozi, Yikeshu, Xinmin, Haituozi and Sijiazi were discovered, laying the foundation for the Jilin oil field.During the "Eighth Five-Year Plan" period, in view of the complex and hidden features of the exploration targets, through strengthening geological understanding and geophysical exploration technology, many large-scale lithologic reservoirs, such as Daqingzijing, was discovered, and the crude oil output of Jilin oilfield exceeded 4 million tons at the end of the 20th century. After 2005, natural gas exploration and unconventional oil and gas exploration have been strengthened. In 2005, the Changshen 1 well in the southern Songliao Basin obtained 460, 000 cubic meters of high-yield gas flow and 1, 500, 000 cubic meters of open flow capacity from the volcanic rocks of the Yingcheng Formation, and the Changling Ⅰ gas field was discovered. In the next year, The Northeast Oil and Gas Branch drilled Yaoshen 1 well in the Yaoyingtai area (the east wing of the Harjin structure) and good oil and gas showings were seen in the sandstone-mudstone section of the Quantou Formation and Denglouku Formation and the volcanic rock section of the Yingcheng Formation. In addition, the intermediate and completion system tests were carried out for the volcanic rock section of the Yingcheng Formation. The intermediate tests yielded a high-yield natural gas flow with a daily production of 205, 000 cubic meters and an open flow of 296, 600 cubic meters of natural gas. A major breakthrough was made in oil and gas exploration of faulted depressions and the Songnan gas field was discovered.As a result, the prelude to deep natural gas exploration in the southern Songliao Basin has been opened, and the exploration in the southern Songliao Basin has entered a period of simultaneous development of oil and gas. In 2012, the concept of tight oil exploration was applied to re-understand the Fuyu oil layer in the central depression area of southern Songliao basin, strengthen the horizontal well volume fracturing and other supporting technical research, and realize the benefits of tight oil development from technically feasible to economically feasible, it provides guarantee for stable production of Jilin Oilfield.

The Eastern Basin Group is a series of Meso-cenozoic basin assemblages in the eastern part of Jilin Province and the main exploration work is concentrated in the Yitong Basin.The Yitong Basin is a long and narrow strike-slip Cenozoic basin, located in the Jiayi (Jiamusi-yitong) fault zone in the western branch of the northern section of the Tan-Lu (Tancheng-Lujiang) fault zone.The exploration of the Yitong Basin began in the 1980s.In the last century, drilling was mainly aimed at its structure and good results were obtained. In 1989, 61.52 tons of high-yield oil flow was obtained from well Yi 6 drilled in Moliqing, and then the Changchun oil and gas field was discovered in the Luxiang fault depression. Since 2006, a great deal of work has been done on the exploration theory of complex structural belts, lithologic reservoirs and related engineering techniques.In 2008, a large-scale lithologic reservoir of Yi 59 was discovered in the northwestern of Moliqing, and the scale of 100 million ton reserves was confirmed.

In the exploration practice, based on the geological characteristics of the Jilin oil and gas area, the petroleum geology theory of Continental Lacustrine Basin has been developed, and applicable exploration matching technology has been formed. As a basic historical material and scientific and technological treatise, *China Petroleum Geology*, it is necessary to summarize and supplement the new achievements in oil and gas exploration, new progress in theoretical understanding, and new breakthroughs in exploration technology in the past 30 years, so as to provide a reference book with new theoretical understanding, strong practicality, and greater reference value for the majority of oil and gas exploration and development and technology workers. The deadline for this revision is the end of 2018. It maintains the overall content framework of the original version, briefly describes the achievements of the previous 30 years, and focus on summing up the new achievements and new understandings of the recent 30 years.The difference from the original version is the addition of exploration battle examples in the content, which can better reflect the promotion effect of the transformation of exploration thinking, the deepening of geological understanding, the advancement of exploration technology, and effective practices in exploration management.

This book systematically summarizes the progress of geological theory in the exploration field of Jilin oil and gas area. The first is to create the theory of deep basin oil accumulation, the second is to expand the theory of Delta Front facies controlling oil accumulation, the third is the understanding of gas accumulation of deep volcanic rocks, the fourth is the understanding of oil accumulation of fault-fold zone, and the fifth is the theory of gas accumulation of tight clastic rocks. Four supporting exploration technologies have been gradually formed. The first is the integrated seismic processing and interpretation technology to improve the success rate of exploration wells; the second is the drilling technology of complex oil and gas layers to speed up the discovery rhythm and improve the exploration efficiency; the third is the logging evaluation technology for complex oil and gas layers to support well the oil test and reserve submission work in the Jilin oil and gas area; the fourth is oil and gas exploration fracturing technology.

The key factors of hydrocarbon accumulation and the distribution of oil and gas are defined respectively, and the exploration direction is pointed out by the five theories. Exploration discoveries are closely related to the development and progress of exploration technology, therefore, the exploration theory and technology are not discussed in detail, and are mainly involved in the exploration course and exploration example.

This book focuses on the southern Songliao Basin and The Eastern Basin Group in the eastern part of Jilin Province. It is divided into two parts, Part I is the southern part of the Songliao Basin, and part II is the Eastern Basin Group. During the revision process, after soliciting opinions from multiple parties, multiple rounds of discussions and repeated revisions, the overall framework and outline have been determined. The main authors of each chapter are as follows.

The preface and introduction are written by Zhao Zhanyin and Zhang Kun, et al. Part I, Southern Songliao Basin, consists of ten chapters. Chapter 1, Stratigraphy, is written by Sun Kai et al. Chapter 2, Geology structure, written by Liu Hongyou, Li Guoku, et al. Chapter 3, Sedimentary environment and facies, and Chapter 5, Reservoir rock, written by Huang Mingzhi, Zhao Jing, et al. Chapter 4, Hydrocarbon source rock, written by Li Jingqiu, et al. Chapter 6, Oil reservoir formation and distribution, written by Yang Liang, Huang Mingzhi, et al. Chapter 7, Gas reservoir formation and distribution, written by Shao Mingli, Hong Xue, Jia Kexin, et al. Chapter 8, The geologic description of oil and gas field, written by Liu Xiang, Chen Yanzhe, Jia Kexin, et al. Chapter 9, Typical exploration cases, written by Tang Zhenxing, Shao Mingli, Yuan Zhiguang, Yang Guang, Zhao Jiahong, Chen Yanzhe, Sun Guoxiang, et al. Chapter 10, Petroleum resource potential and exploration prospect, written by Wang Ying et al. Part II, Eastern Basin Group, consists of two chapters. Chapter 1, Yitong Basin, is written by Song Libin, et al. Chapter 2, Peripheral Basin, is written by Liu Hua, et al. Major exploration events in Jilin oil and gas area is written by Zhang Kun, Yuan Zhiguang, et al. The book is finally reviewed and edited by Wang Ying and Zhang Kun.

This book is mainly completed by Jilin Oilfield Company. The Northeast Oil and Gas Branch provides information and compiles part of the content. The book has been reviewed by Zhao Zhikui, Qin Du, and Zhang Dawei, and the main contents, main views, exploration theories and technical achievements have been fully discussed and refined many times by them. The compilation process of this book has received strong support from people engaged in various aspects of exploration in Jilin oil and gas area, in particular, the personal participants and organizers of major exploration events have provided valuable information, which has ensured the quality of the compilation work, it is the crystallization of collective wisdom. Tao Shizhen, Fang Xiang, Zhao Changyi, Chi Yingliu, Jia Jinhua, Deng Shenghui and other experts of CNPC Exploration and Development Research

Institute came to the scene to give guidance.Professor Gao Ruiqi, Professor Yuan Xuanjun and other veteran experts have given careful guidance. At the same time, I would like to thank the leaders of the China Petroleum Exploration and Production Company and the Petroleum Industry Press for their strong support and guidance, I would like to express my sincere respect and gratitude to the above-mentioned units and the experts and colleagues who have helped us !

In this book, due to the long compilation period and the large number of materials involved, omissions and inappropriateness are unavoidable, we hope that the experts and readers give criticism and correction.

目 录

第二篇　东部盆地群

CONTENTS

Part Ⅱ Eastern Basin Group

绪　　论

吉林油气区（指在吉林省境内吉林油田、东北油气分公司地质勘探所涉及的范围）的油气勘探和松辽盆地整体石油地质普查工作，始于 20 世纪 50 年代中期。1959 年 9 月 29 日，以扶 27 井试油获得工业油流为标志发现了吉林油气区的第一个油田——扶余油田。

吉林油气区勘探工作主要集中在松辽盆地南部（松辽盆地的嫩江、松花江、拉林河以南的部分）、伊通盆地、鸭绿江盆地以及吉林东部中—新生代沉积盆地。勘探早期，松辽盆地整体进行了重力、磁力以及电测勘探。钻探工作始于 1956 年，而吉林油气区独立的地震勘探工作始于 1959 年。

截至 2018 年底，吉林油气区共完成二维地震 135673.73km，三维地震 24607.08km^2，整个地震工作多数集中在松辽盆地南部；完钻探井 3323 口，总进尺 609.43×10^{4}m（表 1）。

表 1　吉林油田工作量统计表（截至 2018 年底）

单位	盆地	探矿权面积 /km^2	地震合计		探井合计		工业油气流井 /口
			二维 /km	三维 /km^2	井数 /口	进尺 /10^{4}m	
吉林油田	松辽盆地南部	55362	101860.23	17039.35	2605	435.10	1158
	东部盆地群		5981.75	3349.26	235	60.33	60
东北油气分公司	松辽盆地南部	3527	27831.75	4218.47	483	114.00	198
合计		58889	135673.73	24607.08	3323	609.43	1416

一、自然地理概况

吉林省位于中国东北地区中部，地处日本海西侧。其南北分别与辽宁省和黑龙江省毗邻，东南以图们江、鸭绿江为界与朝鲜相望，东与俄罗斯接壤，西接内蒙古自治区。地理坐标位于东经 121°54′～131°13′、北纬 40°51′～46°17′ 之间。东西长约 650km，南北宽约 300km，面积约 18.74×10^{4}km^2，占全国总面积的 2%。总体为北西—南东向延伸，省会坐落在长春市（图 1）。

吉林省地貌形态差异明显。地势由东南向西北倾斜，呈现明显的东南高、西北低的特征，起伏变化较大。以中部大黑山为界，可分为东部山地和中西部平原两大地貌区。

吉林省主要发育五大水系。除东南部的鸭绿江、图们江、绥芬河水系以及南部的辽河水系以外，东部及北部属松花江水系。

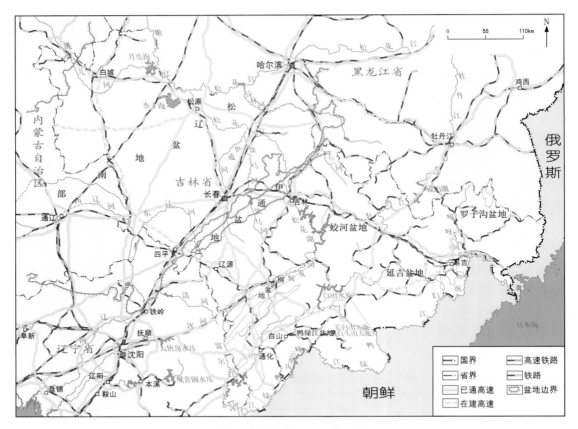

图 1　吉林油气区地理位置图

吉林省属于温带大陆性季风气候，四季分明。春季干燥风大，夏季高温多雨，秋季天高气爽，冬季寒冷漫长。从东南向西北由湿润气候过渡到半湿润气候再到半干旱气候。

吉林省位于中国东北地区中部，地处交通要冲。吉中地区自古就为沟通南北的"官马大道"所必经，交通位置尤为重要。目前省内交通运输以公路为主，其次为铁路，水路及航空运输均不占重要地位。

截至 2018 年末，吉林省铁路营业里程达到 4876.75km。目前吉林省已运营的高速铁路有哈大高速铁路和长珲城际铁路。

省内公路全长 10.54×10^4 km，其中，等级公路总里程 10.06×10^4 km，占公路总里程的 95.4%；等外公路 4799.47km，占公路总里程的 4.6%。吉林省公路总里程中，有高速公路 3298.3km，占公路总里程的 3.1%。形成以长春市为中心，沟通各区、市、县、乡的公路交通网络，为活跃全省经济、发展生产及文化事业提供极大方便。

吉林省主要通航河流有松花江、嫩江、图们江和鸭绿江。一般 4 月中旬至 11 月下旬为通航期。吉林省内河航道 1789km。

航空事业以长春市为中心。可直达北京、上海、广州、海口、宁波、大连、昆明、香港、深圳、韩国首尔、日本仙台等地。目前省内主要有长春龙嘉国际机场、延吉朝阳川机场、通化三源浦机场、长白山机场、松原机场、白城长安机场。

二、地质概况

1. 区域构造

松辽盆地是位于中国东北部的一个大型中—新生代盆地。按照王鸿祯等（1990）的中国及邻区构造单元划分（图2），松辽盆地位于北亚构造域中布列亚—松辽亚构造域的南段，其西部为蒙古—兴安（陆缘）亚构造域，东部为环太平洋构造域。该亚构造域在前震旦纪由布列亚、佳木斯和松辽地块组成。按照板块构造观点，中国东北部及其邻区包括四个构造单元：北部是北亚大陆区，由西西伯利亚板块和中西伯利亚板块组成；南部是中朝大陆区，由塔里木—中朝板块组成；中部是北亚陆间区；东部为环太平洋区。松辽盆地位于陆间区的东部和环太平洋区北段的内带。

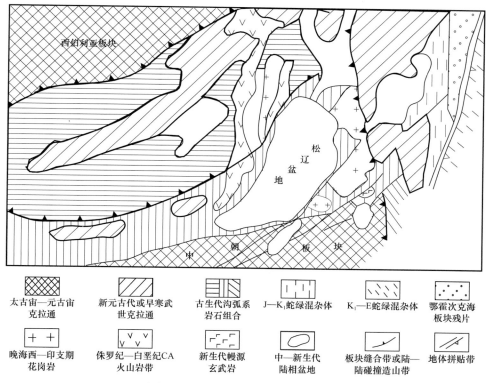

图2 松辽盆地及邻区大地构造略图

2. 区域地层

吉林省地层十分发育，太古宙、古元古代、新元古代、早古生代、晚古生代、中生代及新生代地层均有所出露。其中太古宙地层多数呈大小不等的包裹体残存在太古宙变质深成侵入体中；古元古代地层主要分布于龙岗地块南缘及其南部造山带中；新元古代地层主要出露在龙岗地块之上，兴蒙造山带省内也有零星出露。

根据《吉林省岩石地层》（1997），前中生代吉林省南部以龙岗陆块（华北陆块东北端）为核部，北部以西伯利亚陆块（佳木斯—兴凯地块）为核部，中部为两者所夹持的海槽。佳木斯—兴凯陆块南缘则有塔东（岩）群、机房沟（岩）群，再向南则由于长春—吉林—敦化—延吉大断裂带作用而缺失。佳木斯—兴凯陆块大部分在黑龙江省，吉林省出露面积较少。吉林省前中生代地层划分了4大区5分区（表2和图3）。

表2 吉林省前中生代地层区划一览表

大区	Ⅰ级	Ⅱ级	Ⅲ级
北疆—兴安地层大区（Ⅰ）	兴安地层区（I_2）	乌兰浩特—哈尔滨地层分区（I_2^4）	洮南—九台地层小区（I_2^{4-1}）
张广才岭—完达山地层大区（Ⅱ）	松花江地层区（II_1）	伊春—尚志地层分区（II_1^1）	
兴凯地层大区（Ⅲ）	延边地层区（III_1）	东宁—汪清地层分区（III_1^1）	
华北地层大区（Ⅴ）	内蒙古草原地层区（V_3）	锡林浩特—磐石地层分区（V_3^1）	吉林地层小区（V_3^{1-1}）
			天宝山地层小区（V_3^{1-2}）
	晋冀鲁豫地层区（V_4）	辽东（吉）地层分区（V_4^3）	浑江地层小区（V_4^{3-1}）
			样子哨地层小区（V_4^{3-2}）
			集安地层小区（V_4^{3-3}）

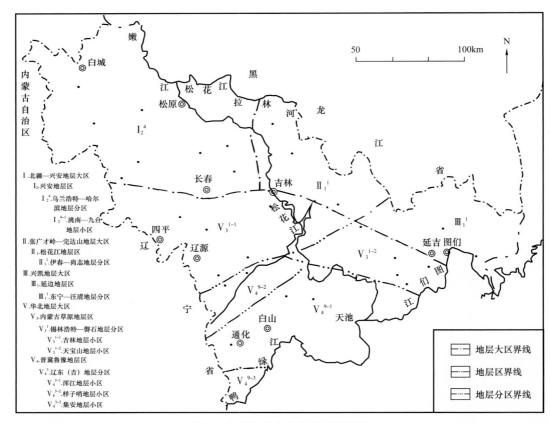

图3 吉林省前中生代地层区划图

吉林省中—新生代地层总体特征和分布受控于滨太平洋北东向构造带影响，形成一系列北东向挤压成因的火山盆地、拉张成因的沉积盆地、走滑成因的火山沉积盆地和数种应力场复合成因的不同方向的火山—沉积盆地。因此将吉林省中—新生代地层统称滨太平洋地层大区，以下划分为鸡西—延吉地层分区、张广才岭—南楼山地层分区、吉南—辽东地层分区、松辽地层分区和大兴安岭—燕山地层分区。地层分区划分详见表3和图4。

表3 吉林省中—新生代地层区划一览表

分区	Ⅲ级
大兴安岭—燕山地层分区（5_1）	洮南地层小区（5_1^1）
松辽地层分区（5_2）	松嫩地层小区（5_2^1）
张广才岭—南楼山地层分区（5_3）	九台地层小区（5_3^1）
	吉林地层小区（5_3^2）
鸡西—延吉地层分区（5_4）	延吉—珲春地层小区（5_4^1）
吉南—辽东地层分区（5_5）	通化地层小区（5_5^1）
	柳河地层小区（5_5^2）

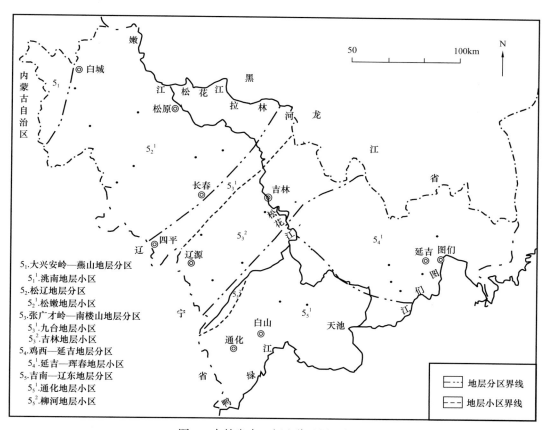

图4 吉林省中—新生代地层区划图

在区域上前中生代属于洮南—九台地层小区，而中—新生代则属于松嫩地层小区。

3. 沉积充填演化

1）松辽盆地南部

松辽盆地的形成经历了相当复杂的演化过程。根据区域地质、地震、钻井等深部资料综合分析，盆地演化可划分为前裂谷期、裂谷期、断坳转化期、坳陷期和构造反转期五个阶段，其中裂谷期、断坳转化期和坳陷期层序构成了松辽盆地的主体。

（1）前裂谷期演化阶段。

该期为盆地基底发育阶段，进一步可划分为两期。古生代地槽发育阶段：晚古生代中晚期，北方海槽封闭，西伯利亚板块与中国华北北方板块碰撞拼接，拼接的过程由西向东推进，在石炭纪到二叠纪早期，该地区存在一些残留海，形成了一套浅海相的碎屑岩和碳酸盐岩建造，二叠纪末的海西晚期运动使地槽褶皱回返，伴有大量岩浆喷发，造成海西期火山岩广泛发育。三叠纪至侏罗纪隆起阶段（或称地台阶段）：该时期盆地大部分地区处于隆起状态，遭受剥蚀，普遍缺失三叠系，根据盆地周边山间盆地存在三叠系的陆相沉积事实，推断在盆地内部可能存在一套浅变质岩或未变质的三叠系（在部分地震剖面上可见到 T_5 之下仍有正常反射现象），在隆起的同时伴随岩浆侵入使地台进一步固结，至此盆地基底形成。

（2）裂谷期演化阶段。

裂谷期演化阶段即断陷发育阶段。早白垩世早期，由于地幔物质上涌，导致地壳拉伸减薄，在地壳上部发生脆性变形，形成一系列北东—北北东向生长断层（深大断裂）。这些断裂作为边界断层控制了断陷的分布，形成一系列北东—北北东向展布的半地堑，在各个相互独立的地堑中沉积了下白垩统，包括火石岭组、沙河子组和营城组。早期形成的火石岭组主要为一套火山岩、火山碎屑岩地层，后期形成的沙河子组为一套正常陆相碎屑建造，局部夹少量岩浆岩侵入体和喷发岩（玄武岩或安山岩），晚期形成的营城组岩性与沙河子组基本相似，但火山活动有所增强，局部地区后期抬升遭受剥蚀。

（3）断坳转化期演化阶段。

登娄库组沉积期，现今盆地莫霍面拱起，异常地幔作用明显，造成持续拉张。此时孙吴—双辽等深大断裂活跃，中央隆起抬升，两侧形成拉张裂陷。裂陷期沉积速度快，水动力强，物源丰富，沉积补偿作用充分。沉积物以较粗碎屑类复理石建造为主。在中央隆起东侧的梨树、德惠等地区及其西侧的新立、乾安等地区已摆脱断陷影响，沉积范围扩大连片，已是断坳转化初期的产物，发育河流—扇三角洲沉积体系。

泉头组一段沉积期，继承了登娄库组的构造格局，沉积范围逐渐扩大，于盆地周边形成超覆沉积，超覆面积近 $2000km^2$，沉降中心地层厚达 700m，主要是充填补偿式粗碎屑岩夹红色泥岩。

（4）坳陷期发育阶段。

该阶段是盆地发育的主要时期，由于地幔物质转移及其围岩冷缩，导致大面积沉降，发展为统一的巨型坳陷盆地。泉头组二段、三段、四段为超覆式沉积，属区域性大幅度沉降的早期，古松辽湖盆初始形成。青山口组—嫩江组为欠补偿沉积，湖盆发育，水域扩大，可细分为扩张期、兴盛期、衰退期、再度扩张期、极盛期和萎缩期，表现出两兴两衰、兴急衰缓的特点。青山口组一段、二段，嫩江组一段、二段沉积期是湖盆的两次兴盛期，沉积了巨厚的暗色泥岩，青山口组三段和嫩江组三—五段沉积期为湖盆的两次衰退期，湖区面积缩小，以滨浅湖相为主。

（5）构造反转期演化阶段。

嫩江组沉积末期，由于太平洋板块的西向俯冲，郯庐断裂带的左旋走滑作用，松辽盆地区域应力场发生逆转，由张扭应力变为北西—南东向的挤压应力，导致地层缩短（北西—南东向），早期断陷的边界断层重新开始活化，在挤压力的作用下，断层上盘沿断层面逆向滑动，形成一系列反转构造。与此同时盆地的抬升掀斜作用，造成盆地东南翘起，大部分地区抬升剥蚀，形成第二大区域不整合面（即晚白垩世与早白垩世之间的不整合），明水组、四方台组沉积时期为构造运动的间歇期，古近纪末期盆地再次挤压，进入喜马拉雅造山运动构造旋回，之后，松辽盆地逐渐走向衰亡。

2）伊通盆地

研究表明，伊通盆地存在两大物源（东南缘和西北缘）、四种沉积体系（三角洲、冲积扇、湖泊、沉积物重力流）。

伊通盆地两大物源体系发育具有明显的不对称性。双阳组一段沉积时，物源主要来自东部昌30井—星23井—星25井一线附近。双二段沉积时，东部物源明显加强。双三段沉积时，东部和西部源区仍然存在，但剥蚀速率明显减少。奢岭组一段沉积时，东部物源区再次强烈剥蚀。永吉组二段沉积时，东部物源区剥蚀强度明显减弱。永三段沉积时，西部物源区再次活动。永四段沉积时，东部物源区仍然处于剥蚀状态，西部物源区未见剥蚀。万昌组沉积时期，西北物源补给则明显增强。主要物源区在东部，处于长期隆升剥蚀状态，在双阳组二段和奢岭组一段沉积时期存在两次较大规模隆升剥蚀。西部物源区只在双二段、双三段、永三段沉积时期存在明显的剥蚀状态。

沉积体系展布的空间配置和分带性明显受盆缘断裂控制。从盆缘至盆地中央，依次出现扇三角洲或近岸水下扇至湖泊沉积体系。双阳组沉积时期盆地形成孤立的、范围较小的深湖沉积区。奢岭组沉积时期和永吉组沉积时期为盆地最大水进期，形成广泛的深湖沉积区，且不同凹陷的深湖区相互连通，扇三角洲发育规模较小。万昌组沉积时期为盆地最大水退期，形成滨浅湖沉积区，扇三角洲体系明显向盆地中央延伸。

3）外围盆地

外围盆地主要是指发育在吉林省东部的中—新生代沉积盆地。其发育演化共同经历了印支期、早燕山期、中—晚燕山期、喜马拉雅期四个阶段。

印支期：这一时期的构造活动使吉林省东部大面积抬升，产生断裂及岩浆活动。此期在地台区基本没有接受沉积，在地槽区则有较广泛的沉积，是以火山碎屑岩为主体的沉积区。

早燕山期：断陷初始期省内至今尚未见到确切的早侏罗世沉积，仍处在隆起状态，中侏罗世区内出现裂陷，形成一批断陷式沉积，但全区中侏罗世沉积零星，而且火山活动强烈。

中—晚燕山期：断陷发育期，全区出现大量的火山岩和花岗岩组成的岩浆弧及大批断陷盆地，广泛接受晚侏罗世煤系沉积，局部出现小型坳陷型盆地叠加在上侏罗统之上。

喜马拉雅期：为裂谷发育期，全区出现与北东向岩浆弧平行的裂谷，其中主要填充含煤及油页岩碎屑岩沉积，东部则广泛发生玄武岩喷溢，形成区域较大的"玄武岩盖"。

4. 生储盖组合

松辽盆地南部深层烃源岩为深部断陷沉积的沙河子组、营城组、火石岭组和登娄库组暗色泥岩及煤系地层，其分布面积广、沉积厚度大、地球化学指标较高，为区内油气的生成奠定了坚实的物质基础。断陷期各断陷广泛发育冲积扇、扇三角洲、三角洲等各类砂岩、砂砾岩体，为烃类的聚集成藏提供了储集空间，坳陷期泉头组在全区广泛发育的河流相沉积，是区内又一十分重要的储集层位和空间。此外，中生代沉积前和登娄库组沉积前两次大的抬升剥蚀，造成区内潜山发育，进一步丰富了该区的储层类型和储集空间。青山口组沉积时期全区接受了广泛的湖相沉积，巨厚的泥岩既是中浅层主要的烃源岩层，也是深层良好的区域盖层。泉头组二段、三段在该区泥地比高，泥岩层发育，是区内重要的局部盖层。泉三段上部存在的泥岩欠压实，进一步增强了其盖层的有效性。深部断陷地层中频繁出现的泥岩，封盖能力强，并直接与各类砂体交错，成为该区深部油气藏的直接盖层。另外，营城组和火石岭组多期发育的火成岩，既能促使深部烃源岩的热演化，也是良好的盖层，还可提供油气储集的新空间。上述各类生、储、盖层的广泛发育，决定了该区生储盖类型多样，油气藏类型多种的广阔勘探前景和领域。从以上分析，结合勘探成果，可将松辽盆地南部深层生储盖组合归纳为以下几类。

1）下生上储型

深部沙河子组、营城组、火石岭组和登娄库组提供烃源条件，断裂作为通道，泉头组河流相砂体提供储集空间，青山口组和泉头组泥岩作为盖层，组成深层的上部含油气组合。目前发现的油气藏多在该含油气组合内。邻近生油气洼陷，断裂通道作用是该组合成藏的首要条件。该组合内已发现的油气藏大多是后期构造活动破坏深层原生油气藏而形成的次生油气藏。

2）上生下储型

松辽盆地南部"上生下储"成藏模式主要发育在坳陷区的扶余和杨大城子油层。坳陷中心青山口组优质烃源岩自嫩江组沉积期末至现今始终处于生烃状态，加上欠压实作用，使得坳陷内烃源层普遍存在超压。油气在烃源岩超压作用下，穿过底面和侧接面，以断层和微裂隙为通道幕式向下排运到扶杨油层。由于储层较致密，孔隙及喉道狭小，石油受到的浮力远小于毛细管阻力，浮力无法驱动原油发生长距离侧向运移，故此类油藏多发育于断层附近和微裂隙发育的泉四段顶部。上覆青一段、青二段暗色泥岩厚度，超压及下伏扶杨油层的显示高度，三者有明显正相关性。此类油藏富集程度受烃源岩的生排烃强度、超压大小、储层物性以及断层（微裂隙）发育程度的影响，砂体的叠置连片在坳陷中部包络面以上形成超大型复合低渗透岩性油藏。

3）自生自储型

深部地层提供烃源条件，其内部的各类砂体提供储集空间，与储层交互沉积的泥岩提供盖层条件，在深部地层中形成油气聚集，形成深层的下部组合油气藏。目前在梨树、小合隆断陷沙河子组、营城组和登娄库组中发现的油气藏多属此类。决定该类油气藏成藏的重要条件，一是次生孔隙发育带，二是圈闭条件。由于这类油气藏埋深相对较大，圈闭识别难度较大，因而增加了其勘探的难度，但其规模一般较大，是在该区寻找原生油气藏的重要目标。

4）新生古储型

新生古储型油气藏主要是指基岩潜山型油气藏。由断陷地层提供烃源条件，由基底潜山中的风化壳和缝洞提供储集空间，火成岩或泥岩作为盖层条件，组成深层的底部含油气组合。这类组合中的油气藏目前在德惠断陷的农安潜山中已有发现，农 101 井在基岩顶面获少量气流，梨树断陷南 14 井在基岩风化壳见油气显示，扶新隆起带扶基 1 井和前深 1 井在花岗岩风化壳中见气测异常。这类组合油气藏勘探的关键是寻找邻近生油区的基岩孔隙发育区。

5）侧生自储自盖型

这类组合由深部断陷内的火山岩及其周边的碎屑岩组成，湖相暗色泥岩和煤系地层提供烃源条件，火山岩中的孔洞和裂隙提供储集空间，并由火山岩自身的非均质提供封堵条件，形成火成岩岩性油气藏。如农安构造农 26 井于安山岩裂隙见黑色沥青，松辽盆地南部西部断陷带内洮 4 井在安山岩裂隙中见油珠外溢，电测解释有大段可能油层。这类组合中的油气藏在松辽盆地北部已获得高产油气流，在盆地南部对该组合研究工作较少，还有待进一步加强。

6）深源浅储型

这类组合是指该区存在的一种特殊生储盖组合类型，流体由来自地壳深部的无机气体组成，或是由岩浆作用造成基底碳酸岩分解释放出二氧化碳，沿火山通道和裂隙进入中生代地层中聚集成藏。各种类型的储层都可能成为这类气藏的储集体，起关键作用的是沟通深部地壳与沉积盖层中的储层的断裂。目前在东南隆起区发现的万金塔高含二氧化碳气藏即属该类型。气源由深部热液提供，或是由碳酸岩受热分解形成，沿火山岩通道和断裂向上运移，在泉头组及其以下地层中聚集成藏。盆地北部深层火山岩中发现的二氧化碳气藏据分析也是来源于地壳深部无机成因幔源气。

在上述几种组合类型中，以下生上储型和自生自储型最为有利。前者圈闭发育，埋深较浅，储层物性较好，由断裂作为运移通道，易于在浅层形成次生油气藏；后者生油层与储层共生，"近水楼台先得月"，只要圈闭形成期不晚于深层烃源岩大量排烃期，并且储集性能达到要求，即可在较深部位形成原生油气藏。新生古储型的储集空间依赖于基岩风化段内的缝洞发育程度及其距烃源岩的远近，由于埋深大，预测难度较大，目前难以作为主要目标进行勘探。侧生自储自盖型靠火山岩作为储层和封盖条件，火山岩的分布及其岩性、物性是决定成藏的关键因素，松辽盆地南部深层火山岩勘探和研究工作刚刚开始，大庆油田在松辽盆地北部深层火山岩中勘探取得了重大进展，为松辽盆地南部该组合油气藏的勘探指明了方向。二氧化碳气藏在松辽盆地南部除万金塔构造以外，还在中央坳陷区的孤店、乾安和红岗等地区中浅层有所发现，对这种特殊的组合类型，研究认识还有待于进一步深入。

三、勘探历程

中华人民共和国成立初期，百废待兴，尤其是石油工业极其落后，甚至被外国一些专家冠以中国贫油论。然而，我国早期的石油地质工作者在陆相生油理论指导下，坚信松辽盆地可以形成大型陆相油气田。经过勘探初期的艰辛，石油地质工作者在松辽盆地相继发现了两个陆相油田——大庆油田和扶余油田。60年来，吉林油气区的勘探取得了丰硕成果，继承和发展了我国陆相石油地质理论。依据不同勘探阶段理论技术、勘探思路以及勘探对象的改变等，将吉林油气区的勘探划分为五个勘探阶段。

1. 盆地普查及勘探发现阶段

1955—1970年，通过全盆地的航空磁测、重力普查、重力详查、磁力普查、重磁力普查、电测深、大地电流测量以及10021.29km的地震测线和930口的基准井、地质井、剖面井、探井等工作量，石油地质工作者对松辽盆地南部的石油地质条件有了一定的了解，对该地区的区域构造面貌有了基本的认识。划分了构造单元，建立了地层层序；划分了地层组段，确定了生油层系；划分了上部、中部、下部3个含油组合，明确了黑帝庙、萨尔图、葡萄花、高台子、扶余、杨大城子6个含油层系；初步建立了地震—地层界面关系。发现油田1个，发现了48个局部构造，发现了20个获油气显示构造，发现扶余、新立、黑帝庙、红岗和大安5个获工业油气流构造，指出中央坳陷区为有利勘探区，为以后石油勘探打下了良好的基础。

1）早期石油地质普查

1955年1月，地质部在北京召开第一次石油普查工作会议，迅速落实党中央、国务院关于开展全国石油和天然气的普查及科学研究工作，确立了"先找油区、再找油田"的工作思路。1955年9月，东北地质局组成了6人的"松辽平原石油地质踏勘组"，主要对盆地东部进行踏勘，由此拉开了松辽盆地寻找石油的序幕。

1956年1月，地质部在北京召开了第二次全国石油普查会议工作。会议决定成立以松辽盆地为战场的"松辽石油普查大队"（简称"二普"），与地质部第二物探大队、904航磁队配合。从3月开始，在松辽平原进行区域性地质、地球物理普查工作，通过重力、磁力、航磁和电测深、大地电流等手段，对全盆地进行地球物理勘查工作。石油地质调查首先从盆地边缘和东南隆起区开始，至年底完成了南1井等21口区域地质调查井。

1956年1月24日至2月4日，石油工业部在北京召开第一届石油勘探会议。正在苏联考察的康世恩提交书面发言，并建议对松辽盆地开展石油地质普查工作。

1957年3月22日，石油工业部决定开展松辽盆地石油地质调查，并组建了以邱中建为队长的116地质调查队（全名为松辽平原地质专题研究队），进行资料收集和地质调查。

1958年2月27日至28日，国务院副总理邓小平听取了石油工业部工作汇报后，要求对东北、华北等地区多做工作。为贯彻邓小平指示精神，勘探队伍开始了从西部向东部的大转移。

1958年4月17日，地质部"二普"在中央坳陷区扶新隆起带木头鼻状构造（吉林省前郭县达里巴村）钻探的南17井，首次在盆地内部钻遇含油砂岩（姚家组），其后相继在东南隆起区杨大城子背斜带头道圈构造、东南隆起区登娄库背斜带等多处钻遇含油砂岩油气显示（石油工业部松辽石油勘探局在黑龙江的大同镇钻探也获得相同发现），从而证实松辽盆地是个区域性含油气盆地，坚定了在松辽盆地勘探石油的信心。

2）重点突破，发现扶余油田

通过1957—1958年的重力测量、航空磁测等研究，认为吉林省的钓鱼台、登娄库及扶余构造是松辽盆地南部埋藏较浅的构造。根据区域剖面井所揭示的新资料和新成果，1959年初，"二普"明确提出了"揭开扶余、钓鱼台，大战大同镇"和"猛攻出油关""一切为了获得工业油流"的行动方针。

1959年8月，通过分析扶余地区重力、航磁的解释成果，确认扶余地区为重力高异常区，解释为基底隆起区。结合钻井地质调查成果，综合研究认为"扶余地区（扶余Ⅲ号构造及其周围地区）是一个在基底古隆起控制下的背斜构造带"。其构造带西部面临中央坳陷区的长期沉降区带，是发现油田的有利构造区带。在认真研究收集到的资料后，地质部松辽石油普查大队建议，经石油工业部和苏联专家商定，提出了勘探扶余地区的具体部署，将工作重点从扶余地区的Ⅰ号、Ⅱ号构造，转移到扶余Ⅲ号构造，决定当年在该构造上钻10口剖面井。

在扶余Ⅲ号构造南高点钻探的"克1井"，揭穿泉四段扶余油层，共计发现59处油气显示，这是首次在扶余Ⅲ号构造上发现含油砂岩。为了突破工业油流关，地质、工程技术人员在总结过去封堵不住地表水经验教训的基础上，土洋结合，反复试验，终于制成了"钢质座压式"套管封隔器（当时称"土拍克"），并在扶21井首次下井试验成功，为下步获工业油流打下了基础。

1959年9月29日，地质部松辽石油普查大队二区队在松辽盆地扶余Ⅲ号构造（扶余县雅达红屯）钻探的扶27井，于白垩系泉四段试油获日产0.599m³油流，从此发现了扶余油田。这是吉林省境内发现的第一个油田。

1960年6月24日，新立构造的吉13井在黑帝庙油层获工业油流。1960年，由地质部东北物探大队采用地震反射法发现了红岗构造，同年，由地质部松辽石油普查大队一区队进行详查。1961年，红岗构造被石油工业部松辽石油勘探局列为重点勘探目标，首钻红1井，发现良好的油气显示，并初步建立地层层序。同年5月8日，对先后射开的3个萨尔图油层段合试，日产油5.90t，从而证实了红岗油田的工业价值，该井于1961年9月20日投入试生产。继红1井出油后，又部署了4口探井，进而组成十字形勘探剖面。

1962年4月，长岭凹陷南部的黑1井在嫩江组上部获工业油流，并命名该油层为黑帝庙油层。1963年9月20日，大安构造大4井的高台子油层和葡萄花油层获工业油流。

1965年、1966年、1967年、1970年外甩了扶余油田北部新民断块区探井6口，于扶余油层见到良好油气显示。地011井试油，获得日产0.546t少量油流，展示了扶余油田外围地区的勘探前景，为以后新民油田的发现提供了研究认识和勘探部署依据。

2.构造油气藏勘探阶段

1970年吉林油田实施"七〇"会战，使吉林油气区的油气勘探工作出现了一个新局面。在这一阶段重点开展区域勘探，外甩构造侦查，立足发现含油区带。主要针对前郭、扶余、大安、农安、德惠和梨树等广大地区，主攻盆地中上部组合，开始向深层进军。先后以红岗阶地、扶新隆起带、华字井阶地和农安背斜带为重点，进行了地震、钻井、试油等综合勘探，取得了十分可喜的成果。

1971年，吉林省地质局根据中央关于"第四个五年计划期间，要在有条件的地区积极开展石油普查、天然气普查勘探工作"的精神，为搞清吉林省石油天然气资源情况，发展吉林省经济建设，在松花江以南地区开展石油普查勘探工作，在原物探大队基础上组建吉林省地质局石油普查大队。

1）二级构造带控油论指导发现四个油田

勘探研究方面，在陆相生油理论的基础上，发展了二级构造带整体控油理论。在该理论的指导下，一直以构造条件较好的二级构造带为重点，即扶新隆起带、红岗阶地取得重要成果，发现了新北、红岗、新木、新立四个油田，使以扶余为中心建立吉林石油工业基地的设想初具规模。

依据吉13井试油结果（1960年探井，于嫩江组三段黑帝庙油层首获2.2t的工业油流），将黑帝庙油层作为新立地区勘探目的层，对扶新隆起带新立构造进一步勘探，至年底完钻探井19口（含新3井），均获油气显示，显示了该区良好的勘探前景，探井不断向北延伸。1972年2月27日，为了扩大扶新隆起带勘探成果，同时，为了尽快恢复在勘探前期就有大的发现，选择新3井进行试油。于嫩江组三段黑帝庙油层获日产0.545t的工业油流，同时，新5井在自喷条件下获得1.524m³/d工业油流，由此发现新北油田。

1961年，石油工业部松辽石油勘探局首钻红1井，在萨尔图油层发现良好的油气显示。同年6月，用提捞法试油获5.1t/d工业油流，由此发现了红岗含油气构造。该井于1961年9月投入试生产，自然产能较低。1962年8月16日，红2井完钻，虽多处见油气显示，但是油层物性差。根据分析，初步认为红岗地区前景不理想，因此终止该区的进一步勘探。

1972年，二次钻探红岗阶地的红岗构造。1973年6月23日，红5井萨尔图油层获得11.6m³的高产油流，1973年详探，发现明水、黑帝庙、葡萄花、高台子多套含油气层，证实红岗构造为多套含油层系层状构造油藏。

鉴于木头地区属于扶新隆起带，位于中央坳陷与扶余油田之间，具有大型鼻状构造条件，综合分析认为是新的战略地区。1972年首先于木头地区钻探尔4井及木102井，于木102井扶余油层首获工业油流。1973年吉林油田在木头地区大规模勘探，先后钻探木101井、尔5井等13口探井，当年8月，在木101井扶余油层获高产油流，初产原油18.7m³/d，压裂以后达到36m³/d，遂发现了木头油田。

1973年，依据新立构造是一个长期继承性发育的多层系构造，也位于扶新隆起带，并且相邻的木头构造于扶余油层获得高产油流，开始对新立地区进行勘探。1973年10月于新立构造高点部署实施新103井，于嫩三段、青山口组、泉四段、泉三段多层段见油气显示，同年12月，压裂后试油，于杨大城子油层获31.43t/d高产工业油流，由此发现吉林油气区第五个油田——新立油田，进一步揭示了扶新隆起带的含油潜力。

除探明红岗、木头、新北、新立油田以外，还在扶余油田新增部分石油地质储量，累计新增探明石油地质储量10735×10⁴t。外围普查及预探工作也取得可喜成果，先后于双坨子构造坨1井高台子油层、前郭断块前8井扶余油层、大安构造大6井黑帝庙油层、农安构造农5井杨大城子油层见油气显示。其中华家1井在姚家组、泉三段、泉四段见油气显示，对东南隆起区的勘探具有重要意义。1974年12月，采用压裂工艺措施对坨1井青二段高台子油层1号层（789.4～792.2m）重新试油，获得日产油3.13t、日产天然气3.56×10⁴m³的高产油气流，证明了双坨子构造的工业价值，为该区下步勘探奠定了基础。

1975 年 2 月，受地方经济发展对能源需求的影响，由吉林省地质局、长春市、长春地质学院三个单位共同组建了长春地区油气水会战指挥部。经反复讨论，选择农安构造南高点进行华 1 井钻探，于 1975 年 5 月开钻。于姚家组至泉头组中钻遇 6 层 13m 的油气显示，经长春市委决定，请吉林油田协助进行试油，但限于井径小而未能投入测试。鉴于此，吉林油田在距华 1 井 2400m 的同一剖面线上钻农 5 井，于 1975 年 10 月 9 日试油获得 6.8m^3 的工业油流。

2）立足中央坳陷外甩勘探

1976 年 7 月，吉林省石化局明确吉林油田 1976 年工作安排，确定"五五"期间油气勘探开发建设的原则和规划目标。鉴于以前各阶段的工作，松辽盆地南部条件较好的构造均已经钻探。"五五"期间，在勘探上，从区域着眼，二级构造带入手，稀井广探，油气并举，深浅结合，力争发现高产油气田；集中与甩开相结合，初期以甩开为主，争取有新的发现，为集中勘探提供战场，发现高产油气田；集中力量打歼灭战，迅速控制面积，探明储量，为开发准备条件。鉴于此，吉林省石油会战指挥部重新确定勘探方向，开辟包括外围盆地的新探区、新层系，成为该阶段的主要目标。几经分析后认为，东南隆起区虽然盖层条件较差，但具有"低背斜"、古潜山等构造条件；华字井阶地具有出油点及紧邻长岭凹陷的地质条件；长岭凹陷具有大型保乾砂岩体等岩性条件，因而开始对农安、双坨子、朱大屯、平安镇、乾安—大情字井、大坨子等构造和地区进行探查。

（1）立足中央坳陷勘探持续发现新油田。

1977 年 2 月，省石油会战指挥部石油勘探技术座谈会结束。会议讨论了如何打好石油勘探之仗，分析了国内外石油勘探开发形势，制订了 1977 年勘探部署规划。乾安构造第一口探井乾深 1 井开完钻于 1978 年 12 月 19 日至 1979 年 2 月 17 日，于高台子油层压裂首次获得 3.30m^3/d 工业油流，当年用气举法试油获得扶余油层自喷 4.91m^3/d、高台子油层 2.03m^3/d、合试最高达 5.2m^3/d 工业油流，从而发现乾安油田。吉林省石油会战指挥部勘探开发研究院加强地质综合研究工作，特别是区域性沉积相研究工作，取得突破性成果，认为乾安地区为保康砂岩体前缘，属河流三角洲分流平原亚相和前缘亚相沉积，是油气聚集的有利地区。

1978 年，吉林石油普查大队（中国石化东北油气分公司前身）鉴于二氧化碳气资源在国民经济中的价值，"六五"期间（1976—1980 年），有计划地投入大量的工作，开展了万金塔构造二氧化碳气的地质勘查，二维地震完成 185.485km，测网密度达到 2km×3km，钻井施工了万 3 井。

1979 年，吉林省石油会战指挥部地调处对大安构造进行详查，发现在大安构造的南部 T$_1$、T$_2$ 反射界面有穹隆显示，由此发现了海坨子鼻状构造。1980 年，松辽盆地南部以中央坳陷（包括长岭凹陷）为重点，兼顾东南隆起等地区，迅速铺开大面积油气普查工作。会战队伍一方面在大安、海坨子一带布置钻探业务，同时在更大范围和部分有利局部构造上部署地震普查，为进一步实施钻探获取第一手资料。同时在未曾开展地震工作的地区进行地震扫描，寻找有利油气富集带和局部构造。另外，在海坨子构造穹隆高点部署了一口探井海 1 井，完钻层位泉三段，该井在萨尔图、高台子、扶余、杨大城子油层均见到不同程度的油气显示。

1981 年，为加强松辽盆地南部地震普查，地质部又从河南调一个地震队、从江苏调两个地震队到松辽地区支援工作，使松辽会战地震队达到 8 个，最高时达到 12 个。同年 6 月，石油工业部对省石油会战指挥部下达《1981 年基本建设计划》，要求在勘探上，开展德惠、大安、英台地区勘探，详探新立、新北构造。1982 年 9 月，海 2 井试油，分别于杨大城子油层获原油 2.05m³/d；扶余、高台子油层合试获原油 4.80m³/d；扶余油层单试获原油 1.90m³/d；高台子油层 1462.40～1473.80m 单试获 1.30m³/d 工业油流，证实了海坨子构造是一个多层系含油构造，从而发现了海坨子油田。

新庙地区 1981 年开始钻探，到 1983 年先后钻探 9 口探井，于扶余油层均见到含油—油迹级别的油气显示，对 5 口井试油，有 2 口井获得工业油流，其中，新 232 井于 1983 年 7 月 3 日于扶余油层首获 1.20t/d 的工业油流，发现了新庙油田，从而打开了该区的勘探局面。

1981—1983 年，地质部吉林石油普查会战指挥所在中央坳陷区长岭坳陷针对坳陷层钻探了 5 口井（松南 1 井、松南 3 井、松南 4 井、松南 5 井、松南 6 井）。由于资料少、普查井没能部署在构造最有利的位置，加上队伍刚组建不久，缺少配套的作业队伍，工程工艺不完善，对深部含油组合及其下伏地层油气情况的了解带来困难等，导致先期勘探未能在中央坳陷区有效展开。

（2）外甩东南挥师南下，勘探领域不断拓宽。

1982 年，地震工作除继续完成长岭凹陷、华字井阶地及大安—海坨子构造带的地震连片外，又进一步深入到东南隆起的梨树凹陷，进行地震概查。

1981—1982 年对外围中—新生代沉积盆地进行侦察性的石油地质普查，德惠断陷的农 101 井在基岩风化壳地层获少量煤成气和原油，在梨树断陷梨参 1 井泉一段获日产煤型气 8.7×10⁴m³，该区的油气勘探前景得以证实，同时伊通盆地岔路河断陷发现新近系含油砂岩，确认伊通盆地古近系—新近系具有勘探前景。

为了落实稠油资源，1984 年开展了原油性质研究和岩心热驱油试验。研究表明，永平地区原油对温度敏感性强，常规采油无法获得产量，需进行热力采油。通过地面条件和油井地质情况详细调查，1984 年 8 月 14 日至 21 日扶 119 井常规试油，射孔井段 182.8～190.8m，射开 2 层厚度 6.6m，提捞产油微量，产水 0.005t。1985 年 10 月开展热吞吐试油，10 月 14 日至 21 日注汽，关井 51h 后在 10 月 23 日开始投产，投产初期日产油 8.7t，发现了永平油田。

1984 年，在加强地质研究、扩大勘探领域、向新区新层进军的战略思想指导下，对伊通地堑展开地震勘探。1984 年冬至 1985 年春，在该盆地的岔路河断陷完成二维模拟地震测线 81.5km，发现了万昌构造。根据地震成果，1985 年 8 月底，在万昌构造上钻探昌 1 井和万参 1 井，录井过程中在新近系中获得了良好的油气显示。1987 年，万昌构造翼部昌 2 井试油，获得日产凝析油 4.44t、日产天然气 7.59×10⁴m³，突破了伊通地堑出油关。

1985 年，重新完成了梨树地区的构造解释，发现四家子构造。1986 年 9 月在构造高部位完钻四 2 井，完钻井深 1804.86m。完钻层位侏罗系怀德油层，1986 年 9 月 22 日采用自喷方式试油，井段 1450.00～1463.20m，试油获得了工业油气流，日产天然气 2.57×10⁴m³，日产油 1.06t，从而发现了四五家子油田。钻遇良好油气显示，坚定了在断陷领域的勘探决心。

与此同时，地质矿产部吉林石油普查勘探指挥所为了早日实现梨树断陷层的油气突破，加快了钻井实施节奏，在小五家子构造、后五家户构造、毛城子构造（皮家构造）、三合构造、柳条构造部署了6口普查井。

继松南11井完钻之后，随即在中央构造带小五家子构造上施工了松南13井。由4018井队负责施工，于1986年4月20日开钻，6月29日完钻，井深1760.55m，1986年7月对1522.4～1578.6m井段和1695.0～1721.0m井段进行DST测试，日产油4.18m³、日产天然气1.5×10^4m³，发现了四五家子油气田。

松南13井首次在松辽盆地断陷层沙河子组（当时分别把营城组、沙河子组命名为上五家子组、下五家子组）获工业油气流（命名为四五家子油气层），发现了四五家子油气田（国家储委审定），实现了松辽盆地南部断陷层领域勘探突破。开创了东北油气分公司（局）松辽盆地南部石油、天然气工业发展的新征程。

3）主导因素控油，迎来储量增长高峰

"七五"期间，在部署上，坚持区域甩开与重点解剖相结合。在勘探研究方面，随着松辽盆地南部勘探的发展，越来越多的证据表明，松辽盆地南部多数二级构造带并不是整体控油，即使在浅层同一坳陷内，由于陆相盆地岩性、岩相的纵横向变化，生、储、盖层与构造的配置关系复杂，导致不同类型的油气藏在三维空间错综复杂的分布形式。1988年1月经过对已发现的12个含油气区进行重点解剖，并结合构造、地层、沉积、烃源岩及资源评价的研究成果，进行石油地质规律及勘探经验的总结，提出了主导因素宏观控油理论，即起决定作用的主导因素在宏观上控制了油气聚集带的形成。所谓油气聚集带，可理解为在含油气盆地内，某一构造带或地层岩相变化带中，宏观上受主导因素控制的互有成因联系的一系列油气藏的三维空间地质综合体。

在主导因素宏观控油理论的指导下，从1986年至1997年底，吉林油田先后新发现了新民、长春、大安、大安北、莫里青、大老爷府、布海、小城子、南山湾、两井、双坨子、孤店、套保、一棵树、四家子等油气田及农安构造、万金塔构造等多个有利含油气区；地质矿产部吉林石油普查勘探指挥所新发现了四五家子、皮家、后五家户、伏龙泉、八屋、孤家子等多个有利含油气构造，充分证明这一理论在勘探中所起的重要作用。

1987年底，在伊丹隆起五星构造上首钻昌10井。昌10井位于吉林省双阳县（现称长春市双阳区）奢岭乡孟家店村西南0.5km处，由吉林油田管理局钻井公司32924钻井队于1987年11月24日开钻，至1988年3月11日完钻，完钻井深1958.24m，完钻层位为古近系的始新统双阳组二段（未穿）。1988年3月20日开始对双阳组二段73号层10.6m进行试油，4月13日自喷求产，获日产原油294.03t、日产天然气2.7×10^4m³的高产油气流。由此，五星构造区转入详探。

1988年3月，在1986年发现的一棵树构造上钻方3井，录井中在萨尔图油层和高台子油层均见到油气显示，同年7月在高台子油层试油，射开2.60m厚油层，用6mm油嘴、25mm孔板自喷生产，日产原油10.29t，日产天然气5.74×10^3m³，由此发现一棵树油田（现归英台油田管辖）。

1989年，地质矿产部吉林石油普查勘探指挥所在梨树断陷中央构造带后五家户构造上部署施工了松南 24 井，井段 1159.6～1184.2m 中途测试获天然气 $4.3 \times 10^4 \text{m}^3/\text{d}$，这是吉林石油普查勘探指挥所在松南二轮油气普查中打出的第一口获得工业气流井，发现了后五家户气田。1990 年施工的松南 20 井在登娄库组获工业气流，日产天然气 $3.9 \times 10^4 \text{m}^3$。之后，后五家户构造进入滚动勘探和规模开发。

随着油田地质工作者对松辽盆地认识的不断深化和勘探技术水平的提高，吉林油田对新民地区勘探再次被提到日程上来。前三轮对该区的勘探虽未取得突破，但对该区地质条件的研究并未间断。运用主导因素宏观控油论进行分析，认为新民地区位于扶新古隆起的北坡，其南侧已发现整装含油的亿吨级扶余油田，扶新古隆起又东依莺山凹陷，向北、向西、向南分别倾没于三肇、古龙—大安、长岭生油凹陷中，因此该区具备有利的油气聚集条件。据此，于 1989 年 7 月在构造高部位钻民 1 井和民 2 井两口探井，在这两口井中见油砂后，又部署民 3 井和民 5 井，到 1989 年底，完钻探井 12 口，全部钻穿扶余油层。1989 年 11 月，民 1 井、民 2 井扶余油层压裂后试油相继获工业油流，从而发现了新民油田。

1990 年 11 月 8 日，地质矿产部吉林石油普查勘探指挥所部署在伏龙泉断陷东部反转构造带伏龙泉构造北高点的松南 2 井，常规测试在泉头组三段井段 601.96～604.96m 和 648.96～651.96m 合试，获高产工业气流，测试日产量折算达 $70 \times 10^4 \text{m}^3$，发现了伏龙泉气田。

20 世纪 80 年代中后期至 90 年代初期，吉林油田管理局地质调查处先后两次在两井地区开展了二维数字地震勘探详查工作。1991 年钻探孤 13 井，采用常规测试方式试油，于扶余油层获得 10.35t 的工业油流，发现了两井油田。至此打开了该区多年徘徊不前的局面，拉开了全面勘探的序幕。

大安油田的发现经历了较长的历程，自大 4 井 1963 年 9 月 20 日在高台子、葡萄花油层获工业油流后，"八五"以前仅做过少量的地震复查，钻探井 3 口，其中大 202 井在扶余油层获工业油流。该阶段对该区整体布置了三维地震 163km²，二维高分辨率地震 1811.075km，经油气藏综合描述，钻探井 41 口，1994 年上交探明石油地质储量。

大老爷府油田的勘探始于 20 世纪 50 年代，先后完成重、磁、电及模拟地震等普查工作，1962 年发现大老爷府构造。1963 年在构造上钻探老 1 井，1989 年又钻探老 2 井，于扶余油层试油，日产油 1.4t，日产天然气 $7.7 \times 10^4 \text{m}^3$，突破该构造的出油气关。

为进一步落实大老爷府老 2 井的工业价值，1992 年实施了加密二维数字地震，测网密度为 1km×1km，进一步控制了构造面貌。于 1993 年部署探井老 3 井、老 4 井，对老 4 井泉四段扶余油层试油，获得日产油 6.04t、日产天然气 $3.48 \times 10^3 \text{m}^3$ 的工业油气流，老 3 井高台子油层试油，获得日产油 1.05t，从而发现了高台子油层。

1994 年，加强了大老爷府地区油气成藏机理研究，依据老 3 井的试油成果，结合已钻井在高台子油层普遍见到良好油气显示这一事实，综合成藏条件分析，认为大老爷府油田高台子低电阻率油层具有一定的储油和产油条件。为了探索和证实研究成果，对老 4 井的高台子油层进行试油，获日产 14.90t 的高产油流（油层电阻率为 $21 \Omega \cdot \text{m}$），从而真正地突破了高台子油层的工业油流关，验证了高台子油层低电阻率出油的推论。出于稳妥起见，于 1994 年 5 月在老 1 井附近钻探老 7 井，于高台子、扶余油层多处见油气显示，根据低电阻率油层的认识和实践成果，对扶余、高台子、葡萄花油层进行了系统试油,于扶余油层及高台子四个砂组均获得高产油气流,并于姚一段葡萄花油层获日产 $6.92 \times 10^4 m^3$ 的高产气流,发现了葡萄花油层的价值,证实了大老爷府构造是一个具有多套含油气层系的较高产油气藏。

双坨子油气田位于华字井阶地南部,其北部为大老爷府油气田,东部为大房身油气田,1995 年在高台子油层和杨大城子油层提交探明石油地质储量 $101 \times 10^4 t$,探明天然气地质储量 $3.09 \times 10^8 m^3$。1998 年完钻探井 1 口,进尺 2550m,试油完成 2 口井 2 层,均获工业气流。在泉一段和泉三段提交探明天然气地质储量 $5.55 \times 10^8 m^3$。油气藏类型为岩性—构造油气藏。

两井油田从 1956 年开始勘探,分别于 1964 年、1980 年开展了钻井工作,仅在乾 101 井扶余油层获少量油流。1990 年开始进行数字地震,1991 年 12 月 9 日在孤 13 井获工业油流,1997 年于扶余油层提交探明石油地质储量 $3308 \times 10^4 t$,含油面积 $79 km^2$,从而发现两井油田。1998 年提交探明石油地质储量 $1027 \times 10^4 t$,探明溶解气储量 $2.77 \times 10^8 m^3$。

套保油田位于西部斜坡区套保地区,地震测网 2km×2km,1995—1996 年地震勘探发现 4 个局部构造,面积 $31.5 km^2$,1997 年在白 87 井突破工业油流关后,提交预测石油地质储量 $15549 \times 10^4 t$。1998 年在萨尔图油层圈定含油面积 $8.3 km^2$,控制石油地质储量 $932 \times 10^4 t$。1999 年继续评价钻探,共完钻预探井 9 口,评价井 4 口,进尺 5157m。试油 18 层,6 口井新获工业油流。萨尔图油层及葡萄花油层合计新增探明石油地质储量 $2046 \times 10^4 t$。

布海气田的勘探始于 20 世纪 60 年代,1994—1995 年部署二维数字地震,1995 年 1 月完钻的布 1 井于泉三段及泉一段试油,分别获工业气流;1996—1997 年又在该区完成 1km×2km 二维高分辨率地震,1997 年在泉三段、泉一段探明天然气储量。

小合隆气田位于东南隆起区长春断陷,1995 年于小合隆构造上的合 5 井首获工业气流,1996 年提交了泉一段、泉三段和侏罗系的天然气预测地质储量 $104.1 \times 10^8 m^3$,1997 年在泉一段及登娄库组提交天然气控制地质储量 $42.4 \times 10^8 m^3$。1998 年在泉一段和泉三段提交天然气控制地质储量 $37.48 \times 10^8 m^3$,1999 年试油 13 层,1 口井新获工业气流,在合 6 块、合 11 块泉一段和泉三段提交探明天然气地质储量 $12.96 \times 10^8 m^3$。气藏类型为构造气藏。

四五家子油气田位于东南隆起区梨树断陷,1987 年在侏罗系怀德油层提交控制石油地质储量 $1987 \times 10^4 t$,控制天然气地质储量 $4.24 \times 10^8 m^3$,1993 年泉二段农安油层提交探明石油地质储量 $341 \times 10^4 t$。1998 年经滚动勘探开发,在怀德油层提交探明石油地质储量 $453 \times 10^4 t$、探明天然气地质储量 $0.32 \times 10^8 m^3$,油藏类型为岩性—构造油气藏。该区为多层系含油,油藏埋藏浅(1320m),单井产量高,是效益较好的地区。

根据中国石油天然气总公司关于"加速伊舒地堑油气勘探步伐"的精神,1988 年冬至 1989 年春,中国地球物理勘探局派出三个三维地震队,吉林省油田管理局组建了两个三维地震队,由中国地球物理勘探局统一指导,共同规划、设计、施工,在伊通地堑的万昌、五星、莫里青地区完成了 $500 km^2$ 的三维采集工作,莫里青地区由中国地球物理勘探局地调一处 2113 地震队担负野外采集,1989—1992 年分 4 个年度分片实施三维地震工作,勘探面积 $270 km^2$,测网密度达 1km×1km,边缘部位为

1km×2km～2km×2km，勾绘了 5 个层面构造图。由于地震勘探技术的进步，除了基底的构造形态相似，其他各层的变化较大。

1992 年 7 月，为了解莫里青西部双二段砂岩分布与莫里青中部地区双二段砂体相互关系、双一段底砾岩分布状况以及各组段含油气情况，由吉林省油田管理局勘探开发研究院设计的伊 37 井开钻。在钻穿双二段时录井见到了较好的油气显示并决定提前完钻，于 1993 年 6 月 18 日，对双阳组二段 IV 砂组 58 号解释层进行试油，获日产油 16.27t 的工业油流，从而打开了莫里青断陷的勘探局面，发现了莫里青油田。

1995 年 4 月 25 日，地质矿产部吉林石油普查会战指挥所部署在梨树断陷中央构造带八屋构造上的松南 54 井在登娄库组 1331.3～1355.8m 井段测试获工业气流，日产气量 $2.9×10^4m^3$，发现了八屋气田。

1996 年，地质矿产部东北石油地质局在对十屋地区成藏地质条件和油气富集规律研究的基础上，结合该构造的重新落实，在梨树断陷中央构造带孤家子构造高部位部署了松南 76 井。松南 76 井于 1996 年 6 月 20 日开钻，9 月 5 日完钻，完钻井深 2300.96m。1996 年 10 月 25 日对泉头组 1630.5～1636.0m 和 1639.0～1645.0m 井段常规测试，获日产天然气 $13.23×10^4m$ 的高产工业气流，由此发现了孤家子气田。

1998 年 7 月 8 日，中国新星石油公司东北石油局对梨树断陷东部斜坡带秦家屯构造松南 78 井泉头组井段 1435.2～1436.2m 试油，抽汲后获得日产 44520m³ 的工业气流。1998 年 10 月 22 日对松南 106 井登娄库组 1448～1460m 井段进行常规测试，获得日产 6m³ 的工业油流，发现秦家屯油气田。

3. 岩性油藏勘探阶段

1998—2004 年，吉林油田公司积极开展松辽盆地南部岩性油藏勘探，深化各层系的油气成藏机制及富集规律认识，形成了大型岩性油藏理论。

在勘探上，面对勘探对象越来越复杂，勘探技术的要求越来越高，施工条件越来越困难，资源品质总体变差，低渗透储量所占的比例逐年加大等因素，吉林油田分公司在"立足中央，突破伊通，探索东南，准备西坡，发展滚动" 20 字勘探方针指导下，坚持把勘探作为重中之重，部署上坚持区域甩开与重点解剖相结合。

1）保乾砂体探明大情字井亿吨级效益储量区

1998 年 7 月 16 日，吉林石油集团有限责任公司划归中国石油天然气总公司后，中国石油天然气股份有限公司先后委派了北京石油勘探开发研究院、西北石油地质研究分院、杭州石油地质研究所、东方地球物理公司等多家勘探开发研究人员加入吉林油田的勘探开发研究之中，增加了吉林油田科研力量，带来了先进的理论和技术以及研究方法。吉林油田研究院的广大勘探研究人员博采众长、不断创新、精心研究，在深入分析松辽盆地南部岩性油藏形成的基本条件、岩性圈闭类型及分布特征的基础上，对岩性油藏的分布规律及勘探潜力有了突破性认识，如"凝缩段"超压、岩性组合及断裂输导体系的终止程度控制油气藏的富集和油气藏空间分布，油气分布遵循"互补性"原理；四大沉积体系三角洲前缘的空间展布特征决定了岩性油藏分布的分区、分带性，长岭凹陷是富油凹陷，具备"满凹含油"的有利地质条件；岩性油气藏的形成以初次运移为主，具有"高势"特征，负向构造或凹陷区是开展岩性油气藏勘探的重要领域；岩性油气藏的分布受最大湖泛面、不整合面及断层面控制；不同的构造岩相带具有不同的岩性油藏成藏组合模式；三大沉积体系的前缘相带是松辽盆地南部岩性油气藏勘探的重要领域；超覆带、坡折带、裂缝发育带、次生孔隙发育带是岩性油气藏勘探的重要方向等。上述认识有力地指导了有利勘探目标及勘探方向的选择，为岩性油气藏的勘探突破提供了理论认识保障。

在新认识的指导下，遵照实践、认识，再实践、再认识的思想，确定了"三步走"的部署思路：第一步稳中求进，先钻构造圈闭，保证钻探成功率；第二步扩大战果，通过高精度三维地震勘探，脱离构造圈闭针对断层岩性圈闭部署钻探黑50井，见到良好的油气显示，试油获得2.01t的工业油流，突破构造圈闭外工业油流关；第三步成功"上坡"，证实断层岩性油藏的存在。在高精度三维地震储层精细刻画的基础上部署黑53井和黑101井两口"下凹"井，脱离断层钻探大情字井地区向斜部位低幅度构造圈闭勘探获得突破。在取得初步成果的同时，继续深入开展油气成藏条件的再认识，在研究中紧紧抓住"大情字井生烃凹陷"和"三角洲前缘带"这两个关键因素，得出"油气主要围绕在生烃凹陷中心，在沉积体系的前缘相带易形成大面积分布"的认识，得出大情字井地区中部组合可以形成岩性、断层—岩性、上倾尖灭多种油气藏类型和纵向上可叠加连片的认识。基于大量的实际研究工作，明确了勘探方向，部署思路实现了从构造到岩性的转变。黑53井和黑101井两口"下凹"井，在青一段试油分别获得3.32t/d、2.58t/d工业油流，成功"下凹"，证实大情字井地区大型岩性油藏的存在。在此基础上，开发早期介入、勘探向后延伸的勘探开发一体化工作模式的实施进一步显现出岩性油藏的开发价值，为长岭凹陷大型岩性油藏的发现坚定了信心。1999年底在该区储量未完全落实的情况下，首先建立开发生产试验区，不但证实了开发井可以稳产，而且2000年当年建成了 16×10^4t 生产能力。

同时，2002年9月，中国石化新星公司在长岭凹陷腰英台三号区块的DB16井在泉头组四段测试获得日产10.8t原油，于青一段Ⅴ砂组和青二段Ⅳ砂组中试油获工业油流，实现了腰英台地区的油气突破，发现腰英台油田。

2）西部砂体探明英—坨亿吨级效益储量区

"九五"期间，英台—四方坨子地区（简称英—坨地区）实物工作量投入基本处于停滞状态，但研究工作一直没有间断。通过深入的地质研究，对这一地区的地下地质条件有了比较客观的认识。

第一，该区紧邻古龙生油凹陷，充足的油源为规模效益储量区的形成提供了物质基础。

第二，优越的沉积相带、广泛分布的三角洲前缘相砂体为油气藏的形成提供了良好的储集空间。

第三，该区长期为油气运聚的指向区。有利的构造位置、断裂组合、生储盖配置关系是规模效益储量区形成的主导因素。特别是有利的断层—岩性配置及东倾斜坡上发育众多小幅度构造圈闭，使英—坨地区具备了形成各种类型油气藏的有利条件。

针对英—坨地区特殊的地质和地理条件，吉林油田公司对英—坨地区的勘探做了总体安排。

地震部署上由北向南整体推进。对英—坨地区实施连片三维地震勘探，利用高精度三维地震资料落实全区小幅度构造、断裂系统和断层—岩性圈闭。

探井部署上根据英—坨地区以往的成功勘探经验，提出"三步走"的勘探方针。第一步对受反向正断层控制形成的构造圈闭进行钻探，落实其含油性，确保勘探成功率和效益区块的发现；第二步对断层—岩性圈闭进行钻探，逐步扩大含油面积；第三步针对岩性油气藏进行勘探，实现含油连片，扩大储量规模。在"三步走"部署方针的指导下，每一步都取得了重要的成果。

第一步对受反向正断层控制形成的圈闭进行钻探，初战告捷。针对受反向正断层控制形成的圈闭共钻探 10 口探井，全部成功，发现高台子油层和扶余油层两个新的含油气层系。其中，方 44 井、方 52 井、英 143 井、方 55 井等获高产油流。

第二步对断层—岩性圈闭实施钻探，成果显著。通过成藏机制分析，认为该区具备形成断层—岩性油气藏的有利条件，针对断层—岩性圈闭实施钻探的方 58 井、方 60 井、方 68 井、方 64 井，四口井均获得高产工业油流。这一突破进一步证实了该区大规模断层—岩性油藏的勘探前景，针对断层—岩性油气藏钻探的 9 口探井，有 5 口井获高产油流。

第三步针对岩性油气藏进行勘探，获重大突破。通过对四方坨子东、英台东已投入开发的重点区块进行了精细解剖，认为四方坨子东扶余油层、青一段油层主要受岩性控制，青一段油层大面积整体连片成为可能。通过 Invertrace invermod 储层反演方法，搞清了砂体变化，新发现落实了 11 个岩性圈闭，2001—2002 年优选岩性圈闭部署了方 96 井、方 97 井、方 99 井、方 84 井、方 85 井、方 101 井、方 102 井、英 157 井、英 161 井、英 162 井、英 163 井、英 164 井共 12 口井。除方 96 井、方 97 井获少量油流以外，其余均获得工业油气流，从而使英台地区岩性油藏的勘探获得了重大突破。

2002 年，在英台—四方坨子地区整体提交探明石油地质储量 5016×10^4t。

这一阶段探明了八面台油田，落实扶新、英台南—海坨子—大布苏和长岭凹陷三个"亿吨级"有利勘探目标区；明确了伊通盆地大南凹陷、新安堡凹陷和波—太凹陷各具有 5000×10^4t 勘探潜力。

2003 年 4 月，中国石化新星公司东北分公司在长岭凹陷所图 I 号构造松南 301 井 2230.8～2237.6m 测试获日产原油 15t，发现所图油田。

3）整体研究，让字井斜坡带发现 2×10^8t 储量规模

让字井斜坡带是指北至查干泡、西至海坨子油田、东至孤店逆断层、南至大老爷府油田之间范围，全区勘探面积约为 2400km²。主要目的层为扶余油层、高台子油层和葡萄花油层。油藏类型主要为岩性油藏、断层—岩性油藏，油层埋深在 1000～2500m之间。

吉林油田公司将查干泡、两井、乾北、孤店和大老爷府北五个区域作为一个整体目标，提出让字井斜坡带的概念，并针对该区进行了整体的、系统的、深入的研究及勘探部署。让字井斜坡带成藏条件优越。区带处于富油凹陷内，油源充足，大型河流相沉积，多期河道叠置发育，储层砂体单层厚度大，垂向上叠加连片，同时大型鼻状构造与生烃洼陷配置关系好，具备有利的构造背景，这些因素造就了让字井斜坡带大型岩性油藏区，具有 2×10^8t 的储量规模。

扶余油层在让字井斜坡带叠加连片分布，油藏主要受砂体展布控制，以岩性油气藏为主；上覆青山口组暗色泥岩厚达 300m，油源充足，盖层条件好。断层、储层与烃源

岩配置关系有利于扶余油层富集成藏，综合分析扶余油层具有 1.5×10^8t 储量规模；高台子油层以青三段为主，储层为粉砂岩，砂体成因类型为三角洲前缘席状砂或远沙坝。砂体呈上倾尖灭或透镜体分布，单层砂岩厚度 2～5m，主要发育在青三段的中下部，与西南倾的斜坡构造背景相匹配，形成砂岩上倾尖灭和砂岩透镜体油藏。油藏埋深为 1400～1700m，分布范围小，受砂体展布控制，但单井产量较高，具有 3000×10^4t 储量规模，是较好的兼探层位。

葡萄花油层埋深为 1000～1400m，基本上见到砂岩就有油气显示，油层含油产状以油浸、油斑为主。油藏控制因素主要受砂体展布控制，以岩性油气藏为主，查 34 井、查 37 井、让 52 井见到较好的油气显示，查 34 井有望获得高产，展示出该层效益勘探的价值。葡萄花油层有利面积 600km²，预测储量规模 2000×10^4t。

整体来看，让字井斜坡带储量规模总和大于 2×10^8t，展示出该区巨大的勘探潜力。为吉林油田"十一五"乃至"十二五"目标的实现提供了保证。

4）深化勘探，梨树断陷东南斜坡带再获油气双丰收

2008 年，中国石化东北油气分公司开始由构造油藏勘探转向岩性油藏勘探，在岩性油气藏理论和技术方法的指导下，加大了对梨树断陷东部斜坡、北部斜坡区和近深洼部位中深层油气藏的研究力度和勘探投入。

2009 年，经过综合分析及优选，首先对梨树断陷东部斜坡带十屋油田与秦家屯油田之间构造稳定区的七棵树构造上 2004 年施工的 TG1 井进行老井试油，对沙二段 1773.7～1776.3m 和基底 1903.9～1906.9m 进行压裂测试，分别获得日产 5.46m³ 原油和 3.6m³ 原油。TG1 井老井复试的成功，坚定了十屋油田与秦家屯油田整体连片的勘探信心。2009 年 7 月在七棵树向斜带实施了十屋 8 井，在沙河子组发现油气显示 4 层 13.15m；测井解释油层 2 层 12.4m，可疑油层 2 层 8.3m。10 月对沙二段 1927.6～1932.6m 和 1935.3～1942.7m 进行合压测试，获高产油流。8mm 油嘴放喷，日产原油 37.8m³，日产天然气 825m³。由此展开了对七棵树油田的进一步评价，提交石油探明储量 1035.19 × 10⁴t。发现了七棵树油田。

在七棵树油田获得成功后，加强了梨树断陷岩性油气藏成藏地质条件研究，分析认为，梨树断陷受"一断两斜坡"古构造背景控制，在营城组、沙河子组断陷地层沉积时期，主要发育来自北部斜坡和东南斜坡的扇三角洲沉积体系，具备形成岩性油气藏的有利条件，同时烃源充足，具备形成岩性油气藏的优越条件，勘探潜力巨大。2010 年在北部斜坡带和东南斜坡带甩开钻探的梨 2 井、梨 3 井、十屋 31 井、梨 6 井等井，均取得良好钻探效果。

梨 6 井是部署在金山构造上的第一口预探井。金山构造位于东部斜坡带南端，具有长期发育的古斜坡背景，西侧紧邻桑树台控盆断裂，东侧发育金山同沉积断裂，控制了沙河子组、营城组沉积，具有良好的油气成藏条件，是油气长期运移指向区。梨 6 井于 2010 年 8 月 17 日开钻，2010 年 10 月 22 日完钻，完钻井深 3100m，完钻层位沙河子组。该井自下而上在火石岭组、沙河子组、营城组钻遇多套气层。2010 年 11 月开始自下而上进行试气，在火石岭组 2870～2881m，压裂后测试日产气 7577m³。第二测试层在沙河子组一段 2574.6～2610.4m，压裂测试日产气 8357.96m³。第三测试层在沙河子组一段 2516～2551.3m，常规测试日产气 18754m³，证实沙河子组一段为天然气富集的含气层

系。第四测试层在营城组 2342.6～2369.8m，常规测试日产气 9472m³。第五测试层在营城组 2219.6～2257.8m，压裂测试日产气 1676m³。发现了金山气田。

梨 6 井在沙河子、营城组测试获工业气流，打破了梨树断陷南部继 SN11 井后勘探十余年无进展的局面，推动了梨树南部的勘探。2012 年开始对金山地区进行整体评价，对构造、岩性、地层、潜山等多种类型圈闭展开勘探部署，钻探效果良好，金 1 井、梨602 井等 4 口井获工业气流，为后期金山气田勘探开发奠定了坚实的基础。

4. 天然气勘探阶段

2005 年以来，吉林油田公司明确提出了"坚持油气并举，搞好五个勘探"的工作思路，把天然气勘探纳入公司勘探业务的重点。通过加强基础地质研究，深化油气成藏认识，集成创新了复杂地质条件及复杂地表的三维地震采集、处理和解释技术。借鉴大庆油田及国内外天然气勘探经验，天然气勘探思路实现"三个转变"，即从东部断陷带到中部断陷带、从断陷边部到断陷内部、从碎屑岩储层向火山岩储层转变。为了进一步了解松辽盆地南部深层区域地质特征、天然气成藏条件及勘探潜力等一系列问题，加快天然气勘探进程，吉林油田公司将松辽盆地南部深层研究列入六大重点科技攻关项目之一，并加大了勘探力度，使深层天然气勘探保持了良好的发展势头。

1）长深 1 井的成功钻探拉开了天然气勘探序幕

2004 年，根据长岭断陷东部斜坡带取得的勘探成果，发现了双坨子、伏龙泉、大老爷府等深层油气藏（田），通过盆地模拟和资源评价研究认为长岭断陷存在巨大的资源潜力，且长岭断陷后期构造活动弱，深层气藏保存条件好，因此，深层勘探领域由东部断陷带调整到中部断陷带长岭断陷。适逢松辽盆地北部徐家围子断陷营城组火山岩获得突破，勘探目标定位为火山岩。经过一年多区域构造格架研究和目标搜索，把勘探目标锁定在哈尔金构造。

哈尔金构造是长期发育的古隆起，营城组火山岩生、储、盖配置关系好，东、西邻近神字井、查干花生烃洼槽，具有较好的气源条件，火山岩处于近火山口相带，储层发育，上覆登娄库组盖层，具备形成大中型天然气藏的地质条件，是实现深层火山岩天然气勘探战略突破的首选目标。

根据这一认识成果，2004 年吉林油田公司优选了长岭断陷哈尔金构造作为深层风险勘探目标，并在有利火山岩相带的构造高部位部署了长深 1 井。该井于 2005 年 5 月 17日开钻。2005 年 9 月 25 日，于 3550～3990m 井段中途裸眼测试，获日产 $46 \times 10^4 m^3$ 高产气流，计算天然气无阻流量超过百万立方米。2005 年国庆节期间完成了测井工作，解释气柱高度 260m，气层 5 层 99m，差气层 4 层 108m，含气层 1 层 13m。初步圈定含气面积 64km²，提交预测储量 $558.28 \times 10^8 m^3$，从而发现了松辽盆地南部第一个大型整装高产气藏，拉开了吉林油田天然勘探的序幕。

与此同时，中国石化为强化投资管理和统一优化部署，中国石化总部决定：松南深层勘探投资及部署由总部统一决策，东北勘探新区项目管理部操作。2005 年，在对长岭断陷整体评价的基础上，利用三维地震资料，落实并评价出腰英台、腰英台南、达尔罕、达尔罕北 4 个断陷层圈闭，作为一类待钻圈闭，并提出井位部署建议。经中国石油化工集团公司专家论证审查，同意东北石油局在腰英台深层构造高部位部署预探井腰深1 井。

腰深 1 井位于松辽盆地南部长岭断陷达尔罕断凸带腰英台深层构造高点，设计井深 4200m，主要目的层为营城组火山岩。该井于 2006 年 2 月 26 日开钻，6 月 17 日完钻，井深 3750.00m，层位营城组（未穿）。在青山口组、泉头组、登娄库组砂泥岩段、营城组火山岩段见良好油气显示（录井油气异常显示 285.3m/50 层），并对营城组火山岩段进行了中途和完井系统测试，中途测试获日产 $20.5 \times 10^4 m^3$ 的高产天然气流。2006 年 7 月 7 日至 8 月 7 日对腰深 1 井营城组 3545.0～3745.0m 井段进行了完井裸眼测试，获得无阻流量为 $29.66 \times 10^4 m^3$ 的高产工业气流，从而取得了长岭断陷层火山岩领域的重大突破，发现了松南气田。

2）富烃洼槽勘探，第二个风险探井形成第二个千亿立方米规模储量含气区

长岭断陷发现后，提出近源大型火山机构是天然气有利运移聚集区，而富烃洼槽是勘探成功的前提，按照这一思路，重新梳理各断陷，形成低勘探程度区洼槽刻画技术，通过对比分析认为英台断陷洼槽落实，是实现富烃小洼槽突破的首选区。

在针对英台断陷开展前期地质综合评价及区带优选工作的基础上，利用地震资料开展了储层反演攻关，优选有利目标进行了预探部署，2007 年 9 月在五棵树构造带南部有利火山岩相带部署风险探井龙深 1 井。2008 年针对营城组火山岩试气，获日产天然气 1700m³ 的少量气流，从而证明英台断陷为一个含气盆地。通过钻探证实英台断陷发育沙河子组和营二段两套烃源岩，具有较好的生烃潜量。平面上两套烃源岩分布受控于近南北走向的深大断裂，具有西厚东薄的特征。发育营一段火山熔岩、营二段火山碎屑岩和泉二段—登娄库组碎屑岩三套储层。

在以上认识基础上，为进一步扩大英台断陷的勘探成果，在五棵树构造带北部五棵树Ⅱ号火山岩部署龙深 2 井，对营一段火山岩进行测试、压裂，获日产天然气 $12.8 \times 10^4 m^3$ 的工业气流，形成了五棵树构造带整体含气的趋势。2009 年为进一步落实五棵树Ⅲ号构造含气性部署龙深 3 井，在营城组二段火山碎屑岩进行试气，获日产 $5.2 \times 10^4 m^3$ 的工业气流，发现了新的含气层系。

龙深 1 井、龙深 2 井和龙深 3 井区块形成了吉林油田第二个千亿立方米规模储量含气区。

3）重上东南，天然气勘探快速发展

2009 年，在长岭、英台断陷洼槽勘探的启示下，进一步深化火山岩天然气成藏研究，提出中小型断陷也具备天然气勘探潜力的认识。在该认识指导下，天然气勘探均获得突破，丰富了天然气勘探成果和发展完善了天然气成藏理论认识。

东部断陷带勘探面积大，超过 $2 \times 10^4 km^2$，是松辽盆地南部最大的断陷群。断陷域埋深适中，所有断陷域层系均可作为有效勘探目的层。东部断陷带发育多个生烃洼槽，总面积近 7000km²，尤其王府、德惠两个洼槽规模较大。主要生烃层沉积时期水域面积较大、生烃中心规模大、暗色泥岩厚度较大，具有较好的资源前景。在重新认识基础上锁定王府断陷作为重点勘探目标区，其中小城子洼槽内山东屯构造为一大型隐伏隆起带，区带面积大于 100km²，该隆起带具备烃源岩、储层和天然气聚集背景三个因素，因此将东南原生气藏突破点锁定在山东屯构造带。新型物探技术也快速介入，形成了由机构到有效储层分级物探识别技术，2009 年于该构造带部署了王府 1 井，采用低密度（ $1.1g/cm^3$ ）钻井液随钻防堵（堵漏剂）技术，王府 1 井钻进过程中，见到超过

百米的良好气测显示，通过试气，在火石岭组上部流纹岩与下部安山岩分压合试获得日产气 $7.9 \times 10^4 \mathrm{m}^3$ 的高产气流。2011 年于沙河子组、火石岭组提交天然气控制地质储量 $526 \times 10^8 \mathrm{m}^3$。评价次生碎屑岩气藏，整体部署，立体勘探，在城 9 井于泉一段试气获得 $17.5 \times 10^4 \mathrm{m}^3/\mathrm{d}$ 高产气流，相继部署城深 11 井、城深 207 井均获得高产气流。根据小城子洼槽的成藏认识，南部高家店地区泉一段、登娄库组具有类似的成藏特点，沙河子组致密气具有大面积连片含气的地质条件，整体具有 $400 \times 10^8 \mathrm{m}^3$ 的勘探潜力。综合评价认为王府断陷具备形成千亿立方米规模储量含气区条件。

2011 年王府 1 井获得突破后，通过对比成藏条件，认为紧邻王府断陷南部的德惠断陷同样具有形成原生气藏的条件。德惠断陷为双断式结构，断陷面积 $4200 \mathrm{km}^2$，有利生烃面积 $1600 \mathrm{km}^2$，天然气资源量 $3115 \times 10^8 \mathrm{m}^3$。该断陷发育营城组、沙河子组、火石岭组三套烃源岩，发育变质岩、火山岩、火山碎屑岩、碎屑岩四类储层。通过生烃洼槽刻画与评价，认为华家构造带是寻找断陷期原生气藏的有利区带。2011 年在华家南构造高点部署了德深 11 井，测井解释气层超百米，于火石岭组碎屑岩试气获日产 $5.3 \times 10^4 \mathrm{m}^3$ 的高产气流。

王府、德惠断陷勘探的突破，证实了东部断陷带具备形成规模气藏的条件。通过整体评价、层次部署、立体勘探，王府、德惠断陷两个千亿立方米规模储量含气区初显端倪。

5. 精细勘探与非常规勘探并重

1）精细勘探

（1）松辽盆地南部常规油立足精细评价。

松辽盆地南部常规油勘探的对象为中上部组合的高台子油层、葡萄花油层、萨尔图油层、黑帝庙油层和扶余油层常规油。常规油经历三个勘探历程。1989 年以前，为构造油藏勘探阶段，主要针对大的构造进行勘探，先后发现了扶余、新立、木头油田。1990—2010 年，为断层—岩性油藏勘探阶段，主要针对构造外围有利斜坡、有利构造带进行勘探，先后发现新民、新庙、长春岭等油田。2011 年至今，为油田外围精细评价阶段。

① 老井再认识，明确目标。

在确定攻关方向的基础上，充分挖掘老井的潜力，重新认识沉积、重新认识油层、重新认识油藏，最终明确有利目标。

首先是开展大比例尺沉积微相研究，落实主砂带展布。微相研究由油层组精细到砂组、小层，由探评井的粗犷研究，精细到全部开发井的应用，有效控制了砂体分布。以大情字井葡萄花油层为例，共计利用探评井、开发井 1948 口，建立了网状河三角洲沉积模式，落实主河道分布。

其次，开展油层的系统再认识，确定有利区。以大情字井葡萄花油层为例，以储层特征、油藏认识为基础，以岩心、测井、试油等资料为依据，结合研究区具体情况，分区块建立油水层识别标准。复查探评井、开发井 1948 口，共计优选潜力井 145 口。第一批实施老井试油 12 口井，完试 9 口井，8 口井获得工业油流。投产 6 口井，平均稳定日产油 2t。黑 80-7-7 井，重新解释油层厚度 5m，获得了日产油 $22.5 \mathrm{m}^3$ 的高产油流。证实了油水层识别标准的可靠性，落实了有利区分布。

最后，综合沉积、油层、断层研究，建立成藏模式，明确目标区带。以大情字井葡萄花油层为例，该油层油水关系复杂，出现低部位探井试油为油层、高部位试油为水层的情况，油藏认识不清。在沉积微相研究、油水层识别、油源断层梳理的基础上，重点研究砂体与油源断层的配置关系，建立了葡萄花油层三要素控藏模式，即优质储层砂体（GR＜80API），油源断层供给，上倾方向形成有效封挡。按照此模式有效解释了大情字井地区葡萄花油层的油水分布规律，明确了葡萄花油层的目标区带。

② 评价再延伸，实现动用。

为加快推进常规油的开发动用，加强常规油一体化管理，实现成果共享、资料共享，简化流程，加快进程的效果，特别是突出评价的作用，体现在两个方面：一是紧跟勘探，及时落实产能和富集区；二是主动延伸开发，一体化落实开发方案，推进动用。

2015年，针对重新地区预探井让37井重新试油获得成功，评价紧跟勘探，及时部署，通过三维地震连片解释，明确了该区泉四段顶面构造特征，同时，在储层预测及储层精细刻画的基础上，认为让17井—让37井—让36井区、让48井—新253井—新256井—让50井区储层发育，厚度相对较大，油层连片，提出了10口老井试油。已完成试油的让36井和让50井分别获得2.5t和3.8t的工业油流，并且试采效果较好。在此基础上，主动向开发延伸，一体化部署。通过一体化研究部署，2015年在高家大73井区，重新让37井区、让73井区，大情字井黑195井区等多个目标区落实开发方案，加快常规油的开发动用，为油田快速建产提供保障。

③ 立足富油区带，分类攻关。

针对常规油剩余资源特点，通过烃源岩、沉积、构造和油藏等方面的精细研究，突出富油区带的精细评价，优选大情字井富油区带作为主攻目标。大情字井富油区带面积为2600km²，发现了高台子、葡萄花、黑帝庙和扶余四套油层。中上部组合资源量7.4×10⁸t，探明储量2.74×10⁸t，剩余资源量4.66×10⁸t。剩余资源量大，仍然具有较大的勘探潜力。

2017年，按照立足富油区带，以青一段、青二段外前缘为重点，实施一体化攻关。精细沉积、储层研究，评价油层纵向关系，确定主攻目标。在突出老井再认识、新井针对性部署，认识油层，攻关产能，落实储量规模思想指导下，推进大情字井富油区带的拓展勘探。

大情字井地区青一段、青二段外前缘带为西南沉积体系的远端沉积，砂地比较低，小于20%。砂体面积1300km²，埋深1600～2500m。孔隙度5%～12%，渗透率0.05～0.5mD。完钻探井53口，均见油气显示，其中工业油流井8口，试油日产油大于5t的井5口，少量产油井14口。油层主要发育在青一段Ⅲ砂组、Ⅳ砂组，青二段Ⅳ砂组，整体表现为薄砂岩的特征。青一段单层厚1～6m，累计厚度为4～12m；青二段单层厚1～4m，累计厚度为3～10m。微相类型以席状砂及水下分流河道为主，平面分布较连续。油藏类型为大面积连片岩性油藏，油层厚度控制富集。

通过针对性部署，两类攻关区均取得较好效果。于外前缘带黑82区块落实有利面积120km²，油层厚度达6m，部署探井及评价井29口，其中试油11口，工业油流井5口，少量产油井5口，井距2～3km，预测储量规模3600×10⁴t，作为2018年预测储量目标。

针对花29区块稳产较低的特点，开展经济评价，指导"甜点"优选。确定接替油价下边界日产量1.8t，采油强度0.30，有效厚度6m为效益边界。利用区内21口井试油投产资料制作青一段饱和度图版，确定油层标准，进行有效厚度划分，绘制青一段有效厚度平面分布图。共落实花29区块平面上两个油气富集区：一个为花29-7井—花29井一带，一个为黑81-8井—花30-2井一带。两个富集区的有效厚度均可以达到6m以上。有利面积为23.1km^2，探明潜力520×10^{4}t。

（2）一体化推进致密油勘探效益动用。

为了进一步落实资源，实现资源效益动用，本着"示范先行"这一思路，2015—2017年吉林油田公司积极推进乾安致密油动用试验。整体部署按照三个层次展开。一是乾安地区Ⅰ砂组开发试验。建立示范区，集成技术，通过优化技术、创新管理模式实现经济可行，上产增储，提交探明储量。二是乾安地区Ⅲ砂组产能攻关试验。主要验证"甜点"分类评价技术、储层改造技术，突破产能，同时通过长期投产证实动用潜力，为下步开发奠定基础。三是余字井资源准备区。主要攻关"甜点"评价技术，验证资源动用潜力，准备资源接替。

2015—2017年，乾安地区致密油一体化部署，部署直井23口，水平井85口。其中，Ⅰ砂组水平井42口，投产35口；Ⅲ砂组水平井13口，投产9口。直井试油大于10t/d井4口（自喷为主）。Ⅰ砂组投产自喷稳产大于8t/d井17口；Ⅲ砂组勘探阶段水平井投产效果较好，自喷稳产大于8t/d井6口，展现了致密油较好的效益动用前景。2017年通过一体化实施水平井40口，建立开发试验区。统计投产时间较长的26口井，单井平均日产油7～8t。

截至2017年，乾安致密油通过持续推进一体化攻关，"十三五"期间新增三级储量1.35×10^{8}t，动用3146×10^{4}t，累计建设产能18.3×10^{4}t/a。建立了两个开发试验区，水平井平均日产油8～10t，初步实现效益动用。

2）非常规油气勘探

（1）断褶带成藏指导伊通西北缘勘探。

在"加快伊通盆地勘探"的思想指导下，2008年以盆地分析与现代构造地质理论为指导，融合最新成果认识，充分利用露头、钻井、地震和重力等基础资料开展西北缘断裂体系研究，取得了突破性认识。明确伊通盆地为走滑—伸展盆地，西北缘褶皱带具有挤压性质；断褶带内地层抬升，挤压背斜形态明显，断层封闭性好，为形成构造有利、封闭性好、扇体发育的含油气圈闭带奠定了基础。同时成藏研究表明伊通盆地烃源岩发育，双阳组—永吉组泥岩厚度大于1500m，油气源充足；在成盆之前隆起的大黑山持续不断地为盆地提供物源，沿沟谷进入盆地，在西北缘不断堆积，形成大面积的叠置扇体；在盆地演化后期，西北缘断褶带内地层抬升，挤压作用明显，断层封闭性好。来自西北缘的扇体被平行于西北缘的压扭性断层切割，形成构造有利、封闭条件好、扇体发育的油气富集带，西北缘褶皱带整体含油趋势明显，以构造—岩性油气藏或断层—岩性油气藏为主。

在上述认识的指导下，加大预探部署力度，西北缘断褶带钻探获得重要突破。

2008年吉林油田公司在莫里青西北缘部署了5口探井（伊56井、伊57井、伊59井、伊60井、伊61井），均见到良好录井显示和测井解释，试油井4口，均获工业油气流。其中，位于西北缘断褶带上的伊59井在双阳组二段试油获得日产182m³的高产油流。伊60井双阳组射孔后直接压裂，自喷日产油34.5m³。另外，该井在奢岭组见到86.7m的油层，对其51号层试油，自喷求产（15mm油嘴），获得日产102.3t高产油流。新完钻的伊61井也见到良好显示，荧光级显示13层38m，油迹级显示5层15m，油斑级显示5层13.32m，油浸级显示2层3.1m。测井解释油层1层1.2m，差油层5层15.8m。位于凹陷区的伊56井、伊57井也获得了工业油流，整体揭示莫里青凹陷为大型的断层—岩性油藏。

2009年在莫里青西北缘断褶带认识基础上，根据重磁资料、野外露头资料，结合新三维地震资料，对断褶带形成机理进行了精细研究。西北缘块体在盆地演化后期整体抬升，并向盆内挤压，正是这种抬升挤压作用，导致盆地西北缘断褶带的形成。断褶带油气富集主要原因：首先，西北缘抬升、挤压使伴生断层封闭性好，有利于油气成藏；其次，西北缘扇体被伴生断层切割，形成断层—岩性圈闭；再次，西北缘部位的砂体主要为扇中亚相，砂岩、砂砾岩储层厚度大、物性好；最后，莫里青断陷双阳组暗色泥岩发育，烃源岩条件优越，断褶带部位是油气运移的指向区，有利于油气富集高产。综合分析，西北缘断褶带为油气富集高产区。

在西北缘断褶带油气富集认识指导下，为进一步扩大莫里青断陷勘探成果，在伊59井区块的北部部署伊58井，该井全井测井解释油层和差油层10层48.1m；对双二段Ⅳ砂组33号层3074.2～3080.2m井段压裂试油，获得日产81m³的高产油流。不仅扩大了莫里青断陷的高产效益区块面积，而且对岔路河、鹿乡两断陷西北缘具有相似石油地质条件的广阔勘探领域具有指导意义。

2011年通过老井复查工作，重新对断块内老井进行分层，进行沉积相精细研究和刻画工作，分析断层的封堵性质，认为西北缘断褶带前缘为优势相带和构造有利配置区，上倾方向依靠断层泥封堵，为有利的油气区带，部署星32井。

星32井完钻深度3418m，在奢一段、双二段共见到油气显示26层91.6m，其中油斑10层29.6m、油迹3层13m、荧光13层49m，解释油层1层11.7m，差油层11层30m。揭示了鹿乡断陷西北缘双二段及奢一段良好的勘探潜力。

综合研究认为，伊通盆地西北缘具备良好油气成藏条件，鹿乡和岔路河两断陷西北缘具有含油层系多、油层埋藏深度加深的地质特点，总体上呈现油气纵向叠加连片趋势，具有5000×10⁴t油气勘探潜力，是"十二五"油气预探重点区带。

（2）探索基岩潜山，伊通盆地天然气勘探发现新苗头。

伊通盆地基岩潜山主要发育在盆地的东南缘和2号断层的上升盘，盆地内部发育一些规模较小的基岩凸起，潜山总面积近400km²，勘探程度很低。而且在以往的勘探中忽略了潜山内幕的勘探潜力，通过精细的潜山成藏研究认为，伊通盆地基岩潜山具备良好的成藏条件。

综合分析认为，首先伊通盆地属于走滑伸展盆地，经历走滑、热沉降、伸展、隆升和挤压等多期构造活动，使得潜山内部裂缝发育，在裂缝的输导下，溶蚀作用使潜山内部溶蚀孔隙发育，发育晶间孔、溶孔、破碎粒间孔和裂缝四种储集空间类型，以溶孔和裂缝为主，储层次生孔隙发育，具有良好的储集性能。其次，双一段泥岩厚度在150～600m，泥地比在90%以上，泥质较纯，有机质丰度高，全盆地发育；欠压实现象明显，排烃动力强，区域上分布稳定；既是良好的烃源岩，又是优质的盖层；潜山形成封闭式的油气运、聚环境。最后，盆地演化后期的挤压作用大大增强了烃源岩的生、排烃能力，同时也增加了气层压力，可形成高压气藏。综合分析，伊通盆地的基岩潜山具备较好的成藏条件。

2008年优选岔路河断陷齐家基岩潜山钻探了昌37井，完钻井深5183m。齐家潜山山体最大高度达1000m，岩性为偏酸性的中性侵入岩，山体被双一段烃源岩所覆盖，昌37井位于潜山的低部位，在钻入潜山130m、260m、324m、450m见到高气测异常显示。钻井深度为5029.43m时，钻井液密度为1.28g/cm³发生溢流，点火成功；钻达深度5051m时，发生溢流，点火成功，气体瞬间最高流量17700m³/h。加重钻井液，继续钻进，钻至井深5064.38m时，发生溢流，气体最高瞬间流量达到7170m³/h，点火成功，火焰高8m、宽3m、长6m；钻井液密度加至1.47g/cm³继续钻进，至井深5064.44m时，发生溢流，继续加重钻井液，以钻井液密度1.54g/cm³继续钻进，仍能见到14层25m的气测异常，说明气层压力较高。

2014年进一步深化潜山的成藏认识，确认伊通潜山具备有利的成藏条件：① 具有较好的油气源条件，双阳组烃源岩发育，最大暗色泥岩厚度可达800m，有机碳含量1%～2%，有机质类型主要为Ⅱ型，镜质组反射率为0.6%～2.0%，处于成熟—高成熟阶段，总体评价为成熟的较好烃源岩；② 潜山具有较好的储集条件，储层以花岗岩和大理岩为主，大理岩的储集空间主要为裂缝和溶孔，花岗岩的储集空间以裂缝为主；③ 源储匹配关系较好，油气源充足，潜山直接与双阳组烃源岩侧向对接，供烃高度较大，最大可达1000m；④ 具有较好的区域盖层条件，大面积的双阳组泥岩直接覆盖于潜山之上，形成区域性盖层，利于潜山成藏和保存。通过以上研究，明确了伊通潜山近期的勘探方向，以新生古储的大理岩潜山作为主攻目标，初步锁定莫里青断陷大理岩潜山，优选了伊11井进行试油（2492.0～2497.6m、2521.2～2525.6m）。在常规测试获日产油0.33m³的前提下，积极引进辽河油田公司的酸化压裂技术，顺利完成了伊11井六级交替稠化酸化压裂，日产油31.52m³，累计产油199.75m³。伊11井大理岩获得高产油气流，实现了伊通潜山勘探的重要突破。

（3）致密油气勘探。

① 致密油勘探。

"十一五"期间，吉林油田公司通过石油排运、封挡和聚集条件等130余次物理模拟实验、油气运移成藏机制研究及勘探实践证实，松辽盆地坳陷中大面积分布的特低渗透油藏不是常规意义的岩性油藏，应称为"深盆油藏"。"深盆油"理论表明：充足油源及超压是形成深盆油藏的前提条件，油源充足是物质基础，超压为主要排烃动力，致密储层大面积分布是深盆油藏形成的关键条件，储层紧邻烃源层，油气通过孔隙、微裂隙或断层直接排入储层之中，而浮力低于界面张力，浮力无法发挥作用，从而成藏。该理论初步建立了扶余油层成藏模式，同时其核心观点——"凹陷区储层毛细管压力较大，能克服原油受到的浮力等，致使原油不能发生分异"，有效地解释了吉林油气区长岭凹陷及其周边地区"油水倒置"的现象。

"十一五"期间，深盆油理论指导红岗—大安—海坨子反转构造带新增石油三级储量2.29×10⁸t，形成4×10⁸t储量规模区。该地区位于松辽盆地南部红岗阶地，邻近大安—古龙生油凹陷，东西各发育两条逆断层，整体构造形态为对称的反转构造，具备较好的油气成藏条件。区内白垩系青山口组生油层发育，大安—古龙凹陷为该区提供了充足的油源。泉四段白城沉积体系的三角洲砂体延伸至红岗—大安—海坨子地区，形成以河道、河口坝为主的储层。青山口组泥岩的异常高压为油气垂向运移提供了动力条件。区内发育的断裂带是沟通烃源岩和储层的重要运移通道，红岗逆断层及红岗北逆断层在油气成藏过程中起到遮挡和封堵作用。构造的形成与油气生成运移有效匹配，储层、生油层及断层有机配置，形成平面上叠加连片的大型岩性油藏聚集带。

红岗—大安—海坨子地区青一段暗色泥岩及断裂带宏观上控制了扶余油层的分布范围，红岗北及大安地区由于邻近油源，油气以垂向运移为主，扶余油层整体含油，纵向上可运移至杨大城子油层；该区扶余油层上部整体含油。"十一五"期间，通过评价部署与预探部署相结合，油藏评价超前介入，积极落实探明储量；在预探扩展北部沿江地区同时，积极外甩向斜区岩性油藏勘探，累计提交三级储量 $2.29 \times 10^8 t$，形成了 $4 \times 10^8 t$ 规模储量区。

扶余油层为上生下储致密油藏，成藏特征与目前国内外"源储一体"型致密油存在较大差别。"十二五"以来，围绕扶余油层致密油的特征，开展各区油藏特征分析、主力油层刻画、油藏控制因素研究。综合分析认为，松辽盆地青山口组烃源岩、泉四段河道砂体、T_2 反射层断裂"三位一体"控制扶余油层大面积成藏。扶余油层成藏的"三位一体"中的"三位"是指：第一，中央坳陷区发育广覆式分布的较高成熟度的优质生油层，为扶余油层成藏提供了物质基础；松辽盆地南部发育厚层的大面积的青一段烃源岩。第二，泉四段河道砂体相互叠置，在中央坳陷区大面积连续分布，为成藏提供了储集空间；扶余油层在中央坳陷发育广大的三角洲沉积体系，具有"满盆含砂"的特征。第三，泉四段致密油储层物性差，成岩作用强，孔隙连通性差，油水分异差，整体表现为低饱和度岩性油藏。"一体"是指：T_2 反射层断裂沟通青山口组烃源岩、泉四段河流砂体，倒灌成藏，青山口组超压控制油气向下（扶余油层）排烃深度。

致密油成藏模式可以简单总结为"上生下储、超压排烃、倒灌成藏"。坳陷中心青山口组优质烃源岩生烃强度大，自嫩江组沉积期末持续至现今，使得坳陷内烃源层普遍存在超压。油气在烃源岩超压作用下，穿过烃源岩底面、侧接面或以断层（微裂隙）为通道，幕式向下排运到扶余、杨大城子油层后，由于储层较致密，孔隙及喉道狭小，油受到的浮力远小于界面张力，浮力无法驱动油的运移。随埋深和生烃增加，进入储层的油在超压驱动下，以活塞推动方式将可动水和弱束缚水向下和向凹陷周边排挤。上覆青一段、青二段暗色泥岩厚度和超压控制油气分布范围，形成坳陷中含油包络面以上油层连片分布的致密油藏。在浅部高渗透区，浮力能够克服界面张力驱动油向高部位运移，油水按正常运移分异形成常规的构造油藏和岩性油藏。

"十二五"期间，在致密油理论的指导下新增石油三级储量 $1.17 \times 10^8 t$，落实致密油资源 $4 \times 10^8 t$。新北—两井—孤店斜坡带位于松辽盆地南部长岭凹陷东部、扶新隆起带南部，邻近乾安—黑帝庙生油凹陷，整体构造形态为一斜坡构造，存在构造背景，具备较好的油气成藏条件。

② 致密气勘探。

松辽盆地南部深层致密气为火山碎屑岩或碎屑岩与泥岩互层形成的大面积岩性气

藏，主要发育在断陷期的营城组、沙河子组、火石岭组三套地层中，全国第四次资源评价深层致密气资源量为 $1.7 \times 10^{12} m^3$。截至目前发现率仅为 6.8%，勘探潜力较大。

松辽盆地南部深层致密气藏一般埋深 3000～4500m，岩性主要为火山碎屑岩及碎屑岩两种。致密气相比常规气来说产能较低，常规方法动用经济效益差。但致密气藏成藏相对简单、气藏连续分布、整体资源潜力大。一旦获得突破，对油田公司的长远发展有十分重要的意义，因此加快推进致密气勘探十分必要。

中国石化东北油气分公司积极转变勘探思路，对地震进行攻关，重新认识断陷结构，评价断陷潜力，重新刻画了长岭断陷沙河子组的分布特征，通过优选向南甩开龙凤山圈闭部署北 2 井，于沙河子组获工业气流，长岭断陷天然气勘探获得新发现，获得工业气流突破，发现了龙凤山气田。2013 年为了进一步评价北 2 井的含气范围，在位置更高、相带更有利的地区部署实施北 201 井，营城组压裂后日产气 $6 \times 10^4 m^3$、日产油 35m³（凝析油），突破了断陷层碎屑岩"产能低、效益差"的传统认识，长岭断陷碎屑岩勘探打开了新局面。

吉林油田针对松辽盆地南部深层致密气勘探起步晚、井控程度低的现状，积极开展地质模式指导下的烃源岩、扇体落实工作，优选有利区带及目标。针对储层物性差、产能低的问题，进行技术攻关，探索效益动用方式。

首先，以资源落实为基础，优选有利区带。松辽盆地南部深层三套烃源岩有机质丰度较高，烃源岩有机碳丰度多大于 1%，有机质类型以Ⅲ型为主，以成熟—高成熟为主。通过对重点区带、层位系统开展源、储精细评价，结合地震相—沉积相研究，落实有利生烃范围及优质储集体展布特征。

2015 年在前人研究基础上，依据烃源岩中有机质含量与电阻率和声波时差具有较好的对应关系，以实测 TOC 标定测井曲线，计算单井连续分布的 TOC 曲线。井震结合，利用重构的 TOC 曲线 logRt/AC 反演泥岩，再利用泥岩数据体中波阻抗—TOC 联合反演，落实优质烃源岩的空间展布特征。在刻画有效烃源岩的基础上，重点对长岭、王府、德惠、梨树四个重点断陷，结合沉积相、地震相综合研究，明确优势成藏组合及源储配置关系，优选评价有利区带 17 个，精细刻画目标 36 个，提出井位 41 口。

其次，以技术攻关为核心。与常规气相比，其成藏条件简单，分布连续，资源量大。但由于物性差，产能偏低，2015 年针对多薄层和厚层两种类型的致密气藏进行技术攻关，取得好的进展。多薄层类型以英台断陷为突破口，加强压裂技术攻关，实施大排量前置滑溜水缝网压裂，致密气勘探见到好的苗头。龙深 309 井测井解释气层、差气层累计厚度 70.9m，2015 年 10 月营二段射孔 69.6m，采用防水锁滑溜水 + 冻胶压裂液体系，大规模压裂，获得日产 $6 \times 10^4 \sim 7 \times 10^4 m^3$ 的高产气流。

龙深 3-4 井测井解释气层 62.4m、差气层 68.6m，优选 37 号至 87 号层的 4 层分压合试，射开厚度 26m，压裂总液量 4620m³（滑溜水 2538m³），加砂 218.5m³。加大施工排量后产量进一步提升，试气日产超过 $10 \times 10^4 m^3$。

（4）泥页岩油气早期勘探。

国土资源部油气资源战略研究中心（2012）将非烃源岩夹层单层厚度不到 3m、泥地比大于 60% 的地层纳入页岩油层系的评价范畴。2012 年，吉林油田与中国石油大学（华东）合作，初步评估松辽盆地南部页岩油资源量达到 $149.55 \times 10^8 t$，是吉林油田重要的储备资源。2013 年，吉林油田成立"松辽盆地南部页岩油气成藏条件研究"研究课题项目组，一是客观了解松辽盆地南部中浅层泥页岩油气的分布特征和有利区，二是初步总结松辽盆地南部泥页岩油气的分布规律和成藏主控因素。通过总结全区泥页岩油分布特征，初步将泥页岩油分为泥页岩型（含泥页岩 + 裂缝型）、泥页岩 + 薄砂层型、裂缝 + 薄砂层型三种成藏类型，认为乾安为泥页岩 + 薄砂层型、新北为裂缝 + 薄砂层型、大安为泥页岩型，将三个区带作为近期重点攻关区。

松辽盆地南部页岩油主要发育于青山口组烃源岩中，以青一段、青二段为主，局部发育青三段、姚二段 + 姚三段、嫩一段以泥岩裂缝为主的非典型页岩油。松辽盆地南部页岩油发育面积广，通过全区 1600 余口老井复查，结果表明青一段、青二段泥页岩段油气显示较为普遍，累计显示井 316 口、气测异常井 580 口，显示井分布面积达 4000km²，主要分布于长岭凹陷、红岗阶地、扶新隆起带西部。

2014 年，将扶新隆起带西部作为页岩油资源的"甜点"区开展攻关。地质研究认为该区页岩油资源具备富集的有利条件。首先，紧邻大安—古龙凹陷，青一段、青二段、青三段暗色泥岩累计厚度达 200～500m，油源充足；其次，薄层砂质条带发育，纵向上叠加厚度可达 5～20m，有利于油气储存及后期改造；最后，该区受明水组沉积末期构造运动影响，微裂缝非常发育，利于油气运移和储存。通过复查该区页岩油显示井 18 口，测井解释厚度 30～100m，10 口井获得工业油流，其中新 172 井获得日产 5.3t 工业油流，城深 5–1 井获得日产 $6.0 \times 10^4 m^3$ 的高产气流。

四、吉林油气区主要勘探成果

1. 发现 18 套主力含油气层系

到 2018 年底，在基岩、白垩系、古近系等层系中均获得工业油气流，但以松辽盆地南部白垩系中上部组合含油气层系最多，是主要勘探开发层系。松辽盆地南部基岩、白垩系中发现了 13 套含油气层系，其中深层发现基岩风化壳、火石岭组、沙河子组、营城组、登娄库组、泉一段 6 套含油气层系，中浅层主要发育泉三段、泉四段、青山口组、姚家组一段、姚家组二段 + 姚家组三段、嫩江组、明水组 7 套含油气层系（表 4）。伊通盆地发育基岩、古近系的双阳油层、永吉油层、万昌油层、齐家油层 5 套油气层（表 5）。

2. 探明 50 个油气田

1955 年至今，历经 60 余年的勘探，已探明油气田 50 个（图 5、图 6）。其中，吉林油田探明 31 个，为套保油田、英台油气田、红岗油气田、大安油田、海坨子油田、大情字井油田、乾安油田、两井油田、让字井油田、木头油气田、新立油田、新北油田、新庙油田、新民油田、扶余油田、南山湾油田、孤店油气田、大老爷府油气田、双坨子油气田、布海气田、小城子气田、长岭Ⅰ号气田、龙深气田、伏龙泉气田、农安气田、四五家子油田、长春岭油田、永平油田、长春油气田、莫里青油田、苏家油气田；东北油气分公司探明 19 个油气田，分别为龙凤山气田、伏龙泉气田、松南气田、腰英台油田、双龙油田、所图油田、长岭油气田、太平庄油田、苏家屯油气田、皮家气田、后五家户气田、孤家子气田、八屋油气田、十屋油田、七棵树油田、秦家屯油气田、金山气田、四五家子油气田、万金塔二氧化碳气田。

表 4 松辽盆地南部含油气层系

界	系	统	组	段	地层代号	油气层名称	油气层组合
新生界	第四系				Q		
	新近系		泰康组		Nt		
			大安组		Nd		
中生界	白垩系	上统	明水组		K_2m	明水气层	顶部组合
			四方台组		K_2s		
			嫩江组	五段	K_2n_5	黑帝庙油层	上部组合
				四段	K_2n_4		
				三段	K_2n_3		
				二段	K_2n_2		
				一段	K_2n_1	萨尔图油层	中部组合
			姚家组	二段+三段	K_2y_{2+3}		
				一段	K_2y_1	葡萄花油层	
			青山口组	二段+三段	K_2qn_{2+3}	高台子油层	
				一段	K_2qn_1		
			泉头组	四段	K_2q_4	扶余油层	下部组合
				三段	K_2q_3	杨大城子油层	
				二段	K_2q_2	农安油层	
				一段	K_2q_1		
		下统	登娄库组		K_1d	怀德油层	深部组合
			营城组		K_1yc		
			沙河子组		K_1sh		
			火石岭组		K_1hs		
古生界	石炭系—二叠系					基岩	

这 50 个油气田分布在松辽盆地南部和伊通盆地。按探明储量来看，大型油田 4 个（大安、扶余、大情字井、新民），中型油气田 18 个；按油气藏类型来看，以构造及岩性油气藏为主，占到总数量的 80% 以上。

3. 探明石油地质储量 $18 \times 10^8 t$

截至 2020 年，在吉林油气区探明石油地质储量 $17.62 \times 10^8 t$，探明天然气地质储量 $2565.12 \times 10^8 m^3$。按全国第四次资源评价结果，吉林油气区尚有可探明石油地质储量 $33.3 \times 10^8 t$，剩余可探明天然气地质储量 $2.86 \times 10^{12} m^3$。

表 5　伊通盆地含油气层系

界	系	统	组	段	地层代号	油气层名称
新生界	第四系				Q	
	新近系	中新统	岔路河组		Nc	
	古近系	渐新统	齐家组	二段	E_3q_2	齐家油层
				一段	E_3q_1	
			万昌组	三段	E_3w_3	万昌油层
				二段	E_3w_2	
				一段	E_3w_1	
		始新统	永吉组	四段	E_2y_4	永吉油层
				三段	E_2y_3	
				二段	E_2y_2	
				一段	E_2y_1	
			奢岭组	二段	E_2sh_2	
				一段	E_2sh_1	
			双阳组	三段	E_2s_3	双阳油层
				二段	E_2s_2	
				一段	E_2s_1	
古生界	石炭系—二叠系					基岩

4.发展完善五项理论认识

吉林油田经过60余年的勘探，取得一大批科研成果，并在实践中发挥了重要作用。特别是1980年以来日益重视科研工作，在构造、沉积、烃源岩、油气藏研究方面取得了大量成果，形成了五项理论认识，指导了不同领域、不同层位、不同成因、不同类型的油气藏勘探实践。

（1）三角洲前缘相带控油理论，建立在三角洲前缘带与富油凹陷的烃源岩层垂向配置，前缘带不同砂地比控制不同类型油藏分布，指导了大情字井、英台亿吨级油田和乾安地区岩性油藏富集区的勘探；（2）深盆油成藏理论，基于坳陷中心河道砂体叠置于烃源岩之下，超压使油气垂向幕式排运到储层中，因储层致密，坳陷中心含油包络面以上的油层连片分布，形成深盆油藏（致密油）认识基础上，指导扶余油层致密油勘探，增加扶余油层油气资源量$8×10^8t$；（3）断褶带成藏理论是在伊通盆地西北缘抬升挤压作用而形成的断褶带具有较好封闭性，加之断褶带、富烃凹陷的水下扇体相互配置，形成断层—岩性油藏、岩性油藏的认识基础上，指导伊通盆地的勘探，落实莫里青断陷西北缘亿吨级储量，突破岔路河断陷西北缘勘探瓶颈；（4）深层火山岩天然气成藏理论是由于松辽盆地南部深层断陷盆地多类型、多火山口、多期次喷发而形成的大型火山岩群，邻近富烃洼槽，在火山岩孔隙和裂缝双重介质储层中聚集成藏，形成火山岩气藏，在该理论认识的基础上，发现中型整装长岭Ⅰ号气田及英台、农安、小城子天然气富集区；（5）致密碎屑岩天然气成藏理论认为，断陷盆地营城组、沙河子组、火石岭组生烃灶与源内或近源有利储层形成大面积岩性气藏，指导发现了英台龙深气田和梨树苏家地区、德惠鲍家、王府小城子致密气富集区。

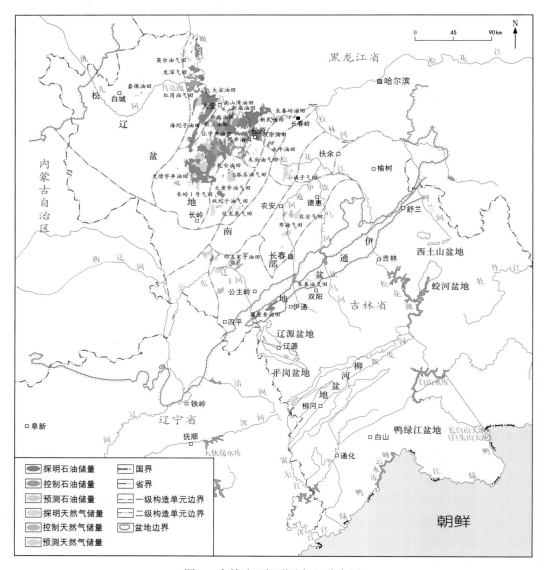

图 5　吉林油田探明油气田分布图

5. 形成四项配套技术

随着油气勘探工作的逐步发展，吉林油田的油气勘探技术有了飞速发展和提高。在经历了初始、早中期勘探技术发展和主导先进勘探配套技术形成发展三个阶段，逐步形成了适合吉林油气区低渗透油气藏特点的配套技术。（1）地震处理解释一体化技术，提高探井成功率；（2）复杂油气层钻井技术，加快发现节奏，提高勘探效益；（3）复杂油气层测井评价技术，较好地支撑了吉林油气区试油及储量提交工作；（4）石油、天然气勘探压裂技术，提升储量形象。

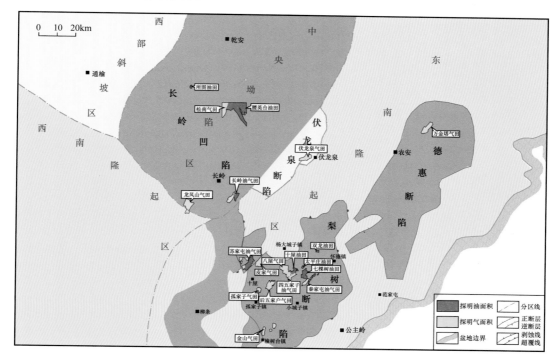

图6 东北油气分公司探明油气田分布图

吉林油气区60多年的勘探表明，吉林油气区的勘探史是一部艰苦奋斗、埋头苦干的创业史，创造了无愧于历史、无愧于时代的辉煌业绩，谱写了撼天动地的壮丽诗篇；是一部矢志不渝、产业报国、舍小家为大家、舍小利为大益的奉献史，先后发现50个油气田，成为中国石油东部"硬稳定"的重要力量，为保障国家能源战略安全、促进地方经济持续健康发展做出了卓越贡献；是一部锻造品格、展示情怀的石油精神传承史，鼓舞和激励几代吉林石油人战天斗地，奋发图强，在我国石油工业史上刻下了浓浓的吉林石油情；是一部薄旧吟新、与时俱进、科技进步的创新史，立松南，探外围，涉足"盲区"，突破"禁区"，解决"瓶颈"，吉林石油勘探人一次次实现了自我超越。

60年栉风沐雨，60载春华秋实。回顾过去，吉林石油人倍感欣慰、无比自豪；展望未来，吉林石油人意气风发、豪情满怀。吉林石油人将继续发扬大庆精神铁人精神，传承吉林石油人优良传统和作风，为加快振兴吉林老工业基地做出新的更大贡献！

第一篇
松辽盆地南部

第一章　地　层

松辽盆地主体为坐落在前中生代基底岩系及花岗岩之上的白垩纪大型断陷—坳陷盆地，盆地充填主要为陆相沉积地层。本章简要介绍了松辽盆地南部地层发育概况及研究历史，系统描述白垩系各组级地层单元发育的基本特征：岩性分层及岩石组合、古生物化石组合及其年代、沉积环境、地层分布及其区域对比等。

第一节　综　述

一、地层综述

松辽盆地前中生代属古亚洲造山区天山—兴安华力西造山系，中—新生代受中国东部滨太平洋陆缘活化带叠加影响。前中生代发育海相沉积地层，进入中生代整体上升为陆地，受滨太平洋构造域影响，发育一系列北东向火山岩和碎屑岩沉积建造，白垩纪时期形成统一的松辽盆地。

根据《吉林省岩石地层》（1997），松辽盆地南部前中生代地层区划隶属于北疆—兴安地层大区兴安地层区乌兰浩特—哈尔滨地层分区。中生代地层区划隶属于滨太平洋地层大区松辽地层分区。地层分布面积约为 $13 \times 10^4 \mathrm{km}^2$，如图4所示。

松辽盆地及周边现已发现的地层包括古生代的寒武系、奥陶系、泥盆系、石炭系、二叠系，中—新生代地层包括三叠系、侏罗系、白垩系、新近系和第四系。盆地内侏罗系以下地层多为火山岩，最新的锆石 U—Pb 测年方法可以获得准确的年代学证据支持，但样品点较为零星，分布规模难以确定。白垩系覆盖全区，下白垩统为陆相含煤火山碎屑岩建造，上白垩统为陆相碎屑夹油页岩建造。新近系主要分布在盆地西部地区，为陆相碎屑岩建造。第四系广布全区。上述地层总厚约9000m。

白垩纪地层厚度的横向变化随盆地基底的起伏而定，下部断陷期地层在火石岭组初始裂陷期之后开始沉积，此时地层不受边界断裂控制，分布范围较广。沙河子组和营城组具有差异沉降的特征，且各个断陷的沉积具有独立性、分割性。梨树断陷和长岭断陷北部地层沉积厚度较大，在3000m以上。上部坳陷期大体以长岭凹陷为中心向两翼变薄，中央坳陷区的长岭凹陷厚度达6000m，东南隆起区的德惠凹陷厚度约4000m，两者之间的华字井阶地、登娄库背斜带厚度不超过2000m，西部斜坡区则呈东厚西薄的趋势。

白垩系是松辽盆地的主要地层，分上、下两统。下白垩统自下而上火石岭组（K_1hs）分为3段（K_1hs_{1-3}）；沙河子组（K_1sh）分为3段（K_1sh_{1-3}）；营城组（K_1yc）分为3段（K_1yc_{1-3}）；登娄库组（K_1d）分为4段（K_1d_{1-4}）。上白垩统泉头组（K_2q）分为4段（K_2q_{1-4}）；青山口组（K_2qn）分为3段（K_2qn_{1-3}）；姚家组（K_2y）分为3段（K_2y_{1-3}）；

嫩江组（K_2n）分为 5 段（K_2n_{1-5}）；四方台组（K_2s）未分段；明水组（K_2m）分为 2 段（K_2m_{1-2}）。即白垩系从下到上共分 10 个组，30 个岩性段（图 1-1-1）。上述划分的古生物、岩性及构造依据较为充分，在横向上对比较好，故为油田广泛应用。

二、研究简况

松辽盆地地层的研究史主要是白垩系的研究史，大体可以分为三个阶段，即中华人民共和国成立前的区域地质调查阶段、1955—1959 年建立地层层序阶段和 1960 年到现在的地层研究深化阶段。

1. 区域地质调查阶段

该阶段主要是外国学者开展的粗略的踏勘工作。我国学者涉足本区者较少。

1896—1903 年，俄国人 э.э.阿涅尔特调查过开原、哈尔滨、呼兰一带产状平缓的以泥岩为主的沉积层。估计其所研究的层位当属白垩系—新近系之间。

1927—1942 年主要以日本人研究为主，1927 年，羽田重吉将辽宁省昌图县泉头车站附近出露的紫色砂岩命名为"泉头层"；1937 年，日本人内野敏夫和酒井湛研究出露在德惠县第二松花江铁路桥附近南面河岸上的泥岩，命名为"松花江统"；1942 年，日本人板口重雄将辽宁省昌图县沙河子煤田的侏罗纪地层命名为"沙河子统"；同年，日本人小林贞一调查农安县伏龙泉黑色页岩，命名"伏龙泉层"；并且小林贞一和木铃好一共同研究认为松花江统应自下而上包括泉头层、嫩江层和伏龙泉层，其时代为中—晚白垩世。

1929 年我国学者谭锡畴、王恒升调查了嫩江两岸含叶肢介的黑色页岩层，命名为"嫩江层"，是嫩江组的首次发现。

总的看来，这个时期的调查比较零星，尚不能给人以完整的层序概念，其地层时代的研究尤为粗浅。

2. 建立地层层序阶段

中华人民共和国成立后，全国范围内开展了大规模的区域地质调查，这一时期属于松辽盆地石油地质普查前期，其工作重点之一是地层研究，当时研究的主要层位是白垩系。

1954—1956 年，以地质部东北地质局开展工作为主。1954 年，地质局 128 队在伊通—叶赫一带进行了煤田普查，1955 年，地质局在盆地东部沿第二松花江吉林—老少沟、沈—哈铁路两侧进行踏勘，1956 年 157 队沿盆地边缘及其附近山区进行 1∶1000000 路线概查，并在公主岭、杨大城子、德惠、农安一带进行浅井钻探，初步建立盆内地层层序。

1957 年，石油工业部西安石油地质调查处直属 116 队，将松花江统改称松花江系（Crs），并在内容上又赋予它更广泛的含义，划分为三段。下段为原来的"泉头统"，中段"农安层"即以前的松花江统，上段将松辽平原北部地区的某些地层也包括在内。

1958 年，"松辽平原及其外围地区 1958 年科学研究成果总结"中将中生代地层自下而上分为 6 大层：Cra（第一层），未见底，分为 Cra_{1-3} 三小层；Crb（第二层），分为 Crb_{1-2} 两小层，其中 Crb_2 岩性和电性均较稳定，可作为区域性对比标志层；Crc（第三层）；Crd（第四层），分为 Crd_{1-3} 三小层，其中 d_1 和 d_2 两小层都可作为区域对比的标志层；Cre（第五层）；Crf（第六层）。该报告认为 Cre 和 Crf 两层有属于新近系或古近系的可能。

年代地层			岩石地层			代号	岩性剖面	厚度/m	岩性描述
界	系	统	群	组	段				
新生界	第四系					Q			
	新近系	上新统		泰康组		N_2t		0～125	灰绿、黄绿、深灰色泥岩与砂岩、砾岩互层
		中新统		大安组		N_1d			杂、灰色砂砾岩
中生界	白垩系	上统		明水组		K_2m		0～655	灰绿、灰色泥岩与灰、灰绿色砂岩、泥质砂岩交互组成
				四方台组		K_2s		0～410	下部是砖红色含细砾的砂泥岩夹棕灰色砂岩和泥质粉砂岩；中部为灰色细砂岩、粉砂岩、泥质粉砂岩与砖红、紫红色泥岩互层；上部以红、紫红色泥岩为主，夹少量灰白色粉砂岩、泥质粉砂岩
				嫩江组	五段	K_2n		0～500	灰、浅灰、深灰色泥岩与浅灰色泥质粉砂岩、粉砂岩互层
					四段				灰、浅灰、深灰色泥岩与浅灰色泥质粉砂岩、粉砂岩互层
					三段			50～120	灰黑、深灰色泥岩为主
					二段			80～213	灰黑、深灰色泥岩为主，夹油页岩。底部5～15m油页岩，分布全区，极稳定，为区域地层对比标志层
					一段			27～120	灰、黑、深灰色泥岩为主。底部5～15m黑色泥岩，夹劣质油页岩（全盆地均有分布）、泥质粉砂岩
				姚家组	二段、三段	K_2y		10～200	紫红、棕红色泥岩，局部灰色泥岩
					一段				灰白色砂岩，紫红色泥岩
				青山口组	三段	K_2q		80～600	紫红色泥岩与浅灰色粉砂岩、泥质粉砂岩不等厚互层，下部灰色岩性段发育
					二段				灰色粉砂岩、泥质粉砂岩、深灰色泥岩，深凹陷区底部发育油页岩，与下部深灰、灰黑色泥岩段、油页岩区别
					一段			40～100	中上部为灰色泥岩、泥质粉砂岩、粉砂岩，底部黑、灰黑色泥岩、页岩夹劣质油页岩
				泉头组	四段	K_2q		0～120	深灰、灰黑色泥岩、灰色泥质粉砂岩、灰色粉砂岩互层
					三段			0～500	暗棕、暗褐色泥岩、少量黑灰、灰绿色泥岩与灰绿、紫灰色砂岩互层
					二段			0～480	紫红色泥岩夹泥质粉砂岩、粉砂岩
					一段			0～890	暗紫红色泥岩、与紫灰、灰白、绿灰色中厚层砂岩互层，基本为正旋回
		下统		登娄库组		K_1d		78～573	上部为灰绿、灰褐色泥岩与杂色砂砾岩互层，下部为灰白、杂色砂砾岩为主夹灰绿、紫红色泥岩及少量凝灰岩，底部杂色砾岩为主，少量浅灰色细砂岩和灰、灰绿、紫红色砂砾岩，基本为正旋回
				营城组	三段	K_1yc		200～2000	碎屑岩与中基性火山岩互层，夹可采煤层
					二段				碎屑岩，火山碎屑岩，夹煤层
					一段				顶部为酸性火山岩，流纹岩、凝灰岩或流纹质凝灰岩底部为中基性火山岩，偶夹碎屑岩
				沙河子组	三段	K_1sh		600～1400	粉砂岩、泥岩，含煤层
					二段				草绿色凝灰岩、凝灰质砂岩为标志
					一段				粉砂岩、泥岩，含煤层
				火石岭组	三段	K_1hs		255～580	中基性火山岩
					二段				碎屑岩，含煤线
					一段				中基性火山岩

图 1-1-1　松辽盆地南部地层柱状图

1958 年，松辽石油普查大队在盆地内发现青山口组和姚家组，认为层位在泉头层以上、伏龙泉层以下。

1958 年，松辽石油普查大队进一步统一了地层划分与对比，建立和健全了地层层序，并依据岩石物理性质和化石生态特征，将"松花江系"置于白垩系，但对进一步划分意见不一。他们将白垩系划为上、下两部分。至此，松辽盆地地层层序基本建立，当时各层代号也得以沿用至 1974 年。

3. 地层研究深化阶段

该阶段包括普查阶段晚期和油田的勘探、开发阶段。工作的主要特点是拥有更多的古生物化石依据。据此对以往分层予以充实和修正，并着重厘定了地层时代。

1959 年，钻井揭示了登娄库组，1961 年，在西坡泉头组之下首次发现侏罗系。

1961—1965 年，大庆油田利用孢粉、介形虫化石对地层的划分寻找了更多依据，将介形虫化石划分了 9 个组合，为组段的划分充实了古生物依据，同时开展了古近系孢粉的研究。1975—1979 年，大庆油田系统地总结了近些年古生物研究取得的成果，将介形虫划分为 14 个化石组合带，将孢粉划分为 4 个孢粉组合高含量带，将藻类划分为 4 个组合、8 个亚组合带，为地层的划分提供了更多的化石依据，并基本形成了目前的地层划分方案。

1974 年，吉林油田编写的《松辽盆地南部地层概况》较系统地介绍了松辽盆地南部的研究状况及结论。认为盆地南北地层是一致的，只是南部古近系缺失依安组。

1977 年，吉林油田研究院根据介形虫类化石、岩性、电性标志层对松辽盆地南部 1100 余口探井地层进行了对比、统层，编写了《松辽盆地南部探井地层分层数据表》。至此，松辽盆地南部泉头组以上地层的划分对比工作基本完成。

1983 年，吉林油田在《松辽盆地南部断陷期含油气条件探讨》中认为盆地西部可能有中侏罗统的存在，为盆内侏罗系的划分提出了新的课题。

1985—1998 年，吉林油田在以往地层认识的基础上，开展了年度分层公报的出版工作，深化了地层研究。

2003—2006 年，吉林油田根据岩性、电性特征对松辽盆地南部 2200 口探井进行了重新的统层工作。

2009—2015 年，逐步加强深层的地层研究工作，针对深层的古生物进行了加密取样，获得率有了明显的提高，逐步建立起松辽盆地南部深层的孢粉组合序列，同时对深部火山岩地层开展了年代学的研究，将火石岭组、沙河子组、营城组归入下白垩统，地层时代划分研究逐渐与《国际年代地层表》接轨。

2014 年全国地层委员会召开第四届全国地层会议并发布了《中国年代地层表》，其中包括对白垩系—侏罗系的界限年龄进行了重新厘定，将白垩系—侏罗系的界限年龄由 137Ma 调整为 145Ma，将泉头组、青山口组、姚家组、嫩江组、四方台组、明水组归入上白垩统，并列为中国北方岩石地层标准。这为松辽盆地地层时代归属提供了新的依据（图 1-1-2）。

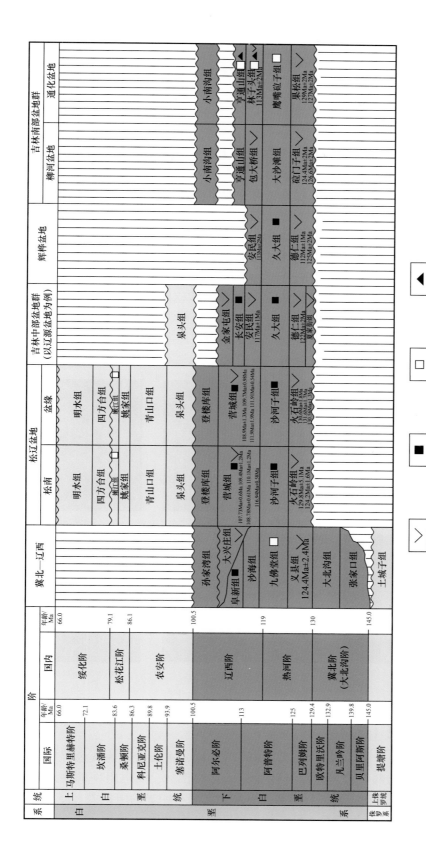

图 1-1-2 松辽盆地与其他地区地层对比简图

第二节 前 中 生 界

东北地区晚古生代时期已经形成统一的地块，即佳—蒙地块，其基底由额尔古纳、兴安、松嫩、佳木斯等地块的基底岩系组成。就整个东北地区而言，松辽盆地和周边中—新生代断陷盆地具有统一的古生界基底，上古生界在空间分布上具有区域可比性，总体可延伸进入松辽盆地内，具有连续性。

松辽盆地最早用化石资料证实盆地内存在晚古生代地层，是盆地南部的保 6 井结晶灰岩中发现的螳科化石（1975 年），可初步确认钻遇的是石炭纪—二叠纪地层。

松辽盆地北部的杜 101 井泥灰岩中发现了较丰富的海相古生物化石（1999 年），由腕足类、双壳类、腹足类、角石、介形虫、苔藓虫和有孔虫 7 个门类组成（图 1-1-3），并据此建立了中二叠统一新组（相当于哲斯组）。为中二叠世海相动物群，与哲斯组、杨家沟组和土门岭组生物群面貌相似，互相之间可以对比，时代可以精确定为中二叠世。松辽盆地南部的长深 14 井和昌 27 井钻遇大段石灰岩，推测时代应为中二叠世。松辽盆地上古生界应以石炭纪—二叠纪沉积为主，岩性以砂岩、泥岩、石灰岩、粉砂质泥岩、碎屑砂岩及火山岩为主，既有海相、海陆交互相，又有陆相沉积（图 1-1-4）。

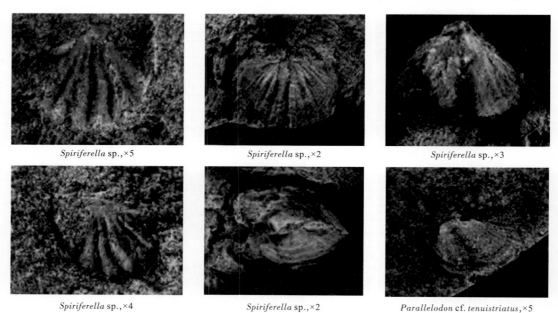

Spiriferella sp.,×5　　　*Spiriferella* sp.,×2　　　*Spiriferella* sp.,×3

Spiriferella sp.,×4　　　*Spiriferella* sp.,×2　　　*Parallelodon* cf. *tenuistriatus*,×5

图 1-1-3　杜 101 井古生物化石

一、中二叠统（P₂）

代表地层剖面为长深 14 井，井深 3738～3940m，主要岩性为灰色碎屑灰岩，镜下鉴定为微晶灰岩，局部大理岩化，具明显的低自然伽马、高电阻率的曲线特征。基岩顶部为灰白色变质砂岩和砾岩，与下部的石灰岩之间有明显的阻抗差。厚度达到 202m，未见底；推测为中二叠世哲斯组，可与林西地区哲斯组对比。

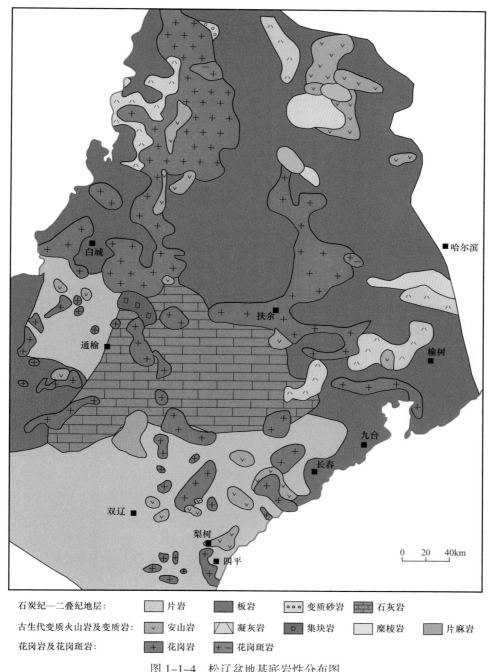

石炭纪—二叠纪地层：　　▨ 片岩　　▨ 板岩　　▨ 变质砂岩　　▨ 石灰岩

古生代变质火山岩及变质岩：　▨ 安山岩　　▨ 凝灰岩　　▨ 集块岩　　▨ 糜棱岩　　▨ 片麻岩

花岗岩及花岗斑岩：　　▨ 花岗岩　　▨ 花岗斑岩

图 1-1-4　松辽盆地基底岩性分布图

二、上二叠统（P₃）

代表地层剖面为老深 1 井钻井揭示的地层，自下而上主要为灰绿色安山岩及紫红色安山岩，顶部钻遇砂砾岩。与盆地东缘黑龙江省阿城市三道关门嘴子五道岭组中酸性及酸性火山碎屑岩，在岩性组合上具有相似性。火山岩测试数据为确认盆地南部存在古生代地层提供了新证据，老深 1 井 3651.2m 蚀变安山岩年代测试结果为 256Ma±4.1Ma，杨 6 井 1590m 蚀变安山岩年代测试结果为 254Ma±4Ma，搜登站东蚀变安山岩年代测试结果为 267Ma±4Ma，腰屯南安山质凝灰岩年代测试结果为 266Ma±2Ma，显示上述火山岩地层时代为晚二叠世。

第三节 中 生 界

一、侏罗系

松辽盆地南部的侏罗系全部隐伏在白垩系之下，分别充填于侏罗纪断陷之中。侏罗纪时期尚不存在现在意义的统一的松辽盆地，各断陷彼此分离，沉积上自成体系，地层难以对比。

侏罗系埋藏较深，除西部（白城小区）和东部（农安小区）个别断陷外，大部分尚未钻穿。仅根据部分断陷的钻探、物探资料，结合外围同类断陷沉积特征，推测各断陷的沉积建造为含煤火山碎屑建造，它属于中生界中、晚期区域性断陷活动的产物（前人曾指为松辽盆地"断陷期"的产物）。各断陷内火山岩及煤系发育程度差异较大。因此，侏罗系的地层层序及命名，东、西两部尚不统一。但总体看尚可反映出火山活动期与平静的潮湿温暖气候期间的湖沼相沉积环境。

1. 下侏罗统红旗组（J_1h）

由吉林煤田 217 队于 1960 年命名，命名剖面位于吉林洮安县红旗煤矿至碱厂一带，参考剖面在内蒙古扎鲁特旗西沙拉一带。

红旗组是指二叠系与万宝组之间的一套煤系地层。以深灰色粉砂岩、泥岩夹砂岩为主，含可采煤多层，底部有薄层或呈透镜状岩层，总厚约 704m。不整合于晚二叠世火山岩之上。含 Coniopteris-Phoenicopsis 植物群的早期组合，由 21 属 45 种植物组成，其中重要分子有 Equisetum asiaticum，Neocalamites carrerei，Todites princeps，T.williamsoni，Phlebopteris brauni，Clathropteris meniscioides，Thaumatopteris schenki，Cladophlebis ingens，Pterophyllum sp.，Anomozamites cf. major，Nilssonia sp.，Ginkgo ex gr.sibirica，Phoenicopsis angustifolia，Czekanowskia rigida，Cycadocarpidium sp. 等；孢粉以 Osmundacites-Cyathidites-Chordasporites 组合为代表。另外，还发现少量双壳类，如费尔干蚌等。

选层型为吉林省洮南县万宝镇红旗煤矿 59–13 号、59–5 号孔剖面，该孔揭露地层厚度为 538.55m。

59–13 号、59–5 号孔剖面

上覆地层：万宝组　黄褐色砾岩

---------- 平行不整合 ----------

红旗组	538.55m
11. 黑色粉砂岩夹泥岩及煤层（0.35m）	17.65m
10. 灰黑色泥岩夹薄层碳质泥岩和细砂岩	23.90m
9. 黑灰、绿灰色砾岩夹薄层灰黑色泥岩、粉砂岩、粗砂岩	12.8m

8. 深灰—灰黑色泥岩、粉砂岩夹粗砂岩、砾岩及煤线　　　　　　　36.6m

7. 灰黑色细砂岩、泥岩、粉砂岩互层夹 2 层薄煤层，底部有含砾砂岩　51.34m

6. 下部灰黑色粉砂岩夹泥岩，上部为泥岩夹粉砂岩　　　　　　　73.60m

5. 灰黑色粗砂岩、中砂岩夹细砂岩、粉砂岩及煤线　　　　　　　61.00m

4. 暗灰色粉砂岩、细砂岩夹 5 层薄煤层及煤线　　　　　　　　137.10m

========== 断层 ==========

3. 下部为灰色粉砂岩夹细砂岩煤层（0.46m），上部为粉砂岩、碳质泥岩　17.46m

2. 灰、灰黑色粉砂岩、细砂岩互层　　　　　　　　　　　　　37.60m

1. 灰白色砾岩夹薄层灰黑色细砂岩、中砂岩　　　　　　　　　69.50m

～～～～～～角度不整合～～～～～

下伏地层：二叠系　凝灰岩

2. 中侏罗统万宝组（J_2w）

由吉林煤田 217 队于 1960 年命名，1978 年吉林省区域地层表编写组首次公开引用。命名剖面位于吉林洮安县万宝煤矿一带；参考剖面在突泉县杜胜村。

下部为灰黑、灰色粉砂岩、细砂岩夹砂砾岩及可采煤层，厚 165～730m；上部为岩屑晶屑凝灰岩、凝灰质粗砂岩、砂砾岩等，局部地区夹薄煤层，厚 150～830m。底部与下伏红旗组为不整合接触。含 *Coniopteris-Phoenicopsis* 植物群的中期组合，其中重要分子有 *Neocalamites* sp. *Ginkgo* ex gr.*sibirica*，*Baiera gracilis*，*Sphenobaiera* spp.，*Phoenicopsis speciosa* 等；双壳类 *Ferganoconcha tomiensis*，*F.anodontoides* 等。

万宝组属于山间断陷盆地河湖—沼泽相含煤沉积，伴有轻微的火山喷发活动。

选层型为吉林省洮南县万宝镇 6 号、7 号钻孔剖面，该孔揭露地层厚度为 668.78m。

6 号、7 号钻孔剖面

上覆地层：巨宝组　灰白色凝灰岩

————— 整合 —————

万宝组　　　　　　　　　　　　　　　　　　　　　　　668.78m

12. 浅灰色凝灰岩、粉砂岩夹粗砂岩　　　　　　　　　　　14.90m

11. 灰黑色粉砂岩、泥岩互层夹一层煤　　　　　　　　　　77.40m

10. 灰黑色角砾岩　　　　　　　　　　　　　　　　　　4.00m

9. 灰色凝灰质砂岩、细砂岩夹粉砂岩　　　　　　　　　　14.70m

8. 灰黑色凝灰角砾岩　　　　　　　　　　　　　　　　2.30m

7. 灰、灰黑色细砂岩、粉砂岩、泥岩夹一煤层（0.59m）　　26.69m

6. 灰白、灰黑色角砾岩、砂岩互层　　　　　　　　　　　40.80m

5. 灰白色中砂岩夹粗砂岩　　　　　　　　　　　　　　17.20m

4. 灰、灰黑色砂岩、泥质互层　　　　　　　　　　　　196.79m

3. 灰白、深灰色砂岩、粉砂岩互层　　　　　　　　　　　37.20m

2. 灰、灰白色砾岩、砂岩互层　　　　　　　　　　　　41.50m

1. 灰、灰绿色砾岩夹凝灰岩　　　　　　　　　　　　　195.30m

（未见底）

《吉林省岩石地层》（1997）认为侏罗系除了红旗组、万宝组，之上还存在中侏罗统巨宝组，以及上侏罗统付家洼子组和白音高老组。《中国地层典》（2000）保留了红旗组、万宝组这一地层单位，之上为中侏罗统新民组，上侏罗统满克头鄂博组、玛尼吐组、白音高老组。巨宝组被新民组取代，付家洼子组被满克头鄂博组、玛尼吐组取代。近些年，外围中—新生代断陷盆地群地层研究取得了一定的进展，沈阳地质调查中心认为，扎鲁特旗的新民组与突泉盆地的万宝组相当，新民组原始定义指一套含煤地层，可分为下、中、上 3 个岩性段，含动植物化石，在阿鲁克尔沁旗新民煤矿至温都花煤矿一带最发育。目前对该组的层位仍有两种看法：《中国北方侏罗系》认为，新民组是在万宝组之上；《内蒙古岩石地层》认为，新民组实际上属于万宝组的相变，两者是同时异相的产物。因为两者既无连续的地层剖面，又没有在地表露头上追踪到它们之间的横向过渡关系，所以这个问题尚有待进一步研究。全国油气资源战略选区项目认为，松辽盆地内部万宝组（白城组）之上直到火石岭组之间都存在着地层缺失，因此，盆地边部见到的付家洼子组（满克头鄂博组、玛尼吐组）、白音高老组，盆地内部并不存在。

二、白垩系

白垩系是松辽盆地的主要沉积岩系，最大厚度累计达 9000m，分布广泛，化石丰富，分为上统、下统。由于地壳的掀斜运动，形成东蚀西超、中间齐全的分布特点。其中，下白垩统火石岭组、沙河子组、营城组为断陷阶段产物，岩性以火山岩、火山碎屑岩及断陷湖盆水下陆源沉积为主，登娄库组为断陷—断坳过渡阶段的粗碎屑岩。上白垩统泉头组、青山口组、姚家组和嫩江组为一套湖泊相、河流相细粒碎屑岩，属盆地主要凹陷阶段的沉积，分布面积广，遍及全区。四方台组和明水组为一套较粗粒碎屑岩，属盆地全面缓慢上升、湖泊萎缩时期的沉积，分布于盆地的中部和西部，生物群较单调。

1. 下白垩统（K_1）

1）火石岭组（K_1hs）

火石岭组 1973 年创建，当时选用了煤田施工的 226 号、50 号钻孔，钻孔位于九台市营城—火石岭一带。1978 年，吉林省区域地层表编写组将火石岭组的定义修改如下：上部和下部为陆相碎屑岩夹凝灰岩、煤层，产植物化石；中部和底部为安山岩、安山玄武岩、凝灰角砾岩组成的一套地层，厚 255～580m。与下伏二叠系不整合接触。该组在九台煤矿区仅见于地下钻孔中，位于主要含煤层沙河子组之下。

火石岭组形成于区域性热隆背景下，处于松辽盆地初始裂陷期，建造面貌以火山喷发与正常碎屑沉积交互为特征，这一时期，断陷盆地特征较弱。由于沉积过程中受控陷断裂控制程度弱，往往表现为平行沉积，但在沙河子期差异沉降的强烈作用影响下，断裂下降盘火石岭组保存齐全，断裂上升盘遭受一定程度剥蚀，甚至剥蚀殆尽，而且在沙河子组楔状沉积的倾没端，由于沙河子组沉积时期断裂强烈活动造成地层掀斜，多见火石岭组遭受剥蚀形成的与沙河子组的局部不整合现象。因此，现存的火石岭组多为剥蚀残留。

火石岭组为以火山岩为主的断陷式充填沉积，分布于各构造分区的一些断陷中，以松辽盆地南部东部断陷带的王府、德惠、梨树、双辽断陷较为发育，根据岩电震特征划分为三段。中西部断陷带火石岭组埋藏深，钻井揭示不全，推测地层较薄（图 1-1-5）。

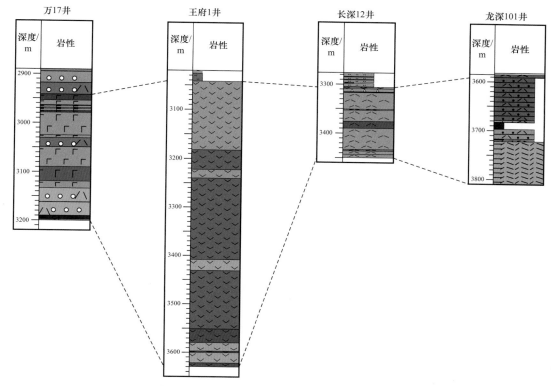

图 1-1-5　松辽盆地南部火石岭组典型井对比图

王府断陷火石岭组一段岩性是安山质火山岩，二段是灰黑色、深灰色泥岩夹灰色砂砾岩、砂岩，顶部为厚 30m 左右的流纹质火山岩地层。相当于建组剖面上部的地层。

德惠断陷钻遇或钻穿火石岭组的探井较多，岩性上也可以划分为三段，一段是灰色砂砾岩、中基性火山岩；二段是黑色泥岩、细砂岩夹煤层；三段是中酸性火山岩、凝灰质砾岩，可以与建组剖面进行对比。

长岭断陷火石岭组仅在断陷边部及内部的构造高点部位有钻井揭示，岩性上以安山岩、凝灰岩为主，夹有碳质泥岩和砾岩。相当于建组剖面的中上部地层。

王府断陷火石岭组发育较为齐全，岩石组合特征明显，古生物、火山岩同位素年龄证据较为充分。2012 年，在城深 8 井 2208.72～2209.62m 安山质凝灰熔岩获得锆石 U—Pb 年龄 129.8Ma，是松辽盆地深层火石岭组最可靠的年代依据。

王府 1 井 3042～3630m 井段，岩石组合以安山岩为主，未见底。层序如下。

王府 1 井钻井剖面

上覆地层：下白垩统沙河子组灰黑色泥岩夹灰色细砾岩

—————— 整合 ——————

火石岭组（K_1hs）	588m
9. 灰色安山岩	140m
8. 绿灰色安山岩	40m
7. 灰色安山岩	18m

6. 绿灰色安山岩	311m
5. 灰紫色安山岩	28m
4. 灰绿色安山岩	18m
3. 灰紫色安山岩	3m
2. 灰绿色安山岩	22m
1. 灰紫色安山岩	8m

（未见底）

2）沙河子组（K_1sh）

沙河子组创建于1941年，当时称为宽城层群。后期研究变化较大，此处不再赘述。吉林省地层表编写组（1975）利用营城226号孔作为沙河子组代表剖面，时代归属晚侏罗世。

沙河子组指火石岭组之上、营城组之下的一套含煤地层。下部为灰白、灰色砂岩、粉砂岩，夹五层煤层；中部以黑色泥岩夹砂岩为主；上部为灰白、灰黑色砂岩、粉砂岩及薄煤层，产植物化石。底界以砂岩与火石岭组分界，整合接触；其上被营城组安山岩平行不整合覆盖。

沙河子组主要分布于九台市营城、长春石碑岭、怀德县刘房子、孟家岭一带地下，在九台市六台子—三台子一带出露地表。三台子—张家屯一带岩性以黄褐色砾岩、含砾砂岩、粉砂质泥岩为主，含动植物化石，于三台子东北采到植物 *Radicites* sp.，介形虫 *Darwinula* sp.，*Timiriasevia* sp.，双壳类 *Ferganoconcha* sp.，沉积厚度232～462m。在长春石碑岭—陶家屯一带主要为一套河流—沼泽相沉积，下部以粗碎屑岩为主，夹煤线；中部以砂页岩为主，夹煤层，分布稳定，可采煤4～5层；上部又以粗碎屑岩为主，夹煤线。产少量植物化石 *Coniopteris* sp.，*Ginkgoites* sp. 等，沉积厚度250m。怀德县刘房子一带以正常沉积粗碎屑岩为主，夹细碎屑岩、煤、膨润土为其主要特征，沉积厚度612m，产少量植物化石，有 *Ginkgoites sibiricus*，*Coniopteris burejensis* 等，不整合于花岗岩之上。

沙河子组是断陷盆地快速沉降期发育的产物。由于边界断层活动加剧，水体快速变深，水域范围不断扩大，沉积了一套以湖相为主的碎屑岩地层；岩性为深灰、灰黑色泥岩，粉砂质泥岩，夹灰、灰白色砂砾岩。顶部常为营城组的底砾岩或火山岩系。断陷中部该组与火石岭组呈整合接触。地层厚度一般为600～1400m（图1-1-6）。

王府断陷沙河子组岩性为灰色泥岩与粉细砂岩互层，夹煤层，与下伏火山岩和火山碎屑岩为主的岩性有明显不同。与上、下地层不整合接触。测井曲线上为低阻值、高自然伽马、高声波时差特点，界限位置拐点清楚。

德惠断陷该组分布比较广泛，厚度在300～800m之间，德深1井、农104井多处见煤线，古生物化石以孢粉为主，无口器粉、紫萁孢占优势。在德深1井于本组见到枝脉蕨 *Cladophlebis* sp.，竖直茨康诺斯基叶 *Czkanowskiarigida* 和侧羽叶植物 *Pterophyllum* sp. 化石。与下伏地层呈不整合接触。

梨树断陷沙河子组表现为以湖相为主的砂泥岩沉积建造，偶见凝灰质砂砾岩、凝灰质泥岩。该组与下伏火石岭组呈不整合接触。下部岩性为灰色含砾砂岩，凝灰质、安山质砂砾岩与灰黑色泥岩互层，偶见凝灰岩、安山角砾岩。

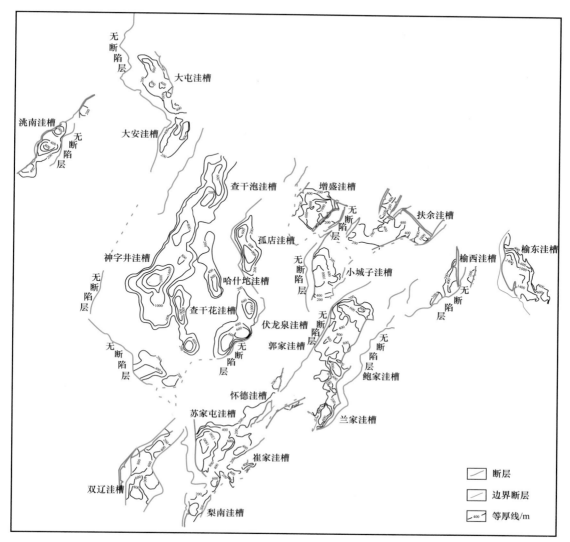

图 1-1-6 松辽盆地南部沙河子组地层厚度图

代表地层为王府 1 井 2850～3042m 井段。岩石组合以碎屑岩夹煤系地层为主。含有 3 层煤，共厚 3m。与下伏火石岭组为整合接触关系。

王府 1 井钻孔剖面

上覆地层：下白垩统营城组浅灰色流纹岩夹灰色凝灰岩

—————— 整合 ——————

沙河子组（K_1sh）	192m
21. 灰黑色泥岩	3m
20. 黑色煤	1m
19. 灰黑色泥岩夹灰色凝灰质砾岩	6m
18. 灰色含砾粗砂岩	1m
17. 深灰色粉砂质泥岩	2m

16. 灰黑色泥岩与灰色含砾粗砂岩互层	18m
15. 灰色细砾岩	8m
14. 黑色碳质泥岩	3m
13. 黑色煤	1m
12. 灰黑色泥岩夹灰色砂砾岩	9m
11. 黑色煤	1m
10. 深灰色泥质粉砂岩	1m
9. 灰色砂砾岩	5m
8. 黑色碳质泥岩	1m
7. 灰色细砾岩	4m
6. 黑色煤	1m
5. 灰黑色泥岩与灰色细砾岩互层	33m
4. 灰色细砾岩夹灰黑色粉砂质泥岩	7m
3. 灰黑色泥岩	6m
2. 灰色泥质粉砂岩	1m
1. 灰黑色泥岩夹灰色细砾岩	80m

—————— 整合 ——————

下伏地层：下白垩统火石岭组灰绿、灰紫色安山岩

3）营城组（K_1yc）

森田义人于1941年命名营城子火山岩群，命名地点在吉林九台市营城，参考剖面位于吉林九台市营城煤矿341号、343号钻孔。吉林煤田普查大队（1964年）改称营城子组，时代为晚侏罗世。后因其与中国震旦系上部的营城子组重名，故改称营城组（1966年）。

吉林省岩石地层（1997）指营城组为沙河子组之上、泉头组之下的一套以中酸性火山岩为主夹煤地层。2008年、2014年吉林油田研究院对斜尾巴沟—官马山—团结村地表剖面进行了重新勘测。将营城组定义为沙河子组之上、泉头组或登娄库组之下的一套以中酸性火山岩为主夹煤地层。可分为3个岩性段：一段下部以中基性火山岩夹碎屑岩和薄煤层为主；一段上部以厚层流纹岩夹珍珠岩、流纹质火山碎屑岩为主，偶夹复成分砾岩；二段以碎屑岩为主，夹凝灰岩、偶夹流纹岩，含煤层；三段以中基性火山岩、火山碎屑岩为主，顶部为中性、酸性火山岩互层。下伏与沙河子组平行不整合接触，其上被泉头组或登娄库组不整合覆盖。

营城组是断陷盆地发育晚期缓慢沉降时的浅水断陷湖盆沉积，与下伏沙河子组具有相似的沉积环境，为湖相含煤碎屑岩建造，只是此时火山活动相对较频繁强烈，底部和顶部常发育火山岩系。松辽盆地南部钻遇营城组探井较多，中西部断陷带营城组厚度也较大，东部断陷带的莺山、王府以及德惠断陷揭示的探井也较多，但该区营城组厚度较薄，与中西部营城组特征差异较大（图1-1-7）。

德惠断陷营城组沉积时期断层活动逐渐减弱，断陷间的凸起逐渐趋于低平，但湖域范围仍然较广，断陷间隆起被湖水浸没，使各断陷连通成统一湖区。此时地层厚度一般为200～800m，最厚可达2000m。主要岩性下部为安山玄武岩、火山角砾岩、凝灰砂岩

及灰色砂岩、砂砾岩、灰黑色泥岩夹煤层；上部为酸性火山岩、火山碎屑岩及砂岩、粉砂岩和黑色泥岩，含煤层。与下伏地层呈整合或平行不整合接触。植物化石有苏铁杉、披针形苏铁杉和木贼。该组孢粉化石丰富，桫椤孢、海金砂科占优势。

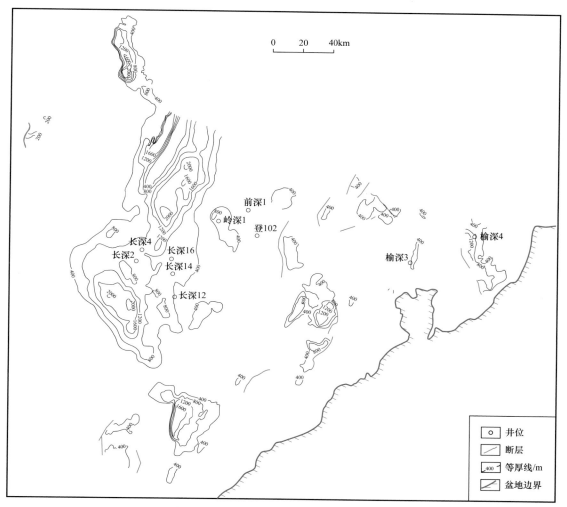

图 1-1-7　松辽盆地南部营城组地层厚度图

王府断陷钻井揭示营城组下部主要为杂、灰白色砂砾岩段，上部为灰绿、灰黑色泥岩与砂岩互层。断陷边部地层剥蚀严重，仅存在下部砂砾岩段。

英台断陷营一段下部发育有杂、灰白色砂砾岩、砂岩互层或凝灰岩、中酸性火山岩，向上相变为湖相粉砂岩与深灰色泥岩，呈现整体向上变细的正旋回。营二段下部为灰白、浅灰色砂砾岩、砂岩与泥岩互层，向上快速相变为湖相的灰色粉砂岩与深灰色泥岩，也呈现出向上变细的正旋回特点。

长岭断陷南部营城组以凝灰岩、流纹岩和火山角砾岩为主，段的界限特征不明显。断陷北部，随着埋深的增加，营城组可以划分为两段，上段为碎屑岩段，下段为以安山岩、凝灰岩、角砾岩为主的火山岩段。

梨树断陷表现为湖相—三角洲相沉积建造。中上部为灰色、灰黑色泥岩夹紫红色泥岩与灰白色粉细砂岩互层，具有二分性，组成两大正旋回，电阻率曲线由低阻到高阻，呈尖峰状；下部为灰黑色泥岩、粉砂质泥岩，呈反旋回，电阻率曲线由高阻逐渐变至低阻，声速曲线顶界面比沙河子组明显变高变大。

代表地层为长深 1 井 3547～3911m 井段。岩石组合以流纹岩为主，夹有凝灰岩，共厚 364m。3577m 井段锆石 U—Pb 法测得年龄为 107Ma±2Ma，为典型营城组。

长深 1 井钻孔剖面

上覆地层：下白垩统登娄库组肉红色粉砂质泥岩

————————— 平行不整合 —————————

营城组（K_1yc）	364m
11. 棕色流纹质晶屑凝灰岩	27m
10. 灰色流纹质晶屑凝灰岩　年龄：107Ma±2Ma	12m
9. 棕色流纹质晶屑凝灰岩	19m
8. 褐色流纹岩	103m
7. 肉红色凝灰岩	28m
6. 灰色流纹岩	17m
5. 灰色凝灰岩	53m
4. 棕色流纹岩	24m
3. 灰色凝灰岩	22m
2. 灰色流纹岩	25m
1. 灰色凝灰岩	34m

（未见底）

4）登娄库组（K_1d）

登娄库组系于 1959 年由松辽石油勘探局综合研究队创建于前郭县东登娄库构造北端的松基 2 井，同年，地质部在吉林省怀德县曲家窝堡的杨 103 井亦有发现，两处的发现均较零星。直到 1965 年才在北部松基 6 井见其全貌，并统名为登娄库组。

登娄库组为断坳转化时期的扇三角洲—浅水湖盆粗碎屑沉积建造，地层呈披盖式覆盖于前期断陷沉积之上。岩性中下部为一套杂、灰白色砂砾岩夹紫红、灰绿、深灰色泥岩，中上部为灰紫、暗紫色砂质（含砾）泥岩与灰色砂岩不等厚互层，上、下形成两个不明显的不对称沉积旋回。

盆地南部该组主要分布在登娄库—双坨子、怀德县公主岭一带，长岭小区仅东侧出现；西部斜坡区尚未发现，但据地震资料推测，可能存在于某些侏罗系断陷中。

盆地外围伊通盆地南延部分的二龙山（即二龙山层），第二松花江两岸，九台县的奢岭及舒兰—榆树的红旗、汪屯、朝阳一带均有零星出露。岩性为一套泥岩、砂岩、砂砾岩组成的沉积层，厚度为 1000～1500m。

在盆地内以北部的松基 6 井揭露最全，全区自下而上可分为 4 段，即登一段（K_1d_1）、登二段（K_1d_2）、登三段（K_1d_3）、登四段（K_1d_4）。其中，K_1d_1 为砂砾岩段，K_1d_2 为暗色泥岩段，K_1d_3 为块状砂岩段，K_1d_4 为过渡岩性段。

登娄库组一段、二段沉积时期，蕨类孢子中以光面三缝孢类，如 *Cyathidites*，

Leiotriletes，*Gleicheniidites* 占多数，总数接近40%。特征与辽西阜新组很相似，均以蕨类孢子为主，裸子植物花粉次之，被子植物花粉个别发现 *Clacvatipollenites*；蕨类孢子中光面三缝孢类的含量较高。登娄库组三段、四段沉积时期，*Cicatricosisporites*，*Leiotriletes*，*Schizaeoisporites*，*Classopollis* 等早白垩世代表分子仍然丰富，同时又有新的分子出现，如 *Triproletes*，*Contignisporites*，*Crybelosporites* 等；被子植物花粉 *Polyporites* 和 *Clavatipollenites* 继续存在，数量很少。

松辽盆地南部登娄库组主要发现于登娄库背斜带北段和王府凹陷的长4井、扶101井、扶201井、扶基1井和松基2井，揭露厚度一般为228～554m，现记录发育较全的扶101井剖面如下，以概全貌。

扶101井剖面

上覆地层：上白垩统泉头组

—————— 整合 ——————

| 登娄库组 | 554.1m |

6. 暗紫、暗紫红及黑色泥岩、砂质泥岩与厚层浅灰绿色粉、细砂岩组成大致相等幅度的韵律层。泥质岩普遍含石膏团块及包裹体，砂质岩见泥砾和方解石脉   66m

5. 灰紫、红、灰黑色砂质泥岩、泥岩与薄层灰白、浅灰绿色粉、细砂岩互层   90m

4. 上部灰紫色砂质泥岩、泥岩夹浅灰绿色砂岩。中部呈大韵律层。下部为互层，见石膏团块，砂岩具泥砾、方解石脉   106m

3. 中、上部灰紫色泥岩、砂质泥岩与深灰、灰白、浅灰绿色粉、细砂岩呈韵律层，下部泥岩夹砂岩，含石膏团块   123m

2. 深灰、紫色粉、细砂岩与黑紫色泥岩、砂质泥岩组成两个韵律。见方解石脉   75m

1. 灰带紫色砂岩及紫色泥岩、砂质泥岩不等厚互层，含石膏团块   94.1m

（未见底）

上述剖面中1、2层相当于 K_1d_2 段，3～6层相当于 K_1d_3 段。其中，K_1d_3 的暗色泥岩发现较高的生油指标，有可能为松辽盆地的局部生油层。

2. 上白垩统（K_2）

吉林油田上白垩统为松辽盆地坳陷期及萎缩期地层。特别是坳陷期泉头组—嫩江组广泛分布全盆地。构成中浅层油气主要勘探层系。

1）泉头组（K_2q）

泉头组为日本人羽田重雄于1927年创立（时名泉头层），建组剖面在辽宁省昌图县泉头车站东纪家岭村。该组时代归属几经更迭，2014年归属于上白垩统。建组剖面岩性为紫灰、灰白及灰绿色砂泥岩互层。至盆地边缘出现砂砾岩。

泉头组在盆地内分布广泛，几乎覆盖全盆地，泉头组是松辽盆地凹陷期早期阶段的沉积，盆地内以河流相为主，盆地边缘粒度变粗。与下伏登娄库组呈整合—假整合接触，盆地边部常超覆于不同层位老地层之上。该组可以划分为四段：泉一段沉积时期继承了松辽盆地南部"一隆两堑"的基本构造格局，除中央古隆起、西部斜坡和西南隆起等处于隆起剥蚀状态以外，沉积物几乎超覆在盆地内所有的凹陷和隆起，岩性为紫红色泥岩与紫红、浅灰色细砂岩、粉砂岩不等厚互层，含少量杂色砂砾岩，总体为向上变细的序列。泉二段沉积时期，湖盆持续凹陷，水体加深，中央古隆起没入水下，湖域范围继续扩大，逐渐向盆缘超覆。岩性以紫红色泥岩为主，夹紫红色泥质粉砂岩、浅灰色粉砂岩。泉三段沉积时期河流相较为发育，地形平坦，物源供应充沛，发源于盆地边缘的河流向盆地中心的湖泊快速推进。岩性为暗棕、暗褐色泥岩，少量灰、灰绿色泥岩与灰绿、紫灰色砂岩呈不等厚互层。泉四段沉积时期基本继承了泉三段沉积时期的沉积格局，此时的古地理形态较泉三段沉积时期变得更为平缓，湖泊也有了一定的分布范围。岩性由棕红、灰绿色泥岩、粉砂质泥岩和灰白、浅灰绿色泥质粉砂岩、粉细砂岩组成。自下而上，一般为四个由粗到细的间断性不完整旋回组成，但有时特征不明显。与其上的青一段岩性、电测曲线有明显区别。

泉头组的孢粉划分为两个组合，即 *Rilobosporites-Cyathidites-Tricolpopollenites* 组合与 *Schizaeoisporites-Quantonenpollenites-Tricolpopollenites* 组合。这两个组合从孢粉的组成看差别甚微，但化石数量与分异度都有明显的差异，前者化石数量少，属种单调，只见到 32 个种；后者数量丰富、类型多，见到 385 个种。被子植物花粉从百分含量看，差别很少，分别为 8.8% 与 10.2%，但从类型看，前者只见 3 个种，后者见到 15 个种，是松辽盆地白垩纪被子植物花粉进入发展阶段的重要标志。

泉头组的被子植物花粉中见到了数量较多的与现代植物有亲缘关系的类型，如 *Magnolia*，*Palmaepollenites*，*Cupuliferoidaepollenites* 等，这与泉头组发现的植物化石相吻合，如 *Quercoidites*，*Salixipollenites*，*Fraxinoipollenites*，*Quercus* sp.，*Viburnum* cf. *marginium*，*Tilia* cf. *jacksoniana*，*Platanus* sp.，*P.appenoiliculates*，*Trapa*？ *Microphylla* 等。表明泉头组的时代已经偏新。泉头组中还出现了一些形状十分奇异的被子植物花粉，如 *Quantonenpollenites*，*Zhaodongpollis* 等。

泉头组出现的蕨类植物孢子与裸子植物花粉绝大部分是早白垩世常见的分子，如 *Aequitriradites*，*Maculatisporites*，*Cooksonites*，*Fixisporites*，*Foraminisporis*，*Jiaohepollis*，*Paleoconiferus*，*Protopinus* 及海金砂科的一些分子，有的进入晚白垩世以后灭绝了，有的数量减少或逐渐消亡。但也出现了一些多见于晚白垩世的分子，如 *Balmeisporites*，*Nevesisporites*，*Polycingulaitsporites* 和 *Exesipollenites* 等。这些分子可能是晚白垩世的先驱分子。

泉头组出现了数量比较多的三沟粉 *Tricolpites*，占 0.1%～3.2%，这个属在登娄库组中已经出现，但数量较少，只占 0.1%。

总体来看，泉头组的孢粉组合带反映了新老交替的特点，被子植物花粉开始发展，一部分早白垩世常见分子有的绝灭，有的衰退。综合考虑泉头组的时代应为阿尔必期中晚期。

根据松基 2 井剖面，将全组分为 4 段。但西部斜坡区缺失泉一段、泉二段，德惠断陷或因基岩隆起而缺失，或因后期剥蚀保存不全。

（1）泉一段（K_2q_1）：泉一段仍具有断陷式沉积特征，分布比较局限，研究者贯称为"填平补齐"。该段多见于长春岭—四马架—登娄库一带，为灰白、浅灰、灰紫色砂岩与紫褐、暗紫红、灰黑色砂质泥岩、泥岩互层，一般夹砾岩及底部具砾岩。砂岩含灰质、石膏、泥砾和灰质结核，岩石成分比较复杂。厚度 600m 左右，松基 2 井厚 1181m。扶余县城、登娄库南、青山口和万金塔一带，超覆在不同时代老地层之上，厚度相应减薄。钓鱼台—朱大屯一带缺失。与登娄库组整合接触，个别地区呈超覆关系。代表性剖面为扶 101 井，厚度为 655m。

扶 101 井剖面

上覆地层：泉二段

—————— 整合 ——————

泉一段　　　　　　　　　　　　　　　　　　　　　　　　　　　　　655m

8. 以暗棕红、黑色泥岩为主，夹薄层灰黑色泥岩、砂质泥岩与厚层浅灰绿色砂岩不等厚互层。含石膏团块及包裹体　　　　　　　　　　　　　　72m

7. 上、下部为厚层浅灰绿、灰白带绿色粉、细砂岩夹薄层暗紫红色及黑色泥岩、砂质泥岩。中部为泥岩、砂质泥岩，含泥砾、方解石脉和炭屑　　　　77m

6. 上部以暗紫红色泥岩为主，并有灰黑色泥岩、砂质泥岩。下部为厚层浅灰绿色砂岩夹薄层泥岩、砂质泥岩。含方解石细脉　　　　　　　　83m

5. 上部暗紫红、灰黑色砂质泥岩、泥岩夹砂岩。中、下部为灰、浅灰绿、绿带紫色泥岩、砂质泥岩、砂岩之韵律层。含石膏团块及包裹体、黄铁矿晶体和泥砾　　115m

4. 上部暗紫红、灰黑色砂质泥岩、泥岩与中厚层灰白、浅灰绿色砂岩呈不等厚互层。中、下部为泥岩、砂质泥岩及薄层砂岩韵律层。含石膏团块及包裹体　　113m

3. 暗紫红、灰黑色泥岩、砂质泥岩与灰、深灰色砂岩组成韵律层。具方解石脉　70m

2. 上部暗紫红、灰黑色泥岩、砂质泥岩与浅灰带绿色砂岩呈小韵律层。中部为砂岩夹砂质泥岩。下部泥岩与砂质泥岩互层。含石膏团块和包裹体、黄铁矿晶体、泥砾和方解石脉　　　　　　　　　　　　　　　　　　　　　　　　67m

1. 顶部灰绿、暗紫灰色砂岩、泥质砂岩，上、下部为暗紫红、灰黑色泥岩、砂质泥岩互层。中部夹多层薄层砂岩。含石膏团块及包裹体、方解石细脉　　　58m

—————— 整合 ——————

下伏地层：下白垩统登娄库组

（2）泉二段（K_2q_2）：一般厚 300m 左右，四马架—登娄库一带在 400m 以上，最厚是在扶 201 井，厚 469m，向东西两侧减薄。钓鱼台—朱大屯一带，可见该段地层超覆在前石炭纪地层之上。该段主要由泥岩夹砂岩组成，岩性比较稳定，常为泉头组对比标志之一。该段泥岩是全盆地泉头组最有生油希望的生油岩。代表剖面为扶 101 井，厚度为 440.5m。

扶 101 井剖面

上覆地层：泉三段

—————— 整合 ——————

泉二段　　　　　　　　　　　　　　　　　　　　　　　　　　　　440.5m

4. 上部以暗紫红色为主的泥岩、砂质泥岩与灰白色细砂岩呈韵律层，中下部泥岩夹薄层砂质泥岩及砂岩　　　　　　　　　　　　　　　100.5m

3. 上部为暗紫色为主的厚层泥岩夹浅灰绿带褐色、棕灰、紫灰色砂岩、泥质砂岩，中下部为各色泥岩、砂质泥岩薄层互层。含黄铁矿晶体　　　　115m

2. 暗紫红色为主的泥岩、砂质泥岩夹薄层浅灰绿带棕、灰白及浅灰色粉、细砂岩。含石膏包裹体及团块   125m

1. 上部为各色泥岩互层夹薄层砂岩，中部泥岩加厚，下部为泥岩、砂质泥岩，见少量浅灰黑色砂质泥岩。普遍含石膏团块及包裹体   100m

—————— 整合 ——————

下伏地层：泉一段

（3）泉三段（K_2q_3）：自泉三段沉积晚期开始，松辽盆地的演化进入坳陷期，首次形成统一湖盆，地层呈覆盖式沉积，可比性较强，其厚度从中间的长岭小区向东西两侧变薄。但在农安小区的西侧泉三段及泉四段仍有局部加厚现象。

泉三段岩性为灰绿、棕红、暗紫色泥岩、砂泥岩与灰绿、棕、灰紫色砂岩组成正韵律。一般厚度为 371m（长岭小区东侧），农安小区西侧之登 114 井、松基 4 井分别加厚至 525.5m 和 521.5m。由此基线向西减薄，并超覆在老地层之上。

松基 2 井剖面

上覆地层：泉四段

—————— 整合 ——————

泉三段   443.5m

5. 棕红、猪肝色泥岩、砂质泥岩与灰白色粉砂岩组成韵律层。含灰质结核、黄铁矿晶体。底部为灰绿色泥砾岩   107.5m

4. 猪肝、灰紫、紫红色泥岩、粉砂质泥岩与浅灰白色粉砂岩、砂岩之韵律层。含灰质结核、黄铁矿，具交错层理   60m

3. 深灰绿、灰褐色泥岩、棕红色砂质泥岩与灰白色粉砂岩之韵律层。含黄铁矿 52m

2. 棕红色泥岩及灰白色粉砂岩。含黄铁矿，于 470m 处见鱼化石   26m

1. 棕红泥岩、砂质泥岩与灰白、灰绿色细砂岩韵律层，底部有一层泥砾层   198m

—————— 整合 ——————

下伏地层：泉二段

白城小区泉三段西界位于岔台—套保—八面山—架马吐一带，呈超覆状，岩性变粗，地层厚度仅 139.5m（安 3 井）。

该段产：*Lycopterocypris* aff. *infantilis* 小狼星介（亲近种），*Triangulicypris* ？ *torsuosus* 外凸三角星介，*Brachydontes* cf.*songliaoensis* 松辽短齿蛤（相似种）等化石。

（4）泉四段（K_2q_4）：在农安小区西侧发育较好，地层厚度仍大于长岭小区东侧，岩性为棕红、灰绿色泥岩、粉砂质泥岩和灰白、浅灰绿色泥质粉砂岩、粉砂岩、细砂岩，常组成 4 个不完整的正韵律，每一韵律的底部常出现钙质砂岩，有时见薄层泥砾岩或泥砾，砾岩不发育。泥岩常含粉砂及灰质结核和黄铁矿。层面多具动水冲刷和水下滑动痕迹。化石甚少，属动水河流相沉积。扶余—登娄库、青山口和伏龙泉—杨大城子等局部地区，砂岩比较发育，具水平层理、斜波状层理和泥质（粉砂岩）团块。三岔河—德惠一线以东，砂岩减少。公主岭一带，为含砾石的砂岩、粉砂岩和泥岩，岩石成分比较复杂。泉四段厚度变化大，一般为 90m。在隆起部位的青山口、登娄库南、顾家店和杨大城子等地呈孤岛状态缺失，扶余镇一带受基岩隆起影响减薄至 60 余米，扶余县永平和德惠—农安一带推测厚 120～130m（图 1-1-8）。泉四段代表性剖面为探 5 井，厚 81.5m。

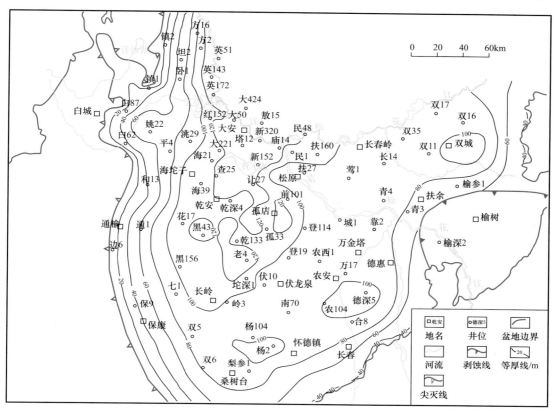

图 1-1-8　松辽盆地南部泉四段地层厚度图

探 5 井剖面

上覆地层：上白垩统青山口组

~~~~~~~不整合~~~~~~~

泉四段　　　　　　　　　　　　　　　　　　　　　　　　　　　81.5m

10. 浅灰绿色泥质粉砂岩，夹两层细砂岩，含底部钙质砂岩，具泥砾、钙砾，含黄铁矿。产蚌、叶肢介和介形虫化石　　　　　　　　　　　　　　　　　　　5m

9. 灰绿、棕褐色泥岩、灰棕色粉砂质泥岩、泥质粉砂岩。含泥砾、黄铁矿晶体、灰质结核。产植物炭屑　　　　　　　　　　　　　　　　　　　　　7.7m

8. 砂岩，含泥砾，具交错层理。产炭化植物碎片　　　　　　　　　　17.1m

7. 灰绿色泥岩、粉砂质泥岩、泥质粉细砂岩、细砂岩、含灰质结核、黄铁矿　11m

6. 细砂岩，含黄铁矿，底部为钙质砂岩　　　　　　　　　　　　　　3.1m

5. 灰绿色泥岩、泥质粉砂岩及细砂岩。下部为钙质胶结的泥砾及钙质砂岩　1.8m

4. 上部灰绿、棕红色泥岩，含灰质结核。中部为硅质胶结的砂岩。下部灰绿色粉砂质泥岩，含黄铁矿　　　　　　　　　　　　　　　　　　　　4.7m

3. 砂岩。含黄铁矿晶体、植物炭屑、泥、砾　　　　　　　　　　　　20.3m

2. 上部灰色粉砂质泥岩，下部砂岩，底部灰白色钙质砂岩　　　　　　　　　　7.1m

1. 上部灰色粉砂质泥岩、含植物碎片。下部砂岩，含黄铁矿晶体　　　　　　　3.7m

（未见底）

该段产：*Ziziphocypris* aff. *simakovi* 西氏枣星介（亲近种），*Harbinia* aff.*hapla* 简易哈尔滨介（亲近种），*Mongolianella* sp. 蒙古介，*Limnocypridea* sp. 湖女星介；*Plicatounio*（*Plicatounio*）*latiplicatus* 宽褶褶球蚌（褶球蚌），*Sphaerium yanbianense* 延边球蚬；*Platanus nobilis* 优雅悬铃木，*P.appendiculata* 附属悬铃等化石。

2）青山口组（K_2qn）

青山口组由地质部松辽石油普查大队创建于1958年，建组剖面在吉林省农安县青山口乡青山口村松花江南岸。1962年在"全国地层会议学术报告汇编松辽平原油田地质现场会议"上有人认为青山口组可分为三段。

青山口组沉积期，气候由泉四段沉积时期的亚热带较干热的气候转变为亚热带潮湿气候，湖盆急剧坳陷，湖水快速扩张，气候逐渐变得温湿。从地层与泥岩厚度分析，松辽盆地南部坳陷中心位于大安、长岭、梨树至德惠一带，新立、扶余是沉降中心。湖岸边界沿安广、通榆、杨大城子至农安一带分布。高砂带沿英台、红岗、乾安至双坨子一带分布。晚期湖盆萎缩，河流及三角洲砂体向盆推进，湖岸线退至三盛玉、黑帝庙、平安镇至套保一带。该组大部被第四系覆盖，除青山口乡外，仅前郭县哈达山等地有零星出露。

下部青一段的 *Cicatricosisporites-Cyathidites-Pinuspollenites* 组合与上部青二段、青三段的 *Balmeisporites-Cyathidites-Classopollis* 组合，是青山口组孢粉的两个组合。这两个组合前者以裸子植物花粉占优势，占53.1%，后者以蕨类孢子占优势，占75.1%，被子植物花粉近乎相等。青山口组孢粉组合中，有一个重要特征，即 *Cyathidites* 含量甚高，前者为20.8%，后者达45.4%，都远远超过下伏地层中的含量。

青山口组中尽管被子植物花粉的数量较少，不如泉头组丰富，前者含量为6.4%～6.7%，后者为8.8%～10.2%，但从成分上看，出现了不少时代较新的类型，如 *Myrtaceudutesm*，*Githanpollis*，*Syncolpopollenites*，*Nyssapollenites*，*Beaupreaidites* 和 *Mancicorpus*，这些类型均是晚白垩世早期开始出现的化石。三孔粉 *Triporopollenites* 与三孔沟粉 *Trucikoirioikkebutes* 是继三沟粉 *Tricolpites* 和多孔粉 *Polyporites* 之后发育起来的晚白垩世类型，这两个属虽然在泉三段、泉四段已有出现但数量与类型少，进入青山口组后，其数量与类型均明显增加，这是晚白垩世的重要特征。

青山口组与下伏泉头组呈整合接触关系，与上覆姚家组在大部分地区为平行不整合。

乾深8井剖面

上覆地层：上白垩统姚家组

～～～～～～～不整合～～～～～～～

青三段　　　　　　　　　　　　　　　　　　　　　　　　　　　　　　　380m

12. 紫、紫红色泥岩夹薄层灰、灰白色粉砂质泥岩，紫、绿色泥质粉砂岩　　　63m

11. 灰、紫、紫红色泥岩夹厚层油浸粉砂岩、粉砂质泥岩　　　　　　　　　　55m

10. 紫、紫红色泥岩夹厚层杂色油浸细砂岩、紫红色泥质粉砂岩　　　　　　　34m

9. 紫、绿色泥岩夹薄层紫红色泥质粉砂岩	29m
8. 紫色泥岩夹灰、灰白色细砂岩	29m
7. 紫、绿色泥岩夹杂色油浸细砂岩、灰色细砂岩	26m
6. 紫红色泥岩、泥质粉砂岩与杂色油迹细砂岩互层	17m
5. 紫、紫红色泥岩夹厚层油浸细砂岩	20m
4. 紫、绿色泥岩夹杂色油迹细砂岩	18m
3. 灰、紫色泥岩夹薄层杂、灰白、灰色细砂岩	36m
2. 灰色泥岩、灰白色细砂岩、灰色泥质粉砂岩、粉砂质泥岩互层	18m
1. 大段灰色粉砂质泥岩夹薄层灰白色细砂岩	36m

—————— 整合 ——————

青二段	167m
11. 灰色泥岩	19m
10. 灰色粉砂岩、白色钙质粉砂岩	3m
9. 灰色泥岩夹灰色泥质粉砂岩、粉砂质泥岩	29m
8. 灰色泥质粉砂岩夹灰色泥岩	6m
7. 灰色泥岩夹灰色泥质粉砂岩	47m
6. 灰色泥质粉砂岩夹灰色泥岩和褐色页岩	14m
5. 灰色泥岩夹灰色泥质粉砂岩	21m
4. 黑色泥岩	4m
3. 灰色泥质粉砂岩夹灰色泥岩	11m
2. 灰色泥岩夹灰色泥质粉砂岩	5m
1. 灰色泥质粉砂岩	8m

—————— 整合 ——————

青一段	90m
8. 灰色泥岩夹泥质粉砂岩	28m
7. 灰色泥质粉砂岩夹灰色泥岩	6m
6. 灰色泥岩	6m
5. 灰色泥质粉砂岩、粉砂岩	3m
4. 灰色泥岩与灰色泥质粉砂岩互层	18m
3. 黑色泥岩、粉砂质泥岩	14m
2. 含钙粉砂质泥岩夹灰色泥岩	9m
1. 黑色泥岩夹泥质粉砂岩	6m

—————— 整合 ——————

下伏地层：上白垩统泉头组

3）姚家组（K_2y）

姚家组由松辽石油普查大队于1958年创名，建组剖面在吉林省德惠县姚家车站松花江桥南端，创名时未指定层型。盆地内天然露头尚见于松花江南岸靠山屯—红石垒、青山口—鳌庄台、前郭县哈玛—哈达山及饮马河入松花江口等地，1984年吉林区调所在怀德县五台子—卡伦水库测得较完整地表剖面。

姚家组即为湖盆新一轮扩张初期的沉积产物，属半干热气候条件的浅水湖盆沉积，此时坡折发育不明显。但岩性及厚度变化大，主要为棕红、砖红、褐红色泥岩与灰绿色泥岩、粉砂岩互层，厚度为80～197m，局部仅10余米。地层主要分布在长岭凹陷，向西部斜坡区和东南隆起区厚度逐渐减薄，红岗、大安北地区地震上可以观察到上超和削蚀现象，西部斜坡区超覆现象普遍。自下而上分三段：姚一段（K_2y_1）为泥岩夹砂岩，姚二段（K_2y_2）及姚三段（K_2y_3）则由泥岩过渡为砂岩，因界限不清，合称姚二段＋姚三段（K_2y_{2+3}）。

该组分布于吉林省农安一带，榆树—小南—长春西—公主岭西一线，以棕红或暗紫色泥岩、粉砂质泥岩为主。怀德县五台圩—卡伦一带，地表见棕黄色砂砾岩夹紫红色泥岩。德惠县大青嘴子一带为棕红色夹灰绿色细碎屑岩，仅厚5m，长岭一带以灰绿、灰黑色泥岩为主，夹粉砂岩及少量棕红色泥岩，厚度从南向北增厚。白城一带该组由灰绿、棕红色泥岩、泥质粉砂岩组成，见灰质结核、泥砾，呈西薄东厚。

姚一段孢粉中以蕨类植物中喜湿热的桫椤科含量最丰富，其次为干热的希指蕨科，说明姚一段与青三段沉积时期古气候类似，为亚热带稍具干热的气候。姚二段＋姚三段孢粉组合与姚一段类似，但希指蕨科稍有减少。裸子植物花粉中松科有气囊的花粉不占主要地位，微囊粉有一定的含量，古气候与姚一段沉积时期类似。

下部姚一段的 *Cyathidites-Schizaeoisporites-Tricolpites* 组合与上部姚二段＋姚三段的 *Beaupreaidites-Cyathidites-Schizaeoisporites* 组合构成姚家组孢粉的两个组合。这两个组合裸子植物花粉含量相近，分别为31.4%与34.3%，蕨类植物孢子前者略高，分别为63%与51%，被子植物花粉后者较高，分别为5.6%与14.5%。姚家组中 *Cyathidites* 仍是优势分子，姚一段该种含量为40.7%，姚二段＋姚三段为24.1%。*Schizaeoisporites* 在数量上出现了一个小小的高峰，由青山口组中含量为1.0%～1.3%上升为6.5%～7.5%，而且属种类型很多。

该组在平1井产介形虫：*Lycopterocypris* aff.*infantilis* 小狼星介（亲近种），*Cypridea* sp. 女星介，*Candonilla* sp. 小玻璃介。

在白城小区白28井见到：*Cypridea* aff.*gracila* 光滑女星介（亲近种），*Lycopterocypris* sp. 狼星介。在南10井见到：*Brachygrapta* cf.*nengkiangensis* 嫩江短背雕饰叶肢介（相似种），*Dictyestheria elongata* 长形网格叶肢介等化石。

在农安小区的吉15井见到：*Cypridea* aff.*tera* 圆女黑介（亲近种），*C.*aff.*exornata* 外饰女星介（亲近种），*Ziziphocypris* aff.*simakovi* 西氏枣星介（亲近种），*Ziziphocypris concta* 脊状枣星介，*Advenocypris deltoideus* 三角外星介，*Lycopterocypris* sp. 狼星介。

姚家组以长岭小区的大4井发育最全，兹录于下。

大 4 井剖面

上覆地层：上白垩统嫩江组

—————— 整合 ——————

姚家组	174.5m
姚二段＋姚三段	115.5m
4. 黑灰、灰绿、灰夹暗棕红色泥岩，薄层灰绿色砂质泥岩	32.5m

3. 黑灰、深灰绿、灰夹棕红色泥岩与灰绿色薄层棕红色之砂质泥岩互层　　　　83m

姚一段　　　　59m

2. 浅灰绿色泥质粉砂岩、浅棕黄、黄褐色粉砂岩、细砂岩与深灰、灰绿色泥岩、含砂质泥岩互层，泥岩含黄铁矿　　　　42m

1. 暗棕色、深灰绿、浅灰色泥岩夹灰绿、紫灰、暗紫红色砂质泥岩　　　　17m

— — — — — — 整合 — — — — — —

下伏地层：上白垩统青山口组

4）嫩江组（K_2n）

嫩江组又名伏龙泉组，前者源于我国地质学家谭锡畴和王恒升于1929年所著《黑龙江嫩江两岸之地质》一文中的"嫩江页岩系"，该"系"指出露于嫩江县城附近嫩江两岸的黑色页岩，相当于目前嫩江组的嫩一段、嫩二段。伏龙泉组一名源于1942年日本人小林贞一、铃木好一所著《中亚陆相中生代地层及所含化石文献Ⅱ》一文中的伏龙泉组，此名由地质部松辽石油普查大队于1958年在盆地东部普查时予以修正、沿用。其层位相当于现在嫩江组的嫩三段、嫩四段、嫩五段。1974年东北三省地层会议决定将伏龙泉组划归嫩江组。

嫩江组沉积时期是古松辽湖盆第二个扩张期，即极盛期。嫩江组广布全区，仅西部斜坡区和东南隆起区局部缺失，现在所见分布边界多为剥蚀残留边界。厚度为120～600m。中央坳陷区最厚，为600m；西部斜坡区最薄，为120m。该组顶部遭受剥蚀，东南隆起区尤甚。与上覆地层为不整合接触。嫩江组化石极为丰富。嫩江组自下而上分为5段：嫩一段（K_2n_1）为暗色泥岩段；嫩二段（K_2n_2）为厚泥岩段；嫩三段（K_2n_3）为砂泥岩反韵律段；嫩四段、嫩五段（K_2n_{4+5}）为砂泥岩正韵律段。嫩一段底部油页岩为区域性标志层，嫩一段为生油层，嫩三段、嫩四段为黑帝庙油层所在。嫩江组以长岭凹陷发育齐全，保存最佳。

（1）嫩一段（K_2n_1）：嫩一段沉积时期开启了松辽盆地发育的又一个兴盛期。嫩一段与下伏地层呈角度不整合或假整合接触，地层厚0～100m，沉积中心位于王府凹陷和长岭凹陷的北部。岩性主要为黑、灰黑色泥岩，暗色泥岩厚0～100m不等，中部夹1～4层油页岩和劣质油页岩，以湖相沉积为主。

（2）嫩二段（K_2n_2）：嫩二段沉积时期，湖盆面积继续扩大，湖泊水体持续加深，地层分布范围超出现今盆地的边界，发育了大套深灰、灰黑和黑色泥岩，在西部斜坡盆地边缘发育灰绿—灰色泥岩夹灰色泥质粉砂岩。岩性横向分布稳定，沉积厚度为60～200m，沉积中心仍然位于长岭凹陷、王府凹陷—长春岭背斜一带，其中大安地区及西北部、长岭凹陷沉积最厚。底部发育的油页岩是最大湖侵的良好标志，厚2～10m不等，为区域上最重要的标志层。平面上，油页岩主要分布在西斜坡、中央坳陷及东南隆起区，白城以西不太发育。从油页岩厚度来看，红岗、大安和乾安等地区厚度较大。

（3）嫩三段（K_2n_3）：嫩三段沉积时期是松辽湖盆由盛转衰的时期，整体上具有退积、进积的特征，常组成三个反韵律，分布广泛。沉积中心位于大安—松原以北及孤店地区。受到后期挤压抬升作用的影响，嫩三段沉积以后，西部斜坡及东南隆起遭受部分或全部剥蚀。岩性为灰绿、黑灰、黑色泥页岩、泥岩及灰白色粉砂岩，夹薄层粉砂质泥岩或泥质粉砂岩，水平层理及波状层理发育。产介形虫、软体动物化石及炭化植物碎片。地层厚度为0～20m。

（4）嫩四段（K_2n_4）：继承了嫩三段的沉积特点，水体面积不断缩小。岩性以灰黑、灰、灰绿色泥岩、粉砂质泥岩与灰绿色泥质粉砂岩、粉砂岩为主。边缘地区，棕红色泥岩多位于顶部，灰黑色泥岩多位于下部。产介形虫、叶肢介、轮藻、软体动物化石和植物炭化碎片。属动、静水浅湖相沉积。地层厚度一般为0～350m。

（5）嫩五段（K_2n_5）：盆地逐步消亡，规模极度萎缩。地层被大范围剥蚀，残余地层仅分布在中央坳陷区乾安—华字井一带。湖水变浅，除中央坳陷区暗色泥岩发育以外，凹陷边部，长岭北部紫红色泥岩发育。此时，基本继承了嫩四段的沉积特征，北部水系依然发育，向南延伸距离较远。岩性以杂色泥岩为主，北部以紫红、棕红色泥岩为主，与粉砂岩、细砂岩呈韵律状互层，与下伏地层呈假整合—整合接触。化石较少，厚度为0～130m。

该区嫩江组代表性剖面为大4井，现列如下。

大4井剖面

上覆地层：上白垩统四方台组

~~~~~~~不整合~~~~~~~

嫩五段	179.5m
19. 浅灰、灰绿色泥岩、砂质泥岩、泥质粉砂岩、砂岩	20m
18. 棕红、浅灰色泥岩，夹灰白色粉砂岩及灰绿色泥质粉砂岩、砂质泥岩	57.5m
17. 浅灰、浅灰绿色砂质泥岩、泥质粉砂岩与灰绿、灰白色粉、细砂岩互层	34.5m
16. 浅灰色泥岩夹灰白、浅灰绿色粉砂岩、细砂岩。下部为灰白色粉砂岩	41m
15. 黑灰色泥岩夹薄层灰白、浅灰绿色粉砂岩	26.5m

—————— 整合 ——————

嫩四段	238.5m
14. 灰绿色泥岩夹粉砂岩、泥质粉砂岩	13.5m
13. 灰、深灰绿色泥岩、灰绿色砂质泥岩与灰绿色粉、细砂岩互层	56m
12. 灰、浅灰绿色泥岩与灰绿、灰白色泥质粉砂岩、粉砂岩、细砂岩互层	43m
11. 灰绿色砂质泥岩与深灰绿、灰绿色泥岩互层	30m
10. 浅灰绿色粉砂岩、细砂岩、泥质粉砂岩夹泥岩、砂质泥岩	55m
9. 灰、深灰、灰绿色泥岩、砂质泥岩夹浅灰绿色泥质粉砂岩	41m

—————— 整合 ——————

嫩三段	103m
8. 灰、白色粉细砂岩、灰绿色泥质粉砂岩、灰色泥岩组成反韵律	35m
7. 灰色泥质粉砂岩、灰绿色砂质泥岩及灰黑、灰绿色泥岩组成反韵律	26m
6. 灰白色粉砂岩、灰绿色泥质粉砂岩、砂质泥岩及黑灰色泥岩组成反韵律	42m

—————— 整合 ——————

嫩二段	197.5m
5. 深灰、黑灰、浅灰色泥岩，夹少量薄层浅灰、灰色砂质泥岩、泥质粉砂岩。含粉铁矿，产介形虫	190m

4. 褐黑色油页岩。含较多的叶肢介   7.5m

————— 整合 —————

嫩一段   95m

3. 黑灰、深灰色泥岩夹薄层黑色微带褐色劣质油页岩和灰色砂质泥岩   50.5m

2. 深灰、黑灰、灰色泥岩、灰褐色劣质油页岩互层，下部夹泥质粉砂岩   24.5m

1. 灰绿、灰、深灰色泥岩夹薄层黑灰色砂质泥岩   20m

————— 整合 —————

下伏地层：上白垩统姚家组

    嫩江组盆地东部边界大约位于大房身——间堡——黑林东一线。下部以黑色泥页岩为主，夹油页岩；上部为灰黑、灰绿及棕红色泥岩和砂岩互层。盛产介形类、叶肢介等化石。厚度一般为200~400m，接近盆地中部，厚度增大。嫩江组的地表露头分布于盆地东缘和沿松花江水系零星出露。德惠县大青咀——三青咀一带以青灰—深灰色粉砂质泥岩、泥岩为主，夹泥质岩及生物碎屑岩。产大量叶肢介 Dictyestheria sp. 和介形虫 Cypridea sp. 及少量真骨鱼类化石碎片。农安县城东门外伊通河一带也产大量上述化石。怀德县五台子——卡伦水库一带的嫩江组出现了一些盆地浅滩相沉积，有少量虫迹、翼龙、腹足类、植物碎片等。

    嫩江组化石极为丰富。孢粉纵向上可以划分为两个高含量带，下部的嫩一段为 Proteacidites—Cyathidites—Dictyotriletes 组合，上部嫩二段至嫩五段为 Lythraites—Aquilapollenites—Schizaeoisporites 组合。嫩江组孢粉组合的主要特征是被子植物花粉的含量明显增多，而且属种成分也更加复杂，被子植物花粉的发展已进入一个新的发展阶段。这些花粉大多数是一些亲缘关系不太清楚的三孔、三孔沟类型。如檀香高腾粉（Gothanipollissantaloides）、放射纹三孔沟粉（Tricolporopollenites radiatostriatus）、膨胀孔山龙眼粉（Proteacidites tumidiporus）等，都是晚白垩世常见的化石。蕨类植物孢子含量较高，其中以海金砂科为主，含量最高的是希指蕨孢属，其次是无突肋纹孢属和短突肋纹孢属，三角网面孢属含量也较高。裸子植物花粉，数量比较多的是皱球粉属、雪松粉属、单维管束松粉属和双维管束松粉属、微囊粉属、克拉梭粉属等，这些花粉的时代分布一般延续都比较长。嫩江组的孢粉组合与下伏地层姚家组的孢粉组合的区别在于姚家组的被子植物花粉含量低，主要是一些三孔沟粉及少量高腾粉，鹰粉型花粉只是个别发现。

    嫩江组其他化石方面研究也较为深入，中央坳陷区产 Cypridea liaukhenensis 辽河女星介，C.（Yumenia）arca 弓状玉门女星介，C.（Pseudocypridina）aff.globra 球状假伟星女星介（亲近种），Candona prona 斜玻璃介，Limnocypridea? subscalariformis 近梯形湖女星介？ Ilyocyprimorpha? netchaevae 聂氏土形介？ I.inandita 超凡土形介，Timiriasevia sp. 季米利亚介，Candoniella sp. 小玻璃介。在南47井相当于该组产瓣鳃类：Brachidontes sinensis 中华短齿蛤，Cuneopsis sakaii 酒井氏楔蚌，Fulpioides orientalis 东方类傅蚬，Musculus manchuricus 满洲二区肋蛤，Sphaerium fulungchuancuse 伏龙泉球蚬。登娄库背斜带的扶8井嫩一段产介形虫：Cypridea aff. acclinia 斜女星介（亲近种），C.aff.tera 圆女星介（亲近种），C.aff.triangula 三角女星介（亲近种），C.（Cypridea）subvaldensis 近瓦尔德女星介，Lycopterocypris sp. 狼星介。鱼：Sungarichthys longicephalus

长头松花鱼。爬行类：*Parauigator sungaricus* 松花江付鳄。吉 15 井嫩二段产瓣鳃类：*Fulpioides orientalis* 东方类傅蚬，*Musculus manchuricus* 满洲二区肋蛤，*M.subrotundas* 近圆二区肋蛤。介形虫：*Cypridea liaukhenensis* 辽河女星介，*C.accepta* 惬意女星介，*Ilyocyprimorpha*？*portentosa* 超凡土形介？*Limnocypridea sunliaonensis* 松辽湖女星介。吉 15 井嫩三段产介形虫：*Cypridea spongvosa* 蜂窝状女星介，*Harbinia lauta* 美丽哈尔滨介，*Ilyocyprimorpha inandita* 超凡土形介，*Cypridea*（*Pseudocypridina*）*magna* 高大假伟星女星介。吉 15 井嫩四段产介形虫：*Cypridea spongvosa* 蜂窝状女星介，*Candoniella* sp. 小玻璃介。西部西坡区的白 28 井嫩二段产：*Calesthentes sertus* 花环美丽瘤模叶肢介，*Estherites* cf. *mitsuishii* 三石膜瘤叶肢介（相似种），*E.septentrionalis* 北方瘤膜叶肢介，*Glyptostracus* sp. 雕壳叶肢介，*Dimorphostracus* sp. 两形壳叶肢介。白 35 井嫩二段产：*Ilyocyprimorpha inandita* 超凡土形介，*Cypridea liaukhenensis* 辽河女星介，*Limnocypridea* sp. 湖女星介，*C.ordinata* 规则女星介，*Limnocypridea sunliaonensis* 松辽湖女星介。白 28 井嫩一段产：*Cypridea gunsulinensis* 公主岭女星介，*C.acclinia* 斜女星介，*C.gracila* 规正女星介，*Lycopterocypris cuneata* 楔形狼星介，*L.*？*multifera* 粗野狼星介？*Advenocypris deltoideus* 三角外星介，*Cypridea* sp. 女星介。叶肢介：*Ellipsograpta subelliptica* 次椭圆形椭圆叶肢介，*Pseudocyclograpta* aff. *convexa* 鼓胀假圆叶肢介（亲近种），*Brachygrapta* cf. *nengkiangensis* 嫩江短背雕饰叶肢介（相似种），*Rhombograpta*？cf. *quadrata* 方形斜方叶肢介（相似种）。

5）四方台组（K_2s）

1937 年由日本人郝仁基（Horinchi）创建四方台组，标准剖面在黑龙江省四方台。

四方台组在长岭小区分布广泛，在乾安—黑帝庙一带最发育，东部在四克吉—八郎—孤店—大老爷府一线宽约 20km 的狭长地带，受不同程度的剥蚀。岩性为灰、灰绿色和棕红色泥岩、泥质粉砂岩与灰白、灰绿色泥质粉砂岩、粉砂岩、细砂岩组成韵律层。局部夹砂砾岩，含黄铁矿及钙质结核。岩层具交错层理和斜层理。产介形虫、叶肢介、轮藻和底栖动物化石，为浅湖沉积。两家车站—黑帝庙以东以砾岩、砂砾岩为主，夹少量棕红色泥岩，化石减少，即属滨湖相。地层厚度为 200～413m，与下伏地层为平行不整合或整合接触，标准剖面在黑 2 井，厚度为 394m。

黑 2 井剖面

上覆地层：上白垩统明水组

～～～～～～～不整合～～～～～～～

四方台组	174.5m
4. 灰、深灰色泥岩，夹棕红、灰绿色泥岩和灰色粉砂岩、细砂岩	112.5m
3. 灰白、浅灰、灰绿色粉砂岩、细砂岩，夹深灰、棕红、灰绿色泥岩、砂质泥岩和浅灰色薄层泥质粉砂岩	117.5m
2. 灰、深灰、灰绿和棕红色泥岩夹薄层灰白色粉砂岩、细砂岩、泥质粉砂岩	53.5m
1. 浅灰、灰白色细砂岩，夹灰、深灰、棕红和灰绿色泥岩	110.5m

～～～～～～～不整合～～～～～～～

下伏地层：上白垩统嫩江组

四方台组在白城小区沿镇南—套保—兴隆一线呈条状分布，地层厚度为 80～150m，且顶部受到后期剥蚀。岩性为灰绿、灰黑色及少量棕红色泥岩，灰色泥质粉砂岩组成正旋回。舍力以西为缓岸湖滨含砾砂岩、粉细砂岩相，南部发育有较多的棕红色砂质泥岩、泥质砂岩和泥砾岩。产介形虫、叶肢介、轮藻和底栖动物化石。厚度由西向东逐渐增厚，一般为 80～150m。与下伏地层不整合接触。

松辽盆地自四方台组沉积时期开始进入晚期发育阶段，生物属种相应出现衰退、更新现象。化石种属单调，数量变少，以介形虫、轮藻、瓣鳃和腹足类为主，叶肢介只有少量出现。其中介形虫面貌变化尤甚，出现喜凉介形虫属（*Candonilla*）、轮藻、宽轮藻等新属种。

该组产：*Cypridea amoena* 愉快女星介，*Timiriasevia kaitunensis* 开通季米利亚介（相似种），*Kaitunia* cf.*implata* 起伏开通介（相似种），*Sunliavia* ex gr.*tumida* 膨胀松辽介（类群种），*Pseudohyria aralia* 威海假嘻蚌，*P.*aff.*gobiensis* 戈壁假嘻蚌（亲近种），*Obtusochara* sp. 钝头轮藻，*Cypridea amoena* 愉快女星介，*Cypridea tera* 圆女星介，*C.apiculata* 小尖女星介，*C.cavernosa* 穴状女星介，*Timiriasevia kaitunensis* 开通季米利亚介，*Lycopterocypris cuneata* 楔形狼星介，*Candoniella* sp. 小玻璃介（未定种），*Pseudohyriacardiiformis* 乌蛤形假嘻蚌，*P.obliqua* 斜假嘻蚌，*Obtusochara* sp. 钝头轮藻。

6）明水组（K$_2$m）

明水组由石油工业部松辽石油勘探局综合研究大队于 1960 年正式命名。1961 年，该局勘探指挥部在泰康召开第一次会议，修改了原来的含义，将原克山组划入明水组，沿用至今。明水组地表主要出露在黑龙江省克音河西岸，明水、克来冲沟。该组在盆地南部分布与四方台组大体一致，以长岭凹陷发育较好。

明水组划分为两段，与下伏四方台组呈平行不整合接触。

（1）明一段（K$_2$m$_1$）为灰绿色泥岩、粉砂质泥岩夹棕红、灰绿色砂岩。中、上部夹两层黑色泥岩（厚度 2～9m），均为区域性标志。砂岩成分复杂，层理类型较多。产介形虫、软体动物、轮藻和植物化石。

（2）明二段（K$_2$m$_2$）由灰棕、灰绿、灰白色和棕红色等杂色泥岩、粉砂质泥岩、泥质粉砂岩、粉砂岩组成韵律状互层，中段砂岩较多，局部夹钙质砂岩及泥砾岩。棕红色泥岩为地区性标志层。

明水组厚度变化较大，但总的趋势为南厚北薄，其 K$_2$m$_1$ 段变化在 150～250m 之间，K$_2$m$_2$ 变化在 160～350m 之间。在长岭、黑帝庙全组厚达 617m。代表性剖面为黑 2 井，厚度为 597.5m。

黑 2 井剖面

上覆地层：中新统大安组

~~~~~~~不整合~~~~~~~

明水组	597.5m
明二段	354.5m
5.棕红色泥岩夹砂质泥岩	94m
4.浅灰色粉砂岩、细砂岩、泥质粉砂岩与灰绿、棕红色泥岩互层	174m

3.灰、灰绿色泥岩，夹浅灰色粉砂岩、细砂岩、棕红色泥岩　　　　　　　　86.5m

明一段　　　　　　　　　　　　　　　　　　　　　　　　　　　　　243m

2.灰绿、灰、棕红色相间的泥岩，夹薄层棕红色砂质泥岩、浅灰色粉砂岩、泥质粉砂岩，顶部见一层灰黑色泥岩，为区域标志层　　　　　　　　　　　　116m

1.以灰、棕红、灰绿色泥岩为主，底部夹灰白色粉细砂岩，顶部见一层深灰色泥岩，为区域标志层　　　　　　　　　　　　　　　　　　　　　　127m

~~~~~~~不整合~~~~~~~

下伏地层：上白垩统四方台组

　　明水组在西部白城小区镇赉—舍力—勿兰花—太平川—架马吐一线以东，宽约20km的南北向狭长地带缺失第二段，该线以西广大地区全部缺失。区内明二段为灰绿、棕红色泥岩、泥砾岩、粉砂质泥岩、泥质粉砂岩和粉砂岩的韵律层。明一段以灰绿、棕红、灰紫色泥岩、粉砂质泥岩为主，夹粉砂岩、细砂岩、泥砾岩。上部有两层黑色泥页岩，为区域标志层。该组产介形虫、螺、蚌、轮藻化石及植物化石碎片。厚度由西向东逐渐增厚，一般为100~200m。与下伏四方台组呈不整合接触。代表性剖面为安1井，厚度为261m。

　　该井产介形类：*Cypridea amoena* 愉快女星介，*Cypridea* cf.*spinosa* 多次女星介（相似种），*C.*aff.*acclinia* 斜女星介（相似种），*Timiriasevia kaitunensis* 开通季米利亚介，*T.*cf.*polymorpha* 多形季米利亚介（相似种），*T.principalis* 原始季米利亚介，*Ziziphocypris* ex gr.*simakovi* 西氏枣星介（类群种），*Lycopterocypris* aff.*infantilis* 小狼星介（亲近种），*Candona* aff.*prona* 斜玻璃介，*Candoniella suzini* 苏氏小玻璃介，*Candona* sp. 玻璃介。瓣鳃类：*Plicatounio*（*P.*）*equiplicatus* 等褶褶珠蚌（褶珠蚌）。

　　另外，在南47井相当于该组产瓣鳃类：*Protelliptio*（*Plesielliptio*）*sungarianus* 松花江先椭圆蚌（近椭圆蚌），*Sphaerium rectiglobosum* 横球形球蚬，*Cuneopsis sakaii* 酒井氏楔蚌，*Pseudohyria* aff.*gobiensis* 戈壁假嘻蚌（亲近种），*Fulpioides* sp. 类傅蚬。白23井产：*Atopochara* cf.*trivolvis* 三褶奇异轮藻（相似种），*Obtusochara* sp. 钝头轮藻，*Chara* sp. 轮藻。白35井产介形虫：*Cypridea amoena* 愉快女星介，*C.ovata* 卵形女星介，*C.targida* 膨胀女星介，*C.apiculata* 小尖女星介，*C.cavernosa* 穴状女星介，*Lycopterocypris angulata* 棱角状狼星介，*L.cuneata* 楔形狼星介，*Timiriasevia* cf.*kaitunensis* 开通季米利亚介，*Ziziphocypris simakovi* 西氏枣星介，*Candoniella* sp. 小玻璃介，*Candona* sp. 玻璃介，*Cyclocypris* sp. 球星介。南10井产瓣鳃类：*Cuneopsis sakaii* 酒井氏楔蚌，*Sphaerium* ex gr.*wangshense* 王氏球蚬（类群种）。白6井产轮藻：*Latochara* sp. 宽轮藻，*Obtusochara* sp. 钝头轮藻，*Tectochara*？ sp. 有盖轮藻？*Tolypella* sp. 鸟巢轮藻。

第四节　新　生　界

一、新近系

　　农安小区的西部和长岭小区、白城小区均有新近系分布，自下而上分为大安组

（Nd）、泰康组（Nt）和玄武岩层（βN$_2$），后者仅限农安小区的局部地段。上述各组间及该系与上下层之间皆为角度不整合或平行不整合关系。

1. 大安组（N$_1$$d$）

该组在长岭凹陷发育较全，但分布范围较小，东部边界的中、南部界线在木头—长岭一带，查干泡地区局部缺失。顶部为灰白、灰绿、黄灰色泥岩、泥质粉砂岩，上、中部为黑、深灰色泥质页岩，下部为砂砾岩，组成顶部稍粗，上、中部细，下部粗的韵律层。岩性横向比较稳定。厚度变化较大，一般为30～40m，南薄北厚，大安一带最大厚度123.5m，时代大致相当于中新统。代表性剖面为大4井，厚度85.5m。

大 4 井剖面

上覆地层：上新统泰康组

---------------- 假整合 -----------------

大安组	85.5m
2. 浅灰带黄、浅灰色泥岩，成岩差	53.5m
1. 灰白色砂砾岩夹浅灰黄色泥岩。砂砾岩成岩不好，以石英为主	32m

～～～～～～～不整合～～～～～～～

下伏地层：上白垩统明水组

2. 泰康组（N$_2$$t$）

泰康组分布于全区，为灰绿、黄绿色泥岩、砂质泥岩、砂岩、砂砾岩。下粗上细，成岩程度低。黑4井见17.93m厚度的质地不纯的白色硅藻土，土质微密，性脆，断口不平。该组产植物化石碎片和软体动物化石，厚度一般为100m左右。代表剖面是大4井，厚约85.5m。

大 4 井剖面

上覆地层：第四系

～～～～～～～不整合～～～～～～～

泰康组	85.5m
3. 浅灰微带绿色泥岩，成岩差	7.5m
2. 灰白色厚层砂岩夹浅灰色薄层泥岩	63.5m
1. 灰白色砂砾岩。以石英为主，多呈半棱角状，砾径1～3mm，个别达1.2cm	14.5m

---------------- 假整合 -----------------

下伏地层：中新统大安组

该组时代大致相当于上新统。

新近系在农安小区仅分布在西北部的长春岭—扶余—木头一线以西，以新庙地区最发育。其中，大安组上部为泥岩，下部为砂岩、砂砾岩。厚度变化较大，四马架、扶余地区为30～50m。代表性剖面吉15井，最大厚度为111.5m。泰康组主要为黄褐、灰绿色泥岩、砂质泥岩及砾岩，厚度为0～165m。标准剖面为吉15井，厚度为53m。另外，农安小区的范家屯、双辽哈巴山、敖包山、字字山、玻璃山等地地表出露玄武岩，前人称为上新世产物，取代号βN$_2$。

新近系在白城小区主要分布在南部，而在长白铁路套保车站南北两侧的平安、四棵树、边昭一带大面积缺失。厚度一般为60～80m。岩性上部主要为灰、灰绿色泥页岩，下部为砂砾岩，代表性剖面为安3井及大安县来福屯ZK103井，厚度分别为63m和98.1m。

新近系仅于长岭小区北12井的泰康组发现少许化石：*Candoniella* aff.*suzini* 苏氏小玻璃介（亲近种），*Eucypris* aff.*privis* 独特真星介（亲近种），*E.*cf.*stagnalis* 昭真星介（相似种），*Ilyocypris* aff.*venustus* 风雅土星介（亲近种）。

二、第四系

盆地内第四系分布广泛，出露齐全。哺乳动物化石丰富，研究程度较高，是天山—兴安岭区的第四系标准地区。西部沉积较厚，地层较全，最大厚度为143m；东部沉积较薄，仅数十米。岩性上部为黑色腐殖土，黄土和松砂层；下部为灰褐色、黑色黏土层，底部为灰白、黄灰色砂层和砂砾层。

此外，盆地南部双辽和北部五大连池一带有第四纪以至近代火山喷发玄武岩流。到目前为止，松辽盆地内的第四系尚未见到油气显示及油气生成的依据。故本书不予详述。

第二章 构　　造

　　1955—1988 年，针对松辽盆地的构造研究主要集中在盆地的区域构造位置、基底结构与盆地类型、盆地形成机制、构造发育史及构造划分等几个方面。1988—2018 年，吉林油田针对松辽盆地南部进行了比较系统的构造研究。随着资料的积累、研究方法手段的提高及计算机的应用，构造研究程度逐渐加深。本章重点从构造单元划分、盆地构造演化、断裂特征等方面进行论述。

第一节　构造单元划分及断裂特征

　　自 20 世纪 90 年代以来，有关松辽盆地南部的盖层构造研究成果主要包括断裂、局部构造、断陷特征及形成机制，以及其与油气成藏关系等方面内容。重点体现在两个方面：一是断坳两层构造单元划分方案；二是分断坳两层系统地总结了断裂、局部构造、断陷特征及其构造样式，划分了断陷期同生断层、坳陷期生长断层和萎缩期反转断层，分析了断坳陷层构造成因机制，明确了各期断裂、局部构造、断陷样式与油气成藏关系。部分研究成果已陆续在相关论著中发表。本书的盖层构造将按构造单元划分、断裂、局部构造、断陷特征的顺序，总结盖层构造研究成果，为今后油气勘探提供参考。

一、构造单元划分

　　1959 年，石油工业部石油科学研究院在《松辽盆地构造发育特征的初步总结》中提出，划分构造单元主要应考虑的因素是"基岩性质、基岩埋深或沉积厚度、盖层特点、地质发展史、构造线的排列"这几个因素，实际上是划分构造单元的基本原则，只是对不同级别的构造所考虑的侧重点不同而已。例如，一级单元主要考虑基底性质和盖层的区域地层特征，因此，常与该单元的基底构造分区及地层区划相联系；二级单元则侧重构造的形成机制、发育史，局部沉积特点及构造的组合规律；而三级单元则主要是构造形态。

　　松辽盆地经历了多次构造运动，不同构造单元的石油地质条件和构造特征存在差异，局部构造的发育程度也不同。

　　松辽盆地具有双重结构特征，因此，中浅层和深层构造单元的划分具有一定差异。根据中浅层构造和地质特征，综合基底性质、埋深和深层构造，可将松辽盆地南部中浅层划分为四个一级构造单元，即西部斜坡区、中央坳陷区、东南隆起区、西南隆起区，14 个二级构造单元（表 1-2-1 和图 1-2-1）。深层划分为三个一级构造单元，即西部断陷带、中部断陷带和东部断陷带，13 个二级构造单元（表 1-2-2 和图 1-2-2）。

表 1-2-1 松辽盆地南部中浅层构造单元划分表

一级构造	面积 /10⁴km²	序号	二级构造单元	面积 /10⁴km²
中央坳陷	1.48	I₁	红岗阶地	0.28
		I₂	长岭凹陷	0.67
		I₃	华字井阶地	0.26
		I₄	扶新隆起带	0.27
东南隆起	3.67	II₁	梨树凹陷	0.50
		II₂	双辽凹陷	0.52
		II₃	九台阶地	0.42
		II₄	德惠凹陷	0.50
		II₅	钓鱼台凸起	0.32
		II₆	登娄库背斜带	0.20
		II₇	长春岭背斜带	0.70
		II₈	王府凹陷	0.28
		II₉	青山口背斜带	0.22
		II₁₀	榆树凹陷	0.64
西部斜坡	2.48			
西南隆起	2.48			
合计	10.11			

二、盖层断裂

松辽盆地发生、发展及后期构造演化过程中，形成三套断裂系统：一是盆地前断裂系统；二是基底断裂系统；三是盖层断裂系统。它们在盆地形成、构造发育、有机质热演化以及油气成藏过程中起重要作用。基底断裂对油气成藏控制作用较小，故此部分只归纳盖层断裂发育程度、断裂期次、组合样式及其与油气关系等主要研究成果。

1. 断裂发育程度

松辽盆地南部可识别的区域地震反射层有 5 个，分别为 T_1、T_2、T_3、T_4、T_5。T_1 代表姚家组和嫩江组角度不整合—假整合界面地震反射，T_2 代表泉头组和青山口组角度不整合—假整合界面地震反射，T_3 代表登娄库组和泉头组假整合—不整合界面地震反射，T_4 代表断陷层营城组和坳陷层登娄库组间区域不整合界面地震反射，T_5 代表盆地基底与盖层的区域角度不整合界面地震反射。其他地震反射层只有局部可识别（表 1-2-3）。

各反射层之间、同一反射层的不同构造单元之间，断裂的发育不均衡。基岩顶面（T_5）断裂发育程度最高，断陷层顶面（T_4）次之，再次为泉头组顶面（T_2）和姚家组顶面（T_1），最低为登娄库组（T_3）和嫩江组顶面（T_0^3）。东部构造单元断裂发育程度最高，中部构造单元次之，西部构造单元最低。

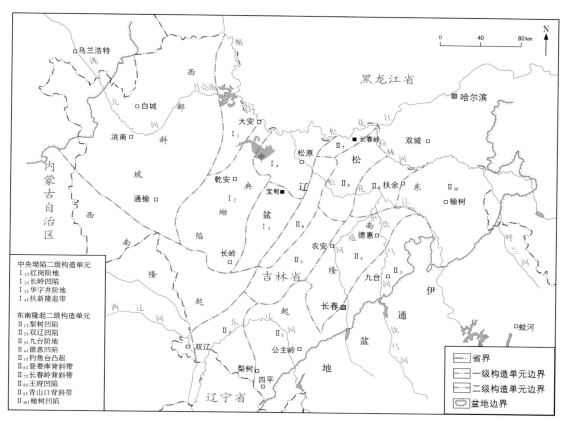

图 1-2-1　松辽盆地南部中浅层构造单元划分图

表 1-2-2　松辽盆地南部深层构造单元划分表

一级单元断陷带	二级单元断陷	面积 /km²	顶面埋深 /m	断陷层厚度 /m	断陷类型	落实程度
西部	英台	1600	500～4800	800～3000	单断	落实
	镇赉	760				不落实
	白城	450				不落实
	大安	1880	2500～6500	800～2600	双断	落实
	平安镇	300				不落实
	洮南	1560	500～2200	600～2000	单断	落实
中部	长岭	13000	1200～4500	200～3500	复合	落实
	孤店	860	2200～3500	200～2300	单断	落实
东部	王府	4280	1500～3600	600～3000	单断	落实
	榆树	4920	600～2000	300～3200	复合	落实
	德惠	4200	1000～2600	600～2800	双断	落实
	梨树	2400	800～3600	500～4200	单断	落实
	双辽	3000	1100～2300	1100～2500	单断	落实

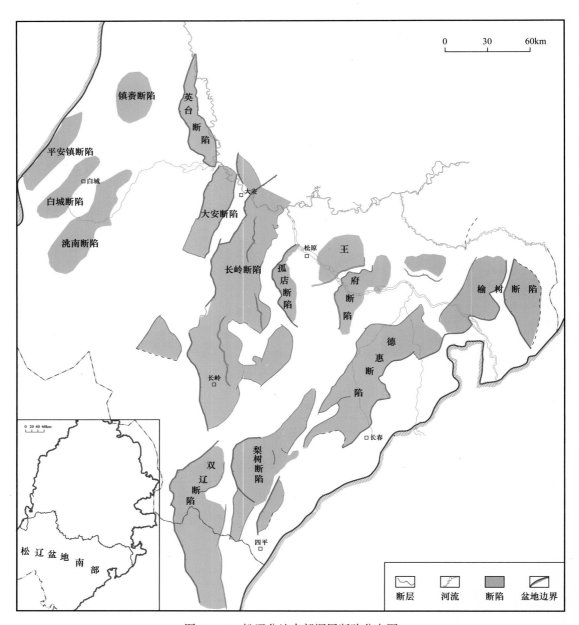

图 1-2-2　松辽盆地南部深层断陷分布图

表 1-2-3　松辽盆地地层界面与地震反射层对照表

地层系统				绝对年龄 /Ma	接触关系	地震反射层	盆地演化阶段
系	统	组	段（代号）				
第四系			Q	2.8		T_0^1	弱伸展凹凸
新近系		泰康组	Nt	5.2			
		大安组	Nd	65.0		T_0^2	

地层系统				绝对年龄/Ma	接触关系	地震反射层	盆地演化阶段
系	统	组	段（代号）				
白垩系	上统	明水组	K_2m_2				萎缩隆褶
			K_2m_1	70.13			
		四方台组	K_2s	79.1		T_0^3	
		嫩江组	K_2n_5				坳陷
			K_2n_4			T_0^4	
			K_2n_3			T_0^6	
			K_2n_2			T_0^7	
			K_2n_1	84.5		T_1	
		姚家组	K_2y_{2+3}				
			K_2y_1	86.1			
		青山口组	K_2qn_3				
			K_2qn_2			T_2^*	
			K_2qn_1	91.3		T_2	
		泉头组	K_2q_4				断坳转换
			K_2q_3				
			K_2q_2				
			K_2q_1			T_a^2	
	下统	登娄库组	K_1d_2			T_3	
			K_1d_1	105.0		T_4	
		营城组	K_1yc_2				断陷
			K_1yc_1	118.0		T_4^1	
		沙河子组	K_1sh_2				
			K_1sh_1	125.0		T_4^2	
		火石岭组	K_1hs	136.0		T_5	
古生界			Pz				

层间断层由 T_4 到 T_0^3 发育程度高低以及差异性变化反映了盆地构造运动作用的旋回性，也反映了盆地演化的不同时期构造运动对盖层的改造程度不同。

T_4 反射层是断陷地层顶面，其高度发育的断裂记录了沙河子组沉积时期、营城组沉积时期地层经历过裂陷的地质发展史；T_2 反射层断层记录了泉头组沉积时期地层于青山口组沉积前发生块断作用的地史；T_0^3 反射层断裂记录了盆地由坳向褶转化的历史。

区间差异性表现出每次构造运动对盆地各构造单元改造的不均衡性，断裂密度反映由东往西改造作用由强到弱的变化趋势。

层间、区间断裂发育程度的差异性体现了东西分带、南北分块、上下分层的盆地基本构造特征，也体现出中央古隆起在地质上的分割性作用。以中央古隆起为界，西部断裂走向以北北西向为主，东部断裂走向以北东—北北东向为主。断陷期，中央古隆起西部断裂以短轴方向拉张伸展为主，东部断裂以近长轴方向的走滑斜向伸展为主；坳陷期，中央古隆起西部断裂以短轴方向挤压收缩为主，东部断裂以挤压收缩和近长轴方向的走滑伸展作用并存。

"T_2" 界面上与块断作用伴生的、走向基本一致的垒堑和阶梯状断层组合在一起，呈断隆、断坳及阶梯形式交替排列，在地形上有明显的反映，即形成切割尺度不大的盆岭构造，是泉头组沉积末期至青山口组沉积早期盆地区域性抬升背景下形成的一种构造地貌。地堑带内残留的断背斜弧是盆地区域性挤压抬升的烙印，断层是挤压—松弛应力场的产物。另外，断层面平直也是压扭成因的佐证。因此，这些断层是盆地区域性抬升背景下形成的一种压扭张性断层系。

"T_2" 断层与基底断裂、凸起具有密切关系，其多数发育在断陷期继承性断层的上方，尤其是断陷边界断层上方最为发育，有的与其相连，有的与其隔层相伴。该现象体现了层间构造关系，即下伏断层对上覆断层起控制作用，上覆断层对下伏断层的形态、断距有一定的影响。早期断层虽然未表现出明显的活动性，但其上方发育的断层可能是其活动的痕迹。这种构造相伴现象体现了下伏层和上覆层之间的控制和被控制关系（图1-2-3）。

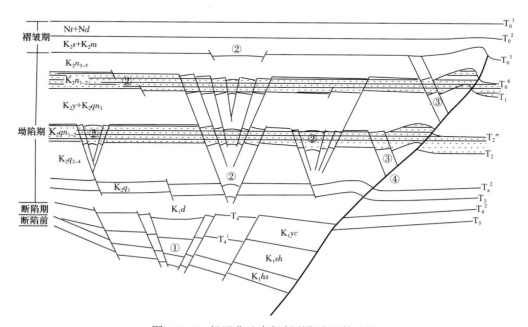

图1-2-3 松辽盆地南部断裂期次及构造层
①断层期断裂；②坳陷期断裂；③褶皱期断裂；④断陷期同生、坳陷期间歇、褶皱期反转断裂

2. 盖层断裂与油气关系

盖层断层是指发育在盆地基底以上盖层中的断层。其切割层位受区域性不整合面以及可塑性岩层的制约，发育演化与盆地各演化阶段密切相关。根据盆地演化阶段，参考区域性不整合面和区域泥岩层，将松辽盆地的盖层断裂划分为"断陷、坳陷、褶皱"三套断裂系统，对应三个构造层，即断陷构造层（K_1sh—K_1yc）、坳陷构造层（K_1d—K_2n）和褶皱构造层（K_2m—K_2s）。其中，坳陷层进一步分断坳转换、坳陷和坳褶转换三个亚构造层。

盆地前和基底断裂系统起控盆、控坳、控凹作用，盖层断裂系统在后期盆地发育演化及油气成藏中起到重要作用。

1）断陷期断裂

断陷期断裂是指发育在沙河子组、营城组两组断陷期沉积地层内的断层，以张性正断层为主。主要体现在 T_4 地震反射界面上，有北北西、北北东和北东三组走向。

断裂分继承性、后生断裂两类。与基底断裂有关的继承性断层又分同生和走滑两类。同生断层为区域控凹控隆断裂，延伸长度、断距都大，主要发育在中西部断陷带。走滑断裂断面平直，倾角大，垂向断距小，延伸长度大，剖面多呈"Y"字形花状组合，平面上呈辫状组合，主要发育在东部断陷带。

无继承性断层是地层沉积后，受来自北西、南东方向力偶的剪切挤压作用伴随地层褶皱而产生，属后生断裂。断层上、下受基底和营城组顶部两个区域不整合面控制。剖面上，后生断裂多与同生、继承性断裂呈"Y"字形组合。平面上，中央古隆起以东，断裂以北北东—北东走向为主，呈平行—亚平行排列。中央古隆起以西，断裂以北北西—北北东走向为主，平面排列不规则。断陷期断裂破坏了沙河子组、营城组两组地层中各类圈闭的盖层，成为深层油气向上运移的通道，对深层油气于浅层形成次生油气藏起建设性作用。因而断裂发育区是寻找中浅层次生油气藏的有利地区。

2）坳陷期断裂

发育在登娄库组—嫩江组坳陷期沉积地层内部、反映在 T_0^3、T_1、T_2、T_3 等地震反射层上的多数断裂为坳陷期断裂。其特点是纵向上所切割地层厚度受泥岩层制约，上下层之间缺乏继承性；中央古隆起以西发育压扭性和与沉积压实有关的正断层，平面上延伸长度一般不到 5km。中央古隆起以东发育压剪性走滑断层，剖面表现为正负花状、平面上正逆衔接，延伸长度逾 100km。它们在坳陷构造层成藏中起到沟通生储层的桥梁作用。

只断 T_2 反射波组的断层，在纵向上是青山口组烃源岩向扶杨油层排、运油气的主要通道。横向上断层的垂向断距小于或等于上覆层泥岩厚度时，断层使生储层对接，在直接供油的同时也起到了侧向封堵作用。

只断 T_0^6 反射波组的嫩江组内部断层对黑帝庙油层至关重要，是嫩江组一段、二段生油层向嫩江组三段、四段、五段供油气的主要通道。如果断到 T_0^3 反射波组，则对黑帝庙油层的油气保存不利。

3）褶皱期断裂

该期断裂有两个形成期，上白垩统四方台组、明水组沉积时期先后受来自北西和南东方向的两个区域性应力作用，早期北西倾、南东倾的两组同生控盆断裂活化发生反转而形成断裂。断裂平面延伸一般在 40km 以上，走向均为北东，多分布在坡—坳、坳—隆转折带。断层下正上逆、断面下缓上陡，切割整个白垩纪地层及基底，属后期反转断裂。在断裂反转的同时伴生有与之相对倾向的低序次断层，这些断层以由大到小的密度分别体现在 T_0^3、T_1、T_2、T_3 等反射界面上。古近纪时，盆地东部伊通地堑拉开，松辽盆地整体处于东西向挤压环境。盆地由萎缩走向衰亡，盆地深部地幔重力进行调节，凹陷中央地层最厚部位被收缩挤压隆起，并在隆起高部位产生一批后生断裂，断裂向下断至登娄库组顶面，多以成对形式出现，形成地堑、地垒剖面组合。

后期反转断层破坏了深部原生油气藏，使深部油气沿断裂向上运移。一部分散失，一部分重新聚集到与之相伴生的浅层构造和沉积压实构造中。盆地反转期断裂只对登娄库组以上地层油气藏有影响。

3. 断裂组合与油气关系

松辽盆地经历了多期构造运动的叠加改造，盖层发育多种类型的断裂或断裂组合。归纳起来松辽盆地南部发育 7 种平面组合、18 种剖面组合。断裂平面、剖面不同组合样式在油气运移、成藏中所起的作用不同（表 1-2-4 和表 1-2-5）。

表 1-2-4　松辽盆地南部断裂的平面组合样式与油气

组合样式	成因机制	发育地区	与油气关系
"入"字形	主断层两侧发生块体相对剪切，成羽状张裂	大安	有利于油气运移，不利于保存
正反"S"形	左旋和右旋应力场共同作用的结果	新立和孤店地区	不利于形成圈闭
帚状和旋转	在基底隆起基础上受左旋应力场改造	扶北—孤店	有利于油气运移，不利于油气的保存
雁列组合	左旋和右旋应力场都能使断层发生平移错列	扶新	为油气向雁列背斜顶部运移提供通道
正逆相接断层组合	扭动过程中的走向滑移	农安—万金塔	逆断层上盘易形成反转背斜，形成有利圈闭
放射状	底拱作用产生	大三井子	断层由底拱作用产生，属开花构造，不利于油气保存
对称"Y"形	由两次不同方向的扭应力作用叠加而成	孤店	先张后压对油气运移聚集有利，先压后张对油气聚集不利

表 1-2-5　松辽盆地南部断裂剖面组合样式与油气

	组合样式	成因机制	发育的地区或构造层	与油气关系	组合样式	成因机制	发育的地区或构造层	与油气关系
地垒组合	（图）	块体运动主要表现在垂向上与地质隆体的重力及热胀冷缩有关，多形成伸展构造	中央古隆起两侧，扶新地区凹陷中部及断陷—坳陷构造层	有利于油气向阶梯状运移	"X"形剪切断层组合（图）	断层呈风琴式，横向上时张时压产生	东南隆起区	属反转断层的一种断层，时压时张，对油气运移有利
生长组合	（图）	与沉积压实有关，垂向上重力为主生应力	控制断陷的边界断层皆属此类，如大榆树西断层	断面呈弱压性，有利于油气的侧向运移，对油气聚集有利	"Y"字形组合（图）	主断层是凹面向上的曲面，次断层下滑时，由于向下倾角变小，上部出现张裂，次断层由地层脆性拆离形成反向断层	主要发育在坳陷构造层	形成的举引构造是油气聚集的有利场所，主断面具弱压性，有利于油气沿断层面运移，如断开层位是砂岩则有利于油气聚集
生长组合	（图）	与沉积压实无关，上覆层沉积的同时下伏层受单向推挤向作用逆冲而产生，应力层表现为顶薄翼厚	扶北、洮南断陷南部	对油气聚集有利，断面呈压性，增大生储层垂向压差，有利于排油	花状断层（图）	压扭压剪	东南隆起区王府断陷	正花状断层属压扭断面，具封堵性
后生组合	（图）	沉积后一伏形成，上下层断距相等，正断为引张力，逆断为推力	榆树地区发育	有利于油气纵向运移，断面呈压性，断层封闭条件好	（图）	张扭张剪		负花状断层断面多呈张性，封闭性不好
后转组合	（图）	先同生后压，部分地层界面，断点位置由正变逆	大安、孤店、伏龙泉	深浅断面皆成压性，有利于油气保存	（图）	压扭张扭剪切		半花状断层上述二者兼而有之

分类	组合样式	成因机制	发育的地区或构造层	与油气关系	组合样式	成因机制	发育的地区或构造层	与油气关系
后转组合	（断层组合示意图）	先同生，后因岩浆侵入所有断层性质发生反转	小合隆陷、张家堡构造	深部正断层呈压性，浅部逆断层呈张性，不利于油气保存	屋脊状断层（示意图）	断面两侧均有构造伴生，水平断距大，下伏层、上覆层呈张性，断面呈张性，属深部岩层掀斜作用而成	德惠、梨树、王府、小合隆，如茅山断裂	有利于圈闭形成，有利于油气的垂向运移，对原生油气藏起破坏作用
后转组合	（断层组合示意图）	后期深部地层发生水平挤压冲断、浅层调节构造反转	梨树断陷、四家子构造	深浅层正逆断层皆呈压性，有利于油气保存	顺向断层（示意图）	由于沉降速率大于沉积速率而产生	坳陷的两翼	有利于油气阶梯状运移
直立走滑组合	（断层组合示意图）	断面直立，层厚度不一定相等、两侧岩层，无纵向断距，只有走向断距，块体构造位移而成	出现在走滑断层的正逆转换部位	有利于油气的纵向运移，不利于保存	反向断层（示意图）	由于沉降速等于沉积速率而产生	坳陷的两翼	有利于断块气藏的形成
直立走滑组合	（断层组合示意图）	无垂向断距，只有水平断距，是岩浆纵向侵入使单断面水平分裂成双断面	东南隆起区	有利于油气的侧向封堵，对早期油气藏有破坏作用	座椅状断层（示意图）	由于软弱层的存在而使缓断面下滑	东南隆起区	有利于油气运移

注：T$_2$层以下以大型穹隆构造为主，T$_2$层以上则以背斜形构造为主，由此推断断T$_2$层上、下构造在形成机制上有所不同。

三、局部构造

松辽盆地基底和盖层在整个中—新生代地质历史时期经历了印支期、燕山期、喜马拉雅期多次构造运动的叠加改造，构造形变显著。各类构造得以形成和发展，局部构造发育，类型多样。

局部构造的形成经历了盆地的坳陷和构造反转两个阶段，因此构造成因、形成时间及发育史具有明显的差异。

1. 局部构造发育特点

松辽盆地南部 T_1—T_5 地震反射层共发育层间构造 983 个，总面积为 8969.25km^2。叠合后地震覆盖区发育局部构造 197 个。西部构造单元发育 51 个，中部构造单元发育 57 个，东部构造单元发育 89 个。

局部构造发育有如下特点。

（1）浅层构造发育，但幅度、面积普遍小；深层构造不发育，但幅度、面积普遍大。

据统计，T_1、T_2 两反射层共发现构造 598 个，占层间构造总数的 60.8%，平均面积不足 6.5km^2，幅度一般在 15～50m 之间。由于多数构造顶面后期未遭受削截或遭受轻微削截，因而现今构造形态保持完整。T_3、T_4、T_5 三反射层共发现构造 385 个，占总数的 39.2%。平均面积达 13km^2 以上，幅度一般在 40～100m 之间。由于 T_4、T_5 反射层构造形成后遭受了较严重的剥蚀，因而现今深层构造多为削顶内幕层间构造。

（2）长轴构造不发育，短轴及与断层有关的构造发育。

盆地南部共发现长轴构造 8 个，仅占局部构造总数的 4.1%，多发育在坳陷构造层。短轴背斜和与断层有关的断鼻、断块等构造共发现 189 个，占局部构造总数的 95.9%。长轴构造不发育可能与断陷构造层近东西的褶皱轴向背景有关。

长轴构造与区域断裂伴生，发育在隆凹过渡区，主体走向为北北东。盆地南部发育的长轴背斜主要分布在大安—红岗和长春岭—伏龙泉两个背斜带上。两者均为断层反转构造带，背斜陡倾翼伴生逆冲断层，说明一级构造单元的过渡区后期构造扭动挤压作用强烈，而单元内部构造作用相对较弱。

（3）隆起区构造发育，斜坡和坳陷区构造不发育。

松辽盆地南部西部斜坡和中央坳陷区合计面积占全油气区一半以上，但局部构造只有 84 个，仅占构造总数的 42.6%。西南和东南两个隆起区占油气区总面积不足半数，共发现局部构造 113 个，占构造总数的 57.4%。这说明平面上，各时期构造运动对松辽盆地各区的改造是不均衡的，对隆起区改造强烈，对斜坡和坳陷区则改造相对较弱。

（4）长短轴之比大于 1 的构造多为北东或北北东走向，且两翼倾角不对称，有明显的应力指向。

测量了油气区近 150 个层间构造的轴向和两翼倾角，发现同一构造或不同构造之间两翼倾角大小不等。最大为 40°～60°，最小仅为 2°～5°。长轴展布多为北东或北北东向，这些反映了盆地沉积盖层的褶皱变形主要受东西方向的应力场所支配。

2. 局部构造分布规律

受区域应力场支配，成因机制相同的构造在平面上有规律地展布。

1）西部斜坡区

主要发育与断层有关的小幅度反转构造，如洮南—舍力、平安镇等北东向构造带。

2）中央坳陷区

中央坳陷区东西边缘发育断层反转构造，坳陷的核心区发育沉积压实构造，扶新隆起—华字井阶地发育以扶余Ⅲ号为砥柱的扭动构造。

例如，孤店—莺山、哈尔金—伏龙泉和红岗—大安等断层反转构造带发育在坳陷区的东西边缘；英台—四方坨子、大情字井等差异压实小幅度构造带发育在坳陷的主体区域。由扶北、孤店两条断层构成的半包围式向西凸起的扶新隆起带在左旋压扭应力场作用下，以扶余Ⅲ号早期基岩生长盖层披覆压实构造为砥柱，以两条断层为外旋卷边界，于平面上发生局部块体的相对错动和旋转。由于挤压走滑，断层性质由正变逆，产生北北西向的孤店反转构造，同时派生或伴生出扶东—木头—孤西和让字井—孤东两个雁行排列的断块构造带。前者处于被动块体与主动挤压走滑旋转块体接触的边缘，构造带呈北北西转近东西向展布，属派生构造。雁列断层与孤店—扶北断层在平面上呈"人"字形组合。后者处于主动走滑旋转块体内，属伴生构造，走向北西—北北西。构造带向砥柱端收敛，向相对端撒开。雁列断层与孤店断层共同组成"帚状"断裂组合。由于旋转，作为砥柱的扶余Ⅲ号构造成为规则的、被断层复杂化的逆生长穹隆构造。

3）东南隆起区

主要发育挤压、走滑构造。东部隆起区受多期构造运动的叠加改造，盖层褶皱变形显著，断裂密度全区最大。断裂于平面上多以辫状或正逆相接组合形式出现，剖面上多以断面直立、正屋脊状组合形式出现，所以与这类断层相伴生的构造多为挤压、走滑构造。东部隆起区中浅层发育6个北东走向构造带，其中5个与挤压和走滑有关，1个与基岩生长有关。四家子—青山口、艾家—朱尔山是两个与断裂走滑相伴生的挤压构造带，分布在农安—万金塔走滑断裂带的西东两侧。小合隆—布海是盆地萎缩初期，在水平挤压应力作用形成的断裂反转构造带。小城子、茅山两个构造带是盆地萎缩晚期产生的重力均衡反转构造带。农安西—钓鱼台则是与基岩潜山有关的沉积压实构造带。

3．局部构造成因

松辽盆地南部局部构造类型虽以短轴背斜、断背斜、断鼻为主，但其与长轴构造一样，两翼倾角多不对称，有明显的应力指向。其成因和发育程度在深浅构造层存在差异。剖面上层间高点迁移有规律性，按成因机制归纳为4种构造组合、5种构造成因模式。

1）反转构造组合

上、下构造层由于先后受垂向和水平应力作用以同一滑脱面发生镜像对称褶皱变形而产生的一类构造组合。多发育在坡坳、坳隆过渡带。主要包括断裂反转、重力均衡反转等两种构造样式。

（1）断裂反转构造。

此类构造是由于断层性质发生正逆转化而伴生的构造。盆地南部坡坳、坳隆过渡带早期控制断陷边界的同生断层，因后期水平挤压应力作用断层活化，断层两盘发生走向错动和倾向逆冲而形成的构造，如白87、平安镇、红岗、大安、海坨、孤店、登娄库、伏龙泉、四家子、小合隆、布海等构造。这类构造有四个形成期：与西倾断层伴生的构造形成于四方台组沉积时期，具代表性的构造是大安、海坨构造；与东倾断层伴生的构造形成于明水组沉积时期，红岗为典型的代表；小合隆构造于营城组沉积晚期反生逆冲反转；四家子构造于泉头组沉积时期形成。

（2）重力均衡反转构造。

青山口组一段、二段沉积前受盆地东部郯庐断裂北延部分活动的影响，松辽盆地整体接受来自东南的单方向推挤应力作用，于盆地中央基岩相对隆起区形成一批盖层滑脱式重力均衡反转构造，如长春岭、扶余Ⅰ号、扶余Ⅱ号、大三井子、青山口等构造形成于泉头组沉积末期；古近系沉积时期，盆地东部伊通地堑拉开，使松辽盆地整体处于东西向挤压环境，盆地由萎缩走向衰亡。在登娄库组楔形地层的调节下，其上、下地层于凹陷或断陷中央形成壳幔卷入式重力均衡反转构造，新立、乾安、小城子、茅山等均为该期此类构造的典型代表。重力均衡反转构造有两期，青山口组一段、二段沉积前和古近系、新近系沉积时期。

2）冲断、走滑构造组合

盖层受双向或单向推挤应力作用，在滑脱层面之上收缩变形而产生的一类构造，包括逆冲背斜和断背斜两种样式。

（1）逆冲背斜是盖层在强烈挤压应力作用情况下，沿某一滑脱面发生较大规模的位移，在上冲盘前缘形成背驮式构造。如双辽构造，其特征一般呈线状、幅度大、深浅层高点偏移大，两翼不对称，陡翼被断层切割。此类构造多发育在深变质基岩区，多数形成于上白垩统到新近系沉积时期。

（2）断背斜常与走滑断裂相伴生，分布在屋脊状断裂的两侧。其规模小，但数量多，雁行排列在走滑断裂带两侧，定型时间比较晚。如四家子—青山口南、艾家—朱尔山两构造带多发育为此类构造。

3）基岩生长构造组合

在盆地整体沉降过程中，由于基底块体差异升降的作用，局部抬升，形成与沉积相伴生的披覆构造。此类构造多形成于基岩潜山发育区，如大老爷府、双坨、扶余Ⅲ号、孤南、农安西、三盛玉、钓鱼台、农安等构造。上述构造均发育在基岩潜山之上或边缘。其构造特点是由深到浅高点向凹倾方向偏移。构造面积下小上大，高点向凹倾方向偏移，幅度则是下大上小，属长期发育一次定型构造，定型时间多数为上白垩统沉积时期。

4）差异压实构造组合

三角洲前缘区，砂地比的横向变化引起压实量的不同，从而产生差异压实构造。英台—四方坨子、塔虎城—黑帝庙构造群等均为此类构造。其特点是发育在三角洲前缘相带，幅度、面积都小，幅度一般小于 40m，面积在 10km^2 以内，深浅层继承性差。构造分布在各地质时期沉积中心迁移路线的附近，构造高点有明显迁移。五棵树西 T_1、T_2 反射层构造是一种特殊样式的压实构造。构造位于断层下降盘，由断层和深度等值线共同圈闭而成，是断层遮挡向斜构造，高点在构造两端。

总之，中央古隆起以西主要发育与沉积压实有关的构造样式，以东主要发育与走滑冲断有关的构造样式。断陷层发育块断伸展构造，坳—褶层发育压实、块断和反转构造。

归纳 5 种成因模式如图 1-2-4 所示。

成因类型	剖面	典型构造
基底卷入逆生长	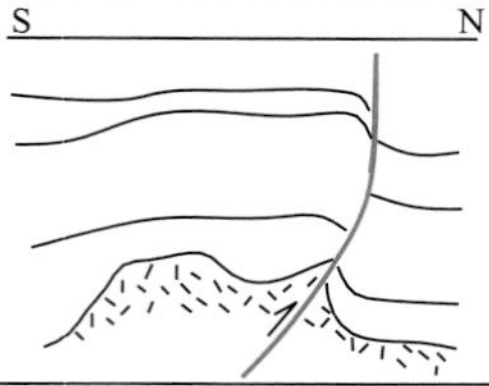	扶余Ⅲ号构造
断层反转	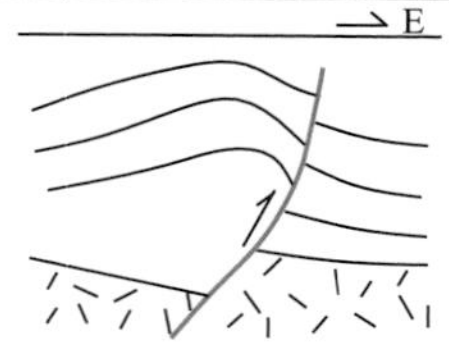	大安构造
盖层重力均衡反转	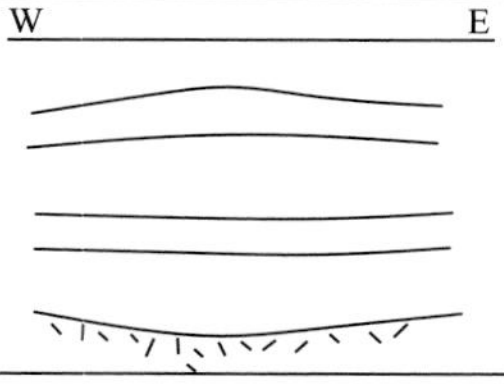	乾安构造
差异压实	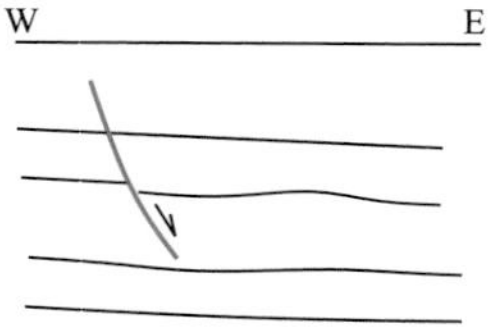	四方坨子小幅度构造
挤压、走滑	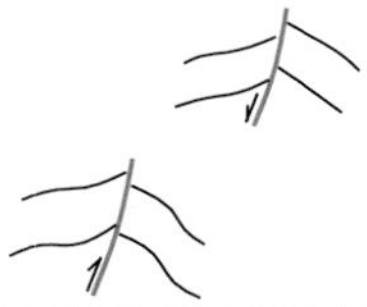	农安—万金塔构造带

图 1-2-4　局部构造成因模式

4.局部构造样式与油气

松辽盆地南部已发现与构造圈闭有关的油气区或油田中,与反转构造有关的占 53.3%,与压实构造有关的占 46.7%。分析认为有如下原因。

1）反转构造

烃源岩、盖层的发育均受控于区域性反转断裂,这些断裂发育经历了同生、间歇、反转三个过程。早期同生阶段控制了断陷盆地湖相烃源岩的发育和分布;中期间歇阶段断陷盆地消亡,河湖过渡相—河流相发育,于深部烃源岩之上沉积了河流—湖泊三角洲相砂岩储层。青山口组—嫩江组沉积时期湖盆的两兴两衰为油气成藏提供了新的区域性烃源岩和盖层。

烃源岩有机质热演化程度研究结果表明:断陷期烃源岩于登娄库组沉积末期开始大量生、排烃,青一段烃源岩嫩江组在沉积末期开始生烃,明水组沉积末期达到高峰;嫩一段、嫩二段烃源岩在明水组沉积末期开始生烃,新近系沉积末期达到高峰。断裂反转期是四方台组和明水组沉积末期。反转构造形成晚于深层烃源岩的大量生气期而同步于浅层烃源岩大量排烃期。这就是其能成为油气主要聚集场所的原因。油气大量排运的同时，构造幅度不断增长的反转构造为油气聚集提供空间，处于正逆性质转化阶段的断层为油气的纵向运移提供了通道，使断层性质发生改变的挤压应力为油气横向运移提供驱动力，以上这些均能大大加快油气向构造低势区运移的速度。

古近纪、新近纪松辽盆地发生盆地性质的强度适中、平缓反转，也是一次不可忽视的油气运聚和再调配期。该期形成的油气藏有新北、新立、乾安、茅山及小城子等构造或岩性构造油气藏。另外，扶余Ⅰ号、扶余Ⅱ号、登娄库、大三井子、青山口等泉头组沉积末期反转构造由于后期破坏严重，保存条件不好，含油气性差。

2）压实构造

压实构造属于与沉积同步长期发育的一次定型构造。地层成岩期是油气大量生成期，也为压实构造发育定型期，因此压实构造圈闭是油气聚集的最佳场所。

四、断陷特征

断陷前、断陷期以及断坳转化期地层叠置在基岩之上，构成以断陷期含煤系火山岩地层为主要烃源岩的深部含油气系统。因此，早白垩世断陷构造层是松辽盆地南部深层的主要勘探层系。

1. 断陷分布

松辽盆地南部共发现断陷13个。盆地南部断陷总面积为 $3.7 \times 10^4 km^2$，其中，长岭断陷的面积最大为 13000km²，较落实、落实的断陷中，梨树断陷地层厚度最大，厚度超过 4000m；西部断陷地层埋藏最浅，埋深 50～1900m，中部断陷地层埋藏最深，埋深在500～6000m 之间，东部断陷地层埋藏适中，埋深在 600～4000m 之间。断陷呈北东—北北东、北西—北北西和南北三组主要走向。断陷走向与控陷断裂一致，表明断陷的发育与先存断裂重新活动有关。

松辽盆地南部断陷剖面结构可划分出三种样式，即单断式、双断式和复合型。平面上，松辽盆地南部断陷呈规律性分布。西部断陷带以双断式断陷为主，如英台、洮南、白城、镇赉、平安镇等；中部断陷带以单断式断陷为主，并以单—单对断组合形式分布，如大安、孤店等断陷组合；东部断陷带呈单、双断式孤立型和复合型断陷分布，前者如王府、梨树等单断式孤立型和双辽断陷等双断式孤立型，后者如德惠、榆树等"单—双"或"单—单"复合式断陷。

2. 断陷成因

松辽盆地断陷的发育、演化与东亚大陆边缘中—新生代板块构造环境密切相关。中生代以来，东亚大陆边缘主要经历了古太平洋库拉板块俯冲碰撞作用和白垩纪末至古近纪日本海扩张挤压作用两次强烈的构造作用过程。断陷的生成是第一次构造作用的产物。

晚侏罗世—早白垩世库拉板块俯冲作用使东北地区受到剪切—挤压构造应力场的作用，形成北北东向地壳及地幔隆起。由于板块的俯冲增压，该区地幔膨胀上涌，促使地幔隆起。地幔上隆导致上地壳发生伸展、拆离，同时由于重力调整等多种地质因素和动力，形成以北北东向展布的断陷群。

松辽盆地断陷就是整个断陷群中的一部分。正是由于有左旋剪切—挤压构造应力场的作用，在地壳中首先存在有北北东向和北东向断裂呈条带状展布的特点，后期伸展断裂的发育继承了早期断裂网络，因此，断陷展布方向以北北东向和北东向为主，且延伸稳定，规模巨大。

3. 断陷与油气

松辽盆地南部西、中、东三个断陷带均有油气发现。最早有油气发现的是东部断陷带的梨树断陷和德惠断陷，东部断陷带一直以来作为天然气勘探重点探区。西部断陷带的英台、洮南断陷见到油气显示，并在英台断陷发现天然气藏。中部断陷带长岭断陷的哈尔金构造、伏龙泉断陷发现天然气藏，并部分提交探明储量。哈尔金构造上的长深I号气田探明储量近 $500 \times 10^8 m^3$，是松辽盆地南部深层最大发现。分析表明，断陷成因及充填建造方式是盆地深层油气勘探的关键。

松辽盆地南部发育的同生断陷有"断—超覆""断—充填""断—退覆"三种充填建造模式。后生断陷是地层褶皱、块断遭受不同程度剥蚀改造的产物，按改造强度可分"中等""强烈"两种情况。对于前者，断陷充填建造样式不同，其生储盖时空配置关系不同；对于后者，改造强度不同，则原生油气藏被破坏的程度不同。

1）同生断陷

断陷的沉积充填建造样式决定了断陷盆地的生储盖层空间配置关系，不同的沉积充填建造样式所形成的油气藏类型不同。因而，勘探中的首要问题是搞清断陷的沉积充填类型，只有这样勘探才有针对性。沙河子组、营城组两组地层沉积时期，按充填建造方式，盆地南部发育"断—超覆""断—充填""断—退覆"三种样式的同生箕状断陷（图1-2-5）。

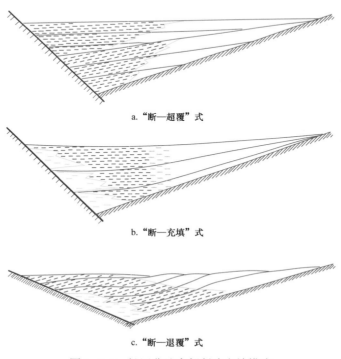

a."断—超覆"式

b."断—充填"式

c."断—退覆"式

图1-2-5 松辽盆地南部断陷充填模式

（1）"断—超覆"式断陷。

德惠断陷东部发育"断—超覆"式断陷。控盆断裂倾角较大（45°～55°），断陷发育过程中，断层断距增幅垂直方向大、水平方向小，盆地可容空间增速大于物质输入速度，形成欠补偿式沉积。地层沉积速率小于沉降速率，沉积中心背离边界断层向斜坡端逐层迁移，形成层层上超的"上倾聚敛"现象。沙河子组、营城组两组地层沉积建造过程中，湖盆发育都是由小到大的扩张过程，两组地层之间被超覆不整合面所分割。

由于湖盆扩张，沉积中心向斜坡端迁移，致使砂泥岩在横向上形成"泥进砂退"接触关系。两组地层均为下粗上细正韵律沉积旋回，纵向叠置形成"顶生式"生储空间配置关系。因此，斜坡端是寻找上生下储型及岩性尖灭油气藏的有利部位，两组地层之间的不整合过渡段是寻找不整合、地层超覆、孔渗侧变等岩性油气藏的有利层段。

（2）"断—充填"式断陷。

梨树、王府断陷发育在东部断陷带，是典型的"断—充填"式断陷。边界断层倾角为45°，在生长发育过程中其垂直、水平断距增幅相当，盆地可容空间增速和物质输入速度相近，属补偿式加积充填。地层沉积、沉降速率相当，沉积、沉降中心吻合。沙河子组、营城组两组地层沉积建造过程中，湖盆既不扩张也不收缩，沉积中心横向迁移量小，断陷的发展速度快。剖面上，自下而上地层倾角由大变小，地层均呈楔形向斜坡上倾方向尖灭，几乎收敛于同一部位。

由于湖盆水体稳定，沉积中心几乎不发生迁移，砂泥岩小层间因湖岸线季节性摆动形成以"犬牙交错"式横向接触关系过渡。砂泥岩过渡带可以形成"侧生式"生储空间配置关系。围绕生油中心易形成旁生侧储型油气藏以及因岩性、孔渗侧变而形成的岩性油气藏；断层下倾边缘相发育，沉积物粒度大，分选、磨圆度都差是此类断陷基本的特点，断层下部发育的重力流扇体是上生下储型油气藏勘探的重点目标。

（3）"断—退覆"式断陷。

英台断陷发育在西部断陷带，为"断—退覆"式断陷。断陷发育受低角度（倾角约为35°）边界断层的控制，断层断距增幅水平方向大于垂直方向，盆地可容空间增速低于物质输入速度，形成过补偿式沉积。地层沉积速率大于沉降速率，沉积中心背离斜坡端向边界断层一侧迁移。地层由老到新逐层退覆，自下而上地层倾角由大变小，湖盆发育是一由大到小的收缩过程。

伴随湖盆收缩沉积中心向边界断层迁移，横向上形成"泥退砂进"的砂泥岩接触关系，两组地层均为下细上粗反韵律沉积旋回，纵向叠置形成"下生式"生储层空间配置关系。因此，地层砂泥岩过渡带是下生上储组合型"下生式"油气藏的有利勘探区。断层下倾方向发育的丘形扇体是寻找岩性油气藏的有利勘探目标。

同生箕状断陷的共同特点是断陷不对称，盆地中央地区地层厚度比断层和斜坡两端大且泥质含量高，生烃中心靠近控盆断裂一端。基于这一点，忽略构造作用，据沉积压实原理，断陷生烃中心周围发育差异压实构造。因为地层厚度大、泥质含量高的地段地层压实量大。剖面上地震反射层序表现为"塌腰"现象。围绕生烃中心发育的差异压实构造是油气勘探的最有利目标。

大安断陷由红岗和大安两个单断式"箕状断陷"联合而成，断陷面积、断坳层厚度都大。安深1井位于断陷边缘，深层未见油气显示，但揭示了多套薄层暗色泥岩或泥质粉砂岩，说明断陷主体有湖相沉积环境，有发育厚层暗色泥岩的可能，据此判断断陷有一定生烃潜量。该断陷可作为深层油气勘探重点区。

坳陷期披覆式砂泥岩沉积为深层油气藏提供了辅助性保存条件。断陷萎缩褶皱期横向挤压应力破坏了深部同生油气藏，油气以断裂为通道运移聚集于上部盖层滑脱反转构造中形成次生油气藏。梨树断陷的茅山及王府断陷的小城子等构造油气藏均为此类油气藏。因此，断陷盆地断裂发育区是上覆坳陷层寻找次生油气藏的理想层段。

2）后生断陷

"后生断陷"是地层褶皱、块断遭受不同程度剥蚀改造的产物，其平面相序紊乱、剖面相序不完整，地层对比困难，充填建造过程无法恢复。针对此类断陷，勘探着眼点应放在地层不整合和地层内幕构造岩性油气藏上。地层残留厚度相对大的地区仍然可以找到原生油气藏。

第二节　盆地构造演化

与松辽盆地发育史有关的文献和油田内部研究成果比较丰富，基本都将盆地三叠纪以来的发育过程总结为"隆、断、坳、褶"四个阶段。构造演化过程和特征大同小异，主要的争议聚焦在"断、坳"两阶段的界限厘定上。

一直到20世纪90年代，油田广义的"断陷阶段"泛指火石岭组—泉头组二段沉积时期。1997年吉林油田内部构造报告，认为火石岭组为断陷前形成的一套火山岩系，地层分布不受断陷控制，属断陷前沉积。早白垩世登娄库组在盆地由断陷向坳陷转化过程中起到填平补齐作用。西部地区断陷向坳陷转化由登娄库组自身完成，东部地区由登娄库组和泉头组一段先后完成。明确松辽盆地断陷阶段为早白垩世沙河子组—营城组沉积时期。2005年之后，随着深层钻井的增加、三维地震的覆盖，提出火石岭组沉积同样受控于控陷断裂，应属于断陷期地层，目前认为火石岭组—营城组沉积时期为断陷期。

根据构造运动过程及构造演化发育特征分析，盆地演化分为断陷期、断坳期、坳陷期、萎缩隆褶期、弱伸展凹凸期五个演化阶段。历经营城组沉积末期弱反转、嫩江组沉积末期强反转及明水组沉积末期强反转三次反转构造运动（表1-2-6）。

一、断陷期

早白垩世火石岭组沉积时期：北北东—北东向断裂发育，火山活动主要以中基性安山岩、玄武岩喷发为主，该时期各断陷相对独立，水体较浅，发育初期以冲积扇和河流相的磨拉石建造为主，仅在断陷中心发育浅湖、沼泽沉积。

早白垩世沙河子组沉积时期：断裂活动进一步加强，水体扩大、加深，形成沉降中心，沉积了一套以暗色泥岩为主的含煤陆源碎屑岩建造，断陷主要表现为半地堑（或箕状）和半地垒组合类型，地层受控陷断层控制明显，在剖面上断陷主要表现为半地堑、半地堑—半地垒组合的形态（图1-2-6）。

早白垩世营城组沉积时期：继承了沙河子组沉积构造格局，是断陷继续发育时期。营城组沉积末期受燕山运动Ⅲ幕的作用，盆地东部四平—哈尔滨北东向边界断裂东盘向西南方向俯冲，北东—南西向压剪应力致使北东向控盆断裂呈右旋走滑性质，地层北西向褶皱，普遍遭受不同程度的剥蚀。剥蚀特点是盆地周边及中央隆起区剥蚀严重。

表 1-2-6　松辽盆地南部构造演化简表

地层		构造运动特征		构造演化特征	岩性组合特征	构造演化阶段
系（统）	组	区域构造运动	松南构造运动			
第四系				弱沉降接受少许沉积		
新近系	泰康组			松辽盆地东抬西降，中央坳陷下凹接受沉积，东南隆起区以弱凸起形式持续抬升，未接受沉积	杂色砂砾岩、砂岩	弱伸展凹凸期
	大安组					
古近系	依安组					
白垩系	明水组	燕山Ⅴ幕	明水组沉积末期强反转	形成反转构造，中央坳陷区抬升较小，整体上以挤压沉降为主	灰绿、灰色泥岩与砂岩互层	萎缩隆褶期
	四方台组	燕山Ⅳ幕	嫩江组沉积末期强反转		厚层红、紫红色泥岩与灰白色粉砂岩、泥质粉砂岩互层	
上统	嫩江组			早期湖盆稳定沉降，构造活动减弱，嫩江组沉积末期构造反转，遭受剥蚀	厚层暗色泥岩夹薄层砂岩	坳陷期
	姚家组					
	青山口组					
	泉头组			属区域性大幅度沉降的早期，超覆式沉积开始发育	紫红色泥岩、粉砂岩等组成互层	断坳期
	登娄库组			盆地开始大面积整体沉降，水体较浅，局部构造趋于稳定	紫红、灰色泥岩、粉砂岩、砂砾岩组成不等厚互层	
下统	营城组	燕山Ⅲ幕	营城组沉积末期弱反转	前期继承，末期抬升	下部发育大套酸性火山岩，中上部发育厚层暗色泥岩夹薄层砂岩、沉火山碎屑岩	断陷期
	沙河子组	燕山Ⅱ幕		早期火山喷发，地幔物质上拱，断陷初步形成，之后断裂活动加强，水体加深	大套暗色泥岩与薄层砂岩互层	
	火石岭组	燕山Ⅰ幕			砂砾岩、中性火山岩与泥岩形成互层	
石炭系—二叠系　　Tg（基底顶）						

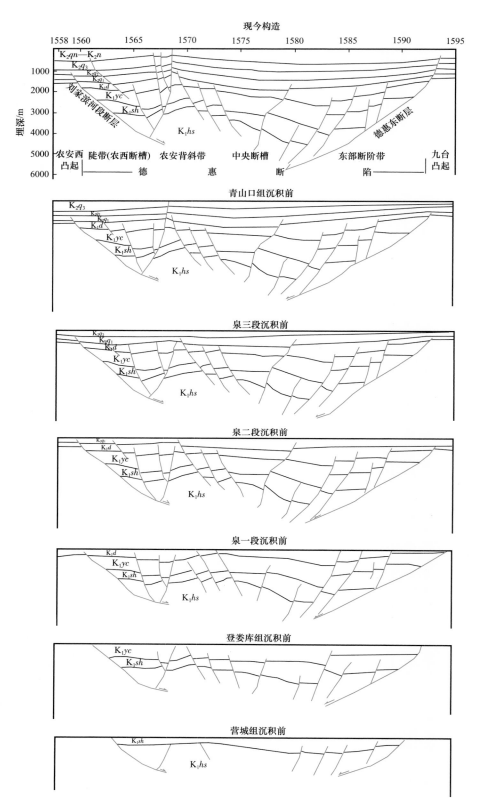

图 1-2-6 德惠—王府地区构造演化剖面图（93-559 测线）

二、断坳期

在登娄库组—泉头组沉积时期，伸展作用减弱，剥蚀改造和地层建造同时进行。背斜区剥离物成为登娄库组沉积时期地层建造的主要物质来源，未经长途搬运就地就近充填到向斜区或相对低凹处。地层剥填结合，虽表现为断陷式沉积，但起到了填平补齐作用。登娄库组沉积初期沉积的地层超覆在下伏地层之上，在全区都有分布。在德惠、长岭等地区的构造演化图上可以清晰地反映出这个特征。控凹断层活动及伸展程度减弱，登娄库组超覆在营城组之上，表明盆地由断陷发育阶段逐渐向坳陷阶段过渡，使断陷期形成的局部构造趋于稳定。

三、坳陷期

青山口组—嫩江组沉积时期，构造运动趋于稳定，断层不发育，湖盆整体上表现为稳定下沉，水体逐渐加深，湖面不断扩大，沉积地层展布范围变大，超覆在下伏地层之上。此时松辽盆地形成统一的湖盆，由断陷沉积转为坳陷沉积。坳陷期层序间没有大的区域不整合，沉积地层横向展布平稳。

至嫩江组沉积末期为区域性大规模的强反转构造活动期，盆地整体抬升遭受剥蚀。东南隆起区抬升剥蚀较中央坳陷区强烈，目前嫩江组在东南隆起区残存的主要为嫩一段、嫩二段。梨树、伏龙泉、莺山、榆树东断陷在挤压应力场作用下掀斜抬升反转强烈，在中浅层形成了丰富的反转构造。

四、萎缩隆褶期

在萎缩隆褶期，东南隆起区构造演化与中央坳陷区具有较大的差异。晚白垩世，由于太平洋板块向欧亚板块的俯冲消减作用，东北亚区域盆地系受挤压作用进入萎缩阶段，并发生构造反转。松辽盆地此时整体抬升大面积遭受剥蚀，盆地表现为东抬西降的运动形式，东南隆起抬升幅度较大，并且在嫩江组沉积末期构造抬升后一直处于隆升状态，遭到严重的剥蚀，未接受晚白垩世沉积；而中央坳陷则在晚白垩世表现为挤压沉降特征，接受了上白垩统沉积。

大地构造环境控制和影响沉积作用，而沉积岩记录反过来可用于复原构造环境和追溯构造发展史。由松辽盆地东南隆起及中央坳陷区的沉积相分布特征，可以反映出上述构造演化过程。嫩江组一段、二段沉积时，松辽盆地整体上为三角洲—半深湖—深湖沉积，沉积中心位于大安一带，东南隆起区与中央坳陷区统一为一个湖盆；而嫩三段、嫩四段、嫩五段沉积时，水体逐渐变浅，湖盆范围缩小，主要为半深湖、三角洲相沉积，沉积中心移至齐家—古龙和长岭凹陷的西部，在东南隆起区该阶段地层全部缺失。不过从沉积相图上可以看出，在中央坳陷区与东南隆起区的过渡带嫩三段、嫩四段仍然发育湖相，嫩五段主要发育三角洲相及小规模的半深湖相，说明在嫩江组沉积晚期，东南隆起区不是中央坳陷的直接剥蚀物源区，东南隆起区可能接受了这三套地层沉积，该区缺失这三套地层主要是由于后期的剥蚀作用造成的。

四方台组—明水组沉积时期与嫩江组沉积时期沉积演化差异较大。四方台组、明水组主要分布在中央坳陷及中央坳陷西部，并且自中央坳陷向东部地层厚度逐渐变薄至零。从沉积相分布特征来看，中央坳陷主要接受了三角洲泛滥平原及滨浅湖沉积，并且由中央坳陷沉积中心向东南隆起方向，依次发育滨浅湖相—三角洲泛滥平原相—冲积扇相，由细碎屑沉积相带逐渐过渡到粗碎屑沉积相带，并且在中央坳陷与东南隆起区的过渡带有冲积扇发育，表明四方台组—明水组沉积时期东南隆起区处于剥蚀状态，为中央坳陷的近物源区。

五、弱伸展凹凸期

古近纪，松辽盆地处于引张状态，可能为弱伸展凹凸期。分布在松辽盆地北部的依安—孙吴和东侧邻区的依兰—伊通为伸展断陷单元，东南隆起处于中央坳陷和依兰—伊通盆地之间（图1-2-7），据断凸相间分布的构造格局原理，东南隆起区应为弱伸展凸起，其未接受古近纪沉积。至新近纪，松辽盆地的发育最终停止，东南隆起区仍处于隆起状态。

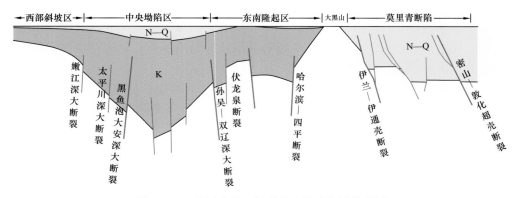

图 1-2-7　松辽盆地—伊通盆地构造格局模式图

新近纪—第四纪盆地逐渐扩大演化为稳定性大陆内浅坳，第四纪整体上小幅度沉降，在东南隆起区内沉积了厚度不大的河流相沉积物。

综上所述，在松辽盆地南部演化历史中，火石岭期热拱运动奠定了该区伸展断陷形成的基础，促成沙河子组—营城组断陷的形成，使得水域体系扩大，沉积物源丰富，为烃源岩的沉积创造了条件。营城组沉积末期的剥蚀作用，使区内营城组及其以前的沉积层遭受强烈的改造，形成波及全区的角度不整合，并且对上覆地层的沉积有较大影响；嫩江组沉积末期至明水组沉积末期以后发生的反转抬升作用，在区内形成一系列反转构造，在浅层形成新的圈闭，并使嫩江组广遭剥蚀。

第三节　构造演化与油气成藏

在盆地构造演化与油气成藏方面，松辽盆地南部除20世纪90年代前的"构造运动与油气聚集"成果外，21世纪初从构造应力场、流体势场等两方面较系统地研究了构造演化与油气成藏关系，取得了丰富的成果。

一、构造运动与油气聚集

20世纪90年代前，松辽盆地南部勘探重点是中浅层。因此，当时主要研究中—下部组合油气聚集与构造运动的关系。油气聚集效果的好坏，一方面受构造形成时间的制约，另一方面受生油区和聚集区的空间关系的控制。

1. 构造运动期是油气聚集的主要时期

松辽盆地主要生油层是青山口组一段和嫩江组一段。它们的生油门限一般为1100~1300m，温度为60~70℃，生油层进入门限深度后，有机质开始转化。地层经构造运动褶皱，油气便会向构造顶部聚集。一般来讲，褶皱的形成期略早于生油期或二者同时进行，利于聚集。若褶皱远远晚于生油期，液态烃可能遭受裂解，或在地层中逸散，不利于聚集。

盆地从嫩江组沉积末期开始抬升，进入萎缩阶段。嫩江组沉积末期和明水组沉积末期的燕山运动第Ⅳ幕、第Ⅴ幕和新近纪末的喜马拉雅运动使盆地盖层的中浅部（相当于中、下部组合）发生褶皱，局部构造先后定型。此时，位于沉积中心长岭、古龙、三肇凹陷的青山口一段和嫩江组一段全部或部分生油层也先后达到生油门限深度，油气开始运移。这三次构造运动是三次油气主要的聚集期。

2. 油气侧向运移的主要动力是构造运动

盆地南部油田的油藏类型主要是构造油藏，如红岗油田、英台油田、扶余油田等。其次是与构造因素有关的复合型油藏，如新立油田。它们分布在古龙、大安、三肇生油凹陷的四周。油气运移以生油凹陷为中心呈放射状向四周的阶地、斜坡、隆起区侧向运移。

松辽盆地基底的基本构造形式是隆起和坳陷，其盖层构造变动的基本方式是褶皱和断块升降。储层原始埋深的差异和后期构造变动的升降所产生的静压差是油气运移的主要动力。

3. 油气运移聚集的时间至少可分为四期

1）前嫩江组沉积时期

该期是扶余油层油气聚集期。时间由姚家组沉积时期至嫩江组沉积时期。在此期间盆地内没有发生明显的构造运动，古隆起控制下的沉积背斜到姚家组沉积时期前已具备相当规模。凹陷中青山口组生油层底部已进入生油门限深度，从油气生成到构造形成都已具备油气运移的条件。以扶余—新立油气聚集带为例，该区是由东向西倾没的古隆起，由东至西分布有扶余油田、木头油田、新立油田。在古隆起控制下，到姚家组沉积时期之前，古构造最大幅度达200m，圈闭面积400km²，为油气聚集创造了良好的圈闭条件。嫩江组沉积末期的构造运动反而使构造幅度和圈闭面积降到153km²和120km²，已形成的油藏被改造，导致油气重新分配。与扶余Ⅲ号构造相邻的扶余Ⅰ号、扶余Ⅱ号构造形态完整，由于形成于嫩江组沉积末期，未聚集成理想油气藏。扶余Ⅰ号构造的稠油推断是由扶余Ⅲ号的油藏在嫩江组沉积末期遭到破坏后运移到扶余Ⅰ号构造中的。后期形成的红岗、孤店、海坨、乾安等构造，扶余油层都没有形成理想的油藏。

前嫩江组沉积时期油气聚集的控制因素是古构造而不是构造运动。扶余油层形成时间主要是在嫩江组沉积时期以前。

2）嫩江组沉积末期

根据南部局部构造的统计，在嫩江组沉积末期形成的局部构造占68%，是盆地中部组合主要的油气聚集期。大安、古龙凹陷生油层底部已进入生油门限深度，北部的大庆长垣是在此期间形成的大油田，南部获工业油流区的双坨子构造、扶余Ⅱ号构造等，与嫩江组沉积末期的油气聚集有关。

3）明水组沉积末期

白垩纪末的这次构造运动是继嫩江组沉积时期后又一次重要的运动，约有30%的局部构造形成于该期。嫩江组生油层此时也进入生油门限深度。中部组合的油气继续聚集，上部组合的油气层开始聚集。以萨尔图油层为主的红岗油田此时形成。获油流的地区如乾安构造、海坨构造也属同期形成的中部组合油藏。黑帝庙、大安构造的黑帝庙油层是同期形成的上部组合油藏。

4）新近纪末期

该期的喜马拉雅运动对油气聚集的影响不容忽视，是盆地西部中上部组合油气藏继续形成的时期。英台构造高台子、萨尔图油藏是新近纪末形成的，尽管该构造形成较晚，其中部组合的储量仍然可观。位于西部斜坡区的套保萨尔图稠油资源丰富，储量约数亿吨。套保地区的构造也是在新近纪末才形成的，由此看来，嫩江组和青山口组的生油量相当大，油气聚集是长期的。只要在生油区控制范围内，构造形成早晚不是决定因素，在以后各期形成的构造，都形成了与中部组合有关的油藏。

概括起来，扶余油层的聚集期在前嫩江组沉积时期，构造控制因素是古构造，后期的构造运动使扶余油层遭到不同程度的改造。中部组合的油气聚集期是长期的，由嫩江组沉积末期至新近纪末，构造运动是主要控制因素。上部组合的油气聚集期是明水组沉积末期，构造运动是主要控制因素。从盆地的演化阶段来看，盆地的萎缩期是中、上部组合的油气聚集期。

二、应力场、流体势与油气聚集

1. 构造应力—流体势分布

松辽盆地上、中、下三套含油组合的油气成藏主要与嫩江组沉积末期、明水组沉积末期和新近纪末构造变动有关。因此，嫩江组沉积末期、明水组沉积末期和新近纪末三期古流体势场、应力场对油气的运移、聚集有重要意义。本书以扶余油层为例阐述松辽盆地南部应力场、流体势与油气运移—聚集三者间的关系。

1）应力场分析

三期构造应力场应力状态基本一致，只是应力方向略有改变。基底断裂带与最大主应力和最小主应力集中带基本吻合。反映基底断层对盖层构造的控制作用。

应力分布在平面上东西两分、南北三分，这与盖层构造格局基本对应，近东西和北西西向隆起带与应力低值带对应。东部为北东向条带状应力集中区，东西两个条带分别与四家子—农安—三岔河构造带和登娄库构造带对应。西部为北北东向应力集中区，成串珠状分布。

2）应力作用与油气成藏

嫩江组沉积末期，在南东东—北西西（150°～170°）向最大主应力的作用下，基底主干断裂呈左旋走滑，派生出张扭次级断层。断裂走滑和次级断层派生为油气的排运起到促进作用。

明水组沉积末期，在南南东—北北西（110°～130°）向最大主应力的作用下，基底断裂呈左旋聚敛走滑。盖层断裂表现为逆冲反转，形成断裂反转构造或构造带，有利于油气聚集成藏。

新近纪末盆地受力方向与明水组沉积末期一致，应力强度有所减弱。盆地盖层发生均衡反转。油气发生了再分配，形成次生油气藏。

３）流体势分析

扶余油层油势场分布特征是高值集中在中央坳陷区，其中在英3井、塔1井和乾110井附近最高（34MJ），而在南部怀德一带油势值较低，最低值为1.6MJ。油势梯度的高值集中在中央坳陷区两侧，其中在英台油田、大安油田、海坨子油田、扶新隆起带南侧、西侧和北侧、钓鱼台凸起带西北侧和梨树凹陷西侧为最大。

其他各油层的油势场分布特征与扶余油层相似，其分布形态与该时期的构造形态大体一致，从嫩江组沉积末期到现今，各层、各期油势值都逐渐增大，符合埋藏规律。高势区都分布于沉积中心及附近，低势区处于凹陷周缘构造带，具沉积压实流特点。从嫩江组沉积末期开始到现今的油势值的高值点向西、向南有明显的迁移，与盆地的发育保持一致。这充分表明各层各时期的油势场分布与该时期的构造紧密相关，并受其影响和制约。发现英台油田、大安油田、海坨子油田、扶新隆起等已知油气区长期处于相对低势区域，这为今后钻探部署指明了方向。

2. 构造应力场与流体运移

构造应力场对流体的运聚作用应当以形成宏观构造高点引起流体运移为主，特别是对于已经进入渗透层的流体。地层体积改变在低应变和高渗透地层中虽然不会形成明显的异常压力，但是由于可容空间的变化，也会迫使流体迁移。这种迁移与构造压力正相关。

１）中浅层各时期应力—流体配置

（１）嫩江组沉积末期。

嫩江组沉积末期，由于太平洋板块俯冲作用，东亚大陆受到剪切—挤压应力场的作用，盆地两侧老山向盆地的挤压，促使盆地盖层在压扭力矩下变形，形成了基底断裂走滑变形的扭动断裙带，如农安—四家子断裙带。反转背斜带：如扶余Ⅲ号构造、新立构造、长春岭背斜带、登娄库背斜带、杨大城子背斜带等。

变形带变形时，相对周围处于相对高的应力状态，形成应力环。同时由于力源来自东南方向，故变形东强西弱。东侧为成熟型扭动构造，西侧为中等扭动构造。

流体势在各层的变化表现出向凹陷边缘的隆起汇聚的特点。以葡萄花油层油势为例，它以古龙—长岭凹陷中心为界，东侧形成了扶新和大老爷府两个汇聚中心，西侧形成了由大安北向英台和大庆、红岗，由乾安向大安、红岗，由乾南向海坨子等6个汇聚中心。

（２）明水组沉积末期。

明水组沉积末期构造运动是嫩江运动之下，盆地下沉再次扭动挤压抬升的过程。该次构造运动的具体表现如下：

① 受力方向向北偏移，故在盆内更接近正向挤压，扭动成分减弱；

② 在盆地内形成的构造带主要发育在中央坳陷区两侧和西部斜坡，形成的构造带以中等成熟扭动构造为主，构造周围同样形成应力环。

流体的运移方向与嫩江组沉积末期基本一致，但在大安一带形成了局部流体势低值区，如大 204 井、大 20 井周围。

2）主要构造带应力—流体配置

（1）扶新隆起带。

扶新隆起带是一个自基底继承性发育的、嫩江组沉积末期定型、明水组沉积末期可能有所加高的构造带。嫩江组沉积末期、明水组沉积末期，该构造带都处于由凹陷向构造带应力升高的部位。流体势能场无论扶杨油层，还是萨尔图、葡萄花、高台子、黑帝庙油层，都是北西南三面环凹的油气汇聚区。

（2）大安—海坨子构造带。

大安—海坨子构造是明水组沉积末期形成的扭动反转构造带，为一北北东走向的高应力带。嫩江组沉积末期流体势普遍位于势能由东向西的指向过渡区，明水组沉积末期后于大安一带形成了低势能区，处于"平行—汇聚"流的油气有利聚集区。

（3）孤店—大老爷府构造带。

大老爷府构造为基底凸起之上发育的、嫩江组沉积末期定型的构造，孤店构造则是基底隆起之上发育的、明水组沉积末期定型的构造。二者应力场都表现为由低升高的环内，流体势则不同。大老爷府构造始终为流体势能指向的斜坡区，孤店构造则于明水组沉积末期出现了局部低势能区，大老爷府构造处于"汇聚—平行"流的油气较有利聚集区。孤店构造则处于不利于油气聚集的"发散—平行"流区。

（4）套保构造带。

套保构造带为向东倾斜坡和走滑断层共同控制的、明水组沉积末期定型的低幅度背斜构造带。明水组沉积末期至新近纪末期一直为应力高值带、流体运移指向区和低能区，是油气有利汇聚区。

（5）东南隆起各构造带。

东南隆起各构造带皆定型于嫩江组沉积末期。无论是嫩江组沉积末期，还是明水组沉积末期都表现为强烈变形的高应力条带，应力环比较狭窄，显示垂向变形系统复杂。流体运移为"发散—平行"流模式，不利于油气聚集。

第三章　沉积环境与相

松辽盆地南部沉积是在兴蒙海槽古生界褶皱基底之上形成的。在早白垩世燕山期构造作用下，开始了松辽盆地的充填演化史。根据构造和沉积特征，松辽盆地南部的沉积演化可以划分为断陷期和坳陷期两大阶段。伴随松辽盆地南部 60 多年的油气勘探历程，不同阶段的沉积环境与沉积相研究进程不同。

松辽盆地南部坳陷期沉积环境与相研究，最早始于地质部第二石油调查地质大队在 1955—1963 年的石油地质普查时期。在其编写的《松辽盆地石油地质》报告中，首次系统表述了白垩纪坳陷期的松辽盆地是一个大型内陆湖泊的观点，对泉头组以上各组段的岩相古地理条件、水体性质、沉积环境及盆地在此时期内的沉积旋回特征，均做了扼要说明，这就是后人所谓的"一湖到顶"论。1973—1976 年，大庆油田和江苏省地质研究所合写了《松辽盆地白垩系中部含油组合沉积环境报告》，以现代沉积学理论及地层对比为基础，分析了松辽盆地的古地理概貌，指出松辽盆地沉积以河湖过渡相为主，从根本上否定了"一湖到顶"的单一湖相论（图 1-3-1）。1978 年吉林油田、大庆油田针对松辽盆地中央坳陷区开展了沉积相与沉积体系划分工作，形成了"松辽盆地沉积物由周边向湖区聚集，并发育冲积扇—深湖多种类型沉积相""盆地南部共有西部、南部和东部三个物源区，分别形成了英台、保康和东部三个沉积体系"等松辽盆地坳陷层系现代认识雏形。1989—1993 年，随着钻井、地震、测井、古生物等资料的丰富，吉林油田勘探开发研究院与西南石油地质综合研究大队合作完成了"松辽盆地南部上白垩统泉头组第三段至嫩江组第五段岩相古地理"研究，概略分出了"松辽盆地南部坳陷沉积以来四大地貌单元（剥蚀山地、河流、三角洲、湖泊）、三大物源体系（西部、西南、东南）和七条水系（镇赉—英台、白城—红岗、通榆、保康、怀德、九台—长春、长春岭—肇州）"等认识，并系统建立了分层沉积模式。特别是 2010 年以来，吉林油田针对松辽盆地南部重点目标、特殊地质体进一步开展了沉积相研究，逐步丰富、完善了松辽盆地南部沉积体系认识，先后揭示了红岗阶地二级坡折带前三角洲重力流沉积、白城水系青山口组三角洲前缘及红岗阶地下切河道与青山口组介形虫层等精细沉积特征，总体上对松辽盆地南部坳陷层序有了较深入全面的认识。

松辽盆地南部断陷期的沉积环境与沉积相研究主要始于 1983 年。随着松辽盆地扩大找油工作的需要，吉林油田依据德深 1 井资料指出，沙河子组主要为湖相沉积，具有生烃潜量，并于 1984 年结合地震相分析对营城组的岩相古地理轮廓进行了粗略描述。2005 年 9 月，伴随吉林大地第一口深层断陷风险探井长深 1 井在营城组火山岩储层喜获日产 $46 \times 10^4 m^3$ 高产气流的重大突破，深部断陷层沉积特征的研究再次提到重要日程。2007 年吉林勘探部与北京雪桦公司合作开展了"松辽盆地东南隆起区深层地层统层与断陷结构的解释研究"，完成了断陷层组级地层单元的沉积相图。但随着深层大量钻探资料的揭示，暴露出了许多矛盾。为此，2013—2014 年吉林油田研究院与吉林大学合作，

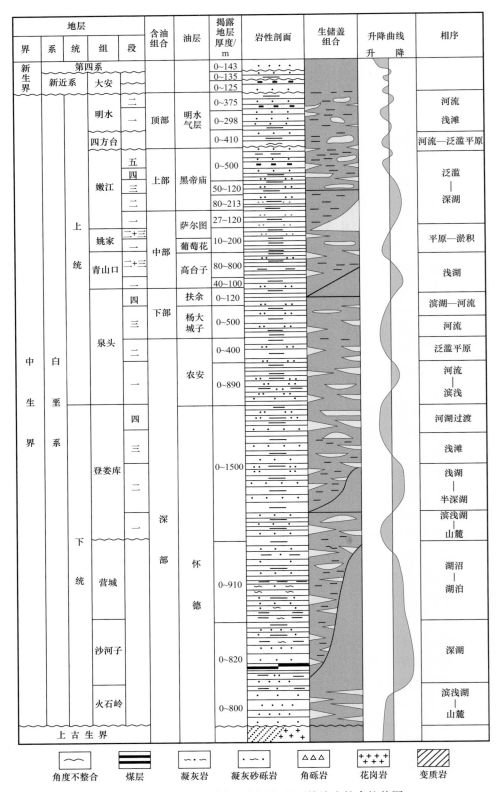

图 1-3-1 松辽盆地南部地层及沉积环境演变综合柱状图

利用 2008—2011 年实施的丰富三维地震资料及前期勘探成果，基本查明了断陷期沉积环境与相带展布，为松辽盆地南部断陷层系的油气勘探工程部署提供了参考依据。

第一节　断陷期沉积环境与相

松辽盆地南部断陷期是在松辽地区经历了三叠纪—侏罗纪漫长的隆升与剥蚀之后，地壳受到拉张、裂陷基础上开始发育的，是下白垩统火石岭组、沙河子组及营城组的发育阶段。其共同特点是沉积场所为多个相互孤立或局部连通的断陷盆地，大型同沉积断裂活动控制了充填特征。

按照不同时期区域沉积背景及断陷盆地活动与充填特征的差异性，松辽盆地南部断陷期的充填演化进一步可概括为初期热拱断陷、中期快速断陷、晚期萎缩断陷三个阶段。初期热拱断陷阶段相当于火石岭组发育期，该时期火山活动强烈，火山岩与火山碎屑岩广布，致使断陷盆地沉积充填局限，水体普遍较浅，形成了火山建造与湖沼断陷湖盆沉积共存的充填特征。快速断陷阶段相当于沙河子组发育期，该时期古气候温暖潮湿，火山活动零星微弱，断陷沉降速率大，各断陷以半深湖—深湖发育为特征。萎缩断陷阶段相当于营城组发育期，该时期断陷盆地水体快速变浅，形成了以浅湖沉积为主、周缘粗碎屑储层沉积物发育的断陷充填特征。在此之后，区域隆升，松辽盆地南部地区整体遭受剥蚀，结束了断陷沉积。

一、沉积环境

早白垩世火石岭组—营城组断陷沉积期，古气候整体温暖潮湿。在地壳深断裂控制下，整个松辽地区形成了 30 多个相互分割的以单断式为主的断陷湖盆，总沉积面积约 90367km^2，其中湖水面积约 36898km^2。

湖盆多呈狭长形，呈近南北向或北东向展布，少数呈北北西向展布，长宽比约为 3.5∶1。盆地面积变化很大，小者不足 500km^2，大者近 10000km^2。在控盆断裂差异升降影响下，决定了相互分割的断陷盆地具有近物源、快速堆积的性质，并具东、西分带的地貌特征，形成了邻近北东东向或北东向控盆断陷陡坡边缘为较大规模扇三角洲或近岸水下扇、盆地中部为浅湖或半深湖、盆地缓坡边缘为小型扇三角洲的古环境总貌。

通过部分深钻孔和露头剖面的观察以及镜下分析，母岩的岩石类型在平面上有一定的分布规律。其中，松辽盆地南部西部断裂带以中基性火山岩和变质岩为主，中部断裂带以中酸性火山岩和中高级变质岩为主，以花岗岩为辅；东部和东南部地区则以酸性火山岩、中低级变质岩、花岗岩及变余沉积岩的母岩组合为特征。上述母岩类型中，变质岩和花岗岩来源于盆地基底的岩石，各种火山岩主要来源于沉积同期的火山喷发作用的产物。由西向东，母岩组合从中基性向中酸性演化的规律明显。根据其沉积物成分特征主要受基底母岩和火山岩所控制的事实，说明当时水系为近物源并快速堆积，反映了断陷期各湖盆的孤立特征。

不同断陷演化阶段因其区域构造活动的差异性，造成各时期的沉积环境略有不同。其中，火石岭组沉积时期是断陷形成的初期，由于主断裂发育，断裂附近火山活动频繁，此期间各断陷相对独立，受火山充填作用的影响，水体较浅，湖盆相对较小，以滨浅湖或湖沼环境为背景面貌。沙河子组沉积时期，边界断层差异活动较强，使得断陷盆地的水域扩大、水体加深，在各断陷的缓坡形成了上超特征，物源供给欠补偿，边缘扇三角洲体不发育。营城组沉积时期，地壳沉降速率减慢，松辽地区差异沉降减小，该时期的湖盆仍然持续存在，但水域扩大、水体变浅，整体面貌以浅湖沉积为背景，发育边缘扇三角洲。

二、沉积相带展布

综合火石岭组、沙河子组及营城组各断陷、地区的钻井地层厚度、砂岩厚度、火山岩平面分布及地震相平面展布等特征表明，断陷期各组级地层单元的岩相展布面貌具有一定的差异性。

1. 火石岭组

火石岭组沉积时期，松辽盆地南部自北向南发育有王府（包括原王府、增盛、三岔河断陷）、榆树（榆西、榆东）、德惠、梨树、长岭、双辽等多个断陷。但该阶段火山活动强烈，松辽盆地南部的王府、榆树、双辽等断陷均为大面积的火山建造覆盖，仅局部见有滨浅湖沉积。较深水的湖盆碎屑岩沉积主要分布在中部的王府断陷、德惠断陷及梨树断陷（图 1-3-2）。

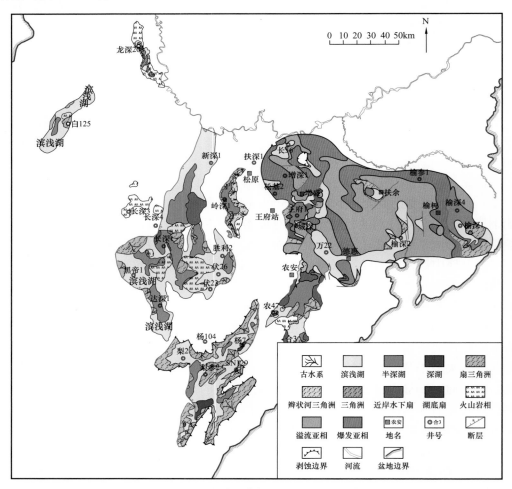

图 1-3-2　松辽盆地南部火石岭组岩相分布图

其中，王府断陷、梨树断陷的控盆断裂为近南北向，且位于断陷盆地的西部边缘。因此，两盆地的主要物源供给为断陷的西部，并在西侧控盆断裂边缘形成了规模较大的近岸水下扇和扇三角洲砂体。盆地中部为近南北向展布的半深湖，盆地东部边缘为滨浅湖和小型扇三角洲沉积。此外，在盆地的部分边缘地区还分布有火山建造，断陷整体构成了以西部和西南部为主要物源供给区的半深湖—近岸水下扇—扇三角洲—火山岩相建造体系。

与王府断陷、梨树断陷不同，德惠断陷整体呈北东向展布，盆地的北西和南东边缘皆为同沉积控盆断裂，是一个双断式断陷盆地（图1-3-3）。在火石岭组沉积时期，德惠断陷以碎屑岩沉积为主，仅在研究区中部和北部发育少量火山岩。该时期，盆地的西北部、东南部皆有物源供给，盆地的西北和东南边缘皆形成了多个近岸水下扇和扇三角洲沉积体。盆地的中部为半深湖，并发育了多个湖底扇沉积体。断陷整体构成了以西北部和东南部为主要物源供给区的半深湖—湖底扇—近岸水下扇—扇三角洲—火山岩相建造体系。

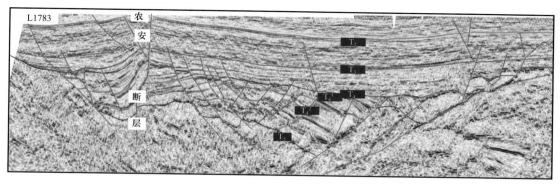

图1-3-3　德惠断陷L1783测线地质解释剖面图

2. 沙河子组

与火石岭组沉积时期相比，松辽盆地南部沙河子组沉积时期火山活动微弱，地层分布主要受控于断裂，分布范围减小，形成了王府、榆树、德惠、梨树、长岭、双辽等多个独立断陷。每个断陷盆地均发育了一定规模的半深湖沉积（图1-3-4）。

根据断陷盆地控盆断裂及沉积特征，松辽盆地南部沙河子组沉积期的断陷盆地可以归纳为三种类型。

第一类为近南北向断裂控制的单断式断陷盆地。其中，王府断陷、榆树断陷、长岭断陷、梨树断陷皆为此类型。其物源主要来自盆地的西部。在盆地的西部边缘形成了相对规模较大的近岸水下扇和扇三角洲砂体，盆地的中部为半深湖沉积，并发育了不同规模的湖底扇沉积（图1-3-5和图1-3-6）。盆地的东部边缘则形成了滨浅湖和小型扇三角洲沉积。整体构成了以西部为主要物源供给的半深湖—湖底扇—近岸水下扇—扇三角洲沉积体系。

第二类以双断式断裂为代表。其沙河子组沉积时期，基本继承了火石岭组沉积期的相带展布轮廓。沿两侧边缘控盆断裂形成了多个近岸水下扇和扇三角洲沉积体，盆地中部半深湖发育，并形成了多个湖底扇沉积体。断陷整体构成了以西北部和东南部为主要物源供给区的半深湖—湖底扇—近岸水下扇—扇三角洲建造体系。

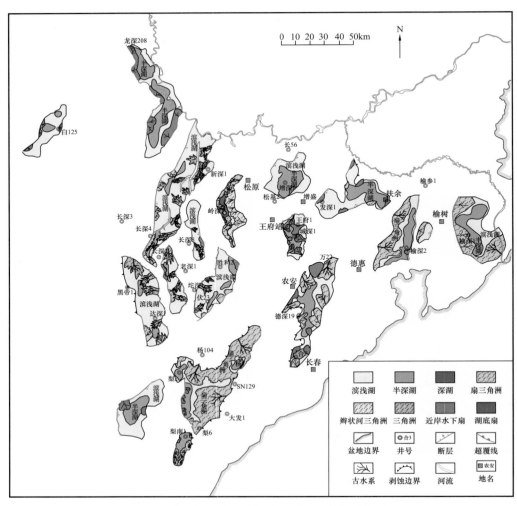

图 1-3-4 松辽盆地南部沙河子组沉积相展布图

a. 城深601井沙河子组灰黑色砂砾岩（2607m）

b. 城深601井沙河子组磨圆砾石（2611m）

图 1-3-5 王府断陷城深601井沙河子组砾岩

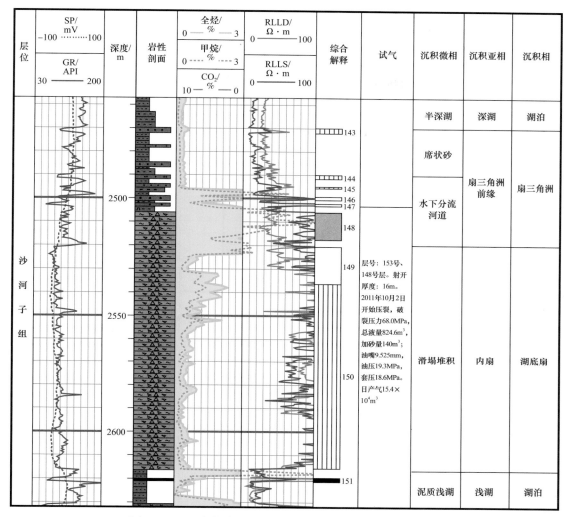

图 1-3-6　王府断陷城深 6 井沙河子组湖底扇沉积相柱状图

第三类为北西、北东等多方向同沉积断裂控制的多边形断陷盆地。松辽盆地南部深层的增盛、三岔河、双辽等断陷盆地皆属于该类型。其沙河子组沉积时期，物源呈主次不明的多方位供给，半深湖及周缘扇三角洲沉积（图 1-3-7）规模相对较小，但整体也构成了多物源供给的浅湖—半深湖—湖底扇—近岸水下扇—扇三角洲沉积体系。

3. 营城组

研究区营城组沉积时期，湖盆扩展，沉积范围扩大，多个断陷局部连通。与沙河子组相比，总体湖泊沉积水体变浅，形成了较为广泛的湖泊—扇三角洲沉积体系。同时，火山活动增强，形成了一定规模的火山建造（图 1-3-8）。

营城组沉积期，松辽盆地南部的榆西、三岔河等断陷已连为一体，并与王府、增盛等断陷相通。湖盆水体以浅湖为背景，在邻近控盆断裂的前缘带形成了规模不等的浅湖环境；松辽盆地南部的北部区为大面积的滨浅湖沉积，在盆地周缘形成了多个规模较大的扇三角洲体，并以德惠、榆树等断陷的西部边缘扇三角洲最为发育。整体形成了以沙河子组沉积时期断陷为厚层沉积区的浅湖—滨浅湖—扇三角洲为主的沉积体系。

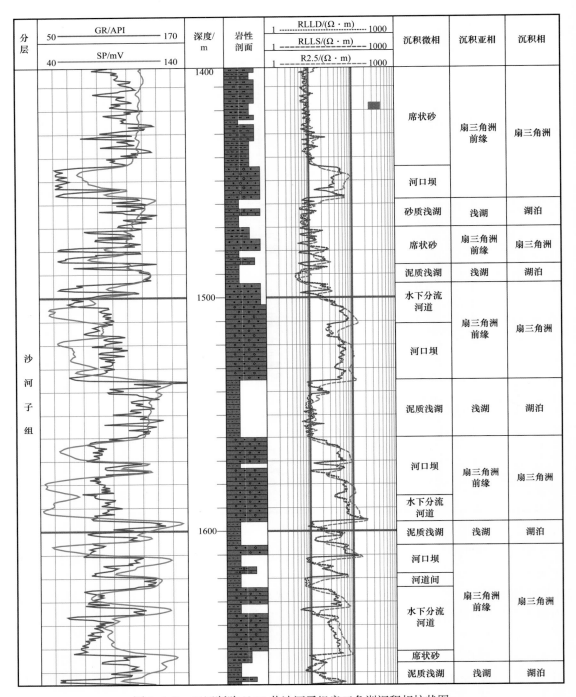

图 1-3-7　双辽断陷双 10 井沙河子组扇三角洲沉积相柱状图

与此同时，松辽盆地南部的梨树、双辽等断陷，湖盆水体相对较深，以半深湖水体为背景，物源以西部和西北部为主，在控盆断裂一侧发育了规模较大的近岸水下扇和扇三角洲，在盆地中部的半深湖区形成了多个湖底扇沉积体，盆地的东部主要为滨浅湖和小型扇三角洲沉积。整体构成了以西部、西北部物源供给为主的半深湖—湖底扇—近岸水下扇—扇三角洲沉积体系。

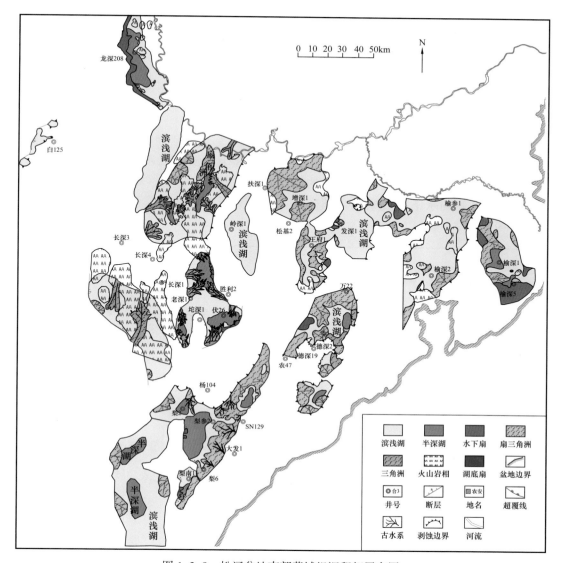

图 1-3-8 松辽盆地南部营城组沉积相展布图

另外，松辽盆地南部的长岭断陷，在营城组沉积时期控盆断裂活动逐渐减弱，古地貌反差变小，水体逐渐变浅，水动力能量也相对减弱。但总体的沉降格架继承了沙河子组沉积时期的起伏格局，属于伸展断裂活动发育的萎缩期，保留了伸展断陷构造活动的发育特征，其沉降格局与沙河子组沉积时期相比具有继承性、相似性。同时，营城组沉积早期的火山喷发将伸展断陷的起伏格局复杂化，此时发育的火山群，改变了原始古地貌的形态，故营城组碎屑岩段的沉积充填格局受到伸展断陷构造活动和火山喷发双重作用的影响。整体上，长岭地区营城组碎屑岩段沉积时期，伏龙泉—哈什坨次凹中南部、查干花次凹南部地区未遭受早期的火山活动影响，完全继承了沙河子组断陷型盆地的特征；乾北次凹和黑帝庙次凹总体上继承了沙河子组断陷型盆地的特征，但是营城组沉积早期火山活动使其复杂化；中部地区的查干花次凹北侧和前神字井次凹一带，沙河子组沉积期的断陷型盆地特征完全消失，受火山喷发活动影响严重，形成了火山岩台地。总体构成了以浅湖为背景，分隔的小型浅湖—三角洲—冲积扇沉积体系。

三、有利碎屑岩储集相类型与分布

火石岭组、沙河子组、营城组主要有利碎屑岩储集相为扇三角洲、近岸水下扇、湖底扇等类型，但不同地层单元的主要有利储集相类型及特征不同。

1. 火石岭组

火石岭组沉积期为断陷的初陷期，断裂活动强烈，火山活动频繁，在靠近主控断裂一侧的凹陷深处发育浅湖—滨浅湖沉积，部分地区为半深湖沉积，形成了以火山岩及火山碎屑岩为主，砂岩、砂砾岩为辅的储层特征。其中，砂岩、砂砾岩储层主要为邻近控盆断裂一侧的水下扇或扇三角洲砂体，部分为断陷缓坡边缘的小型扇三角洲砂体（图 1-3-9）。

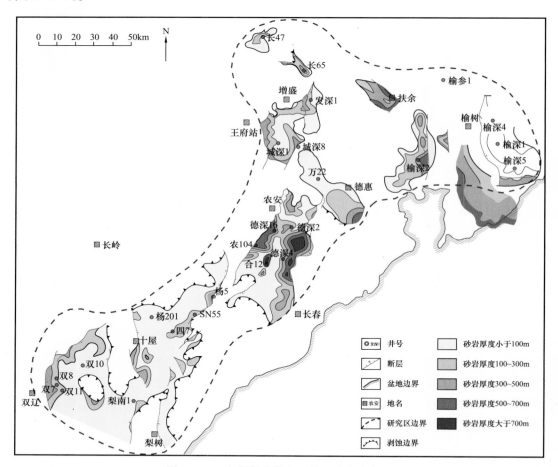

图 1-3-9　东部断陷带火石岭组砂岩分布图

在松辽盆地南部增盛断陷，火石岭组砂体主要富集在断陷东部，高值区主要在长65井区，砂岩厚度为455.1m，砂地比高达93.26%。在松辽盆地南部的三岔河断陷，火石岭组砂体主要分布在断陷的西部和东部，其西南部的发深1井钻遇的火石岭组，大部分岩性是火山熔岩、火山角砾岩及凝灰岩，碎屑砂岩厚度只有106.94m。在松辽盆地南部的榆西断陷，火石岭组砂体主要富集在断陷的东部，其东南部榆深2井钻遇砂岩（未穿）厚度为 445.16m，砂地比为 78.51%。在榆树断陷（榆东），火石岭组砂体主要富集在断陷西部边缘，即榆深 4 井—榆深 5 井以西地区，其榆深 4 井砂岩厚度 378m，砂地比为 86.3%；榆深 5 井砂岩厚度为 133m，砂地比高达 97.79%。在松辽盆地南部的王府断陷，火石岭组砂体主要富集于断陷盆地边缘的西部和东部，地震预测最大厚度可达 300m。

在松辽盆地南部的德惠断陷，火石岭组砂体主要富集于断陷西部农 104 井—德深 16 井区和东部的德深 1 井—德深 4 井以及合 12 井等井区；西部农 104 井（未穿）和德深 16 井的砂岩厚度分别为 583.8m 和 594.8m，砂地比分别为 61.45% 和 53.39%；东部德深 1 井—德深 4 井区以东地区没有钻井控制，根据其周缘钻井砂体分布趋势，结合沉积相展布及地震解释，推测该区砂岩厚度可达 1000m。

在松辽盆地南部的梨树断陷，火石岭组砂体主要富集在断陷的西部和东部的杨 5 井区。其中东部杨 5 井（未穿）砂岩厚度为 761.85m，砂地比为 76.41%。在松辽盆地南部的双辽断陷，火石岭组砂体主要富集在断陷西部边缘，即双 8 井—双 7 井—双 11 井等井以西地区。其中，双 8 井（未穿）砂岩厚度为 176.47m，砂地比为 96%；双 7 井（未穿）砂岩厚度为 136.8m，砂地比为 80%；双 11 井（未穿）砂岩厚度为 206m，砂地比为 83.74%。

在松辽盆地南部的孤店断陷，火石岭组砂体主要富集在断陷的西部边缘。钻遇火二段地层的有 4 口井，单井揭示火二段砂岩厚度为 28.2～270m，平均砂地比为 58.7%；在岭深 7 井区和岭深 1 井区北部各有一个厚值区，最大砂岩厚度为 800m。有效储层分布与砂岩分布趋势相似，岭深 1 井南北靠近断层根部各有一个厚值区，向东逐渐减薄，最大有效储层厚度为 20m。

2. 沙河子组

沙河子组沉积时期，控陷边界断层活动加强，差异升降扩大，水体加深，形成了半深湖—湖底扇—扇三角洲沉积体系，发育了一定规模的砂岩储层。其有利储集砂体主要分布在王府、榆树、德惠、梨树、双辽等断陷。

其中，在松辽盆地南部的王府断陷，沙河子组砂体主要富集于西部的莺 1 井—城深 20 井区。城深 20 井砂岩厚度为 461.4m，砂地比为 40.01%；莺 1 井砂岩厚度为 432.59m，砂地比高达 90.1%。在松辽盆地南部的榆树断陷，沙河子组砂体主要富集在断陷西部和南部边缘，其次在中部榆深 4 井区也有一高值区。西部榆深 1 井砂岩厚度为 824.2m，砂地比为 51.13%，预测榆深 1 井以西地区砂岩最大厚度可达约 1200m；南部榆深 5 井砂岩厚度为 807m，砂地比为 70.67%，预测榆深 5 井以南地区砂岩厚度最大可达 1000m；中部榆深 4 井砂岩厚度为 450.6m，砂地比为 56.33%。

在松辽盆地南部的德惠断陷，沙河子组砂体分布厚度小于火石岭组，砂体主要富集在断陷东部的德深 18 井区和南部的合 3 井区。其中，德深 18 井砂岩厚度为 274m，砂地比为 54.8%；合 3 井（未穿）砂岩厚度为 395.3m，砂地比为 50.68%。

在松辽盆地南部的梨树断陷，沙河子组砂体主要富集在西部，预测砂岩最大厚度约为 400m。位于断陷中西部的梨参 2 井区，是目前梨树断陷最深的一口钻井，完钻井深 4503.15m，终孔层位为沙河子组（未穿），其中钻遇砂岩厚度为 200.5m，砂地比为 28.4%。另外，断陷中部四 3 井—四 8 井区为砂体相对高值区，四 3 井砂岩厚度为

213.8m，砂地比为 29.37%；四 8 井砂岩厚度为 201m，砂地比为 38.8%。

在松辽盆地南部的双辽断陷，沙河子组砂体主要富集在断陷的东、西两侧。与火石岭组砂体相比，沙河子组砂体分布面积有所扩大。断陷西缘的双 8 井砂岩厚度为 279.8m，砂地比为 41.08%；双 7 井的砂岩厚度为 296.5m，砂地比为 41%；断陷东缘的双 12 井砂岩厚度为 393m，砂地比为 73%。

在松辽盆地南部的孤店断陷，砂体主要富集于断陷的西部。沙一段共有 5 口井揭示，单井揭示砂岩厚度为 79.2～143.2m，平均砂地比为 76.6%；单井揭示储层厚度为 11.0～16.0m，储地比为 4%～7%。从储层预测结果来看，整体表现为西厚东薄特征，在岭深 1 井南部和北部各发育一个高值区，最大砂岩厚度为 450m。有效储层分布与砂岩分布趋势一致，最大有效储层厚度为 40m。沙二段共有 5 口井揭示，单井揭示砂岩厚度为 40.2～152.2m，平均砂地比为 43%；单井揭示储层厚度为 16.0～57.1m，储地比为 6.5%～20.4%。从储层预测结果来看，沙二段砂岩发育较稳定，最大砂岩厚度为 220m。有效储层在岭深 201 井北部和岭深 12 井南部发育两个高值区，最大有效厚度为 50m。纵向上来看，沙一段砂地比最高，沙二段次之；砂岩单层厚度一般为 2～5m，最大可达 30m。但总体来看，沙二段、沙一段储层具有横向分布广、纵向叠加连片特点，为区域连片成藏提供了储集条件。

3. 营城组

营城组沉积时期，伴随小规模的火山活动，盆地的水域扩大，由于水体变浅，相带变宽，松辽盆地南部东部断陷带北部广泛发育了浅湖—湖底扇—扇三角洲沉积体系，而南部则为半深湖—湖底扇—扇三角洲沉积体系。形成了以扇三角洲砂岩、砂砾岩储层为主，有小规模火山岩或火山碎屑岩储层的基本面貌。有利储集砂体主要分布在王府、德惠、榆树、梨树和双辽等断陷。

松辽盆地南部的王府断陷，营城组砂体主要富集于西部及中部的城 4 井、城深 7 井等井区。城深 7 井砂岩厚度为 489.62m，砂地比为 89.35%；城 4 井（未穿）砂岩厚度为 434.0m，砂地比为 78.77%。在松辽盆地南部的榆树断陷（榆东），营城组砂体主要富集在断陷西北部和南部边缘。其中，西北部榆深 4 井砂岩厚度为 458.55m，砂地比为 54.2%，西北部砂岩预测厚度可达 600m。南部的榆深 5 井砂岩厚度为 398.1m，砂地比为 56.31%，榆深 5 井以南地区预测砂岩厚度约为 600m（图 1–3–10）。

松辽盆地南部的德惠断陷，营城组砂体主要富集于断陷西部和东部。西部有两个高值区，分别是万 17 井区和农 8 井区，砂岩厚度分别为 405.1m 和 193.25m，砂地比分别为 66.41% 和 36.31%。东部有四个高值区，为德深 7 井、德深 8 井等井区。其中德深 7 井（未穿）砂岩厚度为 131.8m，砂地比为 70.11%；德深 8 井（未穿）砂岩厚度为 329m，砂地比为 69.41%。

松辽盆地南部的梨树断陷，营城组砂体主要富集在梨参 2 井及其以西地区和北部的杨 4 井区。其中，梨参 2 井砂岩厚度为 492.8m，砂地比为 44.36%；北部杨 4 井砂岩厚度为 322.8m，砂地比为 45.21%。在松辽盆地南部的双辽断陷，营城组砂体主要富集在双 9 井以西及西北部的双 6 井区。其中，双 9 井砂岩厚度为 267.25m，砂地比为 46%，推测西部砂体最大厚度约为 400m。西北部的双 6 井砂岩厚度为 390.5m，砂地比较高，为 89.98%。南部没有钻井控制，据地震等资料综合预测最大砂体厚度约为 300m。

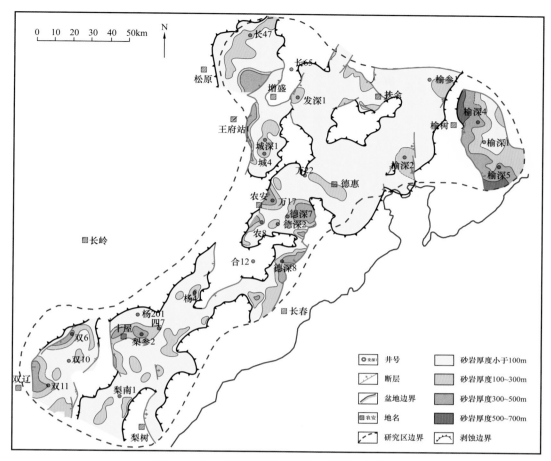

图 1-3-10　东部断陷带营城组砂岩厚度分布图

第二节　坳陷期沉积环境与相

　　松辽盆地南部坳陷期是指白垩纪登娄库组至明水组发育阶段。其共同特点是松辽盆地为统一的整体沉积汇聚场所，区域坳陷沉降作用及内部沉降差异控制了充填特征。根据不同时期区域沉积背景及坳陷活动与充填特征的差异性，松辽盆地南部登娄库组—明水组的充填演化可进一步概况为初始坳陷、兴盛坳陷、萎缩坳陷三个阶段。其中，初始坳陷阶段包括登娄库组和泉头组，此时气候干旱，盆地与周边差异沉降缓慢，盆内广布冲积扇—冲积平原（河流体系）氧化红层建造，仅部分地区出现了滨浅湖沉积，形成了以河流作用为主、河湖共存的沉积建造，发育了以河流建设性为主的"枝状浅水三角洲"沉积体系。兴盛坳陷阶段包括青山口组、姚家组和嫩江组，此时总体气候潮湿或湿热，盆地沉积速率大，形成了水体广布的大型湖盆及大型（扇）三角洲沉积体。萎缩坳陷阶段，包括四方台组和明水组，此时东北及东南部隆起隆坡抬起，沉积中心明显西移，沉积范围缩小，仅在西部接受上白垩统粗碎屑沉积。之后，在喜马拉雅构造运动影响下，发生区域隆升剥蚀，结束了松辽盆地坳陷湖盆建造。在这一沉积演化过程中，不同阶段的物源体系和沉积相类型不同。

一、物源体系

2010年吉林油田勘探开发研究院根据古地貌形态、岩石学特征、重矿物组合及砂体空间分布等资料，将松辽盆地南部坳陷期的总体古地理格局划分为五大物源体系、八条水系（表1-3-1）。其中，西部物源体系的源区为古大兴安岭，西南物源体系的源区为古铁法丘陵和古大兴安岭，东部与东南物源体系的源区为古张广才岭，北部物源体系的源区为古小兴安岭。西部、西南、东南及北部四大物源体系、七条水系主要控制中央坳陷区沉积，东部的榆树水系主要控制东南隆起区沉积。

表1-3-1　松辽盆地南部坳陷期物源体系和水系

物源	水系	物源来源	主要影响区
西部	英台、白城水系	古大兴安岭	西部斜坡、红岗阶地
西南	通榆、保康水系	古铁法丘陵和古大兴安岭	长岭凹陷、华字井阶地
东南	怀德、长春水系	古张广才岭	扶新隆起带、华字井阶地
东部	榆树水系	古张广才岭	长春岭背斜带、登娄库背斜带
北部	北部水系	古小兴安岭	红岗阶地、长岭凹陷、扶新隆起带

不同物源体系、不同水系的沉积物，其岩石类型、颗粒与填隙物组成、胶结类型、岩石结构、重矿物组合等特征是不相同的（表1-3-2和表1-3-3）。其中，西部物源的英台水系、白城水系、东部物源的榆树水系以及偏西部物源的西南通榆水系、偏东部物源的东南长春水系，其岩石类型是岩屑长石砂岩和长石岩屑砂岩。偏南的西南保康水系、东南怀德水系则以岩屑长石砂岩为主，北部物源则以长石岩屑砂岩为主。东部物源的重矿物组合以石榴子石和锆石为主，西部物源的重矿物组合以锆石和磁铁矿为主；东部物源泉四段的石榴子石／锆石大于1，西部物源泉四段的石榴子石／锆石小于1。不同时期，各物源体系分布与发育特征不尽相同（表1-3-4）。

表1-3-2　松辽盆地南部中浅层各水系的重矿物组合特征

层位	西部物源		西南物源		东南物源		东部物源	北部物源
	英台	白城	通榆	保康	怀德	长春	榆树	
泉四段	锆石、白钛矿、石榴子石、电气石、锐钛矿	锆石、白钛矿、石榴子石、电气石、锐钛矿	锆石、白钛矿、石榴子石、电气石	锆石、白钛矿、石榴子石、电气石	锆石、石榴子石、白钛矿、电气石、锡石	锆石、石榴子石、白钛矿、电气石、锡石	石榴子石、锆石、白钛矿、电气石、角闪石	
青一段	锆石、白钛矿、石榴子石	锆石、白钛矿	锆石、白钛矿、石榴子石、电气石	锆石、白钛矿、电气石	锆石、白钛矿、石榴子石、电气石	锆石、白钛矿、石榴子石、电气石		
青二段	锆石、白钛矿、电气石	锆石、白钛矿、石榴子石、电气石、锡石	锆石、白钛矿、电气石	锆石、白钛矿、电气石	锆石、石榴子石、白钛矿、电气石、板钛矿	锆石、石榴子石、白钛矿、电气石、板钛矿		

层位	西部物源		西南物源		东南物源		东部物源	北部物源
	英台	白城	通榆	保康	怀德	长春	榆树	
青三段	锆石、白钛矿	锆石、白钛矿、石榴子石、电气石	锆石、白钛矿、电气石	锆石、白钛矿、电气石	锆石、钛矿、电气石、锡石、板钛矿	锆石、白钛矿、电气石、锡石、板钛矿		
姚一段	锆石、白钛矿、石榴子石、电气石、锡石	锆石、白钛矿、石榴子石	锆石、白钛矿、石榴子石、电气石	锆石、白钛矿、石榴子石、电气石	锆石、白钛矿、石榴子石、电气石	锆石、白钛矿、石榴子石、电气石		锆石、白钛矿、石榴子石、电气石
姚二段—姚三段	锆石、白钛矿、石榴子石、锡石	锆石、白钛矿、石榴子石、锡石	锆石、白钛矿、石榴子石	锆石、白钛矿、石榴子石	锆石、白钛矿、石榴子石、电气石	锆石、白钛矿、石榴子石、电气石		
嫩江组			锆石、白钛矿、石榴子石、电气石	锆石、白钛矿、石榴子石、电气石	锆石、白钛矿、石榴子石、电气石	锆石、白钛矿、石榴子石、电气石		锆石、白钛矿、石榴子石、电气石
母岩组合特征	中酸性火山岩、中高级变质岩和花岗岩		中酸性火山岩、中高级变质岩和花岗岩		变质岩、中酸性火山岩、花岗岩和变余沉积岩		花岗岩、中酸性火山岩、变质岩和变余沉积岩	中基性火山岩、中高级变质岩、花岗岩

  初始坳陷期的登娄库组为断坳转化过渡期产物，主要以填平补齐作用为主，物源体系尚未形成。进入泉头组沉积期，物源体系逐渐形成。至泉四段沉积时期，松辽盆地南部已呈现了清晰的四大物源、七条水系：西部物源的英台和白城水系、西南物源的通榆和保康水系、东南物源的怀德和长春水系、东部物源的榆树水系。英台、白城水系主要经过英台、四方坨子、红岗和大安北地区，往大庆方向延伸到古龙凹陷。通榆水系主要分布在海坨子、大安地区以及乾西北的部分地区。保康水系主要经流大情字井、乾孤店地区。长春水系由长春地区经农安流向万金塔以北地区；榆树水系由榆树向双城、长春岭地区延伸。

  青山口组沉积时期，湖盆快速沉降，湖盆扩张，坳陷区内的四大物源、七条水系均向盆缘陆地退缩，英台水系主要分布在四方坨子、英台地区，主要物源方向为北北西；白城水系主要分布在白城、海坨子、红岗、大安等地区；保康水系主要流经保康、长岭、黑帝庙、乾东、大老爷府、孤店地区；怀德水系主要流经怀德—大老爷府。

  姚家组沉积时期，北部物源体系首次进入松辽盆地南部的新北沿江一带及大安部分地区。英台水系主要流经四方坨子、英台地区，向东南方向延伸至大安北地区与白城水系汇合；白城水系主要流经白城、红岗、海坨子、大安等地区；通榆—保康水系主要流经大情字井、乾安、乾西北以及孤店、两井的部分地区；东南怀德水系经双坨子、伏龙泉、大老爷府和孤店地区，最终到达两井、新立地区；长春水系从长春往北流经农安至王府地区。

表 1-3-3　松辽盆地南部主要物源的岩石学特征

物源和水系		砂岩类型	碎屑 /%			碎屑主要粒级 / mm	填隙物 /%				主要胶结类型	岩石结构		接触关系	孔隙类型
			石英	长石	岩屑		泥质	灰质	石英加大	高岭石		分选	磨圆		
西部物源	英台水系	岩屑长石砂岩、长石岩屑砂岩	30	39	31	0.06~0.21	0.8	8.1	1~3	0	再生—孔隙、接触	中等—好	次棱	点—线状	微粒、粒间孔、溶孔
	白城水系	岩屑长石砂岩、长石岩屑砂岩	23	37	40	0.05~0.22	2.7	5.8	1.4	0	孔隙、接触、再生	中等—好	次棱	点状、点—线状	微孔、粒间孔、溶孔
西南物源	通榆水系	岩屑长石砂岩、长石岩屑砂岩	34	36	30	0.06~0.18	0.5	15.0	1~3	0.08	再生—孔隙、再生	好	次棱	点—线状、线状	微孔、少量粒间孔、溶孔
	保康水系	岩屑长石砂岩	31	25	44	0.07~0.15	1.7	11.2	2~3	0	孔隙、再生、接触	中等—好	次棱	点状、线状	粒间孔、溶孔
东南物源	怀德水系	岩屑长石砂岩、长石岩屑砂岩	30	37	33	0.08~0.25	1.2	10.0	1~3	0.07	孔隙、再生	中等—好	次棱	点状、点—线状	微孔、少量粒间孔、溶孔
	长春水系	岩屑长石砂岩、长石岩屑砂岩	24	38	38	0.05~0.22	1.7	6.9	1~3	0	再生、孔隙	中等—好	次棱	点状、点—线状	微孔、粒间孔、溶孔
东部物源	榆树水系	岩屑长石砂岩、长石岩屑砂岩	31	36	33	0.06~0.21	1.0	16.0	1~3	2.00	孔隙、再生	中等—好	次棱	点状、点—线状	微孔、粒间孔
北部物源	北部水系	长石岩屑砂岩	35	33	32	0.06~0.23	3.7	12.0	1~3	0	再生—孔隙、孔隙	中等—好	次棱	点状	粒间孔、微孔

表 1-3-4 松辽盆地南部泉四段—嫩一段物源体系发育表

物源			泉四段	青一段	青二段—青三段	姚一段	姚二段—姚三段	嫩一段
			初始期	扩张期	高水位期	低水位期	再扩张期	兴盛期
西部物源	英台水系	方向	W→E	W→E	W→E	W→E	W→E	NW→SE
		长×宽/km×km	65×45	60×45	90×50	65×55	50×45	45×40
	白城水系	方向	SW→NE	W→E	W→E	W→E	W→E	W→E
		长×宽/km×km	80×45	80×45	90×65	80×60	75×60	45×45
西南物源	通榆水系	方向	SW→NE	SW→NE	SW→NE	SW→NE	SW→NE	微小
		长×宽/km×km	100×35	90×30	100×35	120×25	75×30	
	保康水系	方向	SW→NE	SW→NE	SW→NE	SW→NE	SW→NE	不存在
		长×宽/km×km	200×75	130×40	120×40	150×40	75×40	
东南物源	怀德水系	方向	S→N	S→N	SSE→NNW	SSE→NNW	SE→NW	不存在
		长×宽/km×km	125×50	80×40	55×20	90×20	50×30	
	长春水系	方向	SE→NW	SE→NW	SE→NW	SE→NW	SEE→NW	不存在
		长×宽/km×km	240×60	70×20	75×25	160×30	90×25	
东部物源	榆树水系	方向	SE→NW	不存在	SE→NW	SEE→NWW	SEE→NWW	SEE→NWW
		长×宽/km×km	140×100		90×25	75×25	80×25	70×40

嫩江组沉积期，是松辽湖盆由极盛转为逐渐衰亡的时期。嫩一段、嫩二段沉积时期为不断水进的过程；嫩三段沉积时期北部物源体系开始沿盆地长轴方向推进，分 3 支不同的水系分别到达红岗、海坨子、乾安一带，同时还受东南物源及东部物源的影响；嫩四段沉积时期北部物源体系推进最为剧烈，西南物源体系也开始发育；嫩五段沉积时期湖盆进一步减小，西南物源体系与北部物源体系对接。

二、沉积环境与相

松辽盆地南部坳陷期以整体坳陷作用和统一的沉积场所为特征，但在其不同的演化阶段，盆内的汇水特征与河—湖相对发育规模有明显不同，沉积环境、沉积相类型及沉积体系也有较大的差异性。

1. 初始坳陷阶段

初始坳陷阶段是松辽盆地由断陷逐渐转变为坳陷的初始沉积期，包括登娄库组和泉头组沉积期。该时期与断陷期的潮湿气候明显不同，其古气候由登娄库组时期的半潮湿与半干旱交替，逐渐转变为半干热、湿热气候（图 1-3-11）。相应的沉积特征也由断陷期的分隔孤立小盆地逐渐填平补齐，最终形成统一的松辽盆地。对应的沉积环境与相带展布也发生了规律性的变化，并以发育河流—浅水三角洲沉积体系为特征。

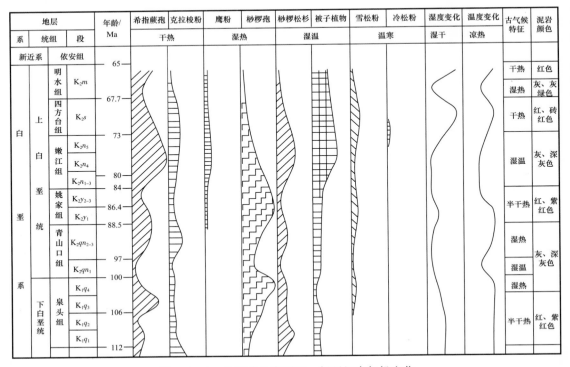

图 1-3-11　松辽盆地白垩纪—新近纪古气候变化

1）登娄库组

（1）沉积环境。

登娄库组是断陷向坳陷转化的时期，主要表现为填平补齐作用。此时的古气候为半干热与湿热型气候交替出现，发育了紫、灰绿、灰、黑灰色的泥质交替沉积，形成了泥质与含砾砂岩、砂岩频繁交互沉积。

岩石成分特征分析表明，登娄库组中部偏西的主要物源特点是含有大量中高级变质岩和中酸性火山岩岩屑，重矿物以绿帘石、磁铁矿和锆石为特征，其岩石组合应是以中高级变质岩和中酸性火山岩为主，并有少量花岗岩；中部的岩石特点是以火山岩为主、中高级变质岩为辅的母岩组合，结合地震剖面所显示的古地形特征分析，说明早期古中央隆起区是一个较重要的物源区。东部地区的重矿物含量特点是绿帘石、磁铁矿和锆石含量明显增高，结合岩屑成分分析，表明东部的母岩组合是以中酸性火山岩和中低级变质岩为主。而东南部的梨树地区则自成体系，是一个多物源的混杂母岩组合区，其锆石含量明显增加，反映其岩石组合以花岗岩为主。而一定量的绿帘石和石榴子石，说明其源区有一定数量的低级变质母岩。磁铁矿含量显著减少，说明火山岩母岩呈减少趋势。

此沉积期，西部断陷带和盆地南、北两端的抬升，使这些地区的前期沉积受到剥蚀，沉积面积也显著减少。

该沉积期的中央隆起带，在早期时地势较高，并为其东、西两侧沉积区提供大量沉积物。至登三段、登四段时，亦逐渐沉入湖水面之下，转为水下隆起，并使盆地东、西两侧沟通，形成统一的沉积区。由于盆地南端的隆起，使梨树地区仍然与统一的大湖盆隔离，形成孤立的盆地。此时，盆地虽已相连，但仍无统一的汇水中心，半深湖和深湖区仍相互隔离。在盆地东缘地势仍较平坦，广泛分布以曲流河为主的冲泛平原。在盆地的东南端亦形成了怀德水系雏形，在盆地的西部乾安一带构成冲泛平原—进积三角洲—滨浅湖—半深、深湖沉积体系。古中央隆起带在此时期虽已沉入湖水面以下，但仍起着分割东、西两大物源体系的作用，造成盆地东西两侧沉积组分各具特色。这一特征在重矿物组合上亦有所反映，即显示盆地东侧物源区母岩以中低级变质岩和中酸性火山岩为主，而西侧则以中高级变质岩和火山岩为主。盆地南部的梨树地区与主盆地分离，受断陷期残留断陷的影响，梨树地区具有箕状盆地特点。在梨树断裂的西侧为冲积平原沉积，而断裂的东侧发育有小型冲积扇体。来自盆地西缘的粗碎屑直接延伸入湖形成扇三角洲沉积体系，并在深湖区形成了水下重力流和阵发性浊流沉积。

（2）沉积相展布。

登娄库组沉积相带展布特征研究薄弱，主要在松辽盆地南部的布海—合隆和中西部的伏龙泉—双坨子—大老爷府地区开展过沉积特征研究工作。

在布海—合隆地区，登娄库组岩性主要为浅灰绿色泥岩与杂色砂砾岩互层。岩心、测井及地震分析表明，登娄库组沉积时期，布海—合隆地区的东南部及北部的东部边缘发育扇三角洲平原沉积，砂砾岩发育，砂地比可达70%，地震相型以乱岗状反射结构为主，层速度平均为4400m/s。在扇三角洲平原的前部，发育了扇三角洲前缘沉积，砂地比可达50%~70%，地震相型以弱振幅断续亚平行反射结构为主。而布海—合隆地区的西部及北部地带，地层厚度相对较大，砂地比小于40%，地震相型表现为无反射或中振幅较连续亚平行反射结构，属于滨浅湖沉积区。

在松辽盆地南部中西部的伏龙泉—双坨子—大老爷府地区，目前已有28口探井钻遇登娄库组。登娄库组砂体展布显示，南部顾家店方向砂地比高达70%，顾家店向双坨子方向是区内主要物源方向。区内的顾1井、顾2井等井取心揭示，其沉积物主要是大套的砂砾岩夹薄层的棕红色泥岩沉积，主要为冲积扇沉积。而伏龙泉地区砂地比为40%左右，主要为辫状河河道间沉积。在北部大老爷府地区，老深1井处砂地比高达70%，说明辫状河道来自长岭1井方向。相比之下老9井、老14井砂地比低于老深1井处，说明该地区处于辫状河道间。综上可知，南部物源为伏龙泉—双坨子—大老爷府地区登娄库组沉积时期主要的沉积物源方向，辫状河道近南北向展布。另外，由长岭I号向老深1井方向，也是登娄库组沉积时期的一个西部物源，其沉积体系主要为冲积扇—辫状河道—泛滥平原沉积。

2）泉头组

（1）泉一段、泉二段。

泉一段沉积时期，除西部斜坡、西南隆起等局部地区隆起呈剥蚀状态之外，沉积物几乎超覆披盖盆地内所有隆起和坳陷。受断陷期盆地南部一隆两堑的构造格局影响，形成两条沉积、沉降带：一条沿梨树、伏龙泉、孤店、扶余至大庆长垣展布；另一条沿小合隆、布海、农安东、长春岭至三肇地区。环绕两条坳陷带有三大水系向盆地汇集，形成三大砂体带，即西部白城水系的冲积扇砂体，西南部通榆水系形成的通榆、海坨、新立西冲积扇—河流—三角洲砂体，东南部长春、怀德水系形成的扶新三角洲砂体。相邻水系以砂岩低值带相隔。

泉二段沉积时期，盆地持续坳陷，盆域范围继续扩大，地层逐渐向西部斜坡超覆，坳陷中心主要分布在扶新、榆树一带，地层厚200～350m。此时松辽盆地南部发育了三大物源体系、四条水系，其沉积相类型及相带展布与泉一段沉积时期基本相似，只是水系规模及水体能量变小，沉积砂体粒度变细，相界线、相类型的分布范围也相应有所变化。

（2）泉三段。

① 沉积环境：泉三段沉积时期，虽经泉一段、泉二段沉积的充填，但仍存在一隆两坳的盆地结构特点。从地层厚度判断，沿梨树、长岭、大安至大庆长垣，仍是沉降沉积中心，沉积速率达400～600m/Ma，是泉头组各段中沉积速率最高的。沿登娄库、长春岭至三肇凹陷，为另一条沉降沉积次中心。泉三段沉积晚期，湖盆扩大，但两条坳陷仍然存在，只是坳陷中心略往西迁移。从泥岩厚度判断，东部坳陷范围可达榆树、德惠及三盛玉、顾家店一带。环绕两条坳陷带，有四大物源、七条河流注入盆地，形成四大物源体系，即白城—镇赉物源形成的红岗、英台冲积扇—扇三角洲沉积体系，通榆—保康物源形成的海坨、乾安、新立三角洲沉积体系，怀德、长春物源形成的"扶新"三角洲沉积体系及东北部沉积体系。湖盆西边界大致在英台构造以东的古11井、英30井至红岗的红301井一带，东部边界在长春岭至扶余一带，南部边界位于乾安与前郭之间，湖盆面积为$1.27 \times 10^4 km^2$。

② 沉积相展布：西部白城—镇赉物源体系的两条水系，一条由白城经安广、红岗至大安；另一条由镇赉经英台至四方坨子。从泥岩颜色判断，英台、红岗至平安镇，暗色层占较大比例，表明坳陷水体有一定的深度。两条短促河流由于坡陡流短以及湖浪作用的影响，在齐家—古龙坳陷西侧快速堆积，形成了冲积—洪积扇体及扇三角洲砂体。纵向上，冲积扇不断叠置，泉三段沉积时期由早至晚，冲积扇体从英台经平安镇往洮南方向迁移，表明泉三段沉积晚期较早期湖盆又有扩大。

西南通榆—保康物源体系发育的河流由西南端的架马吐山口进入盆地，经保康到乾安分流。一支往北东经让字井直达新立、新北，另一支往北西经海坨子直达大安南部。河流在乾安、海坨子一带入湖后，受湖水作用的影响，沉积物卸载，形成海坨子、乾安、新立、新北三角洲砂体。

东南长春—怀德物源体系发育的两条河流：一条由怀德经双坨子、大老爷府、孤店西至前郭；另一条由长春经农安西至前郭。两条河流均在前郭一带汇合入湖，在扶余、木头、新民、新庙至新立以东形成广阔的三角洲砂体。由于怀德水系和长春水系沉积物均富含石榴子石，因此在两水系汇合处重矿物为石榴子石、锆石、绿帘石组合。

另据砂体增量及三角洲发育情况判断，在东北部的长春岭—肇源有一物源水系，河流从长春岭流向肇源方向。

总体来看，泉三段沉积时期的沉积特点可以概括为以下四个方面。

a. 气候环境炎热干燥：表现在紫色泥岩厚度大、生物化石稀少，尤其是植物化石更少，反映炎热、干燥的气候环境。

b. 多个沉积中心与断陷复合：与断陷复合的次级坳陷越深沉积厚度越大，并发育灰色泥岩段，呈现多个沉积中心的格局，环绕次级坳陷各有小型三角洲、扇三角洲发育。

c. 垂直湖岸的水下河道发育：河流向盆内推进的距离越远，能量越强，沉积速率越高，因此三角洲前缘砂体以水下分流河道为主，单砂体多呈条带状与湖岸垂直。

d. 湖岸线向陆逐渐推进：沉积速率大于沉降速率，盆地呈现过饱和堆积态势，随着充填加剧，水体变浅，但水体范围不断扩大，泉三段沉积晚期湖盆逐渐向陆推进5～30km。

（3）泉四段。

① 沉积环境：泉四段沉积时期盆地由断陷向坳陷的转变已经完成。松辽盆地具有气候湿热、地势平坦、生物单调贫乏等特征。该沉积时期，盆地持续沉降，古地形趋于平坦，河流向湖盆大规模推进，形成面积十分可观的河流相砂体，沉积范围较泉三段有所扩大。从地层厚度判断，坳陷分布在古龙、大安、长岭、三肇、榆树至大三井子一带，地层厚度达110～140m，形成多个沉积中心。同时，河流发育，这些水系分别汇入盆地中部并汇聚于不同的低洼处。大部分河流表现为季节性的洪水，河水主要以地表蒸发、植被生态消耗、河流终端湖以及河漫湖等形式排泄，仅在松辽盆地南部的大安北形成了小型湖盆水体。

② 沉积相展布：泉四段厚20～140m，地层分布明显受到古斜坡、古隆起、古凹陷和古背斜的控制，地层向西斜坡超覆尖灭。在扶新隆起带，由于同时发生沉积作用和沉积路过作用，地层明显减薄，平均厚度只有90m；在中央坳陷，地层有明显增厚的趋势，平均厚度达120m，并在长岭凹陷北部、让字井斜坡和黑帝庙次洼形成多个次一级的沉积中心；在登娄库背斜带地层明显减薄。总体而言，泉四段厚度变化较小，地层分布稳定，在面积13.4×10⁴km²的范围内，地层厚度变化仅有20～30m，反映了泉四段沉积时期地势极为平缓。

该沉积期松辽盆地南部发育有五大物源、七个水系（图1-3-12）。在盆地边缘，形成了冲积—洪积扇；在盆地南部和西部斜坡区，形成了辫状河沉积；在广大的盆地中部和北部地区，形成了曲流河沉积体系。在盆地西部古龙凹陷地区，河流汇水形成浅水湖泊，在盆地南部主要为"洪水—河漫湖"的河流相沉积，全区没有统一的湖岸线或者汇水中心。

西部物源发育有英台、白城两个水系，分别形成了英台和白城两个冲积扇—辫状河沉积体系。英台水系位于盆地短轴方向，以扇三角洲沉积为主，主要分布在一棵树、四方坨子、英台等地区，形成了砂岩累计厚度达50m、砂地比达60%以上的砂体带；在四方坨子附近，沉积体系开始由杂乱堆积的冲积—洪积扇逐渐转变为较高能量的辫状河河道沉积；至嫩江附近，河道水流开始分散，沉积砂体范围变宽，水流能量快速减弱并逐渐消亡。白城水系依次发育冲积扇、辫状河和辫状河三角洲等沉积，形成了砂岩累计厚度达60m、砂地比达70%以上的砂体带；在镇赉、白城和西部盆缘地区，主要发育冲积扇沉积，如白89井、白62井等井；在安广附近，逐渐由杂乱堆积的冲积—洪积扇转变为较高能量的辫状河，如安7井、红62井和红152井等井；至英台南、红岗北附近，河道水流开始分散，水流能量快速减弱，并逐渐消亡，汇入古龙凹陷，形成辫状河三角洲沉积，如红75-9-1井、红88井等井。

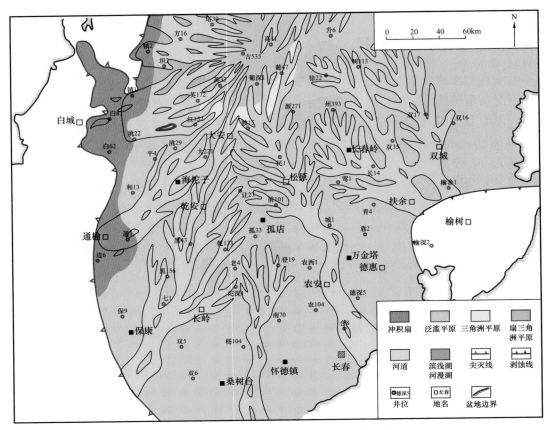

图 1-3-12 松辽盆地南部泉四段沉积相图

西南物源发育有通榆、保康两个水系，分别形成了通榆和保康两个冲积扇—辫状河—曲流河沉积体系。通榆水系砂岩累计厚度达 70m、砂地比达 60% 以上，主要分布在通榆、大麻苏、海坨子、乾安西、红岗南及大安地区，形成了广阔的冲积扇—辫状河—曲流河—三角洲沉积体系。通榆水系自进入大布苏以后，逐渐转变为曲流河沉积，出现分支，一支水系由海坨子地区进入乾西北—花敖泡地区，在大安地区又有分支进入塔虎城等地区，其到达大安北以后，水流开始分散并汇入古龙凹陷，形成三角洲沉积。由于水量逐渐减少，因此到达大安北地区以后，通榆水系砂岩不太发育。保康水系控制面积较大，砂岩呈带状分布于保康—长岭—新庙，形成厚度达 60m、砂地比达 70% 以上的砂体带。保康地区到七 1 井区主要发育辫状河沉积，如保 2 井、保 9 井和七 1 井等井；自七 1 井往北，逐渐演化为曲流河沉积。

由于泉四段沉积时期地势平坦，保康水系河流频繁改道，曲流河分布面积极为广泛，如黑 54 井、查 10 井、查 28 井、乾深 10 井和孤 36 井等井皆为曲流河沉积。

东南物源发育怀德、长春两个水系，分别形成了怀德辫状河—曲流河沉积体系和长春曲流河沉积体系。怀德水系延伸并不远，终止于孤店地区，辫状河—曲流河沉积体系呈带状分布于怀德、杨大城子背斜和大老爷府地区，形成了砂岩累计厚度达 60m、砂地比达 60% 以上的砂体带。长春水系是松辽盆地规模最大、分布面积最广的一条水系，曲流河沉积体系呈带状分布于东南隆起带。在长春地区主要为辫状河沉积，如顾 4 井、何

8 井等井区，从农安地区开始一直到扶新隆起带，逐渐演变为曲流河沉积，如农 104 井、检 23 井、前 70 井、庙 138 井和让 23 井等井区，并在前郭南地区进入扶新隆起带，形成了砂岩累计厚度达 75m、砂地比达 55% 以上的砂体带。

东部物源体系发育榆树水系，为曲流河沉积体系，主要分布在东南隆起带的北部、长春岭背斜带、朝阳沟阶地和三肇凹陷的南部，大致在扶余县城附近分为两支，一支流向大庆双城方向，一支流向长春岭—扶新隆起带方向。其中，长春岭—扶新隆起带方向砂岩累计厚度达 45m、砂地比达 40% 以上。

总体上，泉四段沉积时期，气候湿热，盆地西部物源区较近，边缘发育冲积扇相，与中央坳陷曲流河之间发育辫状河沉积；盆地西南、东南及东部物源区较远，其边缘的保康、怀德、长春和榆树 4 支水系在现今盆地内部未发现冲积扇相，主要为辫状河与冲积平原沉积；中央坳陷中部、北部曲流河沉积发育，并在乾安东部、大安北部等地形成了多个小型汇水中心——河漫湖或小型滨浅湖，发育了吉林油田泛称的以河流建设性为主的"枝状浅水三角洲"。该类三角洲以正韵律的河道沉积为主，不发育反韵律的河口坝。形成了盆地西部边缘发育冲积扇、盆地中部以河流作用为主、河湖共存的沉积体系（图 1-3-13）。

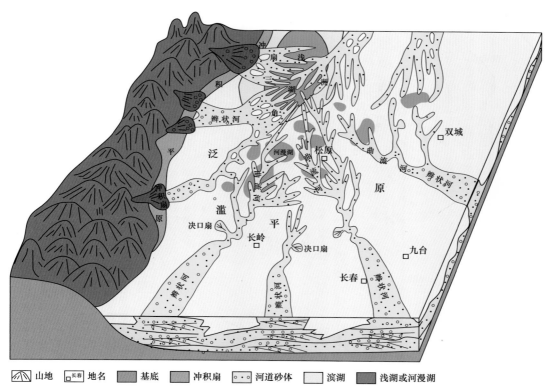

图 1-3-13　松辽盆地南部泉四段沉积模式图

2. 兴盛坳陷阶段

该阶段包括青山口组、姚家组及嫩江组沉积期，以大面积湖盆广布和大型（扇）三角洲发育为特征，但不同阶段，古气候背景及水体发育特征、沉积相带展布具有一定的差异性。

1）青山口组

（1）沉积环境。

青山口组沉积时期，古气候已由泉头期的湿热转变为温暖潮湿，盆地整体快速沉降，盆地开始形成统一的汇水中心，从而在青山口组沉积早期形成了湖盆广布、水深可达半深湖—深湖的松辽湖盆，至青山口组沉积晚期则发生了明显的湖退。由地层与泥岩厚度分析，青山口组沉积期，坳陷沉积中心沿齐家、古龙、大安、长岭至梨树及三肇至德惠一带分布，三肇及新立、扶余为沉降中心；湖岸边界沿安广、通榆、杨大城子至农安一带分布。青山口组沉积晚期，湖盆萎缩，河流及三角洲砂体向盆内推进，湖岸线退至三盛玉、黑帝庙、平安镇至套保一带。青一段在中央坳陷区以半深湖—深湖沉积为主，砂岩体的沉积范围、规模相对泉四段大范围缩小。由于该时期湖水动力比较强，各水系三角洲前缘相带的河口坝及席状砂沉积较发育，尤其在盆地西部和西南部更为突出（图1-3-14）。

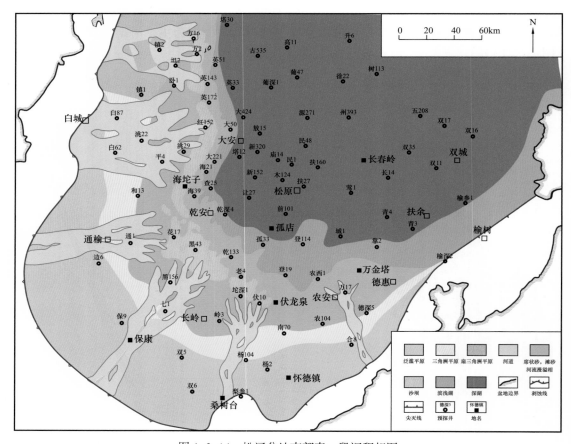

图1-3-14　松辽盆地南部青一段沉积相图

青二段—青三段则继承了青一段的沉积特点，但由于热沉降速度的减缓及气候由湿潮向干燥过渡，陆源碎屑物供给充足，沉积速度大于或等于沉降速度，使湖区面积缩小，整体属于湖退期，也是三角洲发育全盛期。沉积相带比青一段分异更加明显，但沉积相带仍呈不规则的半环带状展布，由盆缘至盆地中心依次为4个相带：洪积相、河流相、三角洲和滨浅湖相、半深湖—深湖相。由于此时湖泊水域较青一段缩小，导致河流—（扇）三角洲向湖区推进，滨浅湖滩砂、沿岸坝、下切河道和重力流大量发育（图 1-3-15）。同时，在青山口组沿岸线的浅水高能带分布有数米至十几米含泥、砂不定的淡水介形虫滩坝灰岩及少量的白云岩，这些生物介形虫滩体主要分布在三角洲侧翼或三角洲砂体之间的湖湾地带，并在青二段—青三段沉积后期，湖盆东部发育了滨浅湖淤积相的杂、红及灰绿色泥岩。

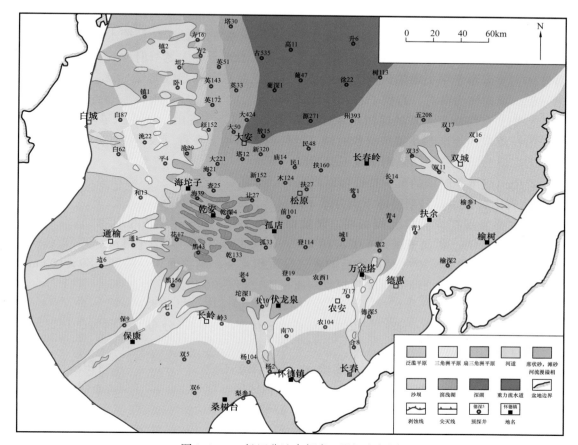

图 1-3-15　松辽盆地南部青三段沉积相图

（2）沉积相分布。

青山口组沉积时期在湖盆扩张、沉降大于沉积速率的背景下，四大物源体系、八条水系均向陆退缩，并以西部、西南、东南三大物源为主。各水系的发育特征具体如下。

西部物源体系的英台—白城水系形成了源近流短且垂直于盆地长轴方向的扇三角洲体系。英台水系以扇三角洲沉积为主，主要分布在一棵树、四方坨子和英台等地区；白城水系形成了辫状河三角洲体系，主要分布在白城、安广—平安镇和红岗阶地。砂体方向与盆地长轴方向近于垂直。重矿物为锆石与白钛组合，极少或不含石榴子石。

西南物源体系的通榆—保康水系，横跨开鲁坳陷、西南隆起、西部斜坡和中央坳陷四个一级构造单元，分布于通榆、保康、乾安、长岭一带。通榆—保康水系在青山口组沉积时期砂体形态、轴向、分布范围变化不大，砂体方向与盆地长轴近于平行，高砂带沿保 9 井、七 1 井、松南 6 井等井向乾安延伸，在长岭与大情字井一带分流，青一段、青二段沉积时期到达乾110井附近，青三段向东北推进到查22井一带，并在乾安一带形成面积广阔的三角洲砂体。其中，保康水系延伸方向总体与盆地长轴方向平行，是松辽盆地南部最主要的水系之一。通榆—保康水系岩石颗粒较细，成熟度高，与英台、红岗水系比较，长石增多，岩屑显著减少。其重矿物为锆石、石榴子石、白钛矿组合，稳定矿物锆石由物源区向湖心增加，乾安一带重矿物组合中相对含量高达90%以上。

南部的长春—怀德物源体系，在青山口组沉积早、中期湖盆扩张时逐渐消失，至青山组沉积晚期时，长春水系在青山口组已不是松辽盆地南部的主要物源。此时怀德水系推进，沿怀德—伏龙泉形成了一条砂地比为20%～40%的高砂带。怀德水系以曲流河—三角洲沉积为主。三角洲及其前缘相带主要分布在双坨子和大老爷府地区。南部物源体系砂体主要分布于中央坳陷区的大情字井、双坨子及东南隆起区的伏龙泉、小合隆与德惠一带，重矿物为锆石、石榴子石、白钛矿组合。

另外，东部物源体系的榆树水系跟长春水系类似，在青山口组沉积早期开始萎缩，至青山口组沉积晚期和姚家组沉积时期又延伸进入盆地。在青三段，榆树水系三角洲前缘相带广泛分布在三肇凹陷南部及王府凹陷一带。

青山口组沉积时期的沉积特征可以概况为以下几点。

① 青山口组是坳陷期整体下沉背景下湖盆从扩张到收缩的沉积产物，具兴急衰缓的特点。主要表现在青一段沉积初期，湖盆面积为 $2.42 \times 10^4 km^2$，在经历约1.83Ma后的青一段沉积末期，湖盆扩张到 $5.02 \times 10^4 km^2$，平均1Ma扩张 $1.42 \times 10^4 km^2$，沉积速率达52m/Ma（乾安地区）。在3.6Ma之后的青三段沉积末期，湖盆面积收缩到 $4.89 \times 10^4 km^2$，平均1Ma收缩 $0.04 \times 10^4 km^2$，扩张与收缩速率比较相差36倍。

② 早期具明显的水进层序，中晚期具明显的水退层序。早期水进主要表现在纵向上为水进微相序列、平面上退积沉积体系发育；砂体平行于湖岸分布，结构与成分成熟度高，物性好；暗色泥岩发育，深湖、半深湖相范围广，有利于生油；环带状分布的生物虫屑滩坝可成为潜在的油气储层。中晚期，沉积和沉降大致均衡，湖盆面积缓慢缩小，发生水退，河水动能增强，纵向上构成水退微相层序，平面上形成进积沉积体系，发育高建设性三角洲，并随河流向盆内推进，三角洲平原相带变宽。

③ 沉积相带呈环带状展布：从青山口组开始，松辽盆地形成统一的汇水中心，除长春水系极度萎缩外，其他水系基本继承了泉四段的展布格局。沉积建造以河流—湖泊充填为主，湖泊砂体以三角洲和滨浅湖滩坝砂为主，相带沿深湖相和沉积中心呈环状展布。在湖盆中心区尤其是坡折带附近发育大量的重力流沉积。

2）姚家组

（1）沉积环境。

姚家组整体继承了青山口组沉积的基本特点。但由于其气候由青山口组的湿热转变为半干热，沉积范围收缩，与青山口组相比，缺少半深湖—深湖相。

姚一段沉积相带仍呈环状分布，从边部向盆地中心依次为洪积相—河流相—浅水三角洲相（辫状河三角洲相）、滨浅湖相—浅湖相（图1-3-16）；湖泊砂体以各类浅水三角洲为主，形成了大面积的湖盆中心砂体。姚二段—姚三段沉积时期，湖泊面积有所扩张，沉积相由盆缘向沉积中心依次为洪积相—河流相—三角洲相（辫状河三角洲相）、滨浅湖相（图1-3-17）。

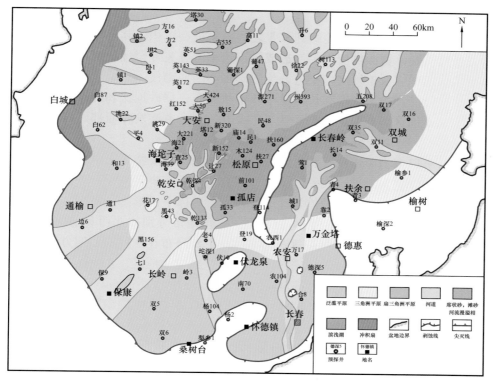

图 1-3-16　松辽盆地南部姚一段沉积相图

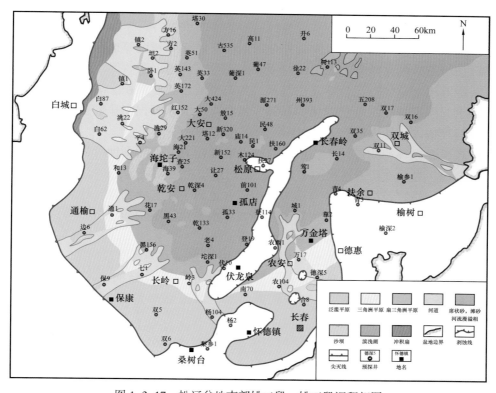

图 1-3-17　松辽盆地南部姚二段—姚三段沉积相图

（2）沉积相分布。

姚家组沉积期，属于湖盆萎缩到扩张之间的水进型沉积。其早期湖盆整体抬升，水体变浅，氧化强烈，物源供应不足，造成沉积速率低、欠补偿性的沉积特征突出。由于北部大庆长垣沉积体系持续向南推进，导致湖水不断向南侵入，岸线南移。据地层厚度判断，沉积中心沿古龙、大安和长岭呈半环带状分布，据砂地比和纯泥岩厚度推测，沉降中心仍在扶新地区，此时湖盆面积为 $5.22 \times 10^4 km^2$，主要发育西部、西南、东南、北部四大物源体系，并以西部、西南、北部体系为主。

西部英台—白城物源体系，源近流短，坡陡流急，主要物源来自白城、镇赉、泰来方向，在镇赉、白城、海坨、大安、英台、四方坨子发育辫状河三角洲。古坡度比泉头组、青山口组沉积期小，因而砂体累计厚度较大，砂体平面形态呈扇形，水系与盆地长轴直交，不稳定的岩屑在英台、红岗、平安镇三角地带分别往北西和南西呈舌形递增，指示了物源方向。英台水系以扇三角洲相为主，主要分布在一棵树、四方坨子和英台等地区；白城水系主要分布在白城、安广、平安镇、红岗北地区，从盆地边缘到红岗阶地依次发育冲积扇、辫状河和辫状河三角洲沉积。

西南通榆—保康物源体系在持续水进过程中，湖岸线不断向南推进，其与英台—白城物源体系分界大致在工 1 井和乾 110 井一带。通榆水系总体走向为北东东向，主要分布在通榆、大麻苏和乾安西等地区，在姚一段以曲流河—浅水三角洲为主，在姚二段—姚三段以曲河流—正常三角洲为主。与此同时，保康水系源远流长，主要分布在长岭凹陷的南部，姚一段形成了曲流河—浅水三角洲沉积体系，三角洲前缘砂体延伸到松南 3 井、黑 43 井、老 5 井、顾 4 井等井区一带，至姚二段—姚三段沉积时期，退至边 7 井、松南 6 井一带，砂岩较为发育。

北部物源只在姚一段沉积时期延伸至南山湾、新北和新民等地区。沉积相类型主要为三角洲前缘相带的席状砂，偶见河口坝和水下分流河道沉积。民 103 井的岩心表现为紫红、灰绿及浅灰色的砂泥岩薄互层沉积，为典型的席状砂沉积。另外，该水系在广湖浅水背景下，河道被湖水席状砂化的现象非常严重，河床沉积中普遍存在交错层理、波状层理，但其整体还是表现为正旋回的河道沉积特征。

东南部长春—怀德物源体系，由于白垩纪晚期抬升，强烈剥蚀，很难窥视东南部物源体系的全貌。另从残留岩性推测，东部河流已退出中央坳陷区，多为滨浅湖沉积。

总体来看，姚家组沉积背景与泉四段相似，也属于湖盆萎缩到扩张之间的水进型沉积。但湖盆整体抬升，水体变浅，氧化强烈，各水系供屑不均衡，沉积速率低，非补偿性的沉积特征突出。其特征可概括为三点。

① 盆长轴方向水进大，水系供屑不足；短轴方向水进小，供屑较充分。因而湖水沿湖盆的长轴往南侵进，湖岸带向陆推进 100km 以上。横向水系在齐家—古龙坳陷发育，沉降大于补偿的扇三角洲沉积体，水下河道反复叠置，净砂岩厚度达 100m 以上。

② 纵向上水进层序发育，单砂层均为下粗上细粒序。测井曲线整体为齿化钟形，揭示沉积能量的增大与减小都十分急剧。

③ 砂体长轴平行湖岸分布。除英台砂体呈扇形以外，西部前缘带砂体与湖岸平行，随湖盆不断扩大，砂体向湖岸超覆，形成宽阔的前缘砂体。

3）嫩江组

（1）沉积环境。

嫩江组沉积期是松辽湖盆由极盛转为逐渐衰亡的时期。嫩江组沉积早期，湖平面开始大幅度上升，河流—三角洲大幅后退，规模也大大减小，甚至不再发育，湖水迅速覆盖了整个盆地。嫩一段沉积时期，松辽古湖盆发生了第二次大规模的湖侵，此时沉积速率小于沉降速率，盆地处于欠补偿时期，沉积了大面积的深湖相黑色泥岩（图1-3-18）。嫩二段底部发育的凝缩段标志着湖盆相对稳定和最大水进的结束。嫩江组三段、四段、五段总体上为进积过程，北部水系起主控作用，河流三角洲体系长距离向湖盆中心推进，形成了辽阔的三角洲前缘相带，相带明显不对称。其中，嫩三段三角洲前缘相分布于中央坳陷区内，三角洲型层序均发育河口坝、水下河道沉积；嫩四段湖岸线明显向南退却，收缩近60km，三角洲前缘沉积相应拓展，发育分流河道、水下河道沉积。北部物源河流相区以辫状河、曲流河平原为特征，分布于滨北地区，并有齐齐哈尔物源加入；嫩五段以曲流河平原沉积为主，在松花江以北地区发育冲积平原和分流平原。发源于齐齐哈尔、林甸和黑鱼泡地区的三大水系近并行沿东南方向向湖泊延伸，三角洲前缘相主要分布于松花江以南地区。

（2）沉积相分布。

从区域地质资料分析，嫩江组沉积范围大于现今盆地范围。后期嫩江组沉积末期和明水组沉积末期地层褶皱隆升，嫩江组受到较严重的剥蚀，自下而上分布范围逐渐减小，分布面积由嫩一段、嫩二段的$18 \times 10^4 km^2$减少至嫩五段的不足$4 \times 10^4 km^2$。

嫩一段沉积时期（图1-3-18），主要发育西部水系和东部榆树水系，且规模较小；南部水系则完全不发育，湖相几乎占据了西部斜坡外的所有地区。西部的英台、白城和通榆水系以扇三角洲沉积为主，在中央坳陷带形成了大面积分布的重力流沉积，在西斜坡和红岗阶地还分布一定规模的曲流河三角洲—滨浅湖沉积；同时，由于受到晚燕山构造运动的影响，盆地边缘及东南隆起区的部分地区地层遭受了严重剥蚀。嫩二段沉积时，水系不发育，以广布的深湖沉积为主（图1-3-19）。嫩三段、嫩四段、嫩五段主要发育北部和南部两大物源体系（图1-3-20至图1-3-22）。北部物源体系形成的三角洲沿松辽盆地长轴方向展布，自北向南推进了约300km，最远可达松辽盆地南部乾安地区；且形成的三角洲在嫩三段—嫩五段一直占主导地位，随着湖泊退缩规模有所扩大，分流河道纵横交错，互相叠置，平面上呈网状展布。南部物源的通榆和保康水系在嫩四段至嫩五段沉积时期均比较发育，向北可达黑帝庙一带，属于三角洲前缘沉积，微相类型主要为水下分流河道和席状砂；嫩五段沉积时期，通榆和保康水系的规模达到最大，砂岩厚度大，砂地比可达20%。

总之，从嫩三段沉积开始，北部物源体系沿盆地长轴方向发育河进湖退的三角洲沉积，从测井曲线漏斗形表征的前积段厚度判断，北部物源体系持续向盆地推进，其规模以嫩四段沉积时期推进最为剧烈。由于北部物源体系向南推进，南部物源体系也因湖水南侵向陆退缩与水侵对应，各单砂层的测井曲线多为侧向加积式的钟形或下三角形，三角洲形状也由嫩三段沉积时的鸟足状发展到嫩四段沉积时的朵叶状，至嫩五段沉积时发展为淤积型的三角洲平原湖沼。

总体来看，嫩江组沉积时期是松辽湖盆早白垩世从扩张、收缩到衰亡的最后一期沉积，其主要沉积特征有四点。

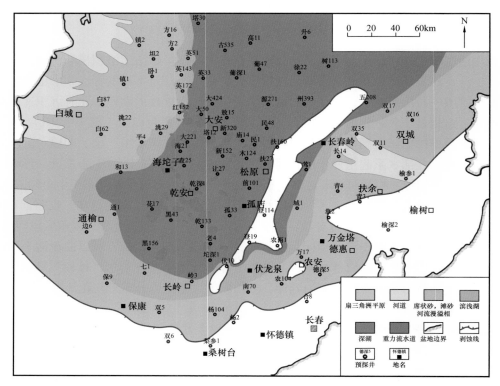

图 1-3-18　松辽盆地南部嫩一段沉积相图

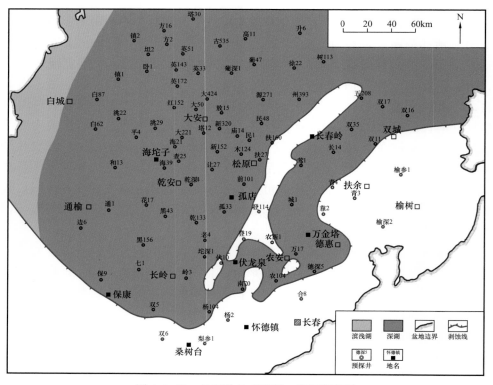

图 1-3-19　松辽盆地南部嫩二段沉积相图

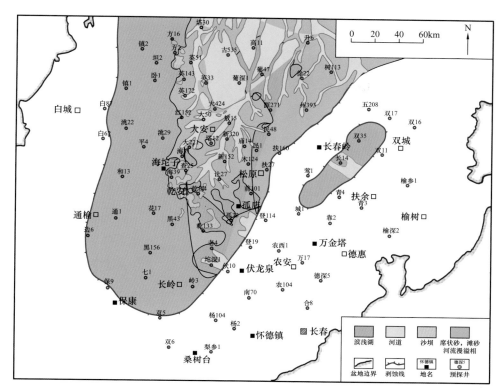

图 1-3-20　松辽盆地南部嫩三段沉积相图

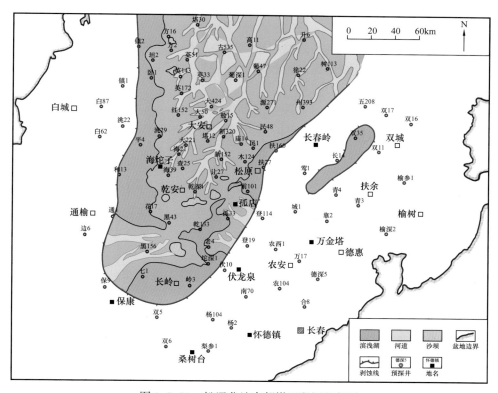

图 1-3-21　松辽盆地南部嫩四段沉积相图

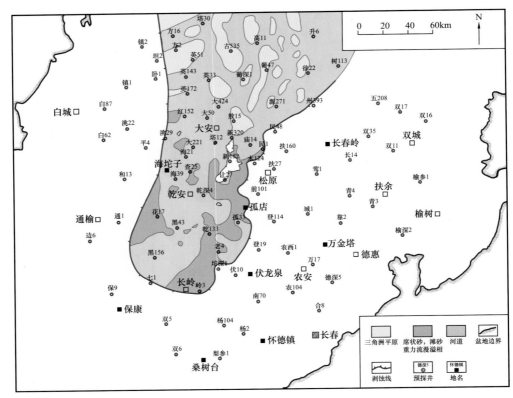

图 1-3-22　松辽盆地南部嫩五段沉积相图

① 早期沉降大于补偿。

嫩江组一段、二段沉积时期是湖盆再次坳陷、沉降大于补偿、容纳速率大于堆积速率、水面不断扩大、水体逐渐变深的沉积期。环湖发育层薄、分布广泛的滨岸沙洲、沙坝与席状砂。

各单砂层的测井曲线多为侧向加积式的钟形或下三角形，三角洲形状也由嫩三段沉积时期的鸟足状发展到嫩四段沉积时期的朵叶状，至嫩五段沉积时期发展为淤积型的三角洲平原湖沼。

② 晚期补偿大于沉降。

嫩江组三段至五段是湖盆整体抬升、堆积速率大于容纳速率条件下的沉积。该沉积期，由于补偿大于沉降，随着充填加剧，湖盆水体变浅。与青三段沉积时期的湖盆特征相比，此时虽然水体变浅，但湖面扩大。

③ 高建设性三角洲发育。

随河流向盆地推进，沉积能量增强，三角洲平面形态由鸟足状发展为朵叶状，面积和体积也随之增大，发育了高建设性的三角洲。

④ 泥沼分布广泛。

嫩五段沉积时期，湖盆淤积，水体浅，特别是晚期，氧化强烈，砂岩层薄而稀少，紫色泥质岩层为主的泥沼相遍布全盆地，反映湖盆已逐渐衰亡。

3. 萎缩坳陷阶段

晚白垩世四方台组—明水组沉积时期，气候以干旱—半干旱为主，盆地开始上升，沉积中心西移，中央坳陷区为沉积中心，以曲流河与浅湖细碎屑岩沉积为主。在中央坳陷区—东南隆起区交界处以粗碎屑岩沉积为主，在各组、段中皆有冲积扇出现。

三、有利碎屑岩储集相类型与分布

松辽盆地南部坳陷期历经初始坳陷、兴盛坳陷、萎缩坳陷 3 个阶段，在此期间沉积体系、物源水系等沉积环境虽然都发生了周期性演变，但整体坳陷湖盆背景下的有利储集砂体分布仍具有一定的相似特征与规律性。

1. 储集砂体发育特征

松辽盆地南部坳陷期储集砂体多形成于河湖过渡带。同一体系中的砂体发育按沉积模式有规律地分布，不同体系中的储集砂体，则因物源水系及与盆地的相对位置和水动力条件的不同而各具特色。概括起来，松辽盆地南部坳陷期储集砂体具有以下两方面特征。

1）具有多物源的特点

盆地南部受五大物源体系控制，其中西部、西南及东南为三个主要物源。三大主物源与湖盆共始终，其他物源随湖盆的兴衰而变化。西部物源发育英台、白城两支水系，各时期砂体均有所发育；西南物源发育通榆、保康两支水系，在泉头组—姚家组沉积时期为鼎盛阶段，嫩江组沉积时期有所萎缩；东南物源发育长春、怀德两支水系，泉头组沉积时期最为鼎盛，姚家组—嫩江组沉积时期只影响坳陷边部的华字井阶地和南部的大老爷府地区。西部物源与西南物源在大布苏、乾安等区交汇，西南物源与东南物源在两井、孤店地区交汇，每个体系均有较为发育的河流三角洲，形成英台、白城、红岗、大情字井、乾安、孤店、前郭、新民等地的巨厚砂体复合体，面积近 10000km²，为油气储集提供了空间。

2）具有砂体多样的特点

（1）深水湖盆砂体。

青山口组、姚二段—姚三段及嫩江组沉积时期，均为典型的坳陷湖盆沉积，具有湖区面积大、水体较深的特点。该沉积期，湖盆坡折带较为发育，并对湖岸线的展布具有重要的控制作用；沉积相带的分布多呈环带状，并发育 5 类沉积体系：冲积扇—辫状河—曲流河—三角洲沉积、冲积扇—辫状河—辫状河三角洲沉积、扇三角洲沉积、滨浅湖滩坝砂沉积、重力流沉积。总体砂体分布有以下特点。

① 在盆地长轴方向上：主要为缓坡，以冲积扇—辫状河—曲流河—三角洲沉积砂体为主，相序发育完整，砂体延伸远。

② 在盆地短轴方向上，主要为陡坡，以冲积扇—辫状河—辫状河三角洲或以扇三角洲沉积砂体为主，砂体延伸近，单层厚度大。

③ 不同坡降对湖平面变化的敏感性不同。在湖平面幕式升降过程中，长轴方向湖岸线的变迁范围较大，而在陡坡部位湖岸线的变迁幅度要小。

④ 三角洲之间分布大面积的滨浅湖滩坝砂体沉积和湖湾沉积，其砂体主要来源于周围三角洲，但其沉积特点均有别于三角洲。

⑤ 湖盆中心区重力流砂体发育，按平面形态可以分为重力流水道沉积、湖底扇及沟道状的重力流沉积。

（2）浅水湖盆砂体。

松辽盆地南部泉四段为典型的浅水湖盆沉积。浅水湖盆的古地形及沉积充填特征与深水湖盆不尽相同。浅水湖盆古地形平坦并不具备明显的坡折带，水体浅、面积小并且湖泊能量较弱。由于不具备明显的坡折带，湖岸线不稳定并常常发生大范围的迁移。在浅水湖盆中，沉积充填以浅水三角洲沉积为主，深湖、半深湖相对不发育。松辽盆地南部泉四段为典型的浅水湖盆沉积，砂体及相带发育具有以下特征。

① 由于湖广水浅，浅水三角洲以高建设性的三角洲为主。其前缘相带砂体往往延伸较远，甚至覆盖整个湖盆。

② 浅水湖泊三角洲沉积模式不具备典型三角洲顶积层、前积层和底积层的三元沉积模式，其前缘相带以分流河道砂体为主，河口坝砂体极不发育。

③ 三角洲前缘和平原分流河道往往相互切割、交错叠置，同时遭受不同程度的席状砂化。

2. 有利储集相带类型与分布

1）河湖过渡带是最有利储集相类型

松辽盆地南部河湖过渡带的河流—三角洲相是最重要相带类型。在勘探实践中，油气聚集与河湖过渡带的关系已得到证实。到目前为止，坳陷期已发现的油气田分别划属扶新隆起带、红岗—大安—海坨子反转构造、大情字井富油凹陷、长春岭—登娄库背斜、长岭凹陷致密砂岩油藏、西部体系的三角洲前缘、西部斜坡稠油及油砂带七个油气聚集带。这七个油气聚集带均分布在河湖过渡带之内，即其含油砂岩或属三角洲分流平原相，或属三角洲前缘相，或属滨浅湖相。究其原因，主要有三点：一是该带靠近生油的坳陷区，近水楼台；二是该带有较发育的砂体，且因湖水动荡，砂岩分选优于别处；三是该区砂体类型较多，易于形成各种类型的油气藏。具体河湖过渡带包括三角洲平原、三角洲前缘—外前缘及滨浅湖区。

（1）三角洲平原。

主要发育分流河道微相，由于河流的横向摆动而形成厚层连片砂岩分布带。砂体呈长条状、弯曲状，横剖面为透镜状。盆地边缘的三角洲平原分流河道形成透镜状砂砾岩分布带，距离生油区远，不宜于捕集油气；河湖过渡带的三角洲平原分流河道距离油源较近，是重要的储集砂体。

（2）三角洲前缘—外前缘。

主要为水下分流河道、河口坝和席状砂微相。水下分流河道砂体呈指状、朵叶状或席状伸入湖内。河口坝和席状砂微相，有时呈典型的反韵律，其下部的泥页岩内含水生动物化石；在区域上，前者形成透镜状砂岩分布带，后者形成薄层席状粉砂岩分布带。在河道砂岩和分流河道砂岩的两侧，常有决口扇砂岩和天然堤砂岩，它们同三角洲前缘砂岩一起，形成巨大的河流三角洲砂体，其沉积方向垂直或斜交湖岸，并伸入湖相生油岩中。

（3）滨浅湖区。

主要为远沙坝、浊积砂及滨湖浅水相泥质砂。远沙坝砂体与三角洲前缘河口坝类似，厚度更薄，分布范围更小。浊积砂主要发育于深水湖盆的坡折带，砂体呈透镜状或条带状分布，搅浑构造发育。浅湖相泥质砂为薄层状过渡岩性，与湖相泥页岩互层，形成薄层透镜状砂质岩分布带，其特点是层薄、含泥量高、物性条件差。

2）有利储集相带分布区

松辽盆地南部坳陷期的主要储集砂体有利相带分布，可归纳为东南、西南、西部三大沉积体系的河湖过渡带—河流三角洲相。

（1）东南沉积体系曲流河三角洲平原—前缘。

东南沉积体系主要控制扶新隆起带、华字井阶地东部及登娄库背斜带南部地区，主要含油层为扶余油层。发现油田主要有扶余、新立、新木、新庙、新民、孤店等油田。

泉四段沉积时期，由于气候干旱、地势平坦，湖泊分布局限，且水体浅，发育短暂，河流作用占据优势。发源于盆地周边的多条水系向盆地中央汇集，在坳陷中心部位交汇，并向东流出盆地。沉积体系以曲流河三角洲平原—前缘沉积为主，由于不同时期河流沉积地层叠加，分流河道砂体呈现大面积错叠连片的空间分布特征。泉四段砂岩单层一般厚2～5m，累计厚度可达20～65m。平面上，扶新隆起、登娄库背斜带储层物性较好，华字井阶地东部相对较差。扶新隆起、登娄库背斜泉四段孔隙度一般为10%～45%，渗透率一般为30～600mD，华字井阶地东部孔隙度为6%～16%，渗透率一般为0.1～1.4mD。

（2）西南沉积体系曲流河三角洲平原—前缘。

西南沉积体系主要控制长岭坳陷、华字井阶地西部、红岗阶地东部的海坨子及扶新隆起带南部的两井地区的储层发育，主要含油层为扶余、高台子、葡萄花油层，已发现油田主要有大情字井和乾安油田。

泉四段沉积时期，西南体系极为发育，特别是保康水系。曲流河三角洲平原—前缘砂体广泛发育，控制面积近3500km²。砂岩单层一般厚2～12m，累计厚度一般可达15～85m。保康水系主砂带位于大情字井—乾安—两井一带，河道交错叠置，局部砂岩厚度近100m。长岭凹陷区泉四段储层整体较差，孔隙度一般为5%～12%，渗透率一般为0.01～1.0mD。红岗阶地海坨子地区储层物性相对较好，孔隙度一般为6%～14%，渗透率一般为0.01～1.4mD。

青山口—姚家组沉积时期，西南沉积体系极其发育。由于不同地质阶段松辽盆地古构造和古气候特征的差异，保康—乾安砂体的沉积特征在各时期明显不同，总体表现出两种沉积模式："深湖型"三角洲沉积模式和"浅湖型"三角洲沉积模式。"深湖型"三角洲主要发育于青山口组一段、二段沉积时期，该时期保康—乾安三角洲的沉积特征与密西西比三角洲有类似之处，反粒序沉积序列完整且各序列沉积厚度大。前三角洲相主要为粉砂质泥岩，上部夹薄层粉砂岩，滑塌构造发育，其下伏为厚度较稳定的黑色泥岩。三角洲前缘沉积组合中河口坝发育，下部为粉砂岩和粉砂质泥岩互层，相当于远端坝沉积，厚20～40m；前缘沉积组合上部主要是厚度较大的细砂岩或粉砂岩，一般厚度为20～30m，局部厚达60m。三角洲平原沉积组合在长岭凹陷发育厚度较薄。"浅湖型"三角洲主要发育于青山口组三段和姚家组沉积时期，其突出特点是三角洲垂向序列不完整，序列的厚度较小。前三角洲沉积层不明显，河口坝沉积不发育，水下分流河道延伸较远，常直接与湖相泥岩呈冲刷接触，湖相泥岩基本为灰或灰紫色，反映了水体较浅的滨浅湖相沉积特征。加之松辽盆地南部坳陷时期多次在较长时间内出现沉降速度大于沉积速度，使松辽盆地中部地区分布着较大面积的深湖区，形成非补偿沉积环境，发育了松辽盆地内主要生油层系，为该区有利储层后期成藏创造了有利条件。

（3）西部沉积体系辫状河三角洲前缘带—外前缘。

西部沉积体系主要控制红岗阶地及长岭凹陷北部地区，主要含油层为扶余、高台子、葡萄花、萨尔图油层。发现油田主要有英台、四方坨子、大安、红岗、海坨子等。

泉四段—姚家组沉积期，西部沉积体系古地貌不是一个简单的斜坡，而是在斜坡背景上发育多个坡度变化较大的坡折。据目前的地震资料至少可识别出两个近南北走向的坡折带，即西部的泰康—套保—通榆高位坡折带、东部的龙虎泡—英台—红岗—兴旺—大麻苏低位坡折带。两个坡折带的特点不同，西部的高位坡折坡度较缓，东部的低位坡折坡度较陡。西部沉积体系的青山口组和姚二段—姚三段沉积时期高位坡折控制河流和三角洲平原的分界，即高位坡折带以西主要为辫状河砂体分布，以东分布着辫状河三角洲平原砂体；低位坡折控制三角洲前缘及盆底扇重力体系的发育，即低位体系域砂体只分布在低位坡折以东地区，水进体系域和高位体系域的辫状河三角洲前缘砂体分布在低位坡折附近，砂体展布受控于低位坡折带的分布；沟谷则控制了三角洲主砂体的分布。因此，西部沉积体系辫状河前缘带—外前缘带砂体广泛发育，主要分布于四方坨子—英台—大安—海坨子的狭长区域。其砂岩单层一般厚4～16m，累计厚度一般可达85～175m。

综上所述，目前松辽盆地南部主要目的层位的各段级地层单元沉积环境与相带展布已基本查明，主要区域、主要层位的有利碎屑岩储集相类型与分布区带已基本掌握；但松辽盆地南部深层的石炭系—二叠系、浅层萎缩坳陷阶段的四方台组—明水组以及西部地区的断陷层系，其沉积环境与相带展布研究薄弱；各开发区块段级以下地层单元的沉积微相刻画还不能满足油田接替勘探开发的需要。这些都还有待今后进一步深入研究，以便为吉林油田的持续发展提供沉积基础保障。

第四章 烃源岩

吉林油田自 20 世纪 80 年代起就已开始在松辽盆地南部开展生油岩的研究工作。截至 1994 年全国第二次资源评价时，已对白垩系的青山口组和嫩江组进行了全面的综合评价，指导了当时的勘探生产。2002 年以前，松辽盆地南部天然气勘探开发主要集中在东部断陷带的泉一段—登娄库组次生气藏，深层烃源岩的研究仅限于有钻井揭示的德惠断陷、王府断陷和梨树断陷。认为白垩系沙河子组和营城组是其主力生烃层，各自所含的油气均是主力生烃层烃源岩在不同演化阶段的产物。全国第三次资源评价后，随着勘探程度及理论认识的不断提高，勘探领域不断扩展，松辽盆地南部中浅层烃源岩研究的重点转为青山口组、嫩江组烃源岩的精细评价研究，深层烃源岩也拓展到盆地南部的中部和西部断陷带，工作重点从定性评价转变成生排烃定量评价以及地球化学特征研究，为深层各断陷油气藏的勘探部署提供支撑。

虽然松辽盆地上古生界也存在油气生成、运移和聚集的过程，勘探潜力较大，但目前勘探程度较低，研究也不够深入，只作为松辽盆地南部未来重要的勘探领域。因此，目前主要还是针对中生界烃源岩的发育及分布、地球化学特征以及油气成因等开展相关研究和精细评价，本章也主要对中生界烃源岩的发育分布、地球化学指标以及由其生成的油气地球化学特征进行阐述。

第一节 烃源岩沉积环境与分布

烃源岩是形成油气聚集的物质基础，而沉积环境的演变，不仅影响着烃源岩发育的规模（厚度和面积），还制约着烃源岩的地球化学特征。松辽盆地南部油气主要源自早白垩世断陷沉积的火石岭组、沙河子组和营城组以及晚白垩世坳陷沉积的青山口组、嫩江组五套烃源岩，为松辽盆地提供了丰富的油气资源。

一、中浅层湖相烃源岩沉积环境与分布特征

松辽盆地南部在中生代坳陷阶段发生了两次大型湖侵事件，大面积湖水的覆盖影响了局部气候环境，造成陆地植物繁盛，为水中浮游生物（主要为蓝藻、绿藻、裸藻以及半咸水甲藻等）提供了大量营养物质，这些浮游生物便成为生烃母质的主要来源。同时，在相当长时间里，沉降中心和沉积中心相吻合，非补偿沉积造成水体越来越深，对有机质保存非常有利，相应地形成了松辽盆地南部青山口组和嫩江组两套最好的生烃层系。

在青山口组和嫩江组沉积时期，沉积环境、古气候、水动力等依然发生变化，造成不同地区和不同组段烃源岩的发育品质和规模发生改变。整体上，从青一段到青三段沉积时期以及嫩一段到嫩五段沉积时期，由于湖盆萎缩，深湖—半深湖相沉积的暗色泥岩

发育规模逐渐变小，泥岩品质也逐渐变差，如嫩四段和嫩五段暗色泥岩整体上不甚发育，青二段—青三段和嫩三段也仅局部地区发育暗色泥岩。因此，对于松辽盆地南部，青山口组和嫩江组优质烃源岩主要发育在青一段、嫩一段和嫩二段。

1. 青山口组烃源岩发育特征

青山口组是盆地整体下沉、湖盆的首次扩张及其后收缩条件下的沉积，伴随着波动升降，具有明显的"兴急衰缓"的特点。在沉积早中期，盆地急剧坳陷、扩张、水进体系发育，气候由干热变为温暖潮湿。

松辽盆地南部青山口组沉积中心处于大安—乾安地区，具有南薄北厚的沉积特征，以灰黑、深灰色页岩为主，夹油页岩和灰色砂岩、粉砂岩。泥岩厚度最大达 400m 以上，泥地比较高（30%～50%），其中，乾安凹陷暗色泥岩厚度为 80～160m，长岭地区暗色泥岩厚度为 20～100m，占地层厚度比例的 6%～34%。根据岩性组合特征，青山口组可划分为三段：中上部为黑色泥岩、灰绿色泥岩、粉砂质泥岩，夹少量薄层粉砂岩和油页岩；下部为油页岩，黑色页岩夹薄层泥灰岩和介壳层；底部为灰绿色泥岩、粉砂质泥岩夹粉砂岩。

青一段沉积时期，古松辽湖盆发育进入极盛时期，湖水扩张，大部分地区均为湖相沉积。岩性为一套灰黑色泥岩、油页岩与灰白色粉砂岩呈不等厚互层，底部为深灰、灰黑色泥页岩或油页岩。青一段暗色泥岩在松辽盆地南部分布广泛，主要发育在中央坳陷区，暗色泥岩厚度普遍在 40m 以上（面积约为 $2.6 \times 10^4 \text{km}^2$）。尤其在大安、乾安以及长春岭地区，暗色泥岩厚度可达 70m 以上，最厚达 100m 左右（图 1-4-1）。

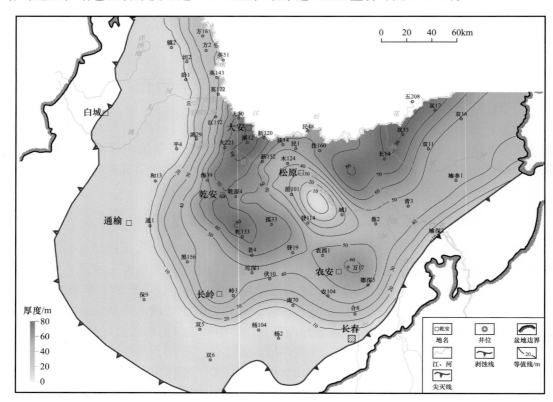

图 1-4-1 松辽盆地青山口组一段暗色泥岩等厚图

青二段沉积环境已由潮湿向干旱过渡，泥岩颜色也从青一段的灰黑、黑色转变为深灰、灰、灰绿乃至棕色，且油页岩发育较差，砂体分布范围扩大。暗色泥岩主要集中分布在长岭凹陷中部的查干泡—乾安—孤店地区，由南向北厚度增大，最厚处可达160m。岩性组合上长岭凹陷北部为大套泥岩夹薄层粉砂岩，至大情字井地区以灰色粉砂岩沉积为主，夹薄层灰色泥岩。

青三段泥岩虽然厚度最大（一般大于90m），但颜色较浅，尤其是青三段上部以灰绿、紫色等杂色泥岩为主，且多为砂泥互层。厚度分布上也呈现"南薄北厚"的特征，最厚处主要分布于大安次凹—塔虎城地区，可达370m。

2. 嫩江组烃源岩发育分布特征

嫩江组是继青山口组沉积后的再次大规模湖侵所形成的沉积地层。按照盆地演化过程可划分为初、早、中和晚四个时期（分别对应嫩一段—嫩二段、嫩三段、嫩四段和嫩五段）。不同时期泥岩的发育规模及特征，体现了湖盆由极盛转为逐渐衰亡的过程。

嫩一段暗色泥岩广泛分布（图1-4-2），凹陷内厚度一般在40m以上，其中大安至孤店一带厚度可达70m以上，最厚处（大安地区）可达100m左右。岩性上嫩一段主要为黑色泥页岩和油页岩，下部夹少量灰绿色粉砂质泥岩、粉砂岩，泥岩中常含粉末状黄铁矿和菱铁矿结核。

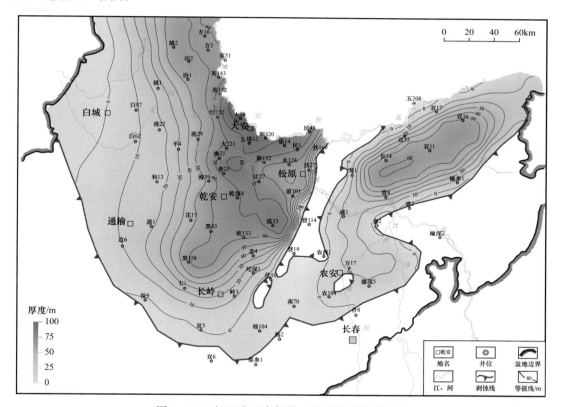

图1-4-2 松辽盆地南部嫩一段暗色泥岩等厚图

嫩二段主要为灰黑、深灰色泥页岩，局部夹薄层泥质粉砂岩、粉砂岩，底部有厚度为8～15m的油页岩。这套油页岩为区域上最重要的标志，也体现了该时期为湖盆的极盛时期。嫩二段暗色泥岩也有较广的分布范围，厚度一般在30m以上，整体由北向南逐渐变薄。其中，大安凹陷厚度在120～180m之间，乾安—长岭凹陷厚度在60～120m之间。

与嫩江组沉积初期相比，嫩三段沉积中心向西偏移，泥岩分布范围和厚度均普遍减小，厚度一般小于70m，仅在大安和乾安—长岭地区内厚度超过70m，最厚约110m。嫩四段沉积时期湖盆继续抬升，随着充填加剧，堆积速率大于容纳速率，水体不断变浅，但湖面扩大。暗色泥岩厚度最大处沿大安—乾安呈窄条带状分布，为120～140m。嫩五段沉积时期湖盆趋于萎缩，三角洲沉积物从南、北两个方向填塞湖盆，水体进一步变浅。暗色泥岩厚度最大处仍然沿大安—乾安分布，厚100～120m。

二、深层煤系烃源岩沉积环境与分布特征

松辽盆地南部中生代早白垩世为中小型断陷发育阶段，小型断陷的快速沉降充填形成了深层火石岭组、沙河子组和营城组三套煤系烃源岩，主要分布于英台、长岭、孤店、王府、榆树、德惠、梨树、双辽八个断陷。

火石岭组沉积早期以滨浅湖—半深湖沉积为主（暗色泥岩沉积），后期以扇三角洲充填为主。沙河子组沉积时期断陷再一次快速沉降，水体变深、水域扩大，且火山活动基本停止，沉积了一套湖相为主的碎屑岩地层。岩性以深灰或灰黑色泥岩、粉砂质泥岩为主，夹灰色或灰白色砂砾岩及少量凝灰岩，泥岩中夹杂的煤层发育不稳定。营城组沉积时期是松辽盆地白垩纪火山爆发的高峰期，尤其在营一段沉积时期，火山活动频繁，存在多个火山口，在松辽盆地南部形成了厚层、大面积分布的火山岩建造；营二段沉积时期，发生了大面积湖侵，且火山活动逐渐减弱，仅在局部地区存在火山喷发，所沉积的岩性主要为湖相暗色泥岩和火山碎屑岩；营三段沉积时期所沉积地层经过后期构造抬升，绝大部分地层被剥蚀，仅在控陷断裂附近有所残存，岩性主要为棕红、杂色砂砾岩和杂色角砾岩。

1. 营城组烃源岩分布特征

松辽盆地南部营城组暗色泥岩主要发育在营城组沉积中期（营二段），不同断陷均有发育，但不同断陷暗色泥岩的分布面积和厚度差异较大。其中，中西部断陷带的英台断陷、长岭断陷的乾北和伏龙泉—双坨子—大老爷府地区以及东部断陷带的王府断陷、榆树断陷、梨树断陷营城组暗色泥岩厚度较大。八个重点断陷大于100m暗色泥岩总的分布面积约为6500km²。

英台断陷营二段暗色泥岩面积约为470km²，其中大于100m暗色泥岩总面积为280km²，主要分布在北部五棵树洼槽（最厚可至300m）和南部大屯洼槽（最厚超过600m）。长岭断陷营城组暗色泥岩分布较广，厚度大于100m的暗色泥岩总面积达4000km²。其中，乾北地区分布面积最大（约3000km²），最大厚度超过500m；其次为伏龙泉—双坨子—大老爷府地区，大于100m厚度的泥岩面积约为780km²，在哈什坨和伏龙泉次洼中心厚度超过400m；黑帝庙洼槽营城组暗色泥岩整体发育较差，仅局部零星发育薄层暗色泥岩。孤店断陷营城组厚度大于100m暗色泥岩面积仅约270km²，厚层暗色泥岩分布面积也较为有限。

东部断陷带的王府断陷营城组暗色泥岩总面积约为900km²，主要发育在增盛洼槽（最大厚度约为300m）和小城子洼槽（最大厚度超过400m）。榆树断陷营城组暗色泥岩

主要分布东、西两个洼槽，总面积 1140km²。榆东洼槽最大泥岩厚度约为 400m，榆西洼槽泥岩厚度相对较薄。德惠断陷营城组泥岩分布较广，面积达 1660km²，但厚度普遍较薄（最厚不超过 200m）。梨树断陷营城组普遍发育大套厚层暗色泥岩（平均厚度约为 230m，单层最大厚度达 115m），厚度超过 100m 的暗色泥岩面积达 1450km²，在洼槽中心最大厚度超过 700m。双辽断陷营城组暗色泥岩发育程度有限，东部洼槽虽然中心区域最大厚度能达到 300m，但泥岩分布面积小，大于 100m 厚度的泥岩面积仅 120km²；西部洼槽虽然暗色泥岩分布面积比东部要大，但普遍偏薄，最大厚度仅为 200m 左右（图 1-4-3a）。

2. 沙河子组烃源岩分布特征

沙河子组在松辽盆地南部沉积环境相对稳定，整体上以湖相沉积为主，各断陷均有大套暗色泥岩发育，厚度大于 100m 的暗色泥岩累计面积约为 7250km²。沙河子组广泛发育的暗色泥岩为深层火山岩和碎屑岩气藏提供了充足的气源。

中西部断陷带的英台断陷沙河子组主要分布在断陷南部，大于 100m 厚度的暗色泥岩分布面积约为 200km²，沉积中心偏北，中心处暗色泥岩累计厚度达到 400m。长岭断陷沙河子组暗色泥岩主要分布在乾北、前神字井、查干花、哈什垞、伏龙泉以及黑帝庙六个洼槽中。其中，乾北洼槽烃源岩分布范围最广，大于 100m 厚度暗色泥岩分布面积达 1360km²。前神字井洼槽虽然暗色泥岩分布面积有限，但厚度较大（普遍超过 400m，中心处甚至达到 600m）；查干花洼槽暗色泥岩整体上北厚南薄，北部洼槽中心最大厚度达到 500m；哈什垞洼槽较小，泥岩厚度薄，最大厚度仅 200m 左右；伏龙泉洼槽厚度达 100m 以上的泥岩面积约为 280km²，洼槽内存在三个沉积中心，泥岩厚度半数超过 200m，最厚达 600m；黑帝庙洼槽暗色泥岩发育程度较差，生烃能力有限。孤店断陷厚度大于 100m 的暗色泥岩面积约为 270km²，厚度普遍较薄，大部分处于 100～200m 之间，仅洼槽中心部位达 300m。

东部断陷带的王府断陷沙河子组三个洼槽暗色泥岩总面积约为 820km²，主要发育在增盛（最大厚度约 400m）和小城子洼槽（最大厚度超过 300m）。榆树断陷沙河子组暗色泥岩分布在东、西两个洼槽，两洼槽暗色泥岩面积相当，总面积约为 1260km²，但榆东洼槽暗色泥岩厚度大于榆西洼槽（榆东洼槽最大厚度超过 400m，榆西洼槽最大厚度约为 300m）。德惠断陷沙河子组泥岩分布面积达 1080km²，暗色泥岩较营城组发育，大于 100m 厚度暗色泥岩面积 560km²，沉积中心泥岩厚度达 300m。梨树断陷沙河子组厚度超过 100m 的暗色泥岩面积达 1060km²，单层最大厚度为 150m，断陷中心最厚可达 650m；暗色泥岩自西向东逐渐减薄，是松辽盆地南部暗色泥岩发育厚度最大的断陷。双辽断陷沙河子组暗色泥岩发育程度有限，东部洼槽大于 100m 厚度的泥岩面积约为 130km²，最大厚度超过 300m；西部洼槽大于 100m 厚度的泥岩面积为 680km²，暗色泥岩厚度大部分在 100～200m 之间，中心局部地区厚度大于 200m（图 1-4-3b）。

3. 火石岭组烃源岩分布特征

松辽盆地南部深层揭示火石岭组的探井相对较少，截至 2018 年，仅在王府断陷、榆树断陷以及德惠断陷发现大面积发育的火石岭组烃源岩。其中，王府断陷火石岭组暗色泥岩分布面积和厚度最大，大于 100m 厚度泥岩面积约为 850km²，主要分布在增盛和小城子洼槽，最大厚度达 400m 以上；德惠断陷大于 100m 厚度泥岩面积为 800km²，湖

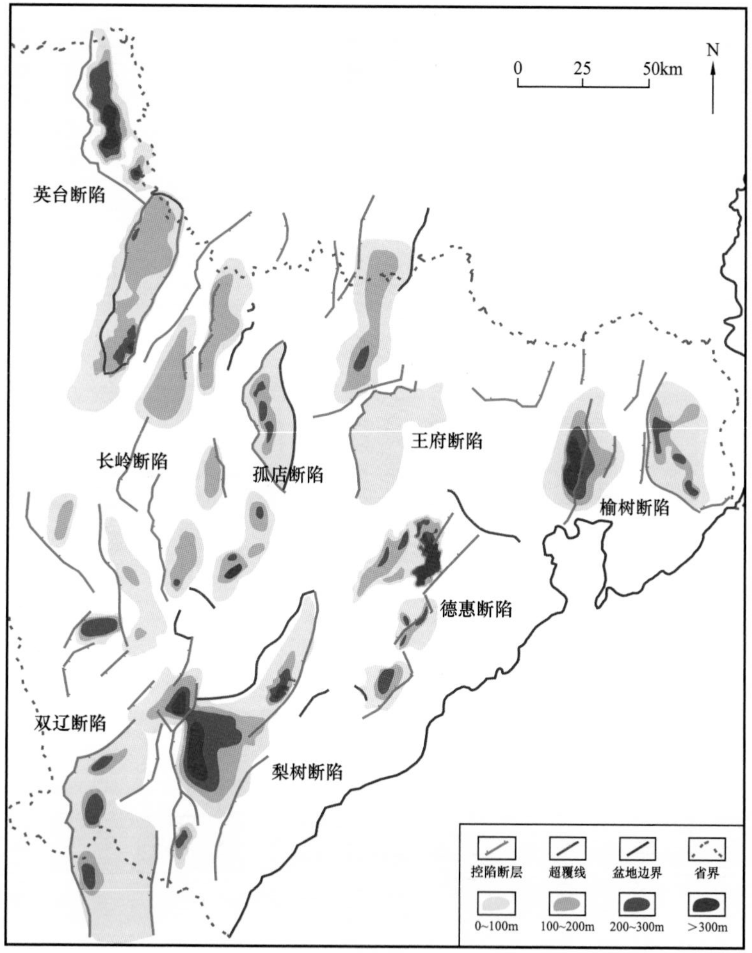

b. 沙河子组

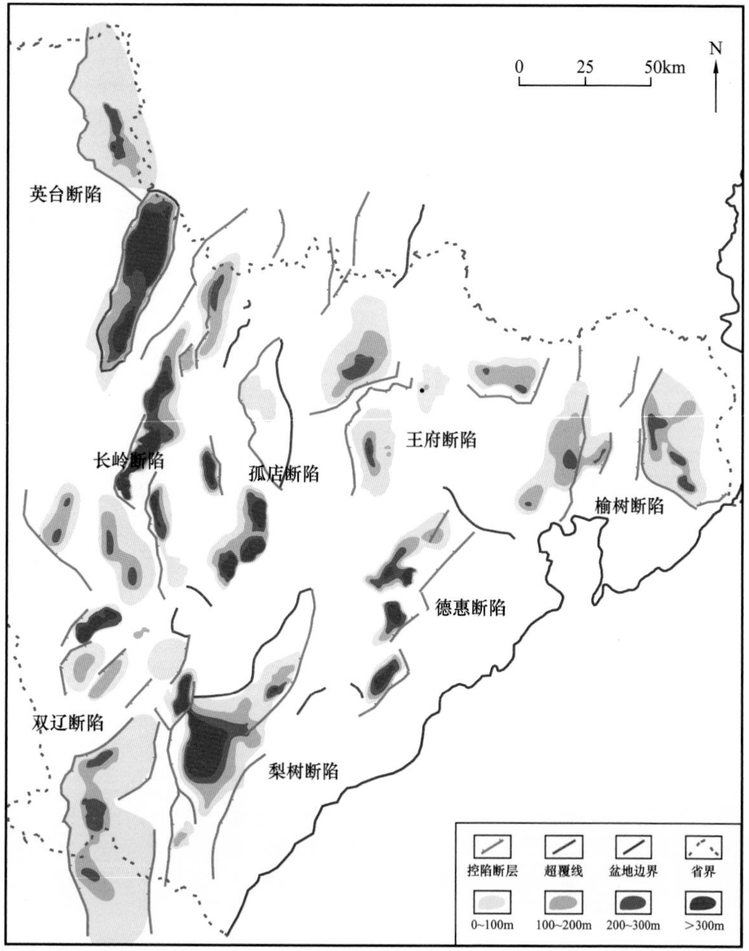

a. 营城组

图 1-4-3　松辽盆地南部暗色泥岩分布图

盆中心泥岩厚度达 300m 以上；榆树断陷火石岭组分布范围最小，泥岩较薄，且厚度都在 200m 以下，烃源岩生烃潜量有限。

第二节　烃源岩地球化学特征

陆相泥质烃源岩一般都存在比较明显的非均质性，从生烃角度来说，这种非均质性主要体现在烃源岩地球化学特征的差异。国内外诸多研究证实，并非烃源岩厚度大、分布广，生烃潜量就大，而部分薄层的优质烃源岩层段对油气成藏却起着决定性作用。虽然诸多学者对优质烃源岩的判识尚未形成统一的标准，但均认识到优质烃源岩一般要求有机质相对富集，丰度指标达到好—最好的标准，有机质类型较好（以 I 型或 II$_1$ 型为主），烃源岩中富含藻类体、壳质体等显微组分。因此，本节主要对松辽盆地南部中浅层和深层烃源岩的地球化学指标特征（包括有机质丰度、类型和成熟度）进行阐述。

一、中浅层烃源岩地球化学特征

1. 烃源岩有机质丰度

依据中华人民共和国石油与天然气行业标准 SY/T 5735—2019《烃源岩地球化学评价方法》，将松辽盆地中浅层烃源岩划分为差、中等、好、最好四个级别，所涉及的有机质丰度评价指标包括总有机碳（TOC）、氯仿沥青"A"和生烃潜量（S_1+S_2）。

1）青山口组烃源岩有机质丰度

整体上，青一段烃源岩 TOC 普遍大于 1%（占比超过 80%），60% 以上烃源岩氯仿沥青"A"大于 0.1%，生烃潜量（S_1+S_2）大于 6mg/g 的样品约占 64%，属于好—最好级别烃源岩；青二段—青三段 70% 以上烃源岩 TOC 介于 0.6%～1%，氯仿沥青"A"从差—最好烃源岩均有分布，生烃潜量（S_1+S_2）主要低于 6mg/g，综合判定为差—好级别烃源岩（图 1–4–4）。

在不同二级构造带中，扶新隆起区 70% 以上烃源岩 TOC 大于 2%，76% 的烃源岩 S_1+S_2 介于 6～20mg/g；红岗阶地和长岭凹陷 TOC 半数集中在 1%～2% 之间，大于 2% 的比例仅为 22% 和 15%，其中红岗阶地约 79% 烃源岩生烃潜量大于 6mg/g，长岭凹陷 S_1+S_2 含量相对较低，约 40% 的样品大于 6mg/g。整体上，这三个地区青一段烃源岩有机质丰度均是以好—最好级别为主，其中扶新隆起区有机质丰度最高，其次为红岗阶地，长岭凹陷丰度相对较低。青二段—青三段有机质丰度明显要低于青一段，扶新隆起区以好—最好的烃源岩为主，红岗阶地和长岭凹陷则以中等—好烃源岩为主（图 1–4–5）。

作为品质较好的主力烃源岩，青一段烃源岩 TOC 含量在平面分布上也存在差异。青一段泥岩北部丰度较高，一般大于 2%，高丰度的泥岩主要集中于大安次凹和新北地区，南部为 1%～2%；青二段泥岩 TOC 大部分小于 2%，仅在新北地区及南部乾安—孤店地区出现大于 2%；青三段整体丰度较低，多数低于 1%，仅在塔虎城、让字井、花敖泡及英台地区西部有几个高值点分布。青一段—青三段生烃潜量平面分布上差别较大。青一段中央坳陷区北部一般大于 6mg/g，南部黑帝庙地区较低，一般为 2～6mg/g，新北东

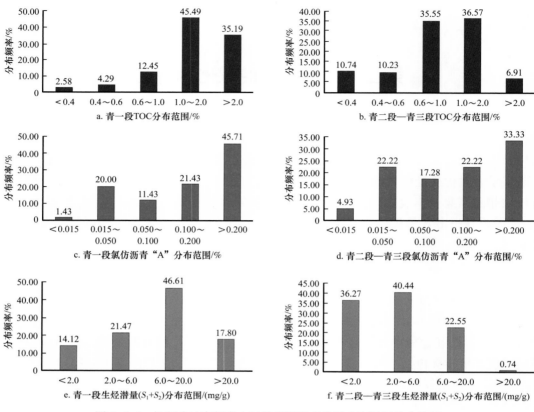

图 1-4-4　松辽盆地南部青山口组烃源岩有机质丰度指标分布特征

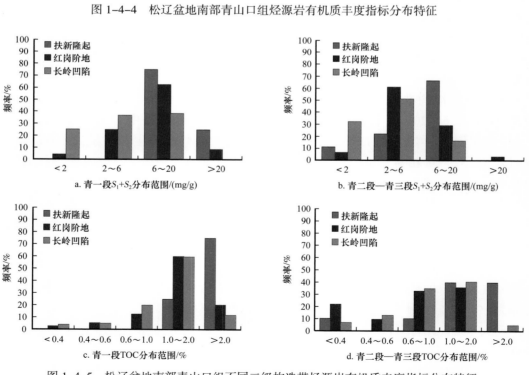

图 1-4-5　松辽盆地南部青山口组不同二级构造带烃源岩有机质丰度指标分布特征

部一般大于 20mg/g；青二段明显低于青一段，中央坳陷区中部海坨子—查干泡地区大于 6mg/g，大安次凹西部部分大于 6mg/g；青三段则普遍低于 6mg/g，仅在花敖泡地区有部分大于 6mg/g。

2）嫩江组烃源岩有机质丰度

嫩一段约 70% 烃源岩 TOC 超过 2%，氯仿沥青"A"大于 0.2% 的烃源岩也超过 60%，也有约 80% 的烃源岩生烃潜量（S_1+S_2）超过 6mg/g，判定嫩一段烃源岩以最好烃源岩为主，其次为好级别烃源岩（图 1-4-6）。嫩二段烃源岩 TOC 主要处于 0.6%～2.0% 之间，还有约 20% 的烃源岩处于最好级别；氯仿沥青"A"从 0.015%～0.2% 均有分布，大部分烃源岩 S_1+S_2 小于 6mg/g，综合判定嫩二段以中等—好级别烃源岩为主，有机质丰度明显低于嫩一段（图 1-4-7）。松辽盆地南部嫩三段、嫩四段和嫩五段烃源岩有机质丰度指标整体较差，不作为南部的主力烃源岩，在此不再赘述。

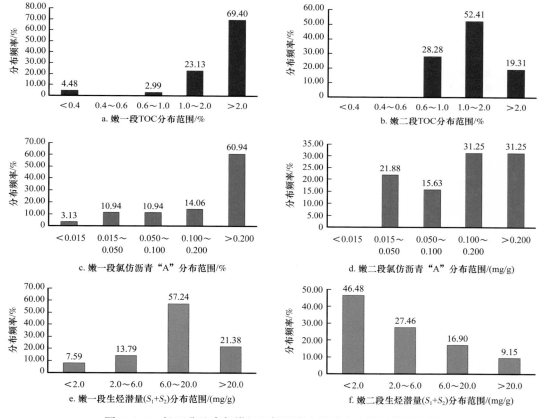

图 1-4-6　松辽盆地南部嫩江组烃源岩有机质丰度指标分布特征

在嫩一段、嫩二段烃源岩主要发育的二级构造带内，有机质丰度差异性不大。扶新隆起、红岗阶地以及长岭凹陷嫩一段 TOC 含量普遍较高（超过 60% 的烃源岩 TOC 含量大于 2%），生烃潜量也主要处于好级别烃源岩（图 1-4-7）。嫩二段烃源岩 TOC 含量在扶新隆起绝大部分大于 2%；红岗阶地和长岭凹陷约 60% 烃源岩 TOC 含量介于 1%～2%，属于好级别烃源岩。虽然嫩二段烃源岩在三个地区的生烃潜量从差到好级别均有分布，但扶新隆起区烃源岩生烃潜量依然有半数以上介于 6～20mg/g（图 1-4-7）。因此，横向对比来看，嫩一段烃源岩丰度在三个区块差异性不大，而嫩二段烃源岩在扶新隆起区有机质丰度要高于红岗阶地和长岭凹陷。

平面上，嫩一段 TOC 在中央坳陷区多数地区大于 2%，S_1+S_2 一般大于 6mg/g。四方坨子地区丰度相对较低，中央坳陷内部有部分 TOC 低值，但一般大于 1.5%，嫩一段整体丰度较高。嫩二段 TOC 整体均低于 2%，S_1+S_2 低于 6mg/g，在北部大安次凹—新北地区 TOC 部分大于 2%，S_1+S_2 大于 6mg/g，南部黑帝庙地区有小范围高丰度发育区。

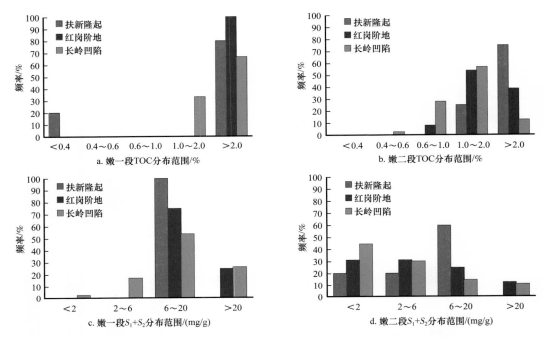

图 1-4-7　松辽盆地南部嫩江组不同二级构造带烃源岩有机质丰度指标特征

2. 烃源岩有机质类型

松辽盆地南部中浅层有机质划分采用三类四分法，分为 Ⅰ 型（腐泥型）、$Ⅱ_1$ 型（腐殖—腐泥型）、$Ⅱ_2$ 型（腐泥—腐殖型）和 Ⅲ 型（腐殖型）四种类型（表 1-4-1）。

表 1-4-1　有机质类型划分标准表

干酪根类型	Ⅰ	$Ⅱ_1$	$Ⅱ_2$	Ⅲ
干酪根氢碳原子比	>1.4	1.2~1.4	0.8~1.2	<0.8
干酪根氧碳原子比	<0.1	0.1~0.2	0.2~0.3	>0.3
干酪根镜检	以类脂组为主	以类脂组＋壳质组为主	以镜质组＋壳质组为主	以镜质组＋惰质组为主
干酪根类型指数	≥80	40~80	0~40	<0
岩石热解氢指数 /（mg/g）	>600	600~400	400~200	<200
干酪根 $\delta^{13}C/‰$	<-29	-29~-26	-26~-24	>-24

1）青山口组烃源岩有机质类型

（1）干酪根元素组成。

目前应用元素组成评价干酪根类型，普遍采用氢碳原子比与氧碳原子比组成的范氏图。该方法适用于有机质在未成熟—低成熟演化阶段。

不同地区青山口组烃源岩 H/C 和 O/C 差异性较大，体现了有机质类型的多样性。红岗阶地、扶新隆起以及华字井阶地青一段和青二段—青三段均以Ⅰ型为主，少量Ⅱ₂型有机质；而长岭凹陷青一段以Ⅰ型和Ⅱ₁型为主，其次为Ⅱ₂型；青二段—青三段烃源岩则以Ⅱ₁型、Ⅱ₂型为主，存在少量Ⅰ型和Ⅲ型干酪根（图 1-4-8）。

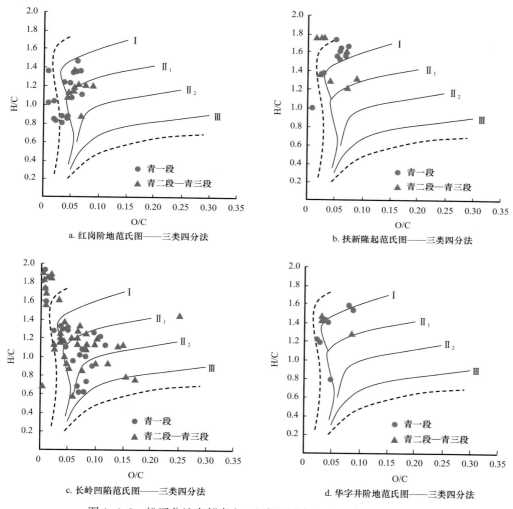

图 1-4-8　松辽盆地南部青山口组烃源岩氢氧碳元素组成范氏图

（2）氯仿沥青"A"特征。

不同类型干酪根所生成的氯仿沥青"A"的族组成存在一定的差异。青一段饱和烃/芳香烃大于 3.0 约占总样品数的 58%，为Ⅰ型干酪根，约 34% 的样品为Ⅱ₁型干酪根。因此，青一段有机质类型以Ⅰ型和Ⅱ₁型为主，与元素组成判定结果一致（图 1-4-9）。

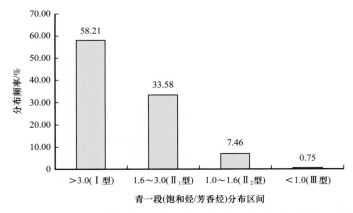

图 1-4-9　松辽盆地南部青一段烃源岩可溶有机质特征划分有机质类型

（3）岩石热解特征。

岩石热解资料对成熟度较低的烃源岩评价效果好。依据氢指数（HI）与热解峰温评价结果揭示，长岭凹陷青一段以II_1型和II_2型有机质为主，其次为I型和III型；红岗阶地、扶新隆起和华字井阶地青一段以II_2型有机质为主，其次为I型（图1-4-10）。该评价结果比上述判定的有机质类型低一个档次，这主要是由于青一段烃源岩主要处于成熟阶段，HI由于生烃作用有所降低。

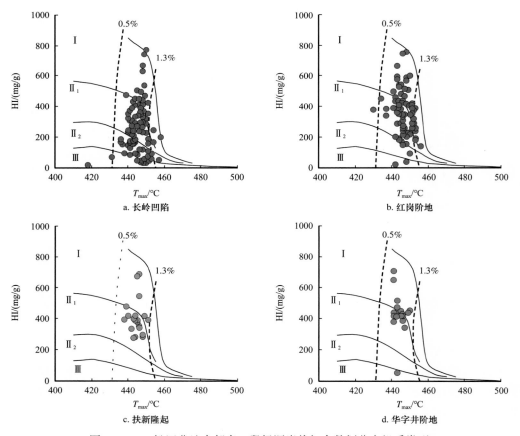

图 1-4-10　松辽盆地南部青一段烃源岩热解参数划分有机质类型

2）嫩江组烃源岩有机质类型

（1）有机元素组成。

中央坳陷区嫩江组烃源岩多为Ⅰ型、Ⅱ₁型和Ⅱ₂型；其中，嫩一段以Ⅰ型、Ⅱ₁型为主，嫩二段、嫩三段各类型均有分布（图1-4-11）。平面上，嫩一段有机质在红岗阶地和扶新隆起主要为Ⅰ型，西部斜坡主要为Ⅱ₁型，长岭凹陷类型较广泛，从Ⅰ型至Ⅱ₂型均有发育。嫩二段类型略差于嫩一段，以Ⅱ₁型、Ⅱ₂型为主，在红岗阶地、长岭凹陷以及扶新隆起带存在部分Ⅰ型有机质。嫩三段在长岭凹陷主要为Ⅱ₂型有机质，其次为Ⅱ₁型和少量Ⅰ型有机质（图1-4-12）。整体上，从嫩一段至嫩三段，有机质类型逐渐变差，也体现了湖盆萎缩、水体变浅的沉积特征。

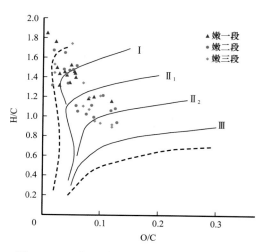

图1-4-11　松辽盆地南部中央坳陷区嫩江组烃源岩氢氧碳元素组成范氏图

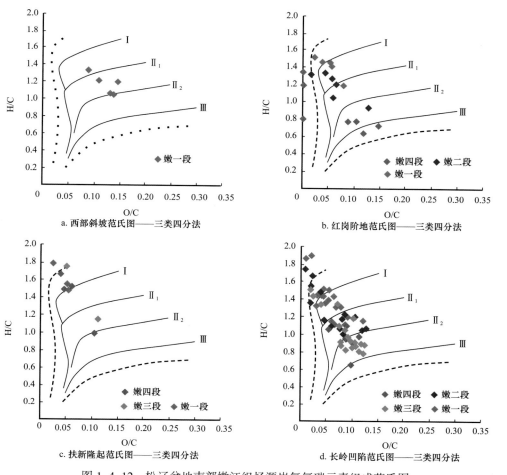

a. 西部斜坡范氏图——三类四分法

b. 红岗阶地范氏图——三类四分法

c. 扶新隆起氏图——三类四分法

d. 长岭凹陷范氏图——三类四分法

图1-4-12　松辽盆地南部嫩江组烃源岩氢氧碳元素组成范氏图

（2）干酪根显微组分。

根据干酪根显微组分计算有机质类型 TI 指数，嫩一段、嫩二段烃源岩有机质以Ⅰ型、Ⅱ₁型为主，部分Ⅲ型，而嫩三段烃源岩有机质以Ⅲ型为主，少量Ⅰ型、Ⅱ₁型（图1-4-13）。

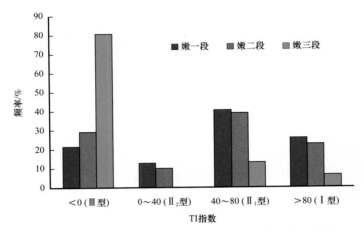

图1-4-13　松辽盆地南部嫩江组泥岩类型指数 TI 值频率图

（3）岩石热解特征。

热解峰温与氢指数关系揭示，嫩一段有机质以Ⅰ型、Ⅱ₁型为主，少部分为Ⅱ₂型和Ⅲ型；嫩二段类型复杂，各类型均有分布，以Ⅱ₁型、Ⅱ₂型为主，其次为Ⅰ型，少量Ⅲ型；嫩三段则以Ⅱ₂型有机质为主，其次为Ⅲ型，较少Ⅰ型、Ⅱ₁型（图1-4-14）。

总体上，嫩一段基本以Ⅰ型和Ⅱ₁型有机质为主，嫩二段有机质类型也比较好，主要为Ⅱ₁和Ⅱ₂型，嫩三段有机质类型较差，以Ⅱ₂型和Ⅲ型为主。平面上，嫩一段在整个中央坳陷区类型均较好，以Ⅰ型、Ⅱ₁型为主。但在乾安—孤店区以Ⅱ₁型为主，西部斜坡区以Ⅱ₂型、Ⅲ型为主。嫩二段在红岗大安次凹区及南部黑帝庙区类型最好，以Ⅱ₁型为主，部分Ⅰ型，乾安—孤店区以Ⅱ₂型为主，西部斜坡区以Ⅱ₂型、Ⅲ型为主。嫩三段类型普遍较差，以Ⅱ₂型、Ⅲ型为主，仅在黑帝庙地区有部分Ⅱ₁型。

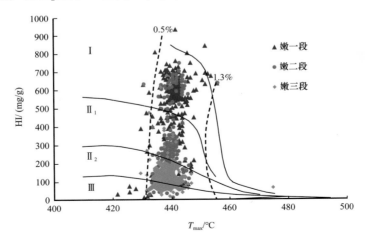

图1-4-14　松辽盆地南部嫩江组热解参数 T_{max} 与 HI 类型判别关系图

3. 烃源岩有机质成熟演化特征

1）烃源岩成熟度特征

干酪根镜质组反射率（R_o）被认为是研究成熟度和干酪根热演化最可靠的参数之一，随着埋深的增大，松辽盆地南部青山口组和嫩江组烃源岩呈指数增大，不过不同区块，R_o增长的趋势有所不同。

红岗阶地和长岭凹陷青山口组 R_o 主要介于 0.7%～1.3%，处于成熟阶段；而扶新隆起区青山口组烃源岩演化程度比前两个地区低，R_o 主要介于 0.5%～1.0%，主要处于成熟阶段早期，部分处于低成熟阶段；华字井阶地青山口组 R_o 虽然也介于 0.5%～1.0%，但以低成熟阶段为主，部分达到成熟阶段（图 1-4-15）。嫩江组一段、二段在红岗阶地 R_o 普遍低于 0.7%，处于低成熟阶段；在长岭凹陷嫩一段、嫩二段 R_o 介于 0.6%～1.0%，主要处于成熟阶段初期，少量嫩二段烃源岩处于低成熟阶段；扶新隆起地区嫩一段、嫩二段烃源岩成熟度进一步降低，主要处于低成熟阶段；华字井阶地缺乏嫩江组烃源岩镜质组反射率，但根据青山口组烃源岩的成熟度，推测其还应处于未成熟阶段（图 1-4-15）。

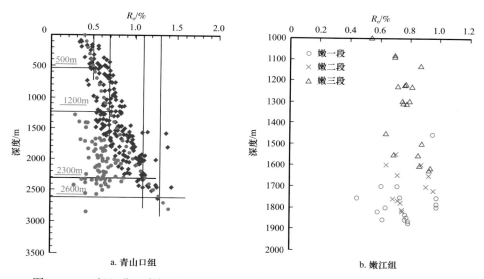

图 1-4-15　松辽盆地南部中浅层青山口组及嫩江组烃源岩 R_o 随深度变化特征图

对于低成熟度的烃源岩，热解数据 T_{max} 也可作为反映有机质热演化程度的指标之一。青一段埋深大于1000m的烃源岩中，热解峰温 T_{max} 基本处于 440～450℃，处于成熟阶段（图 1-4-16）。嫩一段 T_{max} 分布于成熟阶段的频率最高，其次为低成熟阶段，不足 10% 的烃源岩处于未成熟阶段；嫩二段、嫩三段烃源岩则以低成熟为主（占 50%～60%），其次为成熟阶段（占 30%～40%），约 10% 烃源岩处于未成熟阶段（图 1-4-17）。

2）烃源岩热演化特征

松辽盆地南部中浅层烃源岩主要热演化参数随深度增加呈规律性变化（图 1-4-18）。镜质组反射率和 T_{max} 均随深度增加而缓慢增大，表明有机质成熟度随深度增加逐渐升高。氯仿沥青"A"、总烃、产率指数 $[S_1/(S_1+S_2)]$ 均随深度增加而先增后降，埋深小于 1000m 时，增加幅度不大，表明该阶段有机质生烃能力不强，还处于未成熟—低成熟阶段；当埋深达到 1500m 时，氯仿沥青 "A"、总烃及产率指数均达到最大值，此时烃源岩生烃达到高峰期；随着埋深的持续增大，三项指标均呈现降低的趋势。此外，有效碳（C_p）在埋深超过 1500m 时也呈现降低的趋势。这一现象表明松辽盆地南部中浅层烃源岩在 1500m 处不仅是生烃达到高峰期，而且也进入开始大量排烃的阶段。根据上述地球化学指标，结合其他地球化学参数，建立松辽盆地南部中浅层有机质演化阶段划分表（表 1-4-2）。

不同凹陷有机质热演化阶段对应的埋藏深度比较接近，尤其随着有机质成熟度的增加，深度差异逐渐减小（表 1-4-3），反映烃源岩具有较为一致的热演化史，其有效烃源岩分布深度范围也应大致相当。

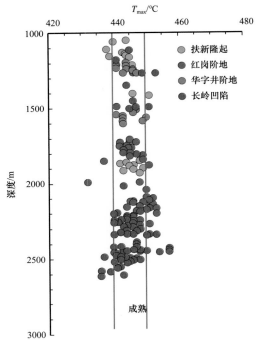

图 1-4-16　松辽盆地南部青山口组一段烃源岩 T_{max} 随深度变化特征图

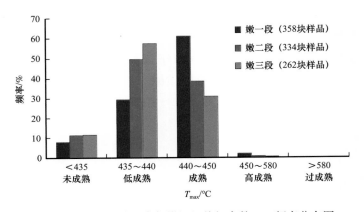

图 1-4-17　松辽盆地南部嫩江组热解参数 T_{max} 频率分布图

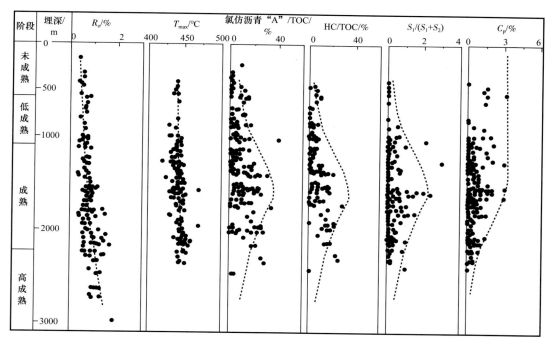

图 1-4-18 松辽盆地南部烃源岩热演化剖面图

表 1-4-2 松辽盆地南部有机质演化阶段划分表

演化阶段	未成熟	成熟	高成熟	过成熟
深度 /m	<600	0~2200	2200~3100	>3100
$R_o/\%$	<0.5	0.5~1.3	1.3~2.0	>2.0
$T_{max}/℃$	<435	440~450	450~580	>580
氯仿沥青 "A" /%	<0.3	0.3~3.0	<0.5	<0.2
HC/（μg/g）	<1500	<3000	<3000	<2000
S_1/（mg/g）	<0.25	<5.00	<0.60	<0.20
S_1+S_2（mg/g）	<50	<15	<3	<2
S_1/（S_1+S_2）	<0.7	<0.8	<0.3	<0.2
HI/（mg/g）	100~800	<800	<400	<100
HCI/（mg/g）	<15	<120	<20	<20
I1460+I2920/I1600	2.0~7.0	1.0~10.0	1.0~6.5	<3.0
I1700/I1600	0.6~1.0	0.2~1.1	0.2~0.6	<0.4
胶质 + 沥青质 /%	35~55	10~55	<30	<20

表 1-4-3　松辽盆地南部不同凹陷有机质演化阶段深度对应表

凹陷		R_o/%				
		0.5	0.7	1.0	1.3	2.0
埋深 /m	长岭凹陷	663.8	1381.9	2143.0	2532.1	3622.2
	乾安凹陷	568.3	1223.0	2123.0	2531.9	3677.7
	大安凹陷	751.4	1465.8	2223.0	2610.1	3694.6

二、深层烃源岩地球化学特征

1. 烃源岩有机质丰度

深层烃源岩由于成熟度较高，烃源岩中残留的液态烃、总烃以及生烃潜量均较低，不适合作为评价烃源岩丰度的指标。因此，针对松辽盆地南部深层烃源岩有机质丰度，主要依据残留有机碳含量来评价。

松辽盆地南部深层营城组、沙河子组和火石岭组三套烃源岩有机质丰度总体上较好（表 1-4-4）。营城组好级别（TOC 大于 1.0%）烃源岩达到半数以上的断陷分别如下：梨树断陷（占比 61%，TOC 均值 1.57%）、英台断陷（占比 59%，TOC 均值 1.51%）以及榆树断陷（占比 57%，TOC 均值 1.58%）；其次为德惠断陷（占比 46%，TOC 均值 1.37%）和双辽断陷（占比 44%，TOC 均值 1.15%）；长岭断陷和王府断陷营城组好级别烃源岩占比分别为 30% 和 24%（TOC 均值分别为 0.91% 和 0.93%）；孤店断陷最差（占比 20%，TOC 均值 0.4%）（表 1-4-4 和图 1-4-19）。

表 1-4-4　松辽盆地南部不同断陷深层烃源岩有机质丰度表

断陷	层位	有机碳 /%	断陷	层位	有机碳 /%
英台	营城组	1.51（454）/0.13～5.53	梨树	营城组	1.57（264）/0.014～5.97
	沙河子组	0.92（204）/0.07～2.43		沙河子组	1.03（88）/0.09～3.43
长岭	营城组	0.91（769）/0.01～5.98	德惠	营城组	1.37（329）/0.01～5.82
	沙河子组	1.18（298）/0.16～6.01		沙河子组	1.91（825）/0.01～5.94
	火石岭组	1.99（97）/0.03～6.01		火石岭组	1.85（335）/0.14～5.73
孤店	营城组	0.40（160）/0.05～2.12	榆树	营城组	1.58（136）/0.08～5.67
	沙河子组	0.47（132）/0.07～5.02		沙河子组	1.32（119）/0.05～5.95
	火石岭组	2.84（47）/0.09～4.70		火石岭组	1.31（51）/0.04～5.94
王府	营城组	0.93（46）/0.14～5.34	双辽	营城组	1.15（265）/0.04～5.75
	沙河子组	2.30（346）/0.39～5.96		沙河子组	1.20（286）/0.08～5.99
	火石岭组	2.11（217）/0.08～5.63		火石岭组	1.23（42）/0.01～4.77

注：数据格式为平均值（样品数量）/ 最大值～最小值。

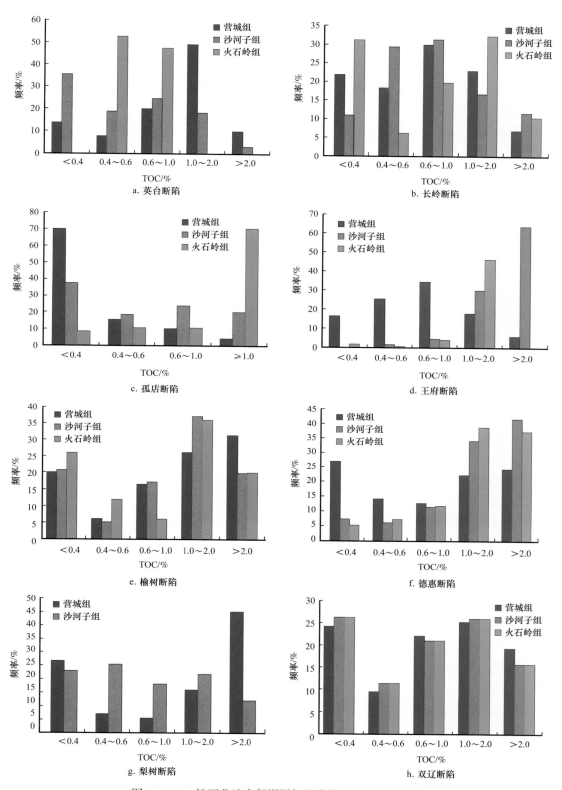

图 1-4-19　松辽盆地南部深层烃源岩有机碳分布柱状图

沙河子组王府断陷最优，好级别烃源岩高达94%（TOC均值2.3%）；其次为德惠断陷，76%的烃源岩TOC含量大于1.0%（TOC均值1.91%）；榆树断陷和双辽断陷约半数达到好以上烃源岩的标准，其比例分别为57%和42%（TOC均值分别为1.32%和1.2%）；梨树断陷、长岭断陷以及孤店断陷TOC含量大于1.0%的比例分别为34%、29%和24%（TOC均值分别为1.03%、1.18%和0.47%）；英台断陷揭示的沙河子组探井多位于边部，虽然好以上级别烃源岩仅21%左右，但TOC均值能达到0.92%（表1-4-4和图1-4-19）。

火石岭组揭示的烃源岩评价均较好，孤店断陷和德惠断陷最优，75%以上烃源岩的TOC含量大于1.0%，TOC均值分别为2.84%和1.85%；其次为榆树断陷，约56%烃源岩达到好以上级别，TOC均值1.31%；王府断陷、长岭断陷和双辽断陷达到好以上级别的烃源岩分别为46%、42%和42%，TOC均值分别为2.11%、1.99%和1.23%；英台断陷火石岭组尚未揭示到好的烃源岩，在此不做叙述（表1-4-4和图1-4-19）。

2. 烃源岩有机质类型

松辽盆地南部深层烃源岩多数处于高成熟—过成熟阶段，干酪根元素组成方法已经不适用，故采用干酪根显微组分及干酪根类型指数判别有机质类型。

英台断陷营城组和沙河子组烃源岩中腐泥组含量相对较高，平均含量达65%左右，其次为镜质组和惰质组，平均含量为15%和20%左右，未发现壳质组（表1-4-5）。营城组和沙河子组以藻类等低等水生生物来源为主，同时还存在部分高等植物的来源。TI指数指示营城组以II_1型和II_2型为主，类型较好；沙河子组主体为II_2型，仅10%左右为II_1型（图1-4-20）。

长岭断陷营城组和火石岭组烃源岩中腐泥组含量最高，均值达50%以上，其次为镜质组和惰质组，壳质组含量较低（表1-4-5），揭示有机质以低等水生生物来源占主体，存在部分高等植物来源，陆生植物的孢子、花粉等含量较少。沙河子组烃源岩中腐泥组、壳质组和镜质组含量相差不大，分别为27%、27%和35%，惰质组含量较低（表1-4-5），揭示水生生物、高等植物以及孢子、花粉等来源相当。三套烃源岩均以II_2型干酪根为主，其中火石岭组90%以上为II_2型，其次为III型干酪根，营城组和沙河子组存在10%左右的I型干酪根（图1-4-20）。

孤店断陷营城组和沙河子组烃源岩中腐泥组含量超过半数以上，其次为镜质组和惰质组，壳质组含量极低（表1-4-5），揭示以水生生物来源为主，高等植物来源为辅；火石岭组半数为惰质组，其次为腐泥组，镜质组含量较低，未发现壳质组（表1-4-5）。炭化的木质纤维含量较高，其次为水生生物。营城组烃源岩干酪根约半数为II_2型，其次为III型，II_1型干酪根仅占20%，沙河子组两个显微组分样品分别为II_1型和II_2型（图1-4-20）。

王府断陷营城组烃源岩中腐泥组约占50%，其次为镜质组和惰质组，含量相当，壳质组含量极低，以水生生物来源为主，高等植物和炭化的木质纤维次之（表1-4-5）。沙河子组和火石岭组显微组分含量类似，半数以上为镜质组，其次为腐泥组（约30%），惰质组含量相对较少，壳质组极少见，有机质以高等植物来源为主，其次为水生生物来源（表1-4-5）。营城组II_2型和III型干酪根各占40%左右，II_1型干酪根占20%；沙河子组和火石岭组III型干酪根占60%，其次为II_1型和II_2型干酪根（图1-4-20）。

表 1-4-5　松辽盆地南部深层干酪根显微组分含量分布

断陷	层位	显微组分含量 /%			
		腐泥组	壳质组	镜质组	惰质组
英台	营城组	15.0～80.0/66.0	—	2.0～65.0/16.0	7.0～33.0/19.0
	沙河子组	45.0～76.0/65.0	—	3.0～42.0/15.0	10.0～28.0/21.0
长岭	营城组	0～80.0/50.0	0～86.0/8.0	0～80.0/22.0	0～48.0/20.0
	沙河子组	0～72.0/27.0	0～68.0/27.0	12.0～83.0/35.0	0～33.0/10.0
	火石岭组	30.0～65.0/56.0	—	15.0～60.0/25.0	10.0～34.0/19.0
孤店	营城组	20.0～85.0/57.0	0～7.0/2.0	6.0～35.0/20.0	3.0～40.0/20.0
	沙河子组	55.0～68.0/62.0	0～2.0/1.0	10.0～19.0/15.0	11.0～35.0/23.0
	火石岭组	10.0～65.0/41.0	—	5.0～11.0/6.0	27.0～85.0/52.0
王府	营城组	18.0～77.0/51.0	0～1.0/0.2	12.0～71.0/26.0	5.0～42.0/23.0
	沙河子组	0～75.0/32.0	0～1.0/0.1	3.0～100.0/53.0	6.7～30.0/16.0
	火石岭组	0～78.0/28.0	0～2.0/0.3	3.0～88.0/57.0	5.0～30.0/15.0
榆树	营城组	0～58.0/32.0	0～9.0/0.4	16.0～97.0/56.0	3.0～54.0/14.0
	沙河子组	0～70.0/44.0	0～1.0/0.1	18.0～88.0/38.0	7.0～80.0/20.0
	火石岭组	32.0～75.0/56.0		12.0～52.0/28.0	0～33.0/17.0
德惠	营城组	0～66.0/37.0	0～30.0/2.0	14.0～99.0/53.0	0～26.0/8.0
	沙河子组	0～98.0/39.0	0～64.0/6.0	0～91.5/41.0	0～64.0/14.0
	火石岭组	0～100.0/45.0	0～71.0/6.0	0～99.0/37.0	0～34.0/11.0
梨树	营城组	0～90.0/21.0	0～3.0/0.2	3.0～90.0/58.0	1.0～70.0/21.0
	沙河子组	0～97.0/41.0	0～3.0/0.5	0～85.0/43.0	2.0～33.0/16.0
双辽	营城组	0～63.0/30.0	0～75.0/10.0	18.0～93.0/47.0	5.0～23.0/13.0
	沙河子组	0～65.0/40.0	0～87.0/15.0	10.0～96.0/30.0	3.0～32.0/15.0

注：数据格式为最小值～最大值 / 平均值。

　　榆树断陷营城组干酪根中半数以上为镜质组，其次为腐泥组，惰质组含量较少，以高等植物来源为主，部分水生生物来源，可见炭化的木质纤维（表 1-4-5）。沙河子组腐泥组和镜质组各占 40% 左右，其次为惰质组，以水生生物和高等植物来源为主（表 1-4-5）。火石岭组腐泥组含量为 56%，其次为镜质组和惰质组，未发现壳质组（表 1-4-5）。营城组和沙河子组以 Ⅱ₂ 型和 Ⅲ 型干酪根为主，其中沙河子组 Ⅱ₁ 型干酪根近 10%；火石岭组以 Ⅱ₂ 型干酪根为主，少量 Ⅱ₁ 型和 Ⅲ 型干酪根（图 1-4-20）。

　　德惠断陷营城组干酪根中镜质组约占 50%，其次为腐泥组，惰质组含量较少，以高等植物来源为主，部分水生生物来源（表 1-4-5）。沙河子组腐泥组和镜质组各占 40%

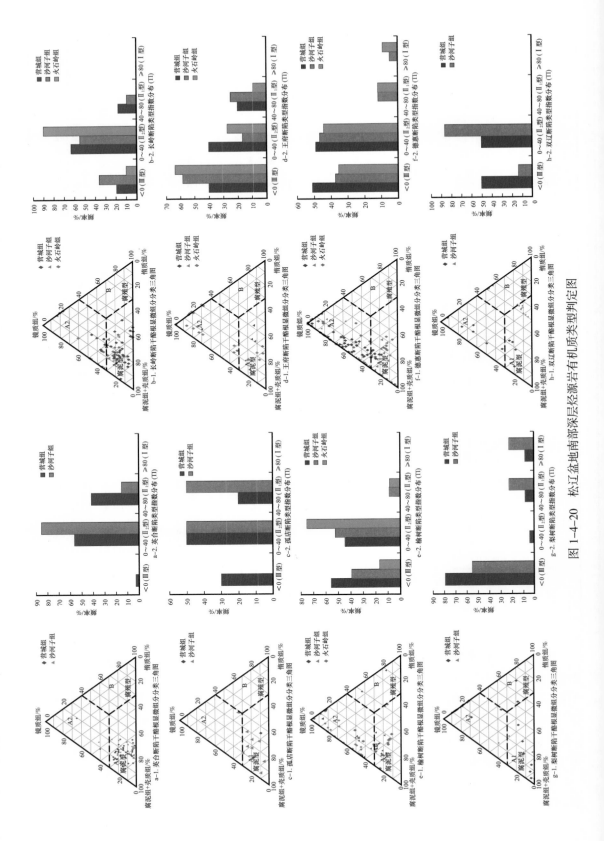

图 1-4-20　松辽盆地南部深层烃源岩有机质类型判定图

左右，其次为惰质组，水生生物和高等植物物源相当（表1-4-5）。火石岭组腐泥组含量为45%，镜质组含量为37%，惰质组和壳质组分别约占11%和6%，以水生生物来源为主，伴有高等植物来源（表1-4-5）。三套烃源岩均以II_2型和III型干酪根为主，沙河子组和火石岭组存在少量II_1型和I型干酪根（表1-4-5和图1-4-20）。

梨树断陷营城组干酪根中镜质组含量较高，约占58%，腐泥组和惰质组分别占21%左右，壳质组含量极低（表1-4-5），说明以高等植物来源为主，伴有水生生物来源和炭化的木质纤维。沙河子组烃源岩以水生生物和高等植物来源为主，干酪根中腐泥组和镜质组含量相当，均占40%左右，其次为惰质组（表1-4-5）。营城组以III型干酪根为主，存在少量I型和II_1型干酪根；沙河子组类型略好于营城组，III型干酪根约占55%，I型和II_1型干酪根各占22%左右（图1-4-20）。

双辽断陷营城组镜质组相对含量较高，其次为腐泥组（表1-4-5），以高等植物来源为主，伴有水生生物来源，可见孢子、花粉以及炭化的木质纤维。沙河子组以腐泥组为主，其次为镜质组，壳质组和惰质组分别占15%左右（表1-4-5）。营城组II_2型和III型干酪根各占一半，沙河子组以II_2型干酪根为主，仅10%左右为III型干酪根（图1-4-20）。

3. 烃源岩有机质成熟演化特征

松辽盆地南部深层各断陷实测R_o数据及其随深度变化趋势揭示不同断陷烃源岩进入成熟、高成熟和过成熟阶段的埋深差异较大。其中，榆树断陷、长岭断陷、双辽断陷和德惠断陷烃源岩进入成熟阶段所处埋深相当，在1000～1500m之间；其次为梨树断陷和王府断陷，在近2000m进入成熟阶段；英台断陷和孤店断陷烃源岩进入成熟阶段深度较深，分别在2500m和3000m左右。当烃源岩进入高成熟和过成熟阶段时，各断陷埋深上的差异减小，热演化程度趋于一致（表1-4-6）。

表1-4-6　松辽盆地南部不同断陷有机质演化阶段深度对应表

断陷名称	R_o不同演化阶段对应深度/m		
	0.7%（成熟阶段）	1.3%（高成熟阶段）	2.0%（过成熟阶段）
英台	2500	3400	4300
长岭	1200	2900	3750
孤店	3060	3340	3750
王府	2000	2340	3320
榆树	1050	2650	
德惠	1500	2800	3400
梨树	1900	2800	4500
双辽	1400		

英台断陷营城组烃源岩主要处于成熟和高成熟阶段，少量烃源岩达到过成熟阶段；沙河子组半数以上烃源岩处于高成熟阶段，部分达到过成熟阶段，但仍有约1/5的

烃源岩还处于成熟阶段（图1-4-21），这部分成熟烃源岩会造成该地区存在部分凝析油；整体上，英台断陷深层烃源岩在2500m左右进入成熟阶段，3400m左右进入高成熟阶段，有机质开始大量生气，当埋深达到4300m时进入过成熟阶段，主要生成干气（表1-4-6）。

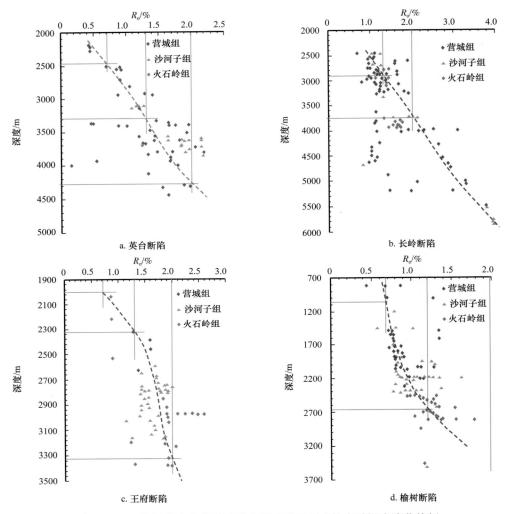

图1-4-21 松辽盆地南部深层重点断陷烃源岩成熟度随深度演化特征

长岭断陷营城组半数烃源岩还处于成熟阶段，约1/3样品进入高成熟阶段，仅20%烃源岩进入过成熟阶段；沙河子组烃源岩成熟度比营城组略高，有近半数样品处于高成熟和过成熟阶段；火石岭组烃源岩演化程度较高，绝大部分样品已进入高成熟阶段，以生气为主（图1-4-21）。整体上，长岭断陷烃源岩在2900m左右进入高成熟阶段，有机质开始大量生气，当埋深达到3750m时进入过成熟阶段，主要生成干气（表1-4-6）。

孤店断陷营城组烃源岩主要处于成熟和高成熟阶段（各占一半）；沙河子组烃源岩则以高成熟阶段为主，部分还处于成熟阶段，约10%烃源岩进入过成熟阶段；火石岭组烃源岩则以高成熟—过成熟阶段为主，仅1/5的烃源岩还处于成熟阶段。整体上，孤店断陷烃源岩埋深在3060m左右进入成熟阶段，3340m左右进入高成熟阶段，有机质开始大量生气，当埋深达到3750m时进入过成熟阶段，主要生成干气（表1-4-6）。

王府断陷营城组和沙河子组烃源岩主要处于高成熟阶段，其中沙河子组烃源岩少量已进入过成熟阶段；火石岭组烃源岩演化程度明显升高，以高成熟和过成熟阶段为主（图1-4-21）。整体上王府断陷烃源岩在2000m左右进入成熟阶段，2340m左右进入高成熟阶段，有机质开始大量生气，当埋深达到3320m时进入过成熟阶段，主要生成干气（表1-4-6）。

榆树断陷整体埋深较浅，营城组和沙河子组烃源岩基本处于成熟阶段；火石岭组烃源岩热演化程度有所增加，约40%的样品已进入高成熟阶段（图1-4-21）。整体上，榆树断陷深层烃源岩在1050m左右进入成熟阶段，2650m左右进入高成熟阶段，有机质开始大量生气（表1-4-6）。

德惠断陷营城组和沙河子组烃源岩也以成熟阶段为主，但依然有15%～25%的烃源岩进入高成熟阶段；火石岭组烃源岩成熟度有所升高，近1/3的样品进入高成熟阶段，还有少量烃源岩已进入过成熟阶段。整体上德惠断陷深层烃源岩在1500m左右进入成熟阶段，2800m左右进入高成熟阶段，有机质开始大量生气，当埋深达到3400m时进入过成熟阶段，主要生成干气（表1-4-6）。

梨树断陷营城组烃源岩近六成还处于低成熟—成熟阶段，近1/3烃源岩进入高成熟阶段；沙河子组烃源岩以成熟—高成熟阶段为主。该地区大量处于低成熟—成熟阶段的烃源岩，为深部组合油藏提供丰富的油源。整体上，梨树断陷烃源岩在1900m左右进入成熟阶段，2800m左右进入高成熟阶段，有机质开始大量生气，当埋深达到4500m时进入过成熟阶段，主要生成干气（表1-4-6）。

双辽断陷营城组、沙河子组和火石岭组烃源岩主要处于成熟阶段，其中沙河子组少量烃源岩进入高成熟阶段，推测火石岭组存在部分烃源岩也进入高成熟阶段。整体上，双辽断陷烃源岩在1400m便已进入成熟阶段（表1-4-6）。

整体上，松辽盆地南部中部断陷带三套烃源岩的埋深相对较大，有机质成熟度基本处于成熟阶段的晚期—过成熟阶段，烃源岩以生气为主。但对于英台断陷部分II$_1$型有机质，处在成熟阶段晚期和高成熟阶段往往会形成凝析油气。东部断陷带由于抬升剥蚀的影响，三套烃源岩埋深相对较浅，有机质多处于成熟阶段，类型主要为II$_2$型和III型，以生气为主。德惠断陷和梨树断陷存在部分I型和II$_1$型有机质，使得烃类气藏中伴随着凝析油的产出。

第三节　油气地球化学特征

油气的地球化学指标常被用来揭示油气母质来源、沉积环境、油气运聚（成藏）规律等，对油气藏的认识以及指导勘探开发均具有重要作用。松辽盆地南部已经发现的油气藏表明，不同层系烃源岩来源的油气具有不同的地球化学特征。因此，本节主要对松辽盆地南部各含油组合的原油以及浅层和深层天然气的地球化学特征进行阐述。

一、原油地球化学特征

1.原油基本物性

1）原油基本物性特征

松辽盆地南部的原油同国内各油田比较，具有相对中密度、中黏度、高凝点、高含蜡、低含硫的特点。不同油层的原油又具有各自不同的特点（表1-4-7）。

表1-4-7　松辽盆地南部原油物性数据表

油藏组合	油层	密度/g/cm³	50℃黏度/mPa·s	凝点/℃	含蜡量/%	含硫量/%	初馏点/℃	备注
上部组合	黑帝庙	0.86～0.90	10.1～70.0	2～25	18.0～22.0	—	79.0～110.0	新北、大安、红岗、长岭
中部组合	萨尔图	0.85～0.86	26.0～42.0	34～40			110.0	红岗阶地和西部斜坡
	葡萄花	0.85～0.86	16.0～22.0	25～30	14.2		106.0～110.0	新立、两井、大安北、乾安等
	高台子	0.84～0.87	11.0～20.0	32～42	—	—	80.0～131.0	大安—红岗、长岭以南及与华字井接壤处
下部组合	扶余	0.79～0.94	17.0～80.0	12～39	16.0～23.0		100.0～130.0	扶新隆起带、华字井阶地
	杨大城子	0.80～0.86	4.2～27.0	—	—	0.060	—	
深部组合	农安、怀德	0.81～0.85	3.0～9.0	19～23	2.0～10.0	0.047	123.5	德惠
		0.80	4.1	27	2.0～10.0	0.037	124.0	梨树
		0.72～0.86	0.8～14.8		19.9	—	65.0～122.0	伏龙泉、双坨子

（1）上部组合：该组合只有黑帝庙油层（H），主要分布在中央坳陷区的新北、大安、红岗和长岭凹陷四个地区。该组合原油密度为0.86～0.90g/cm³，黏度为11.0～70.0mPa·s，含蜡量介于18%～22%。

（2）中部组合：该组合包括萨尔图（S）、葡萄花（P）和高台子（G）油层，萨尔图油层主要分布在红岗阶地和西部斜坡上；葡萄花油层主要分布在中央坳陷区，沿南北呈串珠状分布；高台子油层主要分布在大安—红岗阶地、长岭凹陷以南以及华字井阶地接壤处。该组合原油密度一般为0.84～0.87g/cm³，黏度为11～42mPa·s。

（3）下部组合：该组合包括扶余（F）和杨大城子（Y）油层，主要分布在长岭凹陷、扶新隆起和华字井阶地。扶余油层原油密度一般为0.79～0.94g/cm³，黏度为17.0～80.0mPa·s（木头油田可达140mPa·s），密度和黏度由东向西逐渐降低，含蜡量为16%～23%，凝点为12～39℃；杨大城子油层原油密度一般为0.80～0.86g/cm³，黏度一般为4.2～27.0mPa·s，含硫量为0.03%～0.06%。

（4）深部组合：指泉二段及其以下所有油层，该组合主要分布在长岭断陷的伏龙泉—双坨子—大老爷府地区以及德惠断陷和梨树断陷。原油轻质成分高，低密度、低黏度、低凝点和低含蜡量，含硫量为0.037%～0.047%。

2）原油族组成特征

原油族组成与其母质来源和成熟度有关，各油层原油族组成上差异性不大，但各族组成占比上有显著不同。各油层原油饱和烃含量明显高于芳香烃和非烃，分布在48.4%～87.1%之间，平均为67.8%；芳香烃含量介于8.2%～32.8%，平均为17.7%；胶质含量比沥青质要高，为2.9%～26.1%，平均为12.5%；沥青质含量为0.4%～16.9%，平均为2.1%。根据各油层饱芳比均值，呈现随油层时代变老而降低的趋势，这与母质成熟度等差异有关（表1-4-8）。

表1-4-8　原油族组成数据统计表　　　　　　　　　　　单位：%

油层	饱和烃	芳香烃	胶质	沥青质	饱芳比
黑帝庙	52.1～79.3/68.5（14）	11.6～21.7/17.3（14）	7.3～26.1/12.9（14）	1.0～2.2/1.3（14）	2.9～7.3/4.7（6）
萨尔图	48.4～75.1/62.5（10）	11.9～32.8/18.5（10）	7.4～25.2/16.3（10）	0.8～16.9/3.5（8）	2.3～10.6/4.5（9）
葡萄花	71.6～72.8/72.2（2）	17.9～22.6/20.2（2）	3.6～7.9/5.7（2）	1.1～2.6/1.8（2）	2.5～6.9/4.1（14）
高台子	62.7～87.1/70.0（9）	8.2～27.7/18.5（9）	2.9～16.4/9.6（9）	0.4～3.6/1.8（9）	3.2～4.0/3.6（2）
扶余和杨大城子	62.6～82.4/69.9（6）	11.4～21.4/15.5（6）	4.4～18.7/11.5（6）	1.8～3.4/2.8（6）	1.8～5.5/3.8（10）

注：数据格式为最小值～最大值/平均值（样品数量）。

2. 原油碳同位素组成

松辽盆地南部西部斜坡区原油碳同位素在-30.6‰左右。中央坳陷区碳同位素多数在-31.2‰～-27.9‰之间；其中，中部组合碳同位素多数在-31.12‰～-27.9‰之间，下部组合碳同位素多数在-31.2‰～-30.2‰之间。深部断陷德惠断陷与长岭断陷坨深1井的原油碳同位素最重，总体上分布在-29.78‰～-26.85‰之间，而梨树断陷原油碳同位素较轻，一般分布在-32.17‰～-30.5‰之间，这主要与烃源岩的成熟度及类型有关（表1-4-9）。整体上具有中下部轻、深部重，西中部轻、东部重的特征。

表1-4-9　松辽盆地南部原油碳同位素（$\delta^{13}C$）值表

一级构造单元	二级构造带	组合	油层	$\delta^{13}C$/‰
西部斜坡区	—	中部组合	萨尔图	-30.64
中央坳陷区	红岗阶地	中部组合	萨尔图	-30.04
			高台子	-29.30～-27.90
	长岭凹陷	中部组合	高台子	-31.16
	扶新隆起	中部组合	葡萄花	-30.89
			高台子	-31.12

一级构造单元	二级构造带	组合	油层	$\delta^{13}C$/‰
中央坳陷区	扶新隆起	下部组合	扶余	−31.20～−30.30
			杨大城子	−31.10～−30.20
深部断陷	长岭	深部组合	农安	−28.40
	梨树	深部组合	农安（K_2q_1）	−31.05
			农安（K_2q_1、K_2q_2）	−32.17～−29.48
			怀德（K_1yc、K_1sh）	−31.71～−27.96
	德惠	下部组合	杨大城子	−28.90～−26.86
		深部组合	农安	−29.78～−28.90

3. 原油饱和烃气相色谱特征

原油饱和烃的组成和分布可以在一定程度上反映其母质来源特征。饱和烃色谱反映各油层原油饱和烃均以 C_{18} 到 C_{23} 为主峰碳，黑帝庙油层原油成熟度低，正构烷烃分布曲线主要呈锯齿状特征，其奇偶优势（OEP）在 1.0～2.22 之间，平均为 1.34；其他油层原油的 OEP 有随时代变老而逐渐趋近于 1 的趋势，其中萨尔图原油 OEP 平均为 1.15 左右，葡萄花、高台子和扶杨油层原油的 OEP 平均都在 1～1.1 之间。各油层原油的 C_{21+22}/C_{28+29} 和 C_{21-}/C_{22+} 随时代变老呈增大的趋势，这与油气的形成过程是相符的，即随时代变老，原油经历的温度越高，轻质组分更多。在异构烷烃组成中，各油层原油的 Pr/Ph 除黑帝庙油层平均稍高为 1.53 外，其余油层的 Pr/Ph 随时代变老而增大，显示了随成熟度的增加而增大的正常规律。各油层原油的 Pr/n-C_{17} 和 Ph/n-C_{18} 普遍较低，除个别值大于 1 外，其余均小于 1，平均值分别变化于 0.28～0.62 和 0.24～0.58，表现出了正构烷烃明显高于异构烷烃，这正是高蜡原油的特征（表 1-4-10）。

从原油饱和烃气相色谱特征判识的母质类型和成熟度来看，少数原油母质类型以典型 I 型有机质为主，多数混有 II 型有机质来源。黑帝庙和萨尔图油层低成熟油和成熟油并存，说明其原油来源较复杂；葡萄花、高台子、扶杨和农安原油主要为成熟原油。

表 1-4-10　松辽盆地南部原油饱和烃气相色谱参数统计表

油层	黑帝庙	萨尔图	葡萄花	高台子	扶杨	农安
主峰碳	19，23	20，21，22，23	19，21，22，23	16，17，18，19，20，21，22，23	17，18，19，21，22，23	21
OEP	$\dfrac{1.00～2.22}{1.34/5}$	$\dfrac{0.98～1.44}{1.15/6}$	$\dfrac{1.01～1.11}{1.06/8}$	$\dfrac{0.30～1.55}{1.06/25}$	0.93～1.28	—
C_{21+22}/C_{28+29}	$\dfrac{0.69～1.68}{1.38/5}$	$\dfrac{1.62～2.58}{2.24/6}$	$\dfrac{1.49～1.95}{1.72/8}$	$\dfrac{0.25～44.17}{3.61/25}$	1.27～3.16	—
C_{21-}/C_{22+}	$\dfrac{0.48～0.74}{0.55/5}$	$\dfrac{0.51～0.83}{0.64/6}$	$\dfrac{0.64～0.84}{0.76/8}$	$\dfrac{0.10～4.58}{1.00/25}$	0.59～1.14	0.79～0.87

油层	黑帝庙	萨尔图	葡萄花	高台子	扶杨	农安
Pr/Ph	$\dfrac{0.79\sim2.55}{1.53/5}$	$\dfrac{0.48\sim1.30}{0.93/6}$	$\dfrac{0.81\sim1.26}{1.07/8}$	$\dfrac{0.64\sim2.33}{1.29/25}$	$1.11\sim2.00$	—
Pr/n-C$_{17}$	$\dfrac{0.15\sim1.25}{0.62/5}$	$\dfrac{0.16\sim0.82}{0.48/6}$	$\dfrac{0.17\sim0.37}{0.28/8}$	$\dfrac{0.15\sim1.86}{0.59/25}$	$0.19\sim0.86$	—
Ph/n-C$_{18}$	$\dfrac{0.14\sim0.57}{0.33/5}$	$\dfrac{0.14\sim0.27}{0.58/6}$	$\dfrac{0.17\sim0.33}{0.25/8}$	$\dfrac{0.11\sim1.07}{0.42/25}$	$0.15\sim0.52$	—

注：数据格式为 $\dfrac{最小值\sim最大值}{平均值/样品数}$。

4. 原油色质谱特征

各油层的甾烷组成有所不同（图 1-4-22）。黑帝庙油层原油孕甾烷、升孕甾烷含量较低，$\alpha\alpha\alpha20SC_{27}>\alpha\beta\beta20RC_{27}>\alpha\beta\beta20SC_{27}$，正规甾烷呈"V"字形分布，以 $\alpha\alpha\alpha20RC_{29}$ 甾烷含量最高，显示了陆生高等植物的较大贡献。$\alpha\alpha\alpha20SC_{29}$ 含量较低，甲基甾烷和重排甾烷均不高，表明了成熟度偏低。

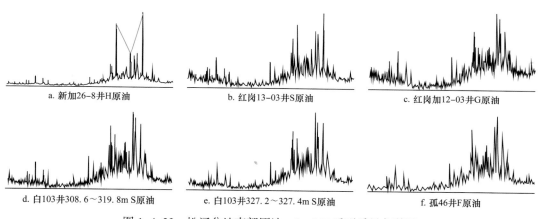

图 1-4-22　松辽盆地南部原油 $m/z=217$ 系列质量色谱图
H、S、G、F 分别为黑帝庙、萨尔图、高台子和扶余油层，后同

萨尔图油层原油孕甾烷、升孕甾烷含量有所增加，重排甾烷、甲基甾烷含量升高。西部套保地区萨尔图原油 $\alpha\beta\beta20RC_{27}$ 明显高于 $\alpha\alpha\alpha20SC_{27}$ 和 $\alpha\beta\beta20SC_{27}$，重排甾烷含量高，显示了较高的成熟度，其 $\alpha\alpha\alpha C_{29}20S/（20R+20S）$ 分别为 0.59 和 0.63，均达到了平衡终点；红岗、海坨子萨尔图油层油样的 $\alpha\beta\beta20RC_{27}>\alpha\alpha\alpha20SC_{27}>\alpha\beta\beta20SC_{27}$，$\alpha\alpha\alpha C_{29}20S/（20R+20S）$ 分别为 0.48 和 0.41，重排甾烷含量较低，显示的成熟度比套保原油低。

葡萄花油层原油的甾烷 $\alpha\alpha\alpha20SC_{27}$、$\alpha\beta\beta20RC_{27}$ 和 $\alpha\beta\beta20SC_{27}$ 的相对分布与红岗、海坨子萨尔图油层接近。$\alpha\alpha\alpha20SC_{29}$ 含量高，成熟度较高，具有相对较高的孕甾烷、升孕甾烷和重排甾烷含量。

高台子油层的甾烷含量总体浓度低，有相对较多的孕甾烷和升孕甾烷含量，重排甾烷和甲基甾烷含量增加明显，$\alpha\beta\beta20RC_{27}$ 和 $\alpha\beta\beta20SC_{27}$ 含量均较高，且 $\alpha\beta\beta20RC_{27}$ 高于 $\alpha\beta\beta20SC_{27}$；另外，$\alpha\alpha\alpha20SC_{29}$ 和 $\alpha\beta\beta20SC_{29}$ 的两种构型明显占优势，显示了具有较高的

成熟度。

扶杨油层原油总体特征是孕甾烷和升孕甾烷、重排甾烷、甲基甾烷含量高，$\alpha\alpha\alpha20SC_{29}$ 和 $\alpha\beta\beta20SC_{29}$ 的两种构型也占优势，在 $\alpha\alpha\alpha20SC_{27}$、$\alpha\beta\beta20RC_{27}$、$\alpha\beta\beta20SC_{27}$ 的组成中呈现 $\alpha\beta\beta20RC_{27} > \alpha\beta\beta20SC_{27} > \alpha\alpha\alpha20SC_{27}$，总体表现与高台子油层十分接近，具有亲缘关系。

各油层原油中均含有较为丰富的三环萜烷（图 1-4-23），尤其以 C_{21} 和 C_{23} 含量最高，且 C_{21} 含量高于 C_{23} 含量。黑帝庙油层三环萜烷含量相对要低一些，其他油层的三环萜烷含量相对较高，这主要与原油成熟度有关。黑帝庙油层原油 $m/z = 191$ 谱图表现为 $T_s < T_m$，伽马蜡烷明显要比 $\alpha\beta22RC_{31}$ 藿烷含量低，C_{29} 新藿烷、重排 $17\alpha\text{-}C_{30}$ 藿烷含量相对较低，反映低成熟特征。

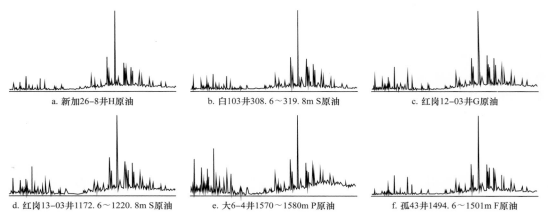

a. 新加26-8井H原油 b. 白103井308.6～319.8m S原油 c. 红岗12-03井G原油

d. 红岗13-03井1172.6～1220.8m S原油 e. 大6-4井1570～1580m P原油 f. 孤43井1494.6～1501m F原油

图 1-4-23　原油 $m/z = 191$ 系列质量色谱图

萨尔图原油的 $m/z = 191$ 质谱图呈现出 $T_s > T_m$、高 C_{29} 藿烷含量和重排 $17\alpha\text{-}C_{30}$ 藿烷、低 C_{29} 莫烷含量以及伽马蜡烷含量与 $\alpha\beta20RC_{31}$ 接近的特征，显示不同地区萨尔图原油的同源性；唯一差别在于套保地区原油伽马蜡烷含量 $/\alpha\beta20RC_{31}$ 稍低。

葡萄花原油的 $m/z = 191$ 质谱图特征为 T_s 和 C_{29} 藿烷含量稍高，而伽马蜡烷含量稍低，总体差别不大，显示它们之间的同源性。高台子原油总体表现是 C_{29} 莫烷含量高于 C_{29} 藿烷，伽马蜡烷含量 $/\alpha\beta20RC_{31}$ 高，重排 $17\alpha\text{-}C_{30}$ 藿烷明显高于 C_{30} 藿烷。扶杨油层原油 $m/z = 191$ 质谱图呈现出 $T_s > T_m$、高 C_{21} 和 C_{23} 三环萜烷、低 C_{29} 莫烷的特征，重排 C_{30} 藿烷含量较多，且伽马蜡烷含量多于 $\alpha\beta20RC_{31}$ 藿烷。

因此，从萜烷化合物的总体分布来看，高台子油层和扶杨油层原油具有较高的 C_{30} 重排藿烷，C_{30} 重排藿烷 $/C_{30}$ 藿烷为 0.20～1.0，平均为 0.57；伽马蜡烷 / 重排藿烷 C_{30} 介于 0.11～2.49，平均为 1.01。高台子油层与黑帝庙油层原油差异显著，如高台子油层原油具有较低的 T_m/T_s 值和较低的 C_{29} 藿烷含量，明显低于黑帝庙油层原油。综合对比各油层上述参数揭示，萨尔图油层的原油大致位于高台子和黑帝庙油层之间；葡萄花油层油样与高台子油层原油更为接近，说明这两个油层原油具有相似来源。

二、中浅层天然气地球化学特征

松辽盆地南部中浅层气是以深度小于 1300m 为限，跨越了泉四段至明水组的不同层位，主要分布于中央坳陷区的红岗阶地、扶新隆起带和华字井阶地，包括浅层生物气（明水组和四方台组）以及低成熟油型气（黑帝庙及以下气层）。

红岗气田中浅层气分布的层位最多，从高台子组至明水组均有发现，但以明水、黑帝庙和萨尔图三套含气层为主。大安气田天然气主要分布在黑帝庙气层的嫩江组五段。英台气田天然气主要分布在萨尔图气层的嫩江组二段。新立—新北气田气体分布于黑帝庙气层嫩江组三段至五段。此外，大老爷府地区少数井在黑帝庙气层中出气。

1. 天然气成分组成特征

松辽盆地南部中浅层天然气组分以烃类气体为主，干燥系数变化不大，不同区域（层位）非烃气体（CO_2 和 N_2）含量存在一定差异（表 1-4-11）。

表 1-4-11 松辽盆地南部中浅层天然气组分数据表

井号	顶界深度 / m	底界深度 / m	层位	CH_4/ %	C_{2+}/ %	N_2/ %	CO_2/ %	相对密度	C_1/ (C_1—C_5)
大 24	335.4	337.4	K_2s	90.35	0.21	8.76	0.17	0.60	0.998
气 17	384.4	388.6	K_2m	98.80	0.03	0.97	0.21	0.56	0.999
红 H104	667.0		K_2n_5	95.52	1.45	2.76	0.27		0.985
红 HP1	1054.0		K_2n_4	89.78	7.39	2.75			0.924
大 6	520.6	523.0	K_2n_4	93.46	0.70	5.84		0.58	0.993
老 3	516.5	520.5	K_2n_3	89.87	0.82	9.01	0.30	0.60	0.991
新 44	405.0	420.0	K_2n_3	95.92	1.05	2.81		0.58	0.989
塔 3	406.4	408.0	K_2n_3	94.19	1.45	3.36	0.96	0.59	0.985
红 45	1191.0	1193.4	K_2n_1	98.26	0.26	0.96	0.52	0.56	0.997

烃类气体以甲烷为主，甲烷含量分布在 60.16%～99.08% 之间，均值 91.73%。平面上，甲烷含量具有相似性，反映了各个区域天然气生成机理或者母源输入上具有相似性。重烃气体（C_2—C_5）含量较低，分布在 0.02%～9.81% 之间，反映气源岩整体上处于未成熟—低成熟阶段。烃类气干燥系数在 0.924～0.999 之间，为典型干气特征。

二氧化碳含量分布在 0.021%～4.02% 之间，均值 0.77%，属于沉积有机质在生物化学、热化学分解过程中形成的二氧化碳，为有机成因。松辽盆地南部中浅层中天然气中氮气含量一般小于 10%，在 0.06%～9.01% 之间，生物降解或热分解是天然气中氮的主要有机来源。

2. 天然气同位素组成特征

松辽盆地南部浅层气甲烷碳同位素分布在 -67.8‰～-46.4‰ 之间；乙烷在 -39.3‰～-33.3‰ 之间，丙烷在 -33.4‰～-20.1‰ 之间，总体上偏轻，基本符合有机成因天然气的"正碳"分布规律（表 1-4-12）。老 102 井较其他井甲烷碳同位素偏重，可能是受到气源岩有机质类型影响。

表 1-4-12 松辽盆地南部浅层天然气甲烷同系物稳定碳同位素值

井号	深度 /m	层位	$\delta^{13}C_1$/‰	$\delta^{13}C_2$/‰	$\delta^{13}C_3$/‰	$\delta^{13}C_4$/‰	$\delta^{13}C_{co_2}$/‰
气 20	381.0～384.2	K_2m	−56.95	−34.33	−26.31		
火 2	379.0～400.0	K_2m	−50.01	−34.27	−28.08		
红 H104	667.0	K_2n_5	−54.70	−33.70			7.90
红 HP3	1027.9	K_2n_4	−50.60	−36.00	−25.80	−30.30	
老 102	526.8～828.6	K_2n_3	−46.40	−37.70	−33.40	−31.70	
红 8-4	1203.2～1230.6	K_2n_1	−50.10				

三、深层天然气地球化学特征

松辽盆地南部深层是一个多层系、多岩性、多类型的含气断陷群，天然气分布在泉头组、登娄库组、营城组、沙河子组、火石岭组和基底。气藏以烃类气藏为主，烃类气和二氧化碳气混合气藏以及纯二氧化碳气藏也均有分布。

1. 天然气组成特征

烃类气藏中，天然气相对密度为 0.57～0.7902，甲烷含量介于 71.4%～98.46%，乙烷含量为 0.04%～10.18%，丙烷含量为 0.1%～7.15%。干燥系数主要分布在 0.7723～0.9867 之间，整体上具有干气的特征。长岭断陷长岭 1 号和 17 号营城组混合气藏中，天然气相对密度为 0.7228～0.8753，甲烷含量为 64.86%～77.97%，二氧化碳含量为 13.53%～31.56%，干燥系数在 0.9730～0.9914 之间。长岭断陷长岭 2 号、德惠断陷万金塔等二氧化碳气藏中，二氧化碳含量为 88.21%～99.02%，多数在 90% 以上（表 1-4-13）。

表 1-4-13 松辽盆地南部重点断陷天然气组分含量表

断陷	区块	层位	甲烷含量 /%			乙烷含量 /%			二氧化碳含量 /%		
			最小值	最大值	平均值	最小值	最大值	平均值	最小值	最大值	平均值
长岭	长深 1	K_1d	86.72	92.70	91.27	1.55	3.28	2.11	0	0.95	0.56
		K_1yc	51.64	97.13	79.32	0	1.93	1.21	10.16	28.19	22.66
	伏龙泉	K_2q_1									
		K_1d	84.21	94.36	89.92	0.47	5.60	2.54	0.01	0.11	0.07
		K_1yc									
	长深 2	K_1yc	0.35	4.99	1.26	0	1.32	0.11	93.11	99.27	98.01
英台	龙深 3	K_2q_1									
		K_1d	27.62	94.78	82.89	0.07	13.15	5.85	0	10.88	1.40
		K_1yc									

断陷	区块	层位	甲烷含量/%			乙烷含量/%			二氧化碳含量/%		
			最小值	最大值	平均值	最小值	最大值	平均值	最小值	最大值	平均值
德惠	合隆	K_2q_1	63.27	91.56	81.73	1.20	12.15	4.94	0.21	5.14	2.13
		K_1d									
	万金塔	K_2q_1	0	27.53	4.35	0	2.12	0.26	41.00	99.83	88.56
		K_1d									
		K_1yc									
王府		K_2q_1	67.70	99.40	89.78	0.10	14.02	3.66	0	25.02	1.13
		K_1d									
		K_1hs									

2. 天然气碳同位素组成

长岭断陷除伏龙泉—双坨子—大老爷府地区以外，其他地区天然气甲烷碳同位素都较重（表1-4-14）。伏龙泉—双坨子—大老爷府地区甲烷$\delta^{13}C_1$介于 $-45.1‰ \sim -30.5‰$，其他地区$\delta^{13}C_1$主要范围为 $-29.3‰ \sim -28.2‰$；乙烷$\delta^{13}C_2$整体上差异性不大，除伏15井登娄库组$\delta^{13}C_2$约为 $-40‰$ 外，其他井区$\delta^{13}C_2$介于 $-29.9‰ \sim -23.3‰$；二氧化碳碳同位素相对较重，分布在 $-11.6‰ \sim -5.9‰$ 之间。长岭断陷烃类气碳同位素分布存在三种序列：（1）伏龙泉—双坨子—大老爷府地区的正常序列（$\delta^{13}C_1 < \delta^{13}C_2 < \delta^{13}C_3 < \delta^{13}C_4$）；（2）长岭Ⅰ号的完全倒转序列（$\delta^{13}C_1 > \delta^{13}C_2 > \delta^{13}C_3 > \delta^{13}C_4$）；（3）长深2井登娄库组、长深6井和长深12井营城组的部分倒转序列（$\delta^{13}C_1 > \delta^{13}C_2 < \delta^{13}C_3 < \delta^{13}C_4$）。发生部分倒转和完全倒转的天然气，既存在无机气的混合，也存在同源不同期的煤型气混合。

其他断陷如英台断陷、德惠断陷、王府断陷、孤店断陷和梨树断陷碳同位素整体上比较轻。德惠断陷布海气田天然气组分碳同位素比其他气田明显偏重，其甲烷$\delta^{13}C_1$为 $-29.35‰ \sim -27.61‰$，乙烷$\delta^{13}C_2$为 $-22.62‰ \sim -21.26‰$。其他断陷甲烷$\delta^{13}C_1$范围在 $-51.9‰ \sim -28.31‰$ 之间，乙烷$\delta^{13}C_2$范围在 $-40.8‰ \sim -23.3‰$ 之间，丙烷$\delta^{13}C_3$范围在 $-31.82‰ \sim -20.56‰$ 之间，天然气碳同位素系列分布以正碳同位素系列为主。

表1-4-14　松辽盆地南部重点断陷天然气碳同位素数据表

断陷	井号	层位	深度/m	$\delta^{13}C_1/‰$	$\delta^{13}C_2/‰$	$\delta^{13}C_3/‰$	$\delta^{13}C_4/‰$	$\delta^{13}C_5/‰$	$\delta^{13}C_{CO_2}/‰$
长岭	长深1	K_1yc	3550.0～3594.0	−25.90	−26.80				−6.80
	长深103	K_1d	3498.0～3511.0	−21.50	−28.60	−31.00			−11.00
	长深105	K_1yc	3870.0	−25.40	−26.90	−27.50			−11.60
	长深2	K_1d	3725.0～3730.0	−19.30	−24.80	−24.20			−5.90
	长深6	K_1d	3353.0	−28.20	−27.90	−29.10			−11.20
	长深6	K_1yc	3724.0	−23.40	−29.90	−30.20			−6.30

断陷	井号	层位	深度/m	$\delta^{13}C_1$/‰	$\delta^{13}C_2$/‰	$\delta^{13}C_3$/‰	$\delta^{13}C_4$/‰	$\delta^{13}C_5$/‰	$\delta^{13}C_{CO_2}$/‰
长岭	伏5	K_1d	1522.0	−37.04	−24.80	−26.22	−25.03		
	伏14	K_1yc	1923.0～1991.0	−30.50	−27.20	−26.30	−26.80	−26.90	
	伏15	K_2q_3	599.6～617.2	−45.10	−40.80				
	坨深1	K_1q_1	2060.0～2066.6	−33.60	−23.30	−22.90	−20.10		
英台	龙深1	K_1sh	3687.0～3693.0	−39.18	−27.89	−26.38	−25.63	−25.22	
	龙深2	K_1yc_1	4064.0～4070.0	−36.10	−26.80	−26.50	−26.10	−24.10	
	龙深205	K_1d	3566.0～3559.0	−35.00	−25.70	−23.10	−21.30	−21.20	
	龙深303	K_1yc_2	3148.0～3442.0	−36.70	−27.70	−25.20	−24.40	−23.20	
	龙深7	K_1yc	3721.0～3763.2	−35.10	−26.60	−23.70	−22.00	−21.20	
德惠	布1	K_2q_1	1484.0～1487.8	−27.61	−22.62	−20.56	−20.08		
	布3	K_2q_2	1271.4～1265.0	−29.35	−21.87	−21.32	−21.16		
	合3	K_1yc	1965.4～1978.0	−34.55	−25.27	−22.82	−23.13		
	农202	K_2q_3	500.0～683.0	−51.90	−29.30	−24.60	−26.00		
	德深11	K_3hs	2538.0～2568.0	−34.25	−27.21	−28.32	−24.61		
	德深15	K_3hs	2774.0～2813.0	−32.51	−25.31	−23.45	−21.20		
	德深21	K_1d	1746.0～1766.0	−30.40	−24.66	−24.64	−20.34		
王府	城4	K_1q_1	1595.0～1601.0	−29.35	−24.22	−22.42	−21.92		
	城深11	K_3hs	2566.0～2772.0	−30.10	−26.10	−22.42	−25.60		
	城深12	K_3hs	2604.1～2662.0	−33.60	−26.40	−26.40	−26.90		
	王府1	K_3hs	2827.0～3270.0	−28.31	−29.90	−31.82			
孤店	岭深2	K_1sh	3214.0～3394.0	−30.40	−37.50	−36.60			
	岭深201	K_1sh	2998.0～3338.0	−30.10	−35.70				
梨树	苏家1	K_1yc	2360.0～2367.0	−41.50	−28.20	−27.30			
	苏家2	K_1hs	2908.0～2855.0	−41.60	−28.70	−27.50			

第四节　油气成因及油源对比

松辽盆地南部发育的 5 套不同时代形成的烃源岩，烃源岩的丰度、类型及成熟度以及发育规模在不同地区均存在差异，致使不同地区或不同油层的油气物理及化学性质均有所不同，故而开展油气成因分析和油气源对比工作对油气成藏规律认识以及指导勘探部署均具有重要意义。本节重点对松辽盆地南部各套含油气组合的油气类型以及油气源对比结果进行阐述。

一、原油类型划分

根据饱和烃生物标志化合物组成及相关参数（如反映沉积环境的伽马蜡烷指数、姥植比，反映成熟度的重排藿烷与藿烷相对含量，反映生源母质的 C_{29} 甾烷等生物标志化合物参数），将原油划分为 A、B、C、D、E 五大类七小类（表 1-4-15）。

表 1-4-15　松辽盆地南部原油分类特征表

油层	一级分类标志	二级分类标志	三级分类标志	类型	样品数/个	来源
扶余、杨大城子、高台子	$T_s > T_m$	18α（H）－重排藿烷$>\alpha\beta C_{30}$ 藿烷	$\alpha\beta C_{30}$ 藿烷高 ［$0.3 < \alpha\beta C_{30}$ 藿烷$/18\alpha$（H）－重排藿烷<1］	A	20	青山口组
			五环萜低 （五环萜/三环萜<1）	B	13	
			$\alpha\beta C_{30}$ 藿烷低 ［$\alpha\beta C_{30}$ 藿烷$/18\alpha$（H）－重排藿烷<0.2］	C	6	
萨尔图		18α（H）－重排藿烷$<\alpha\beta C_{30}$ 藿烷	18α（H）－重排藿烷高 ［$0.17 < 18\alpha$（H）－重排藿烷/17α（H），21β（H）－藿烷<1］ R$\alpha\beta\beta C_{29}$ 含量高，成熟度高	D_1	132	
葡萄花			18α（H）－重排藿烷低 ［18α（H）－重排藿烷/17α（H），21β（H）－藿烷<0.17］ R$\alpha\beta\beta C_{29}$ 含量低，成熟度低	D_2	14	
黑帝庙	$T_s < T_m$	伽马蜡烷高（$0.1<$伽马蜡烷$/C_{30}$ 藿烷<0.3）		E_1	5	嫩江组
		伽马蜡烷低（伽马蜡烷$/C_{30}$ 藿烷<0.06）		E_2	5	

1. 不同类型原油饱和烃地球化学特征

1）A 类原油特征

萜烷（$m/z=191$）谱图上，18α（H）－重排藿烷高于 $\alpha\beta C_{30}$ 藿烷，17α，21β-30- 降藿烷含量相对较高（17α，21β-30- 降藿烷和 $\alpha\beta C_{30}$ 藿烷含量的相对大小与烃源岩类型有着很大关系，通常 $\alpha\beta C_{30}$ 藿烷峰与 17α，21β-30- 降藿烷峰的高度比约为 2∶1，但富含有机碳酸盐岩的抽提物也许有异乎寻常的高浓度 17α，21β-30- 降藿烷），$T_s > T_m$（这是区别 A、B、C、D 类与 E 类原油的主要特征），伽马蜡烷含量高，三环萜与五环萜含量相当。甾烷（$m/z=217$）谱图上 C_{27}、C_{28} 和 C_{29} 呈 "L" 形，表明生源母质类型为低等水生生物；R$\alpha\beta\beta C_{29}$、重排甾烷、孕甾烷和升孕甾烷含量高，表明 A 类原油成熟度很高。正构烷烃碳数分布完整，特征为单峰态前锋型，主峰碳为 C_{21}—C_{22}，高碳数含量较低，曲线光滑，没有明显的奇偶优势，基线平直，表明其没有经过生物降解，姥鲛烷、植烷含量普遍较低（图 1-4-24）。此类原油主要分布于扶杨油层，其中高台子油层也有少量分布。

2）B 类原油特征

萜烷谱图上，$T_s > T_m$；18α（H）- 重排藿烷最高，$\alpha\beta C_{30}$ 藿烷低；伽马蜡烷高；三环萜高且呈峰型，五环萜极低。甾烷谱图上 C_{27}、C_{28} 和 C_{29} 呈"L"形，重排甾烷、孕甾烷、升孕甾烷含量高，表明 B 类原油也属于低等水生生物，且成熟度很高。正构烷烃碳数分布特征为单峰态前锋型，主峰碳为 C_{20}—C_{21}，Pr/Ph 介于 0.9～1.3，其基线平直，表明未经过生物降解（图 1-4-25）。与 A 类原油的主要区别在于其五环萜很低，在生源母质类型基本一致的情况下，这种区别与成熟度有关。此类原油主要分布于扶余油层。

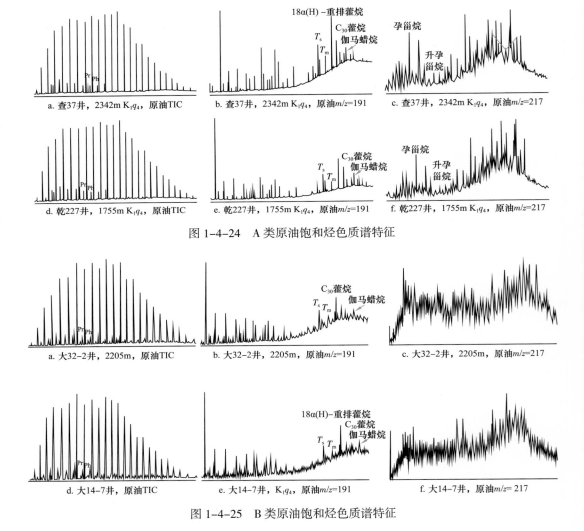

图 1-4-24　A 类原油饱和烃色质谱特征

图 1-4-25　B 类原油饱和烃色质谱特征

3）C 类原油特征

萜烷谱图上，主峰为 18α（H）- 重排藿烷，伽马蜡烷高，与 A 类原油相比 $\alpha\beta C_{30}$ 藿烷很低。甾烷谱图上 C_{27}、C_{28} 和 C_{29} 呈"L"形，$R\alpha\beta\beta C_{29}$ 含量高，C_{29} 甾烷 $\beta\beta/(\beta\beta+\alpha\alpha)$

在 0.6～1 之间，达到平衡状态，属于成熟原油，重排甾烷 / 规则甾烷基本介于 0.28～1.7。正构烷烃分布为单峰正态型，主峰碳为 C_{21}—C_{22}（图 1-4-26）。此类原油主要分布于扶余油层。

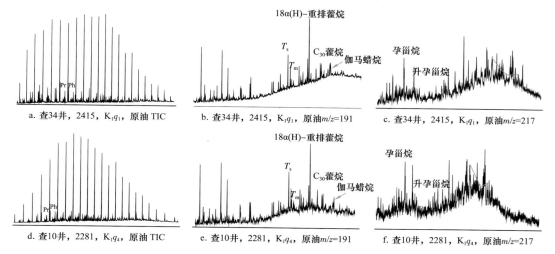

a. 查34井，2415，K_1q_1，原油 TIC

b. 查34井，2415，K_1q_1，原油 $m/z=191$

c. 查34井，2415，K_1q_1，原油 $m/z=217$

d. 查10井，2281，K_1q_4，原油 TIC

e. 查10井，2281，K_1q_4，原油 $m/z=191$

f. 查10井，2281，K_1q_4，原油 $m/z=217$

图 1-4-26　C 类原油饱和烃色质谱特征

4）D 类原油特征

划分 D 类的二级标志为 $\alpha\beta C_{30}$ 藿烷含量大于 18α（H）- 重排藿烷，按其成熟度又将 D 类油细分为 D_1 和 D_2 两个类型。

D_1 类原油萜烷谱图上 C_{30} 含量最高（与 A、B、C 类明显不同，上面已提到这与烃源岩类型有关），伽马蜡烷和五环萜也较高，但三环萜较低。在甾烷谱图上 C_{27}、C_{28} 和 C_{29} 呈 "L" 形，$R\alpha\beta\beta C_{29}$ 含量高，重排甾烷、孕甾烷、升孕甾烷含量较 A、B、C 类要低，表明其成熟度较 A、B、C 类低，但均属于成熟原油。正构烷烃分布为单峰态正态型，主峰碳为 C_{22}—C_{23}，Pr/Ph 介于 0.9～1.56（图 1-4-27）。这类原油在萨尔图、葡萄花、高台子以及扶杨油层均有分布。

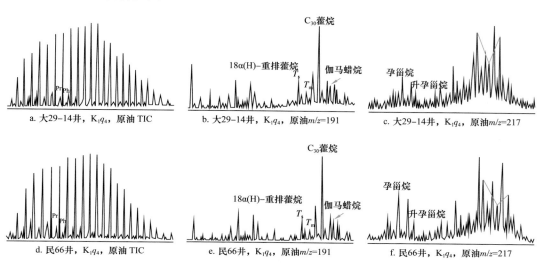

a. 大29-14井，K_1q_4，原油 TIC

b. 大29-14井，K_1q_4，原油 $m/z=191$

c. 大29-14井，K_1q_4，原油 $m/z=217$

d. 民66井，K_1q_4，原油 TIC

e. 民66井，K_1q_4，原油 $m/z=191$

f. 民66井，K_1q_4，原油 $m/z=217$

图 1-4-27　D_1 类原油饱和烃色质谱特征

D_2 类原油萜烷谱图上也表现为 C_{30} 最高，伽马蜡烷较 D_1 类稍低，三环萜很低，五环萜高。在甾烷谱图上，C_{27}、C_{28} 和 C_{29} 呈 "L" 形或 "V" 字形，重排甾烷、孕甾烷、升孕甾烷含量较低，成熟度较 D_1 低。正构烷烃为单峰正态型，主峰碳为 C_{21}—C_{22}（图 1-4-28）。此类原油主要分布在萨尔图、葡萄花以及扶余油层。

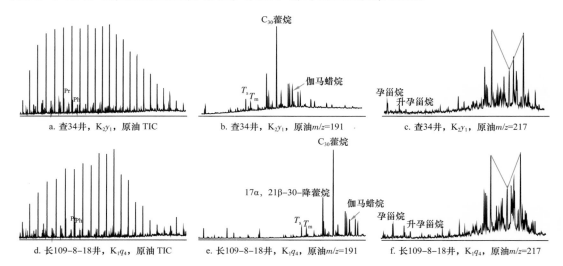

图 1-4-28　D_2 类原油饱和烃色质谱特征

D_1 和 D_2 类原油在谱图和参数上都有明显的区别，如萜烷谱图揭示 D_1 类原油三环萜高于 D_2 类原油，T_s、T_m 含量也存在很大区别；甾烷谱图明显表现为 D_1 类原油成熟度高于 D_2 类。这两类原油可能来源于不同烃源岩，但也有可能是同一套烃源岩在不同时期生成的产物。

5）E 类原油特征

划分 E 类原油的一级标志是 T_s 小于 T_m（T_s 和 T_m 的相对含量与物源输入、有机相类型以及演化程度有关），再根据其伽马蜡烷含量划分为 E_1 和 E_2 类。

E_1 类原油在萜烷谱图上呈现为高含量伽马蜡烷和低含量三环萜烷。在甾烷谱图上 C_{27}、C_{28} 和 C_{29} 呈 "L" 形分布，重排甾烷、孕甾烷、升孕甾烷含量较低，成熟度较低。正构烷烃的分布特征对于不同层位原油有所不同，这可能是生源母质不同造成。通常认为以 C_{27}、C_{28}、C_{29} 为主峰且该区间具有明显奇偶优势是来源于高等植物的标志，而细菌来源的正烷烃则含有较丰富的低碳数烃，分布范围为 n-C_{14}—n-C_{31}。成熟演化程度也会影响主峰碳数的分布，一般随成熟度的增加主峰碳数分布范围向低分子方向移动，且奇偶优势逐渐减小（即 OEP 值或 CPI 值趋向于 1）。E_1 类原油正构烷烃分布特征与上面几类原油有所不同，低碳数峰相对较高，主峰碳为 C_{23}，是低成熟水生生物来源的标志之一（图 1-4-29）。此类原油分布于黑帝庙油层。

E_2 类与 E_1 类原油的主要区别在于伽马蜡烷相对含量的大小，E_1 类要大于 E_2 类，其次是姥植比和甾烷谱图分布的不同，E_1 类姥植比小于 1，甾烷谱图 C_{27}、C_{28} 和 C_{29} 呈 "L" 形分布，而 E_2 类姥植比大于 1，甾烷谱图 C_{27}、C_{28} 和 C_{29} 呈反 "L" 形分布，这说明 E_1 类和 E_2 类原油生源母质以及沉积环境有所不同（图 1-4-30）。此类原油也主要分布于黑帝庙油层。

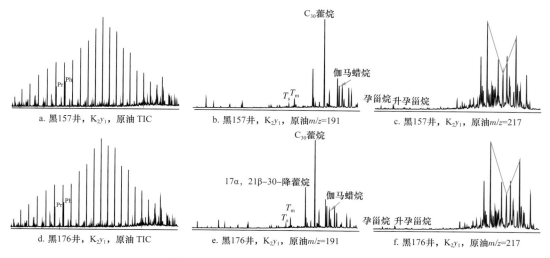

图 1-4-29　E_1 类原油饱和烃色质谱特征

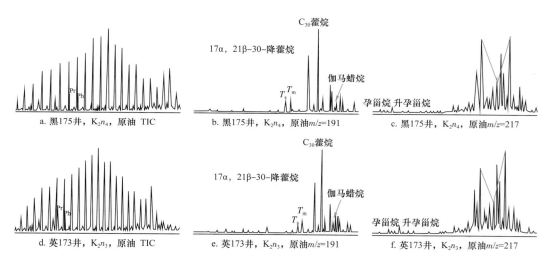

图 1-4-30　E_2 类原油饱和烃色质谱特征

2. 不同类型原油的生物标志物参数分布

A、B、C 类原油中 18α（H）- 重排藿烷含量最高，其次为三环萜烷，三环萜 / 五环萜介于 0.5～2.4，均值分别为 0.768、1.601 和 1.609；伽马蜡烷含量较高，伽马蜡烷指数在 0.34～1.62 之间，均值分别为 0.471、0.627 和 1.1；孕甾烷、升孕甾烷和重排甾烷含量也较高，（孕甾烷 + 升孕甾烷）/ 规则甾烷介于 0.1～0.6（均值分别为 0.166、0.319 和 0.262），重排甾烷 / 规则甾烷介于 0.1～1.7（均值分别为 0.245、0.631 和 0.642）（表 1-4-16、图 1-4-31）。

D_1、D_2 类原油三环萜烷、伽马蜡烷、孕甾烷、升孕甾烷和重排甾烷较 A、B、C 类都比较低，其中三环萜 / 五环萜介于 0.2～1.4（均值分别为 0.389 和 0.201），伽马蜡烷指数介于 0.1～0.4（均值分别为 0.267 和 0.182），（孕甾烷 + 升孕甾烷）/ 规则甾烷介于 0.02～0.18（均值分别为 0.079 和 0.045），重排甾烷 / 规则甾烷介于 0.05～0.26（均值分别为 0.14 和 0.076）（表 1-4-16、图 1-4-31）。

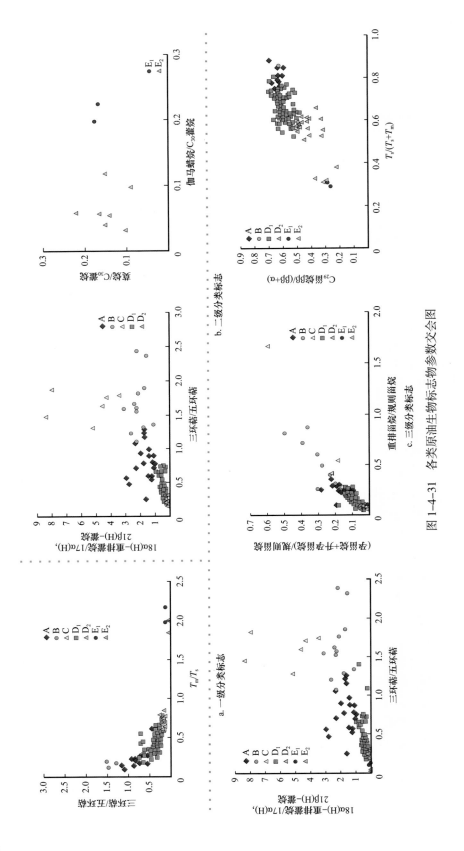

图 1-4-31 各类原油生物标志物参数交会图

E_1、E_2类原油中的三环萜烷、伽马蜡烷、孕甾烷以及升孕甾烷较其他几类原油含量最低，重排甾烷与 D 类原油含量相当。其中，E 类原油三环萜 / 五环萜介于 0.02～0.13（均值分别为 0.119 和 0.035），伽马蜡烷指数介于 0.02～0.23（均值分别为 0.212 和 0.048），（孕甾烷 + 升孕甾烷）/ 规则甾烷介于 0.007～0.018（均值分别为 0.008 和 0.014），重排甾烷 / 规则甾烷介于 0.05～0.11（均值分别为 0.104 和 0.059）（表 1-4-16、图 1-4-31）。

表 1-4-16　各类型原油主要生物标志物参数均值

类型	T_s/T_m	三环萜 /五环萜	伽马蜡烷 /C_{30} 藿烷	Pr/n-C_{17}	Ph/n-C_{18}	重排甾烷 /规则甾烷	（孕甾 + 升孕甾）/规则甾烷	C_{29} 甾烷 $\beta\beta$/（$\beta\beta$+$\alpha\alpha$）
A	4.495	0.768	0.471	0.214	0.189	0.245	0.166	0.636
B	5.685	1.601	0.627	0.156	0.135	0.631	0.319	0.786
C	—	1.609	1.100	0.209	0.183	0.642	0.262	0.653
D_1	2.228	0.389	0.267	0.260	0.233	0.140	0.079	0.589
D_2	1.467	0.201	0.182	0.255	0.232	0.076	0.045	0.438
E_1	0.448	0.119	0.212	0.460	0.575	0.104	0.008	0.271
E_2	0.629	0.035	0.048	0.500	0.342	0.059	0.014	0.343

二、油源对比

前已叙述，松辽盆地南部中浅层烃源岩在不同地区和层位的有机质类型、沉积环境和热演化程度有所差异，致使甾烷类、藿烷类等生物标志化合物特征有所不同。根据原油和烃源岩这些生物标志化合物参数的对比，即可分析确定不同层位、不同类型原油的来源。

1. 扶杨油层油源对比

扶杨油层原油存在 A、B、C、D_1、D_2 五种类型。根据谱图和生物标志化合物参数特征，青山口组烃源岩也可划分出与之相对应的类型。青一段与青二段—青三段烃源岩，反映生源母质（甾烷 C_{27}、C_{28} 和 C_{29}）以及沉积环境的（伽马蜡烷、姥鲛烷、植烷等）生物标志化合物参数基本无差别，主要区别在成熟度上，生物标志化合物参数 C_{29} 甾烷 $\alpha\alpha\alpha$20S/（20S+20R）、C_{29} 甾烷 $\beta\beta$/（$\beta\beta$+$\alpha\alpha$）和 T_s/（T_s+T_m）总体反映青一段烃源岩的成熟度要高于青二段—青三段烃源岩（图 1-4-32、图 1-4-33）。从扶杨油层原油成熟

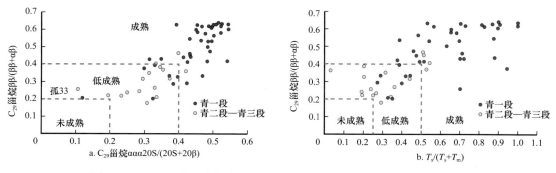

图 1-4-32　松辽盆地南部青一段与青二段—青三段烃源岩成熟度对比图

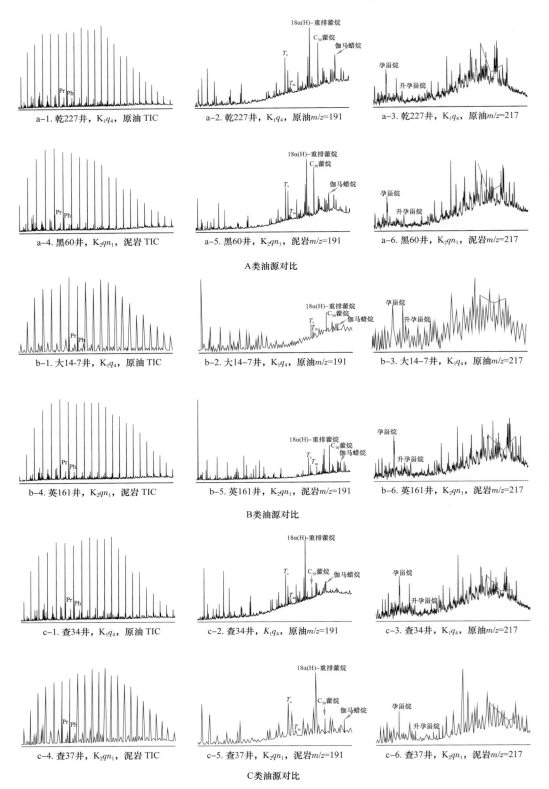

a-1. 乾227井，K_1q_4，原油 TIC

a-2. 乾227井，K_1q_4，原油 $m/z=191$

a-3. 乾227井，K_1q_4，原油 $m/z=217$

a-4. 黑60井，K_2qn_1，泥岩 TIC

a-5. 黑60井，K_2qn_1，泥岩 $m/z=191$

a-6. 黑60井，K_2qn_1，泥岩 $m/z=217$

A类油源对比

b-1. 大14-7井，K_1q_4，原油 TIC

b-2. 大14-7井，K_1q_4，原油 $m/z=191$

b-3. 大14-7井，K_1q_4，原油 $m/z=217$

b-4. 英161井，K_2qn_1，泥岩 TIC

b-5. 英161井，K_2qn_1，泥岩 $m/z=191$

b-6. 英161井，K_2qn_1，泥岩 $m/z=217$

B类油源对比

c-1. 查34井，K_1q_4，原油 TIC

c-2. 查34井，K_1q_4，原油 $m/z=191$

c-3. 查34井，K_1q_4，原油 $m/z=217$

c-4. 查37井，K_2qn_1，泥岩 TIC

c-5. 查37井，K_2qn_1，泥岩 $m/z=191$

c-6. 查37井，K_2qn_1，泥岩 $m/z=217$

C类油源对比

图 1-4-33　松辽盆地南部扶杨油层原油与青山口组烃源岩饱和烃色质谱对比图

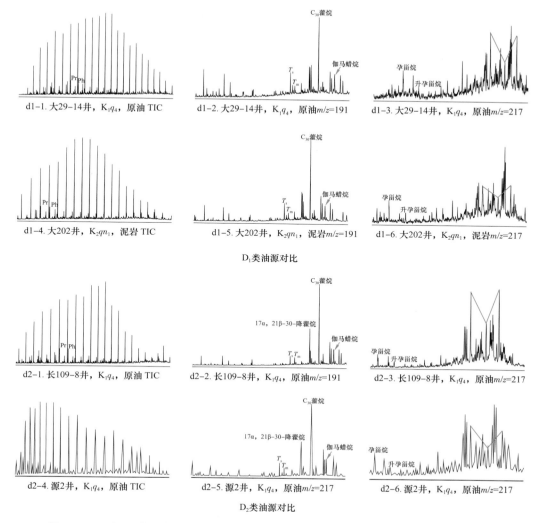

图 1-4-33 松辽盆地南部扶杨油层原油与青山口组烃源岩饱和烃色质谱对比图（续）

度特征来看，A、B、C 以及 D_1 类原油与青一段相当，可判断源自青一段烃源岩；D_2 类原油成熟度相对低一些，部分与青二段—青三段烃源岩成熟度相近，但整体上更接近于青一段（图 1-4-33、图 1-4-34）。

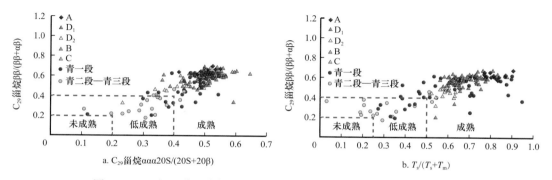

图 1-4-34 松辽盆地南部扶杨油层原油与青山口组烃源岩参数对比图

从不同类型原油和烃源岩分布特征来看（图 1-4-35），扶杨油层 A 类原油主要分布在红岗阶地北部和长岭凹陷南部，在华字井阶地局部也存在此类原油；而青山口组 A 类烃源岩在这些地区也均有发育。因此，从原油和烃源岩生物标志特征及分布区域来看，此类原油源自各地区的青一段。B 类和 C 类原油主要分布在红岗阶地北部，且 C 类原油在长岭凹陷北部也有发育，与 B 类、C 类烃源岩分布的区域具有一致性，因此也可确定这两类原油也源自青一段烃源岩。D_1 类原油在松辽盆地南部扶杨油层广泛分布，相应地在此类原油分布的区域，D_1 类烃源岩同样也较为发育，同样体现了油—源的一致性关系。D_2 类原油主要分布在长春岭背斜带，谱图显示其原油伽马蜡烷、T_s、T_m 和三环萜的相对含量与松北源 2 井泉四段原油极为一致，不同之处在于源 2 井正构烷烃低碳数峰相对长春岭原油较高（图 1-4-33），这与成熟程度有很大关系，可能是同一烃源岩不同时期演化的产物。此外，松辽盆地南部长春岭地区青山口组烃源岩成熟度较低，基本处于未成熟—低成熟阶段，生烃潜量有限，故推测长春岭的油来自松辽盆地北部烃源岩。

2. 高台子油层油源对比

高台子组原油类型主要为 A 类和 D_1 类，主要分布在青一段—青三段（表 1-4-17）。从反映烃源岩和原油成熟度特征的生物标志化合物参数交会图来看，高台子组原油与青一段烃源岩具有热演化程度的一致性（图 1-4-36）。色质谱图以及生物标志化合物参数相对大小特征也揭示高台子油层原油与青一段烃源岩具有紧密的亲缘关系（图 1-4-37）。可以判定，高台子油层原油主要源自青一段。

表 1-4-17　松辽盆地南部高台子油层原油样品一览表

井号	井段 /m	样品描述	层位	原油类型
乾 225	2258.4～2261.2	原油	青一段	A
查 37	1888.0	原油	青三段	D_1
黑 173	2493.0	原油	青一段	D_1
黑 174	2503.0	原油	青一段	D_1
乾 228	2344.0～2366.4	原油	青二段	D_1

3. 萨尔图、葡萄花油层油源对比

葡萄花和萨尔图油层原油分为 D_1、D_2 和 E_1 三类（表 1-4-18）。

表 1-4-18　松辽盆地南部萨葡油层原油样品一览表

井号	井段 /m	样品描述	层位	原油类型
查 36		原油	姚一段	D_1
查 37	1720.0	原油	姚一段	D_1
查 34		原油	姚一段	D_2
海 23	1488.0～1490.0	原油	姚二段—姚三段	D_2
红 13-02	1172.6～1220.8	原油	姚二段—姚三段	D_2
黑 157	1878.0	原油	姚一段	E_1
黑 176	2005.0	原油	姚一段	E_1

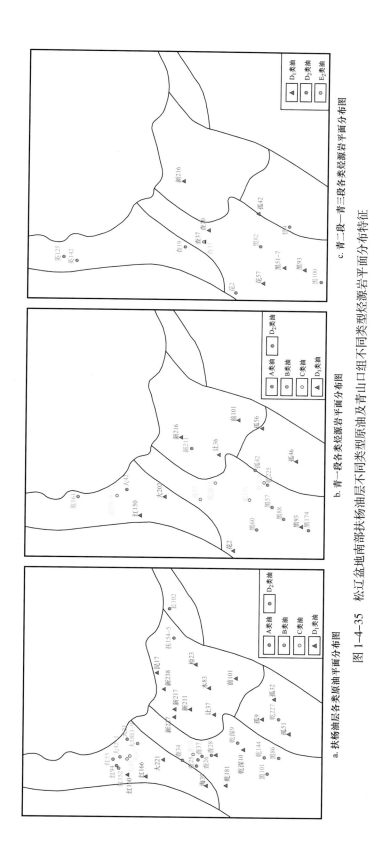

a. 扶杨油层各类原油平面分布图

b. 青一段各类烃源岩平面分布图

c. 青二段—青三段各类烃源岩平面分布图

图 1-4-35　松辽盆地南部扶杨油层不同类型原油及青山口组不同类型烃源岩平面分布特征

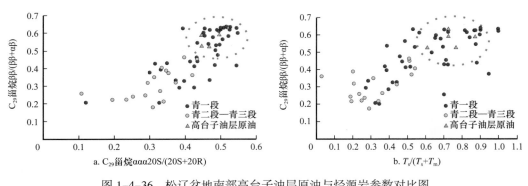

图 1-4-36　松辽盆地南部高台子油层原油与烃源岩参数对比图

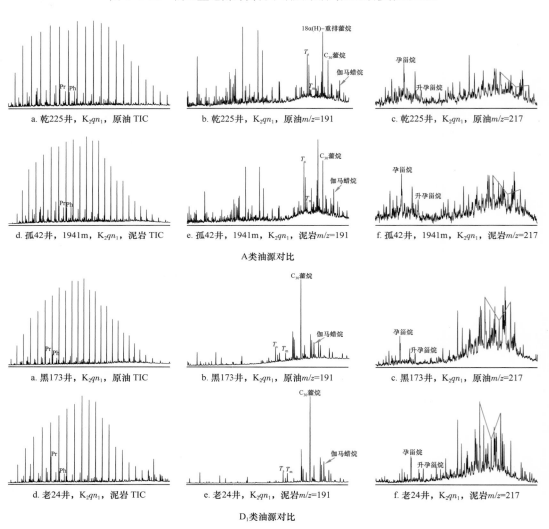

图 1-4-37　松辽盆地南部高台子油层原油与烃源岩饱和烃色质谱对比图

从沉积环境特征来看，青山口组烃源岩正构烷烃都为前锋型，主峰碳为 C_{21}—C_{22}，姥植比接近 1，伽马蜡烷含量高，这些与查 36 井（D_1 型）、查 37 井（D_1 型）和查 34 井（D_2 型）原油具有相似的特征。虽然这些 D_1、D_2 类原油和青山口组烃源岩 C_{27}、C_{28} 和

C$_{29}$ 之间均呈 "V" 字形特征，但 "V" 字形幅度存在差异。D$_1$ 型原油为浅 "V" 字形且成熟度较高，与大 202 井青一段烃源岩具有相似的特征，原油和烃源岩的孕甾烷、升孕甾烷和重排甾烷含量都偏高（图 1-4-38）；D$_2$ 类原油为深 "V" 字形且成熟度较低，与查 37 井青二段烃源岩具有一致性（图 1-4-39）。E$_2$ 类原油正构烷烃为单峰型（主峰碳为 C$_{23}$），藿烷类稍高，$T_s < T_m$，孕甾烷、升孕甾烷和重排甾烷含量很低，伽马蜡烷含量高。这些与黑 151 井嫩一段烃源岩特征相似，只不过原油的 C$_{27}$、C$_{28}$ 和 C$_{29}$ 之间呈 "L" 形，而嫩一段烃源岩呈 "V" 字形，但甾烷相对含量并无很大差别（图 1-4-40）。

因此，综合对比萨尔图和葡萄花油层的原油与青山口组和嫩江组烃源岩的色质谱图特征来看，D$_1$ 类原油主要来自青一段烃源岩，D$_2$ 类原油源自青二段烃源岩，而 E$_2$ 类原油则来自嫩一段烃源岩。

从不同地区葡萄花油层原油类型分布来看，D$_1$、D$_2$ 类葡萄花油层原油主要分布在长岭凹陷的北部，其生物标志化合物参数含量及比值与让 36 井青一段极为相近（图 1-4-41a、图 1-4-42），E$_1$ 类葡萄花油层原油与黑 150 井嫩一段烃源岩生物标志化合物参数含量及比值具有一致性（图 1-4-41b、图 1-4-42）。这也进一步证实，北部葡萄花油层和萨尔图油层原油来源于青山口组，南部黑帝庙地区葡萄花油层原油来源于嫩江组。

4. 黑帝庙油层油源对比

黑帝庙油层原油整体上表现为正构烷烃呈单峰正态型（主峰碳为 C$_{23}$）、姥植比大于 1，萜烷谱图上 $T_s < T_m$、17α，21β-30-降藿烷远大于 18α（H）-重排藿烷，甾烷谱图上孕甾烷、升孕甾烷和重排甾烷含量很低，属于 E 类原油。根据伽马蜡烷含量将黑帝庙油层进一步划分为 E$_1$ 类和 E$_2$ 类，其中 E$_1$ 类伽马蜡烷含量大于 E$_2$ 类。

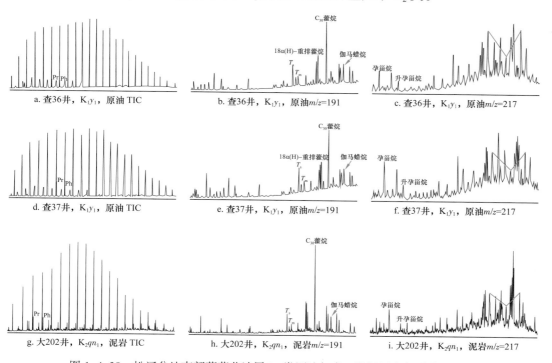

图 1-4-38　松辽盆地南部葡萄花油层 D$_1$ 类原油与青一段烃源岩色质谱对比图

黑帝庙油层 E_1 类原油前文已经确定来自嫩一段（与葡萄花油层 E_1 类原油同源）。从反映沉积环境的姥鲛烷、植烷和伽马蜡烷的相对含量和反映生源母质的甾烷分布特征以及反映成熟度的 C_{29} 降藿烷和重排甾烷、孕甾烷、升孕甾烷的相对含量等都可以看出黑帝庙油层 E_2 类原油与嫩二段烃源岩具有亲缘关系（图 1-4-43）。从姥植比与伽马蜡烷/藿烷 C_{30} 以及 $\alpha\alpha\alpha RC_{27}/RC_{29}$ 与三环萜/五环萜交会图来看，E_1 类原油与嫩二段烃源岩分布在同一区域，也证实二者具有较强的亲缘关系（图 1-4-44）。

总体来说，A、B、C、D 类原油与 E_1、E_2 类原油分别来自两套不同的烃源岩（图 1-4-45）。A、B、C、D_1、D_2 类原油来源于青山口组烃源岩，其中 A、B、C、D_1 类原油来自青一段烃源岩。D_2 类原油根据分布的层位差异，其油源有所不同。长春岭扶杨油层 D_2 类原油来源于朝长地区青一段烃源岩，而高台子和葡萄花油层 D_2 类原油则来源于本地青二段—青三段烃源岩。E_1、E_2 类原油主要分布在黑帝庙油层，其中 E_1 类原油在葡萄花油层也有分布，油源对比基本确定 E_1、E_2 类原油分别来源于嫩一段和嫩二段烃源岩。

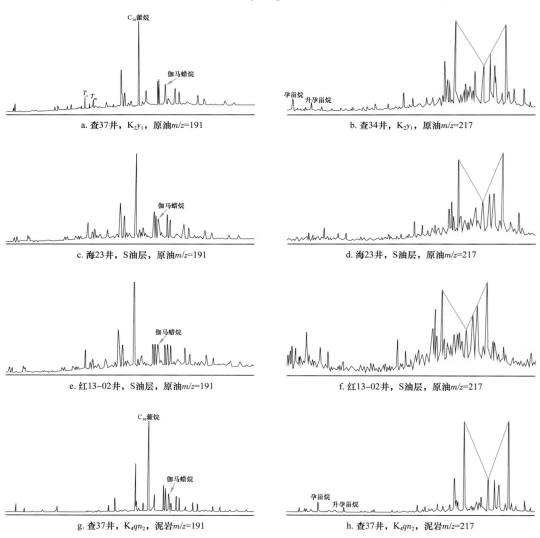

a. 查37井，K_2y_1，原油 $m/z=191$

b. 查34井，K_2y_1，原油 $m/z=217$

c. 海23井，S油层，原油 $m/z=191$

d. 海23井，S油层，原油 $m/z=217$

e. 红13-02井，S油层，原油 $m/z=191$

f. 红13-02井，S油层，原油 $m/z=217$

g. 查37井，K_4qn_2，泥岩 $m/z=191$

h. 查37井，K_4qn_2，泥岩 $m/z=217$

图 1-4-39 松辽盆地南部萨葡油层 D_2 类原油与青二段烃源岩色质谱对比图

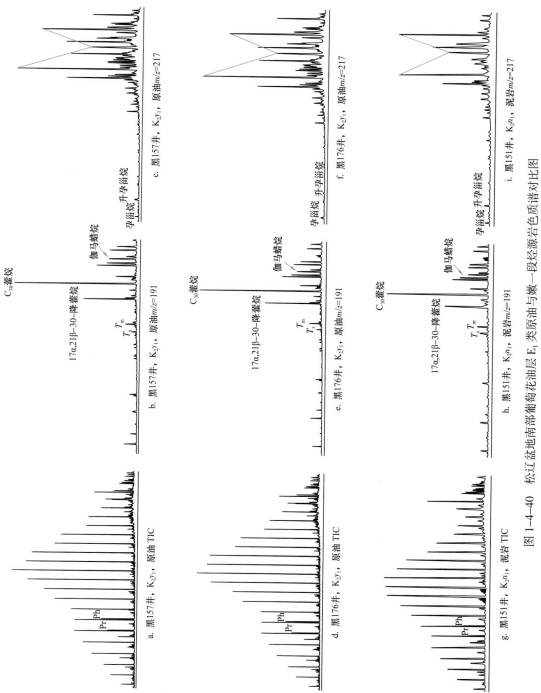

a. 黑157井，K_2y_1，原油 TIC

b. 黑157井，K_2y_1，原油$m/z=191$

c. 黑157井，K_2y_1，原油$m/z=217$

d. 黑176井，K_2y_1，原油 TIC

e. 黑176井，K_2y_1，原油$m/z=191$

f. 黑176井，K_2y_1，原油$m/z=217$

g. 黑151井，K_2n_1，泥岩 TIC

h. 黑151井，K_2n_1，泥岩$m/z=191$

i. 黑151井，K_2n_1，泥岩$m/z=217$

图 1-4-40　松辽盆地南部葡萄花油层 E_1 类原油与嫩一段烃源岩色质谱对比图

5.深层油源对比

1）德惠断陷

农安油气田原油类型可划分为Ⅰ类和Ⅱ类两种类型（图1-4-46）。其中，Ⅰ类原油中伽马蜡烷含量要远高于Ⅱ类原油，同前两个相邻的 C_{31} 藿烷主要呈"V"形分布，而Ⅱ类原油则主要呈"\/"形分布；T_s/T_m 指标Ⅱ类远大于Ⅰ类。其他特征差别不大，三环萜烷含量均较低。深层油藏主要来自沙河子组和营城组两套烃源岩。从五环萜烷的分布形式来看，沙河子组烃源岩与Ⅰ类油砂具有很好的可比性，而营城组烃源岩与Ⅱ类油砂具有较好的相似性（图1-4-46）。

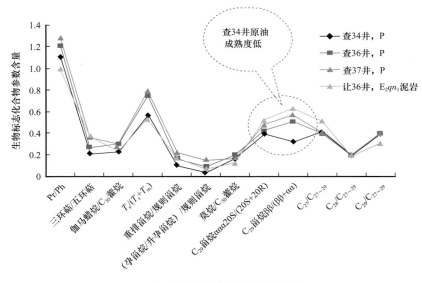

a. D_1、D_2类原油与青一段烃源岩折线图

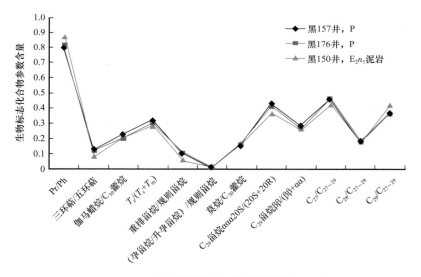

b. E_1类原油与嫩一段烃源岩折线图

图1-4-41 松辽盆地南部葡萄花油层原油与烃源岩生物标志化合物参数对比图

2）梨树断陷

梨树断陷原油碳同位素较轻，分布范围为 –32.54‰～–27.96‰，主峰分布在 –33‰～–30‰之间，反映生油母质类型较好。从沙河子组到泉头组，原油馏分碳同位素特征总体上一致（表1-4-19），反映其来源的一致性。

表1-4-19 梨树断陷部分原油馏分碳同位素分布数据表

井号	层位	饱和烃 /‰	原油 /‰	芳香烃 /‰	非烃 /‰	沥青质 /‰
四6-6	K_2q_1	–32.8	–31.6	–31.1	–30.4	–29.8
四8-3	K_2q_2	–32.7	–31.7	–31.1	–30.9	–29.3
四3-2	K_2q_3	–33.1	–32.0	–31.4	–30.9	–29.4
四4-4	K_2q_4	–32.9	–31.6	–31.1	–30.6	–29.5
四2	K_1sh	–32.0	–31.1	–30.5	–30.3	–28.6

甾萜烷特征表明，登娄库组及其以上地层原油特征一致。萜烷主要有以下几个特征：（1）三环萜烷含量普遍较低；（2）四环萜烷含量同邻峰三环萜烷相对含量相等或近似；（3）T_s 与 T_m 相对含量近似相等，或 T_s 略低于 T_m；（4）伽马蜡烷相对含量较高；（5）油砂样品和原油样品总体特征一致，但又有一定差别，油砂样品的三环萜烷含量表现更低（图1-4-47）。

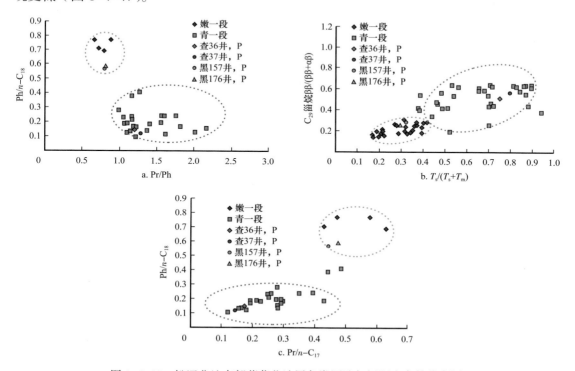

图1-4-42 松辽盆地南部葡萄花油层各类原油与烃源岩参数分布图

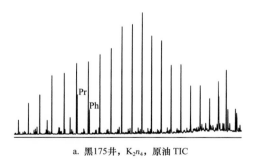

a. 黑175井，K_2n_4，原油 TIC

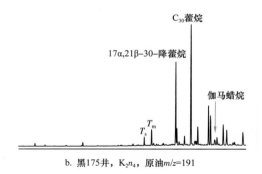

b. 黑175井，K_2n_4，原油 $m/z=191$

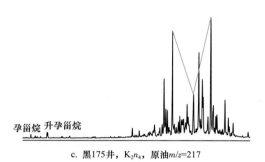

c. 黑175井，K_2n_4，原油 $m/z=217$

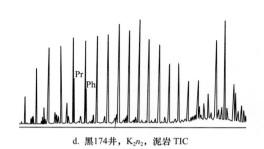

d. 黑174井，K_2n_2，泥岩 TIC

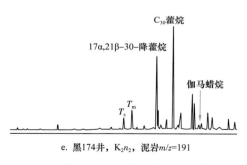

e. 黑174井，K_2n_2，泥岩 $m/z=191$

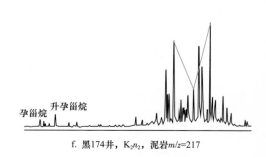

f. 黑174井，K_2n_2，泥岩 $m/z=217$

图 1-4-43　松辽盆地南部黑帝庙油层 E_2 类原油与嫩二段烃源岩色质谱对比图

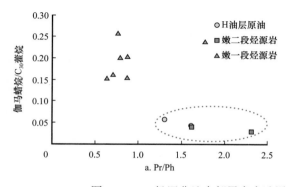

a. Pr/Ph

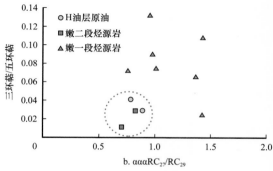

b. $\alpha\alpha\alpha RC_{27}/RC_{29}$

图 1-4-44　松辽盆地南部黑帝庙油层 E_2 类原油与嫩二段烃源岩参数对比图

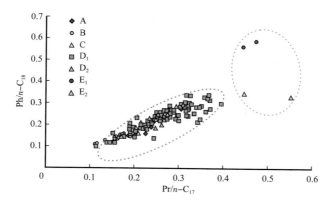

图 1-4-45　松辽盆地南部各类原油 Pr/n-C$_{17}$—Ph/n-C$_{18}$ 交会图

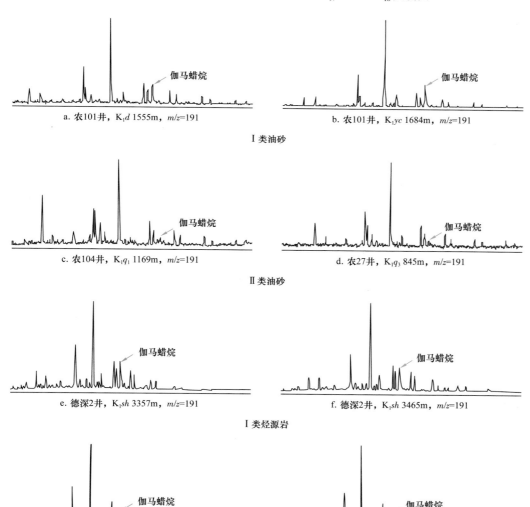

a. 农101井，K$_1$$d$ 1555m，m/z=191

b. 农101井，K$_1$$yc$ 1684m，m/z=191

Ⅰ类油砂

c. 农104井，K$_1$$q_1$ 1169m，m/z=191

d. 农27井，K$_1$$q_3$ 845m，m/z=191

Ⅱ类油砂

e. 德深2井，K$_1$$sh$ 3357m，m/z=191

f. 德深2井，K$_1$$sh$ 3465m，m/z=191

Ⅰ类烃源岩

g. 德深2井，K$_1$$yc$ 2467m，m/z=191

h. 德深2井，K$_1$$yc$ 3034m，m/z=191

Ⅱ类烃源岩

图 1-4-46　农安构造原油与烃源岩类型饱和烃五环萜烷对比色质图

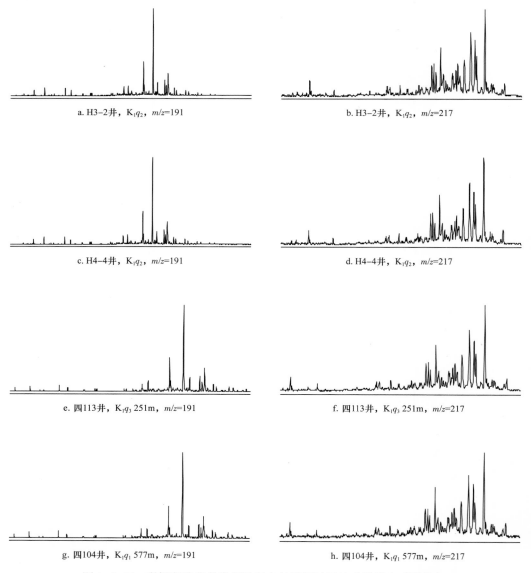

a. H3-2井，K_1q_2，m/z=191

b. H3-2井，K_1q_2，m/z=217

c. H4-4井，K_1q_2，m/z=191

d. H4-4井，K_1q_2，m/z=217

e. 四113井，K_1q_3 251m，m/z=191

f. 四113井，K_1q_3 251m，m/z=217

g. 四104井，K_1q_1 577m，m/z=191

h. 四104井，K_1q_1 577m，m/z=217

图1-4-47　梨树断陷登娄库组及以上地层原油及油砂样品色质谱特征

营城组和沙河子组原油和油砂样品生物标志化合物地球化学特征总体相似，主要特征如下：（1）T_s明显高于T_m；（2）四环萜烷/C_{26}三环萜烷小于0.7；（3）同登娄库组和泉头组样品相比，三环萜烷含量较高，但不同样品间又有所差异；（4）甾烷谱图显示噪声较大，说明甾烷生物标志化合物绝对浓度较低，这与原油成熟度有关（图1-4-48）。

登娄库组及以上地层原油$T_s/（T_s+T_m）$值较小，普遍小于0.5，而营城组及沙河子组该比值相对要高（图1-4-49），说明两类原油可能为同源不同期的演化产物。深层营城组和沙河子组原油之间的成熟度特征也存在差异，即使同一油层内也有所不同，甚至差别较大，反映了深层原油可能为不同期的混源，也可能为不同次注生成的原油混合。

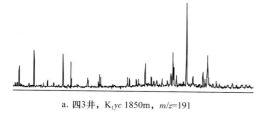

a. 四3井，K_1yc 1850m，$m/z=191$

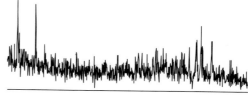

b. 杨203井，K_1yc 1712m，$m/z=217$

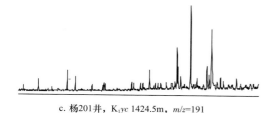

c. 杨201井，K_1yc 1424.5m，$m/z=191$

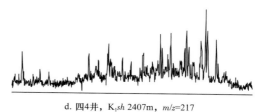

d. 四4井，K_1sh 2407m，$m/z=217$

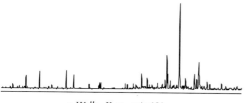

e. H1井，K_1yc，$m/z=191$

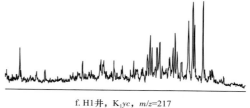

f. H1井，K_1yc，$m/z=217$

图 1-4-48　梨树断陷营城组和沙河子组原油样品色质谱特征

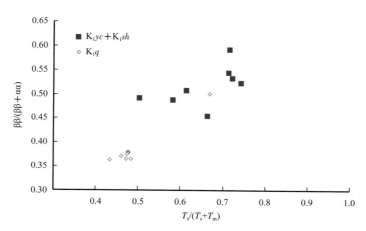

图 1-4-49　梨树断陷生物标志化合物成熟度指标相关图

3）长岭断陷双坨子构造

东岭构造登娄库组—营城组原油与双坨子—大老爷府青山口组原油组分明显不同，深层原油饱和烃含量相对较高（79%），芳香烃含量与青山口组相当（分别为 15.24% 和 16.16%），非烃和沥青质含量明显较低（分别为 5.75% 和 0）（表 1-4-20）。

表 1-4-20　长岭地区原油族组成数据表

构造	层位	代表井	原油族组成					
			饱和烃 /%	芳香烃 /%	非烃 /%	沥青质 /%	饱和烃 / 芳香烃	非烃 / 沥青质
双陀子一大老爷府	K_2qn	T8、D1	49.11～70.06/58.17（3）	11.92～18.33/16.16（3）	7.94～17.67/12.91（3）	1.02～21.26/8.69（3）	3.04～3.82/3.66（3）	0.83～7.78/4.03（3）
东岭	K_1d—K_1yc	SN109	79.00	15.24	5.75	0	5.18	

注：数据格式为最小值～最大值 / 平均值（样品数）。

双坨子深层原油与东岭构造深层原油饱和烃色质谱基本一致，具有伽马蜡烷含量不高、$T_s>T_m$ 的特征（图 1-4-50），两个地区的烃源岩性质也基本一致，只不过东岭构造深层烃源岩品质稍好。东岭构造深层原油来自长岭断陷南部次凹的沙河子组和营城组高成熟—过成熟烃源岩，双坨子油气田深层原油来自长岭断陷斜坡带的沙河子组和营城组成熟—高成熟烃源岩，致使东岭构造原油的成熟度高于双坨子的原油。

三、天然气成因类型及气源对比

松辽盆地深层天然气从基岩至泉二段皆有分布，以烃类天然气藏为主，天然气以高成熟煤型气和混合气为主，并伴有油型气和无机气存在，另外还发现一批高含 CO_2 或纯 CO_2 气藏，天然气成因及分布异常复杂。

1. 长岭断陷

长岭断陷天然气类型较多，以煤型气为主，同时还存在凝析油伴生气和煤型气混合、油型裂解气、无机气和煤型气混合（图 1-4-51）。正构烷烃—异构烷烃—环烷烃图版也揭示长岭断陷以煤型气为主（图 1-4-52）。

按照天然气组分及碳同位素特征来看，长岭断陷不同洼槽天然气类型还存在一定的差异。伏龙泉洼槽伏 15 井泉三段天然气甲烷碳同位素较轻（-45.05‰），干燥系数较高（186），为成熟度较高的油型气；伏 14 井营城组天然气甲烷碳同位素相对比较重（-30.5‰），干燥系数仅为 22.8，为典型的煤型气特征（图 1-4-53）。前神字井洼槽天然气碳同位素普遍较重，基本重于 -30‰，且干燥系数不是很大，为典型煤型气；仅长深 1 井一个样品表现为无机成因或煤型气，长深 2 井和长深 104 井碳同位素非常重，长深 2 井甲烷碳同位素为 -19.25‰，长深 104 井更重（-11.4‰），其干燥系数不是很高，表明其不是纯的无机气，仅仅是存在无机气的混合（图 1-4-54）。查干花洼槽天然气甲烷碳同位素显示既存在煤型气，还存在凝析油伴生气。坨深 1 井、坨深 17 井以及坨 106 井泉一段天然气甲烷碳同位素在 -35.1‰～-33.6‰之间，碳同位素值较轻，且其干燥系数均不超过 20，为凝析油伴生气；坨 10 井泉一段及坨深 8 井登娄库组天然气甲烷碳同位素分别为 -32.65‰ 和 -23.4‰，干燥系数不高，小于 20，为典型的煤型气特征（图 1-4-55）。乾北洼槽长深 10 井营城组天然气甲烷碳同位素值较轻，为 -33.55‰，属于油型气范畴；其干燥系数高达 281，为典型的高成熟度天然气，判定为油型裂解气（图 1-4-56）。

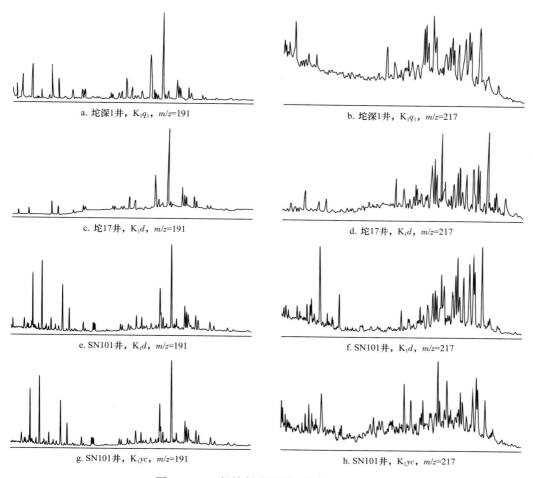

a. 坨深1井，K_1q_1，$m/z=191$

b. 坨深1井，K_1q_1，$m/z=217$

c. 坨17井，K_1d，$m/z=191$

d. 坨17井，K_1d，$m/z=217$

e. SN101井，K_1d，$m/z=191$

f. SN101井，K_1d，$m/z=217$

g. SN101井，K_1yc，$m/z=191$

h. SN101井，K_1yc，$m/z=217$

图 1-4-50　长岭断陷深层原油色质谱特征

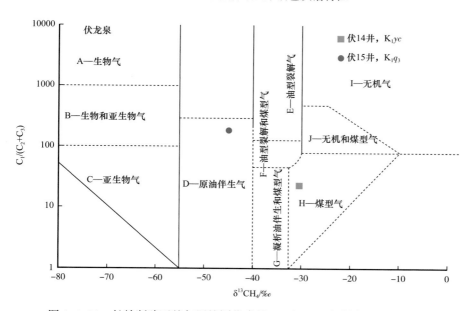

图 1-4-51　长岭断陷天然气甲烷同位素及 $C_1/（C_2+C_3）$ 判定天然气成因

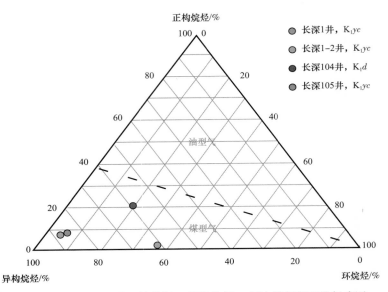

图 1-4-52　长岭断陷正构烷烃—异构烷烃—环烷烃判定天然气成因

　　深层烃源岩与气样轻烃指纹揭示，长岭断陷不同洼槽天然气来源也存在差异。伏龙泉洼槽伏 14 井营城组气样与沙河子组泥岩样品具有良好的亲缘关系，而与火石岭组泥岩和煤亲缘关系均不明显（图 1-4-53），沙河子组为该地区的主力烃源岩层。前神字井地区缺失岩样轻烃指纹数据，应用邻近查干花洼槽的老深 1 井营城组和火石岭组泥岩样品与气对比，结果显示天然气与火石岭组泥岩指纹吻合较好，表明为火石岭组近源供烃；与营城组岩样趋势相同，但峰面积比值存在较大差异，表明有可能存在较远处的营城组烃源岩供烃（图 1-4-54）。查干花洼槽坨深 8 井登娄库组的气样与坨深 6 井沙河子组泥岩轻烃指纹有着密切的亲缘关系，表明该区沙河子组为主力烃源岩（图 1-4-55）。乾北次洼长深 10 井的登娄库组和营城组天然气与营城组泥岩的轻烃指纹参数变化趋势类似，而与沙河子组和火石岭组泥岩的轻烃特征存在一定的差异，天然气应主要来源于营城组，沙河子组和火石岭组贡献不大（图 1-4-56）。

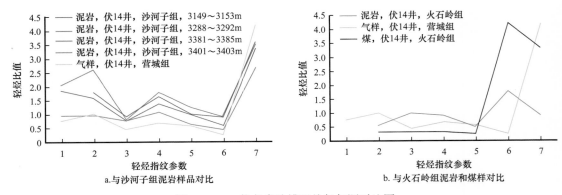

图 1-4-53　伏龙泉洼槽天然气气源对比图

2. 英台断陷

　　英台断陷天然气碳同位素整体上偏轻，南部甲烷碳同位素在 -41.6‰~-34.6‰ 之间，$C_1/(C_2+C_3)$ 介于 5.2~35.6，以凝析油伴生气和煤型气为主，存在少量原油伴生气，这与前文阐述的英台深层烃源岩以Ⅱ$_1$型和Ⅱ$_2$型干酪根为主相一致。北部碳同位素普遍小于 –30‰，干燥系数均小于 45，以凝析油伴生气为主，含少量煤型气和原油伴生气（图 1-4-57）。正构、异构以及环烷烃组分也显示天然气多位于油型气和煤型气分界线附近，以煤型气为主，且存在一定量的油型气（图 1-4-58）。

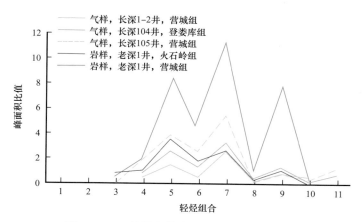

图 1-4-54 前神字井次洼天然气气源对比图

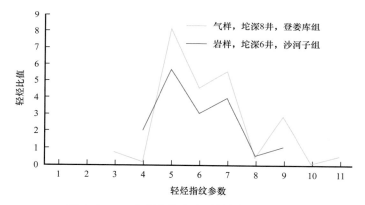

图 1-4-55 查干花井次洼天然气气源对比图

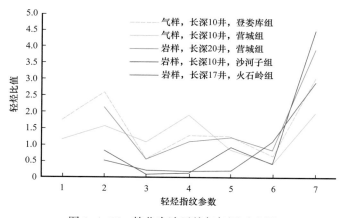

图 1-4-56 乾北次洼天然气气源对比图

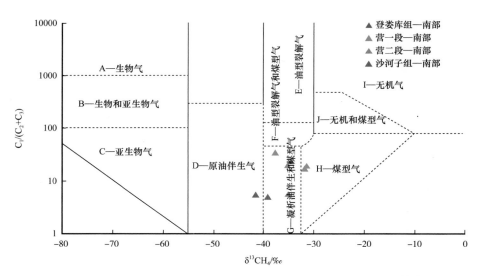

图 1-4-57　英台断陷天然气甲烷同位素及 $C_1/(C_2+C_3)$ 判定天然气成因图

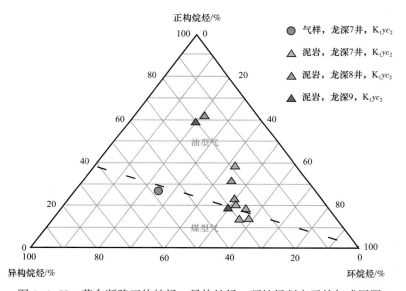

图 1-4-58　英台断陷正构烷烃—异构烷烃—环烷烃判定天然气成因图

英台断陷南部的龙深 1 井、龙深 101 井营一段和沙河子组天然气与营二段和沙河子组泥岩亲缘关系均较为密切（图 1-4-59）。北部未沉积沙河子组，其烃源岩主要为营二段的沉凝灰质泥岩；营二段二砂组的天然气与其泥岩关系极为密切，而与三砂组天然气存在明显差异，由此可见各砂组天然气均来自自身的烃源岩（图 1-4-60）。此外，英台断陷北部营二段存在源储频繁互层、泥包砂的组合特征，也说明该地区气藏具有"原地生成、就近聚集"的特点。

3. 德惠断陷

德惠断陷天然气甲烷碳同位素分布范围广泛，从 -69‰~-20‰ 均有分布。干燥系数 $C_1/(C_2+C_3)$ 最小为 29，最大高达 191。天然气类型多样，既有煤型气、凝析油伴生气和煤型气、油型裂解气和煤型气，也有原油伴生气（图 1-4-61）。天然气类型多样亦反映其烃源岩类型及生烃过程所经历的有机质成熟度也较为广泛，既存在成熟阶段形成的原生油伴生气，也存在成熟阶段晚期至高成熟阶段初期形成的凝析油伴生气，还存在高成熟阶段形成的油型裂解气。

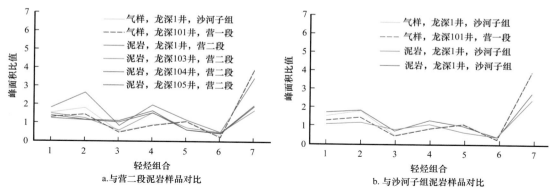

图 1-4-59　英台断陷南部天然气气源对比图

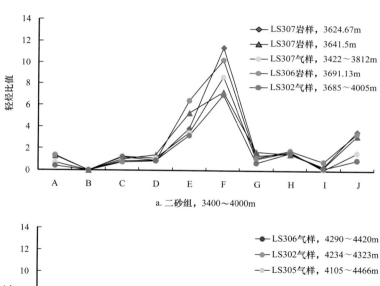

a. 二砂组，3400~4000m

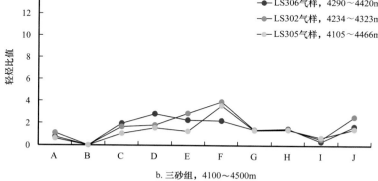

b. 三砂组，4100~4500m

图 1-4-60　英台断陷北部营二段天然气气源对比图

A—正庚烷 /（1，反 3- 二甲基环戊烷 + 甲基己烷）；B—2，3- 二甲基丁烷 /2- 甲基戊烷；C—正己烷 /（甲基环戊烷 +2，2- 二甲基戊烷）；D—3- 甲基己烷 /（1，1- 二甲基环戊烷 +1，顺 3- 二甲基环戊烷）；E—2- 甲基己烷 /2，3- 二甲基戊烷；F—1 反，3- 甲基环戊烷 /1 反，2- 二甲基环戊烷；G—环己烷 / 甲基环戊烷；H—2- 甲基戊烷 /3- 甲基戊烷；I—苯 / 正己烷；J—正庚烷 /2- 甲基己烷

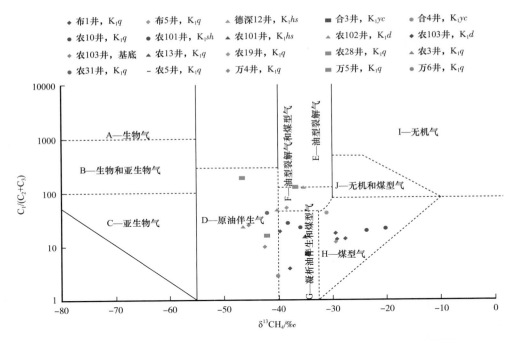

图例：
◆ 布1井，K_1q　◆ 布5井，K_1q　▲ 德深12井，K_1hs　■ 合3井，K_1yc　● 合4井，K_1yc
● 农10井，K_1q　● 农101井，K_1sh　▲ 农101井，K_1hs　▲ 农102井，K_1d　◆ 农103井，K_1d
◆ 农103井，基底　▲ 农13井，K_1q　◆ 农19井，K_1q　■ 农28井，K_1q　▲ 农3井，K_1q
● 农31井，K_1q　- 农5井，K_1q　◆ 万4井，K_1q　■ 万5井，K_1q　● 万6井，K_1q

图 1-4-61　德惠断陷天然气甲烷同位素及 $C_1/（C_2+C_3）$ 判定天然气成因图

德深 11 井火石岭组气样与德深 11 井火石岭组泥岩样品亲缘关系密切，与其火石岭组煤层也存在一定的亲缘关系（图 1-4-62）。德深 12 井火石岭组气样与其火石岭组泥岩以及沙河子组下部的泥岩亲缘关系密切，与沙河子组上部泥岩有一定的关系（图 1-4-63）。由此可以认为，德惠断陷火石岭组气藏是由沙河子组和火石岭组烃源岩共同贡献的结果。

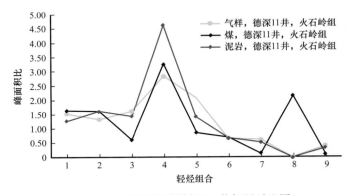

图 1-4-62　德惠断陷德深 11 井气源对比图

4. 王府断陷

王府断陷天然气类型以煤型气为主，存在少量凝析油伴生气和油型裂解气（图 1-4-64）。天然气正构、异构及环烷烃含量与沙河子组和火石岭组泥岩含量近似，与煤样偏离较远，表明天然气可能主要来自沙河子组和火石岭组泥岩，而与煤层的关系不大（图 1-4-65）。

王府 1 井火石岭组气样与火石岭组泥岩轻烃特征揭示二者亲缘关系密切，与上覆沙

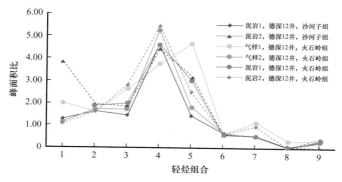

图 1-4-63　德惠断陷德深 12 井气源对比图

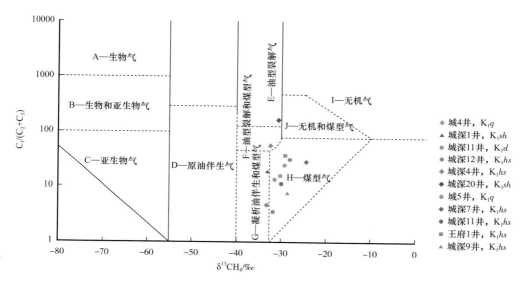

图 1-4-64　王府断陷天然气甲烷同位素及 $C_1/(C_2+C_3)$ 判定天然气成因图

河子组底部的煤层亲缘关系较差。城深 11 井登娄库组和火石岭组气与沙河子组泥岩具有一定的亲缘关系，只不过登娄库组天然气部分轻烃组合比烃源岩的峰面积比值低，这主要是受到天然气垂向运移的影响（图 1-4-66）。城深 12 井火石岭组天然气与沙河子组和火石岭组泥岩亲缘关系密切，但与沙河子组煤层存在一定差异，故而认为其气源主要为沙河子组和火石岭组的泥岩，煤贡献有限。城深 10 井泉头组气样与沙河子组和火石岭组烃源岩轻烃变化趋势一致，但峰面积比值较烃源岩小，这是天然气垂向运移所致。城深 20 井沙河子组气样与沙河子组和火石岭组烃源岩均具有一定的亲缘关系（图 1-4-67）。总体上，王府断陷天然气应主要来自火石岭组和沙河子组下部泥岩，沙河子组上部泥岩有一定的贡献，煤层的贡献不大。

5. 双辽断陷

双辽断陷双 11 井火石岭组天然气类型为凝析油伴生气和煤型气，双 9 井甲烷碳同位素比较重（-19.5‰），干燥系数仅为 3.8，该参数仅能说明其为深源气（图 1-4-68）。双 11 井火石岭组气样与双 12 井营城组泥岩指纹存在较大差异，推测气源主要为沙河子组和火石岭组烃源岩。正构烷烃—异构烷烃—环烷烃组分含量揭示，双 11 井火石岭组

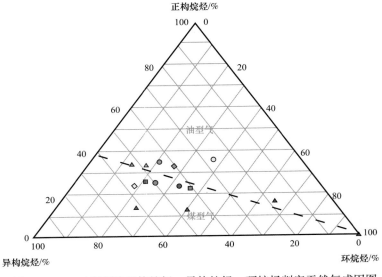

图 1-4-65　王府断陷正构烷烃—异构烷烃—环烷烃判定天然气成因图

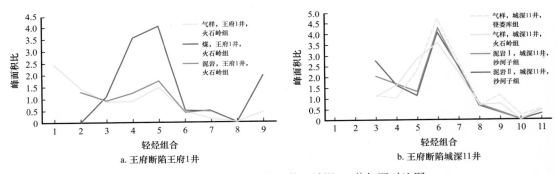

a. 王府断陷王府1井

b. 王府断陷城深11井

图 1-4-66　王府断陷王府 1 井、城深 11 井气源对比图

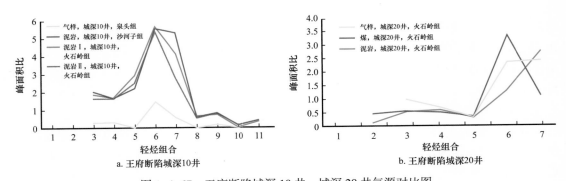

a. 王府断陷城深10井

b. 王府断陷城深20井

图 1-4-67　王府断陷城深 10 井、城深 20 井气源对比图

为煤型气。虽然双12井营城组泥岩既存在油型气，也存在煤型气，但火石岭组气样与营城组泥岩的正构、异构以及环烷烃含量分布偏离较大，推测火石岭组气样与营城组烃源岩无关（图1-4-69）。由此可以认为，双辽断陷火石岭组天然气可能主要来源于沙河子组和火石岭组烃源岩。

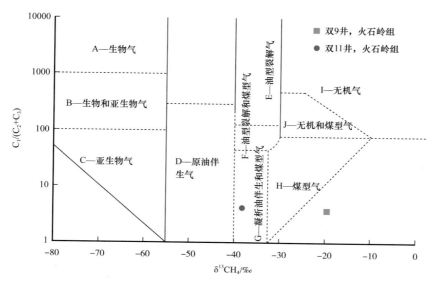

图1-4-68　双辽断陷天然气甲烷同位素及 $C_1/(C_2+C_3)$ 判定天然气成因图

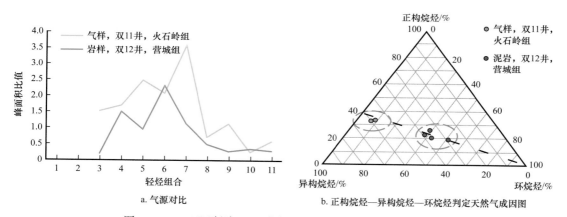

a. 气源对比　　　　　　　　　b. 正构烷烃—异构烷烃—环烷烃判定天然气成因图

图1-4-69　双辽断陷双11井气源对比图和判定天然气成因图

6. 二氧化碳气藏

截至目前，已在长岭断陷发现长岭Ⅱ、长岭Ⅳ、长岭Ⅴ和长岭Ⅵ四个二氧化碳纯气藏以及长岭Ⅰ号混合二氧化碳气藏；在德惠断陷发现万金塔二氧化碳纯气藏。有机成因的二氧化碳气一般含量在千分之几到百分之几，很少超过10%。长深2井、长深4井、长深5井、长深6井二氧化碳组分高达88.21%～99.08%，应属无机成因。通常情况下，有机成因天然气的二氧化碳 $\delta^{13}C_{CO_2}$ 值轻于 −10‰，而无机成因天然气的二氧化碳 $\delta^{13}C_{CO_2}$ 值重于 −8‰。长岭断陷二氧化碳 $\delta^{13}C_{CO_2}$ 值在 −11.6‰～−4.6‰之间，大部分都重于 −8‰，为典型的无机成因（图1-4-70）。

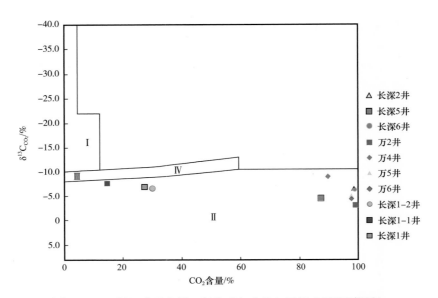

图 1-4-70　松辽盆地南部二氧化碳气有机与无机成因鉴别图版

I —有机成因二氧化碳区；II —无机成因二氧化碳区；III —有机成因与无机成因二氧化碳共存区；IV —有机成因、无机成因二氧化碳混合区

第五章 储 层

松辽盆地南部储层主要分布于白垩系，但不同层系的储层，其研究程度、岩石学特征、物性特征及控制因素不同，特别是断陷层系与坳陷层系的储层研究程度及发育特征具有明显的差异性。

早在 1955—1962 年的石油地质普查工作中，就开始了对松辽盆地坳陷层系储层的调查工作，但大规模系统的坳陷层系储层研究主要是在 20 世纪 70 年代之后。1975 年，吉林油田在松辽盆地南部首次开展了沉积体系规模、发育特征及其与储层关系的初步分析，认为河流—三角洲环境是储层发育的最好地区，从而为松辽盆地南部储层的勘探提供了沉积环境上的依据。

1984 年，吉林油田提交的《乾安油藏石油地质特征研究》报告，对高台子油层的储集特征进行了系统论述。1999 年，吉林油田勘探开发研究院在"松辽盆地南部深层石油地质综合研究与目标评价"研究中又补充刻画了松辽盆地南部下白垩统深部组合主要组、段地层单元储层发育的古地理面貌。同年，吉林油田在《东南隆起区钻探目标优选及油气勘探潜力评价》报告中，进一步指出了"坳陷期储层相带与深大断裂有机配置控制了油气富集及深层储层物性，是制约产能的主要因素之一"。

2001 年，在石油工业出版社出版的《松辽盆地南部岩性油藏的形成和分布》一书中，对松辽盆地南部中浅层和深层沉积相类型进行了描述，对主要沉积相形成的砂体展布规律进行了分析，揭示了松辽盆地南部岩性储层分布。2007 年，在《吉林探区油气勘探理论与实践》一书中，又分别对松辽盆地南部砂岩储层、火山岩储层和裂缝型储层的岩石学特征、成岩作用及演化、孔隙类型、储层物性、储层分布等特征进行了详细总结。2009 年，在《松辽盆地南部坳陷湖盆沉积相和储层研究》一书中，建立了松辽盆地南部等时层序地层格架，明确了该区构造演化对沉积的影响，揭示了松辽盆地南部沉积体系类型及储层展布规律，并对不同沉积相带的储层特征进行了综合评价。同年，在科学出版社出版的《火山岩气藏——松辽盆地南部大型火山岩气藏勘探理论与实践》一书中，系统阐述了松辽盆地南部火山岩储层的岩石学、岩相、储集空间、储层影响因素等特征及储层与岩性的关系。

2014 年，吉林油田勘探开发研究院组织完成的《东部断陷带区域地质研究与区带优选》报告，对松辽盆地南部深部断陷储层特征进行了系统研究，总结了松辽盆地南部深部断陷储层岩石学、成岩作用及物性特征，给出了储层成因机制与发育规律。2015 年，在石油工业出版社出版的《长岭致密砂岩气田储层表征及开发技术》一书中，介绍了单砂体级主河道控制含气性及利用多种含气性预测技术指导长岭地区含气储层勘探的成功经验。

总之，经过上述 60 年的大量油气储层地质调查与研究，目前已揭示了松辽盆地南部白垩系不同演化阶段的储层成因类型、空间分布、成岩作用、物性特征及其控制因素。

第一节　断陷期碎屑岩储层

松辽盆地南部断陷期自下而上包括下白垩统的火石岭组、沙河子组、营城组3套储集层系，其共同特征是成岩作用较强、物性较差，是目前找气的主要目的层。

一、火石岭组碎屑岩储层

1. 岩石学特征

火石岭组岩石学特征研究较详细的是德惠、王府和孤店等断陷。其中，孤店断陷火石岭组二段砂岩储层为凝灰质砂砾岩，颗粒粒径一般为0.2~4cm，砾石成分由火成岩、变质岩组成，岩石整体伊利石化较强，分选较差，磨圆度呈棱角状，表现为近源堆积特征。

德惠断陷砂岩储层以砂砾岩、细砂岩为主（图1-5-1、图1-5-2），局部发育有凝灰质砂岩、凝灰质砂砾岩。砾石成分由花岗岩、变质岩、沉积岩组成，分选较差，磨圆度呈棱角状，表现为近源堆积特征。其中，砂粒成分石英含量占25%~35%，长石含量占30%~45%，岩屑含量占30%~40%。胶结物主要为泥质和钙质，泥质胶结物含量一般为8%~30%，钙质胶结物含量一般为2%~12%。颗粒之间以线状及齿状接触为主，胶结类型以孔隙式、孔隙—接触式为主；孔隙类型主要为残余粒间孔和残余粒间溶孔，部分为粒内溶孔和微裂缝。见有石英次生加大，长石、岩屑表面见绢云母化、黏土化和灰质交代。黏土矿物主要为伊蒙混层、绿泥石、伊利石和高岭石，其中伊蒙混层相对含量60%~90%，绿泥石相对含量1%~10%，伊利石相对含量5%~10%，高岭石相对含量2%~7%。

×40 (+)

图1-5-1　德惠断陷德深12井2740m
火石岭组砂砾岩

×40 (+)

图1-5-2　德惠断陷农101井2382m
火石岭组岩屑砂岩

王府断陷砂岩储层以细砂岩、中砂岩为主，颗粒呈次圆状，分选以中等为主，个别分选较差，颗粒接触关系以点状—线状为主；杂基以泥质为主，砂岩中泥质杂基含量一般小于5%，主要胶结物有硅质、碳酸盐等。

从成岩特征来看，火石岭组成岩作用都较强。例如，德惠断陷火石岭组储层埋深为2400~3400m，其岩屑颗粒被压弯变形，颗粒以线性接触为主，孔隙类型主要为裂缝和少量溶孔，镜质组反射率 R_o 大于 1.30%～2.00%，已进入成熟—高成熟演化阶段，伊蒙混层比大部分小于 15%，表明德惠断陷火石岭组储层的成岩作用已进入中成岩 B 期。与德惠断陷类似，王府断陷火石岭组储层埋深为 2600～3300m，也已进入中成岩 B 期。

2. 物性特征与分布

1）物性特征

火石岭组的砂岩储层物性特征主要在王府断陷、德惠断陷及孤店断陷开展了较详细的研究工作。其中，王府断陷火石岭组砂岩储层平均孔隙度为 4.5%，大部分分布在小于 5% 区间，占总量的 63%；其余的分布在 5%～10% 和 15%～25% 区间，分别占总量的 25% 和 12%。平均渗透率为 10.97mD，其中 50% 的样品分布在小于 0.1mD 区间；38% 的样品分布在 0.1～1.0mD 区间，属于以特低孔隙度、特低渗透率和低—中渗透率为特征的砂体（图 1-5-3、图 1-5-4）。据王府 1 井 3130m 和 2833m 两个毛细管压力曲线进行比较，3130m 砂岩的孔隙度为 4.6%、渗透率为 1.13mD、排驱压力为 0.15MPa，2833m 砂岩的孔隙度为 0.9%、渗透率为 0.04mD、排驱压力为 5.54MPa，二者由于孔隙度、渗透率的差异而导致孔隙结构稍有不同，但它们都具有极差储层的特征（图 1-5-5）。

德惠断陷火石岭组砂岩储层平均孔隙度为 4.07%，大部分样品分布在 0～5% 区间，占样品总数的 73%；其余 27% 分布在 5%～10% 区间。平均渗透率为 0.094mD，主要分布在 0～0.1mD 区间，占样品总数的 80%；其余的 20% 分布在 0.1～10mD 区间。储层主要为特低孔、特低渗，少部分为低渗。

孤店断陷火二段砂岩储层孔隙度一般为 3.4%～5%，平均为 4.2%；渗透率一般小于 0.05mD，平均为 0.03mD，属于致密储层砂体。

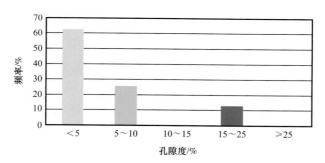

图 1-5-3　王府断陷火石岭组砂岩孔隙度分布图

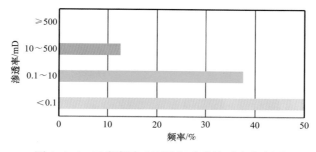

图 1-5-4　王府断陷火石岭组砂岩渗透率分布图

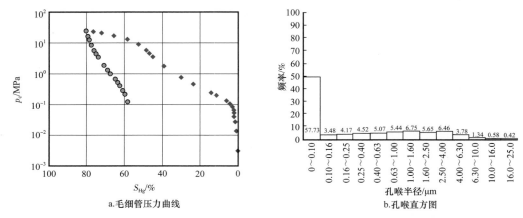

a.毛细管压力曲线   b.孔喉直方图

图 1-5-5　王府 1 井火石岭组 3130m 砂岩压汞法毛细管压力曲线及孔喉直方图

2）分布特征

德惠、王府、榆树等断陷的火石岭组储层孔隙度和渗透率对比表明，各断陷孔隙度特征基本一致，大部分样品孔隙度小于 5%，只是王府断陷比其他断陷相对稍好一些，但也都属于以特低孔隙度为主要特征的砂体。渗透率分布虽有一定的差异（图 1-5-6、图 1-5-7），但各断陷均属于以特低渗透率为主的砂体特征。其中，榆树断陷西部最差，样品全部分布在特低渗透率区间，王府断陷渗透率相对好一些，有少量样品分布在低—中等渗透率区间，其他断陷有少部分样品分布在低渗透率区间。王府断陷火石岭组储层无论是孔隙度还是渗透率特征，都比其他断陷稍好。因此，火石岭组相对有利储层主要分布于王府断陷（表 1-5-1）。

3. 主控因素

火石岭组有利砂岩储层控制因素主要为沉积相带与成岩作用。在沉积相带上，有利储层主要位于扇三角洲前缘，分布于断陷盆地陡坡与缓坡区的扇三角洲与湖泊水体交汇带，在王府断陷主要位于城深 3 井、城深 9 井等井区；在德惠断陷主要位于万 17 井—德深 18 井区。在成岩作用中，次生溶蚀作用决定了有利储层带的分布。火石岭组在各断陷中一般处于中成岩 B 期，在王府断陷、德惠断陷的次生孔隙溶蚀带分别主要位于 3000m 和 2800m 左右（图 1-5-8、图 1-5-9），是火石岭组有利储层发育带。

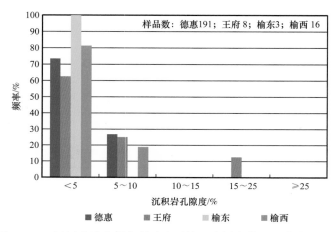

图 1-5-6　松辽盆地南部各断陷火石岭组碎屑岩储层孔隙度对比图

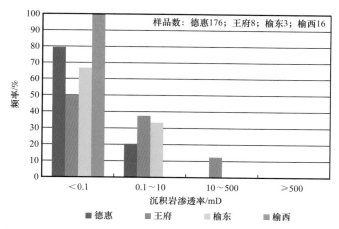

图 1-5-7　松辽盆地南部各断陷火石岭组碎屑岩储层渗透率对比图

表 1-5-1　松辽盆地南部主要断陷孔隙度、渗透率评价表

项目		营城组		沙河子组		火石岭组	
		孔隙度 / %	渗透率 / mD	孔隙度 / %	渗透率 / mD	孔隙度 / %	渗透率 / mD
王府断陷	平均值	4.62	1.65	4.69	0.02	4.5	10.97
	分布范围	2.5~7.2	0.01~15.2	3.3~5.4	0.01~0.07	0.4~15.6	0.01~87.12
	样品个数	16	15	21	21	8	8
	评价	特低	以低为主，少部分特低	特低	特低	以特低为主	特低与低—中
德惠断陷	平均值	8.13	0.37	5.58	0.09	4.07	0.094
	分布范围	2.10~12.8	0.0093~9.71	0.9~12.7	0.003~1.10	0.60~8.9	0.001~1.3
	样品个数	295	293	98	88	191	176
	评价	特低，少部分低	以低为主，少部分特低	特低	特低	特低	特低，少部分低
梨树断陷	平均值	4.66	0.42	—	—	—	—
	分布范围	1.2~6.2	0.004~2.3	—	—	—	—
	样品个数	10	10	—	—	—	—
	评价	特低	低	—	—	—	—
榆树断陷（西）	平均值	2.67	0.03	3.09	0.07	3.16	0.04
	分布范围	0.9~7.5	0.01~0.22	1.7~4.1	0.02~0.15	0.30~5.5	0.01~0.08
	样品个数	22	24	16	20	16	16
	评价	特低	特低	特低	以特低为主，少部分低	特低	特低

项目		营城组		沙河子组		火石岭组	
		孔隙度/%	渗透率/mD	孔隙度/%	渗透率/mD	孔隙度/%	渗透率/mD
榆树断陷（东）	平均值	3.84	0.08	3.23	0.44	3.07	0.23
	分布范围	1.90~5.89	0.02~0.18	0.90~4.96	0.05~2.43	1.80~3.8	0.02~0.61
	样品个数	10	10	13	11	3	3
	评价	特低	以特低为主，少部分低	特低	以低为主，少部分特低	特低	以特低为主，少部分低
双辽断陷	平均值	7.02	0.54	7.34	0.52	—	—
	分布范围	5.4~15.9	0.04~3.1	4.2~12	0.08~1.57	—	—
	样品个数	13	13	7	5	—	—
	评价	特低	以低为主，部分特低	以特低为主，少部分低	以低为主，部分特低	—	—

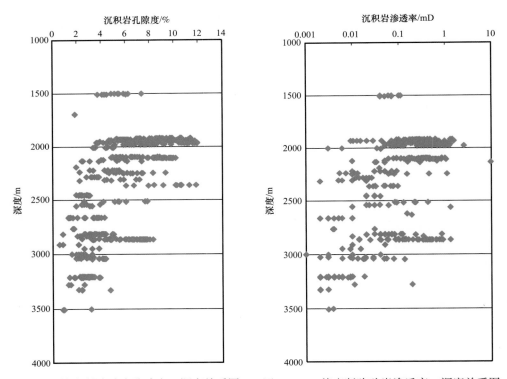

图 1-5-8　德惠断陷砂岩孔隙度—深度关系图　　图 1-5-9　德惠断陷砂岩渗透率—深度关系图

二、沙河子组碎屑岩储层

1. 岩石学特征

沙河子组岩石学特征研究较详细的是德惠断陷、王府断陷和孤店断陷。其中，德惠断陷沙河子组砂岩储层以含砾砂岩、细砂岩为主，局部发育火山碎屑岩和火山熔岩。砾石成分主要为变质岩及沉积岩，砂粒中石英含量占22%～38%，长石含量占30%～45%，岩屑含量占25%～40%，胶结物主要为泥质和钙质，泥质胶结物含量一般为20%～25%，钙质胶结物含量一般为2%～15%。岩石颗粒分选好—中等，磨圆度呈次棱角状。颗粒之间以线状及齿状接触为主，胶结类型以孔隙式、孔隙—接触式胶结为主。粒间见有石英次生加大，长石、岩屑表面见绢云母化、黏土化和灰质交代，局部方解石呈连晶胶结。黏土矿物主要为伊蒙混层、绿泥石、伊利石和高岭石，其中伊蒙混层相对含量为75%～88%，绿泥石相对含量为3%～10%，伊利石相对含量为3%～5%，高岭石相对含量为5%～15%。

在王府断陷，沙河子组三段砂岩储层以细砂岩、砂砾岩为主，岩石类型以长石岩屑砂岩为主，石英含量为25%～30%，长石含量可达30%～35%，岩屑含量最高可达32%（图1-5-10）。薄片鉴定结果揭示，岩石颗粒成分复杂，石英、长石、岩屑均有发育。颗粒间以线接触为主，反映该层段经历了较强的机械压实作用；孔隙类型以残余粒间孔为主，可见少量溶蚀孔及微裂缝。石英和长石次生加大普遍，可见Ⅱ级石英加大边，黏土矿物主要为伊蒙混层、绿泥石和伊利石，反映了该层位储层成岩作用较强。

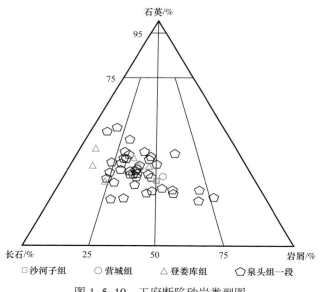

图1-5-10　王府断陷砂岩类型图

在孤店断陷，沙河子组一段发育三种砂岩储层，下部发育一套凝灰质砂砾岩，邻近凝灰质砂砾岩上下各发育一套砾岩；上部以粉砂岩、细砂岩为主。砾岩中砾石颗粒一般较小，呈次磨圆状。颗粒组分中岩屑含量高，石英、长石含量低，岩石成分类型以复成分砾岩、砂砾岩为主。沙二段砂岩储层主要为粉砂岩、细砂岩，颗粒成分中石英含量占22%～36%，长石含量占35%～52%，岩屑含量占21%～95%。填隙物主要为泥质杂基和胶结物，含量一般为10%～30%。其中，胶结物主要为方解石、黏土矿物、硅质以及长石加大，岩石颗粒分选中等—差，磨圆度呈次棱角—次圆状。颗粒之间以线接触为主，胶结类型以孔隙式胶结为主。

从成岩特征来看，沙河子组的成岩作用中等。例如，德惠断陷的沙河子组镜质组反

射率 R_o 大于 0.5%~1.30%，已达到成熟演化阶段，伊蒙混层比大部分为 15%~25%，储层颗粒以点—线接触为主，石英次生加大Ⅱ级至Ⅲ级，粒内溶孔及铸模孔发育，表明德惠断陷的沙河子组储层的成岩作用处于中成岩 A 期。与德惠断陷类似，王府断陷沙河子组储层埋深在 2400~2700m，主体也位于中成岩 A 期。

2. 物性特征与分布

1) 物性特征

沙河子组砂岩储层物性特征主要在德惠断陷、王府断陷及孤店断陷开展了研究工作。其中，德惠断陷沙河子组储层平均孔隙度为 5.58%，主要分布在小于 5% 区间和 5%~10% 区间，分别占样品总量的 51% 和 40%；平均渗透率为 0.09mD，主要分布在小于 0.1mD 区间，占样品总量的 85%，属于特低孔隙度、特低渗透率砂体（图 1-5-11、图 1-5-12）。据其毛细管压力曲线可知，沙河子组储层排驱压力分布范围为 1.030~12.638MPa，最大连通孔喉半径为 0.058~0.714μm，孔喉分选系数分布范围为 1.474~2.683，歪度分布范围为 -1.0~0.421，皆为细歪度特征（图 1-5-13）。

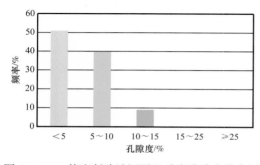

图 1-5-11 德惠断陷沙河子组砂岩孔隙度分布图

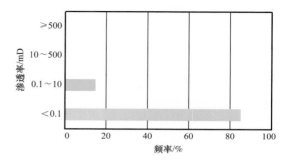

图 1-5-12 德惠断陷沙河子组砂岩渗透率分布图

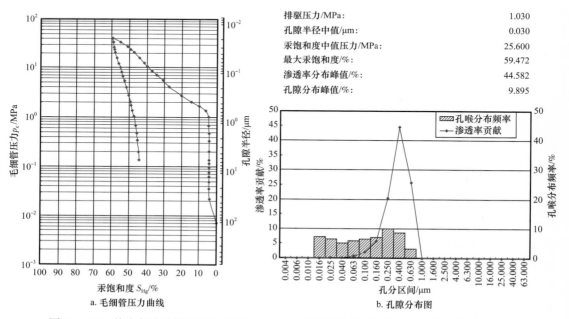

排驱压力/MPa:	1.030
孔隙半径中值/μm:	0.030
汞饱和度中值压力/MPa:	25.600
最大汞饱和度/%:	59.472
渗透率分布峰值/%:	44.582
孔隙分布峰值/%:	9.895

a. 毛细管压力曲线

b. 孔隙分布图

图 1-5-13 德惠断陷沙河子组合 5 井 2538.40m 砂岩压汞法毛细管压力曲线及孔喉直方图

在王府断陷，沙河子组砂岩储层平均孔隙度为 4.69%，其中 48% 的样品分布在小于5% 区间，52% 样品分布在 5%～10% 区间。平均渗透率为 0.02mD，大部分样品分布在小于 0.1mD 区间，占样品总数的 85%。沙河子组储层属于特低孔隙度、特低渗透率砂体。

在孤店断陷，沙河子组一段储层孔隙度一般为 4%～6.9%，平均为 5.2%；渗透率一般小于 0.1mD，平均为 0.06mD。沙河子组二段储层孔隙度一般为 3%～7%，平均为 6%；渗透率一般为 0.01～0.26mD，平均为 0.034mD，属于致密储层砂体。

2）分布特征

德惠、王府、双辽、增盛（现划入王府）、榆树（榆东、榆西）等断陷的沙河子组储层孔隙度和渗透率对比表明，各断陷储层孔隙度都比营城组稍差，皆为特低孔隙度砂体特征，只有德惠、双辽、王府等断陷的部分储层孔隙度大于 5%；不同断陷的沙河子组储层渗透率差异较大，相对较好的是双辽断陷，砂体渗透率以低渗为主，王府断陷的储层渗透率最差，样品全部分布在特低渗透率区间（图 1-5-14、图 1-5-15）。因此，沙河子组相对有利储层主要分布于双辽、德惠等断陷（表 1-5-1）。

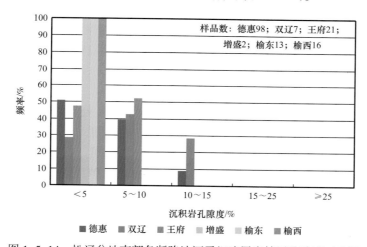

图 1-5-14　松辽盆地南部各断陷沙河子组碎屑岩储层孔隙度对比图

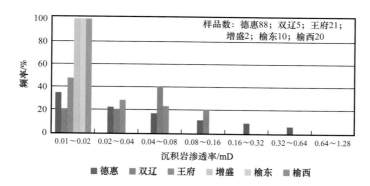

图 1-5-15　松辽盆地南部各断陷沙河子组碎屑岩储层渗透率对比图

3. 主控因素

沙河子组有利砂岩储层控制因素主要为沉积相带与成岩作用。在沉积相带上，有利砂岩储层主要位于扇三角洲前缘，主要分布于断陷盆地陡坡与缓坡区的扇三角洲与湖泊水体交汇带，在王府断陷主要位于城深 1 井、城深 11 井等井区；在德惠断陷主要位于万 111 井区、德深 18 井区和合 3 井区。在成岩作用中，次生溶蚀作用决定了有利储层带的分布。沙河子组在各断陷中一般处于中成岩 A 期，在王府断陷中次生孔隙溶蚀带主要位于 2400m，是沙河子组有利储层发育带。

三、营城组碎屑岩储层

1. 岩石学特征

营城组岩石学特征研究较详细的是德惠断陷。大量薄片鉴定表明，该断陷碎屑岩颗粒成分复杂，分选极差，磨圆度呈次圆状，结构成熟度低。颗粒中石英含量为 6%～52%、长石含量为 6%～55%、岩屑含量为 10%～67%。但断陷不同区域的营城组砂岩类别有所不同。断陷北部的德深 2 井、德深 5 井和农 103 井以长石砂岩为主，其次是岩屑长石砂岩；断陷南部的合 3 井、合 5 井、合 8 井以岩屑长石砂岩和长石岩屑砂岩为主，各约占一半。颗粒之间以线接触为主，孔隙类型主要为残余粒间孔隙，可见少量原生粒间孔和颗粒内溶孔及微裂缝。

营城组储层的成岩特征相对较弱。例如，德惠断陷的营城组埋深一般在 1600～2000m，王府断陷的营城组埋深一般在 2000～2300m，它们的成岩阶段皆处于中成岩 A 期。

2. 物性特征与分布

1）物性特征

营城组储层在德惠断陷的平均孔隙度为 8.13%，大多分布在 5%～10% 区间，占样品总数的 58%；其余的分布在小于 5% 和 10%～15% 区间，分别占样品总数的 13% 和 29%。平均渗透率为 0.37mD，主要分布在 0.1～10mD 区间，占样品总数的 75%；其余的 25% 分布在小于 0.1mD 区间。营城组储层是以特低孔隙度、低渗透率为主，少部分为低孔隙度、特低渗透率（图 1-5-16、图 1-5-17）。

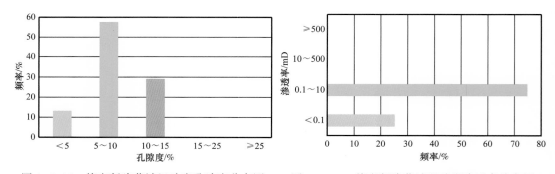

图 1-5-16　德惠断陷营城组砂岩孔隙度分布图　　图 1-5-17　德惠断陷营城组砂岩渗透率分布图

在王府断陷，营城组砂岩储层平均孔隙度为 4.62%，大部分分布在小于 5% 区间，占总量的 63%；其余 37% 分布在 5%～10% 区间。平均渗透率为 1.65mD，主要分布在 0.1～10mD 区间，占总量的 60%；其余的主要分布在小于 0.1mD 区间，占总量的 33%。营城组储层是以特低孔隙度、低渗透率为主，少部分为特低渗透率（图 1-5-18、图 1-5-19）。

毛细管压力曲线特征表明，营城组砂岩储层都属于细歪度，排驱压力分布范围为 0.139～2.078MPa，孔喉分选系数分布范围为 2.345～3.354，歪度分布范围为 -0.194～0.66，最大连通孔喉半径为 0.354～5.306μm，总体上属差储层（图 1-5-20）。

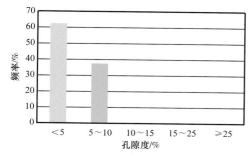

图 1-5-18　王府断陷营城组孔隙度分布图

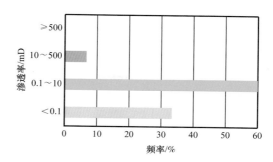

图 1-5-19　王府断陷营城组渗透率分布图

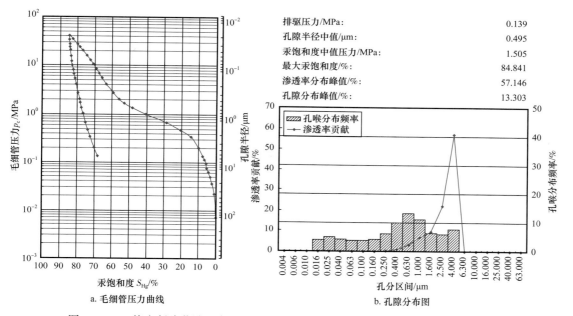

a. 毛细管压力曲线

b. 孔隙分布图

图 1-5-20　德惠断陷营城组合 5 井 1932.19m 压汞法毛细管压力曲线及孔喉直方图

2）分布特征

德惠、王府、梨树、双辽、增盛（现划入王府）、榆树（榆东、榆西）、孤店等断陷的营城组储层孔隙度和渗透率对比表明，各断陷储层孔隙度特征基本一致，皆为特低孔隙度砂体特征，只是在德惠、双辽、梨树等断陷的储层孔隙度大部分大于 5%，尤其在德惠断陷还有少部分低孔特征的孔隙度，而其他断陷孔隙度都以小于 5% 为主，因此，德惠断陷储层孔隙度相对较好；其次为双辽断陷、梨树断陷。另从渗透率分布特征来看，德惠、王府、梨树、双辽等断陷以低渗透砂体为主，而其他断陷的储层渗透率都以特低渗透率为特征（图 1-5-21、图 1-5-22）。因此，营城组相对有利储层主要分布于德惠、王府、梨树、双辽等断陷（表 1-5-1）。

3. 主控因素

营城组有利砂岩储层的控制因素主要为沉积相带与成岩作用。在沉积相带上，有利储层主要位于扇三角洲前缘，主要分布于断陷盆地陡坡与缓坡区的扇三角洲与湖泊水体交汇带，在王府断陷主要位于王府 1 井、城深 9 井、城深 12 井等井区；在德惠断陷主要位于万 17 井、农 8 井、德深 7 井、德深 8 井和合 8 井等井区。在成岩作用中，营城组一般处于中成岩 A 期，与火石岭组和沙河子组相比，总体遭受成岩作用相对较弱，并随埋深的增大，储层物性变差。

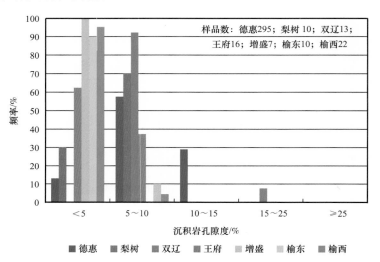

图 1-5-21　松辽盆地南部各断陷营城组碎屑岩储层孔隙度对比图

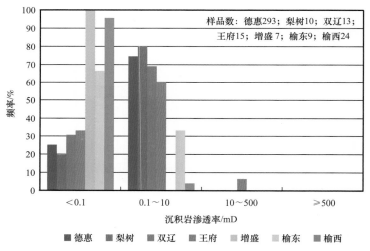

图 1-5-22　松辽盆地南部各断陷营城组碎屑岩储层渗透率对比图

综上可见，松辽盆地南部断陷期碎屑岩储层孔隙度差别不是很大，尽管存在细微的差别，但都是以特低孔隙度为主。在平面上，双辽断陷的营城组和沙河子组、德惠断陷的营城组、梨树断陷的营城组、王府断陷的火石岭组等单元的储层孔隙度相对较好，主要分布在大于 5% 的区间；而榆树断陷（榆西和榆东断陷）的各个层位、增盛（现划入王府）断陷的营城组和沙河子组、德惠断陷的火石岭组以及王府的营城组，其储层孔隙度相对较差，全部或大部分样品孔隙度均小于 5%。在纵向上，营城组孔隙度整体比沙河子组和火石岭组稍好一些，德惠断陷这一特征很明显。渗透率也有一定的差异，纵向上大部分断陷营城组渗透率明显好于火石岭组；在平面上德惠断陷和梨树断陷的营城组、双辽断陷的营城组和沙河子组、王府断陷的营城组和火石岭组稍好。

第二节 断陷期火山岩储层

松辽盆地南部断陷期火山岩储层主要分布于火石岭组和营城组,平面上主要分布于英台、长岭、双辽、梨树、王府和德惠六个断陷。

一、火石岭组储层

火石岭组火山岩储层主要发育在东部断陷带王府断陷、德惠断陷、梨树断陷及双辽断陷。

1. 岩石学特征

德惠断陷火石岭组火山岩储层岩性主要为安山岩、安山玄武岩、玄武岩等中基性熔岩。主要分布在德惠断陷的南北两端,安山岩见于德深9井、农47井、德深13井。岩石主要由斜长石、角闪石和少量黑云母斑晶和细针柱状斜长石基质组成,基质具交织结构、玻基斑状结构,气孔、杏仁构造较少见。玄武岩见于德深8井、德深13井、万17井、万22井,具有基性斜长石、辉石、橄榄石等矿物,一般为间粒结构、熔结结构,斜长石格架内充填橄榄石、辉石等暗色矿物,常见气孔、杏仁构造。安山玄武岩见于德深11井、德深13井、万22井,岩石一般含有中基性斜长石、辉石、橄榄石,具有间粒结构、熔结结构,斜长石格架内充填橄榄石、辉石等暗色矿物,常见气孔、杏仁构造,一般安山玄武岩较玄武岩二氧化硅含量高。

王府断陷火石岭组火山岩储层岩性复杂多样,但是多以中性、酸性火山岩熔岩及火山碎屑岩为主,其中以流纹岩、粗安岩、安山岩、流纹质角砾岩、安山质角砾岩等为主。流纹岩见于城深7井、城深9井、城深10井、城深12井、王府1井,岩石的典型结构为霏细结构、斑状结构,典型的构造有流纹构造、气孔。粗安岩见于城9井、城深9井、城深10井、王府1井,岩石一般由碱性长石、斜长石、角闪石、黑云母、辉石等矿物组成,一般碱性长石含量多于斜长石,具斑状结构、熔结结构。安山岩见于城深4井、城深10井、城深11井中,岩石主要由斜长石、角闪石和少量黑云母斑晶和细针柱状斜长石基质组成,基质具交织结构、玻基斑状结构,气孔、杏仁构造较少见。流纹质火山角砾岩见于城8井、城深10井,岩石由碱性长石、石英、酸性斜长石、黑云母、角闪石等火山碎屑组成,75%的碎屑均为流纹岩角砾,角砾结构,角砾一般呈棱角状,分选较差,角砾被火山灰胶结,压实成岩。安山质角砾熔岩主要见于城8井、城深2井、城深4井、城深9井、城深10井、城深11井、王府1井,岩石由中性斜长石、碱性长石、角闪石、辉石、黑云母晶屑和岩屑等火山碎屑物组成,角砾含量大于75%,基质为隐晶质长英质熔浆。岩石见熔结结构、碎屑熔结结构,表现为岩石中的晶屑和岩屑塑性熔浆胶结,冷凝固结成岩。

双辽断陷火石岭组火山岩储层主要发育流纹岩、英安质凝灰熔岩、凝灰岩等岩性,双辽断陷双7井、双9井、双11井火石岭组均揭示了火山岩储层,其中流纹岩见于双7井,岩石的典型结构为霏细结构、斑状结构,典型的构造有流纹构造、气孔。英安质凝灰熔岩主要见于双9井,主要分布于火石岭组二段。岩石由中性斜长石、碱性长石、角闪石、辉石等火山碎屑物组成，基质为隐晶质长英质熔浆。岩石见熔结结构、碎屑熔结结构，冷凝固结成岩。凝灰岩主要见于双9井，主要分布于火石岭组二段。岩石由碱性长石、石英、酸性斜长石、黑云母、角闪石等火山碎屑组成，超过75%的火山碎屑为凝灰质，火山碎屑结构，火山灰胶结，压实成岩。

梨树断陷中国石油矿权区相对独立，苏家次洼于2016年开始勘探，11口井均揭示火石岭组火山岩，岩性以安山岩为主，岩石主要由斜长石、角闪石和少量黑云母斑晶和细针柱状斜长石基质组成，基质具交织结构、玻基斑状结构，气孔、杏仁构造常见。

2. 物性特征

松辽盆地南部火石岭组火山岩岩性以中基性火山熔岩为主，孔隙类型以气孔、溶孔、微裂缝等为主，从现有物性资料统计来看，总体上火山岩孔隙度相对较好，但渗透性较差。

王府断陷粗安岩具有较好的物性，储层孔隙度一般为4%～12%，平均为9.1%，渗透率一般为0.05～20.0mD，平均为11.25mD，为中低孔中低渗透储层。流纹岩储层孔隙度一般为5%～12%，平均为8.5%；渗透率一般为0.032～0.256mD，平均为0.07mD，为中低孔特低渗透储层。沉火山角砾岩孔隙度一般为6%～9%，平均为7.7%；渗透率一般为0.04～0.7mD，平均为0.42mD，为低孔特低渗透储层。

德惠断陷揭示以中性熔岩为主，储层孔隙度一般为6%～12%，平均为10.4%；渗透率一般为0.01～0.13mD，平均为0.03mD，为中低孔超低渗透储层。

双辽断陷火石岭组火山岩岩性主要为流纹岩、英安质凝灰熔岩、凝灰岩，储层孔隙度一般为2.1%～10.3%，平均为6.8%；渗透率一般为0.04～2.56mD，平均为0.27mD。

梨树断陷苏家洼槽火石岭组火山岩岩性以安山岩为主，储层孔隙度一般为4%～12%，平均为7.0%；渗透率一般为0.1mD，为中低孔超（特）低渗透储层。

3. 主控因素

火山岩有利储层控制因素主要如下：区域构造应力作用，该作用主要形成了火山岩构造裂缝，可以作为火山岩有效的储集空间和运移通道；表生成岩带风化淋滤作用，该作用通过风化、淋滤作用可以形成火山岩次生孔隙，同时可以使岩石顶部破碎增大孔隙和渗透性；溶蚀作用，该作用对火山岩次生孔隙有积极的影响，溶蚀作用的对象主要为具斑状、粒状结构岩石中的晶屑，可增加局部孔隙。

火山岩储层不利因素：火山岩热液活动碳酸盐化、碳酸盐胶结作用、硅质胶结作用对原生孔隙、次生溶孔、裂缝均有较大的伤害，热液析出物、碳酸盐胶结物占据孔隙及裂缝空间，堵塞渗流通道，破坏有效储层。

二、营城组火山岩储层

营城组火山熔岩主要集中于长岭断陷和德惠断陷，具有较多的资料，火山碎屑岩储层主要发育在英台断陷。

1. 岩石学特征

营城组火山岩岩性以酸性火山熔岩、火山碎屑岩、沉火山碎屑岩为主，在英台断陷、长岭断陷、德惠断陷有钻井揭示。

1）英台断陷

目前钻井揭示营城组一段、二段岩性组合特征以火山熔岩、火山碎屑岩、沉火山碎屑岩为主，其中营二段主要发育火山碎屑岩和沉火山碎屑岩两个大类，岩性以集块岩、火山角砾岩、角砾凝灰岩、熔结凝灰岩、沉角砾岩、沉角砾凝灰岩、沉凝灰岩为主。

沉凝灰岩：细粒结构。岩屑主要为流纹岩，黏土分布于粒间，方解石交代颗粒并充填孔隙。粒间见凝灰质和硅质。偶见石英次生加大现象，有机质弥漫状分布粒内或粒间，孔中见少量自生石英、长石。

沉火山角砾岩：砾状结构，大量细砾、粗砾。岩石主要由岩屑、晶屑和少量火山灰构成。岩屑主要为流纹岩、凝灰岩，其次为安山岩，各种岩屑均见不同程度的蚀变现象，部分岩屑见较强的绿泥石化和搬运磨圆现象。晶屑是石英和长石，长石晶屑见黏土化。泥质、凝灰质分布粒间，自生石英和自生钠长石分布粒间或沿孔壁生长。颗粒分选较差，磨圆度呈次棱角状。

凝灰岩：凝灰结构，由岩屑、晶屑和火山灰组成。岩石中多数火山碎屑物的粒径小于 2mm，呈棱角—次棱角状，分选差，被火山灰胶结。晶屑是石英和长石，长石晶屑见黏土化。岩屑主要是凝灰岩、流纹岩、安山岩岩屑。岩石局部凝灰质见伊利石化。

火山角砾岩：火山角砾结构。火山角砾主要是凝灰岩、流纹岩、安山岩岩屑，粒径大于 2mm，呈棱角—次棱角状，分选差，并被细小的火山碎屑胶结。岩石中见石英、长石晶屑，长石晶屑见黏土化。岩石中的流纹岩岩屑、凝灰岩岩屑多见脱玻化和溶蚀，并产生大量微孔隙，是岩石孔隙的主要贡献者。岩石中见少量微裂隙，不贯通。

营一段主要发育流纹岩、流纹质晶屑凝灰岩。流纹岩：斑状结构，基质具流纹—霏细结构。斑晶主要为石英、长石。基质脱玻化和重结晶作用形成不规则石英长石集合体及长英质微晶，流动构造明显，基质沿斑晶外围绕过，局部见圆弧形珍珠裂纹，见不均匀碳酸盐化，孔洞为基质溶孔和斑晶溶孔。流纹质晶屑凝灰熔岩：晶屑凝灰质熔岩状结构。晶屑成分主要为长石、石英，石英溶蚀呈圆粒状，局部港湾状。熔岩物质略显流动构造，由长英质微晶构成。孔洞主要为晶内溶孔，少量基质溶孔。

2）长岭断陷

长岭断陷火山岩主要发育在营城组中，岩性复杂多样，既有流纹岩、玄武岩、粗面岩等火山熔岩，又有安山玢岩、闪长岩等侵入岩，还有凝灰岩、角砾岩、集块岩等火山碎屑岩和沉火山碎屑岩。

流纹岩：长岭地区流纹岩多以碱长流纹岩、碱性流纹岩为主，以含有碱性长石斑晶、霓石、霓辉石、钠闪石、钠铁闪石等碱质暗色矿物可与其他类型流纹岩区别。亦发育有其他类型流纹岩中少见到的霏细—粗面结构。

玄武岩：岩石主要由辉石、针柱状基性斜长石和不透明铁质矿物组成。基质为嵌晶含长结构、间粒结构和间隐结构。在较粗大的辉石晶体中，杂乱地包含着自形程度较高的斜长石晶体构成嵌晶含长结构，辉石与斜长石粒度相差悬殊，前者大后者小。嵌晶含长结构是在岩石冷却缓慢的情况下形成，出现于喷出的玄武质火山岩中，应属于喷溢相中部亚相。基质中斜长石搭成格架中间充填数粒辉石等暗色矿物呈间粒结构，充填基性火山玻璃呈间隐结构，为玄武岩常见结构。

闪长岩：主要根据岩石中的斜长石为中性斜长石和岩石的全晶质粒状结构确定为闪长岩，岩石由中性斜长石、角闪石和辉石组成。全晶质半自形粒状结构，粒状矿物为中性斜长石、角闪石和辉石。

流纹质凝灰岩：SiO_2含量一般大于69%。特征组分是流纹质塑性玻屑和塑性岩屑，此外含有玻屑、透长石、石英等晶屑，以及少量火山尘和其他刚性碎屑，主要碎屑粒径小于2mm，成岩方式属于冷凝固结成岩。长岭地区多口井多个层段揭示了该套岩性。

流纹质凝灰岩、角砾岩、集块岩：主要依据岩石为凝灰结构及火山碎屑成分为流纹质火山碎屑定名为流纹质凝灰岩。流纹质火山碎屑为石英、碱性长石晶屑和玻屑。成岩方式属于压实固结。岩石主要由玻屑和少量石英长石晶屑组成。玻屑为鸡骨状、弧面多角状等，石英和长石晶屑多为尖角状，成岩方式属于压实固结。主要见于长岭地区长深2井、长深12井、长深16井、长深17井等井区。

沉火山碎屑岩：和火山碎屑沉积岩都是火山碎屑物和正常沉积物在喷发过程中相互混杂沉积而成的岩石。混入的正常沉积物质通常是一些磨圆的砂砾、变质岩砾石、泥质和水化学沉淀物。沉火山碎屑岩中的碎屑物质以火山碎屑为主，含量为50%~90%，岩石胶结物主要为细的火山碎屑物，根据岩石碎屑成分以火山碎屑为主，含少量变质岩等外碎屑，胶结物为细火山碎屑夹泥质条带，岩石主要由火山碎屑物和少量变质岩等外碎屑组成，为沉火山角砾结构。角砾多为凝灰岩角砾、安山岩角砾，岩屑见安山岩岩屑，石英、长石碎屑，碎屑多具磨圆。岩石胶结物为细火山碎屑物夹泥质条带，为经过水流搬运作用形成。成岩方式属于压实固结。

3）德惠断陷

德惠断陷营城组火山岩主要分布于断陷中北部德深7井区，岩性以中性英安岩为主，基质以霏细结构和细晶结构最为常见。其中，德深17井、德深17-1井、德深32井和德深21井等井钻遇的火山熔岩均以块状构造为主，基质溶孔及微裂缝相对发育。其次为流纹质凝灰岩、熔结凝灰岩、角砾岩、沉凝灰岩。镜下薄片显示塑性组分含量高，且粒间由火山尘充填，镜下可见基质溶孔和粒内溶孔。其中，德深21井为大套凝灰岩，德深32井为角砾凝灰岩。德深2井和德深17-6井营一段钻遇储层岩性以沉凝灰岩为主，单井纵向岩性组合表现为沉凝灰岩与泥岩互层。

2. 物性特征

1）英台断陷

营二段以火山碎屑岩、沉火山碎屑岩为主，储层孔隙度最大为19%，一般为5%~9%，平均为7%；渗透率最大为1mD，平均为0.05mD（图1-5-23）。

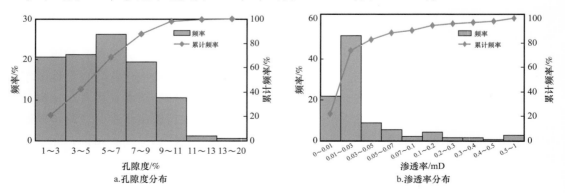

图1-5-23 英台断陷营二段火山碎屑岩物性分布图

营一段火山岩孔隙度最大为 22.4%，一般为 7.0%～15.0%，平均为 10.0%；渗透率最大为 2.76mD，一般小于 1mD，平均为 0.36mD；测井解释孔隙度为 5.0%～20.0%，平均孔隙度为 9.0%（图 1-5-24）。

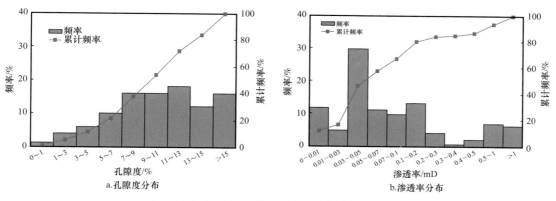

图 1-5-24　英台断陷营一段火山碎屑岩物性分布图

2）长岭断陷

长岭断陷营城组火山岩孔隙度最大为 23%，一般为 5%～9%，平均为 7.3%；渗透率最大为 17.31mD，一般小于 0.05mD，平均为 0.58mD；测井解释孔隙度为 3%～24%，平均孔隙度为 7.4%（图 1-5-25）。

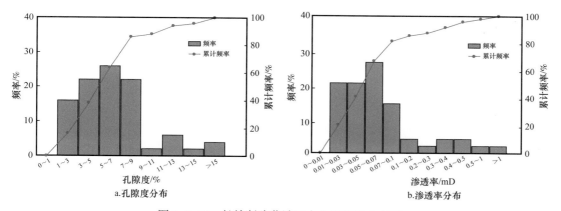

图 1-5-25　长岭断陷营城组火山岩物性分布图

营城组火山岩储层的物性变化大，非均质性强。储层物性与埋深关系不大，一般情况下，储层物性不因埋藏深度的增加而减小，这与岩浆快速冷凝抗压实能力强有关。储层物性与岩性关系密切，原地溶蚀角砾岩物性最好，其次为流纹岩和火山角砾岩，较差的是凝灰岩。

3）德惠断陷

德惠断陷英安岩储层孔隙度一般为 3%～8%，平均为 4.2%；渗透率一般为 0.02～0.12mD，平均为 0.04mD。火山碎屑岩储层孔隙度一般为 9.5%～18.3%，平均为 12.7%；渗透率一般为 0.04～1.14mD，平均为 0.39mD。

3. 主控因素

营城组火山岩储层影响因素与火石岭组具有一定的差异，对于火山熔岩储层，影响因素具有一定的相似性，均受到区域构造应力、淋滤、溶蚀、交代等影响。而火山碎屑岩和沉火山碎屑岩与沉积岩具有相似的影响因素，受压实作用影响较大，随着埋深增大，储层物性降低；同时由于储层与泥岩相互叠置的作用，当达到排烃门限时，有机酸大量排出进入储层，在有机酸的作用下能够有效地改善储层，提高储层孔隙空间；也受到交代及重结晶作用，一种是矿物的高岭土化，另一种是矿物的绿泥石和伊利石化，该类成岩作用对储集空间的演化起到破坏作用。

第三节 坳陷期储层

松辽盆地南部坳陷期自下而上包括白垩系的登娄库组、泉头组、青山口组、姚家组、嫩江组、四方台组和明水组，其中泉头组、青山口组、姚家组和嫩江组为目前找油主要目的层。

一、登娄库组储层

1. 岩石学特征

登娄库组岩石学特征研究较详细的是王府和长岭地区。其中，王府地区登娄库组主要为扇三角洲砂体，储层岩性以细砂岩、粉砂岩为主，岩石类型以长石岩屑砂岩、岩屑长石砂岩为主，石英含量为20%~45%，长石含量可达40%~45%，岩屑含量最高可达38%。薄片鉴定揭示，岩石分选较差，磨圆度呈次棱角—次圆状，反映了该层位储层经历了短距离的搬运和分选。镜下观察岩石颗粒以线接触为主，长石表面绢云母化，交代作用强烈，长石可见次生加大现象，粒间充填白云石、硬石膏胶结物（图1-5-26），黏土矿物主要为伊蒙混层、绿泥石和伊利石，孔隙不发育。反映了该层位储层遭受的压实作用强烈，交代作用明显，成岩作用对储层物性影响大。

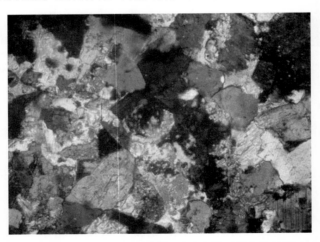

图1-5-26 城深1井1958.5m岩屑长石砂岩硬石膏交代长石（$N=15$）

在长岭地区，登娄库组砂岩类型以岩屑质长石砂岩、长石质岩屑砂岩为主，部分为长石砂岩。砂岩粒级以中粒、中—细粒及细粒为主，分选中等—好，磨圆度以次棱角状—次圆状为主。其成分成熟度总体上偏低，但各岩石组分在不同地区有所差异，并随深度增加各地区岩屑含量有不同程度的变化，成熟度变化不一。其岩石填隙物含量一般介于5%～12%，最低值3%，少数砂岩中可达30%以上（图1-5-27）。岩石颗粒间的接触关系自深陷区向斜坡带由线—凹凸接触向点—线接触递变，反映了各地区岩石压实程度的差异。

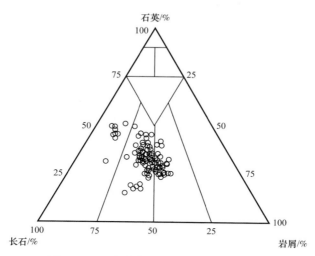

图1-5-27　长岭断陷登娄库组砂岩分布图

2. 物性特征与分布

登娄库组砂岩储层物性特征研究较详细的是德惠和长岭地区。其中，德惠地区登娄库组储层孔隙度一般为9%～15%，平均为10.5%；渗透率一般为12～200mD，平均为26.8mD；储层物性总体表现为低孔低渗特点。在长岭地区的双坨子地区实测孔隙度均值为8.5%，最高可达17%；在哈尔金地区孔隙度均值为4.91%。

3. 主控因素

登娄库组有利砂岩储层控制因素主要为沉积相带与成岩作用。在沉积相带上，有利储层主要位于辫状河道及扇三角洲前缘，在长岭伏龙泉—双坨子—大老爷府地区主要位于城深7井、城深11井、城深601井等井区的辫状河道；在布海合隆地区主要位于布4井、布6井、合9井、合10井、合12井等井区。在成岩作用中，次生溶蚀作用决定了登娄库组有利储层带的分布。成岩作用的影响在长岭断陷特征明显，其登娄库组储层埋深较大，原生孔隙大部分丧失，在次生孔隙发育带形成良好储层（图1-5-28）。其中，在双坨子地区2000～2200m处形成次生孔隙发育带，粒间粒内溶孔发育，次生溶孔占孔隙度含量达90%以上。在长岭断陷哈尔金深层3500～3600m处原生孔隙几乎丧失殆尽，次生孔隙占孔隙度含量达94%以上。

二、泉头组储层

泉头组砂岩储层主要为泉三段和泉四段，分别发育了杨大城子油层和扶余油层，是松辽盆地南部保证稳产、高产的主要产油层位，也是松辽盆地南部寻找石油储量的重要勘探对象。其中，泉四段发育扶余油层，是扶新隆起带、长春岭背斜带、登娄库背斜带北部、王府凹陷北部勘探主力目的层，其储层特征研究较详细。泉三段杨大城子油层的研究程度低，一直以来仅作为扶余油层的兼探层位，其勘探实践和理论研究均很薄弱。吉林油田勘探开发研究院在 2005 年结合钻井资料对扶新地区的杨大城子油层的储层、油水性质进行了统计分析，认为杨大城子油层主要分布在扶新隆起带的轴部及北坡，含油层段达 150～200m，但储层变化较快，连续性差，是扶余油层较好的兼探层位。2007 年，又组织了"扶新隆起带北坡杨大城子油层成藏条件研究"，对杨大城子油层储层特征进行了详细研究，基本查明了储层发育特征。

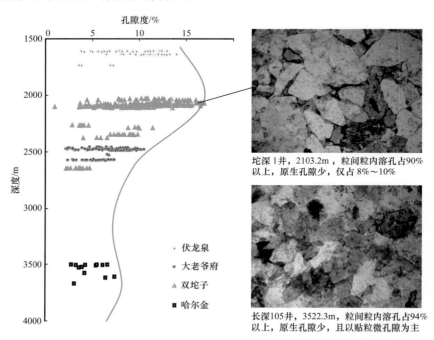

坨深 1 井，2103.2m，粒间粒内溶孔占90%以上，原生孔隙少，仅占 8%～10%

长深105井，3522.3m，粒间粒内溶孔占94%以上，原生孔隙少，且以贴粒微孔隙为主

图 1-5-28　长岭断陷登娄库组储层次生孔隙带示意图

1. 岩石学特征

泉三段杨大城子油层的储层形成于网状河环境，泥多砂少，砂岩粒度较细，以粉细砂岩为主。泉四段扶余油层的储层形成于曲流河环境，砂体较发育，粒度较粗，中粗砂岩发育。二者的岩石学特征有明显差异性。

1）泉三段储层岩石学特征

杨大城子油层储层主要为粉砂岩、细砂岩和含砾粉砂岩，是河流相沉积，成分成熟度和结构成熟度均较低，岩性主要为岩屑长石砂岩或长石岩屑砂岩（图 1-5-29），其岩屑、石英和长石的平均含量分别为 27%～47%、28%～41% 和 20%～39%，岩屑主要为酸性喷出岩，另见变质岩岩屑，填隙物含量为 5%～20% 不等。

2）泉四段储层岩石学特征

松辽盆地南部泉四段主要发育曲流河、辫状河河道以及河道末端沉积，其岩石类型以岩屑质长石砂岩类和长石质岩屑砂岩类为主，可见少量岩屑砂岩（图 1-5-30）。砂岩颗粒成分中主要包含石英、长石（钾长石、斜长石）、岩屑（火成岩、变质岩、沉积岩）以及少量的其他矿物。其中，石英平均含量为 33.15%；钾长石平均含量较高，约为 22.73%，斜长石含量较低，约为 8.05%；火成岩岩屑是主要的岩屑成分，占到总体岩石成分含量的 31.19%，变质岩岩屑和沉积岩岩屑含量较低，两者约占 3.0%。砂岩填隙物含量主要集中在 5%～15%，填隙物类型可分为胶结物和泥质杂基两部分，其中，泥质杂基平均含量为 45.18%，在胶结物成分中以碳酸盐胶结物含量最高，约为 34.42%，硅质胶结物次之，平均含量约为 14.88%，长石、高岭石和伊利石等其他胶结物含量较少。

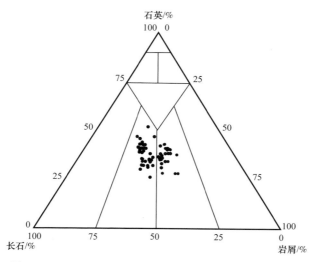

图 1-5-29　松辽盆地南部杨大城子油层砂岩类型分布图

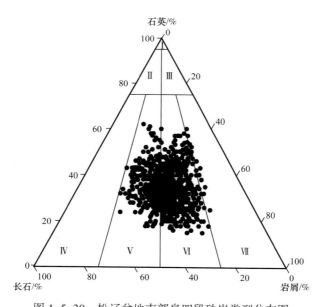

图 1-5-30　松辽盆地南部泉四段砂岩类型分布图

Ⅰ—石英砂岩；Ⅱ—长石石英砂岩；Ⅲ—岩屑石英砂岩；Ⅳ—长石砂岩；Ⅴ—岩屑长石砂岩；Ⅵ—长石岩屑砂岩；
Ⅶ—岩屑砂岩

2. 物性特征与分布

1）泉三段储层物性特征与分布

（1）孔隙类型。

杨大城子油层储层平均孔隙度为 10.12%～23.36%，储集空间类型以原生粒间孔为主（图 1-5-31），次生粒间溶孔、粒内溶孔次之，还可见填隙物内微孔、微裂缝等。其中，原生粒间孔主要分布于石英、长石和岩屑大颗粒支撑的骨架间。在扶新隆起带的扶余、木头和新立等油田，砂体埋藏深度整体较浅，原生孔隙十分发育，是杨大城子油层最主要的储集空间。

粒内溶孔在杨大城子油层多发育在长石颗粒和岩屑颗粒内，粒间溶孔主要是沿长石、岩屑等碎屑颗粒边缘被溶蚀成港湾状，或者胶结物（方解石等）被部分甚至全部溶蚀所致（图 1-5-32）。而裂缝孔隙对储集空间的贡献较小，但它可以改善储层的渗透性。

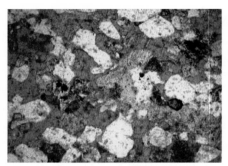 

铸体薄片，单×100，检23井，470m　　　　扫描电镜，×1200，检23井，426.671m

图 1-5-31　扶余油田杨大城子油层原生粒间孔　图 1-5-32　扶余油田杨大城子油层长石颗粒被溶蚀

（2）孔隙结构特征。

杨大城子油层孔隙结构有三种类型，以中孔细喉型为主。第一种类型是中孔较粗喉型（图 1-5-33），约占总样品的 16%，R_{50} 介于 1～3μm，主要孔隙分布在 6～10μm 之间；毛细管压力曲线呈略粗歪度，分选性中等到较好，排驱压力小，均小于 0.1MPa；属于中孔中渗储层，多为含油、油浸粉细砂岩，主要分布在边滩沉积中。

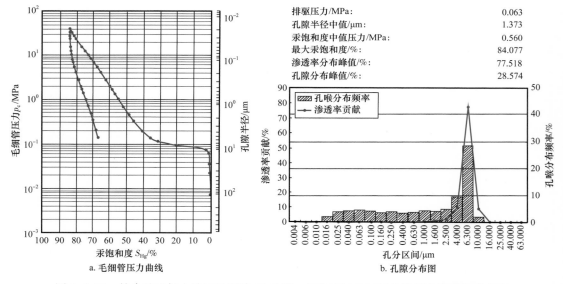

图 1-5-33　扶余油田杨大城子油层检 23 井第一类孔隙结构压汞曲线及孔喉特征分布图

第二种类型是中孔细喉型（图 1-5-34），约占总样品的 60%，R_{50} 介于 0.25～1μm，主要孔隙分布在 1～4μm；较粗歪度，分选较好；属于中孔低渗储层，多为油浸、油斑粉砂岩，主要分布在边滩沉积的中上部。

第三种类型是小孔细喉型，约占总样品的 24%，R_{50} 小于 0.25μm，主要孔隙分布在 0.25～1.00μm 之间；细歪度，分选好；属于低孔低渗储层，储集性较差，多为油斑或油迹粉砂岩，主要分布在边滩沉积的上部。

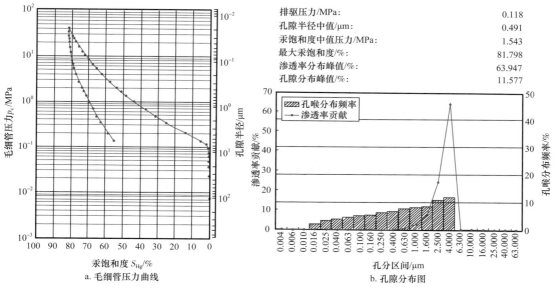

排驱压力/MPa：	0.118
孔隙半径中值/μm：	0.491
汞饱和度中值压力/MPa：	1.543
最大汞饱和度/%：	81.798
渗透率分布峰值/%：	63.947
孔隙分布峰值/%：	11.577

a. 毛细管压力曲线　　b. 孔隙分布图

图 1-5-34　扶余油田杨大城子油层检 232 井第二类孔隙结构压汞曲线及孔喉特征分布图

（3）分布特征。

① 平面分布特征：杨大城子油层储集性能在平面变化较大，以扶余油田储层物性最好，中孔中渗储层十分发育；新北油田储层物性最差，以特低孔、特低渗储层为主；其他地区储层以低孔低渗、低孔特低渗储层为主（表 1-5-2）。

② 垂向分布特征：杨大城子油层储层物性随深度增加呈变差的趋势（图 1-5-35），在 1 砂层组至 7 砂层组储层物性较好，向下储层物性逐渐变差（图 1-5-36），符合以原生残余粒间孔隙为主的砂岩储层的一般规律。但受次生溶蚀作用的影响，在个别深度发育次级孔隙高值异常带。

表 1-5-2　扶新隆起带北坡各地区岩心储层物性统计表

地区	孔隙度/%	渗透率/mD	平均孔隙度/%	平均渗透率/mD	分类	样品个数
扶余	22～28	50.0～200.0	23.36	95.54	中孔中渗	3 口井，192 个样
木头	10～16	0～1.0	13.60	0.66	低孔特低渗	1 口井，39 个样
新北	7～13	0.3～0.9	10.12	0.39	特低孔特低渗	2 口井，20 个样
新立	9～16	0～6.0	13.62	2.94	低孔低渗	10 口井，490 个样
新庙	6～14	1.0～7.0	10.70	1.39	特低孔低渗	5 口井，84 个样
新民	11～15	0.5～5.0	12.65	1.66	低孔低渗	6 口井，116 个样

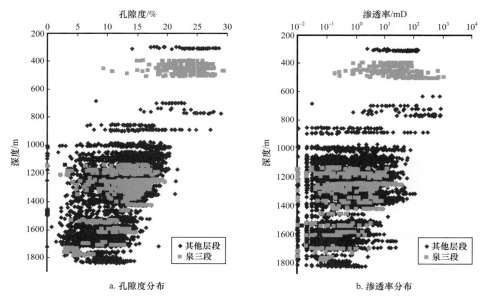

a. 孔隙度分布

b. 渗透率分布

图 1-5-35　松辽盆地南部杨大城子油层物性随深度变化关系图

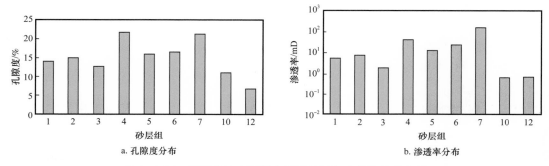

a. 孔隙度分布

b. 渗透率分布

图 1-5-36　松辽盆地南部杨大城子油层各砂组物性分布图

2）泉四段储层物性特征与分布

（1）孔隙类型。

根据薄片鉴定、电镜扫描及图像分析，松辽盆地南部泉四段孔隙类型主要为残余粒间孔和溶蚀孔，以及少量的裂缝，其中残余粒间孔是最主要的类型，占总孔隙度的 80% 以上，粒内溶孔平均为 9.3%，粒间溶孔平均为 4.55%。

（2）孔隙结构特征。

按照石油天然气行业标准规定的油气储层评价方法（SY/T 6285—2011《油气储层评价方法》），选取孔隙度、平均喉道半径、渗透率作为分类参数，首先按照孔隙度分为中孔、低孔、超低孔，然后参照平均喉道半径进一步划分为 4 类，即中孔细喉（Ⅰ类）、低孔微细喉（Ⅱ类）、特低孔微细喉（Ⅲ类）和超低孔微细喉（Ⅳ类）。进一步考虑渗透率分布特征，泉四段储层可进一步划分为 8 类（图 1-5-37）。其中，低孔微细喉和特低孔微细喉储层为主要类型，分别占 54% 和 30%。各类储层特征如下。

① 中孔细喉储层（Ⅰ类）：该类储层为研究区的最好储层（Ⅰ类），可分为中孔细喉低渗（I_1）和中孔细喉特低渗（I_2）两类。中孔细喉低渗储层（I_1）典型代表井为

庙南地区的庙4井（10小层，深度1321m），其渗透率为25.8mD，孔隙度为16.76%，最大孔喉半径为6.2μm，平均孔喉半径为2.4μm，孔喉半径中值为0.24μm，歪度为0.142，为粗歪度，排驱压力为0.118MPa，最大退汞效率为19.28%，具有相对较好的连通性，为该区最好的储层。中孔细喉特低渗储层（I₂）代表井有庙22井区的庙7井、庙112井和庙南地区西面的新229-4-14井，其渗透率分布为1.08～6.3mD，平均为3.87mD，孔隙度基本在12%左右，最大孔喉半径平均为4.234μm，平均孔喉半径平均值为1.28μm，孔喉半径中值为0.652μm，粗歪度，排驱压力为0.18MPa，最大退汞效率为16.52%～22.31%，平均为19.41%，为较有利储层。

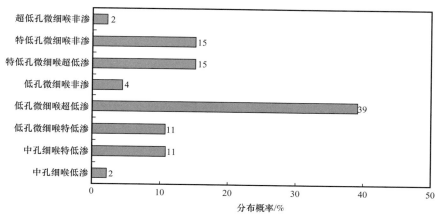

图 1-5-37　松辽盆地南部泉四段储层类型分布直方图

②　低孔微细喉储层（Ⅱ类）：该类储层在区内分布最广，为主要储层，也是庙南及庙22井区主要储层类型。进一步可分为低孔微细喉特低渗（Ⅱ₁）、低孔微细喉超低渗（Ⅱ₂）和低孔微细喉非渗储层（Ⅱ₃）三类。其中，低孔微细喉特低渗储层（Ⅱ₁）代表井为庙7井、庙8井、新229-4-14井，渗透率分布为1.17～2.7mD，平均为2.16mD，孔隙度基本在12%左右，最大孔隙半径为3μm左右，平均孔隙半径为0.52～0.94μm，孔隙中值半径为0.16～0.63μm，粗歪度，排驱压力大于0.2MPa，最大退汞效率为16.68%～39.94%，平均为25.72%。

低孔微细喉超低渗储层（Ⅱ₂）代表井为庙南井区的庙4井和庙112井、庙22井区的庙7井，渗透率分布为0.17～0.95mD，平均为0.48mD，孔隙度为10.2%～14.01%，平均约为11%，最大孔隙半径为0.53～2.125μm，平均孔隙半径均小于0.6μm，孔隙中值半径为0.062～0.462μm，粗歪度，排驱压力明显增大，平均为0.584MPa，最大达到了1.374MPa，最大退汞效率为17.44%～35.78%，平均为26.64%。

低孔微细喉非渗储层（Ⅱ₃）的渗透率为0.08mD，孔隙度在10%左右，最大孔隙半径为0.266μm，平均孔隙半径为0.07μm，孔隙中值半径为0.046μm，粗歪度，排驱压力增大到2.77MPa，最大退汞效率平均为25.48%，储集性能极差。

③　特低孔微细喉储层（Ⅲ类）：该类储层分布也相对较广，可分为特低孔微细喉超低渗（Ⅲ₁）和特低孔微细喉非渗（Ⅲ₂）储层两类。其中，特低孔微细喉超低渗储层（Ⅲ₁）与低孔微细喉非渗储层（Ⅱ₃）相比各项参数较为接近，渗透率分布为0.11～0.44mD，孔隙度小于10%，最大孔隙半径为0.27～1.52μm，平均孔隙半径为

0.08～0.5μm，孔隙中值半径为0.024～0.31μm，基本上为粗歪度，储层连通性差。

特低孔微细喉非渗储层（Ⅲ₂）渗透率最大为0.09mD，孔隙度为5.4%～9.9%，平均约为8.12%，最大孔隙半径为0.046～0.355μm，平均孔隙半径最大约为0.131μm，孔隙中值半径为0.072μm，基本粗歪度，对应排驱压力明显增大，达到15.95MPa，最大退汞效率平均为26.49%，储集物性变得极差，很难成为有效储层。

④ 超低孔微细喉储层（Ⅳ类）：该类储层为区内最差储层，只包括超低孔微细喉非渗储层，由于渗透率和孔隙度非常低，很难成为有效的储层。

（3）物性特征与分布。

按中国石油天然气集团公司发布的行业标准（SY/T 6285—2011《油气储层评价方法》），将泉四段储层物性划分为五种类型。

① 中孔中渗型：$15\% \leq \phi < 25\%$，$50mD \leq K < 500mD$，碳酸盐平均含量在1.6%～2.8%之间。该类储层主要分布在扶余、前郭南地区，是储层物性最好、最易获得高产的一类储层。

② 中孔低渗型：$15\% \leq \phi < 25\%$，$10mD \leq K < 50mD$，碳酸盐平均含量在2.9%～3.3%之间。该类储层主要分布在新木、双坨子、大老爷府地区，物性相对较好，具备高产条件。

③ 低孔特低渗型：$10\% \leq \phi < 15\%$，$1mD \leq K < 10mD$，碳酸盐平均含量在3.3%～8.0%之间。该类储层主要分布在新立、新民、白中花、新庙、两井、红岗、红岗北、海坨子地区，处于有利相带的该类储层可以获得高产。

④ 低孔超低渗型：$10\% \leq \phi < 15\%$，$0.1mD \leq K < 1mD$，碳酸盐平均含量在4.1%～4.2%之间。该类储层主要分布在孤店、英台东、四方坨子地区。该类储层如果孔隙结构较好，也可获得较高产量。

⑤ 特低孔超低渗型：$5\% \leq \phi < 10\%$，$0.1mD \leq K < 1mD$，碳酸盐平均含量在2.9%～6.6%之间。该类储层主要分布在乾安、新北、大安、大情字井东、塔虎城、花敖泡、查干泡地区。若该类储层孔隙结构较好，且处于有利相带或构造圈闭中，也可获得较高产量，但总体来说，获得高产的条件比较苛刻。

松辽盆地南部各地区泉四段物性分布显示，隆起区和阶地区物性条件相对较好，凹陷区物性条件相对较差（表1-5-3、图1-5-38）。另由泉四段孔隙度、渗透率随深度变化图（图1-5-39）可以看出，随着埋深增加，压实作用增强，孔隙度、渗透率逐渐降低，但埋深在1129～1423m、1609～2168m、2370～2468m井段，孔隙度、渗透率与正常压实曲线不符，出现异常高值，即发育三个次生孔隙发育带。

表1-5-3　松辽盆地南部各地区泉四段储层物性综合评价表

地区	孔隙度/%		渗透率/mD		碳酸盐含量/%		综合评价	样品数
	主要范围	平均值	主要范围	平均值	主要范围	平均值		
扶余	18～30	24.1	5.00～500.00	177.27	0～5.0	1.6	中孔中渗	11515
前郭南	10～26	17.5	3.00～240.00	63.34	0.2～12.0	2.8	中孔中渗	524
新木	10～24	16.8	2.00～200.00	31.11	0.2～9.0	2.9	中孔低渗	899

地区	孔隙度 /%		渗透率 /mD		碳酸盐含量 /%		综合评价	样品数
	主要范围	平均值	主要范围	平均值	主要范围	平均值		
双坨子—大老爷府	10～18	14.8	1.00～140.00	34.02	0.3～7.0	3.3	中孔低渗	334
新立	8～19	13.8	0.20～18.00	5.34	0.4～10.0	3.5	低孔特低渗	2003
新民	7～19	13.2	0.40～4.20	2.53	0.2～12.0	3.6	低孔特低渗	1466
白中花	8～17	12.5	0.05～6.00	2.82	0.3～11.0	3.6	低孔特低渗	606
新庙	6～17	12.2	0.10～5.00	2.70	0.3～14.0	3.4	低孔特低渗	1180
两井	7～16	11.2	0.03～2.80	1.06	0.2～13.0	3.3	低孔特低渗	2991
红岗	7～15	10.6	0.03～1.20	1.07	0.2～15.0	7.8	低孔特低渗	23
红岗北	5～15	9.7	0.02～2.40	1.21	1.0～20.0	8.0	低孔特低渗	441
海坨子	6～15	10.4	0.02～1.60	1.20	0.2～9.0	3.5	低孔特低渗	161
孤店	5～15	10.0	0.03～2.00	0.98	0.2～15.0	4.2	低孔超低渗	2288
英台东	7～14	11.1	0.02～2.00	0.63	1.0～6.0	4.1	低孔超低渗	47
四方坨子	7～14	10.1	0.02～2.00	0.25	0.2～7.0	2.7	特低孔超低渗	96
乾安	5～14	9.5	0.02～2.00	0.44	0.4～18.0	5.4	特低孔超低渗	683
新北	5～15	9.5	0.02～1.60	0.37	0.2～8.0	4.3	特低孔超低渗	192
大安	5～15	9.4	0.03～1.80	0.64	0.5～10.0	4.3	特低孔超低渗	1213
大情字井东	5～15	9.4	0.02～1.60	0.46	0.2～11.0	5.2	特低孔超低渗	328
塔虎城	6～12	8.2	0.01～0.80	0.32	0.2～10.0	2.9	特低孔超低渗	71
花敖泡	4～12	7.9	0.02～0.50	0.15	1.0～23.0	5.6	特低孔超低渗	221
查干泡	5～10	7.7	0.03～0.60	0.31	2.0～14.0	6.6	特低孔超低渗	192

3. 主控因素

1）泉三段储层物性主控因素

砂岩储层物性的影响因素很多，但在杨大城子油层，主要的物性控制因素是沉积相和成岩作用。

（1）沉积相。

沉积相对砂岩储层储集性能的影响主要表现在两个方面：一是沉积相控制了砂岩储层的岩石结构；二是对陆源杂基为主的填隙物含量也有影响。

杨大城子油层形成于河流相，不同相带砂岩储层的成分成熟度和结构成熟度存在较明显的差异。自河流边滩优势相→主河道带→侧缘及次要河道带→废弃河道→泛滥平原呈现粒度变细、填隙物增多、孔喉减小、储层物性逐渐变差的趋势。就一个完整的河道

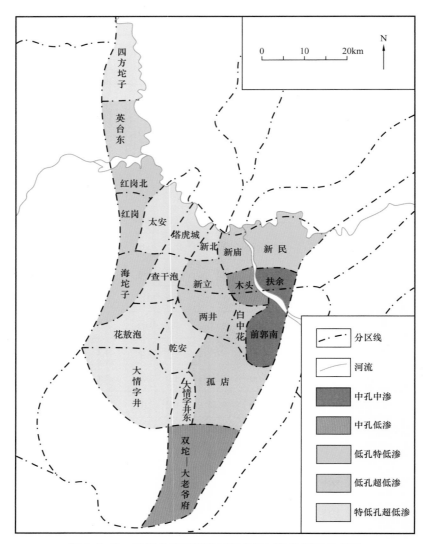

图 1-5-38　松辽盆地南部泉四段各地区物性平面分布图

沉积旋回而言，中下部的边滩亚相储层物性最好，向上随着粒度的变细，泥质含量增加，储集性能逐渐变差。

（2）成岩作用。

杨大城子油层处于晚成岩 A_2 期，经历了压实、胶结、溶解等成岩作用，不同成岩作用对储集空间的影响不同。

① 压实作用：杨大城子油层普遍经历了中等程度的机械压实作用，压实作用的强度受埋藏深度的控制。在压实作用较强的地区常见云母塑性形变现象，偶见长石颗粒压断及岩屑破裂假杂基化现象。此外，在埋藏较深的构造带还常见长石等板状、片状颗粒在压力作用下呈现沿长轴方向发生半定向及定向排列的趋势。

由此可见，压实作用对区内储层物性具重要影响，随着埋藏深度的不断增加，储层储集空间逐渐变小，孔隙度、渗透率呈减小的趋势。但在埋深 1400～1700m 处，孔隙度、渗透率有变大的趋势，其原因可能是此埋深处于有机质演化的"液态窗"，有机质

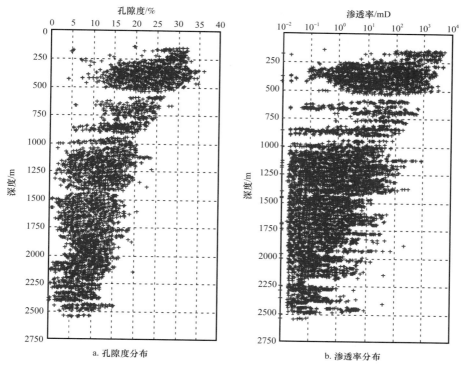

a. 孔隙度分布   b. 渗透率分布

图 1-5-39   松辽盆地南部泉四段孔隙度、渗透率随深度变化图

成熟生成油气，同时产生大量羧酸和二氧化碳，使得溶蚀作用发育，生成次生孔隙，从而使储层物性得以改善。

② 胶结作用：杨大城子油层的胶结作用主要是硅质胶结和碳酸盐胶结，但二者往往呈消长关系。其中，二氧化硅胶结作用主要是石英的次生加大，另一种是自生石英的析出。硅质胶结在整个研究区普遍存在，但不同地区在发育程度上有所差异。在木头和扶余地区石英次生加大普遍，但发育程度较低，多数以颗粒表面锥晶的形式出现，次生加大级别为Ⅰ级至Ⅱ级。新庙地区石英的次生加大普遍，且加大程度较高，个别粒间孔内见自生石英锥晶。新立、新民地区石英次生加大作用普遍较强，部分呈再生胶结，石英次生加大级别为Ⅱ级，粒间自生石英晶体常见。石英的次生加大对减少孔隙空间有明显影响，它不仅降低储层的孔隙度，而且改变了储层的孔隙结构，孔隙连通性变差，渗透率降低。且次生加大后的石英不易再发生溶蚀，储层被改善的可能性也降低。

胶结作用在区内杨大城子油层广泛发育，是该区除压实作用之外另一重要的造成储层物性变差的成岩作用，其中方解石是该区最常见的碳酸盐胶结物（图 1-5-40）。碳酸盐胶结物的分布极不均匀，其含量多为 1%～11%，平均为 3.42%，局部富集可达 17.8%。特别是在邻近河道滞留沉积层的边滩底部细粉砂岩中，

染色薄片，正×100，新143井，1325.5m

图 1-5-40   杨大城子油层颗粒间方解石胶结

碳酸盐胶结发育，使岩石致密坚硬，物性极差。其含量与孔隙度和渗透率呈明显的负相关，随碳酸盐含量的增加，孔隙度和渗透率呈降低的趋势（图1-5-41）。

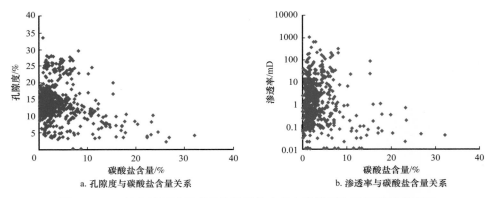

a. 孔隙度与碳酸盐含量关系　　　　b. 渗透率与碳酸盐含量关系

图1-5-41　杨大城子油层碳酸盐胶结物含量与孔隙度和渗透率的关系图

③溶解作用：杨大城子油层溶解作用主要包括长石、岩屑及碳酸盐胶结物。其中，杨大城子油层岩屑溶解以酸性喷出岩岩屑为主，溶蚀强度弱，往往形成贴粒孔及粒内微孔。另外，由于粒间碳酸盐胶结物发生在成岩作用早期，沉淀物和沉积物的过早压实，沉积物（岩）中孔隙少，孔隙喉道窄，有机质成熟和黏土矿物伊利石化产生的酸性溶液难以流动，无法与方解石接触，所以杨大城子油层中方解石溶解作用也不发育。油层溶解作用最强的是长石溶蚀，是杨大城子油层最普遍最主要的溶蚀作用，溶蚀类型主要为粒间溶蚀、颗粒周缘溶蚀以及粒内溶蚀，不同的溶蚀类型及溶蚀强度可形成粒内溶孔、贴粒孔、栅状孔以及粒间溶蚀扩大孔、（残余）铸模孔等多种溶蚀孔隙类型。溶解作用形成的次生溶蚀孔隙，大大改善了储层的性质，对埋藏较深的储层尤为重要。

2）泉四段储层物性主控因素

松辽盆地南部泉四段扶余油层的储层物性控制因素主要是物源、沉积相、岩性、成岩、构造等作用。详细分析各种地质因素对储层物性的控制作用对剖析储层成因机制及发育规律具有重要的作用。

（1）物源。

不同物源体系所搬运的陆源碎屑物质在母质成分、颗粒粗细、分选大小以及水动力条件等方面均存在差异，致使不同物源的储层物性优劣不一。由扶余油层不同物源区储层物性分布直方图（图1-5-42、图1-5-43）可以看出，孔隙度在9%～12%范围内，白城、通榆和长春水系形成的砂体孔隙度明显低于英台、怀德和保康水系形成的砂体；孔隙度在6%～9%范围内，长春和怀德水系形成的砂体含量较低；孔隙度在4%～9%范围内，通榆水系形成的砂体含量明显较高。渗透率在0.1～1.0mD范围内，通榆水系形成的河道砂体渗透率明显较低；渗透率在0.05～0.1mD范围内，怀德和通榆水系形成的砂体含量略高，其他水系形成的砂体含量相差不大；渗透率在0.01～0.05mD范围内，通榆水系形成的砂体含量最高，说明其物性最差。一系列数据对比表明，英台、怀德和保康水系形成的砂体物性略好，白城和长春水系形成的砂体物性略差，通榆水系形成的砂体物性最差。

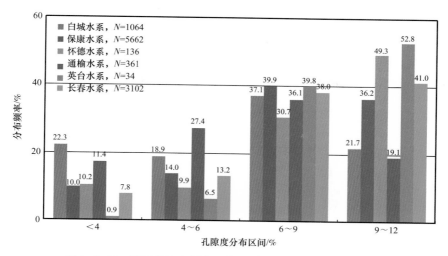

图 1-5-42 松辽盆地南部泉四段不同物源孔隙度分布直方图

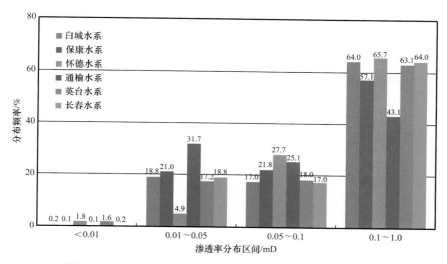

图 1-5-43 松辽盆地南部泉四段不同物源渗透率分布直方图

对比扶余油层不同水系所形成的砂体中岩石成分，发现通榆水系石英含量较其他水系略低，胶结物含量较其他水系略高（图 1-5-44）。通榆水系胶结物含量为 12.48%，白城水系胶结物含量为 12.29%，这两个水系胶结物含量略高；保康水系和怀德水系胶结物含量相当，约为 11.05%；英台水系和长春水系胶结物含量明显较低，约为 9.3%。可以看出，物性较好的水系砂体中，其胶结物含量较低，反之则胶结物含量较高。

另从扶余油层不同物源体系杂基含量特征来看，通榆水系和白城水系的填隙物总量以及泥质杂基含量明显高于其他水系，这也是其物性较差的一个重要因素。再从沉积物分选来看，通榆水系砂体分选系数大于 2.5 的含量为 56.03%，明显高于英台、保康等水系，从而造成其物性明显变差。

（2）沉积相。

扶余油层砂体主要为曲流河和辫状河三角洲沉积，仅在红岗地区有小范围扇三角洲沉积，且以前缘亚相为主。对比不同沉积相物性特征，发现扇三角洲砂体孔隙度明显高于曲流河砂体，而辫状河砂体储层物性最差。在扇三角洲储层中，孔隙度 ϕ 大于 6% 的储层高达 95%，渗透率 K 大于 1.0mD 的储层占 26.09%，而 0.1mD≤K≤1.0mD 范围内的储层约占 50%；在辫状河储层中，低物性的储层比例明显较高，其中，ϕ 小于 4% 的储层占 15.55%，0.01mD≤K<0.05mD 的储层占 25.69%（图 1-5-45）。

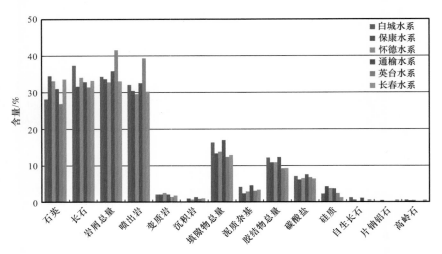

图 1-5-44　松辽盆地南部泉四段不同物源体系岩石成分分布直方图

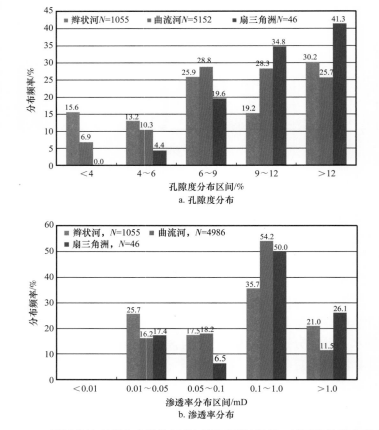

图 1-5-45　松辽盆地南部中央坳陷区泉四段不同沉积相—储层物性分布直方图

从沉积微相来看，水下分流河道物性最高，以 ϕ 大于 6% 和 K 大于 0.05mD 的样品占多数；而边滩微相物性最差，ϕ 小于 6% 的样品含量为 63%，K 小于 0.1mD 的样品含量为 73.42%。

（3）岩性。

不同岩性，由于其沉积物的粒度、分选、泥质含量、软质岩屑含量等不同，对储层物性也有较多的影响。由松辽盆地南部泉四段不同岩性与储层物性的相关图（图 1-5-46）可以看出，在 200 余个中砂岩物性测试样品中，$\phi \geqslant 6\%$ 的样品占 80% 以上，而 $K \geqslant 0.05$mD 的样品占 77.12%；在细砂岩实测物性样品中，$\phi \geqslant 6\%$ 的样品占 72%，$K \geqslant 0.05$mD 的样品占 63.8%；在 $4\% \leqslant \phi < 6\%$ 范围内和 0.01mD $\leqslant K < 0.05$mD 范围内，粉砂岩样本的含量明显较中砂岩、细砂岩含量高，其总体物性最差。

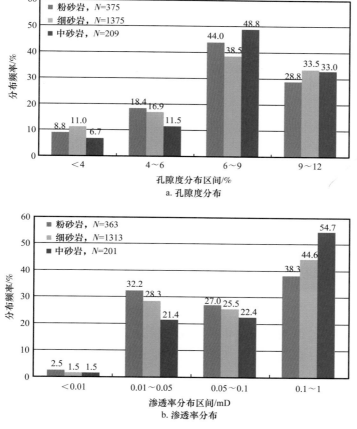

图 1-5-46　松辽盆地南部中央坳陷区泉四段不同岩性—储层物性分布直方图

（4）成岩作用。

泉四段形成之后，经历了坳陷沉积、构造反转等演化阶段，上覆地层总厚度可达 2000m 以上，遭受了压实、胶结、溶解等成岩作用，不同程度地影响了储层物性特征。

① 压实作用损害储层物性：大量物性数据统计表明，压实作用对中央坳陷区泉四段砂岩储层的影响最大，致使储层孔隙度减少 15%～25%，渗透率更是达到多个数量级的递减。

② 胶结作用破坏储层物性：胶结作用对扶余油层的储层物性也有明显破坏影响。胶结作用越强，胶结物含量越高，储层类型越差；胶结作用越弱，胶结物含量越少，储层类型越好（图1-5-47）。在扶余油层胶结物中，以碳酸盐（方解石）胶结物为主，其次还发育硅质、硅酸盐胶结（长石次生加大）以及高岭石等黏土矿物。

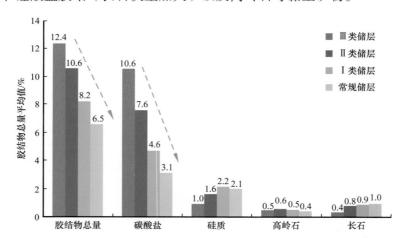

图1-5-47　松辽盆地南部泉四段不同储层胶结物类型及含量分布直方图

凹陷区泉四段砂岩储层的影响最大，致使储层孔隙度减少15%～25%，渗透率更是达到多个数量级的递减。

其中，碳酸盐胶结物含量与储层物性好坏关系密切，碳酸盐胶结物含量增高，储层物性变差，碳酸盐胶结物是造成储层物性差异的一个关键因素。在同一套砂体储层中，其顶部、底部储集空间更容易沉淀从泥岩夹层中排出的地层水中 Ca^{2+}、CO_3^{2-} 等离子，所以在靠近泥岩的砂岩顶部、底部碳酸盐含量较砂体中部高，即所谓的"钙顶""钙底"，从而导致砂体中部物性较顶部、底部物性略好（图1-5-48）。由此可推，泉四段砂岩距离青一段泥岩越近，储层内碳酸盐胶结物含量越高，反之，则碳酸盐胶结物含量递减。例如，在红岗阶地、华字井阶地及长岭凹陷储层内，Ⅰ砂组储层距离青一段泥岩最接近，地层水携带的 Ca^{2+}、CO_3^{2-} 等离子最容易在其储集空间内沉淀，碳酸盐胶结物含量明显较下部砂组高；Ⅳ砂组储层距离青一段泥岩最远，其碳酸盐胶结物含量最低，这是造成Ⅳ砂组、Ⅲ砂组物性略高，而Ⅰ砂组物性最差的主要原因之一（图1-5-49）。

在平面上，Ⅰ砂组碳酸盐胶结物含量相对较高地区主要位于红岗阶地、乾安地区和孤店北部（图1-5-50），Ⅱ砂组至Ⅳ砂组的碳酸盐胶结物含量相对较高的地区主要位于长岭凹陷北部、中部乾安位置和孤店位置，这些区域位于湖盆沉积中心，泥岩厚度较大，泥地比较高，从而造成碳酸盐胶结物含量相对较高。

③ 溶解作用增加储层孔渗：镜下薄片观察表明，长石、岩屑次生孔隙是松辽盆地南部砂岩储层重要的孔隙类型之一，是造成泉四段储层物性较好的重要原因。青一段泥岩作为有效生烃源岩，其在大量生、排烃的同时，有机酸也进入储层砂体，对长石、岩屑产生溶蚀作用，导致次生孔隙发育带孔隙度增加，渗透率明显改善。对比储层次生孔隙发育带和地层水 pH 值，在地层水呈偏酸性的区带，次生溶蚀孔隙和渗透率明显增加；在 pH 值较大、地层水呈碱性的区带，储层物性在压实作用影响下逐渐降低。有机

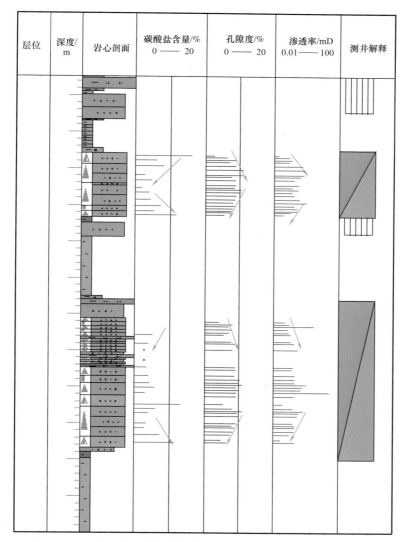

图 1-5-48 松辽盆地南部让字井油田让 70 井碳酸盐含量分布特征

酸的溶解作用对储层孔隙度增加幅度为 5%～10%，渗透率可相应有两个数量级的提高（图 1-5-51）。

（5）构造作用。

泉四段沉积之后，松辽盆地经历了长期的坳陷伸展期，使泉四段—青一段的 T_2 界面张性微裂缝十分发育，沟通了青一段烃源岩与泉四段储层，并在泉四段储层中产生大量微裂缝，对泉四段储层的储、渗能力改善具有十分重要的作用。同时，青一段泥岩生、排烃过程中产生的有机酸，通过断层向下输导至泉四段储层，在一定程度上增强了泉四段储层的溶解作用和储层物性。据泉四段储层物性与 T_2 界面断层距离关系统计表明，距离断层越近，储层孔隙度越大，渗透率越高；发育在距离断层 1000m 之内的砂体物性远远高于距离断层较远的砂体物性，而距离断层 3000～4000m 范围内的砂体物性最差，基本属于致密储层级别。

综上可见，泉四段砂体在沉积、成岩、构造等多种地质因素的共同影响下，最终形

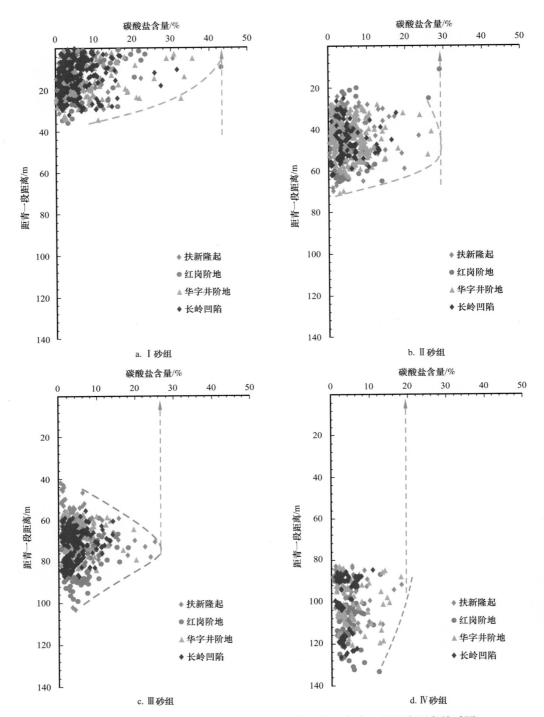

图 1-5-49 松辽盆地南部泉四段碳酸盐胶结物含量与青一段泥岩距离关系图

成致密储层，其主控因素可以归结为"沉积主控、压实主导、胶结增密、溶蚀添孔、裂缝改渗"，其中，压实作用和胶结作用通过减小孔隙空间及填充喉道对储层物性起破坏作用；溶蚀作用通过产生次生溶孔及溶扩喉道半径而对储层物性起建设作用；构造活动产生的断层和微裂缝对储层渗透率起到改善作用。

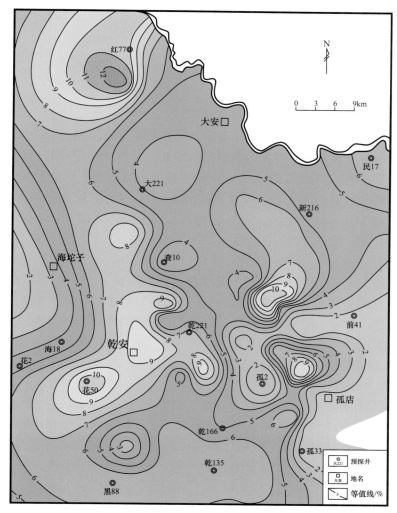

图 1-5-50 松辽盆地南部泉四段 I 砂组碳酸盐含量平面分布图

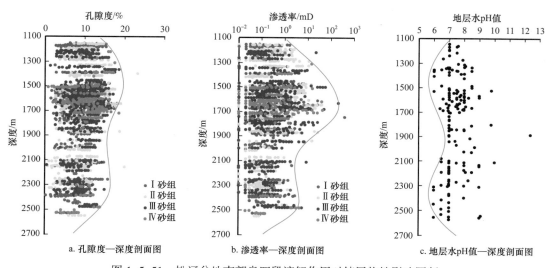

a. 孔隙度—深度剖面图　　　　b. 渗透率—深度剖面图　　　　c. 地层水pH值—深度剖面图

图 1-5-51 松辽盆地南部泉四段溶解作用对储层物性影响图版

三、青山口组储层

高台子油层位于上白垩统青山口组一段、二段、三段，属中部含油组合的最下一个含油层系，是松辽盆地白垩纪坳陷期以来首次大面积深水湖盆发育的三角洲—湖泊沉积产物。

1. 岩石学特征

松辽盆地南部青山口组的岩石薄片鉴定及重矿物鉴定等资料分析表明，青山口组砂岩储层以细粒—极细粒为主，部分为粗粉砂状结构；分选为中等—好，磨圆度以次棱角状为主；是一套成分成熟度偏低，结构成熟度偏高的富含长石、岩屑的长石岩屑砂岩和岩屑长石砂岩的岩石组合（表1-5-4至表1-5-6）。砂岩中石英含量在15%～43%之间，长石含量在21%～62%之间，岩屑含量在18%～66%之间，岩屑成分以中酸性岩浆岩和凝灰岩为主，长石以钾长石为主，其次是斜长石，重矿物组合以高含锆石为主要特征。

砂岩颗粒间填隙物含量较高，其中泥质杂基含量一般为1%～3%，胶结物含量一般为7%～9%；胶结物成分主要有碳酸盐、硅质及硅酸盐矿物。碳酸盐胶结物主要为方解石和铁白云石，含量一般为2%左右；硅质胶结物主要为石英次生加大边和粒间自形石英晶体两种形式，含量在1%～3%之间，个别地区达4%；硅酸盐主要为自生黏土矿物。胶结类型以孔隙式和接触式为主。

2. 物性特征与分布

根据中国石油天然气集团公司行业标准（SY/T 6285—2011《油气储层评价方法》），可将青山口组储层物性划分为九种类型，不同储层类型的分布层位及地区不同。

（1）高孔中渗型：$25\% \leqslant \phi < 30\%$，$50mD \leqslant K < 500mD$，碳酸盐平均含量在1%～5%之间。该类储层主要分布在海坨子地区青三段，是储层物性最好、最易获得高产的储层。

（2）中孔中渗型：$15\% \leqslant \phi < 25\%$，$50mD \leqslant K < 500mD$，碳酸盐平均含量在1%～5%之间。该类储层主要分布在英台地区青山口组各段地层中，是储层物性好、易获得高产的储层。

（3）中孔中低渗型：$15\% \leqslant \phi < 25\%$，$10mD \leqslant K < 500mD$，碳酸盐平均含量在1%～10%之间。该类储层主要分布在花敖泡地区的青一段、四方坨子地区的青二段、青三段以及孤店地区的青三段，是物性相对较好、具备高产条件的储层。

（4）中低孔低—特低渗型：$10\% \leqslant \phi < 25\%$，$1mD \leqslant K < 50mD$，碳酸盐平均含量在5%～15%之间。该类储层主要分布在海坨子、黑帝庙地区的青一段和红岗地区青一段、青二段及大情字井、花敖泡、双坨—大老爷府地区的青三段，处于有利相带的该类储层可以获得高产。

（5）中—特低孔低—超低渗型：$5\% \leqslant \phi < 20\%$，$0.1mD \leqslant K < 50mD$，碳酸盐平均含量在1%～5%之间。该类储层主要分布在大安地区，该类储层如果孔隙结构较好，可获得较高产量。

（6）中低孔特低—超低渗型：$10\% \leqslant \phi < 20\%$，$0.1mD \leqslant K < 10mD$，碳酸盐平均含量在1%～10%之间。该类储层主要分布在双坨—大老爷府地区青一段和大情字井、四方

表1-5-4 松辽盆地南部青一段岩石矿物学特征表

地区	砂岩类型	碎屑/%			碎屑主要粒级/mm	填隙物/%				主要胶结类型	岩石结构		接触关系	孔隙类型
		石英	长石	岩屑		泥质	灰质	石英加大	高岭石		分选	磨圆		
黑帝庙	岩屑长石砂岩—长石岩屑砂岩	0	9	1	0.06~0.21	0.8	8.1	1~3	0	再生—孔隙、接触	中等—好	次棱角	点—线、线	微孔、粒间孔、溶孔
大安	长石岩屑砂岩—岩屑长石砂岩	3	7	0	0.05~0.22	2.7	5.8	1~4	0	孔隙、接触、再生	中等—好	次棱角	点、点—线、线	微孔、粒间孔、溶孔
大老爷府	岩屑长石砂岩—长石岩屑砂岩	4	6	0	0.06~0.18	0.5	15.0	1~3	0.08	再生—孔隙、再生	好	次棱角	点—线、线	微孔、粒间孔、溶孔
孤店	长石岩屑砂岩	1	5	4	0.07~0.15	1.7	11.2	2~3	0	孔隙、再生、接触	中等—好	次棱角	点、线	粒间孔、微孔
海坨子	岩屑长石砂岩—长石岩屑砂岩	0	7	3	0.08~0.25	1.2	10.0	1~3	0.07	孔隙、再生	中等—好	次棱角	点、点—线	微孔、少量粒间孔、溶孔
红岗	岩屑长石砂岩—长石岩屑砂岩	4	8	8	0.05~0.22	1.7	6.9	1~3	0	再生、孔隙	中等—好	次棱角	点、点—线、线	微孔、粒间孔、溶孔
花敖泡	岩屑长石砂岩—长石岩屑砂岩	1	6	3	0.06~0.21	1.0	16.0	1~3	2.00	孔隙、再生	中等—好	次棱角	点、点—线	微孔、粒间孔
两井	岩屑长石砂岩—长石岩屑砂岩	4	4	2	0.06~0.23	3.7	12.0	1~3	0	再生—孔隙、接触	中等—好	次棱角	点	粒间孔
乾安	长石岩屑砂岩	8	8	4	0.08~0.25	1.0	19.0	1~3	0	孔隙、再生	中等—好	次棱角	点	微孔、粒间孔
大情字井东	长石岩屑砂岩	4	1	5	0.05~0.22	1.7	21.7	1~2	0	再生、孔隙	中等—好	次棱角	点、点—线、线	微孔、粒间孔
四方坨子	长石岩屑砂岩—岩屑长石砂岩	6	5	9	0.06~0.28	1.7	6.7	1~3	0.11	再生、孔隙、接触	中等—好	次棱角	点、点—线、线	微孔、粒间孔
英台东	长石岩屑砂岩—岩屑长石砂岩	6	7	7	0.07~0.25	1.0	5.7	2~3	0	再生、孔隙、接触	中等—好	次棱角	点—线、线	粒间孔、溶孔
大情字井	岩屑长石砂岩—长石岩屑砂岩	8	7	5	0.08~0.23	1.4	8.2	1~3	0	再生、孔隙、接触	中等—好	次棱角	点、点—线、线	微孔、少量粒间孔、溶孔

表 1-5-5　松辽盆地南部青二段岩石矿物学特征表

地区	砂岩类型	碎屑/% 石英	碎屑/% 长石	碎屑/% 岩屑	碎屑主要粒级/mm	填隙物/% 泥质	填隙物/% 灰质	填隙物/% 石英加大	填隙物/% 高岭石	主要胶结类型	岩石结构 分选	岩石结构 磨圆	接触关系	孔隙类型
黑帝庙	岩屑长石砂岩—长石岩屑砂岩	32	38	30	0.06~0.15	0.18	6.8	1~2	0	再生—孔隙、孔隙	中等—好	次棱角	点、点—线	微孔、粒间孔
红岗	岩屑长石砂岩—长石岩屑砂岩	24	39	37	0.05~0.25	0.50	5.9	2~4	0	再生—孔隙、孔隙	中等—好	次棱角	点、点—线	粒间孔、溶孔、微孔
四方坨子	长石岩屑砂岩—岩屑长石砂岩	24	37	39	0.10~0.25	0.60	5.0	1~3	0	再生、孔隙、接触	中等—好	次棱角	线、点—线	粒间孔、微孔
英台东	长石岩屑砂岩—岩屑长石砂岩	26	35	39	0.10~0.28	0.80	6.1	1~3	0	再生、孔隙	中等—好	次棱角	点、线	粒间孔、溶孔
大情字井	长石岩屑砂岩—岩屑长石砂岩	28	37	35	0.08~0.23	1.40	8.2	1~3	0	再生、孔隙、接触	中等—好	次棱角	点、点—线	微孔、少量粒间孔、溶孔

表 1-5-6　松辽盆地南部青三段岩石矿物学特征表

地区	砂岩类型	碎屑/% 石英	碎屑/% 长石	碎屑/% 岩屑	碎屑主要粒级/mm	填隙物/% 泥质	填隙物/% 灰质	填隙物/% 石英加大	填隙物/% 高岭石	主要胶结类型	岩石结构 分选	岩石结构 磨圆	接触关系	孔隙类型
花敖泡	岩屑长石砂岩—长石岩屑砂岩	21	36	33	0.06~0.21	1.0	16.0	1~3	2	孔隙、再生	中等—好	次棱角	点、点—线	微孔、粒间孔
乾安	长石岩屑砂岩—岩屑长石砂岩	28	38	34	0.06~0.25	4.2	8.9	1~3	0	再生—接触、孔隙	中等—好	次棱角	点、点—线	粒间孔、溶孔
大情字井	岩屑长石砂岩—长石岩屑砂岩	29	43	28	0.05~0.21	1.4	6.0	1~3	0	再生—接触、孔隙	中等—好	次棱角	点、点—线	粒间孔、微孔
四方坨子	长石岩屑砂岩—岩屑长石砂岩	25	34	41	0.10~0.25	0.6	4.1	1~3	0	再生、孔隙、接触	中等—好	次棱角	线、点	粒间孔、溶孔
英台东	长石岩屑砂岩—岩屑长石砂岩	30	26	44	0.08~0.21	1.9	4.5	1~3	0	接触、再生	中等—好	次棱角	点、点—线	粒间孔、溶孔

坨子地区的青一段、青二段以及黑帝庙、红岗地区的青三段，该类储层如果孔隙结构较好，可获得较高产量。

（7）低孔超低渗型：$10\% \leqslant \phi < 15\%$，$0.1mD \leqslant K < 1mD$，碳酸盐平均含量在$1\% \sim 10\%$之间。该类储层主要分布在孤店地区，其孔隙结构较好，且处于有利相带或构造圈闭中，可获得较高产量，但总体来说获得高产的条件比较苛刻。

（8）低—超低孔低—超低渗型：$5\% \leqslant \phi < 15\%$，$0.1mD \leqslant K < 10mD$，碳酸盐平均含量在$1\% \sim 10\%$之间。该类储层主要分布在黑帝庙地区，孔隙结构较好，且处于有利相带或构造圈闭中，可获得较高产量，但获得高产的条件比较苛刻。

（9）低—特低孔超低—非渗型：$5\% \leqslant \phi < 15\%$，$0.01mD \leqslant K < 1mD$，碳酸盐平均含量在$1\% \sim 10\%$之间。该类储层主要分布在黑帝庙地区，该类储层获得高产的条件非常苛刻。

在纵向上，青山口组储层随埋深增加孔隙度、渗透率逐渐降低，但在埋深$1500 \sim 1600m$、$1650 \sim 1900m$、$2050 \sim 2250m$、$2350 \sim 2500m$井段，存在四个次生孔隙发育带（图1-5-52）。

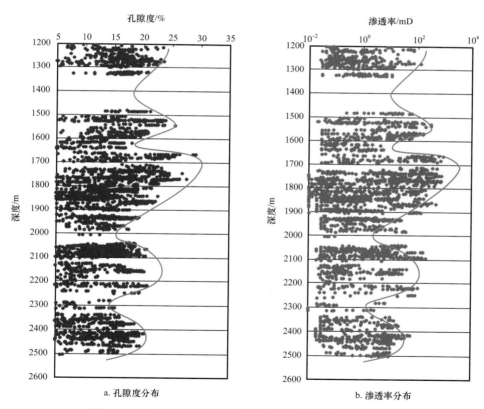

图1-5-52　松辽盆地南部青山口组储层物性随深度变化图

3. 主控因素

综合分析表明，青山口组储层物性的主控因素主要有机械压实、胶结、溶解和沉积相带四个方面。

1）机械压实作用

青山口组储层埋深一般在 1000～2500m 之间，受上覆地层强压实作用，颗粒之间的接触关系整体已呈现线接触或凹凸接触，孔隙度损失 10%～15%，这是影响青山口组储层物性的最主要因素。

2）胶结作用

青山口组储层胶结作用主要有泥质、钙质、硅质及自生片钠铝石胶结。其中，泥质胶结主要存在于河口坝微相的底部席状砂中，以粉砂岩为主，砂岩孔隙基本不发育，储层物性非均质性强。钙质胶结主要包括泥晶方解石、亮晶方解石，含量可达 10%，特别是孔隙式、连晶式方解石胶结是破坏青山口组储层物性的另一主要因素（图 1-5-53）。硅质胶结主要表现为石英、长石的加大，青山口组石英加大一般在 III 级左右，次生加大的存在使得孔隙减小。

另外，大量镜下鉴定表明，青山口组储层中见有充填于孔隙中的毛发状片钠铝石。其一般与方解石伴生存在，是在二氧化碳过饱和、地层水中存在丰富铝离子和硅离子的情况下生成的。它的存在使得储层物性变差（图 1-5-54）。

红152井，1537.3m，×100（+）

图 1-5-53　方解石连晶胶结

黑75井，2352.4m，×100（+）

图 1-5-54　片钠铝石呈毛发状充填

3）溶解作用

青山口组储层物性随深度变化统计表明，在 1600～2500m 埋深之间存在次生孔隙发育带。其造成原因主要是长石和岩屑颗粒的溶蚀，产生粒内或粒间溶孔（图 1-5-55、图 1-5-56）。

4）沉积相带

沉积相带对储层物性有重要的影响，河口坝的主体部分，砂岩颗粒粗大，粒间孔隙发育，物性较好；而在河口坝的底部或席状砂等微相类型中，颗粒细小，泥质、钙质含量高，储层物性差。

四、姚家组储层

葡萄花油层位于上白垩统姚一段中、下部，其分布范围大体与青二段、青三段相同，是继青二段、青三段沉积之后古松辽盆地进一步萎缩背景下的沉积产物。而萨尔图油层位于上白垩统姚家组二段、三段，是中部组合的主力油层。

红79井，1834m，×200 (−)

图 1-5-55 长石颗粒溶蚀孔隙

方86井，1737.2m，阴极发光

图 1-5-56 长石淋滤溶蚀孔隙

1. 岩石学特征

姚家组储层砂岩以细粒—极细粒为主，部分为中砂—细砾，分选好—中等，磨圆度以棱角状—次棱角状为主，是一套成分成熟度偏低、结构成熟度偏高的富含长石、岩屑的长石岩屑砂岩和岩屑长石砂岩（表 1-5-7、表 1-5-8）的岩石组合。其石英含量一般为 15%～35%，长石含量为 27%～42%，岩屑含量为 26%～58%。岩屑以中酸性岩浆岩和凝灰岩为主，长石以钾长石为主，其次是斜长石。颗粒间填隙物含量较高，其中泥质填隙物含量一般为 3%～8%，个别地区可达 13%；胶结物主要为碳酸盐、硅质及硅酸盐矿物，胶结类型以孔隙式和接触式为主，其次为再生式。

综合分析表明，姚家组储层主要经历了压实、胶结、交代及溶解作用。其中，由于松辽盆地南部姚家组储层埋深为 597.30～1949.10m，正是处于机械压实作用影响最明显的 1000～1200m 埋深阶段（图 1-5-57），因此压实作用对姚家组储层物性的影响最强。特别是新立、红岗西、四方坨子、平安镇地区的机械压实作用较强，对孔喉影响较大，使大部分粒间原生孔隙丧失，是形成中孔低渗的主要原因。

当姚家组储层埋深超过 1200m 以后，机械压实作用效果明显降低，化学胶结等成岩改造因素作用增强。姚家组储层的胶结作用以碳酸盐、泥质胶结为主，石英次生加大级别较低，黏土矿物含量较少，随成岩作用的加强，碳酸盐交代碎屑（岩屑、长石）作用也同时加强，使储层物性进一步变差。

化学溶解作用在姚家组储层演化过程中作用较弱，只有少量长石、岩屑发生微弱的溶解，溶解作用形成的次生孔隙不发育。

综合石英加大级别、伊蒙混层比等成岩阶段划分标志确定：姚家组储层处于成岩作用早成岩 B 期及中成岩 A 期，为低成熟—成熟期。

2. 物性特征与分布

1）物性平面分布特征

通过对松辽盆地南部姚家组物性资料的系统统计（表 1-5-9、表 1-5-10），根据中国石油天然气集团公司发布的行业标准（SY/T 6285—2011《油气储层评价方法》），姚家组储层物性可划分为八种类型。

表 1-5-7　松辽盆地南部中央坳陷葡萄花油层岩石矿物学特征表

地区	砂岩类型	碎屑/%			碎屑主要粒级/mm	填隙物/%				主要胶结类型	岩石结构		接触关系
		石英	长石	岩屑		泥质	灰质	石英加大	高岭石		分选	磨圆	
套保—镇赉	长石岩屑砂岩	15	27	58	0.06~0.25	12.9	0	0	0	孔隙、接触	中等—好	次棱角	点、点—线
黑帝庙	岩屑长石砂岩—长石岩屑砂岩	34	35	31	0.06~0.22	3.7	2.4	1~2	0	孔隙、接触、再生	中等—好	次棱角	点、线
大情字井	岩屑长石砂岩—长石岩屑砂岩	35	34	31	0.01~0.18	5.7	5.7	1~2	0	接触、孔隙、再生	中等—好	次棱角	点、点—线
花敖泡—查干泡	长石岩屑砂岩—岩屑长石砂岩	25	36	39	0.02~0.20	11.0	8.0	1~3	0	接触、孔隙、再生	中等—好	次棱角	点、点—线
乾安	长石岩屑砂岩	25	36	39	0.03~0.12	4.6	2.8	1~2	0.4	孔隙、再生、接触	中等—好	棱角—次棱角	点、线
海坨子西	岩屑长石砂岩	35	38	27	0.04~0.15	0	9.7	0	0	孔隙	中等—好	次棱角	点
红岗北	岩屑长石砂岩—长石岩屑砂岩	23	40	37	0.03~0.25	7.7	5.9	2~3	0.1	孔隙、接触、再生	中等—好	次棱角	点、线
大安北	长石岩屑砂岩	23	31	46	0.03~0.25	9.7	8.2	1~3	0.2	孔隙、接触、再生	中等—好	次棱角	点、线

表 1-5-8 松辽盆地南部中央坳陷萨尔图油层岩石矿物学特征表

地区	砂岩类型	碎屑/%			碎屑主要粒级/mm	填隙物/%				主要胶结类型	岩石结构		接触关系
		石英	长石	岩屑		泥质	灰质	石英加大	高岭石		分选	磨圆	
套保—镇赉	长石岩屑砂岩—岩屑砂岩	20	29	51	0.02~0.35	13.1	4.5	0	0.4	孔隙、接触	中等—好	次棱角	点
安广—平安镇	长石岩屑砂岩—岩屑长石砂岩	20	36	44	0.03~0.25	4.7	10.0	1~2	0	孔隙、接触	中等—好	次棱角—次圆	点、点—线
四方坨子西	长石岩屑砂岩	27	31	42	0.03~0.25	11.7	5.2	1~3	2.3	接触、孔隙	中等—好	次棱角	点、点—线
四方坨子	长石岩屑砂岩—岩屑长石砂岩	22	37	41	0.03~0.25	3.1	3.4	1~2	1.6	孔隙、接触	中等—好	次棱角—次圆	点、线
英台	长石岩屑砂岩	33	27	40	0.07~0.25	5.1	3.6	1~2	0	接触、孔隙	中等—好	次棱角	点、点—线
英台东	岩屑长石砂岩—长石岩屑砂岩	27	36	37	0.03~0.25	4.8	4.4	1~2	0.3	孔隙、接触、再生	中等—好	次棱角	线
红岗	岩屑长石砂岩	19	41	40	0.03~0.25	3.2	13.4	1~2	0	孔隙、接触	中等—好	次棱角	点、线
大安北	长石岩屑砂岩	25	35	40	0.03~0.10	10.7	9.7	1~2	0	孔隙	中等—好	棱角	点、线
海坨子	岩屑长石砂岩—长石岩屑砂岩	28	37	35	0.02~0.25	5.6	16.5	1~3	0	孔隙、接触、再生	中等—好	次棱角	点
花敖泡—查干泡	岩屑长石砂岩	32	42	26	0.02~0.15	7.6	26.9	0	0	接触、孔隙	中等—好	次棱角	点

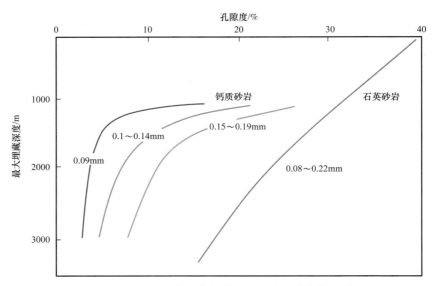

图 1-5-57 松辽盆地南部姚家组孔隙度演化模式图

表 1-5-9 松辽盆地南部姚一段储层物性综合评价表

地区	孔隙度 /%		渗透率 /mD		碳酸盐含量 /%		综合评价
	范围	平均值	范围	平均值	范围	平均值	
海坨子西	17.2～31.3	25.5	0.84～400.00	212.57	8.5～22.0	13.67	高孔中渗型
套保—镇赉	6.1～35.3	27.2	0.48～3000.00	1385.18	0.2～33.9	3.50	高孔高渗型
红岗	6.2～27.3	17.5	0.14～100.00	63.43	0.5～40.0	10.87	中孔中渗型
新立	13.7～30.7	22.0	0.10～100.00	82.52	0.7～24.9	4.07	中孔中渗型
红岗北	11.4～24.4	17.7	0.13～20.00	11.99	1.8～7.2	3.06	中孔低渗型
乾安	8.8～21.0	15.9	0.04～40.00	24.13	0.5～13.2	2.34	中孔低渗型
两井	6.9～21.4	15.6	0.06～15.00	2.78	0.3～32.0	6.67	中孔特低渗型
新民	15.5～23.9	20.7	0.82～30.40	9.48	1.4～9.6	4.58	中孔特低渗型
新庙	8.6～25.7	16.1	0.01～18.28	4.39	2.3～28.6	8.81	中孔特低渗型
大安北	6.4～21.7	13.9	0.10～10.00	3.45	0.2～31.2	5.12	低孔特低渗型
黑帝庙	6.0～17.7	13.2	0.10～6.80	2.13	1.2～16.1	4.55	低孔特低渗型
大情字井	6.8～20.4	13.2	0.01～12.00	7.14	0.8～23.2	5.83	低孔特低渗型
花敖泡—查干泡	6.0～18.7	11.8	0.02～4.00	1.26	0.6～33.1	7.76	低孔特低渗型
塔虎城	12.3～12.5	12.4	0.12～0.17	0.14	6.6～8.7	7.90	低孔超低渗型

表 1-5-10　松辽盆地南部姚二段 + 姚三段储层物性综合评价表

地区	孔隙度 /%		渗透率 /mD		碳酸盐含量 /%		综合评价
	范围	平均值	范围	平均值	范围	平均值	
套保—镇赉	6.2～37.1	27.1	0.10～1000.00	596.28	0.2～33.9	2.58	高孔高渗型
安广—平安镇	8.2～41.0	28.1	0.10～2000.00	612.79	0.2～64.2	8.44	高孔高渗型
四方坨子西	13.8～34.3	26.3	0.38～1849.70	550.94	0.5～21.7	4.43	高孔高渗型
四方坨子	6.7～31.6	22.6	0.10～2407.00	383.88	0.1～84.3	5.78	中孔中渗型
英台	6.1～25.3	19.5	0.10～300.00	105.94	0.1～86.8	6.25	中孔中渗型
英台东	6.2～25.8	17.8	0.10～100.00	56.24	0.3～64.1	5.02	中孔中渗型
红岗	6.0～25.7	18.2	0.01～238.30	27.10	0.8～44.3	12.80	中孔低渗型
双坨—大老爷府	14.8～22.9	18.8	0.44～8.14	1.76	1.5～5.5	2.99	中孔特低渗型
红岗北	6.9～18.2	12.5	0.15～3.33	0.67	2.1～20.0	10.18	低孔特低渗型
大安北	6.6～15.2	10.5	0.03～4.19	1.32	5.2～22.7	12.55	低孔特低渗型
海坨子	7.0～23.7	13.5	0.01～5.00	4.11	3.5～43.5	18.04	低孔特低渗型
花敖泡—查干泡	6.0～13.7	9.8	0.02～0.50	0.18	6.7～46.6	18.50	特低孔超低渗型

（1）高孔高渗型：$25\% \leqslant \phi < 30\%$，$500\text{mD} \leqslant K < 2000\text{mD}$。该类储层主要分布于套保—镇赉地区的姚一段（图 1-5-58）及套保—镇赉地区、安广—平安镇地区和四方坨子西地区的姚二段 + 姚三段，是储层物性最好、最易获得高产的一类储层。

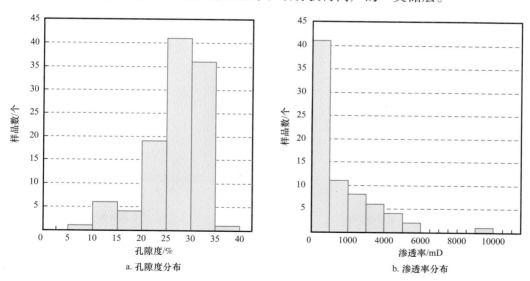

图 1-5-58　套保—镇赉地区姚一段高孔高渗型储层物性分布直方图

（2）高孔中渗型：$25\% \leqslant \phi < 30\%$，$50\text{mD} \leqslant K < 500\text{mD}$。该类储层主要分布在海坨子西地区的姚一段，易获得高产。

（3）中孔中渗型：15%≤ϕ<25%，50mD≤K<500mD。该类储层主要分布在新立地区、红岗地区的姚一段（图1-5-59）及四方坨子、英台和英台东地区的姚二段＋姚三段，物性相对较好，也容易获得高产。

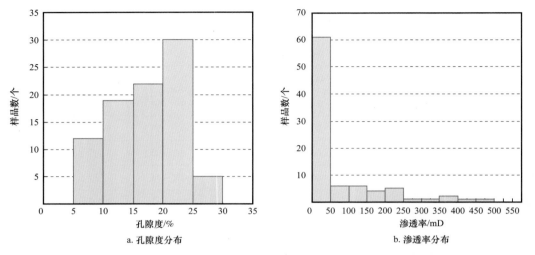

图1-5-59　红岗地区姚一段中孔中渗型储层物性分布直方图

（4）中孔低渗型：15%≤ϕ<25%，10mD≤K<50mD。该类储层主要分布在乾安、红岗北地区的姚一段及红岗地区的姚二段＋姚三段，物性相对较好，具备高产条件。

（5）中孔特低渗型：15%≤ϕ<25%，1mD≤K<10mD。该类储层主要分布在新民、新庙、两井地区的姚一段（图1-5-60），处于有利相带的该类储层可以获得高产。

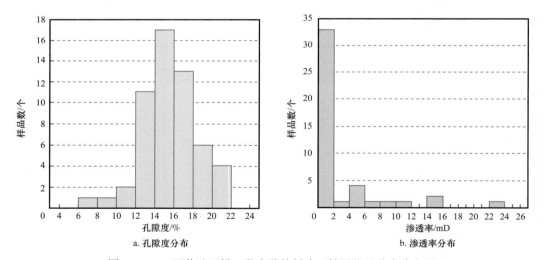

图1-5-60　两井地区姚一段中孔特低渗型储层物性分布直方图

（6）低孔特低渗型：10%≤ϕ<15%，1mD≤K<10mD。该类储层主要分布在大情字井、大安北、黑帝庙、花敖泡—查干泡地区的姚一段及海坨子、红岗北地区的姚二段＋姚三段，处于有利相带的该类储层可以获得高产。

（7）低孔超低渗型：10%≤ϕ<15%，0.1mD≤K<1mD。该类储层主要分布在塔虎城地区的姚一段及红岗北地区的姚二段＋姚三段。该类储层的孔隙结构如果较好，也可获

得较高产量。

（8）特低孔超低渗型：$5\% \leqslant \phi < 10\%$，$0.1mD \leqslant K < 1mD$。该类储层主要分布在花敖泡—查干泡地区的姚二段＋姚三段。如果该类储层的孔隙结构较好，且处于有利相带或构造圈闭中，也可获得较高产量，但总体来说，获得高产的条件比较苛刻。

2）物性纵向分布特征

姚一段、姚二段＋姚三段储层孔隙度、渗透率随深度变化图（图1-5-61、图1-5-62），显示，随着埋深增加，姚家组储层压实作用增强，孔隙度、渗透率逐渐降低，但姚一段埋深在1000～1300m和1500～1800m发育两个次生孔隙带；姚二段＋姚三段埋深在900～1500m发育一个次生孔隙发育带。

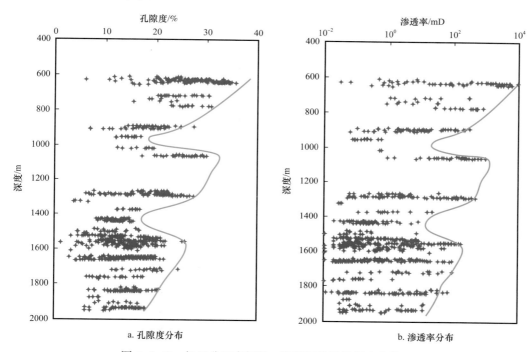

a. 孔隙度分布　　　　　　　　　　　b. 渗透率分布

图1-5-61　松辽盆地南部姚一段储层物性随深度变化图

3. 主控因素

松辽盆地南部姚家组储层埋深相对较浅，溶解交代等成岩作用较弱，影响其储层物性的主要因素有两个方面。

1）沉积作用

据姚家组储层物性与沉积微相统计表明，姚一段河道上部平均孔隙度为11%，平均渗透率为0.778mD；河道中部平均孔隙度为17%，平均渗透率为52.9mD；河道下部平均孔隙度为10%，平均渗透率为0.4mD；天然堤平均孔隙度为9%，平均渗透率为0.312mD。

姚二段＋姚三段水下分流河道平均孔隙度为14%，平均渗透率为16mD；滩坝平均孔隙度为11%，平均渗透率为0.1mD；河口坝上部平均孔隙度为18%，平均渗透率为200mD；河口坝下部平均孔隙度为15%，平均渗透率为90mD；远沙坝平均孔隙度为10%，平均渗透率为0.585mD；席状砂平均孔隙度为10%，平均渗透率为1.28mD。

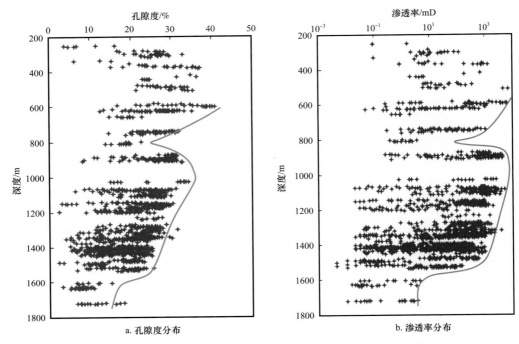

图 1-5-62　松辽盆地南部姚二段＋姚三段储层物性随深度变化图

　　由此可见，姚一段河道中部物性好于河道上部，河道上部好于河道下部，河道下部好于天然堤；姚二段＋姚三段河口坝上部物性好于河口坝下部，河口坝下部好于水下分流河道，水下分流河道好于滩坝、天然堤、席状砂和远沙坝。不同沉积相带物性明显不同，沉积作用对松辽盆地南部姚家组储层有重要控制作用。

　　2）成岩作用

　　松辽盆地南部姚家组砂岩成分成熟度偏低，易压实的长石、岩屑含量较高，使其压实特征更为明显。但在不同地区不同层段，由于岩石结构和成分等特征的不均一，造成了压实作用强度存在一定的差异。但整体上，压实作用是姚家组储层物性变差的主要因素。

　　此外，胶结作用对松辽盆地南部姚家组储层物性有明显控制作用。姚家组储层以黏土矿物、碳酸盐、石英次生加大等胶结作用为主。但不同胶结类型、不同含量胶结物，对储层物性影响结果不同。统计表明，姚家组储层中泥质胶结物、碳酸盐胶结物含量的多少与储层孔隙度、渗透率呈明显的负相关，当碳酸盐含量大于 5% 时（图 1-5-63、图 1-5-64），储层孔隙度和渗透率随碳酸盐含量的增大呈降低的趋势；当泥质含量大于 5% 时（图 1-5-65、图 1-5-66），储层孔隙度和渗透率随泥质含量的增加而降低。由此可见，胶结作用对松辽盆地南部姚家组储层物性有明显控制作用。

五、嫩江组储层

　　嫩江组储层主要为上白垩统嫩江组三段、四段、五段中的一套砂岩储层，是松辽盆地坳陷期湖盆第二次极盛之后的水退沉积产物。

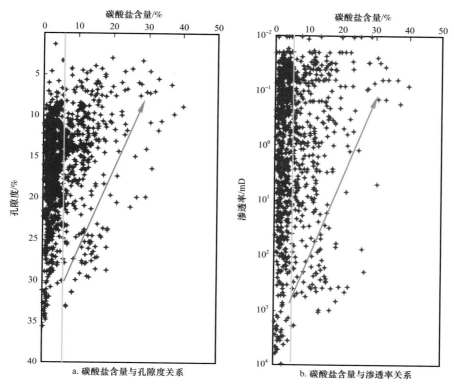

图 1-5-63　松辽盆地南部姚一段碳酸盐含量与储层物性关系图

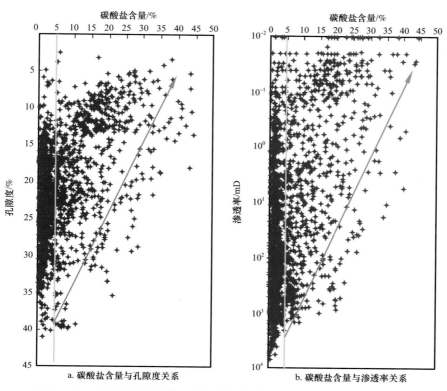

图 1-5-64　松辽盆地南部姚二段 + 姚三段碳酸盐含量与储层物性相关图

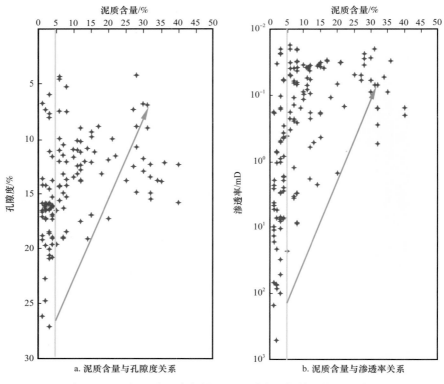

图 1-5-65　松辽盆地南部姚一段泥质含量与储层物性相关图

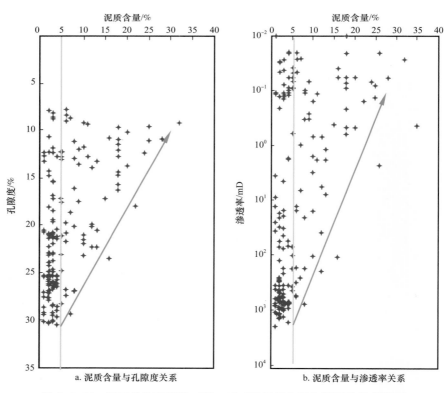

图 1-5-66　松辽盆地南部姚二段 + 姚三段泥质含量与储层物性相关图

1. 岩石学特征

嫩江组砂岩以粉砂状—细砂状为主，分选中等—好，磨圆度以次棱角状为主，颗粒接触关系以点接触为主，少量点—线、线接触，胶结类型以孔隙式、接触式为主。

砂岩颗粒成分中石英含量在12%～49%之间，平均29%左右；长石含量在18%～43%之间，平均32%左右；岩屑含量在14%～64%之间，平均40%左右；岩石类型以长石岩屑砂岩为主，少量为岩屑长石砂岩。但不同地区有一定的差异，其中嫩四段的黑帝庙和大安地区长石含量较高，主要为岩屑长石砂岩和长石岩屑砂岩，其他地区以长石岩屑砂岩为主；嫩三段的红岗和塔虎城地区长石含量较高，主要为岩屑长石砂岩和长石岩屑砂岩，其他地区则以长石岩屑砂岩为主（表1-5-11、表1-5-12）。砂岩中重矿物以锆石＋石榴子石组合为特征，锆石、石榴子石相对含量均在20%～35%之间，反映其母岩为中酸性岩浆岩和变质岩。

2. 物性特征与分布

松辽盆地南部黑帝庙油层储集特征研究较详细的是嫩三段（表1-5-11）。根据中国石油天然气集团公司发布的行业标准（SY/T 6285—2011《油气储层评价方法》），嫩三段储层物性可划分为六种类型。

（1）特高孔中高渗型：$30\% \leqslant \phi < 35\%$，$50mD \leqslant K < 2000mD$，碳酸盐平均含量在1%～2%之间。该类储层主要分布在双坨—大老爷府地区，是储层物性最好、最易获得高产的一类储层。

（2）特高孔中渗型：$30\% \leqslant \phi < 35\%$，$50mD \leqslant K < 500mD$，碳酸盐平均含量在1%～3%之间。该类储层主要分布在新北地区，是储层物性好、易获得高产的一类储层。

（3）高孔中高渗型：$25\% \leqslant \phi < 31\%$，$50mD \leqslant K < 2000mD$，碳酸盐平均含量在1%～10%之间。该类储层主要分布在新民地区，是储层物性好、易获得高产的一类储层。

（4）中高孔中低渗型：$15\% \leqslant \phi < 31\%$，$10mD \leqslant K < 500mD$，碳酸盐平均含量在5%～10%之间。该类储层主要分布在红岗地区，处于有利相带的该类储层可以获得高产。

（5）中孔特低渗型：$15\% \leqslant \phi < 25\%$，$1mD \leqslant K < 10mD$，碳酸盐平均含量在1%～10%之间。该类储层主要分布在黑帝庙、红岗地区，若该类储层孔隙结构较好，且处于有利相带或构造圈闭中，可获得较高产量。

（6）中孔中渗—特低超低渗型：$15\% \leqslant \phi < 25\%$，$0.1mD \leqslant K < 500mD$，碳酸盐平均含量在1%～10%之间。该类储层主要分布在黑帝庙、大安、塔虎城地区。该类储层孔隙结构较好，但其渗透率非均质性强，因此求产条件比较苛刻。

3. 主控因素

综合分析表明，嫩江组储层物性主控因素与青山口组基本一致，但仍有两个不同点。

1）嫩三段埋藏浅

由于嫩江组埋藏浅，泥质杂基含量高（10%左右），特别是高岭石等黏土矿物充填于压实较弱的大孔隙中，无论是具晶间微孔的自生高岭石，还是由长石转变成的贴覆在

表1-5-11 松辽盆地南部嫩三段岩石矿物学特征表

地区	砂岩类型	碎屑 /%			碎屑主要粒级 /mm	填隙物 /%				主要胶结类型	岩石结构		接触关系	孔隙类型
		石英	长石	岩屑		泥质	灰质	石英加大	高岭石		分选	磨圆		
大安	长石岩屑砂岩	4	2	4	0.02~0.15	1.3	1.7	0	2.0	孔隙	中等一好	次棱角	点	粒间孔
大老爷府	长石岩屑砂岩	3	3	4	0.07~0.25	2.0	5.4	0	0.6	接触、孔隙	中等一好	次棱角	点、线	粒间孔、微孔
红岗	岩屑长石砂岩—岩屑长石岩屑砂岩	9	3	8	0.06~0.25	0.3	4.9	0	9.0	孔隙	好	次棱角	点	粒间孔、溶孔
两井	长石岩屑砂岩	0	9	1	0.02~0.20	11.8	2.8	0	0	孔隙、接触	中等一好	次棱角	点	粒间孔
乾安	长石岩屑砂岩	1	1	8	0.10~0.22	1.0	21.0	0	0	孔隙、接触	中等一好	次棱角一棱角	点	粒间孔、微孔
塔虎城	长石岩屑砂岩—岩屑长石砂岩	6	5	9	0.05~0.20	1.1	3.5	1~2	5.7	孔隙、再生、接触	中等一好	次棱角	点	粒间孔、溶孔
新北	长石岩屑砂岩	9	5	6	0.07~0.25	10.6	1.2	2~5	2.1	孔隙、接触、再生	中等一好	次棱角一次圆	点、线	粒间孔
新立	长石岩屑砂岩	9	9	2	0.05~0.25	9.1	2.9	0	0.1	孔隙、接触、再生	中等一好	次棱角一次圆	点、线	微孔、粒间孔
新民	长石岩屑砂岩	6	0	4	0.08~0.25	0.8	2.0	0	5.5	再生、孔隙	中等一好	次棱角	点	粒间孔、微孔

表 1-5-12 松辽盆地南部嫩四段岩石矿物学特征表

地区	砂岩类型	碎屑/% 石英	碎屑/% 长石	碎屑/% 岩屑	碎屑主要粒级/mm	填隙物/% 泥质	填隙物/% 灰质	填隙物/% 石英加大	填隙物/% 高岭石	主要胶结类型	岩石结构 分选	岩石结构 磨圆	接触关系	孔隙类型
黑帝庙	长石岩屑砂岩—岩屑长石砂岩	6	9	5	0.09~0.21	8.9	9.0	1	0.6	再生—孔隙	中等—好	次棱角	点、点—线	微孔、粒间孔
大安	长石岩屑砂岩—岩屑长石砂岩	5	3	2	0.02~0.17	4.0	6.6	0	4.4	孔隙、接触—孔隙	中等—好	次棱角	点	粒间孔
红岗	长石岩屑砂岩	0	9	1	0.10~0.25	1.1	1.1	0	4.4	孔隙、接触	中等—好	次棱角	点	粒间孔
两井	长石岩屑砂岩	0	7	3	0.02~0.15	17.8	0	0	0	孔隙、接触	中等—好	次棱角	点	粒间孔
塔虎城	长石岩屑砂岩—岩屑长石砂岩	4	9	7	0.10~0.25	2.3	3.6	0	3.7	孔隙、接触	中等—好	次棱角	点	粒间孔
新民	长石岩屑砂岩	20	6	4	0.08~0.25	1.4	0	0	1.1	孔隙、接触	中等—好	次棱角	点	粒间孔
新北	长石岩屑砂岩	9	4	7	0.05~0.15	14.4	0.7	0	0	孔隙、接触	中等	次棱角	点	粒间孔
新立	长石岩屑砂岩	9	7	4	0.04~0.18	11.5	8.8	0	0	孔隙、接触	中等—好	次棱角	点	粒间孔

长石颗粒表面的朵叶状或书页状高岭石，都对喉道有堵塞作用，从而使储层物性变差，是影响嫩江组储层物性的重要因素。

2）泥晶、亮晶方解石孔隙式、连晶式胶结

嫩江组储层中，泥晶、亮晶方解石的孔隙式或连晶式胶结，是影响储层物性的另一个主要因素。嫩江组储层在部分地区含有大量的方解石，乾安的嫩三段可达21%，黑帝庙的嫩四段可达9%。显微镜下常见方解石连晶胶结，也是影响嫩江组储层物性的重要因素。

综上可见，目前松辽盆地南部主要目的层位碎屑岩储层的岩石学特征、物性特征及其分布规律和主控因素，都有了基本掌握；但松辽盆地南部基底的岩性、物性分布特征，浅层四方台组—明水组含油组合以及松辽盆地南部西部地区断陷层系的物性分布规律、控制因素等问题，都有待今后进一步深入研究，以提高松辽盆地南部油气勘探开发效益。

第六章　油藏形成与分布

松辽盆地南部曾经历多次构造运动，虽然总体上不是很强烈，但在早期拉张、后期挤压和沉积压实等力学机制作用下，依然形成了多种构造带或局部构造，形成多种具构造背景、规模差异的油藏。此外，在凹陷区发育大面积砂体群（带），形成大量非构造油藏。

第一节　油藏形成的基本条件

油藏的形成要具备生油层、储层、盖层、油气运移和圈闭以及保存等基本地质条件。关于生油层和储层，本书已有专门章节记述，这里只作扼要说明。

一、生储盖组合

1. 生油层条件

松辽盆地南部白垩纪发育五套生烃层系，其中下白垩统的火石岭组、沙河子组和营城组以生气为主；上白垩统青山口组和嫩江组有机质类型较高（以 I 型和 II₁ 型干酪根为主），处于低成熟—成熟阶段，以生油为主，为下部及以上含油组合原油的主要来源。第四章已对松辽盆地南部不同区域各套生油层系的地球化学指标、油源对比等方面做了详细介绍，在此不再赘述。

2. 储层条件

松辽盆地南部油藏储层主要为三角洲前缘和前三角洲发育的大型砂体，以长石质砂岩为主，其次为混合砂岩，粒度为粉、细砂级，分选中等—好。纵向上，储层分为深部、下部、中部、上部和顶部 5 个组合；以 1750m 为界，其下储层孔隙度基本小于12%、渗透率小于 1mD，为典型的致密储层，其上主要为常规储层。平面上受盆地内各方向水系砂体的发育、展布和消长所控制。各套储层沉积环境、物性特征及发育等具体内容可见本书第五章。

3. 盖层条件

松辽盆地南部坳陷期发育的几套大范围盖层控制了盆地油气主要富集层位，如嫩一段、嫩二段、青一段泥岩为区域性盖层；青二段、青三段泥岩在少数地区有缺失，虽然分布范围没有嫩一段、嫩二段和青一段广，但依然遮挡了多个构造圈闭，而且盖层厚度较大，也可视为区域性盖层；明一段分布在西部斜坡区和中央坳陷区部分构造上，属于局部盖层；明二段、嫩三段至嫩五段、姚一段，虽然在多个构造上有分布，但连续性较差、厚度较薄，也归为局部盖层。

4. 含油组合

松辽盆地南部已发现及命名9套含油储层，自上而下为明水（M）、黑帝庙（H）、萨尔图（S）、葡萄花（P）、高台子（G）、扶余（F）、杨大城子（Y）、农安（泉一段—泉二段）和怀德（登娄库组及以下地层），均已发现油藏或获得工业性油流。根据生、储、盖分布特征将其划分为5套含油组合（表1-6-1）。

表1-6-1　松辽盆地南部含油组合分布及相带特征

层位					含油气组合	油层		相序
系	统	组	段	代号		名称	代号	
第四系				Q				河流—沼泽
新近系	上新统	泰康		N_2t				
	中新统	大安		N_1d				
白垩系	上统	明水	二	K_2m_2	顶部组合	明水油气层	M	滨湖—泛滥平原
			一	K_2m_1				
		四方台		K_2s				泛滥平原
		嫩江	五	K_2n_5	上部组合	黑帝庙	H	泛滥平原
			四	K_2n_4				滨湖
			三	K_2n_3				较深湖—深湖
			二	K_2n_2				
			一	K_2n_1	中部组合	萨尔图	S	滨湖—泛滥平原
		姚家	二+三	K_2y_{2+3}				
			一	K_2y_1		葡萄花	P	
		青山口	二+三	K_2qn_{2+3}		高台子	G	较深湖—深湖
			一	K_2qn_1				
		泉头	四	K_2q_4	下部组合	扶余	F	滨浅湖—河流
			三	K_2q_3		杨大城子	Y	
			二	K_2q_2		农安		滨浅湖—河流
			一	K_2q_1				
	下统	登娄库		K_1d	深部组合	怀德		扇三角洲—浅湖
		营城		K_1yc				半深湖—扇三角洲
		沙河子		K_1sh				半深湖—扇三角洲
		火石岭		K_1hs				

深部含油组合是以营城组和沙河子组为主要烃源岩，以泉二段及以下砂体和火山岩为储层（农安、怀德油层），以泉二段泥岩和断陷层系的泥岩作为盖层。虽然深部含油

组合砂体物性普遍较差，但火山岩的发育为深部含油组合提供了良好的储层类型。

下部含油组合是以青山口组一段、二段泥岩为主要烃源岩，以泉头组三段、四段砂岩为储层（扶杨油层），以青山口组泥岩作为盖层的含油组合。扶余油层在中央坳陷及其东部地区广泛分布，但厚度分布大小不等，储层物性变化较大，主要受成岩作用及埋藏深度的影响，是松辽盆地南部致密油的主要聚集层段。

中部含油组合是以青一段、青二段泥岩为主要烃源岩，以青一段至嫩一段砂岩为储层（囊括高台子、葡萄花和萨尔图油层），以嫩江组一段、二段泥岩为盖层的含油组合。（1）高台子油层主要分布在盆地南部中西部地区的大老爷府、双坨子、海坨子、乾安、大情字井、红岗、大安、英台、四方坨子、一棵树等地区；油层孔隙度一般为10%～20%，渗透率在0.01～9mD之间，非均质性强，为低孔低渗储层。（2）葡萄花油层主要分布在乾安、大情字井、新立、塔虎城、两井、大安北等地区；油层物性差异大，岩性变化大，往往呈条带状和透镜状，孔隙度一般在15%～20%之间，渗透率为0.1～25mD，也属于低孔低渗储层。（3）萨尔图油层在红岗、英台、四方坨子、一棵树、海坨子、套保等地区均有发现，储层以席状砂和透镜状砂为主，砂体分选好、埋藏浅、后生成岩作用弱、孔渗变化稳定；孔隙度一般在17%～25%之间，渗透率为30～50mD，储层物性较好。

上部含油组合是以嫩一段、嫩二段泥岩为主要烃源岩，以嫩三段、嫩四段砂岩为储层，以嫩四段、嫩五段泥岩为盖层的含油组合。黑帝庙油层埋藏较浅，物性较好，孔隙度多为20%～30%，渗透率多大于100mD，为中孔中渗、高孔高渗储层。

浅部含油气组合指嫩江组五段以上地层，在大安、红岗等构造上已发现油藏、气藏。储层以粗砂岩及砂砾岩为主，物性好，孔隙度为30%～40%，渗透率大于1000mD。该组合以来自浅层泥岩的生物气为主，但由于气源不足，生物气藏规模较小。

二、成藏期次与成藏模式

1. 成藏期次

根据松辽盆地南部生储盖组合、构造形成期、源储分布及油源对比结果，中浅层原油主要有三个成藏期次（嫩江组沉积末期、明水组沉积末期、新近纪），其中嫩江组沉积末期和明水组沉积末期为主要油气成藏期（表1-6-2、图1-6-1）。由于不同区块圈闭形成期以及油源生排烃期的差异，造成不同构造区带油藏成藏期次有所不同。总体来说，东部油藏（如扶新、乾安、双坨子等地）成藏期早于西部油藏（如红岗、大安、一棵树等地）（表1-6-2）。

表1-6-2　松辽盆地南部中浅层油气主要成藏期分析结果

油藏	成藏期分析				
	构造形成期	饱和压力法	生排烃期法	流体历史分析	主要成藏期
扶新构造	青山口—嫩江期	嫩江期初	嫩江期末明水期末		嫩江期末
双坨子、大老爷府、木头	青山口—嫩江期	嫩江期末	嫩江期末明水期末		嫩江期末

油藏	成藏期分析				
	构造形成期	饱和压力法	生排烃期法	流体历史分析	主要成藏期
乾安	青山口—嫩江期	嫩江期末	嫩江期末 明水期末		嫩江期末
红岗	青山口末期—明 水末期	明水期末—新 近纪	嫩江期末 明水期末		明水期末—新 近纪
大安	青山口末期—明 水末期	四方台—明水期	嫩江期末 明水期末		明水期
海坨	青山口末期—明 水末期	明水二期	嫩江期末 明水期末	嫩江期末、 明水期末	明水期末
英台、一棵树、 四方坨子、套保	新近纪末期	明水期末—大 安期	嫩江期末 明水期末		明水期末—大 安期
两井地区	嫩江末期—明 水期		嫩江期末 明水期末		嫩江末—明水期
黑帝庙构造	明水期末—新 近纪		嫩江期末 明水期末	嫩江期末、明 水期	明水期

注：表中嫩江期即嫩江组沉积时期，其余同理。

2. 成藏模式

根据源储配置关系，松辽盆地南部油藏可分为"上生下储""下生上储"和"自生自储"三种模式，成藏模式差异将导致油藏主控因素有所不同。

1）"上生下储"成藏模式

松辽盆地南部"上生下储"成藏模式主要发育在坳陷区的扶余和杨大城子油层（图1-6-2）。坳陷中心青山口组优质烃源岩自嫩江组沉积末期至现今始终处于生烃状态，加上欠压实作用，使得坳陷内烃源层普遍存在超压。油气在烃源岩超压作用下，穿过底面和侧接面，以断层和微裂隙为通道幕式向下排运到扶杨油层。由于储层较致密，孔隙及喉道狭小，石油受到的浮力远小于毛细管阻力，浮力无法驱动原油发生长距离侧向运移，故此类油藏多发育于断层附近和微裂隙发育的泉四段顶部。上覆青一段、青二段暗色泥岩厚度、超压及下伏扶杨油层的显示高度三者有明显正相关性。此类油藏富集程度受烃源岩的生排烃强度、超压大小、储层物性以及断层（微裂隙）发育程度的影响，砂体的叠置连片在坳陷中部包络面以上形成超大型复合低渗透岩性油藏。

2）"下生上储"成藏模式

松辽盆地南部"下生上储"成藏模式主要发育于邻近生油凹陷或凹陷内部的高台子、葡萄花和黑帝庙油层（图1-6-3），由青一段、青二段烃源岩生成的原油在超压和浮力作用下，沿开启的断层垂向运移至上部的高台子、葡萄花和黑帝庙油层聚集成藏。上覆油藏埋深相对较浅，储层物性较高，除了为原油提供了良好的储集场所外，还是原油向斜坡、构造带进一步运移的良好通道。"下生上储"型油藏在凹陷内的向斜带主要发育断层—岩性油藏和岩性油藏（如长岭凹陷的葡萄花油层），其受控于局部构造、断裂

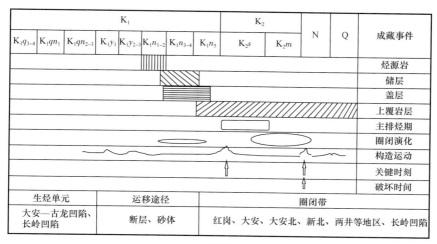

a. H油层

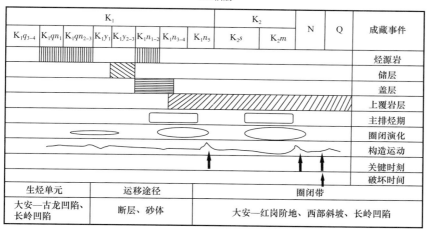

b. S油层

c. P、G、F、Y油层

图 1-6-1　松辽盆地南部中浅层各油层成藏事件图

发育程度以及储层物性的影响，原油经断层短距离垂向运移。邻近生油凹陷的鼻状构造区主要发育构造—岩性油藏和岩性油藏（如扶新隆起带、红岗—大安构造的葡萄花和黑帝庙油层），其受控于继承性鼻状构造隆起的发育程度以及与断层的组合关系，原油经断层后发生短距离侧向运移。

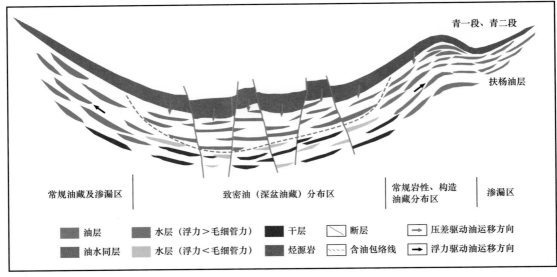

图 1-6-2 "上生下储"成藏模式图

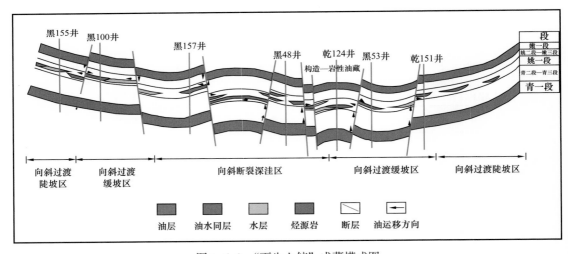

图 1-6-3 "下生上储"成藏模式图

3）"自生自储"成藏模式

松辽盆地南部"自生自储"成藏模式主要发育在生油凹陷内及周边的青一段、青二段及局部青三段高台子油层（图 1-6-4）。中央坳陷区（尤其在乾安及大安两个凹陷内）大面积发育的青一段、青二段泥岩，即可作为有效的生油烃源岩，也是良好的区域盖层（青三段泥岩也是有利盖层）。同时，青山口组沉积时期发育的多套大型三角洲砂体，为原油的聚集提供了有利场所。在青一段至青三段沉积时期，随着湖盆萎缩，三角洲砂岩体逐步向盆内推进，前缘相带薄层砂于生油凹陷内大面积发育。源储的交互接触，使得油气从烃源岩中排出后即可直接进入砂体中聚集成藏。此外，沟通源储的断裂发育，进一步促进油气的运聚。总之，烃源岩、砂体、断层空间组合构成了立体复式输导带，使"自生自储"型岩性油藏错叠连片、大面积分布。

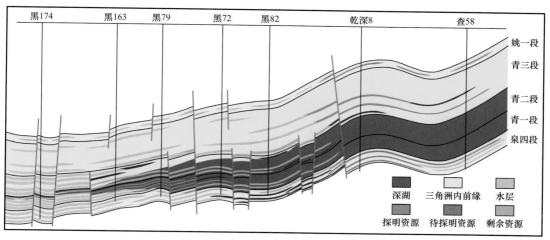

图 1-6-4 "自生自储"成藏模式图

第二节 油藏类型及聚集带

松辽盆地南部发现的油藏类型丰富，常规油藏按照圈闭类型成因划分为构造油藏、地层油藏、岩性油藏、复合油藏四类；非常规油藏按照资源特点分为致密砂岩油藏（致密油）、页岩油和油砂（稠油）三大类；此外，按照油藏平面分布及纵向叠合关系又可将松辽盆地南部油藏划分为八大油气聚集带。

一、油藏类型

常规意义上的油藏是指原油经初次或二次运移后，在浮力驱动下在单一圈闭内聚集成藏，其具有统一的压力系统和油水界面；而非常规油藏通常具有油气大面积连续分布、圈闭界限不明显、流体分异差、无统一油水界面和压力系统等特点。下面就松辽盆地南部常规和非常规油藏的类型划分和分布做简要说明。

1. 常规油藏类型划分

自从 1910 年以来，已有多种油藏分类方案问世，迄今为止意见仍不一致。吉林油田参考 A.I. 莱复生和石油工业出版社柳广弟、张厚福等编写的《石油地质学》（第四版），根据圈闭的成因及其对油藏的控制作用，将松辽盆地南部常规油藏分为构造、非构造及复合型三大类 9 亚类 18 种类（表 1-6-3）。

1）构造油藏

构造油藏是指原油在因构造运动使地层发生变形或变位而形成的构造圈闭内聚集的油藏。按照圈闭的形态和成因，构造油藏可进一步划分为背斜油藏、断层油藏和裂缝性油藏 3 亚类 7 种类型。

表 1-6-3　松辽盆地南部油藏分类表

大类	亚类	种类	代表性油藏
构造油藏	背斜油藏	块状背斜油藏	扶余油田（F，Y）
		低幅度构造油藏	四方坨子（G，S）、一棵树（S，G）、英台（S，G）
		层状背斜油藏	红岗（S，G）、大老爷府（G，F）
	断层油藏	断层遮挡油藏（反向断层）	英台北地区（S，G）
		断块油藏	木头（F，Y）
		断鼻构造油藏	木头（F，Y）、南山湾地区（H）
	裂缝性油藏	泥岩裂缝油藏	新北（H）、让字井（S）、大4井（G）、海坨子（S）
非构造油藏	地层油藏	地层超覆油藏	西部斜坡白84井（S）、东南隆起农104井（K_2q）
		地层不整合遮挡油藏	东南隆起农101井（基岩）
		古潜山油藏	农安构造农103井
	岩性油藏	砂体上倾尖灭油藏	乾安（G，P）、海坨子（G，S，F，Y）、孤西（G，F，Y）
		砂岩透镜体油藏	海坨子（F，Y）、西井（H，S，P，G）、大老爷府（P）、新立（P）、大情字井
复合型油藏	构造—岩性油藏	岩性—构造油藏	新立（F，Y）、扶余Ⅱ号（F，Y）、大安（F，Y）、红岗（H）
		构造—岩性油藏	大安北（P，H，S，G）、新北（H）、双坨子（G）
	断层—岩性油藏	断层—岩性油藏	新民（F，Y）、新庙（F）
		岩性—断层油藏	两井地区（F）、孤店（F）
	构造—地层油藏	构造—地层油藏	海坨子（G）
	水动力油藏	水动力油藏	方11井区（S）

（1）背斜油藏。

背斜油藏主要是指地层发生隆曲而形成圈闭以及与之有关的油藏。其形成主要与地层褶皱、基底抬升、逆牵引、地下柔性物质流动或同生构造有关。目前，松辽盆地南部已在扶余（扶余Ⅲ号构造）、红岗、英台、大老爷府、长春岭（扶余Ⅱ号构造）、永平（扶余Ⅰ号构造）等多个地区发现背斜构造油藏；此外，在乾安、新北、大安、海坨子等地区还发现多个含油背斜构造。

根据背斜的形态及微幅构造特征，背斜油藏可进一步划分为块状背斜油藏（如扶余油田的扶杨油层）、低幅度构造油藏（四方坨子、一棵树以及英台的萨尔图和高台子油藏）、层状背斜油藏（红岗和大老爷府的萨尔图和高台子油藏）。

（2）断层油藏。

断层油藏是指储层上倾方向被断裂切割、在断层另一侧被非渗透层或断层泥等遮挡形成的油藏。该类油藏形成相对复杂，根据断裂特征可分为断块、断鼻和断层遮挡三种类型。目前，松辽盆地南部发现的断层油藏较多，但构成油田的主要为木头断块油田。另外，前郭南（扶余油层）、孤店地区（扶余油层）、大情字井地区（葡萄花、黑帝庙油层）、四方坨子地区（萨尔图油层）也发现较多断层油藏，且获得工业油流。它们虽然分布相对零散，但往往开发效果好。

（3）裂缝性油藏。

裂缝性油藏是指油气储集空间和渗滤通道主要为裂缝或溶孔（溶洞）的油藏。地层的裂缝可以是多种因素造成的，但绝大多数情况下是由褶皱运动和断裂活动引起，因此将此类油藏划分于构造油藏大类中。松辽盆地南部已揭示的裂缝性油藏主要发育于扶新隆起带和华字井阶地，其次为红岗阶地的大安构造、登娄库背斜带等地，裂缝以构造缝为主。从目前试油资料看，在裂缝中获得油流的地区主要在新北鼻状构造带和大安构造带。

2）地层油藏

地层油藏是指在因储层纵向沉积中断形成的圈闭中聚集的油藏，其成因与地层不整合密切相关。按照圈闭所处的位置和遮挡条件，可分为地层超覆、地层不整合、古潜山和生物礁圈闭。目前，生物礁圈闭在松辽盆地南部还未发现；而地层超覆、地层不整合和古潜山圈闭在西部斜坡带白84井附近区域有所发现。

3）岩性油藏

岩性油藏是指原油在因储层纵向、横向上岩性或物性变化形成的圈闭内聚集的油藏。按照储层变化特征，岩性油藏可分为岩性尖灭（包括岩性尖灭或储层物性变差）和透镜体两类。

（1）岩性尖灭油藏。

松辽盆地南部岩性尖灭油藏最常见的为砂岩上倾尖灭油藏。位于沉积体前缘的砂体与构造背景有机配置，形成区域砂岩上倾尖灭或局部构造翼部上倾尖灭圈闭，如海坨子油田萨尔图油层、大安油田的萨葡高油层、乾安油田的高台子油层以及新北的黑帝庙油层等均属于此类油藏。

（2）透镜体油藏。

透镜体油藏形成于透镜体状和各种不规则的储层中，其四周均为泥岩或非渗透性岩层，最常见的为泥岩中的砂岩透镜体。这类砂体多为在三角洲前缘断续分布的孤立砂体、半深湖浊积砂体以及深湖相中发育的三角洲前缘远沙坝和沿岸坝。由于砂体往往与生油层同期沉积并包裹于其中，生油层生产的油气经短距离运移首先聚集在此类砂体中，形成原生油藏。此类油藏砂体规模小、数量多，厚度一般较薄，横向变化快，纵向上能相互叠置。受限于砂体发育的规模，虽然此类油藏很难形成大—中型油田，但往往油层含油饱和度高，开发效益好。目前，松辽盆地南部典型的砂岩透镜体油藏以新立、新民、乾安、两井、大安、南山湾等油田的葡萄花油层为主，其含油饱和度达55%～65%，单井日产能介于2～5t。

4）复合油藏

复合油藏是指在复合圈闭中形成的油藏。虽然复合圈闭由多种因素共同作用形成，但实际上总有某一种因素起主导作用。因此，根据圈闭因素的主次，将该类油藏分为构造—岩性（岩性—构造）、断层—岩性（岩性—断层）、构造—地层和水动力四种类型。

除构造—地层油藏暂未发现外，其他三大类复合油藏在松辽盆地南部勘探中均有发现，其中以构造—岩性、断层—岩性为主，水动力油藏只在局部发育。

（1）构造—岩性油藏（岩性—构造油藏）。

圈闭受构造和岩性双重控制，以构造为主、岩性为辅即为构造—岩性圈闭，反之则为岩性—构造圈闭。松辽盆地南部构造—岩性油藏最为发育，如新庙、新立、新北、海坨子地区的扶余和杨大城子油层，红岗地区的黑帝庙油层，双坨地区的高台子油层，大安地区的黑帝庙、扶余、杨大城子油层。

（2）断层—岩性油藏（岩性—断层油藏）。

这类圈闭是由储层上倾方向断层遮挡、侧向砂岩尖灭而形成，有时还伴有鼻状构造背景，其命名原则与构造—岩性圈闭相同。松辽盆地南部新民、重新地区的扶余和杨大城子油层，大情字井、塔虎城地区的黑帝庙油层均属此类油藏，同时木头油田局部也发现该类油藏。

（3）水动力油藏。

在油气向盆地边部运移和地层水向盆地中心渗流的交汇区，由于地下水压力梯度较大，在局部构造高点和挠曲部位，低位能原油被高位能地层水所包围和遮挡而形成的油藏称为水动力油藏。这类圈闭易形成于地层产状发生轻度变化的构造鼻和挠曲带、单斜储层岩性不均一和厚度变化带，以及地层不整合处。目前，松辽盆地南部已发现的典型水动力油藏位于红岗阶地四方坨子地区方11区块的萨尔图油层。

2. 非常规油藏类型划分

参考邹才能等编著的《非常规油气地质》、杜金虎等编著的《中国陆相致密油》以及孙赞东等编著的《非常规油气勘探开发》，根据非常规资源类型及油藏分布特征，结合松辽盆地南部已发现资源特点，吉林油田将盆地南部中浅层非常规石油资源分为致密砂岩油（致密油）、页岩油和油砂（稠油）三大类。

1）致密油

松辽盆地南部目前在中央坳陷区已发现扶余油层及青一段外前缘两套致密油资源。其中扶余油层河道砂体相互叠置，砂体大面积连续分布，埋深在2000m左右，储层物性差，孔隙度一般为6%～10%，渗透率一般小于1.0mD，是坳陷区的主要目的层，也是吉林油气区的主要含油层系之一。青一段烃源岩广覆式分布在扶余油层之上，与之紧密接触且通过断层和微裂隙沟通，具备优越的成藏地质条件。自2015年，吉林油田公司针对致密油资源深化地质认识，在乾246区块建立增储上产一体化试验区，初步形成致密油动用配套技术，边发现、边评价、边开发，缩短勘探开发周期，保障了可持续发展。

2）页岩油

页岩油是指赋存于富有机质泥岩、页岩层系中的自生自储、连续分布的石油聚集。页岩油具有六大基本特征：源储一体、滞留聚集；较高成熟度、富有机质、含油性较好；发育纳米级孔喉和裂缝系统；储层脆性指数较高；地层压力大、油质轻；大面积连续分布、资源潜力大。康玉柱院士认为这种泥岩、页岩层系就是指"泥岩、页岩及其所夹的薄层其他岩石的组合"，可以是大套暗色泥岩、页岩中夹的薄层泥质粉砂岩、粉砂岩、砂岩及泥灰岩或石灰岩等。

松辽盆地南部中浅层青山口组、嫩江组两套优质烃源岩大面积发育，且一些地区与这两套烃源岩共生、交互发育多套薄互层泥质粉砂岩、粉砂岩，优质烃源岩段普遍见气测异常和油气显示，是重要的页岩油资源。页岩油资源是松辽盆地南部未来主要的接替资源之一，但研究刚起步，资料较少、认识不足，因此本书不做详细描述。

3）油砂、稠油

油砂又称沥青砂，是由砂、沥青、矿物质、黏土和水组成的混合物。不同地区油砂矿的组成不同，一般沥青含量为3%～20%。稠油指在油层条件下黏度大于50mPa·s的原油，是"非常规资源"中的"常规"资源；但相对于常规油气，稠油的高黏度、高密度给勘探开发带来较大的困难。国际上通常把稠油称为重油，是非常规石油的统称，包括重质油、高黏油、油砂、天然沥青和油页岩等，特点是分子量大、密度大。

吉林油气区往往将油砂和稠油分开表述，油砂主要发育于西部斜坡的图木吉地区，埋深20～150m；稠油埋深大于150m，主要发育于盆地边部的西部斜坡、长春岭背斜带、登娄库背斜带等地区。

二、典型油藏解剖

1. 背斜构造油藏（以扶余油田为例）

扶余油田位于中央坳陷区扶新隆起带扶余—新立背斜带的一个局部构造上（扶余Ⅲ号构造），三面邻近生油凹陷，原油来自青山口组烃源岩，储集在泉三段和泉四段分流河道和席状砂体中，为侧生侧储型成藏模式。青山口组分布的泥岩盖层与背斜构造圈闭配置，形成典型的被断层复杂化的背斜构造油藏（图1-6-5）。

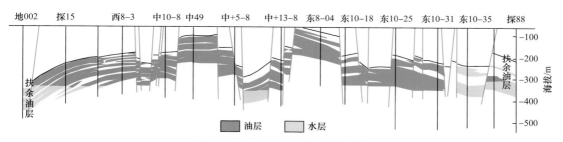

图1-6-5　扶余油田油藏剖面图

该油藏的主要特征表现为以下5点。

（1）含油范围均在闭合面积内，而且含油边界线与构造线走向相近，说明油藏受到圈闭的控制；油水过渡带含油面积大，储量多。

（2）油层及上覆盖层中纵向裂缝发育，以直、斜两种为主，延伸长度从几米至几十米；裂面凹凸不平，有方解石、软沥青充填。

（3）油田西部有统一的油水界面，约为-320m，油水界面规则；油田东部受岩性及断层的影响，虽然油水界面有变化（总体在-320～-250m之间），且油水过渡段长，在纵向上过渡段一般延伸60～80m，但油气水性质比较稳定，说明断块形成于油藏之后，使背斜油藏更加复杂，导致油水界面深度存在差异。

（4）油层层数多，主力油层分布稳定，但岩性、物性在纵向、横向上变化较大。油层有效厚度一般为6～18m，平均为10.3m，最厚可达37m。渗透率一般为100～300mD，平均为180mD，孔隙度为22%～26%，为典型的常规油藏。

（5）油层埋藏浅、温度低、压力低，扶余油层埋深280～500m，原始地层压力一般为40～44MPa，饱和压力为36MPa以上，油层温度32～35℃；原油具有高黏度、高凝点、高含蜡量特征。

2.断层油藏

木头油气田位于扶新隆起西倾鼻状构造上，东与扶余构造相接，西与新立构造相连。产油层为泉四段的扶余油层，其次是泉三段的杨大城子油层，油层埋深500～650m。泉四段顶面构造受古隆起控制，木头构造长期发育，形成东高西低鼻状构造。构造上断层发育，反向正断层居多，具生长断层特点，近南北走向，延伸长度2～12km，一般3～6km，断距一般为20～50m。由于断层的切割形成了近东西向垒、阶构造格局，形成多个反向正断层控制的断块带。木头油气田油藏特征有以下3点。

（1）油藏平面上不连片分布。木头油气田分布在大小不等的断块和断鼻构造之中，个别砂岩透镜体含油（图1-6-6）。每一断块为独立的油水系统，油气分布与断层紧密相关。

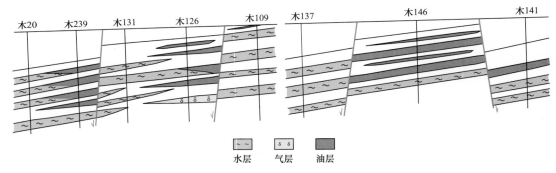

图 1-6-6　木头油气田油藏剖面图

（2）油层物性差。孔隙度为14%～26%，渗透率为1～355mD，碳酸盐含量为15%～71%；束缚水饱和度高，在生产压差大时，往往产液含水量高；有时试油不含水或含水少，但压裂后含水量急剧上升，其原因主要是压裂破坏了断层的封闭性，从而沟通了东西向裂缝，造成暴性水淹。

（3）扶余和杨大城子油层为两个油藏系统。其依据如下：首先，两油层间泥岩厚度大于10m的油层占总井数的95%，且断层的切割作用并没有造成两油层连通，可成为良好隔层；其次，凡两油层都含油的区块均为两套油水系统，如木146井断鼻两油层油水界面分别为−575m和−645m，相差70m，虽然两油层原油相对密度都随深度加深而增大，但两油层原油密度变化率不同；再次，两油层地层水总矿化度大小和平面变化方向不一致，扶余油层地层水总矿化度为6000～9000mg/L，由西南向东北降低，而杨大城子油层为5000～7000mg/L，南部数值较高；最后，扶余油层地层水水型以$NaHCO_3$型为主，个别为$CaCl_2$型和Na_2SO_4型，而杨大城子油层则不同，以$CaCl_2$型为主，$NaHCO_3$型和Na_2SO_4型零星分布。

3.岩性油藏

新立油田构造位于扶新隆起带西部，向西倾没于长岭和古龙两凹陷之间。产油层位主要是扶余油层，局部发育葡萄花油层，其中葡萄花油层主要受岩性控制。姚家组顶面构造形态为穹隆背斜，形成以 –600m 等深线圈闭，面积 162km²，闭合度为 207m。新立油田葡萄花岩性油藏特征有以下 3 点。

（1）姚一段厚度为 38～45m，棕红、紫、灰绿色泥岩夹细砂、粉砂岩，砂岩厚度介于 2～6m，产状不连续，砂体呈扁豆状、透镜状，油层埋深在 600～900m 之间。

（2）砂体主要受控制于北部沉积体系，由东北向西南逐步尖灭减薄；剖面上呈透镜状，1～2 层相互叠置，平面上呈星月状，单个砂体面积较小，其中面积最大的新 150—新 180 井区所控制砂体约 30km²（图 1-6-7）。

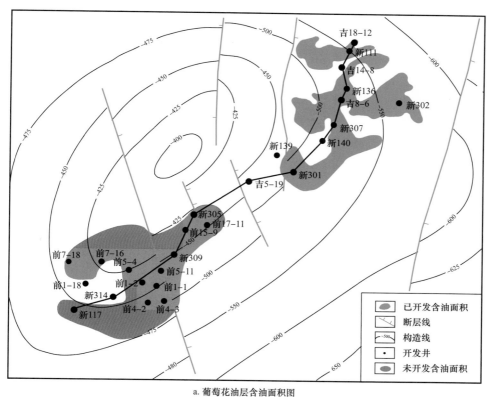

a. 葡萄花油层含油面积图

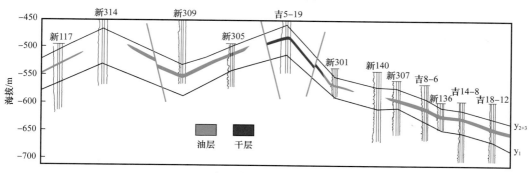

b. 新117井—吉18-12井油藏剖面图

图 1-6-7　新立油田葡萄花油层综合图

（3）油藏分布与构造位置无关，主要受砂体控制，砂体形态控制了含油范围，砂体核部厚、物性好、含油饱满，具有透镜油藏特征。在圈闭内部的新 150 井—新 182 井区砂岩物性好，含油饱满，而且在构造圈闭以外的新 150 井—新 229 井砂体含油性很好，新 229 井岩心见 3.89m 油斑级以上油气显示，含油饱和度为 61.3%。同时，新 301 井含油饱和度为 64.6%，试油获工业油流；而边部新 302 井储层物性差，含油饱和度仅为 19.4%，未获工业油流。

4. 构造—岩性油藏

乾安油田位于长岭凹陷内，东邻扶新隆起带，整体为斜坡背景。油气来自长岭凹陷的青一段烃源岩，分流河道砂体是油气主要储集体，青山口组泥岩是该区稳定盖层，保存条件好。产油层位是高台子油层（青三段）、扶余油层，其次是葡萄花油层和黑帝庙油层。其中，高台子（青三段）油层油藏受构造、岩性双重控制，其特征有以下 3 点（图 1-6-8）。

（1）构造上整体位于扶新隆起带向西南倾没的斜坡，局部具备低幅度构造背景；青三段储层处于保康砂体的前缘相带，砂体呈北东向延伸，至乾安地区后逐步尖灭、减薄；平面上砂体多呈条带状、朵叶状分布，顺物源方向砂体延伸较远，横切物源方向砂体侧变化较快。

（2）油层分布主要受沉积、砂体控制；西侧主力油层集中在青三段下部Ⅶ砂组至Ⅷ砂组，油层厚度 2～9m，砂岩物性、连通性好，油层连片发育，发现储量占总储量 60% 以上；东侧主力油层集中在青三段上部Ⅲ砂组至Ⅶ砂组，油层厚度 2～10m，砂岩多呈透镜状，由于物性、连通性较差，油层呈透镜状、条带状，多层叠加连片。

（3）纵向上油藏没有统一油水界面，不存在底水，含油面积近 320km²，远大于构造圈闭面积。西部、南部处于低部位的乾 113 井、乾 105 井、乾 125 井、乾 102 井等井为水层、含油水层，基本控制了西部和南部的含油边界；向东、北整体含油，以油水同层为主，局部优质砂体试油为纯油层；各砂体单独成藏，单井上含油饱和度随深度变化规律不明显，但整体斜坡高部位及局部构造（乾安构造）含油饱和度相对较高。

5. 乾安致密油

乾安地区扶余油层为松辽盆地南部重要的致密油资源，其特征有以下 3 点（图 1-6-9）。

（1）构造上整体位于扶新隆起带向西南倾没的斜坡，处于青一段生烃凹陷中心，暗色泥岩厚度大、有机质类型好、丰度高、处于成熟阶段，排烃强度主要介于 $50 \times 10^4 \sim 400 \times 10^4 t/km^2$，油源充足；储层砂体为保康砂体的三角洲平原—三角洲前缘相带，砂岩单层厚度 4～10m，累计厚度 20～95m，砂岩连片发育；近南北向、北东向断裂带断裂发育，同时微裂缝发育，利于油气向下排烃进入储层聚集成藏。

（2）油藏埋深在 1750～2450m，成岩作用强，储层孔隙度为 5%～12%、渗透率小于 1.0mD，物性差，孔喉狭小、连通性差，油水分异差，含油饱和度为 40%～50%，平面上连片成藏，无明显的圈闭边界和油水边界。

（3）局部 CO_2 发育，地层水矿化度为 20000～40000mg/L，长石溶蚀孔隙发育，同时气油比高，原油黏度为 10～20Pa·s、密度为 0.82～0.85g/cm³，流体性质好，利于产出。

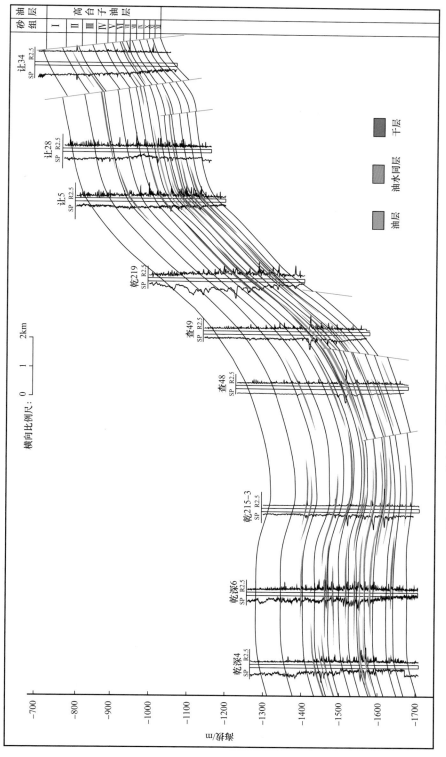

图 1-6-8　乾安油田乾深 4 井—让 34 井高台子油层油藏剖面

- 269 -

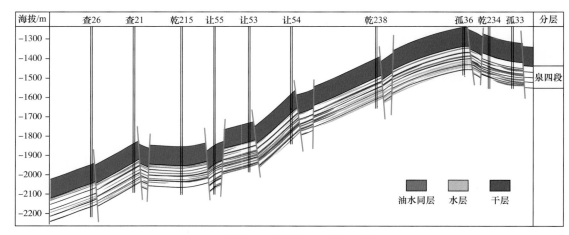

图 1-6-9　乾安地区扶余油层致密油藏剖面图

三、油藏聚集带及含油有利区

松辽盆地南部生、储、盖、圈、保等综合条件较为有利的油藏聚集带主要分布在扶新隆起带、红岗—大安—海坨子反转构造、大情字井富油凹陷、长春岭—登娄库背斜、长岭凹陷致密砂岩油藏、西部体系三角洲前缘、西部斜坡稠油及油砂（图 1-6-10）。此外，华字井阶地南部和长岭凹陷塔虎城地区也相对较为有利。

1. 扶新隆起带油气聚集带

该聚集带邻近三肇、古龙和长岭生油凹陷，位于受扶余古隆起控制的巨型西倾鼻状构造带上。长春—怀德的三角洲砂体伸入该区，形成扶余油层储层；青山口组既是生油层，又是盖层，组成常规的生储盖组合。该聚集带油源、砂体及构造圈闭等条件发育较好，有利于油藏聚集。目前，已开发扶余、新立、新庙、新民、木头、新北和两井 7 个油田。扶新隆起带油气聚集带勘探程度较高，已发现构造、断块、构造—岩性、裂缝等多种类型油藏；预测剩余油藏主要为扶余油层油田边部的断层—岩性、断块油藏及中上部组合的裂缝、岩性油藏。

2. 红岗—大安—海坨子反转构造油藏聚集带

该聚集带邻近古龙—大安和长岭生油凹陷，位于红岗阶地南侧；受安广古隆起和大安、红岗逆断层的影响，形成一系列北东向构造圈闭和鼻状构造。该区油源丰富、砂体发育，有利于油藏聚集，扶余、高台子、葡萄花、萨尔图、黑帝庙油层均有所发育。油藏的形成、分布主要受阶地控制，整个反转带整体含油。目前，已经发现红岗、大安、海坨子 3 个油田。

该区勘探程度较高，红岗构造带以构造、断层—岩性油藏为主；大安—海坨子地区具备鼻状构造背景，以岩性油藏为主。预测剩余油藏主要为扶余油层油田边部的断层—岩性、岩性油藏和中上部含油组合的裂缝、岩性油藏；同时该区南部断裂带具备形成断层—岩性油藏的有利条件。

3. 大情字井富油凹陷油藏聚集带

该聚集带处于长岭生油凹陷中心，为通榆—保康水系砂体的前缘相带；受后期构造

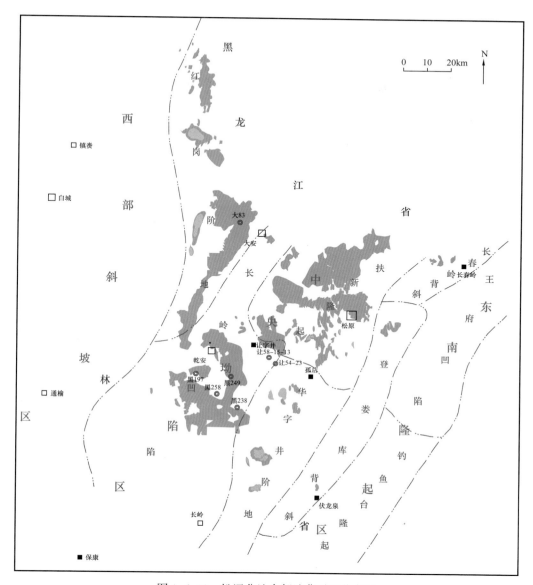

图 1-6-10　松辽盆地南部油藏平面分布图

运动影响，以中央断裂带、乾安构造为中心，形成一系列的低幅度构造及斜坡背景。青一段—青三段底部砂体向大老爷府构造方向尖灭减薄；青二段、青三段中上部砂体则在乾安构造以西形成砂岩上倾尖灭。长岭凹陷为富油凹陷，生油量大，向整个凹陷及其周边储层提供充足原油。大情字井富油凹陷油藏聚集带油藏的形成和分布主要受岩性控制，扶余、高台子、葡萄花、黑帝庙油层均有所发育；目前，已经发现乾安、大情字井 2 个油田。

该区勘探程度较高，以岩性油藏为主。预测剩余油藏主要分布在中上部含油组合，分布在大情字井以南砂地比大于 40% 区域和乾安周边砂地比介于 5%～20% 的区域，分别为断层—岩性、构造—岩性油藏和岩性油藏。

4. 长春岭—登娄库背斜油藏聚集带

该聚集带位于东南古隆起边部，受后期构造运动影响，形成北东向长轴背斜构造。

相带上处于榆树水系砂体的前缘，长岭和三肇两个生油凹陷经长距离运移至该地区泉四段聚集成藏；原油密度为 $0.87\sim0.89g/cm^3$，具备稠油特征。由于登娄库背斜带南部后期抬升较高，剥蚀量大，局部新近系—第四系直接覆盖在泉四段上，保存条件较差。因此，油藏主要分布于登娄库背斜带北部和长春岭背斜带核部，油藏主要受构造和断裂控制，仅发育在扶余油层；目前，已经发现长春岭、永平两个油田。该区勘探程度相对较高，以构造、断层—岩性油藏为主。预测剩余油藏主要为以背斜构造核部为中心的断层—岩性、构造—岩性油藏。

5. 长岭凹陷致密砂岩油藏聚集带

该聚集带位于长岭生油凹陷中心及边缘，处于通榆—保康水系砂体的前缘相带，青山口组以泥岩为主，泉四段砂体广泛发育。受基底断裂及后期构造运动影响，泉四段顶部 T_2 反射层发育大量延伸至青山口组生油层中的断裂，为油气下排提供了重要的倒灌运移通道。同时，由于储层较为致密，原油经过垂向及短距离运移进入储层后，在超压的驱动下沿砂体运移，形成大面积油藏。油藏的形成和分布主要受岩性、断裂、烃源岩排烃强度及超压大小的控制，目前在乾 246 井、让 70 井区已提交探明储量。

6. 西部体系三角洲前缘油藏聚集带

该聚集带位于红岗阶地北部，邻近古龙—大安生油凹陷，整体位于西部斜坡向东倾没的二级坡折带上。与红岗—大安—海坨子反转构造油藏聚集带相似，主要受安广古隆起影响，坡折位置发育北东向断裂带，形成英台构造及一系列低幅度构造；下部、中部含油组合砂体主要为西部体系三角洲前缘相砂体，上部含油组合砂体为北部体系三角洲前缘相砂体。该区油源丰富、砂体发育，有利于油藏聚集，扶余、高台子、萨尔图、黑帝庙油层均有所发育。油藏的形成分布主要受阶地控制，整个坡折带整体含油，目前已经发现英台、四方坨子两个油田。

该区勘探程度较高，在下部、中部含油组合中，英台油田以构造油藏为主，四方坨子以断层—岩性、构造—岩性油藏为主；上部含油组合为岩性上倾尖灭油藏及断层—岩性油藏；预测剩余油藏主要为油田边部的断层—岩性及上部含油组合的岩性油藏。

7. 西部斜坡稠油及油砂聚集带

松南西部斜坡区面积约为 $2.48\times10^4km^2$，区域构造为东倾斜坡，略显东倾鼻状隆起。斜坡的西部为地层超覆带、中间为斜坡带、东部为陡坡带，主要受英台—白城水系控制，源近流短，岩性、物性变化较快，地表水活跃，具有稠油特点。油藏的形成和分布主要受构造控制，发育萨尔图、葡萄花油层，另外高台子油层部分井零星见油气显示。目前，仅发现套保油田。

该区勘探程度较低，钻井主要集中在套保逆断层周边，套保逆断层以西及中、东部的陡坡带钻探相对较少；同时该区主要为二维地震资料，测网密度 $1km\times1km\sim16km\times16km$，构造和断层落实程度差。预测剩余油藏主要为套保逆断层西侧的油砂资源以及中、东部的构造、地层油藏。

8. 其他含油有利地区

华字井阶地，西靠长岭生油凹陷，区域上地层自西向东抬升，其上发育孤店、大老爷府、双坨子等一系列构造，并被断层进一步复杂化。中下部组合砂岩发育，物性条件较好，有利于油藏聚集。孤店构造扶余油层试油获 10t/d 以上工业油流井 7 口（孤 10 井、孤

36 井、乾 246 井、乾 227 井、乾 234 井、乾 227–3 井、乾 227–7 井）。孤店地区扶余油层以断层—岩性、构造—岩性油藏为主，双坨子地区高台子油层以构造—岩性油藏为主。

长岭凹陷塔虎城地区，位于古龙—大安生油凹陷中心，油源充足，多层含油，具备油藏聚集的有利条件。该区面积近 500km²，探井 13 口，已发现南山湾油田。扶余油层勘探程度低，埋深较大，砂岩发育，主要为致密砂岩油藏；目前钻遇探井仅 5 口，其中嫩 9 井获得工业油流。中部组合高台子油层发育泥质粉砂岩、粉砂质泥岩条带，气测相对较高，其中塔 12 井、塔 13 井见少量油流；葡萄花油层为北部体系砂体前缘相带，砂体尖灭减薄，于塔 15 井、塔 16 井获得工业油流；黑帝庙油层与葡萄花油层类似，为北部体系砂体前缘相带，塔 5 井获得工业油流。预测该区油藏以岩性和断层—岩性油藏为主。

第三节　油藏控制因素与分布

构造演化对盆地的沉积、成岩、成烃、成藏以及油藏分布起控制作用。总体来说，生油岩分布、古隆起、有利相带、断裂、岩性及其组合对油藏起到宏观控制作用；同时，由于储层相带差异及其与烃源岩之间的匹配关系不同，各油层分布有其自身特点。

一、油藏勘探成果

1. 已探明油田分布

至 2018 年底，吉林油田在松辽盆地南部共探明 24 个油田，主要分布在中央坳陷区及其两翼的阶地上。其中，大情字井、乾安、让字井油田位于中央坳陷的长岭凹陷中部；南山湾油田位于中央坳陷的长岭凹陷北端；扶余、木头、新立、新民、新庙、新北、孤店、大老爷府、两井油田分布在中央坳陷区东翼的扶新隆起带—华字井阶地上；而海坨子、大安、红岗、英台、四方坨子油田分布于中央坳陷区西翼的红岗阶地上。另外，长春岭、永平油田位于东南隆起区的长春岭—登娄库背斜带；套保油田位于西部斜坡区；四五家子油田位于东南隆起区的梨树断陷北端。按古地理位置区划，这批油田主要围绕早白垩世中晚期长期发育的古松辽湖的河湖过渡带分布。同时，除长春岭、永平、套保、四五家子油田以外，其他油田主要分布于大情字井—乾安、大安—塔虎城两个主生油凹陷内部及周边。

2. 探明储量的层位

探明储量层位主要集中在扶杨油层和高台子油层，分别占总储量的 61.5% 和 24.4%（表 1-6-4）。在上述油田中，扶余、木头、新民、新庙、新立、海坨子、两井、孤店、永平、长春岭、让字井 11 个油田以扶杨油层为主，乾安、大情字井、四方坨子 3 个油田以高台子油层为主。

二、油藏宏观控制因素

1. 生油岩对油藏分布的控制作用

前人研究认为，松辽盆地南部油藏的分布受到有效生油岩的发育规模及分布范围控制，原油普遍聚集在生油凹陷区内及其边缘的各类圈闭和砂体中，这就是"源控论"的核心观点。生油岩最初产生的石油和天然气，首先进入邻近的储层中；若有合适的倾斜构造，则进一步进行二次运移，最后聚集成藏。也就是说，靠近生油区的构造具有"近水楼台"的优势，最早捕获油气。

表 1-6-4　松辽盆地南部各油层储量分布表（2015 年）

油层	占总储量比例 /%	代表油田
黑帝庙油层	3.1	新北
萨尔图油层	7.8	红岗、英台、海坨子、套保
葡萄花油层	2.9	南山湾
高台子油层	24.4	乾安、大情字井、四方坨子
扶余、杨大城子油层	61.5	扶余、木头、新民、海坨子、两井
农安油层	0.3	四五家子

吉林油田几十年的勘探实践证实，已经发现的油田和含油气构造和地区，基本分布在有利的生油区内及其周缘，如大安构造、新北构造、乾安—塔虎城地区中部组合泥质粉砂岩条带中均有油气显示及气测异常，多口井获得工业油流；相反，以扶余油层为例，生油相对不利的西部斜坡、登娄库背斜带、长春岭背斜带、东南隆起等 22 个构造区，除有个别地区受到剥蚀，其余大部分构造都是圈闭完整，储、盖层发育良好，但仅在长春岭—登娄库背斜构造的顶部发现油藏，其他构造均未见油气显示。诚然，原油的侧向二次运移，也可使油藏富集在生油凹陷周缘地带。据大庆油田研究，油田距生油凹陷可达 20～30km，最远可达 50km。松辽盆地南部扶新隆起带南部的前郭东地区局部见油气显示，前 10 井获得少量油流，其距离长岭凹陷生油中心的距离是 40～60km。由此判断，松辽盆地南部油气运移最远距离也能达到 50km 左右。

2. 古隆起对原油聚集的控制作用

在有利生油区内或边缘，古隆起控制的同生构造是有利原油聚集区。例如，扶新隆起邻近长岭、古龙、三肇三个生油凹陷，扶余古隆起是油气运移的指向区。由于有良好的生油、储集和构造条件，以及它们之间完美的配置关系，使得该构造带发育七个油田（扶余、新立、木头、新民、新庙、新北、两井），地质储量居全区之首。

同样，在有利生油区内或边缘，若构造运动形成的鼻状、背斜等构造早于或与油气大量排烃期同步，也是有利的油气聚集带。比如松辽盆地南部的红岗—大安—海坨子反转构造（油藏聚集带），其主要受明水组沉积末期构造运动影响，形成夹持在红岗、大安逆断层之间的反转构造带，且毗邻长岭、古龙两个生油凹陷；由于生、储、盖完好的配置关系，形成包括扶余、高台子、萨尔图、黑帝庙多套含油组合的大型油气聚集带，该构造带已找到三个油田（红岗、大安、海坨子），地质储量居全区之次。此外，乾安油田、英台油田、套保油田、长春岭油田等的形成也均与古隆起有直接的关联。

3. 有利相带对油藏的控制作用

由于湖盆水体的变化，砂—泥相互叠置，交错发育；同时，砂体处于湖盆中心和边缘，油源条件较好，具有较好的源—储配置关系。因此，河湖过渡相带是油气聚集的有利场所。松辽盆地南部已发现的油田和具有工业价值的构造地区，绝大多数处于河湖过渡相。

扶新隆起带的扶余、新民、新立、新庙油田泉四段砂体为长春—怀德水系三角洲平原和前缘相；红岗—大安—海坨子反转构造带的大安、海坨子油田泉四段处于通榆水系三角洲平原前缘相和白城水系三角洲平原前缘相；长岭凹陷内扶余油层发现大面积连片的致密砂岩油藏为通榆—保康水系三角洲平原和前缘相；红岗油田的萨尔图油层属于白城水系三角洲前缘分流河口坝砂及向前过渡到滨湖相的席状砂；长岭凹陷区的大情字井、乾安油田，以及红岗阶地的大安、英台、四方坨子油田，青山口组分别处于通榆—保康水系和白城—英台水系的三角洲平原、前缘以及前三角洲相。此外，新北油田和大情字井油田黑帝庙油层，以及乾安、新民、南山湾、两井油田的葡萄花油层，也具有相同的砂体发育条件。因此，有利的沉积相带储层品质优越（如三角洲前缘的水下分流河道等），为油藏的形成提供了良好的存储条件。

4. 断裂对油藏的控制作用

松辽盆地南部坳陷期断裂发育，由于不同类型断裂活动期次以及与油源、生排烃期匹配关系不同，造成对成藏的控制作用有所差异。按照活动期次，断裂纵向上大致可以分为三类：（1）受基底断裂控制，从基底开始，多延伸至青山口组，部分断至明水组，这类断裂长期活动，是原油自青山口组向上和向下运移至各套油层的通道，可称之为成藏的油源断裂；（2）断穿泉三段、泉四段，延伸至青山口组一段、二段，这类断裂分布较广，除了沟通源储外，还能有效切割砂体，将油藏复杂化，可称之为控藏断裂；（3）断穿青三段，延伸至嫩江组或明水组，这类断裂与嫩江组烃源岩匹配关系较好，主要控制青三段、葡萄花、黑帝庙油层的分布，也主要起油源断裂的作用。

松辽盆地南部所有已发现的油藏，除木头油田定义为断块油藏外，其他油藏无论大小，几乎都和断裂活动的控制作用存在密切关联。如已发现的扶余油田、红岗油田、大安油田、孤店油气田，分别与扶北、红岗、大安、孤店逆断层的形成相关；扶余Ⅰ号、Ⅱ号、Ⅲ号构造上分别发现的永吉油田、长春岭油田、扶余油田，油藏虽以构造控制为主，但均无统一的油水界面，断裂对背斜构造的切割，形成不同的油水系统；扶新隆起带西侧的新立油田和北部的新民油田、长岭凹陷内的大情字井油田高台子油层、红岗阶地的海坨子油田扶余油层，油藏虽是以岩性控制为主，但开发实践表明，富集区均处于断层断距30～60m、有效切割砂体的断裂带周边；长岭凹陷内的扶余油层致密油，距离油源断裂1～2km内以及裂缝带周边储层物性较好的区域，油气显示级别往往较高；长岭凹陷大情字井地区葡萄花和黑帝庙油层，主要分布在距离中央断裂带3～15km的范围内；红岗阶地的四方坨子油田，无论是高台子油层，还是扶余油层，断裂带对油藏均起着重要的控制作用，西侧零星见油气显示、产水为主，东侧纵向上油层连续发育、平面上连片发育。因此，断裂对油藏的控制不仅体现在对圈闭的形成和改造上，更以油气运聚通道的角色控制着油藏的分布。

5. 垂向岩性组合、砂体特征、储层物性对油藏的控制作用

松辽盆地南部中央坳陷区发育多套含油组合，具备"满坳含油"特征。中央坳陷区主要有两套生油层，而浮力和超压是油气向上或向下排烃的动力，断裂、砂体是油气运移的主要通道。因此，除了烃源岩的排烃强度和断裂的分布特征，油藏的纵向分布主要受垂向岩性组合、砂体特征、储层物性三方面控制。

1）垂向岩性组合

青山口组，盆地南部生油能力最好的生油层，是下伏的扶余、杨大城子油层，内部的高台子油层，上覆的葡萄花、萨尔图油层的主力供烃层系。因此，也可称上述五套油层为"同源"油层。"同源"油层间，由于垂向岩性组合不同，导致排烃方向和原油充注强度有所差异，制约着油层的纵向分布。

以高台子油层与扶余油层为例，位于坳陷古沉积中心的扶新隆起带、华字井阶地青山口组—嫩江组一段、二段几乎全为泥岩，砂岩极不发育，而泉四段的砂岩广泛发育；因此，在生油岩超压驱动下，油气沿断裂向下排烃进入泉四段成藏；同时受压力平衡限制，往往青山口组的泥岩裂缝、砂质条带中可见油气显示，但高台子油层不甚发育。位于坳陷古沉积中心周边的大情字井、乾安、大安、红岗、海坨子等地区，青山口组、泉四段均有砂岩发育，油气可以同时向上、向下双向运移，整体成藏；在油藏上的表现为高台子油层含油饱和度高达 55%～65%、扶余油层饱和度为 45%～50%，明显存在差异。特别是大情字井、乾安地区，大情字井地区高台子油层砂地比为 30%～50%，高台子油层油藏连片发育，扶余油层仅局部在上部有所发现；乾安及其以东地区高台子油层砂地比为 5%～30%，高台子油层成藏的同时，扶余油层广泛发育，含油深度可达 80～150m。同样，西部斜坡—红岗阶地的葡萄花、萨尔图油层也具有一致的分布特征，即葡萄花油藏多发育于萨尔图储层不发育的地区。

排烃方向的差异不仅表现在"同源"油层间，同一油层内油藏纵向分布、含油饱和度的变化也具有相似特征。以高台子油层为例，大情字井、四方坨子油田青一段、青二段和青三段砂岩均较为发育，油藏主要集中在距离油源更近的青一段、青二段，这也是近源优先成藏的体现。但如果近源无合适的储存空间，原油便逐步向远距离砂体充注成藏，如向北的乾安油田青一段、青二段砂岩发育程度差，油藏主要集中在青三段。另外，扶余油层含油饱和度自上而下逐步降低，说明油气充注强度随运移距离的增大逐步衰竭，只有上部砂岩不发育和欠发育的条件下，下部油层才会发育。

2）砂体类型

砂体类型对油藏的控制，其本质是不同沉积微相下所发育砂体的规模及品质对油藏发育规模的控制。三角洲平原—前缘河道、水下分流河道微相砂体往往厚度大、面积广、连通性好，具备形成大面积油藏（油田）的地质条件；而三角洲前缘坝砂、席状砂往往厚度小，呈透镜状分布，连通差，形成的油藏相对零散、规模小。例如，扶余油层为三角洲平原—前缘砂体，整体成藏，油层厚度 10～60m，含油面积近 6500km²，形成扶新隆起带、红岗—大安—海坨子反转构造带、长岭致密砂岩油藏等多个含油聚集区；西南体系的高台子油层也与其类似，油层厚度 10～30m，含油面积近 3500km²，形成大情字井—乾安、英台—四方坨子等多个含油聚集区。相比之下，松辽盆地南部的葡萄花、萨尔图和黑帝庙油层，成藏部位以三角洲前缘的坝砂、席状砂为主，油层厚度 2～8m，单砂体面积 2～20km²，仅在各油田小规模发现。

3）储层物性

储层物性对油藏的控制作用不仅体现在油藏的规模和丰度上，还体现在油藏的类型上。以盆地南部扶余油层为例，对于孔隙度大于 12%、渗透率大于 1.0mD 的储层，易发生油水重力分异，主要形成构造、构造—岩性、断层—岩性型常规油藏；而储层孔隙度小于 12%、渗透率小于 1.0mD 的区域则发育大面积的致密砂岩油藏（岩性油藏）。同样，其他油层在成藏有利范围内，往往表现为储层物性差异导致的含油性差异。

三、各油层油藏分布及控制因素

1. 深部含油组合油藏分布

深部含油组合原油主要分布在泉二段及以下砂体和火山岩储层中，以营城组和沙河子组泥岩为主要供油母质。目前，已发现的深部含油组合油藏主要分布在德惠断陷的农安，梨树断陷的四家子、怀德、梨南、苏家等地区。油气成藏主要受构造、断层和岩性控制。

2. 下部含油组合油藏分布

1）扶杨油层油藏分布

扶杨油层是吉林油气区储量分布最多的层位，已发现的油藏主要分布在扶新隆起带（扶余、新民、新立、新庙、木头及两井油田）、华字井阶地大老爷府—孤店地区（大老爷府和孤店油田）、大安—海坨子—乾安及其以东地区（大安和海坨子油田）。此外，中央坳陷区扶余油层也具有满坳、满坡含油的特征，初步认为青山口组烃源岩厚度大于 50m、生烃强度在 $200×10^4t/km^2$ 以上、超压超过 2MPa 的区域为中央坳陷扶杨油层超大型岩性油藏发育的主要区块。

2）扶杨油层成藏控制因素

（1）烃源岩内超压对油藏的控制作用。

松辽盆地南部青一段、青二段泥岩普遍存在超压，但是由于不同地区超压发育程度不同，加上青一段以上地层岩性组合和青一段底面断裂发育也存在差异，致使青一段泥岩排烃方向和扶杨油层的油气富集程度在平面和垂向上存在显著变化。在华字井阶地、扶新隆起带及长岭凹陷，沟通泉头组和青一段烃源岩的断裂较为发育，而青一段以上地层均为塑性泥岩，断层多消失于这些塑性地层中，致使向上排液通道不畅，原油在超压的驱动下沿断裂向下"倒灌"运移成为主要运移方式。从超压分布特点来看，松辽盆地南部青山口组泥岩超压主要发育在红岗阶地、长岭凹陷、扶新隆起和华字井阶地，在大安、乾安凹陷超压高达 10～15MPa，四方坨子、一棵树等地区青一段泥岩超压值较低。目前勘探结果揭示，已发现的扶余油藏都分布在异常高压区，尤其是红岗—海坨子地区、大安—长岭凹陷、扶新隆起两井地区和华字井阶地，青山口组异常压力较高，是扶余油层油气聚集的有利地区（图 1-6-11）。由此可见，青一段、青二段烃源岩超压对扶余油层的分布有着显著的控制作用。

（2）砂体分布对油藏的控制作用。

扶余油层砂体的物源来自盆地的东南、西南及西部多个方向，整个中央坳陷区储层均十分发育。砂岩厚度一般在 20～80m 之间，分布稳定、广泛，砂地比一般在 20%～55% 之间。由于泉四段沉积时湖相不发育，河流—分流平原相成因的河道砂体横向连通性差，即使多边河道砂体相连但之间仍存在不渗流界面将其分割成不同的流体单元，这些流体单元和不同微相砂体纵向上可以叠加连片（图 1-6-12）。砂体或砂体内流体单元的不连续性以及纵向上的叠加连片是扶余油层形成超大型岩性圈闭复合体的前提条件。

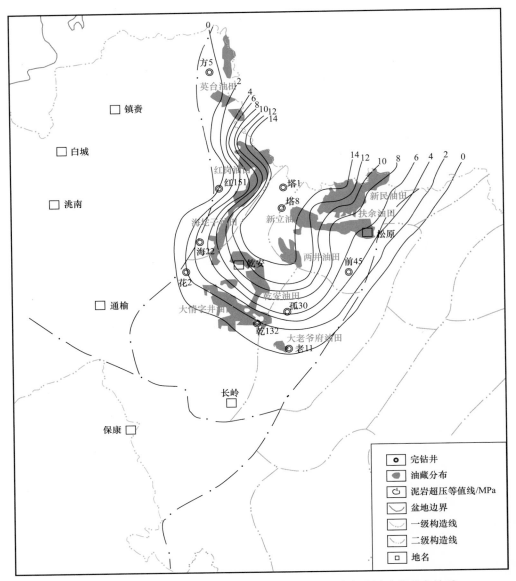

图 1-6-11 松辽盆地南部青山口组泥岩超压分布与扶余油层油藏分布关系

（3）断裂对油藏的控制作用。

扶新隆起带扶余油层发育河道砂成因的岩性圈闭，单一流体单元砂体厚，延伸较远，在低势能的高部位富集油气、低部位产水，同时也反映出构造油藏特征。不同单元间原本无流体交换，但由于断层的切割连通，局部形成具流体分异作用的流体单元，不同流体单元内油水界面发生变化。扶新隆起带断裂十分发育，达 490 多条，密度为 0.12条 /km²，以北北西为其主要走向，南北走向的断层次之，北北东走向的断层较少，但断层延伸长度均较大，一般超过 5km。这些断层与河道型砂体配置，使得扶新隆起带的扶余油层以岩性、断层—岩性油藏为主。

（4）扶余油层运聚特征。

在生烃凹陷区，原油在超压作用下，以断层为通道下排到扶余油层。由于泉四段储层以河道砂体为主，且其主体走向是南北向，加上本身储层致密、非均质性强，以及断层的切割封堵，原油难以发生长距离运移（图1-6-13）。在扶新隆起带，由于扶余油层埋藏较浅，储层物性较好，原油在单砂体内从高势区向低势区发生侧向运移，在构造高部位聚集成藏。

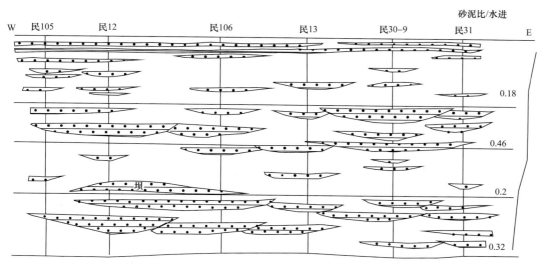

图1-6-12　新民油田民105井—民31井泉四段砂体分布图

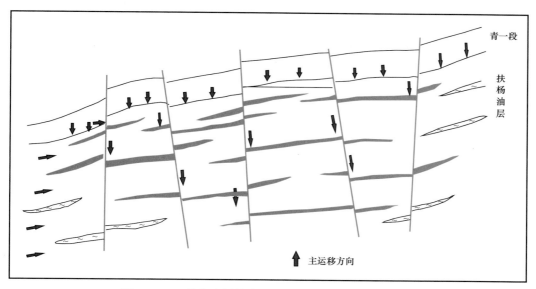

图1-6-13　扶余油层低渗透河道砂体垂向输导成藏模式

总之，松辽盆地南部扶余油层油气运移以垂向运移为主、侧向运移为辅，油层的分布和含油丰度受到砂体分布、储层物性、断层发育密度及纵向延伸高度、烃源岩的排烃强度及超压大小等因素共同影响。在生烃凹陷内，储层致密，原油在超压驱动下下排至泉四段砂体后，仅在单砂体内作短距离的侧向运移并重新分配，形成岩性油藏；在扶新隆起带，原油在浮力作用下沿单砂体运移至构造高部位聚集，形成岩性、构造—岩性油藏。砂体的满坳分布以及不同地区各自的运聚特征，造成中央坳陷区"满坳含油，宏观连片"。

3. 中部含油组合油藏分布

中部含油组合包括高台子、葡萄花、萨尔图油层，由于其与青山口组烃源岩匹配关系及自身储层发育情况的不同，各油层油藏分布存在差异。

1）高台子油层分布及成藏控制因素

高台子油层是盆地南部中央坳陷区发育最广泛的油层，主要分布在大安—红岗阶地、长岭凹陷南部及与华字井阶地接壤处，先后探明了英台（包括原一棵树、四方坨子油田）、红岗、大安、海坨子、乾安、大情字井、双坨子、大老爷府等多个油气田。其中，长岭凹陷、红岗阶地资源最多、潜力最大。

（1）高台子油层分布特征。

在向斜边部的局部隆起区，高台子油层油气以侧向运移为主，并在低势区相对较高孔渗砂岩内分异富集。在富油凹陷内，砂体连通较差，油气以垂向运移为主；由于油源充足、驱动力强，油气在高低孔渗砂岩单体内均可富集成藏，在高势区形成大面积三低储量油藏群，呈满凹分布趋势。由于构造、岩性组合不同，油气分布具有明显的分带特征。

① 凹陷内部，青一段暗色泥岩与砂岩的叠合范围，宏观上控制了高台子油层的分布范围，形成自生自储自盖式生储盖组合特征。

② 受沉积相带控制，从砂岩体核部到前缘，岩性油藏的类型呈规律性地变化。高台子油层从砂岩体核部（砂地比大于40%）的低幅度构造油藏到三角洲前缘（砂地比在20%～40%）的构造—岩性、断层—岩性油藏过渡为三角洲外前缘（砂地比小于20%）的砂岩透镜体油藏和泥岩裂缝油藏（图1-6-14）。

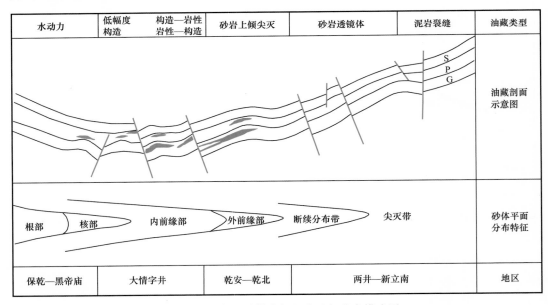

图1-6-14　保乾砂体中部组合油气分布模式图

（2）高台子油层成藏控制因素。

高台子油层自生自储，油源充足。因此，高台子油层油藏形成的关键因素是岩性和构造的配置是否良好。

① 构造与岩相的有机配置形成不同类型油藏。由于砂体类型、砂体分布范围以及岩性岩相变化，在不同的构造部位形成不同类型的岩性油藏。如构造—岩性油藏多形成于背斜构造中；砂岩上倾尖灭油藏多形成于具有单斜或凹陷（向斜）的斜坡构造背景；断层—岩性油藏多发育于断层的上、下盘；砂岩透镜体油藏多分布于生烃凹陷中。

② 青山口组沉积体进积式展布特点决定了油藏分布呈现向盆内推进式展布。在青一段至青三段沉积时期，随着湖盆萎缩，三角洲砂岩体随之向盆地内推进。沿物源方向，依次由三角洲前缘相砂泥岩沉积过渡为前三角洲泥岩相沉积，这种相带的展布特点为岩性油藏提供了遮挡条件。松辽盆地南部高台子油层从青一段到青三段平面分布范围逐渐向盆地内推进，油藏埋深由深变浅，正是前缘相砂体向盆地内推进的结果。

③ 砂体、断层空间组合构成的复式输导带，为多种类型油藏的形成提供了良好的运聚通道。在生烃凹陷内部，三角洲前缘相砂体穿插于烃源岩中，由于构造运动及差异压实共同作用，使之成为一个低势能区，成为油气运移的主要指向区。同时，原油自生烃凹陷中心向四周运移过程中，这些前缘相砂体，优先捕捉油气，在岩性圈闭中聚集成藏。在生烃凹陷周边地区，油气以垂向和侧向运移为主。垂向运移主要通过沟通储层与烃源岩的断裂发生；侧向运移主要通过错叠连通、延伸距离较远的砂体与断裂共同作用发生。总之，砂体与断裂的空间组合构成了该区立体复式输导带，使得岩性油藏错叠连片、大面积分布成为可能。

④ 相带控砂及物性差异构成富油单体错叠连片、油水关系复杂的大型岩性油藏群。大情字井地区青山口组储层主要为三角洲前缘砂体，单层厚度多介于2～5m，最厚可达8～18m。在大情字井主体区黑47井—黑49井—黑50井—黑86井一带，以发育水下分支河道微相为主，北部以发育席状砂为主，局部地区发育远沙坝、河口坝微相。沉积微相研究表明，小层级三角洲前缘砂体并不是大面积连片，而是由多个平面上可分的、甚至独立的、顺源水下河控单—坝叶体组成，即三角洲水下河控单叶体模式。条带状三角洲水下河控单—坝叶体岩性圈闭及成藏模式具有单砂体岩性圈闭成藏、平面独立多个、空间多层独立复杂叠置并可连片、油水分布受单砂体岩性圈闭控制、水下河道及河口坝砂体含油性好和产能高等特点（图1-6-15）。

由于储层横向连通性较差，对于大面积连片含油的油藏群，油水分布极其复杂（无统一油水界面，垂向油、水层交互或仅单层含油，邻区甚至邻井含油层为不同单砂层等多种异常现象、储层变化大）。据物性分析统计，高台子油层砂岩储层孔隙度绝大多数在7%～18%之间，平均为12.9%，并且随着深度增加，孔隙度逐渐降低；渗透率一般分布在0.04～12.5mD之间，平均为1.9mD，属于低孔低渗透型薄互层砂岩储层。纵向上青三段、姚一段储层物性好于青一段、青二段，物性高值分布在1700～1800m、1950～2050m和2450～2550m范围内。因此，岩性和物性变化是高台子油层油藏分布及含油丰度至关重要的控制因素。

2）葡萄花油层分布及成藏控制因素

（1）葡萄花油层分布特征。

葡萄花油层在松辽盆地南部主要分布在中央坳陷区，先后在新立油田、两井油田、乾安油田、大情字井油田、大老爷府油气田、南山湾油田以及乾深12井、大45井、嫩

3 井、乾 157 井、嫩 101 井等井区发现葡萄花油层的油藏。但已发现的油藏规模较小，丰度较低。由于埋深相对较浅，且与其他油层叠置，在多层系开发时具有较好的经济效益。

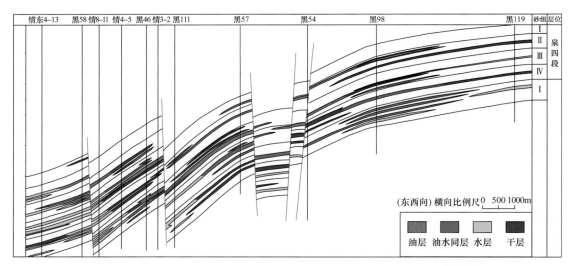

图 1-6-15　大情字井地区情东 4-13 井—黑 119 井高台子、扶余油层油藏剖面图

总体上，葡萄花油层分布范围大体与高台子油层相同，是继青二段、青三段沉积之后，古松辽湖盆进一步萎缩背景下的沉积产物。在中央坳陷区从南到北沿盆地轴向呈串珠状零星分布，其中南部的乾安、乾北、两井、新立围绕长岭凹陷呈条带状分布；北部的大安北、南山湾绕嫩江带状分布。保乾砂体形成大情字井、乾安、让字井、新立岩性圈闭带，并且砂体从大情字井的三角洲内前缘到新立的断续砂体尖灭带，油藏类型呈规律性变化。大情字井油藏类型主要为构造—岩性油藏，乾安主要为断层—岩性、透镜体油藏，乾北—新立南主要为透镜体油藏，西北砂体在大安北及南山湾地区主要为前三角洲席状砂形成砂岩上倾尖灭油藏。砂体与断层发育配置区，是有利勘探部位。

（2）葡萄花油层成藏主控因素。

葡萄花油层原油来自青山口组，油源充足，不足以成为葡萄花油层成藏的主要控制因素。但相带差异、砂体分布、构造背景以及盖层有效性等方面对松辽盆地南部葡萄花油层成藏有着显著的控制作用。

① 砂体厚度、分布及物性控制着油藏的形成及规模。在姚一段沉积时期，主要接受西南物源沉积，范围较小，三角洲前缘位于两井及孤店一带，以单砂体为主，孔渗性好的透镜状砂体、席状砂体，以及顺物源爬坡的构造背景为原油聚集提供了有利场所。但由于砂体横向上多不连通、单层厚度小，影响油藏形成规模。

② 沉积相带控制油藏类型，砂体的不同部位和不同构造配置形成不同的油藏类型，如岩性油藏、构造—岩性油藏等。

③ 构造背景宏观上控制了油气的运移和聚集。葡萄花油层油源通过断层由下部生烃层系运移至上部储层，形成下生上储含油组合，在鼻状构造背景和反向正断层区域，断层起到了油气封堵作用，可形成断层—岩性油藏和砂岩透镜体油藏，是油气的有利聚集区。

④ 直接盖层的有效性是油藏形成的关键因素。虽然砂体的厚薄是控制葡萄花油层成藏的主要因素，但若封盖条件不好，油气易继续向上运移，难以在葡萄花油层聚集成藏。诸如四方坨子、英台、海坨子地区，其砂岩厚度一般在20～36m之间，但这几个地区的葡萄花油层显示级别低，相反这些地区的萨尔图油层却很好。造成这种现象的根本原因不在于其源储及运移通道，而是葡萄花油层的封盖条件不好。诚然，直接盖层的封堵性跟姚一段自身沉积的泥岩厚度（即泥地比）以及断层开启及延伸程度有关。因此，该层勘探的关键是如何准确预测砂体及盖层的分布及匹配。

3）萨尔图油层分布及成藏控制因素

萨尔图油层包括上白垩统姚二段＋姚三段和嫩一段，油层厚度为30～250m，埋深在200～1400m之间，是松辽盆地南部寻找效益储量的主力层系。到目前为止，松辽盆地南部已于一棵树、英台、红岗、大安北、海坨子、套保六个油田发现萨尔图油层的油藏。

（1）萨尔图油层分布特点。

已探明油田主要分布在红岗阶地和西部斜坡上，油藏形成主要受砂体与构造控制。萨尔图油层砂体发育，油气以侧向运移为主，油藏受构造控制比较明显，形成的油藏有背斜油藏（红岗油田）、低幅度构造油藏（四方坨子地区）、构造—岩性油藏（套保油田），也发育砂岩上倾尖灭油藏和泥岩裂缝油藏。

（2）萨尔图油层成藏主控因素。

油源对比结果表明，萨尔图油层的原油主要来自青山口组和嫩江组烃源岩，油源充足，不足以成为成藏的主控因素。此外，萨尔图油层上覆的嫩一段、嫩二段泥岩分布广泛、厚度大，盖层的有效性也不足以成为萨尔图油层成藏的主控因素。

① 构造背景控制着油藏的分布。但已发现的萨尔图油层的油藏均分布在临界生烃凹陷且具有一定构造背景的区域，如红岗阶地的反转构造带。

② 砂体不同部位与构造背景相匹配控制着油藏的类型。萨尔图油层在砂体发育区主要形成构造、构造—岩性油藏，在三角洲前缘则形成砂岩上倾尖灭油藏及泥岩裂缝油藏。

4. 上部含油组合油藏分布

1）黑帝庙油层分布

黑帝庙油层由嫩三段、嫩四段储层及嫩江组烃源岩层组成，具有下生上储的特征，油藏类型以构造背景下的岩性油藏为主。黑帝庙油层主要分布于中央坳陷区，在新北、大安北、红岗、大情字井油田提交部分探明石油储量。另外在塔虎城地区塔5井嫩三段获工业油流，大老爷府地区老102井、老13井嫩三段试油出气；红151井于嫩四段获日产 $2.3 \times 10^4 m^3$ 的天然气流。

整体上，黑帝庙油层平面上呈零星分布、多不连片，单层砂体厚度薄、油层厚度小。在中央坳陷北部，黑帝庙油层原油主要赋存在嫩三段砂体中（黑Ⅱ油组），仅在大情字井地区的嫩四段发现油藏（黑Ⅰ油组）；南部则主要富集在嫩四段黑Ⅰ油组中。

2）黑帝庙油层成藏主控因素

（1）烃源岩的有效性控制着油藏的形成与分布。黑帝庙油层原油来自嫩一段、嫩二段烃源岩，虽然凹陷内广泛分布，但由于埋深较浅，凹陷周边区域烃源岩尚未进入大量生烃阶段。故此，生烃中心控制了油藏的分布，如大安凹陷及黑帝庙次凹附近。

（2）沉积相带与构造背景合理配置控制着油藏的形成。发现的油气聚集区，主要为三角洲前缘相砂体与有利构造背景相配置，形成构造背景下的岩性油藏。构造高部位是油气聚集的指向，构造背景的存在可使岩性圈闭内的油气水得到进一步的分异，与岩性圈闭配合形成构造—岩性油藏。区域构造背景和局部物性条件的改善，加强了油气的分异和聚集作用。

（3）断层的发育控制着油藏的形成与分布。断层在油气成藏早期一方面沟通烃源岩和储层，为大面积形成构造背景下的岩性油藏创造了条件，已探明区基本都位于断层发育区内；另一方面断层在后期起遮挡作用，并与岩性圈闭配合形成断层—岩性油藏，如大 27 井、塔 5 井西侧的断层就起到封堵作用。

（4）物性封堵也是黑帝庙油层成藏的关键。黑帝庙油层的油气都富集在物性条件较好的砂岩储层中，油气平面上受渗透性砂岩分布的控制。当渗透率低于 8.0mD 时，尽管孔隙度较高，但也基本为油水层或水层。

第四节　致　密　油

松辽盆地南部坳陷区发育扶余油层及青一段外前缘两套致密砂岩油资源。"十二五"以来，吉林油田针对坳陷区扶余油层致密油持续深化地质认识，开展产能攻关，整体成藏、资源、区带认识相对清楚；青一段外前缘致密油，早期作为兼探层，相关研究较少。有鉴于此，本节重点论述坳陷区扶余油层致密油。

一、成藏地质条件

扶余油层为上生下储型油藏，中央坳陷区（主要指长岭凹陷、红岗阶地、扶新隆起带西部）发育大面积的致密储层（孔隙度小于 12%、渗透率小于 1.0mD），与青一段广覆式分布的优质生油层紧密接触，具备优越的成藏地质条件。

（1）中央坳陷区发育广覆式分布的较高成熟度的优质生油层。

松辽盆地南部青一段发育大面积厚层烃源岩，有机质类型好，丰度高，生排烃强度大（具体特征见本书第四章）。在红岗阶地、长岭凹陷、扶新隆起和华字井阶地区域厚度大于 50m 的烃源岩面积约 7000km²。从目前致密油勘探成果来看，扶余油层致密油藏主要分布在青一段烃源岩厚度超过 50m 的范围内，烃源岩生烃总量约为 $130×10^8t$，排烃总量约为 $70×10^8t$。

（2）扶余油层河道砂体相互叠置，在中央坳陷区大面积连续分布。

松辽盆地南部中央坳陷区在泉四段沉积时期，发育五大沉积体系和七条河流（英台、白城、通榆、保康、怀德、长春、榆树），形成了广泛的三角洲沉积体系，具有"满盆含砂"的特征。扶余油层Ⅳ砂组、Ⅲ砂组沉积时期，中央坳陷主要受通榆、保康、怀德、长春等河流控制，为三角洲平原相带，砂体发育，砂体面积近 $1.5×10^4km^2$，砂地比一般在 45%～60%；中央坳陷Ⅱ砂组主要受通榆、保康、怀德等河流控制，表现为三角洲平原向三角洲前缘相带过渡，砂地比一般为 30%～50%；Ⅰ砂组为三角洲前缘相带，砂地比一般为20%～40%。总体来看，中央坳陷区砂体厚度一般为20～60m，砂地比一般在35%～60%（图1-6-16）。水下分流河道砂体来回摆动，横向上连通性较差，纵向上相互叠置，形成大面积低渗透储层。

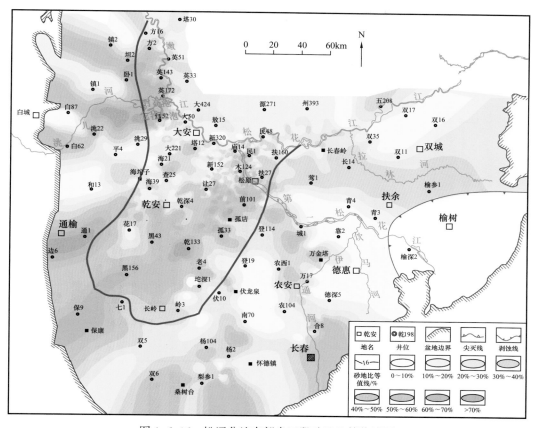

图1-6-16　松辽盆地南部泉四段砂地比等值线图

（3）压实作用影响，泉四段储层埋深大于1750m为超低渗透储层。

中央坳陷区扶余油层随深度增加，储层物性逐渐变差，压实（溶）作用和胶结作用是储层致密化的主要成因。泉四段储层矿物成分石英含量为30%～40%，长石含量为25%～40%，岩屑含量为30%～45%，以长石质岩屑粉砂岩、细砂岩为主；岩石颗粒直径一般在0.03～0.25mm之间，颗粒磨圆度较差，以点—线接触为主，分选中等；填隙物含量为5%～15%，主要为泥质、碳酸盐和硅质以接触、再生、孔隙式胶结，石英次生加大多为Ⅱ级、Ⅲ级；孔隙类型主要为剩余粒间孔、粒间（内）溶孔和晶间孔。中央坳陷区（埋深大于1750m）扶余油层储层物性差，孔隙度一般小于10%，渗透率一般小于1.0mD。

压实、胶结、溶蚀等成岩作用过程是影响储层最终物性的直接原因。根据不同埋深压实程度和储层孔隙特征，将中央坳陷区扶余油层按深度划分为三个区域（阶段）。

① 储层埋深小于1750m，处于早成岩阶段，压实作用相对较弱，孔隙主要以原生孔隙为主，储层物性相对较好。如前59井，埋深1124m，铸体薄片下可以看到孔隙较为发育，主要以原生粒间孔为主，偶见长石内溶孔和粒间溶孔，喉道清晰可见，喉道半径

介于 1.0～6.3μm。据统计，该阶段孔隙度介于 10%～32%，平均为 20.02%，渗透率介于 0.9～105mD，平均为 9.8mD（图 1-6-17a）。

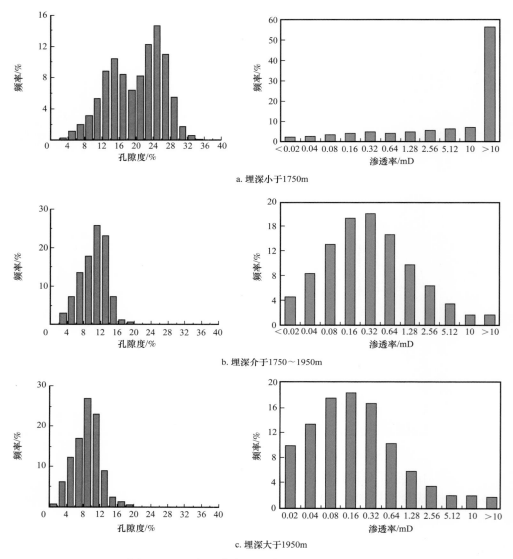

a. 埋深小于1750m

b. 埋深介于1750～1950m

c. 埋深大于1950m

图 1-6-17　中央坳陷区不同埋深储层物性对比图

② 储层埋深大于 1750m 进入中成岩阶段。埋深在 1750～2000m 之间时，由于压实作用变强，原生孔隙明显减少，而溶蚀作用形成的次生孔隙变多。同时在这一深度范围内，随深度的增加储层物性变差的趋势有所减缓，存在一个次生孔隙发育带。如情 4 井埋深 1821.5m，孔隙度为 11.32%，渗透率为 0.379mD，以残余粒间孔、溶蚀孔隙为主；孔喉结构较好，但是连通性相对较差，喉道半径介于 0.4～1.6μm。据统计，埋深在 1750～2000m 之间的储层孔隙度介于 6%～18%，平均为 10.34%；渗透率介于 0.05～42.5mD，平均为 0.99mD，其中 37% 的样品渗透率小于 0.1mD，77.1% 的样品渗透率小于 1.0mD（图 1-6-17b）。

③ 储层埋深大于 1950m 时，压实作用导致原生孔隙只剩下一些微孔隙，同时由于碳酸盐和硅质的充填和胶结作用，次生孔隙被充填，储层物性进一步变差。如让 53 井在 2116.30m 孔隙度为 6.5%，渗透率为 0.06mD；由于压实作用强，以溶孔、微孔为主，残余粒间孔不甚发育，孔喉结构较差，喉道半径介于 0.1～0.25μm；由于碳酸盐和硅质的充填和胶结作用，显微镜下可明显见到石英次生加大和钙质胶结物。据统计，埋深大于 2000m 时储层孔隙度介于 4%～12%，平均为 7.54%；渗透率介于 0.02～0.64mD，平均为 0.16mD（图 1-6-17c）。

（4）青山口组烃源岩、泉四段河流砂体与 T_2 反射层断裂有机配置形成大面积岩性油藏。

中央坳陷区扶余油层上覆的青一段生油岩有机质丰度高、厚度大，且处于成熟阶段，为扶余油层的成藏提供了足够的物质基础。同时，青一段的生烃史、埋藏史、热史、地压史恢复和盆地模拟表明，坳陷中部青一段烃源岩在嫩江组沉积末期开始持续大量生烃，明水组沉积末期达到最高峰。烃源岩在逐渐成熟生烃过程中，地层超压也不断形成，原油通过断裂和微裂隙在超压驱动下幕式倒灌运移。致密储层较小的喉道半径使浮力小于毛细管阻力，浮力无法发挥作用，从而形成致密油藏。在浅部高渗透区，浮力能够克服界面张力驱动油向高部位运移，油水按正常运移分异形成常规的岩性—构造油藏和断层—岩性油藏（图 1-6-18）。

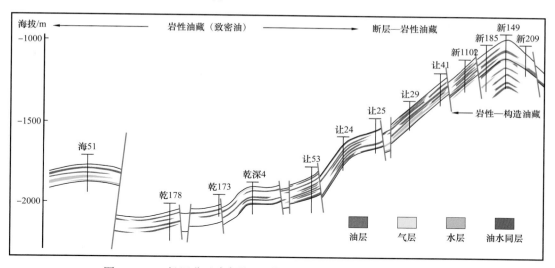

图 1-6-18　松辽盆地南部海 51 井—新 203 井扶余油层油藏剖面图

二、七性关系与"甜点"评价

1. 七性评价

1）烃源岩评价

烃源岩品质评价一般主要从烃源岩厚度、有机质丰度、类型、成熟度这几个方面综合判定。结合松辽盆地扶余油层致密油上生下储型的成藏特征，将排烃强度、排烃量、源内超压等参数纳入其中，建立致密油烃源岩分级评价标准，并将其划分为三个级别：Ⅰ类烃源岩为优质烃源岩，以Ⅰ型有机质为主，部分Ⅱ$_1$型，有机碳含量大于 2.0%，单位质量岩石排烃量大于 8mg/g，有机质成熟度大于 0.7%，源内超压超过 7MPa，烃源岩厚度大于 70m，排烃强度大于 $50 \times 10^4 t/km^2$；Ⅱ类烃源岩为有效烃源岩，以Ⅱ₁型有机质为主，部分Ⅰ型，有机碳含量介于 0.8%～2.0%，单位质量岩石排烃量介于 2～8mg/g，有机质成熟度介于 0.5%～0.7%，源内超压介于 1～7MPa，烃源岩厚度介于 30～70m，排烃强度介于 25×10^4～$50 \times 10^4 t/km^2$；Ⅲ类烃源岩为低效烃源岩，以Ⅱ₂型和Ⅲ型有机质为主，存在少量Ⅱ₁型，有机碳含量小于 0.8%，单位质量岩石排烃量小于 2mg/g，有机质成熟度小于 0.5%，源内超压小于 1MPa，烃源岩厚度小于 30m，排烃强度小于 $25 \times 10^4 t/km^2$（表 1-6-5）。

表 1-6-5　致密油烃源岩分类评价标准

判断指标	烃源岩类型划分		
	Ⅰ类烃源岩（优质烃源岩）	Ⅱ类烃源岩（有效烃源岩）	Ⅲ类烃源岩（低效烃源岩）
烃源岩厚度 /m	>70	30～70	10～30
有机质丰度 TOC/%	>2.0	0.8～2.0	<0.8
有机质类型	Ⅰ型为主，部分Ⅱ₁型	Ⅱ₁型为主，部分Ⅰ型	Ⅱ₂型、Ⅲ型为主，部分Ⅱ₁型
热演化程度 R_o/%	0.7～1.0	0.5～0.7	<0.5
源内超压 /MPa	>7	1～7	<1
排烃强度 /（$10^4 t/km^2$）	>50	25～50	<25
最大排烃量 /（mg/g）	>8	2～8	<2

2）岩性、含油性、物性和电性评价

（1）岩性特征。

松辽盆地南部坳陷区泉四段以岩屑质长石砂岩和长石质岩屑砂岩为主，可见少量岩屑砂岩（图 1-6-19a）。砂岩颗粒成分主要为石英、长石（钾长石、斜长石）、岩屑（火成岩、变质岩、沉积岩）以及少量的其他矿物；其中，石英平均含量为 33.15%，钾长石平均含量较高，约为 22.73%，斜长石含量较低，约为 8.05%；火成岩岩屑是主要的岩屑成分，占总岩石成分的 31.19%，变质岩岩屑和沉积岩岩屑含量较低（约占 3.0%）（图 1-6-19b）。填隙物含量分布在 5%～15% 之间，以胶结物和泥质杂基为主。其中，泥质杂基相对含量为 45.18%，胶结物成分中碳酸盐胶结物相对含量最高，约为 34.42%，硅质胶结物次之，相对含量约为 14.88%，长石、高岭石和伊利石等其他胶结物含量较少。高含量的填隙物是储层致密的主要因素之一。总之，松辽盆地南部泉四段沉积时期所发育的砂岩成熟度较低，长石、岩屑含量较高，体现了陆源碎屑的短距离搬运。

（2）含油性特征。

储层的含油性是储层含油饱和度的定性描述，含油显示级别高低反映了含油饱和度的变化，是鉴别储层能否成为油层的岩心观察最直接的证据。根据岩心、录井资料统计，松辽盆地南部泉四段主要存在油浸、油斑、油迹、荧光四类显示级别；岩心检测含油饱和度在 10%～55% 之间，平均为 45.3%。虽然试油证实，油迹及荧光级别的砂岩仍然具有工业价值，但含油级别越高，工业油流所占比例越大。通过已获工业油流井试油井段的含油产状统计，油斑和油浸级别的岩心孔隙度和渗透率多大于 5.7% 和 0.05mD（图 1-6-20）。

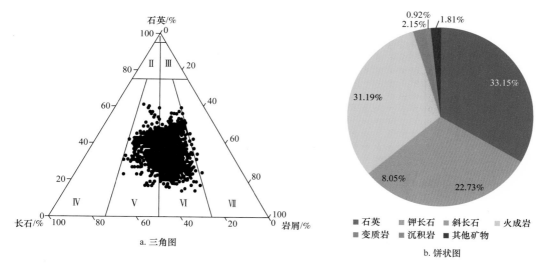

图 1-6-19　松辽盆地南部泉四段岩石成分三角图和饼状图

Ⅰ—石英砂岩；Ⅱ—长石石英砂岩；Ⅲ—岩屑石英砂岩；Ⅳ—长石砂岩；Ⅴ—岩屑长石砂岩；Ⅵ—长石岩屑砂岩；Ⅶ—岩屑砂岩

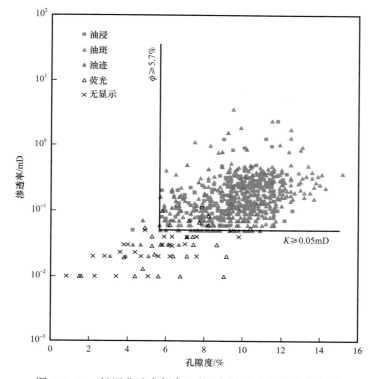

图 1-6-20　松辽盆地南部泉四段不同含油产状孔渗交会图

（3）储层物性。

泉四段储层孔隙度分布在 0.01%～24.9% 之间，平均为 9.7%，频率分布呈单峰型；孔隙度小于 12% 的样品含量占 86.25%。渗透率分布区间为 0.01～24.8mD，平均为 0.36mD，频率分布呈双峰型；渗透率小于 1mD 的样品含量占 89.51%，渗透率小于 0.2mD 的样品含量占 67.85%（图 1-6-21）。整体上储层性质中等偏差，约 86% 的样品孔隙度小于 12%，89.5% 的样品渗透率小于 1mD，属于典型的致密储层。

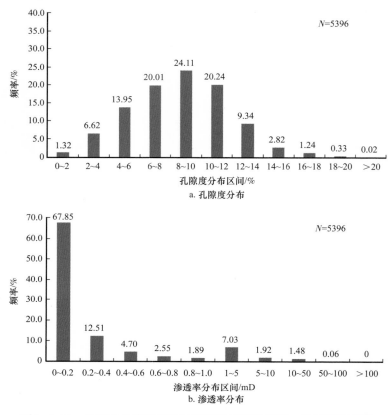

图 1-6-21　松辽盆地南部坳陷区泉四段储层孔隙度、渗透率直方图

（4）电性。

储层电性是岩性、物性、孔隙结构、含油性和地层水电阻率等因素的综合反映。根据该区已有的资料，选用自然伽马、自然电位、密度、声波时差、补偿中子、深感应的电性特征并结合深侧向电阻率曲线特征作为有效厚度解释的依据。以乾安致密油让 59 井区为例（图 1-6-22），反映岩性的测井曲线自然伽马普遍表现为中低值（60～80API），反映渗透性的测井曲线自然电位表现为中低负异常（相对幅度 5～30mV），反映物性的测井曲线表现为中低密度（2.40～2.60g/cm^3）、中低声波时差（210～245μs/m）、中低补偿中子（10%～25%），反映含油性的电阻率曲线油层电阻率主要集中在 12～45Ω·m 以上。

3）脆性与各向异性评价

岩石脆性是指其在破裂前未察觉到的塑性变形性质，亦即岩石在外力作用（如压

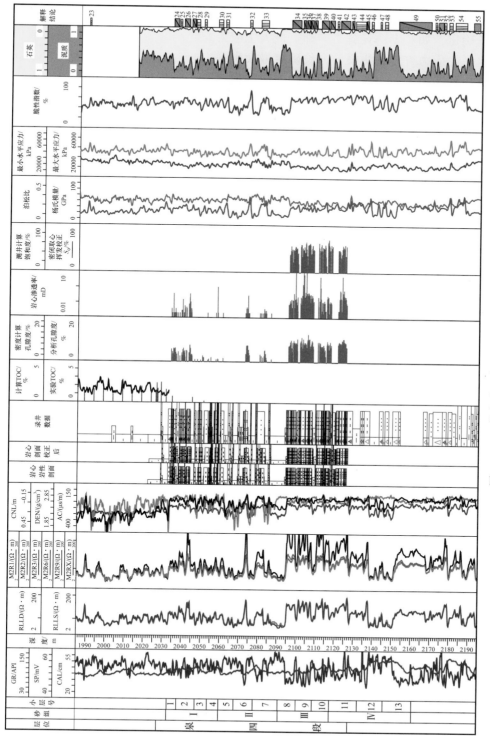

图 1-6-22　乾安地区让 59 井 "七性" 关系图

裂）下容易破碎的性质。以脆性指数刻画岩石的脆性特征，有两种计算方法，即岩性组分计算法（岩石矿物分析法）和岩石弹性参数计算法。其中，岩性组分计算法计算时，石英含量越高，岩石脆性越大；泥质含量越高，岩石脆性越小。地应力的方向采用多种方法综合确定，如基于诱导缝走向确定最大主应力方向；应力垮塌椭圆井眼长轴方向确定最小水平主应力方向；快横波方位确定最大水平主应力方向。三种方法互相印证，提高应力方向判断精度，为压裂造缝延伸方向的预测和水平井井眼轨迹设计提供了准确的基础资料。

统计岩石力学参数和地应力参数测井计算结果（图1-6-23、图1-6-24），储层杨氏模量的分布范围为38～44GPa，泊松比分布范围为0.26～0.3，脆性指数分布范围为42%～50%；最小水平主应力范围为50～58MPa，最大水平主应力范围为56～64MPa。

2.“甜点”评价

致密油“甜点”评价可分为地质“甜点”和工程“甜点”，其核心是资源排队和确定可动用建产目标。松辽盆地南部扶余油层致密油“甜点”评价总体要求如下：优质储层、油层集中、地质可对比、地震可识别、水平井可钻探、压裂可沟通、产能证实。

1）地质“甜点”

地质“甜点”分类主要考虑对储量或产量贡献大的参数，即储层分类、油层集中度、地质体的连续性、产能落实性。乾安地区乾246区块、让53区块储层可分为三类（表1-6-6），其中Ⅰ类、Ⅱ类储层是最主要的地质“甜点”。

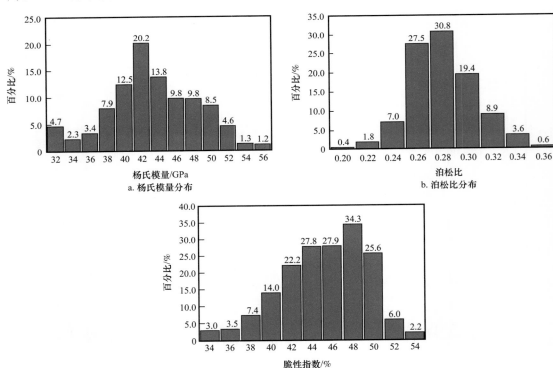

图1-6-23　松辽盆地南部泉四段岩石力学参数分布特征

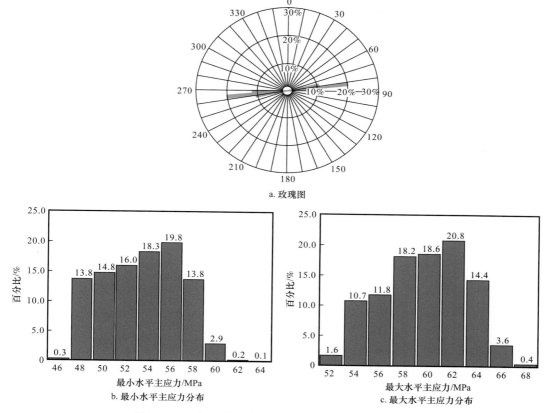

a. 玫瑰图

b. 最小水平主应力分布

c. 最大水平主应力分布

图 1-6-24　松辽盆地南部泉四段地应力参数分布特征

表 1-6-6　乾安地区储层分类评价表

储层分类	岩性	孔隙度 / %	渗透率 / mD	孔喉半径 / nm	纳米孔喉比 / %	中值压力 / MPa	含油显示	产能 / t/d	分布状况
Ⅰ类储层	细砂岩	9.0～12.0	0.20～1.00	150～400	70	<5	油浸，油斑	>3.0	Ⅲ砂组、Ⅳ砂组
Ⅱ类储层	细、粉砂岩	5.5～9.0	0.04～0.20	70～150	90	5～20	油斑，油迹	0.5～3.0	Ⅰ砂组、Ⅱ砂组、Ⅲ砂组
Ⅲ类储层	粉砂岩、泥质粉砂岩	<5.5	<0.04	<70	100	>20	少量油迹，荧光，无显示	<0.5	Ⅱ砂组

Ⅰ类储层：孔隙度为 9%～12%，渗透率为 0.2～1mD，油浸、油斑级油气显示，中值压力小于 5MPa，孔喉半径为 150～400nm，纳米孔喉占 70% 以上，试油日产量一般在 3t 以上。Ⅱ类储层：孔隙度为 5.5%～9%，渗透率为 0.04～0.2mD；油斑、油迹级油气显示，中值压力为 5～20MPa，孔喉半径为 70～150nm，纳米孔喉占 90% 以上，试油日产量一般为 0.5～3t。Ⅲ类储层：孔隙度小于 5.5%，渗透率小于 0.04mD，少量油迹级油气显示，主要为荧光或无显示，中值压力一般大于 20MPa，孔喉半径小于 70nm，纳米

孔喉占 100%，试油日产量一般小于 0.5t。

油层集中度是指压裂有效裂缝范围内的油层厚度和集中程度。泉四段主要为河流—三角洲沉积体系，河道砂体变化快，单层砂岩厚度为 2～6m，单层油层厚度为 1～4m；油层累计厚度为 10～65m。纵向上，油层主要分布在 Ⅰ 砂组、Ⅲ 砂组两个单元，每个单元地层厚度为 30～45m，其中 Ⅰ 砂组砂岩累计厚度为 12～24m、油层累计厚度为 4～14m；Ⅲ 砂组砂岩累计厚度为 25～50m、油层累计厚度为 6～25m；中间 Ⅱ 砂组地层厚度为 30m 左右，储层发育程度差。

地质体的连续性主要考虑"甜点"的规模和可对比性。如让 53 井区 Ⅲ 砂组（图 1-6-25），地质体连续性好，连续面积大于 50km²，适合大面积开发；纵向上单层厚度局部 6～10m，井间可对比，稳定性好，主力油层突出，适合作为水平井钻探的主要目标层；乾 246 井区 Ⅰ 砂组连续面积大于 30km²，纵向上单层厚度局部 4～6m，局部具可对比性。

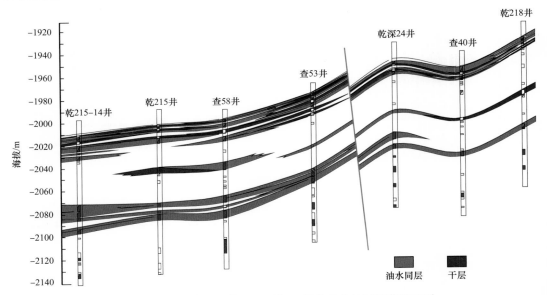

图 1-6-25　乾安地区乾 246—让 53 区块扶余油层油藏对比图

2）工程"甜点"

工程"甜点"分类主要考虑影响"甜点"动用可行性的两个关键参数：地震可识别性和压裂沟通能力。地震可识别性决定了"甜点"是否可以进行水平井部署及开发，压裂沟通能力关系到油层集中段内水平井能动用储量规模。

以乾 246 井区 Ⅰ 砂组为例，查 40 井油层厚度 11.6m，油层地震反射特征上具有"复波"特征，平面上 RMS 属性表现为较为连续的河道带（图 1-6-26），这类"甜点"适合水平井的整体部署，同时也能有效进行水平井设计与导向。再者，乾 246 井区 Ⅰ 砂组水平段长度 1000m，6m 有效厚度控制储量规模 $8×10^4$t，水平井单井投资 1650 万元人民币，具备开发经济效益。实际压裂检测资料表明，工程压裂有效缝高 30～60m（图 1-6-27），Ⅰ 砂组、Ⅲ 砂组压裂难以实现沟通；同时如果地层中泥岩比例增加，有效缝高将进一步降低，因此在油层集中段内储层发育情况也将影响压裂效果。

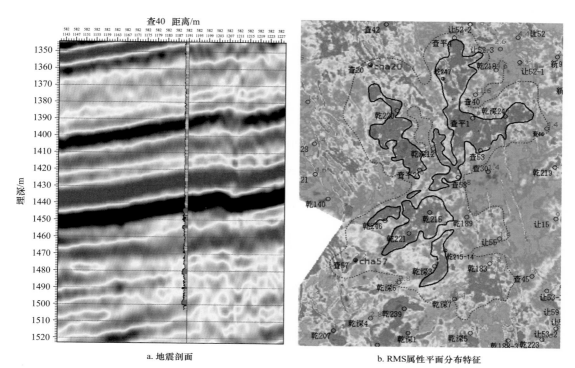

a. 地震剖面

b. RMS属性平面分布特征

图 1-6-26　乾安地区查 40 井地震剖面及 RMS 属性平面分布特征

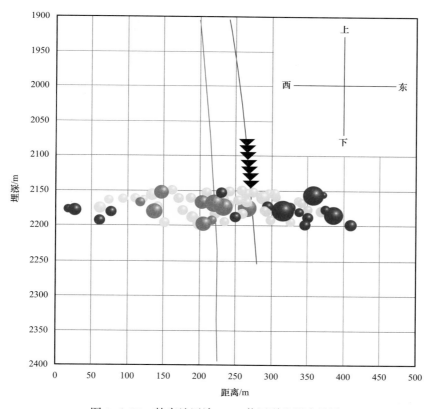

图 1-6-27　乾安地区让 53-6 井压裂监测成果图

三、区带划分

松辽盆地南部扶余油层致密油区带优选主要考虑四个方面。（1）油源条件：厚度为 $60\sim90m$，TOC 含量为 $1.5\%\sim2.5\%$，R_o 大于 0.7%，排烃强度为 $100\times10^4\sim400\times10^4 t/km^2$。（2）鼻状构造、斜坡背景、储层物性。（3）主砂带分布（砂岩厚度为 $20\sim80m$，油层厚度为 $10\sim45m$）。（4）高产、稳产因素：CO_2 发育，物性相对较好，气油比高，原油低密度、低黏度，利于油气产出（地层水矿化度为 $20000\sim440000mg/L$，原油黏度为 $10\sim20Pa\cdot s$，原油密度为 $0.82\sim0.85g/cm^3$）。据此，扶余油层致密油划分为两带七区（图 1-6-28），具体特征如下。

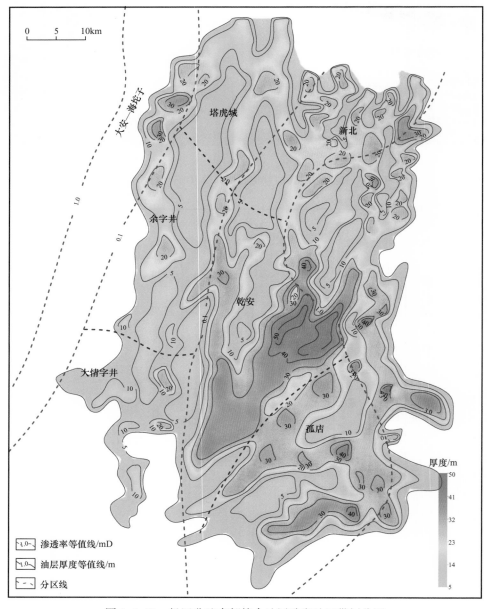

图 1-6-28　松辽盆地南部扶余油层致密油区带划分图

1.0.1mD＜K＜1mD 区带

该区带致密油资源潜力 $6.0 \times 10^8 t$，剩余资源为 $3.8 \times 10^8 t$。该区勘探面积 2400km²，油层埋深 1750～2200m，油层厚度 6～30m，储层孔隙度 6%～12%，单井试油产量 1.0～8.0t/d，以断层—岩性、岩性油藏为主，主要分布在红岗阶地和华字井阶地中、北部，扶新隆起带西部。目前已提交的探明储量主要分布在大安—海坨子、新北、乾安、孤店四个区域，发现红岗北、大安、海坨子、两井等油田。

2.$K \leqslant 0.1mD$ 区带

该区带致密油资源潜力 $4.1 \times 10^8 t$，剩余资源为 $4.0 \times 10^8 t$，勘探面积 2200km²，油层埋深 2100～2600m，油层厚度 5～20m，储层孔隙度 5%～10%，单井试油产量 0.5～5.0t/d，油藏类型为岩性油藏。该区剩余资源主要分布在长岭凹陷的塔虎城、余字井、大情字井三个区域。

第七章　气藏形成与分布

2002 年以来，松辽盆地南部深层天然气的勘探相继取得重大突破，其中规模较大、储量丰度较高的天然气田（藏）主要赋存于深层的营城组、沙河子组以及火石岭组的致密砂岩和火山岩储层中。总结松辽盆地南部中浅层及深层已发现的天然气藏成藏条件、形成期次、气藏类型、成藏模式以及主控因素，对揭示区内天然气藏分布规律、完善天然气成藏理论，指导下一步的天然气勘探具有重要的理论和实际意义。

第一节　气藏的形成条件

松辽盆地南部发育断陷和坳陷两套地层，不同地层体系天然气的运聚方式、形成条件、储盖组合各有不同，具有独立的成藏地质条件，造成天然气藏类型、分布区域（层位）、岩性组合特征、成藏主控因素等均有差异。

一、气藏的形成条件

1. 中浅层天然气形成条件

松辽盆地南部中浅层气主要位于上白垩统至新近系中，气藏埋深数十米至 1000 多米，属于甲烷型生物成因气。国内外学者对埋藏较深的天然气比较重视，但对中浅层气研究程度较低，这是因为长期以来人们认为中浅层气虽易在中浅层沉积物中生成，但也易于散失，难以聚集成具有工业价值的气藏，但随着勘探程度的加深，发现只要存在合适的地质条件，中浅层气聚集成藏是有很大潜力的。

1）生成条件

（1）温度条件。

一般把生物气成气的下限确定为 80℃，主生气带温度为 25～60℃，主峰温度为 35℃。在正常地温梯度（3℃/100m）下，考虑到有耐高温的产甲烷菌存在，可以认为，在 2000m 以内都属于生物气可能形成的范围。松辽盆地是一个高地温场的盆地，地温梯度从平面上看变化较大，具有中部高、边部变低、环状分布的特点。松辽盆地南部从明水组到青山口组各个层段的地温梯度变化不大，大多数在 3.3℃/100m，低于全盆地的平均值，展现出生物气形成的良好温度条件。

（2）沉积速率。

快速沉积作用使得有机质能较快地埋藏保存，在持续的沉降作用下进入还原环境，使有机质避免氧化破坏，从而为微生物群落的生存和繁殖创造有利的环境和物质条件，在生物化学作用下有利于甲烷的生成。白垩系泉头组至嫩江组沉积时期，是盆地大型沉积坳陷形成和发展的全盛时期。这个时期形成的河湖相碎屑沉积总厚度可达 3000m 以上，在以沉降为主伴随波动上升的总趋势下，当沉降速度大于沉积补偿速度时，湖区范围扩大，沉积了较大面积的泥质岩，同时，有机质也得到了较好的保存，为后来浅层气的生成提供了物质基础。

（3）烃源岩特征。

采用卢双舫于2006年提出的适于松辽盆地低熟气评价的标准，嫩江组及其以上层位烃源岩中TOC含量大于1%的样品占55.1%（低熟生物气Ⅰ类和Ⅱ类气源岩），只有不到3%的样品TOC含量小于0.25%。显示出该区中浅层烃源岩TOC含量普遍较高，为低熟气的生成提供了强有力的物质保证。

（4）强还原和近中性的水介质条件。

自然地质条件下，只有在氧、硝酸盐和绝大部分硫酸盐被还原之后形成的还原环境中，产甲烷菌才能生长。松辽盆地南部嫩江组到明水组地层水 SO_4^{2-} 含量均值仅有92.3mg/L，其中嫩四段、嫩五段、四方台组、明水组普遍低于80mg/L，显示出上述层段地层水还原程度高，拥有产甲烷菌生长的良好还原环境。产甲烷菌适于在中性的水中生长繁殖，pH值范围为5.9～8.8，最佳范围为6.8～7.8。松辽盆地南部姚家组到明水组地层水pH值主要分布在6.0～8.0之间，适于产甲烷菌生长。

（5）气候条件。

国外研究表明，温度甲烷生成有显著的影响，如在门多塔湖五月（气温16℃）甲烷的生成速度比一月（气温4℃）高100～400倍，在库兹尼奇哈湖和切纽伊基切湖沉积物中夏季比冬季高1～2个数量级。松辽盆地在晚白垩世气候主要为干热—温湿—干热的周期性转化，有利于甲烷气的生成。

2）储集条件

由于生物气的生成主要限于未成熟岩段，而生物气的储层可能多种多样，根据现有的勘探成果（已发现的气藏）和气显示，生物气的储层也主要分布于未成熟烃源岩段内，成岩演化阶段处于同生成岩阶段到早成岩阶段。因此，生物气储层埋藏浅（小于2000m），结构疏松，具高孔、高渗特征。

生物气在成藏过程中基本上不缺乏储集空间。就储集条件而言，储层规模是决定气藏规模和含气丰度的决定性因素。前已述及，松辽盆地南部明水组和黑帝庙油藏储层物性较好，属于高孔、中—高渗储层。因此，松辽盆地南部不缺乏低熟气（生物气）的储集条件。

3）盖层条件

盖层和保存条件亦是油气成藏的重要因素，对天然气藏的形成更为如此，而对成岩程度较低的生物气聚集环境则尤为重要。好的盖层可以有效地阻挡和减缓气体逸散。好的盖层无疑必须具有低渗透性，但若渗透率较高，盖层的厚度就变得更为重要，因较大的厚度可以补偿渗透性较好的不足以便有利于提高盖层的封盖能力。

松辽盆地南部发现的浅层气藏的上覆地层均有厚度不等的泥岩，如嫩二段浅层气藏其上部有厚50～110m的嫩三段黑色泥岩作盖层，该段泥岩在全盆地稳定分布，为良好区域性盖层。嫩三段上部气藏，其上部为厚25～30m的较纯泥岩，在盆地内基本上稳定分布，明水组一段气藏的上部为厚20～25m的黑色泥岩，在盆地内稳定分布，是区域标准层。

2. 深层天然气形成条件

1）生成条件

松辽盆地断陷期发育营城组、沙河子组和火石岭组三套地层，均有烃源岩发育，其中，沙河子组的烃源岩最为发育，一般占揭示地层厚度的 40% 以上，最高可达 60%；营城组和火石岭组一般占揭示地层厚度的 10%～30%，最高可达 50%。三套烃源岩分布于落实的 13 个断陷内，有效烃源岩叠合面积 100～1000km²，厚度 0～1500m，有机质丰度高，有机碳含量为 1.1%～2.0%，有机质类型以 Ⅱ 型至 Ⅲ 型为主，处于成熟—过成熟演化阶段，以生气为主，为天然气聚集提供良好的气源条件。

2）储集条件

深层储层自基底、火石岭组、沙河子组、营城组、登娄库组、泉头组（一段、二段）均有分布。基底主要为石炭系—二叠系变质岩，包括片岩、千枚岩、花岗岩和石灰岩等。火石岭组、沙河子组和营城组储层主要为扇三角洲、辫状河三角洲、水下扇和浊积扇沉积体系内的粉细砂岩、砂砾岩以及火山活动形成的火山岩；其中，火山岩在火石岭组最为发育，其次为营城组，沙河子组火山岩欠发育。登娄库组、泉头组储层为断坳转换期和坳陷期发育的储集体，上部为曲流河、中下部为辫状河和扇三角洲沉积特征；登娄库组以砂砾岩为主，砂地比一般为 40%～60%，泉头组以粉细砂岩为主，砂地比一般为 30%～40%。除基岩、登娄库组、泉头组以外，其他地层均分布于洼槽内，具有近源的特点，为天然气聚集提供良好的储集条件。

3）盖层条件

松辽盆地南部各历史时期沉积的湖相泥岩为深层天然气藏提供了多重封盖。如盆地断陷期营城组、沙河子组和火石岭组发育的暗色泥岩，泥地比 10%～60%，单层厚度 15～60m，是良好的直接盖层；断坳转换期沉积的登娄库组和泉头组，尤其是泉头组二段、三段广泛发育的河流相泥岩层，单层厚度大，横向分布稳定，为良好的局部盖层，此外泉三段泥岩在局部存在异常压力，进一步增强了其封盖能力；盆地坳陷期广泛发育的青山口组暗色泥岩，厚度大，分布稳定，是区内重要的区域盖层。

4）圈闭条件

多期构造运动使得松辽盆地南部深层产生多种与构造相关的圈闭类型，既有在基底凸起上持续发育的继承性构造，又有后期挤压形成的反转构造，还有与张性作用有关的断块圈闭；此外，在特定的沉积背景下，还形成了一系列地层超覆圈闭、岩性圈闭及地层不整合遮挡圈闭等。圈闭下部构造多受断层控制，向上渐变为穹隆及短轴背斜，且构造面积由下向上变小，幅度变低。平面上，圈闭构造样式多以断鼻、断块为主，沿断裂带呈串珠状分布；穹隆和短轴背斜次之，多分布于凹陷带；长轴背斜不甚发育，在隆凹过渡带有少量发现。圈闭数量及规模上东部断陷带优于中、西部断陷带，隆起区构造发育，斜坡和坳陷区构造欠发育。

5）运移条件

深层天然气输导体系包括断裂、不整合面和储层，以断裂垂向输导为主、不整合面和储层侧向输导为辅。断裂是沟通深层烃源岩和其上部储层的桥梁和纽带，也是深部原生油气藏遭破坏并在泉头组、登娄库组形成次生气藏的必要条件。

6）保存条件

松辽盆地南部历史时期历经多期构造运动，特别是嫩江组沉积末期的构造运动，形成多个反转构造带。构造运动产生新的断裂，沟通深层断裂破坏原生气藏，部分天然气散失，部分天然气在新的圈闭内聚集形成次生气藏。从区域保存条件来看，在营城组沉积末期，西部处于长期隆升状态，中、东部保存条件好于西部；在嫩江组沉积末期，由于东部较中部构造运动强烈，中部保存条件好于东部。如东南隆起区梨树断陷怀德—杨大城子构造带、德惠断陷农安—万金塔构造带等油气显示井段长 500～2000m，自基底至泉头组跨越六个层位。由此可见，构造活动对于原生气藏的形成、破坏及再分布至关重要，是除了泥岩盖层发育程度影响气藏保存的另一个关键因素。

二、生储盖组合特征

天然气分子小、扩散性强，其分布严格受控于储盖组合的配置关系。松辽盆地南部具有断坳双层结构，据此可将生储盖组合划分为中浅层组合和深层组合两大类。

1. 中浅层天然气生储盖组合

根据松辽盆地南部烃源岩的发育特征、气源对比结果以及目前勘探所揭示的气层分布情况，可进一步将中浅层天然气生储盖组合划分为浅层组合和中层组合。

1）浅层天然气生储盖组合

浅层含气组合指嫩江组五段及以上地层，在大安、红岗等构造上获得工业气流。天然气主要来自浅层嫩江组和明水组泥岩的生物气，储层以粗砂岩及砂砾岩为主，物性好，孔隙度为 30%～40%，渗透率大于 1000mD，形成自生自储自盖型组合。由于气源不足，生物气藏规模小，目前浅层天然气藏尚未作为吉林油田重要勘探目标。

2）中层天然气生储盖组合

中层含气组合是以青山口组泥岩为烃源岩、以嫩江组一段 + 二段泥岩为区域性盖层所构成的含气组合。由于该套层系的烃源岩主要处于成熟阶段，热演化产物以原油为主，天然气大多是与原油伴生，多形成溶解气藏。后期由于油气的差异聚集，可在局部地区形成气顶气藏。由于与原油伴生的溶解气规模相当有限，在现有的技术条件下，并没有针对性地收集和开采。因此，溶解气仍未作为重要的天然气勘探目标。

2. 深层天然气生储盖组合

深部含油气组合是以营城组、沙河子组和火石岭组的煤系地层为主要烃源岩，以断陷期广泛发育的冲积扇、扇三角洲、三角洲河流相各类砂岩、砂砾岩体以及火山活动形成的火山岩为天然气储层，以青山口组的巨厚湖相泥岩为区域盖层，泉二段的泥岩为局部盖层，各含气层系中的夹层泥岩为直接盖层的生储盖组合。

深部含气组合碎屑岩储层物性普遍较差，但火山岩的发育为深部含油气组合提供了良好的储层类型。松辽盆地南部深层沙河子组、营城组和火石岭组烃源岩具有有机质丰度高、热演化程度高、生气时期长等显著特点，保证了气源的充足，生成的大量天然气可沿着断层、不整合面以及砂岩输导体垂向或横向运移聚集成藏，以断陷为基本单元形成一系列的生储盖组合。因此，松辽盆地南部深层天然气藏存在多样的生储盖组合方式。

1）下生上储上盖型

以深部沙河子组、营城组和火石岭组暗色泥岩为气源岩，泉头组和登娄库组河流相砂体为储层，青山口组和泉头组泥岩作为盖层，组成深层的上部含气组合。该含气组合内气藏多为构造运动破坏原生气藏后形成的次生气藏，故而邻近生烃洼陷和断裂输导是该组合天然气成藏的首要条件。

2）自生自储自盖型

以深部地层暗色泥岩为气源岩和直接盖层，与泥岩交互沉积的各类砂体为储层，在断陷层内整体成藏形成深层下部含气组合。目前在梨树、德惠、王府、长岭、英台等断陷的营城组、沙河子组和火石岭组中发现的致密气藏均属此类。决定该类天然气成藏的重要条件是优质烃源岩和次生孔隙的发育程度。该类气藏埋藏深、物性差，优质烃源岩和有效储层难预测，勘探难度大，但其规模一般较大，是寻找原生气藏的重要目标。

3）侧生侧储自（上）盖型

这类组合主要指由基岩、断陷内火山岩及周边碎屑岩组成的气藏。断陷内煤系地层提供烃源岩条件，火山岩和基岩中的孔洞和裂隙提供储集空间，火山岩、基岩自身物性的非均质性或上覆地层提供封堵条件，组成下部或底部含气组合。这种组合特点是烃源岩与火山岩或基岩侧向对接成藏。在英台断陷、长岭断陷、王府断陷、德惠断陷发现的火山岩气藏均为此种类型。另外，在中央隆起带发现的金深1、农103基岩气藏也属于这种类型。勘探这种组合气藏的关键在于寻找侧向对接的优质烃源岩和有效储层。

4）深源浅储型

深源浅储型是该区一种特殊生储盖组合类型，气体来自地壳深部岩浆热液脱气或基底碳酸岩分解释放出二氧化碳，沿火山通道和裂隙进入中生代地层中各类储层中聚集成藏。目前，在长岭断陷黑帝庙构造和前神字井构造的火山岩以及德惠断陷万金塔构造的碎屑岩中发育的二氧化碳气藏均属该类型。二氧化碳天然气成因分析为来自地壳深部无机成因幔源气，沿火山通道和断裂向上运移至泉头组及以下地层中聚集成藏。

在上述几种组合类型中，以下生上储上盖型和自生自储自盖型气藏最为发育。前者圈闭发育，埋深较浅，储层物性较好，以断裂作为运移通道，易于在浅层构造圈闭或岩性圈闭中形成次生油气藏；后者生油层与储层共生，具有"近水楼台"的优势，只要优质烃源岩和有效储层发育、保存条件好，即可形成叠加连片的原生气藏。侧生侧储自（上）盖型气藏的富集依赖于基岩、火山岩孔洞和裂缝发育程度及烃源岩供烃窗口的大小，一般供烃窗口越大、气柱高度越大，含气饱和度越高。二氧化碳气在松辽盆地南部除深层黑帝庙、前神字井、万金塔构造发现以外，还在中浅层中央坳陷区的孤店、乾安和红岗等地区也有所发现，对这种特殊的组合类型，研究认识还有待于进一步深入。

第二节　气藏的形成期次与动态过程

确定气藏的形成时期和动态过程，对于研究气藏的形成和分布、指导天然气的勘探具有重要的实际意义。松辽盆地深层天然气具有多期成藏的特征，由于不同断陷构造活动、沉积埋藏演化及热演化史不同，致使各断陷深层气源岩的生排烃期、天然气充注时间、成藏期次和运聚规模均存在差异。因此，本节主要对松辽盆地南部深层不同区块天然气成藏时间、期次及动态过程进行阐述。

一、天然气充注期次

松辽盆地南部深层火石岭组—泉头组储层流体包裹体主要宿主在石英次生加大边、石英颗粒裂隙、方解石脉和胶结物中，与烃类、CO_2 共生的盐水包裹体具有如下特征：镜下为无色或浅黄色，包裹体多为不规则形态，部分呈椭圆、似圆状，整体尺寸个体不大，多在 $1\sim6\mu m$ 之间，呈孤立、群体或带状分布。包裹体内以气液两相为主，也可见纯液态、气态烃、CO_2 包裹体；两相包裹体中气液比分布在 5%～20% 之间，其中以5%～10% 为主，占总样品的 74% 以上。有机包裹体具微弱荧光或蓝色荧光，在石英加大边和石英颗粒晚期裂隙的充填物中均有发现，这说明至少存在两次油气运聚过程。

1. 中部断陷带油气充注期次

根据与有机包裹体相伴生的盐水包裹体均一温度分析，中部断陷带具有两期油气运聚充注过程，早期烃类注入发生在泉头组沉积末期至嫩江组、明水组沉积末期，具有运聚时间长、规模大的特点；晚期发生在古近纪—新近纪，既有过成熟烃源岩生成烃类气的充注，又有岩浆热液脱气的二氧化碳充注。

以双坨子构造坨深 6 井为例，流体包裹体见有两组：一组为气态烃包裹体和发蓝色荧光气液两相烃包裹体，主要分布在石英次生加大边（图 1-7-1），盐水包裹体的均一温度为 $120\sim160℃$（图 1-7-2）；另一组只见少量气态烃包裹体与盐水包裹体共生，主要分布在石英裂隙中（图 1-7-1），盐水包裹体的均一温度为 $130\sim140℃$（图 1-7-2）。这两组包裹体分别代表两次烃类的运聚过程，根据埋藏史和均一温度，早期烃类注入发生在泉头组沉积末期至嫩江组沉积末期，是比较长的运聚过程，所经历的温度跨度较大；晚期发生在新近纪，经历的温度变化不大（图 1-7-3），油气运聚规模也较小。

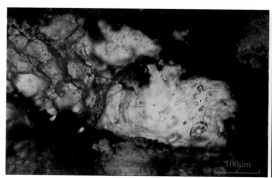
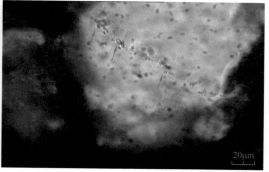

a. 2968m，K_1yc，赋存于石英加大边的气态烃包裹体和发蓝色荧光的气液两相烃包裹体

b. 2968m，K_1yc，赋存于石英裂缝中的气态烃包裹体

图 1-7-1　双坨子构造坨深 6 井营城组储层流体包裹体分布特征

总体来说，以长岭断陷为代表的中部断陷带天然气运聚历经时期较为漫长，早可追溯到泉头组沉积末期，晚可延续到新近纪，尤其在长岭断陷的东部斜坡区，新近纪是该地区天然气成藏的主要时期。在营城组沉积末期，长岭断陷基本无抬升剥蚀现象，营城组和沙河子组烃源岩在低成熟—成熟阶段生成的油气可局部成藏，而且储层内早期的烃

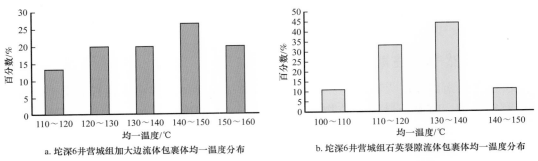

a. 坨深6井营城组加大边流体包裹体均一温度分布

b. 坨深6井营城组石英裂隙流体包裹体均一温度分布

图1-7-2　双坨子构造坨深6井营城组储层盐水包裹体均一温度分布图

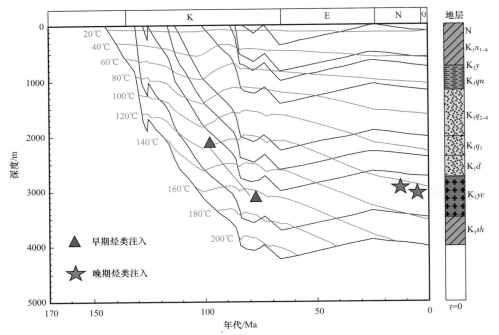

图1-7-3　双坨子构造坨深6井地层埋藏史与营城组储层包裹体均一温度匹配关系

类气体对胶结等成岩作用有着重要的抑制，有利于粒间孔的保存。到了泉头组沉积末期，深层烃源岩开始进入生烃高峰期，偏腐殖型干酪根以生气为主，天然气开始大规模运聚成藏。至明水组沉积末期，由于整个长岭断陷沉积、沉降速度降低，深层烃源岩热演化过程减缓，而且烃源岩已演化至较高成熟程度，生气已经趋于较低水平，气源提供速度大大下降。由于长岭断陷深层烃源岩早期具有生成相当数量液态烃的能力，后期持续埋深至新近纪以来，原油可发生裂解成气，可以成为部分持续的补充气源。

2. 东部断陷带油气充注期次及时间

东部断陷带也具有两期油气运聚充注过程，早期在泉头组沉积末期，晚期发生在嫩江组沉积末期。下面以农安构造和四家子构造为例，阐述东部断陷带储层内流体包裹体特征以及油气充注期次和充注时间。

1）农安气藏充注史分析

农安构造营城组储层流体包裹体主要见于石英颗粒微裂隙及加大边中，镜下为无色或浅黄色，以椭圆形、不规则形居多，尺寸在 1~6μm 之间，均为气、液两相，气液比介于 5%~20%。有机包裹体较发育，在石英加大边和石英晚期裂隙的充填物中均有发现，具微弱荧光，表明至少有两次油气运聚过程（图 1-7-4）。与有机包裹体伴生的盐水包裹体的均一温度揭示，第一期包裹体均一温度主要分布在 90~100℃，第二期包裹体均一温度主要分布在 120~140℃（图 1-7-5）。结合地层埋藏史和热史，第一期包裹体形成时间对应于泉头组沉积末期，第二期对应于嫩江组沉积末期（图 1-7-6），这充分说明了农安构造营城组油气藏的两次油气运聚时间分别为泉头组沉积末期和嫩江组沉积末期。

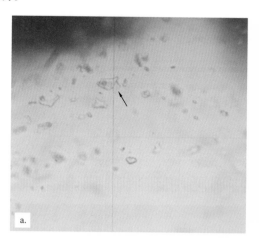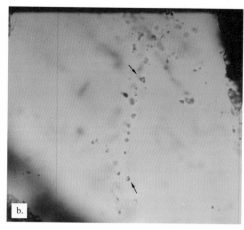

图 1-7-4　农安北高点农 101 井营城组储层包裹体特征

a. 农 101-1，K₁yc，1688m，碎屑石英加大边。椭圆形及长条形，2μm×3μm，单偏光下无色，气＋液相，气液比 4%~10%，10×50，单偏光。有机包裹体，具极微弱浅黄色荧光。b. 农 101-2，K₁yc，1688m，碎屑石英次生微裂隙。椭圆形，2μm×2μm，浅黄色，气＋液相，气液比 4%~10%，10×50，单偏光。有机包裹体具微弱浅黄色荧光

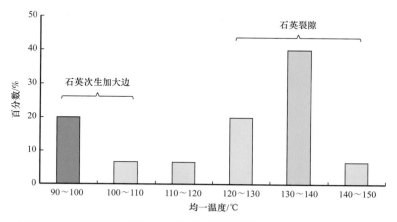

图 1-7-5　农安北高点农 101 井营城组储层盐水包裹体均一温度分布

2）四家子气藏充注史分析

四家子构造四 3 井营城组储层流体包裹体同样在石英加大边和石英颗粒微裂隙中均有发现（图 1-7-7），但包裹体丰度偏低，镜下为无色或浅黄色，以椭圆形、似圆形为主，单体尺寸不大，多在 1~4μm 之间。包裹体内常见到气、液两相，但也可见纯

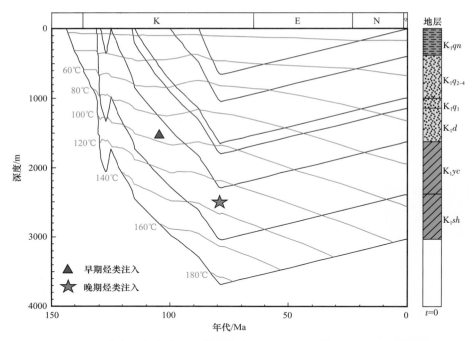

图 1-7-6　农安北高点农 101 井埋藏史、热史与包裹体均一温度匹配关系

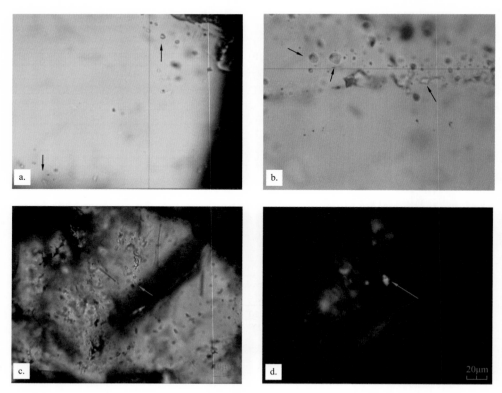

图 1-7-7　四家子构造四 3 井营城组储层包裹体镜下特征

a. 四 3 井，K_1yc，1850m，碎屑石英次生加大边；椭圆形，±3μm，单偏光下浅黄色，气 + 液相，气液比 10%～15%，10×50，单偏光；有机包裹体，具极微弱浅黄色荧光。b.、c.、d. 四 3 井，K_1yc，1850m，碎屑石英次生微裂隙；不规则三角形和菱形，2.4～5μm，单偏光下浅黄色，气 + 液相，气液比 4%～15%；有机包裹体，具蓝色荧光

液态烃包裹体，气液比介于 5%~10%。包裹体内有机质含量不高，只具极微弱荧光，这可能是由于此处并非油气的主要运移路径。石英的两期成岩构造内发现的有机包裹体说明该地区至少存在两次油气运聚过程，第一期流体包裹体的均一温度主要分布在 100~110℃（图 1-7-8），对应于泉头组沉积末期；第二期流体包裹体的均一温度主要分布在 120~130℃（图 1-7-8），对应于嫩江组沉积末期。

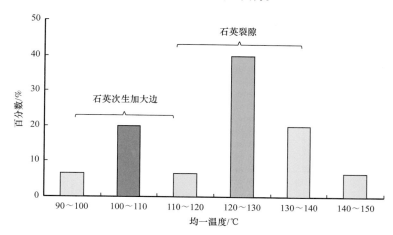

图 1-7-8　四家子构造四 3 井营城组储层盐水包裹体均一温度分布图

　　沙河子组流体充注史与营城组类似，石英颗粒晚期裂隙中的气液两相烃包裹体（蓝黄色荧光）和石英颗粒加大边气态烃包裹体（不发荧光）（图 1-7-9），说明早期烃类以天然气为主，晚期气态烃和液态烃都有充注。第一期流体包裹体的均一温度主要分布在 100~110℃，对应于泉头组沉积晚期；第二期流体包裹体的均一温度主要分布在 140~150℃之间，对应于嫩江组沉积末期（图 1-7-10、图 1-7-11）。

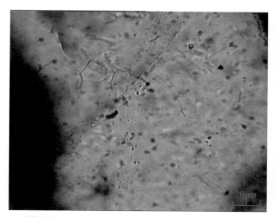
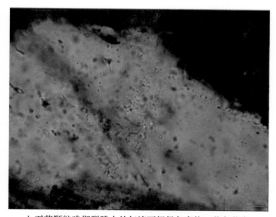

a.石英颗粒加大边和晚期裂隙中的气态烃包裹体，无荧光显示　　　　　　b.石英颗粒晚期裂隙中的气液两相烃包裹体，蓝色荧光

图 1-7-9　四家子构造四 4 井沙河子组储层包裹体特征（2407m，K_1sh）

　　虽然东部断陷带天然气存在两次运聚过程，但嫩江组沉积末期以后是该地区天然气藏成藏的主要时期。东部断陷带深层烃源岩到泉头组沉积末期主体已进入大量生气阶段，以扩散流形式在烃源岩内部和周边运聚成藏，但由于此时青山口组区域盖层尚未形成，加上泉头组沉积末期的构造活动，使得早期形成的气藏遭受部分损失；至嫩江组沉

积末期，虽然烃源岩进入过成熟阶段，生气量有所萎缩，但大规模构造运动，使得早期聚集的天然气在此发生大规模二次运移、聚集成藏。虽然嫩江组沉积之后东部断陷带长期抬升状态，形成的天然气藏进入长期的散失时期，但地层抬升也使得深层地层水溶解气脱出和地层吸附气得到释放，天然气可以得到一定程度的补充，使得天然气藏仍可以保存。

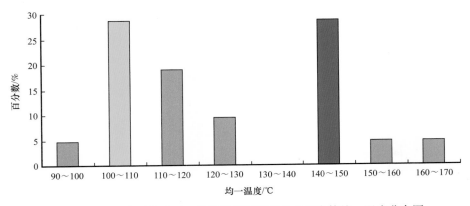

图 1-7-10　四家子构造四 4 井沙河子组储层盐水包裹体均一温度分布图

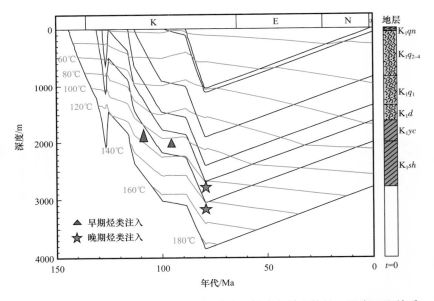

图 1-7-11　四家子构造四 4 井地层埋藏史、热史与包裹体均一温度匹配关系

二、天然气成藏动态过程

1. 中部断陷带天然气成藏动态过程

以双坨子地区为例，在泉头组沉积末期，营城组和沙河子组烃源岩进入成熟—高成熟演化阶段，生成的高成熟油气在泉头组沉积末期的构造运动作用下发生早期的运聚，这一过程可延续到嫩江组沉积末期。由于运聚时间早，气藏难以保存。明水组沉积末期至新近纪，凹陷主体部位烃源岩已进入过成熟演化阶段，虽然生气能力大大降低，但对

气藏可以提供一定的气源补充，而且新近纪的构造运动，使得部分原生气藏发生破坏和二次运聚，形成目前的天然气聚集。因此，目前的天然气藏主要为新近纪后聚集的产物，表现为过成熟演化阶段的天然气特征。该地区坨深6井、坨17井等泉一段包裹体也均体现为烃类两期充注，早期在嫩江组沉积末期至明水组沉积末期可见少量气态烃包裹体和气液两相烃包裹体，新近纪可见丰度较高的气态烃包裹体，这也充分说明了该地区气藏的晚期形成（图1-7-12、图1-7-13）。

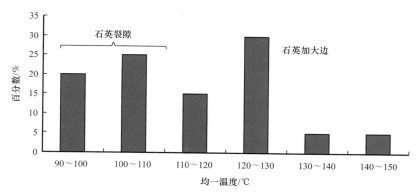

图1-7-12　双坨子地区坨深6井泉一段储层盐水包裹体均一温度分布图

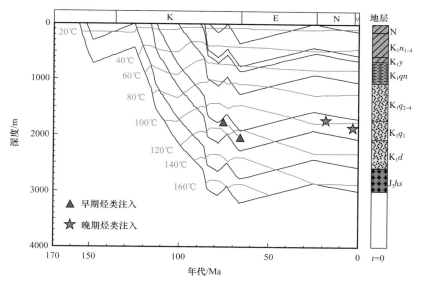

图1-7-13　双坨子地区坨17井地层埋藏史、热史与泉一段储层包裹体均一温度匹配关系

2. 东部断陷带天然气成藏动态过程

以农安构造为例阐述东部断陷带天然气成藏动态过程。农安构造形成时期较早，在泉头组沉积前即成雏形。虽然沙河子组烃源岩在营城组沉积末期即已进入生烃高峰，生成的油气进入沙河子组和营城组储层中聚集成藏，形成原生油气藏，但营城组沉积末期的构造抬升，使得大部分原生气藏遭到破坏（图1-7-14d）。至泉头组沉积时期，凹陷内沙河子组和营城组烃源岩主体已进入高演化阶段，生成的天然气在营城组及以下地层聚集；但泉头组沉积末期发生的构造运动，尽管强度较低，而且形成时间早，依然使得大部分天

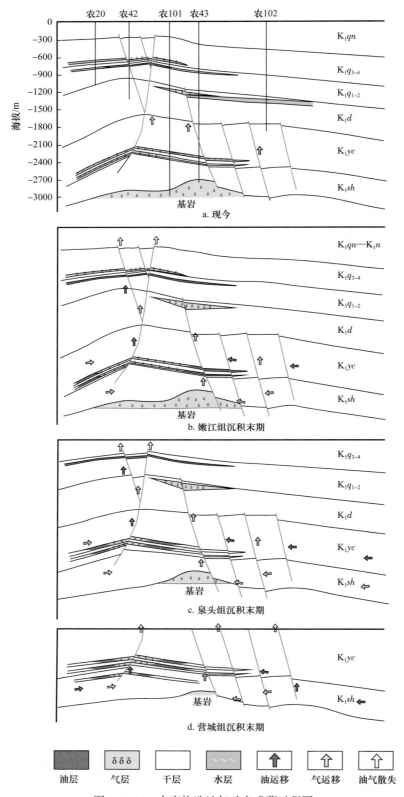

图 1-7-14　农安构造油气动态成藏过程图

然气气藏遭到破坏，同时在登娄库组局部地区形成岩性—构造次生气藏（图1-7-14c）。

随着地层持续埋深，至嫩江组沉积时期，凹陷主体沙河子组烃源岩进入过成熟演化阶段，生烃作用已有限，营城组也进入高过成熟阶段，生成的天然气进入沙河子组和营城组中聚集成藏，一部分也可进入上部泉头组等地层聚集。嫩江组沉积末期强烈的构造运动使得该地区地层遭受大规模剥蚀，断裂较为发育，原先在沙河子组和营城组储层中聚集成藏的原生气藏部分发生二次运聚，在泉头组形成新的气藏，同时也有部分天然气散失（图1-7-14b）。古近纪以后的新构造运动使得油气藏又部分遭到散失，特别是天然气散失更明显，导致天然气藏富集程度大大降低。新生代以来由于地层抬升，虽然生烃作用已停止，但由于地层压力的降低造成深部地层中以溶解和吸附状态赋存的天然气出溶或解吸，使得深层和浅层天然气藏获得一定程度的气源补充（图1-7-14a）。

第三节　气藏类型与成藏模式

松辽盆地南部深层沿断裂带多发育呈串珠状分布的断块、断鼻状构造，其次为穹隆和短轴背斜构造，长轴背斜不甚发育。相应的构造圈闭具有幅度大、面积小、数量多、类型丰富等特点，造成气藏类型众多，不同类型气藏分布规律及气藏系统特性各有不同。此外，不同地区、不同层位天然气在成藏过程中的运移通道、方向、时期以及圈闭类型、生储盖组合模式等方面也存在差异性，从而造成松辽盆地南部深层天然气成藏模式复杂多样。因此，本节重点对松辽盆地南部深层天然气的气藏类型以及不同地区、不同岩性的天然气成藏模式展开叙述。

一、天然气气藏类型

天然气气藏可按照圈闭成因、流体产状、压力系数、气体来源等进行多种方案的分类。在众多分类方案中，圈闭成因法分类不仅可以反映圈闭成因，而且还可以体现出气藏的成藏条件，能够有效地指导油气勘探，简便实用。吉林油田结合松辽盆地南部的天然气成藏特点，根据圈闭成因及形态，将松辽盆地南部已发现的气藏划分为构造、岩性、地层和复合四大类。

1. 构造气藏

构造气藏是指构造变形（如褶皱）或断裂形成的构造圈闭中的天然气聚集，在松辽盆地南部深层主要发育背斜和断层两类构造气藏。

1）背斜气藏

背斜气藏在松辽盆地南部分布较多，可细分为断背斜气藏和层状背斜油气藏。其中断背斜气藏具有统一的气水界面、有统一的压力系统、含气范围由最低闭合线控制等特点，万金塔构造气藏、茅山构造气藏属此种类型。层状背斜气藏在盆地南部已发现4个，包括红岗油田高台子、萨尔图和大老爷府油田高台子气藏等。此类气藏的特点表现如下：（1）气藏呈层状分布；（2）每个小层具有独立的气水界面；（3）层间具有不同的压力系统；（4）油气藏面积完全受背斜构造面积控制，即油气藏面积等于或小于构造闭合面积；（5）只有气藏边水，没有底水，部分有水夹层。

2）断层气藏

断层气藏在松辽盆地南部主要存在断块和断层遮挡两类，其中断块气藏多发育于构造斜坡部位，由构造上倾方向上的反向正断层沟通烃源岩、上覆泥岩侧向封堵形成有效圈闭。此类气藏在不同断块具有独立的气水界面和独立的压力系统，反向正断层控制油气分布。木南断块群和孤店油气田的泉头组气藏均属于此类型。断层遮挡气藏在盆地南部深层普遍存在，如小合隆气田合9块泉一段气藏、四家子油气田四6井和四2井泉一段（沙河子组）气藏、王府气田城4井和城5井泉一段气藏等。该类气藏有如下特点：（1）气藏多发育在完整的背斜被断层切割一侧；（2）天然气聚集在断层的高断块上，反向正断层天然气聚集在上盘，顺向正断层天然气聚集在下盘；（3）断层两侧的流体性质差别很大，具有不同的压力系统；（4）断距控制着含气高度。

2. 岩性气藏

岩性气藏指在因储层岩性或物性改变而形成圈闭中的天然气聚集。在松辽盆地南部发现的岩性气藏主要为砂岩透镜体、储层上倾尖灭和裂缝三类气藏。砂岩透镜体气藏主要发育在红岗、大安和新立的嫩四段、嫩五段，砂体类型为三角洲前缘—前三角洲砂体，砂体薄，延伸面积小，呈零散状分布，该类气藏的特点主要是气水分异差，含气范围受砂体展布控制。上倾尖灭气藏主要发育在新立—新北的嫩三段—嫩四段、农安北高点的泉一段和秦家构造秦1井、秦2井的营城组，具有如下特点：（1）气藏多发育在隆起构造周边的斜坡处；（2）含气面积由砂体尖灭线和构造圈闭线控制；（3）天然气分布在砂体尖灭带附近，有独立的气水界面和压力系统。裂缝岩性气藏以火山岩气藏为代表，以气孔或裂缝为储集空间，含气范围由火山岩体的展布控制。

3. 地层气藏

地层气藏主要指地层纵向沉积连续性中断而形成圈闭的天然气聚集，也就是与地层不整合有关的天然气藏，主要分布于盆地南部东南隆起区四家子—农安—万金塔构造上。根据气层的纵向分布，此类气藏进一步划分为两种类型：一种是位于不整合面以上，由地层尖灭而形成的地层超覆气藏，多发育在构造隆起的围斜处，如杨大城子杨203井营城组和沙河子组气藏、王府气田万18井泉一段气藏、农安南高点农104井泉一段气藏；另一种是位于不整合面以下由基岩风化壳形成的天然气藏，多发育在长期隆起的风化壳上，储层为风化壳的裂隙和孔洞，如农101井在基岩绢云母片岩的风化壳中获得少量气流。

4. 复合气藏

复合气藏是由两种或两种以上因素控制形成圈闭的天然气聚集，在松辽盆地南部分布比较普遍，中浅层及深层均有分布，如红岗、大安、大老爷府地区的嫩三段气藏，大老爷府、双坨子地区的姚家组和青山口组气藏，乾安地区的泉四段气藏以及双坨子、农安、大房身、小合隆地区的泉头组、登娄库组和营城组气藏。

松辽盆地南部最为常见的复合气藏是构造—岩性气藏和断层—岩性气藏。其中，构造—岩性或岩性—构造气藏主要发育在二级构造单元的过渡地带，受构造形态的制约，在二级构造单元的过渡地带沉积环境发生变化，并与构造有机配置，从而形成构造—岩性或岩性—构造型气藏，如扶余隆起带与红岗阶地之间的过渡地带以及长岭凹陷与华字井阶地的过渡地带均是该类气藏发育的有利地带。断层—岩性或岩性—断层气藏多发育在继承性古构造或后期反转作用形成的正反转构造上，如农安—万金塔构造带和双坨子—大老爷府构造带，长期发育继承性构造，且历经多次构造运动，发育的断裂沟通了深部烃源岩和浅部河流相储层，而河流相砂体横向变化快、分布不稳定，故而形成由断层和岩性双重控制的断层—岩性或岩性—断层气藏。此外，上盘向上逆冲所形成反转构造也是形成断层—岩性或岩性—断层气藏的主要场所。

二、成藏模式

松辽盆地南部深层常规天然气以次生碎屑岩气藏和火山岩气藏为主，非常规天然气以致密砂岩气藏为主。

1. 次生碎屑岩天然气成藏模式

次生碎屑岩气藏指的是断陷层（营城组、沙河子组、火石岭组）形成的气藏后期受嫩江组、明水组沉积时期区域构造运动影响，遭到破坏后以断裂为主要运移通道，在泉头组和登娄库组碎屑岩储层中再次聚集形成的气藏。纵向上主要分布于泉一段和登娄库组，平面上主要分布于伏龙泉、德惠、王府等后期反转作用较强的区带。储层以砂岩、细砂岩为主，埋深为500～2000m，孔隙度一般为10%～20%，渗透率大于1mD，泉二段泥岩可作为良好的区域盖层，形成构造气藏或岩性—构造气藏（图1-7-15）。

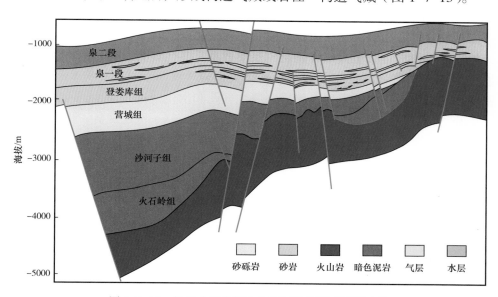

图1-7-15　松辽盆地南部次生碎屑岩气藏成藏模式图

2. 火山岩气藏成藏模式

火山岩气藏是指赋存于火山岩储层中的气藏，松辽盆地南部火山岩气藏纵向上主要发育于营城组和火石岭组，平面上英台、王府、长岭、德惠四个断陷最为发育。火山岩主要发育两种类型成藏模式：源上火山岩成藏模式和侧源火山岩成藏模式。

源上火山岩成藏模式的特点为烃源岩位于火山岩下部，通过断层或者火山岩自身向上运移至火山岩上部储层聚集成藏。代表气藏为龙深1气藏、长岭Ⅰ号气藏等。火山岩储层原生孔隙、次生孔隙和裂缝均有发育，储集空间类型多，孔隙结构复杂，次生孔隙发育，非均质性强。同时火山岩储层裂缝发育，断裂内流体较活跃，产生的次生孔隙沿断裂呈串珠状分布。断裂沟通了原生孔隙和次生孔隙，改善了火山岩储层物性，使气藏具有统一的气水界面。天然气分布主要受构造控制，气藏类型为岩性—构造气藏（图1-7-16）。

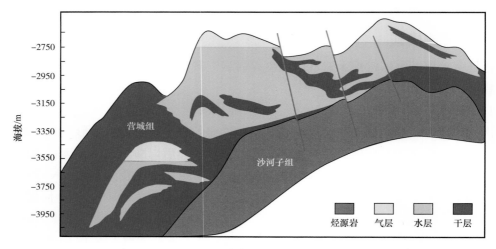

图1-7-16　松辽盆地南部源上火山岩气藏成藏模式

第二种成藏模式为侧源火山岩成藏模式，火山岩储层与烃源岩侧向对接，烃源岩生成的天然气通过侧向运移至火山岩储层中聚集成藏，其代表为王府断陷火石岭组气藏和德惠断陷营城组气藏。以王府断陷火石岭组火山岩气藏为例，火山岩岩性主要为流纹岩、粗安岩和粗安质火山碎屑岩，储层以原生气孔和次生溶蚀孔为主，气源来自侧向的火石岭组和沙河子组烃源岩，烃源岩供烃窗口的高度控制了气层底界，储层与烃源岩侧向对接形成岩性—构造和构造—岩性气藏（图1-7-17）。

3. 致密砂岩气成藏模式

致密砂岩气又称致密气，通常指低渗透—特低渗透砂岩储层中，无自然产能，需通过大规模压裂或特殊采气工艺技术才能产出具有经济价值的天然气。松南深层致密气纵向上主要集中于火石岭组、沙河子组和营二段，埋深一般大于3500m，孔隙度为3%～10%，渗透率为0.01～1mD，为源储一体自生自储型岩性气藏（图1-7-18）。致密砂岩气藏具有连片成藏、运移距离短的特点。以英台断陷营城组二段致密砂岩气藏为例，英台断陷营二段岩性组合为暗色泥岩与沉火山碎屑岩交互沉积，暗色泥岩有机质丰度从0.6%～4.3%均有分布，但一般大于1%，有机质类型以Ⅱ型为主，镜质组反射率为1.21%～2.2%，一般大于1.35%，处于高成熟—过成熟阶段，生气强度为$300 \times 10^8 \sim 700 \times 10^8 m^3/km^2$；沉火山碎屑岩随深度增加，原生孔逐渐减少，溶蚀孔、微裂缝逐渐增多，含砾粗砂岩（含凝灰质）溶蚀孔相对发育，物性较好，粒度越细物性越差。勘探实践证实英台断陷营二段在有效烃源岩分布区内整体含气，但不同地区之间气

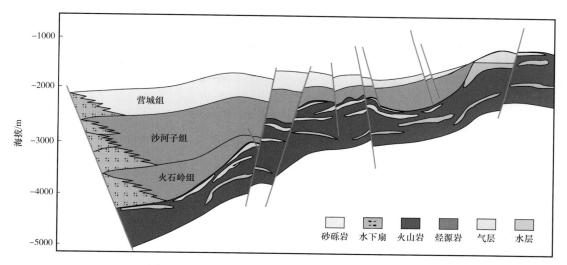

图 1-7-17　松辽盆地南部侧源火山岩气藏成藏模式

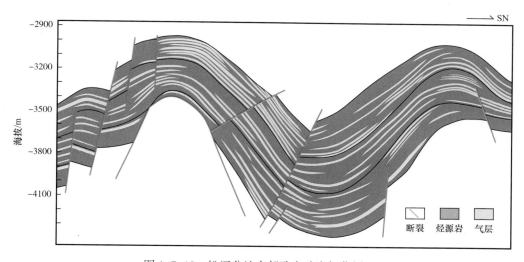

图 1-7-18　松辽盆地南部致密砂岩气藏剖面图

层的厚度及含气饱和度均存在差异。研究认为这主要是由于烃源岩和储层品质的差异造成的，紧邻优质烃源岩的有效储层物性越好，气藏饱和度越大，产能越高；而远离优质烃源岩或有效储层不发育区气层厚度小，饱和度低。

第四节　天然气分布与控制因素

气藏成藏各要素往往是在一定构造和沉积背景下形成的，这些要素按某种成因有机组合在一起，会使得气藏的分布规律和控制因素有迹可循。弄清天然气的分布规律和成藏控制因素，对下一步天然气勘探具有重要的指导意义。本节重点对松辽盆地南部气藏垂向和平面的分布规律进行详细阐述，并对各类气藏的控制因素进行总结。

一、天然气分布规律

松辽盆地南部具有下断上坳双重结构，断陷层和坳陷层在不同沉积构造条件下形成的源储类型、生储盖组合方式等有所不同，从而造成松辽盆地南部自浅层至深层的气藏类型、含气组合方式、平面分布特征存在差异。如烃源岩母质类型及演化程度在宏观上便控制着气藏的纵向和平面分布，以腐泥型、腐殖—腐泥型为主的坳陷层烃源岩主要形成油型气，为中浅层气藏提供气源；而断陷层的腐殖型、腐泥—腐殖型煤系泥岩是深层煤型气的主要来源。

1. 天然气纵向分布特征

松辽盆地南部自白垩系明水组至基岩均有天然气分布（深度分布在 150～5442m），其中，明水组至泉四段气源主要来自坳陷层青山口组和嫩江组烃源岩；泉三段至基底气源主要来自断陷层营城组、沙河子组和火石岭组烃源岩。按照坳陷层、断陷层两套含油气系统及其生、储、盖纵向匹配关系，将松辽盆地南部天然气纵向上划分为 8 套含气组合，中浅层和深层各 4 套（图 1-7-19）。

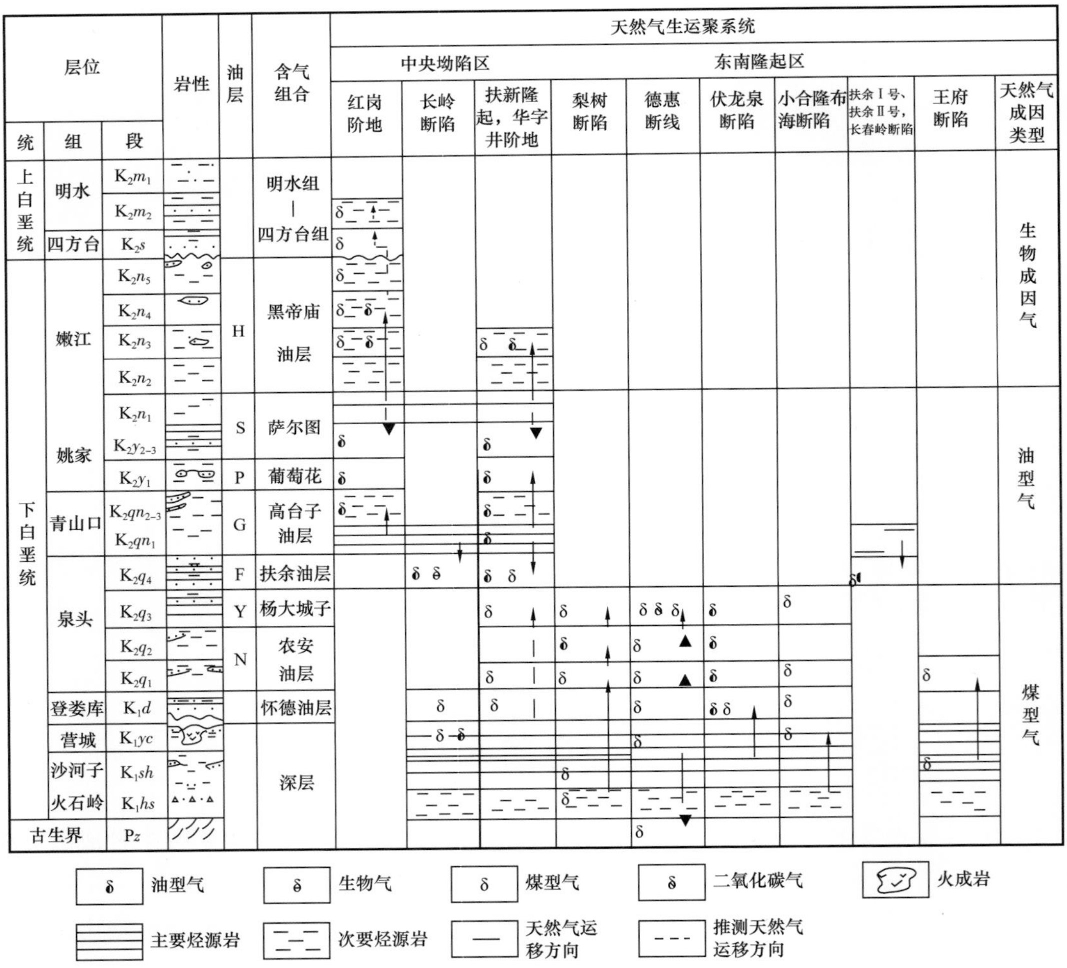

层位			岩性	油层	含气组合	天然气生运聚系统									天然气成因类型
						中央坳陷区			东南隆起区						
统	组	段				红岗阶地	长岭断陷	扶新隆起，华字井阶地	梨树断陷	德惠断线	伏龙泉断陷	小合隆布海断陷	扶余Ⅰ号、扶余Ⅱ号、长春岭断陷	王府断陷	
上白垩统	明水	K₂m₁			明水组—四方台组										生物成因气
		K₂m₂				δ									
	四方台	K₂s				δ									
	嫩江	K₂n₅		H	黑帝庙油层	δ									
		K₂n₄				δ δ									
		K₂n₃				δ		δ							
		K₂n₂													
下白垩统	姚家	K₂n₁		S	萨尔图	δ		δ							油型气
		K₂y₂₋₃													
		K₂y₁		P	葡萄花	δ		δ							
	青山口	K₂qn₂₋₃		G	高台子油层	δ		δ						δ	
		K₂qn₁													
	泉头	K₂q₄		F	扶余油层	δ δ		δ δ						δ	
		K₂q₃		Y	杨大城子	δ		δ	δ δ δ	δ	δ				煤型气
		K₂q₂		N	农安油层			δ	δ	δ	▲				
		K₂q₁						δ	δ		▲			δ	
	登娄库	K₁d			怀德油层	δ	δ	δ	δ δ						
	营城	K₁yc				δ-δ									
	沙河子	K₁sh		深层				δ							
	火石岭	K₁hs						δ	δ					δ	
	古生界	Pz							δ						

图 1-7-19　松辽盆地南部天然气纵向含气组合分布图

1）中浅层含气组合

（1）明水组—四方台组含气组合。

烃源岩主要来自明一段及嫩江组四段、五段，储气层为三角洲前缘砂体，明一段上部泥岩为封盖层，形成自生自储或下生上储型含气组合，以气层气和水溶气型产状的生物气为主；目前已在红岗阶地明水组和大安地区四方台组发现该含气组合的构造气藏（表1-7-1）。

表1-7-1　松辽盆地南部气藏类型及纵向分布一览表

含气组合	地区	层位	油气藏类型	储层沉积相
明水组—四方台组含气组合	红岗、大安	K_2s、K_2m	构造	三角洲前缘相
黑帝庙含气组合	红岗、大安、大老爷府、新北	K_2n_3	构造—岩性、上倾尖灭	三角洲前缘—前三角洲相
萨—葡—高含气组合	红岗	K_2y_{2+3}	层状背斜	三角洲前缘相
	双坨子		断层—岩性	三角洲前缘相
	大老爷府	K_2y_1	断层—岩性	三角洲前缘相
	大老爷府、双坨子	K_2qn	断层—岩性	三角洲前缘相
	红岗		层状背斜	
扶余含气组合	大老爷府	K_2q_4	层状背斜、断层—岩性	河流相
深层含气组合	双坨子	K_2q_3	岩性—断块	河流相
	长岭	K_1yc	构造	火山岩

（2）黑帝庙含气组合。

烃源岩主要为嫩江组一段、二段暗色泥岩，嫩三段—嫩五段暗色泥岩也具有一定生烃潜量；储层为嫩二段—嫩五段三角洲前缘和前三角洲相砂体；天然气以断层或裂隙作为运移通道，层间泥岩作为直接盖层，形成自生自储或下生上储型含气组合，多表现为气层气型产状的生物气和低熟油型气；目前已在大安地区的嫩四段、嫩五段和红岗、大老爷府、新北地区的嫩三段发现该组合的岩性气藏（表1-7-1）。

（3）萨—葡—高含气组合。

指姚家组、青山口组气层，烃源岩主要为嫩江组一段和青山口组一段，具有上下双向供烃的特征；含气层位多集中在萨尔图油层和高台子油层青三段，形成上生下储、下生上储、自生自储复合式含气组合；天然气成因类型为油型气，含气产状上部为气层气、气顶气，下部为溶解气；目前已发现四方坨子和英台地区萨尔图油层的岩性—构造油气藏，红岗阶地萨尔图、高台子油层以及大老爷府地区的葡萄花、高台子油层层状饱和构造油气藏，双坨子地区高台子油层的断层—岩性油气藏（表1-7-1）。

（4）扶余含气组合。

烃源岩为青山口组一段，也为该含气组合区域盖层，储气层为泉四段河流相和三角洲相储集体，形成上生下储型含气组合；天然气成因类型为油型气和少量煤型气、生物气，含气产状为气层气、气顶气；目前已在前旗和木南地区发现该组合的断块气藏以及双坨子、大老爷府地区的背斜构造油气藏（表1-7-1）。该含气组合中除了烃类气藏，还发现由幔源岩浆热液脱气或高温热液作用碳酸盐岩矿物分解形成的二氧化碳气藏；二氧化碳气通过断裂和砂体运移到泉四段，形成下生上储型含气组合，多以气层气和气顶气产状产出；目前 CO_2 气藏主要为乾安地区的构造气藏和孤店地区的断层—岩性气藏。

2）深层含气组合

（1）杨大城子含气组合。

烃类气主要源自断陷层营城组、沙河子组和火石岭组暗色泥岩，局部也可来自青山口组烃源岩，以断层为主要输导体系运移到泉三段，形成上、下双向供烃的煤型、油型的混合气；泉三段上部具有异常孔隙压力的泥岩有效地封堵下伏气层，成为良好的局部盖层，形成下生上储和上生下储型含气组合；天然气成因类型主要为煤型气，存在少量的油型气，含气产状主要为气层气；泉三段二氧化碳气源同泉四段相似，也为幔源岩浆成因。已发现的烃类气藏主要分布在英台、双坨子、伏龙泉、农安、布海、小合隆、四家子等地区，二氧化碳气藏主要分布在万金塔、鲍家、神字井等地区，气藏类型均为断层—岩性气藏。

（2）农安含气组合。

气源来自断陷层营城组、沙河子组和火石岭组烃源岩，天然气沿断层、不整合面及储层运移到泉一段、泉二段曲流河、辫状河砂体中，泉二段泥岩发育作为良好的局部盖层，形成下生上储含气组合。目前已在双坨子、伏龙泉、四家子、农安、小城子、布海、小合隆等地区发现该含气组合的岩性—构造和构造—岩性气藏，在英台断陷的五棵树地区和王府断陷高家店地区也发现该含气组合的地层超覆型气藏。

（3）怀德含气组合。

气源来自登娄库组自身或断陷层营城组、沙河子组和火石岭组烃源岩，沿断层、不整合面和砂体运移至登娄库组储层中，登娄库组层间泥岩和泉一段下部泥岩为直接盖层，形成下生上储型和自生自储型含气组合。目前已发现长岭Ⅰ号、大老爷府、双坨子、伏龙泉、小城子、小合隆等地区的岩性—构造气藏和英台断陷五棵树地区的地层超覆气藏。

（4）深部含气组合。

深部含气组合指营城组至基底气层，烃类气主要来自营城组、沙河子组和火山岭组烃源岩，二氧化碳气主要来自幔源岩浆热液脱气或高温热液作用碳酸盐受热分解，储层为水下扇、扇三角洲、湖底扇、辫状河三角洲砂体以及火山岩和基岩，层间泥岩、致密储层或上覆地层泥岩作为良好的直接盖层，形成自生自储、下生上储以及侧生侧储型含气组合。该含气组合是松辽盆地南部天然气勘探的主要目标，以致密岩性气藏和火山岩气藏居多，如在英台断陷的营二段、孤店断陷的沙河子组、哈什坨次洼的沙河子组、伏龙泉次洼的沙河子组和火二段、双坨子西地区的营城组和火二段、小城子地区的沙河子组和火二段、华家地区的沙河子组和火三段、鲍家和合隆地区的营城组均发现致密岩性气藏；在五棵树、长岭Ⅰ号、黑帝庙、神字井、神北、鲍家等地区的营城组以及伏龙泉、孤店、小城子、苏家、双辽等地区的火石岭组均发现火山岩气藏；此外，在德惠断陷农103井还发现基岩气藏。

2. 天然气平面分布规律

1）中浅层天然气平面分布

中浅层天然气指泉三段以上地层天然气（由于泉三段天然气以煤型气为主，气源主要来自断陷层烃源岩，归到深层含气组合），为坳陷期发育的腐泥型、腐殖—腐泥型有机质生成的生物气和油型气，主要分布于中央坳陷区。宏观上受明水组—嫩二段和嫩一段—青一段两套气源层系控制，天然气主要分布于生烃凹陷两侧的阶地地带。根据天然气成因类型和分布，将中央坳陷区划分东、西两个含气区7个油气聚集带。

（1）中央坳陷区西部生物气、油型气含气区。

该含气区位于红岗—大安阶地，为明水组—四方台组含气组合、黑帝庙含气组合和萨尔图—葡萄花—高台子油层含气组合，天然气平面上分布于后期形成的反转构造带和由差异压实形成的低幅构造带上，目前已发现四方坨子、英台、红岗和大安等多个气田或气藏。

依据气藏分布特点划分3个含气聚集带：① 四方坨子—英台油型气低幅构造聚集带，位于红岗—大安阶地北部，主要分布在姚二段+姚三段和青三段；② 红岗生物气、油型气叠合分布反转构造聚集带，位于红岗—大安阶地南部，主要分布在明一段、嫩三段、姚家组、青山口组；③ 大安生物气、油型气反转构造聚集带，位于红岗—大安阶地南部，主要分布在四方台组、嫩三段—嫩五段。

（2）中央坳陷东部油型气、二氧化碳气含气区。

该含气区位于中央坳陷区扶新隆起带和华字井阶地的嫩三段、姚二段+姚三段、青二段+青三段和泉四段，为黑帝庙油层、萨—葡—高和扶余含气组合；天然气平面上分布于后期形成的反转构造带、长期发育的继承性构造带以及T_1、T_2反射层构造转折部位的低幅构造带上，目前已发现新立、扶余、木南、乾安、孤店、大老爷府和双坨子油气田。

依气藏分布特点划分4个油气聚集带：① 新立—新北油型气鼻状构造聚集带，位于扶新隆起带西部，天然气分布于嫩三段；② 扶余—木南油型气断块构造聚集带，位于扶新隆起带东部，天然气分布于泉四段；③ 乾安—孤店以CO_2为主的混合气断块构造聚集带，位于华字井阶地中部，天然气分布于泉四段，以无机成因CO_2为主，油型气少许；④ 大老爷府—双坨子油型气背斜构造聚集带，位于华字井阶地南部，天然气分布于嫩三段、姚二段+姚三段和青二段+青三段。

2）深层天然气平面分布

深层天然气位于泉三段及以下地层，气源岩主要为断陷期煤系烃源岩，以腐殖型、腐殖—腐泥型为主，形成煤型气和少量油型气。天然气分布宏观上受营城组、沙河子组和火石岭组三套气源层系的控制，平面上位于断陷期烃源岩分布的范围内，垂向上主要分布于泉三段—登娄库组的常规碎屑岩、生烃洼槽内火石岭组—登娄库组（局部）的致密碎屑岩（火山岩）以及下伏地层的基岩中。受成藏要素及运聚机理差异的影响，深层不同类型气藏的分布特征有所不同。

（1）常规碎屑岩气藏分布。

常规碎屑岩气藏为下生上储型次生气藏，天然气分布于泉一段—泉三段和登娄库组，平面上受控于北东走向的继承性披覆构造带或后期形成的反转构造带。各层位天然气藏形成的主控因素有所差异，其气藏类型也有所不同，如泉二段、泉三段为断层—岩性气藏，泉一段主要为构造—岩性和岩性—构造气藏，登娄库组主要为构造气藏（局部发育自生自储的岩性气藏或断层—岩性气藏）。

目前已发现英台、双坨子、大老爷府、伏龙泉、小城子、农安—万金塔、合隆—布海、苏家、茅山—四家子等多个常规碎屑岩气田和气藏。依据天然气成因类型及气藏分布特点划分 7 个天然气聚集带：① 英台煤型气鼻状构造聚集带，位于英台断陷五棵树鼻状构造带上，天然气分布于泉一段—泉三段和登娄库组；② 双坨子—大老爷府煤型气背斜构造聚集带，位于长岭断陷双坨子—大老爷府继承性发育的披覆构造带上，天然气分布于泉三段、泉一段和登娄库组；③ 伏龙泉油型气背斜构造聚集带，位于长岭断陷伏龙泉反转构造带上，天然气分布于泉三段、泉一段、登娄库组和营城组；④ 小城子煤型气断块构造聚集带，位于王府断陷小城子西倾鼻状构造带上，垂向上分布于泉一段和登娄库组；⑤农安、万金塔油型气、煤型气和二氧化碳气背斜构造聚集带，位于德惠断陷农安至万金塔北东向走滑反转构造带上，天然气分布于泉三段、泉一段和登娄库组；⑥ 茅山—四家子煤型气断块构造聚集带，位于梨树断陷茅山至四家子北东向走滑反转构造带上，天然气分布于泉三段、泉一段；⑦ 布海—小合隆煤型气背斜构造聚集带，位于德惠断陷小合隆至布海反转构造带上，天然气分布于泉三段、泉一段和登娄库组。

（2）致密碎屑岩、火山岩、基岩气藏分布。

致密碎屑岩气藏受岩性控制，为自生自储型原生岩性气藏；火山岩气藏受构造和储层物性双重控制，存在下生上储和侧生侧储两种类型，为原生或次岩性—构造或构造—岩性气藏；基岩气藏的储层岩性和物性变化快，其分布受岩性控制，为原生或次生岩性气藏，生储组合方式与火山岩气藏类似。烃类气主要分布于各断陷生烃洼槽内的致密碎屑岩或邻近洼槽的火山岩、基岩中，而二氧化碳气藏的分布则受控于与岩浆活动相关的深大断裂。

目前松辽盆地南部自西向东发现英台、长岭Ⅰ号、神字井、孤店、华家、双辽等 14 个致密碎屑岩、火山岩或基岩气藏气田或气藏：① 英台火山岩、致密碎屑岩煤型气田（藏），分布于西部断陷带英台断陷的营一段、营二段；② 长岭Ⅰ号、达尔罕火山岩煤型气和二氧化碳气混合气田（藏），分布于长岭断陷中部凸起带的营一段；③ 神字井火山岩二氧化碳气藏，分布于长岭断陷中部凸起带西部的营城组；④ 黑帝庙火山岩二氧化碳气藏，分布于长岭断陷北部洼槽的营城组；⑤ 双坨子、查干花致密碎屑岩煤型气藏，分布于长岭断陷查干花洼槽内的营城组和火石岭组；⑥ 伏龙泉致密碎屑岩煤型气藏，分布于长岭断陷东部斜坡带伏龙泉洼槽内的沙河子组和火石岭组；⑦ 哈什坨致密碎屑岩、火山岩煤型气藏，分布于长岭断陷东部斜坡带哈什坨洼槽西部的营城组和沙河子组；⑧ 孤店致密碎屑岩、火山岩煤型气藏，分布于孤店断陷东部斜坡带和中部隆起带的沙河子组和火石岭组；⑨ 小城子火山岩、致密碎屑岩煤型气藏，分布于王府断陷小城子洼槽内的沙河子组一段至三段和火石岭组一段、二段；⑩ 华家—鲍家基岩、火山岩、致密碎屑岩煤型气藏，位于德惠华家洼槽和鲍家洼槽内，天然气分布于营城组、火石岭组和基底；⑪ 金山—崔家致密碎屑岩煤型气藏，分布于梨树断陷金山洼槽南部的营城组、沙河子组和火石岭组；⑫ 后五家户—八屋—皮家致密碎屑岩煤型气田（藏），分布于梨树断陷金山洼槽北部的营城组；⑬ 桑树台基岩煤型气藏，位于梨树断陷西桑树台古隆起带上，天然气分布于基底；⑭ 双辽火山岩煤型气藏，分布于双辽断陷南部洼槽的火石岭组。

纵观松辽盆地南部天然气分布，纵向上天然气含气井段长、层位多，各种类型气藏上下叠置，具有复式气藏的特点；平面上天然气分布受控于断陷层和坳陷层两套烃源岩，具有呈带状、片状展布特点。

二、天然气成藏控制因素

地质条件下，天然气的扩散损失是一个普遍存在的过程，正是这种普遍性使天然气的保存条件成为天然气富集的重要控制因素之一。此外，正是由于天然气的易扩散性，使得烃源岩内生成的烃类气较易排出，故此，烃源岩的品质及分布成为天然气富集的另一重要因素。天然气的生成和保存条件是决定其可能的富集规模和分布规律的全局性、战略性的制约因素，即生成、保存条件越好的盆地或地区，天然气富集的程度将越高。但就天然气的成藏来说，主控因素还应包括储层、运移输导、圈闭等成藏要素。

松辽盆地南部气藏类型众多，虽然成藏六要素对气藏的形成必不可少，但由于天然气成因、生储盖组合方式以及气藏分布区域（层位）等方面的差异，致使各要素在不同类型气藏成藏控因中存在主次之分。阐明松辽盆地南部中浅层至深层各类气藏的成藏主控因素，对认识松辽盆地南部天然气成藏特征、富集规律以及指导下一步勘探开发均具有重要的意义。

1. 中浅层天然气成藏控制因素

松辽盆地南部中浅层天然气发育油溶气和生物气，其中油溶气与原油伴生，其成藏控制因素在第六章中也已论述，这里仅介绍松辽盆地南部中浅层明水组生物气的成藏地质条件及关键控制因素。

生物成因气是指在还原环境中生物化学作用带内（或成岩作用早期）有机质因微生物群体的发酵和合成作用生成的天然气，通常出现在较浅的未成熟沉积物中。根据生气时间早晚和生烃母质以及微生物生存环境的不同，生物气可划分为原生生物气（包括常规生物气、煤层原生生物气和低熟气）和次生生物气［包括原油菌解气、浅层次生蚀变改造型气、晚期生物成因气和煤层（页岩）菌解气］。生物气形成的前提条件是有大量的厌氧微生物存在且含有高比例的产甲烷菌。一般认为，厌氧微生物及产甲烷菌不具有直接分解有机质的能力，但靠发酵菌和硫酸盐还原菌分解有机质产生的 CO_2、H_2 和乙酸后，取得碳源并与氢结合生成甲烷。生物气形成条件较为苛刻，包括适宜的温度、强还原环境、近中性水介质、气候条件等；此外，良好的烃源岩和储盖条件也是生物气藏形成的关键因素。

1）温度条件

一般把生物气成气的下限确定为 80℃，主生气带为 25～60℃，主峰常在 35℃左右。在正常地温梯度（3℃/100m）下，考虑到有耐高温的产甲烷菌存在，可以认为，在

2000m 以内都是属于生物气可能形成的范围。松辽盆地是一个高地温场的盆地，地温梯度从平面上看变化较大，具有中部高、边部变低、环状分布的特点。松辽盆地南部从明水组到青山口组各个层段的地温梯度变化不大，大多数在 3.3℃/100m，低于全盆地的平均值，展现出生物气形成的良好温度条件。

2）沉积速率

持续沉降、快速沉积作用是生物气形成的重要地质条件。研究表明，快速沉积作用使得有机质能较快地埋藏保存，在持续的沉降作用下进入还原环境，使有机质避免氧化破坏，从而为微生物群落的生存和繁殖创造有利的环境和物质条件，在生物化学作用下有利于甲烷的生成。松辽盆地南部自白垩系泉头组至嫩江组沉积时期，是大型沉积坳陷形成和发展的全盛时期。这个时期形成的河湖相碎屑沉积总厚度可达 3000m 以上，在以沉降为主伴随波动上升的总趋势下，当沉降速率大于沉积补偿速率时，湖区范围扩大，沉积了较大面积的泥质岩；同时，有机质也得到了较好的保存，为后来浅层气的生成提供了物质基础。

3）强还原和近中性的水介质条件

封闭还原环境是有机物向烃类转化必不可少的条件。在自然地质条件下，只有氧、硝酸盐和绝大部分硫酸盐被还原之后形成的还原环境中，产甲烷菌才能生长。松辽盆地南部嫩一段以上地层 SO_4^{2-} 含量普遍低于 200mg/L，尤其是嫩四段至明水组 SO_4^{2-} 含量均值低于 80mg/L，显示出地层水还原程度高，拥有产甲烷菌生长的良好还原环境。

产甲烷菌须在含水的环境中生长，因此其生长必定受水介质中 pH 值的制约，产甲烷菌适于在中性的水中生长繁殖，pH 值范围为 5.9~8.8，最佳范围为 6.8~7.8。松辽盆地南部自姚家组至明水组地层水 pH 值适中，主频分布在 6.0~8.0 之间，占到总数的 69.0%；而处于前述的最适产甲烷菌 pH 值区间（6.8~7.8）的样品占总样品的 50.4%。因此，各个层段的地层水 pH 值均适于产甲烷菌生长。

4）气候条件

气候因素间接地影响和控制浅层气的生成与富集。国外研究表明，温度对甲烷生成有显著的影响，如在门多塔湖五月（气温 16℃）甲烷的生成速率比一月（气温 4℃）高 100~400 倍，在库兹尼奇哈湖和切纽伊基切湖沉积物中夏季比冬季高 1~2 个数量级。松辽盆地在晚白垩世气候主要为干热—温湿—干热的周期性转化，有利于甲烷气的生成。

5）烃源岩条件

丰富的有机质是生物气形成的基本物质基础。根据吉林油田 2006 年对松辽盆地南部烃源岩评价结果，属于Ⅰ类和Ⅱ类生物气气源岩的占 55.1%（TOC>1%），而只有不到 3% 的样品 TOC 含量小于 0.25%（Ⅳ类气源岩），显示出该区中浅层烃源岩 TOC 含量普遍较高，为生物气的生成提供了强有力的物质保证。

6）储层条件

由于生物气的生成主要限于未成熟烃源岩段，而生物气的储层可能多种多样，根据现有的勘探成果（已发现的气藏）和气显示，生物气的储层也主要分布于未成熟烃源岩段内，成岩演化阶段处于同生成岩阶段到早成岩阶段。因此，生物气储层埋藏浅，结构疏松，砂岩和粉砂岩具高孔、高渗特征。明水气藏储层物性较好，孔隙度介于 26.8%～31.4%，渗透率介于 41.8～822mD，属于高孔中—高渗储层。因此，松辽盆地南部不缺乏生物气的储集条件。

7）盖层条件

盖层和保存条件亦是油气成藏的重要因素，对天然气藏的形成更是如此，对成岩程度较低的生物气聚集环境则尤为重要。好的盖层无疑必须具有低渗透性，但若渗透率较高，盖层的厚度就变得更为重要，因为较大的厚度可以补偿渗透性较好的不足以便有利于提高盖层的封盖能力。松辽盆地南部明水组一段上部黑色泥岩厚度为 20～25m，在盆地内稳定分布，可有效地阻挡和减缓明水组和四方台子组生物气散逸。

总体来说，松辽盆地南部具有广泛的适宜甲烷菌繁殖发酵的沉积环境，源储盖条件良好，特别是红岗—大安阶地及东南隆起区长春岭—扶余Ⅰ号—登娄库背斜带，是生物气形成和聚集的有利场所。

2.深层天然气成藏控制因素

1）烃源岩的控制作用

一个盆地或探区天然气的分布规律和富集规模首先取决于烃源岩的分布特征及生烃量。尤其是松辽盆地南部深层的断陷盆地，由于横向分割性强、相变快，气源条件对气藏分布及规模的控制更为突出。因此，不难理解，深层气源岩的发育规模及其优劣将控制着气藏的分布及其规模。

由于松辽盆地南部断陷期地层普遍埋深大、成熟度高，尤其是在中西部断陷，普遍达到高成熟—过成熟阶段，腐殖型和混合型的有机质均以成气为主。故而，深层的气源条件的优劣受有机质类型及成熟度影响较小，烃源岩的发育规模、厚度及有机质丰度等对气藏的控制作用凸显。一般来说，只要断陷期具有深水沉积环境或沼泽相环境并能较为稳定地保持一段时间，就不乏优质气源岩的发育。因此，深层天然气的勘探潜力及其有利方向的明确首先需要落实暗色泥岩（煤层）的分布特征及发育规模。

火山岩位于生烃凹陷（岩系）中或位于其附近，是火山岩油气藏形成的首要条件。火山岩裂缝孔隙等储集空间的不连续性也决定了气藏短距离运聚。日本储量较大的火山岩气田，如见附、吉笋气田、古近系—新近系酸性火山岩中流纹岩油藏就在烃源岩厚度大的生烃岩系中。而在烃源岩厚度较薄、离生烃凹陷较远的火山岩中，只发现可采储量较小的气田，如东三条气田、本成寺气田。在国内准噶尔盆地二叠系火山岩地层中发现的克82井区、克561井区等火山岩气藏，也都分布在邻近的主生烃凹陷周围。松辽盆地南部深层断陷目前发现的火山岩气藏也不例外，如长岭Ⅰ号气藏（图1-7-20）、龙深1气藏、农安气藏等都分布在深部断陷沙河子组暗色泥岩附近，彰显了气源岩生气中心的分布控制了火山岩气藏的分布。

2）早期圈闭及反转期的圈闭

（1）天然气运移聚集过程发生在重要的区域性构造反转之前。

古近纪末，松辽盆地区域上发生强烈的压扭性构造运动，形成了包括大庆长垣在内的广泛分布的反转构造。由于松辽中浅层的油气运聚主要与该期构造同步，所以中浅层的油气评价工作主要是对该期圈闭及其相关的隐伏圈闭进行评价。

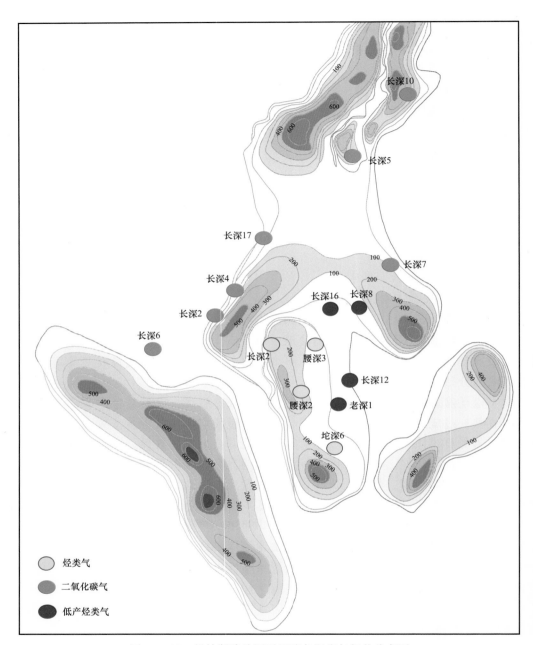

图 1-7-20　长岭断陷沙河子组暗色泥岩与气井分布图

　　但是，深层天然气的运聚成藏，则主要发生在泉头组—姚家组沉积时期，推测准确地质时期对应于青山口组一段沉积结束后大量分布于 T_2 反射层的断层形成时期。火石岭组烃源岩与沙河子组烃源岩的生气高峰均集中于 120Ma 与 80Ma 两期。所以，对深层天然气原生气藏来说，很多规模很大的晚期背斜，事实上是无效构造。因此，只有在青山口组，至少在姚家组沉积之前形成的圈闭，才有利于原生火山岩气藏的形成。

　　（2）继承性发育的古隆起是天然气运聚的有利指向区。

　　继承性古隆起是断陷盆地油气运移的长期指向，对天然气成藏具有明显的控制作用。并且继承性古隆起往往邻近不止一个生烃凹陷，供烃时间早，持续时间长，气源充足。古隆起在不同的时期，对成藏所起的控制作用也不一样。在沉积时期，古隆起的地质构造会制约沉积物的供给和分配。在成藏期，古隆起控制着天然气的运聚。在后期构造调整期，古隆起影响着天然气的再分配。日本新潟地区的东新潟气田和颈城油气田、新近系"绿色凝灰岩"油藏是火山岩组成的古地理锥状隆起后继承性发展为背斜而捕集油气的。

长岭断陷哈尔金长期发育的继承性构造是在沙河子组沉积末期，由于控陷断层的压扭性活动，地层发生褶皱反转，形成的隆洼相间的构造格局。构造东部发育一条控制沉积的主干断裂，其他断裂发育规模较小。根据断裂规模、成因及纵向展布特点，可将该区断裂划分为三个发育期：第一个时期为断陷期断裂，主要发育于构造东部，为高角度的拉张正断层，该断裂发育于火石岭组，发展于 T_4 界面，后期继承性发育，消失在青山口组，为油气聚集提供了良好的通道；第二个时期为坳陷期断裂，主要发育于构造的翼部，表现为高角度的同生正断层，发育在 T_3—T_2 界面，这些断裂沟通浅部储层，易形成次生油气藏；第三个时期为反转期断裂，表现为高角度的剪切正断层，发育在青山口组以上，对深部油气藏没有影响。总之，断陷期断裂对深层油气运移和富集起到控制作用。火山作用可形成高出周围地形的隆起，在暴露期间的淋滤、风化作用使物性得以改善，之后的沉降埋藏期间保留着古隆起的形态，成为天然气运移的有利指向，这可能是深层火山岩储层比较富气的原因之一。如英台断陷龙深 1 井区的构造发育史（图 1-7-21）显示，该区在登娄库组沉积后营城组和沙河子组构造已基本定型，之后的构造作用对深层的影响不大。登娄库组之下的营城组火山岩构成的古隆起，成为天然气长期运移的指向，从而使该区成为松辽盆地南部的重要富气区。

营城组沉积末期强烈的区域性挤压作用，在松辽盆地东南隆起区的构造形迹普遍可见，该期挤压作用造成的构造形迹在德惠断陷内形成了沿万 17 井—农 101 井—德深 2 井—德深 1 井—德深 4 井—合 3 井一线雁行排列的 4 个挤压背斜带（图 1-7-22），并伴有逆断层的产生。

（3）原生气藏的破坏与次生气藏、无机 CO_2 气藏的形成。

反转萎缩期，即古近纪末期挤压改造作用在东南隆起区的中西部较强烈，形成了农安—杨大城子大型挤压背斜带。该背斜带在 T_3（登娄库组顶面）地震反射层以上背斜形态完整；而 T_4（营城组顶面）地震反射层以下，次级断裂发育，破坏了背斜形态，但仍可识别出后期挤压所形成的隆起形态。

晚期构造的发生，对原生气藏构成了强烈的破坏作用。东南隆起区中浅层系，特别是杨大城子层系中的天然气显示，即是原生气藏遭受破坏而散失的结果。

但在诸项条件配置较好时，断层作为运移通道，常常可在晚期构造中形成次生有机气藏。长春岭背斜扶杨层系中形成的三站等气田即为此类气藏。

在天然气碳同位素频率分布上，深层天然气的甲烷碳同位素主要分布范围为 $-30‰$～$-20‰$。扶、杨油层天然气碳同位素分布范围比较大（图 1-7-23），但是大部分样品与深层天然气碳同位素相吻合，少部分样品为 $\delta^{13}C_1$ 小于 $-40‰$。表明该区扶杨油层天然气主要来自深层烃源岩。

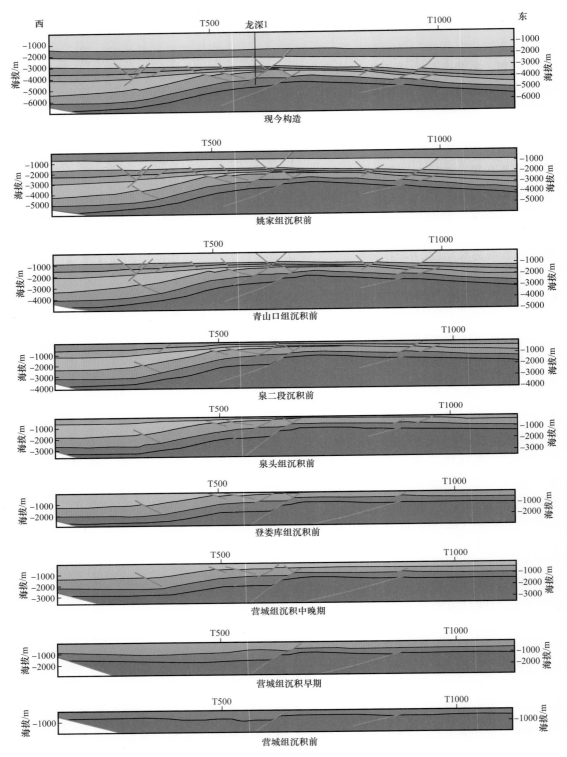

图 1-7-21　英台断陷龙深 1 井区构造发育史

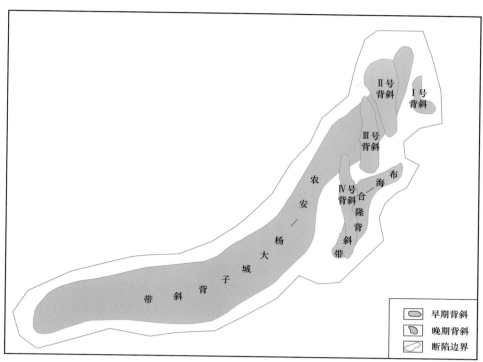

图 1-7-22　德惠地区两期构造形迹叠合图

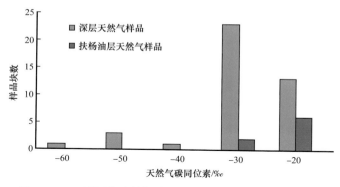

图 1-7-23　松辽盆地扶杨油层天然气碳同位素频率分布图

　　由于古近纪末强烈的挤压剪切作用，在农安—杨大城子挤压背斜带的核部形成了延伸长度达 33km 左右的走滑断裂。在 T_{4-1}（沙河子组顶面）地震反射层上，该断裂在 534 测线以北表现为正断裂，而在 534 测线以南表现为逆断裂；而在其他地震反射层上，该断裂时正时逆，断面倾角较陡，具典型的走滑断裂特征。因此，该断裂应该是在古近纪末剪切挤压作用下，形成农安—杨大城子挤压背斜带的过程中，在基底中发育的、切割深度很大的一个走滑断层，使得农安—杨大城子背斜带的形态更加复杂化。

　　古近纪末的这类深大断裂，沟通了深部无机气源，东南隆起区万金塔构造带活跃的无机 CO_2 气显示就与上述断裂有关。长深 1 井的 CO_2 气也是与此类断裂有关。

　　3）构造运动强度

　　天然气的小分子所导致的易运移、易逸散的特点，使天然气的保存条件成为天然气富集的重要主控因素之一。盖层是天然气成藏的重要组成部分，在天然气藏形成与分布中起着重要的控制作用，可以说，没有良好的盖层，就不可能有气田，尤其是大中型气田的形成和保存。

但就松辽盆地南部深层而言，由于上覆泉头组和登娄库组泥岩盖层分布广（面积远远大于断陷期烃源岩的发育分布）、厚度大、埋藏深、成岩程度高、排替压力高，使盖层封盖能力普遍较强。更不用说中浅层的青山口组巨厚广布的泥岩使深层天然气系统基本局限在泉头组之下。同时，泉头组、登娄库组自身具有一定的生气能力，使其具有烃浓度封闭能力。因此，泥质盖层本身的质量不成为导致天然气成藏差异的主控因素。

泉一段及青山口组区域性盖层的高有效性，明显降低了下伏烃源岩及营城组火山岩气藏大范围的扩散损失和渗滤损失，从而使得从烃源岩中生成并排出的天然气得以比较高效地运移到适宜的圈闭中聚集成藏。

但是，后期构造运动所导致的抬升剥蚀及断裂发育程度的差异无疑将对保存条件产生重要影响。因为无论盖层分布多广、厚度多大、排替压力多高，如果有构造运动导致的开启性断裂或裂缝系统发育，或者在压性盆地（如我国西部）盖层因大规模的抬升而剥蚀，其封盖能力将成倍降低。松辽盆地断陷盆地经历了复杂的多期构造运动，伴随着应力机制和应力强度的改变，造成断裂开启、地层抬升剥蚀等多种地质作用，而且，不同的构造带所经历的构造改造程度差异较大，导致保存条件及天然气成藏条件具有明显差异。

松辽盆地南部深层断陷带在火山岩气藏成藏之后，经历了两次区域性构造运动，分别是嫩江组沉积末期和明水组沉积末期。

嫩江组沉积末期是盆地反转构造时期，由于强烈的挤压作用，激活深大断裂及派生的各级断裂，使原生火山岩气藏遭到破坏，天然气向上运移至登娄库组，形成次生气藏。

明水组沉积末期至新近纪，构造运动又激活了深部主干断裂，来自地幔的二氧化碳沿深大断裂向上运移，填补因断层活动而散失的天然气量，形成火山岩混合气藏，登娄库组仍然是以甲烷为主的烃类气藏。

构造作用强度的不同，导致横向上不同构造单元火山岩气藏的保存程度不同。南北向上表现为南部断陷期沉降幅度大于北部断陷，坳陷沉降及后期改造北部构造运动强度较南部强。浅层构造北部发育较南部多。东西向上表现为一弱两强，即断陷期中西部断陷带构造活动强度相对东部断陷带弱，坳陷沉降及后期改造强。整体表现为中西部持续沉降，东部断陷带早期沉降，后期普遍抬升。因此，虽然长岭断陷与东部断陷带相比同样经历了多期的构造运动，但以沉降作用为主，挤压褶皱及断裂作用较弱，抬升剥蚀幅度较小，所以对此前生成的油气和早期形成的油气藏破坏不会很大。相反，东部断陷带的火山岩气藏，受到强烈构造运动的影响，烃源岩在后期高演化阶段生成的天然气和早期形成的气藏均受到较大程度的破坏，目前发现的火山岩气藏均为残留气藏。而在上部的登娄库组则形成次生气藏。

4）输导层的发育程度

输导体系是将油气的生成和聚集联系起来的桥梁，没有天然气的运移就没有其富集成藏。输导体系是油气成藏中所有运移通道（砂体、断层、裂缝、不整合面等）及其相关围岩的总和。在构造复杂的松辽盆地南部断陷中，输导体系并非单一类型。广泛发育的断裂、砂体和不整合等组合构成复杂的立体网络通道。天然气在复杂的地质条件下往往沿着断层—不整合—断层—砂体的输导体系呈阶梯式运移，并在运移路径上适宜的圈闭中聚集。如东南隆起断陷带的阶梯式输导体系就主要是由断裂和不整合面组合形成。

在上述天然气运移成藏的立体通道中，断裂系统起着突出、关键的作用，这是由深层的特殊地质条件所决定的：其一，深部地层的埋深大、温度高、成岩作用强度大，导致输导层物性差，输导能力减弱；其二，深层断陷规模相对较小，使输导层相变快、连续性较差，使输导能力受限；其三，断裂及其派生的次级断层、裂缝有助于改善附近输导层的物性，更有助于断裂带成为优势的运移通道。深层断陷中源区内众多火山岩气藏的形成过程中断裂的输导起到了关键的作用（图1-7-24）。当然，穿过气藏的断裂将对天然气藏的调整、改造和破坏起到重要作用，同时，也成为次生气藏形成的关键运移通道。东部断陷带登娄库组发育的次生气藏，正是在松辽盆地构造反转期的挤压、抬升和断裂作用下，下伏原生气藏经过断裂系统运移、改造的结果。

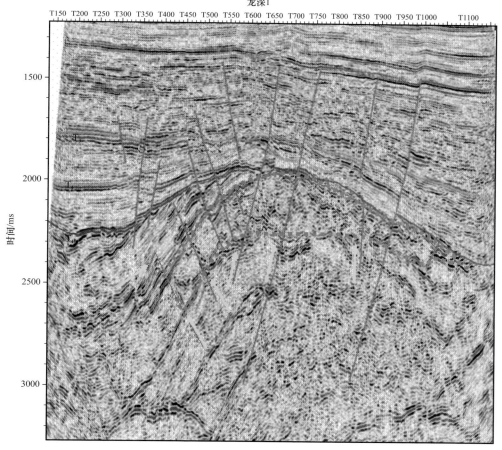

图1-7-24　英台断陷龙深1井区断裂体系成为沟通烃源岩和储层的关键通道

不过，不同形式的输导系统对气藏的类型、分布起着不同的控制作用。规模较小的断陷期断裂输导体系主要导致深层烃源岩所生成的天然气就近在物性较好的储层（主要是火山岩储层）中聚集成藏（图1-7-25），后期发育或活动的断裂输导体系可能导致次生气藏的形成。断裂为垂向运移通道的气藏常在断层带附近多层叠置，尤其是后期断裂的活动沟通了深部烃源岩与浅部储层，导致原生火山岩气藏的大部分破坏。结果使得东南隆起断陷带纵向油气显示分布广，在营城组、登娄库组和泉头组均有分布。不整合能够导致天然气做较远距离的侧向运移，它常常是导致源（岩区）外成藏的关键运移通道。深层各个断陷的发育和演化历史有一定差异，表现在断层的发育、性质和展布各有特点，其沉积特征和火山岩岩体的展布也有差异，这就控制了天然气运移通道体系的发育，也就控制了天然气运移和聚集。

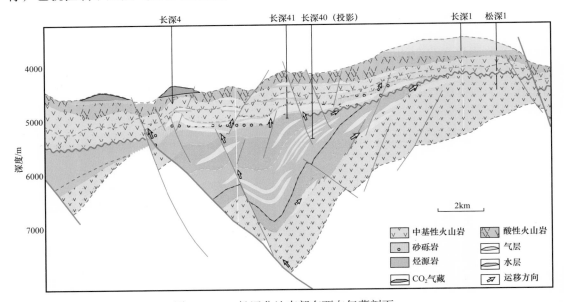

图1-7-25　松辽盆地南部东西向气藏剖面

　　5）优质火山岩储层控制火山岩气藏的富集和高产

　　火山岩气藏与其他气藏的主要不同之处在于储集体的差别。火山岩作为储集层具有三个突出的优势：其一，在盆地深层，火山岩储层物性不受埋深影响，与碎屑岩的孔隙度随埋深而显著减小形成鲜明对比，因而明显优于沉积岩；其二，盆地深层火山岩作为储层在体积上占有优势，断陷形成早期的火山作用往往不是孤立、一次性、小规模的，因此常常形成多期发育的分布广、厚度大、叠置的火山岩体，明显优于断陷期相变快的碎屑岩储层；其三，火山岩易与早期快速沉降的沉积岩匹配形成有效的生储盖组合。

　　此外，大规模发育的火成岩体容易构成正向地貌，形成古隆起，成为油气运移的继承性长期指向；火山作用之后的暴露、淋滤，有利于改善储集物性；火山岩的相对脆性和导致火山发育的断裂体系派生的裂缝发育都有助于火山岩储集物性的改善。

　　上述因素的结合，导致深层火山岩气藏往往规模大、产量高。松辽盆地南北的勘探实践都证明了这一点，如盆地内最大的庆深气田、长岭Ⅰ号气田、龙深1井区气藏等。

这可能是深层天然气藏中，火山岩气藏虽然数目不占优势，但产量高、储量（丰度）大的主要原因。

从前述分析已经看到，上述五方面都对区内火山岩天然气藏的形成、富集和分布起到一定的制约作用，但对松辽盆地南部深层而言，烃源岩条件和储集条件（火山岩的发育和分布）应该更为重要。

6）断裂及其演化控制火山岩气藏形成所需的各种成藏要素，是最为根本的控藏要素

前面的分析显示，火山岩气藏的形成与上述几方面的成藏要素都有重要的关系。但归根究底，无论是烃源岩的发育和成熟演化、储集体的发育和分布、运移通道的构成、保存条件的优劣、圈闭的形成和演化，甚至是断陷的发育演化等，都受到断裂体系及其演化或多或少、或直接或间接的控制。可以说，断裂体系不仅控陷，而且控源、控生、控储、控运、控聚、控保，因而可以认为是影响火山岩气藏成藏的最为根本、关键的主控因素。

（1）控陷：断裂控制了断陷的形成、发育及演化。

不管是双断还是单断断陷，边界断裂不仅控制着断陷的形成，而且控制着其演化，从而控制着断陷内地层的发育和分布（图1-7-26）。可以说，没有边界断裂，就没有断陷，进而没有断陷内的油气聚集。

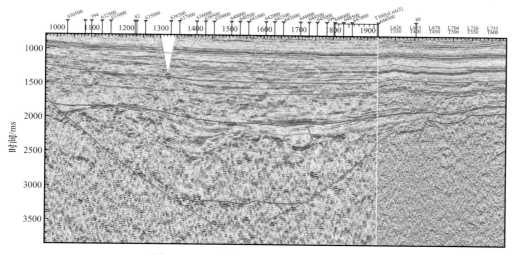

图1-7-26 英台断陷的双断型堑式结构

（2）控源控生：断裂控制了烃源岩的发育、分布及成熟演化。

松辽盆地南部深层控陷大断裂严格限制着烃源岩沉积及平面展布，在靠近边界主断裂一侧，地层沉积快、厚度大，主要发育半深湖—深湖相，远离边界断裂迅速减薄，主要发育扇三角洲、三角洲沉积，从而形成了含有丰富有机质的煤系地层暗色泥岩或煤层，为大气田的形成奠定了良好的物质基础。一些次级断层往往控制着次级生烃洼陷的发育和展布。如长岭断陷北部沙河子组烃源岩，分布在乾安断裂和乾北断裂附近，生烃中心受边界断层控制，烃源岩的展布方向与控陷断裂的方向一致。

断裂活动是引起断陷区沉降作用、热作用的重要因素之一。断裂活动使盆地快速沉

降，堆积的烃源岩层快速埋藏，加速有机质的转化。B.P.Tissot 提出，由于火山岩形成的高地温场作用，会使有机质转变为干气，残存有机质大幅度降低。松辽盆地南部深大断裂活动时期，火山岩的热源作用，高温岩浆将周围的地温升高，形成局部地温异常带，加快了沙河子组、火石岭组烃源岩的热解速度，从而为油气藏的形成提供了较充足的资源。

（3）控储：断裂控制火山岩储集体及其物性的发育、分布。

火山岩是地下深处的岩浆沿着薄弱带喷发、溢流或侵入的产物。这一薄弱带就是地壳上发育的深大断裂，或者是其派生的次级断裂。因此，作为深层最重要储层，火山岩储层的分布严格受断裂体系控制，发育多期火山岩。营城组沉积时期火山活动强烈，断裂活动频繁，整个盆地广泛发育火山岩。不同火山岩相带具有不同种类的孔隙和裂隙，所以，岩相是影响火山岩储层储集性能的重要因素之一。不同火山岩相带发育的火山岩储层其孔—缝及其组合关系差异很大。以火山锥体为中心，四周依次发育火山通道相、爆发相、溢流相、火山沉积相，不同类型火山岩相在剖面上呈不规则层状叠置，横向变化较大，不规则性很强。其中，有利的火山岩储集体多为爆发相，往往沿深大断裂分布，发育于上升盘一侧，或在两条或多条深断裂的交会处发育最好（赵文智等，2008）。不同构造部位火山岩喷发模式不同：爆发相主要沿深大断裂，集中发育在火山口附近；而溢流相分布范围广，除在火山口附近发育外，在构造的低洼部位也表现出充填特征。火山岩主要沿深大断裂分布，火山岩体呈条带状或串珠状展布，且厚度大。火山岩的岩性（基性、中基性和酸性）取决于深大断裂向下延伸的深度。

长岭断陷不同火山作用形成的岩石储层物性具有明显差别。火山碎屑岩、角砾岩、凝灰岩和流纹岩明显好于中基性火山熔岩，较有利的储层位于火山口附近的爆发相和喷溢相中，远火山口相和火山沉积相物性较差。强烈的断裂活动极大地改善了火山岩储层的储集性能：一方面诱发大量构造缝产生，相互连通的构造缝能使渗透率提高几个数量级；另一方面产生的构造缝促进了地下流体的运移，易溶物质——长石杏仁体及充填的各种孔、洞、缝、碳酸盐极易被溶解，形成次生孔隙空间。它们也是火山岩储层的主要储集空间类型。火山岩储层的储集空间类型较多，其中原生的粒间孔、气孔、构造裂缝、各种溶蚀孔缝对油气储集意义最大，是火山岩体成藏的主要控制因素。不管哪种岩性，如果裂缝不发育，很难成藏。因为只有裂缝存在才能使火山岩体内部的各种原生孔、洞之间产生沟通，变成有效孔隙而储集油气。

（4）控运：控制天然气运聚的层位和运聚（散）的时期。

在岩性致密、物性差的深部地层中，断裂系统及其派生的裂缝对附近储层物性的改造，使得断裂在深层天然气的运移过程中起着至关重要的作用（作为直接运移通道，同时沟通其他运移通道），这可以从断裂发育的层位往往控制天然气垂向运聚层位和断裂活动时期控制天然气的运聚时期得到佐证。

① 断裂发育层位控制天然气垂向运聚层位。

松辽盆地南部深层断陷由于断层长期、多期的活动，油气纵向运移和重新分配十分活跃，造成断陷盆地中油气分布的特点如下：多含油层系、多油气藏叠加、多储集类型和多油藏类型。断裂空间延伸层位控制着天然气在垂向运移的最大距离，同时也就决定了天然气在空间上运聚成藏的范围。松辽盆地南部深层沙河子组气源岩生成、排出的天然气要进入上覆储气层，主要依靠该区发育的 T_5（或 T_4）至 T_3（或 T_2）断裂作为沟通烃源岩与储气层之间的桥梁与纽带，天然气沿断裂向上运移至火山岩地层中。如果断裂后期继续发育延伸，或形成新的断裂，还可以导致天然气向上运移至登娄库组和泉头组储层中，形成次生气藏，使天然气在上覆不同储气层中聚集，形成"一源多层"现象。这表明断层在空间上的延伸层位控制着天然气在垂向上的运聚层位。

② 断裂活动时期控制天然气的运聚时期。

断层在活动时期，往往成为天然气大量运移的主要通道，因此，从这个意义上讲，烃源岩大量生烃期后的断裂活动时期就应是天然气垂向运聚时期。

断层活动史研究表明，松辽盆地南部深层断陷在沙河子组—营城组沉积时期和登娄库组沉积时期、泉头组沉积末期—青二段、青三段沉积中期、嫩江组沉积末期和明水组沉积末期断层活动开启，成为天然气垂向运移通道。沙河子组—营城组气源岩在其沉积末期开始生烃，在泉二段沉积末期达到生气高峰。综合上述分析可知，该区天然气垂向运移时期应为登娄库组沉积时期、泉头组沉积末期—青二段、青三段沉积中期、嫩江组沉积末期和明水组沉积末期四个时期。

由该区泥岩排替压力随埋深变化资料，根据盖层封气门限的确定方法可知，该区登二段、泉一段—泉二段、青山口组和嫩一段—嫩二段四套泥岩盖层封闭能力分别于登三段沉积末期、泉一段—泉二段沉积末期、青山口组沉积末期和嫩二段沉积末期开始形成。由此结合上述天然气垂向运移期可以得到，该区天然气的主要聚集期应为泉头组沉积末期—青山口组沉积中期，因为此时期该区登二段盖层已经具备封闭能力，泉头组一段、二段区域性盖层开始具封闭能力，且烃源岩开始进入大量生排气期，所以有利于沙河子组—营城组天然气在登二段、泉一段、泉二段盖层下面运聚成藏。而登娄库组沉积时期，虽然登二段泥岩盖层在登三段沉积末期已开始形成封闭能力，但其分布范围明显小于泉一段、泉二段，且此时烃源岩尚未进入大量生排气期，故其不应是该区天然气的主要聚集期，只能是次要聚集期，嫩江组沉积末期和明水组沉积末期，几套盖层均已形成封闭能力，此时侏罗系烃源岩的大量生排气期已过，排出的天然气不能在深层形成大规模的天然气聚集，只能造成原生气藏的破坏和油气的重新聚集和分配，是该区中浅层的主要天然气聚集期。

（5）控聚：配合形成圈闭和隆起。

断层在天然气藏形成与保存中具有双重作用，既可以作为天然气运移的通道，使天然气运移成藏或散失破坏或引起天然气在地下的再分配，又可以作为遮挡物阻止油气运移，使之聚集成藏。如长岭断陷长深1井气藏（哈尔金断鼻构造）断裂就成为控藏断裂。

另外，前已述及，继承性古隆起往往是油气运移的有利指向。而断陷盆地内古隆起的发育或者与差异断块活动有关，或者与火山喷发形成的正向地貌有关，显然，这些影响天然气聚集的因素都与断裂的发育相关，体现了断裂对天然气聚集的控制。

（6）控保：断裂活动影响盖层的完整性，导致气藏的破坏或调整。

正是因为断裂体系对火山岩气藏成藏的几乎每个环节都有重要的控制，因此，如果全面、系统认识了盆地内断裂体系的特征及其发育、演化，就能够基本认识区内天然气的可能成藏规模、分布以及有利区带、目标。这应该是断陷盆地火山岩油气藏勘探的核心问题，有必要充分重视。但是，认清断裂体系的发育及演化不能只从构造研究入手，需要将区域构造、盆地构造研究与地层、沉积、石油地质特征研究相结合，充分利用地震资料揭示的断裂体系发育、分布、组合特征才能得到较为客观的认识，并需要结合油气勘探实践不断修正完善。对断裂系统的正确认识，可以有效指导油气勘探，并且油气勘探的成果可以进一步深化对断裂体系的认识。

第八章　油气田各论

截至 2018 年底，吉林油气区共探明 50 个油气田，其中吉林油田探明 31 个，东北油气分公司探明 19 个。为了更好地描述各类油气田发现及勘探经验，在松辽盆地及伊通盆地优选构造油气藏、岩性油气藏及复合油气藏等 5 个类型油气田，加以详尽描述。

第一节　扶　余　油　田

一、概况

1. 油田基本情况

扶余油田位于吉林省松原市宁江区境内，地处第二松花江和第一松花江交汇的三角地带，北部距新民油田 5.0km，西部紧邻木头油气田。

区内地势平坦，地面海拔 135～150m，均为旱田或城区覆盖，有 1/3 的含油面积在市区内，油田开发受地面条件制约性强。该区年平均气温 3～6℃，1 月平均气温 –19～–17℃，7 月平均气温 22～26℃，气候条件适宜。长白铁路、珲乌高速公路从油田南侧通过，松原市至扶余县的县级公路从油田穿过，交通十分方便。

油田区域构造位于松辽盆地南部中央坳陷区扶新隆起带扶余Ⅲ号构造上，是受构造和岩性控制的复合油藏。含油层段为上白垩统泉头组四段的扶余油层和泉头组三段的杨大城子油层，油品性质为稀油，局部为弱稠油。

油田东西边界经度分别为东经 124°55′46″、西经 124°42′4″；南北边界纬度分别为南纬 45°8′10″、北纬 45°15′49″。

2. 勘探简史

该区勘探工作始于 20 世纪 50 年代末 60 年代初，至 1957 年底，基本上完成了航磁、重磁和电法普查工作，初步了解了扶余地区构造面貌，并选择有利构造钻探了一批"扶"字号探井，通过浅井钻探，发现由雅达红、代家洼子、八家子、土城子等多高点组成的扶余Ⅲ号构造，多井于泉四段录井见到含油砂岩。1959 年 9 月 29 日，在雅达红构造高点上完钻的扶 27 井进行土法试油工作，于上白垩统泉头组四段（扶余油层）获 0.6t 工业油流，从而揭开扶余油田勘探开发的序幕。1960 年以后，在扶余Ⅲ号构造上部署了一批"探"字号探井，其中 1963 年 8 月探 1 井于泉头组三段获得日产 0.33m³ 的工业油流。

1964 年在完钻 138 口井、取心 52 口井（其中 1 口油基钻井液取心井）、单层试油 53 层次的基础上，进行了储量计算，圈定含油面积为 95.78km²，计算石油地质储量为 8933×10⁴t。随着勘探开发工作的不断深入和钻井、取心及试油资料的不断增加，对油藏的认识进一步深化，多次对扶余油田储量进行复算，1970 年于扶余油层提交了探明含油面积为 89.95km²，石油地质储量为 12919×10^4t，从而发现了中国陆上石油勘探中油层埋藏最浅、储量达亿吨级的大油田——扶余油田，也为吉林油田的成立奠定了物质资源基础。

二、地层

扶余油田自下而上钻遇的地层为上白垩统的泉头组三段、泉头组四段、青山口组、姚家组、嫩江组一段、嫩江组二段，新近系的大安组、泰康组和第四系。其中，泉四段—嫩江组二段为连续沉积。晚白垩世末，受燕山运动 V 幕及其以后构造运动的影响，嫩三段—明水组、四方台组缺失（表 1-8-1）。

表 1-8-1　扶余油田地层层序表

地层			厚度 /m	岩性描述	接触关系
第四系			20～50	黄土、黏土，底部为砂砾岩层	不整合
新近系	泰康组		15～40	灰黄色泥页岩，底部为砂砾层	不整合
	大安组		10～30	上部灰绿色泥岩、粉砂质泥岩，灰黄色泥页岩，下部杂色砂砾岩	不整合
白垩系	嫩江组	二段	27～150	灰黑色泥岩，夹薄层灰绿色泥岩，底部为厚层褐色油页岩	整合
		一段	45～57	灰黑色泥岩夹灰黑色页岩，底部为油页岩夹灰绿色泥岩	整合
	姚家组		14～53	棕红色块状泥岩	整合
	青山口组	二段 + 三段	46～136	灰黑、灰色泥岩	整合
		一段	27～45	灰黑、灰色泥岩，底部为褐色油页岩夹薄层菱铁矿	整合
	泉头组	四段	90～110	为灰、灰绿色泥岩与灰色粉砂岩组成不等厚互层	整合
		三段	240～280	以棕红色泥岩为主，夹薄层灰、灰绿色泥岩，与灰色粉砂岩及泥质粉砂岩组成不等厚互层	整合

依据泉四段的沉积旋回特征，将泉四段划分为 4 个砂组 13 个小层，即 I 砂组至 IV 砂组。

三、构造

扶余 III 号构造经历了复杂的演化过程。经历了前白垩纪——隆起发育期；早白垩世登娄库组沉积早期——局部断陷发育期；早白垩世登娄库组沉积晚期至泉头组沉积晚期——稳定沉降期；早白垩世青山口组沉积早中期——张扭性断裂发育及持续沉降、扶余Ⅲ号构造形成期；早白垩世青山口组沉积末期至姚家组沉积期——隆起发育、扶余Ⅲ号构造定型期；早白垩世嫩江组沉积期——持续稳定沉降期；晚白垩世至新近纪——扶余Ⅲ号构造改造期，扶北断裂剧烈活动，不均衡性抬升，形成西倾斜坡。扶余油田从深层（登娄库组）到浅层（姚一段）宏观构造具有继承性。总体格局为被断层复杂化的、具有多个构造高点的穹隆。构造北陡南缓，受东西向区域应力作用，断裂极为发育，全区有 9 条较大规模的近南北走向的断裂带，断层断距在 20～140m，使该区自西向东形成垒堑相间的构造格局，断垒块控制油气的富集。其中，穹隆构造中部的中央断裂带控制东西两侧的整体构造面貌，西侧构造相对简单，东侧东西向断裂发育，使断块复杂化。

总体上泉四段顶面构造高点海拔 –140m，以 –400m 为最大构造边界线，最大构造幅度达 260m，构造圈闭面积为 123.2km²。在构造东部地区，近东西向断裂带较发育。受此影响，扶余外围区块主要形成断垒、断堑、断阶、断鼻等不同断裂组合的断块圈闭类型（图 1-8-1）。

四、储层

扶余油田储油层为上白垩统泉头组四段和泉头组三段，泉头组四段地层厚度 90～110m，油藏顶面埋深 –400～–170m。

扶余地区在泉三段到姚家组沉积时期，主要接受来自东南部物源长春、怀德水系的沉积。重矿物以含锆石、石榴子石组合为特征。其中，怀德水系经双坨子、大老爷府、孤店西至前郭、扶余地区；长春水系经农安西至前郭、扶余地区。两条水系在扶余北、木头、新庙、新民至新立以东形成广阔的三角洲砂体，沉积环境的主体为曲流河相向三角洲分流平原相过渡。泉三段沉积时期沉积环境主体处于曲流河相沉积，进入泉四段沉积时期处于水下分流平原相沉积，分流河道微相占主体，规模较大。青山口组沉积时期，为一个水进的沉积过程，水位迅速上升，湖面迅速扩大，致使在该区沉积了大面积厚层泥岩，这套泥岩可作为区域盖层。

扶余油层含油段厚度 70～90m，砂岩厚度 30～60m。有效厚度 6～18m，平均为 10.3m。油层的基本特征是层数多，易于识别，分布稳定，物性差异大。储层以粉砂岩为主，分布稳定，孔隙度一般为 6%～35%，平均为 24.2%；渗透率一般为 0.02～3652mD，平均为 170.9mD；碳酸盐含量一般为 0.1%～40.3%，平均为 4.0%；泥质含量一般为 4.3%～20.1%，平均为 8.8%，属中孔、中渗透储层。

泉三段储层岩性以细砂岩为主，砂岩颗粒粒径一般为 0.03～0.25mm，平均粒径为 0.075mm，粒度中值 0.12mm，分选系数 1.98，颗粒分选好—中等，偏度 1.39，峰度 4.5，磨圆度为次棱角状—次圆状。孔隙度一般为 4.3%～32.9%，平均为 22.6%；渗透率一般为 0.14～1160.5mD，平均为 110.4mD；碳酸盐含量一般为 0.1%～32.7%，平均为 4.8%，属中孔、中渗透储层。

岩石颗粒接触关系为点、点—线接触，胶结类型为弱胶结、孔隙—接触式和接触—孔隙式胶结为主，长石见泥化、高岭石化及溶蚀现象。岩屑以酸性熔岩为主。颗粒堆积较紧密，粒间被灰质及高岭石充填。岩石以微孔隙为主，见少量黄铁矿呈微晶及其集合体形态分布。储层孔隙类型以粒间孔为主，也可见少量溶蚀孔、微孔和残余孔。

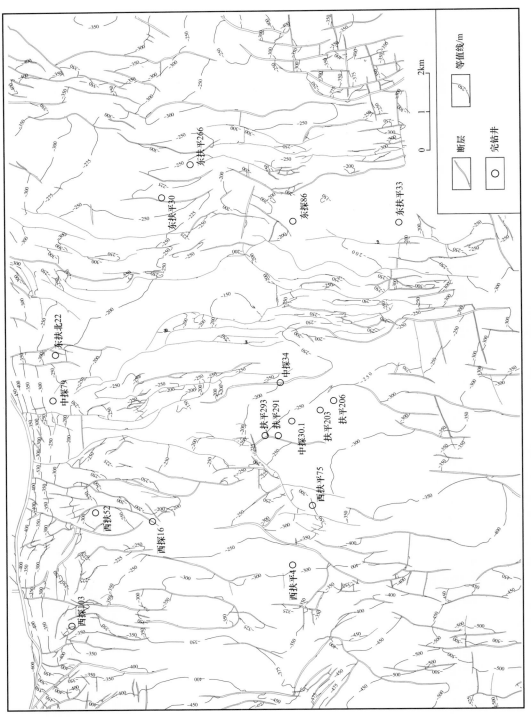

图 1-8-1　扶余油田泉四段顶面构造图

五、油气藏

1. 生储盖组合

扶余油田生储盖组合如下：烃源岩层主要为青山口组湖相泥岩，白垩系泉三段、泉四段砂岩为储层，青山口组泥岩为盖层的生储盖组合特征（图1-8-2）。

2. 油藏类型

扶余油田主力含油层为扶余油层Ⅰ砂组、Ⅱ砂组、Ⅲ砂组。在穹隆背景控制下，扶余油层宏观上具有相对统一的油水系统。主体部位油水分布受构造、岩性和重力分异作用控制，由上而下依次为纯油段、油水过渡段、纯水段。油水在平面上的分布受构造控制，构造抬高的部位为纯油区，构造降低的部位为油水过渡带甚至为纯水区。含油边界线与构造边界线基本吻合。但东区边缘地区复杂，出现油水边界线交叉和切割构造等高线的现象。

扶余油田外围地区断裂系统十分发育，形成众多的对油气有控制作用的断鼻、断垒，在近南北向断层与南西—北东向砂体相互配置和扶余Ⅲ号构造东区后期的构造抬升作用的影响下，使油田外围自西向东各断块内的油水分布规律各不相同，每个断块内都有相对独立的油水系统。

纵向上，油区内各断垒、断块扶余油层的油水分布主要受构造闭合幅度控制，同时砂体的分布及连通性、储层物性条件也在一定程度上影响着油层分布。自西向东油水界面逐渐抬升，油水界面位于 –435～–284m 之间。

扶余油田西区、中区的各断块内具有相对统一的油水界面，东区受燕山构造运动末期的影响，扶新隆起带东南部地区整体抬升，使得扶余Ⅲ号构造发生倾侧变位，由原来的西高东低转变为东高西低，油气发生二次运移重新平衡，含油底界抬升，边水内侵，因此夹层水发育，各断块内纵向上形成多套油水系统。外围地区含油井段一般在 10～80m 之间，油层厚度最大为 49.8m，有效厚度最大可达 32.2m（东68井至东010井），其中，扶余油田外围西区、东南区的油层厚度较大，扶余油田外围北区次之，扶余油田外围东北部油层厚度最薄。

杨大城子油层从上至下为泉三段的Ⅴ砂组至Ⅹ砂组。其中Ⅴ砂组、Ⅶ砂组、Ⅷ砂组是主力油层。纵向上，在宏观的构造背景控制下，油区内各断垒、断块杨大城子油层的油水分布，受构造闭合幅度、砂体分布、连通性、储层物性与断层配置关系的影响略有不同，油水界面位于 –407～–329m 之间，自西向东油水界面逐渐抬升，但各断块内具有相对统一的油水界面，含油井段一般在 20～90m 之间，最长可达147m，油层分布在泉三段Ⅴ砂组至Ⅹ砂组中，主力含油层段集中发育在Ⅴ砂组至Ⅷ砂组中。平面上，由于油藏主要受构造控制作用，油层的分带性较强，主要分布在全区 7 个大断垒或断块构造上，断块内油层基本上大面积连片分布。含油边界基本上受断层、最大构造线（油水界面）和岩性边界控制。油层厚度最大为58m，有效厚度最大可达24m。

扶余油层为在大型穹隆构造背景控制下受一定岩性因素影响的层状构造油藏，杨大城子油层为大型构造背景下的岩性—断块油气藏（图1-8-3）。

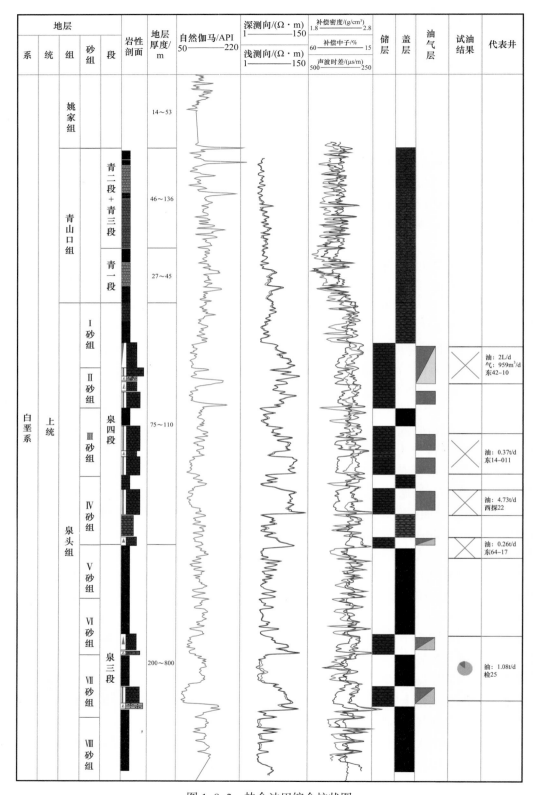

图 1-8-2　扶余油田综合柱状图

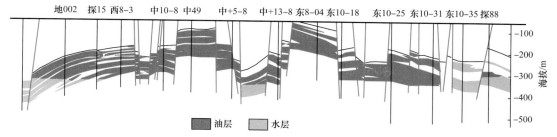

图 1-8-3 扶余油田东西向油藏剖面图

3. 流体性质

原油性质：扶余油田扶余油层地面原油黏度一般为 19～31mPa·s，平均为 25mPa·s，凝点为 17～22℃，含蜡量为 18%～23%，原油密度一般为 0.868g/cm³，原油性质在纯油区和过渡带的差异明显，密度由 0.865g/cm³ 增至 0.89～0.90g/cm³，黏度由 19～23mPa·s增至 30～40mPa·s，东区的边部黏度高达 90mPa·s。地下原油黏度为 32mPa·s，原始气油比为 15.12m³/m³，体积系数为 1.046。

扶余油田杨大城子油层地面原油性质较好，原油密度一般为 0.865～0.9195g/cm³，原油黏度（50℃）一般为 18.7～49.9mPa·s，凝点一般为 6～30℃。纵向上，自油水过渡带向上原油密度和黏度为逐渐下降的趋势，油水过渡带原油密度一般为 0.8901～0.918g/cm³，平均原油密度为 0.9035g/cm³，原油黏度为 49～226.5mPa·s，平均原油黏度为 120.4mPa·s。上部油层段平均原油密度为 0.8781g/cm³，平均原油黏度为 30.7mPa·s左右。平面上，原油性质有一定差别，油田东南部原油密度在 0.8988g/cm³ 左右，其他区域基本为 0.8730g/cm³。地层原油密度一般为 0.8267g/cm³，地层原油黏度一般为 30.65mPa·s。

地层水性质：扶余油田地层水为 $NaHCO_3$ 型，总矿化度为 6105mg/L，氯离子含量为 2398.18mg/L，pH 值为 7，地层水中二价离子含量为 216.11mg/L。

杨大城子油层地层水矿化度一般为 4136～7001mg/L，平均为 5373.5mg/L，氯离子含量为 1312～2824mg/L，平均为 2191.3mg/L，水型均为 $NaHCO_3$ 型，pH 值为 7。

4. 温度压力

扶余油层中部埋深 410m，油层压力一般为 3.7～5.1MPa，平均为 4.32MPa，该区压力系数一般为 0.91～1.04，平均饱和压力为 3.60MPa，地饱压差为 0.72MPa，油层温度平均为 32.0℃，为正常压力系统油藏。油藏驱动类型为溶解气驱、弹性驱和水驱。

杨大城子油层中部埋深 440m，油层压力一般为 4.0～5.1MPa，平均为 4.2MPa，油层温度一般为 32～32.6℃，平均为 32.3℃，该区压力系数一般为 0.91～1.07，地温梯度一般为 4.5℃/100m，属正常的温度、压力系统。油藏驱动类型为溶解气驱、弹性驱和水驱。

六、油气储量

1959 年 9 月 29 日在扶 27 井获得工业油流之后，扶余油田 1964 年圈定含油面积 95.78km²，计算石油地质储量 8933×10⁴t。随着勘探开发工作的不断深入和钻井、取心及试油资料的不断增加，多次对扶余油田储量进行计算，1970 年在扶余油层探明含油面积 89.95km²，计算扶余油层石油地质储量 12919×10⁴t。

为了满足油田开发需要，分别在 1973 年、1978 年、1981 年对扶余油田探明储量进行了复算，1981 年确定含油面积 84km²，计算石油探明地质储量 13240×10⁴t；溶解气地质储量 23×10⁸m³，溶解气可采储量 6.21×10⁸m³。

1999 年于扶余东地区进行滚动扩边，发现并动用了扶东 D 区块、E 区块，探明含油面积 1.90km²，探明石油地质储量 107×10⁴t，溶解气地质储量 0.18×10⁸m³，溶解气可采储量 0.04×10⁸m³。

2004 年于杨大城子油层提交探明含油面积 29km²（与扶余油层叠合），原油地质储量 2147×10⁴t，原油可采储量 450.80×10⁴t；溶解气地质储量 1.51×10⁸m³，溶解气可采储量 0.32×10⁸m³。

2004 年下半年开始在扶余油田外围区块进行扩边评价工作，2005 年于扶余油田外围区块扶余油层提交探明含油面积 37.66km²，石油地质储量 4064.03×10⁴t，石油可采储量 895.75×10⁴t；溶解气地质储量 6.50×10⁸m³，溶解气可采储量 1.43×10⁸m³。

到 2020 年，扶余油田探明含油面积 129.56km²，探明储量 20339.95×10⁴t。

七、开发简况

1959 年 9 月 29 日扶余Ⅲ号构造扶 27 井获突破后，扶余油田进行了局部开发。1961—1964 年，针对扶余油层在扶余Ⅲ号构造（八家子地区）开辟生产试验区。1970 年开展了开发大会战，采用一套层系、溶解气驱方式，选择 150～200m 井距三角形井网，对扶余油层全面投入开发。1970 年年产油 84.57×10⁴t，1972 年年产油上升到 126.7×10⁴t。自 1973 年以后开始注水开发，单井平均日产油由 1974 年的 2.02t 上升到 1977 年的 2.60t，年产油由 1975 年的 111.21×10⁴t 逐年回升至 1978 年的 134.57×10⁴t。1982 年开始进行一次井网加密调整上产，1988—1992 年产量递减，1993—2002 年进行二次井网加密调整再稳产，之后进入三次井网调整综合改造上产阶段。

2018 年底，扶余油田年产油 51.87×10⁴t，采油速度 0.32%，采出程度 28.93%，综合含水率 95.37%。

第二节　大情字井油田

一、概况

1. 油田基本情况

大情字井油田位于吉林省乾安县大情字井乡境内。北距乾安县城 30km，南距长岭县城 70km，西侧太平川至大安铁路线及长岭至乾安的县级公路从此通过，交通便利。区内地势平坦，局部有小块低洼地，均为旱田覆盖。地面海拔 140～165m，年平均气温 3～6℃，年平均降雨量 380～550mm，年蒸发量 1800mm。属大陆性季风气候，年平均风力三级，风速 3.70m/s。该区很少发生严重的自然灾害，具有明显的资源优势，地下水资源丰富。

油田区域构造位于松辽盆地南部中央坳陷长岭凹陷中部，是以岩性为主的大型复杂构造—岩性油气藏。1998 年发现，2000 年投入开发，主要开发目的层为上白垩统的泉四段（扶余油层）和青山口组（高台子油层），油品为稀油。

油田东西边界经度分别为西经 123°46′53″、东经 124°14′35″；南北边界纬度分别为南纬 44°38′54″、北纬 44°56′27″。

2. 勘探简史

20 世纪 50 年代，该区完成了重力、磁力、电力等普查工作。60 年代初钻探了黑 1 井、黑 2 井，1962 年 3 月黑 1 井以提捞方式试油获得 4.01t/d 的工业油流，随后钻探黑 2 井，没有见到油气显示。

20 世纪 80 年代初，该区完成地震测网 2km×2km，落实一批小幅度构造，完钻乾 110 井。1985 年 10 月试油，在青一段获 3.97t/d 工业油流，不含水，在青三段获 1.36t/d 油流，不含水。

1990—1996 年，在乾安油田以南至大情字井之间选择有利构造钻探，完钻乾 148 井和乾 157 井，于姚家组一段葡萄花油层试油，分别获得 7.55t/d 和 16.07t/d 的高产工业油流。

1998 年，在大情字井构造主体部位完成三维高精度地震，落实一批小幅度构造，相继部署钻探一批探井，均见到良好油气显示，并有多口井试油获高产油流。其中，黑 43 井于 1998 年 5 月试油在青二段获得 7.65t/d 工业油流，是该区第一口在青二段获得工业油流的井。

1999 年通过开展岩性油气藏预测研究，探索出一套以"主控圈闭形成要素法"为核心的岩性圈闭识别方法，提出 14 口预探井位，6 口井被采纳，落实岩性油气资源 2196.20×10⁴t。其中黑 46 井于高台子油层试油获得 24.10t/d、扶余油层获得 7.40t/d 高产油流，打开了大情字井岩性油气藏勘探的新局面，并发现了扶余油层新的含油层系。

2000 年大情字井地区完成 208km² 三维地震资料采集、处理及解释工作，完钻探井 48 口，开辟黑 46、黑 47 生产试验区，于年底探明黑 47、黑 52 等区块石油地质储量 3345×10⁴t，含油面积 64.40km²。

2001 年完成 600km² 三维地震勘探，在黑 46 区块和黑 43 区块探明石油地质储量 5055×10⁴t，探明含油面积 122.30km²。

2003 年在大情字井油田外围开展油藏评价工作，在黑 96 区块、黑 95 区块、黑 120 区块、花 9 区块探明石油地质储量 4159×10⁴t，探明含油面积 121.70km²。

二、地层

随着钻探工作的不断深入，大情字井油田通过钻井所揭示的地层，自下而上是上白垩统的泉头组、青山口组、姚家组、嫩江组、四方台组、明水组，新近系的大安组、泰康组和第四系，最大沉积厚度 3000m，其中泉四段—嫩江组为连续沉积。晚白垩世末，受燕山运动Ⅳ幕、Ⅴ幕及其以后构造运动的影响，嫩五段和明二段不同程度缺失（表 1-8-2）。

表 1-8-2 大情字井油田地层层序表

地层					厚度/m	岩性描述	沉积相	与下伏地层接触关系
界	系	统	组	段				
新生界	新近系	第四系			50～90	黄土、黏土、底部为砂砾岩层，粉砂质泥岩、泥质粉砂岩组成不等厚互层		
		上新统	泰康组		80～130	杂色砂砾岩，夹绿灰色泥岩		整合
		中新统	大安组		60～80	以绿灰色泥岩为主，下部及底部各发育一层杂色砂砾岩		不整合
中生界	白垩系	上统	明水组	二	245～255	上部为暗紫色泥岩；中部为紫灰色泥岩与灰、灰绿、紫灰色泥质粉砂岩组成的不等厚互层；下部为暗紫色泥岩，底部发育一薄层粉砂质泥岩	河流相	整合
				一	240～250	主要为紫红、灰绿色泥岩，间夹灰色粉砂质泥岩、灰白色泥质粉砂岩薄层，偶见灰色泥岩		整合
			四方台组		320～380	上部为杂色泥岩与杂色泥质粉砂岩（局部含钙）、泥质粉砂岩、粉砂岩组成不等厚互层；下部为灰、棕红色泥岩，间夹灰色泥质粉砂岩、粉砂岩		不整合
			嫩江组	五	60～100	棕红、灰绿、灰色泥岩，含粉砂质泥岩、泥质粉砂岩薄层	河湖过渡相	整合
				四	250～300	以灰、深灰色泥岩为主，间夹粉砂质泥岩、泥质粉砂岩，偶见紫红色泥岩		整合
				三	100～130	泥质为主，含粉砂质泥岩		整合
				二	90～100	上部为大段灰黑色泥岩；底部为灰黑、褐灰色油页岩，为区域标志层	深湖相	整合
				一	60～70	大段灰黑色泥岩为主，局部具油页岩和绿灰色泥质粉砂岩薄层		整合
			姚家组	三+二	75～85	以大段紫红色泥岩为主，夹粉砂质泥岩	滨浅湖相	整合
				一	55～65	以棕红、紫红色泥岩为主，含粉砂质泥岩、泥质粉砂岩		整合
			青山口组	三+二	460～580	上部以紫红色泥岩为主，偶见灰绿色泥岩，间夹杂色粉砂质泥岩、泥质粉砂岩、粉砂岩；中部主要为紫、灰黑、暗紫、灰绿色泥岩与杂色粉砂质泥岩、泥质粉砂岩、粉砂岩组成不等厚互层，偶见浅灰色粉砂质泥岩	三角洲相	整合
				一	100～120	灰色、褐灰色粉砂岩（局部含钙）与灰黑、黑色泥岩互层，见介形虫及黄铁矿		整合
			泉头组	四	80～110	主要为灰黑、紫红色泥岩与灰、褐灰色粉、细砂岩组成略厚互层，上部偶见灰绿色泥岩		整合

三、构造

大情子井油田位于乾安次凹南部构造部位，其构造形态为一个负向构造的向斜，地层北深南浅，向斜西翼地层倾角较陡，一般为3°～4°，向斜东翼地层倾角较缓，一般为2°～3°。T2以上各反射层整体均表现为"两坡一凹、凹中隆"构造格局。后期断裂比较发育，在构造背景下，形成了一系列局部断鼻、断块构造圈闭。同时查明了断裂系统的展布规律和特征，认为该区没有控制全区性大断层，但各反射层上断层比较发育（图1-8-4）。

各反射层构造形态基本一致、继承性强。总体表现为向斜构造，轴部近南北走向，两翼并不对称，东缓西陡。向斜轴部发育一系列北北西走向正断层，同时伴随断层形成一批断鼻构造，向斜东翼构造简单，为西倾斜坡，西翼较陡，受断层控制由南到北形成了垒、堑、斜坡的局部构造形态，其上断层发育，并伴有局部构造。平面上具条带状展布特征，延伸长度大多数在4～10km，断距一般在10～50m之间，剖面上表现为明显的阶梯地堑式正断层，集中分布于向斜轴部与西翼，这些断层控制了局部构造圈闭的分布。

四、储层

青一段沉积初期为快速大规模湖侵期，且很快进入稳定期，在研究区形成了三角洲分流平原、三角洲内前缘、三角洲外前缘亚相。

青二段沉积早中期稍向南侵，表现为前三角洲及三角洲外前缘亚相稍向南移，但整体格局似青一段。由此得出：青一段、青二段为青一段沉积初期大规模快速湖侵之后的相对稳定期，在大情字井地区的三角洲内前缘环境沉积了水下分流河道、河口坝砂体且最为发育而成为良好储集区。青一段沉积晚期，尽管此时沉积格局与青二段沉积早中期相近，但已出现湖退迹象，开始出现氧化色泥岩且其北界向上依次北移。

青三段沉积早中期沉积格局发生重大改变，表现为湖岸线大规模北移形成极快速湖退，在大情字井地区形成了三角洲分流平原亚相，沉积了不发育的分流河道砂体；青三段沉积晚期，整个湖退三角洲体系进一步退化为红色泥质淤积平原相。在该区形成了小型低能衰竭河流红色淤积亚相，其以红色泥质淤积为主，夹小型低能河道沉积。

青一段岩性主要为灰黑色泥岩，灰、深灰色粉砂质泥岩，灰色粉砂岩夹灰色含钙、钙质粉砂岩呈不等厚互层，地层厚度为100～120m，储层平均孔隙度为12%，平均渗透率为4.20mD。自然电位曲线负异常明显，呈中—高幅度，整体为一下粗上细的正旋回水进沉积。

青二段岩性主要为灰、深灰、灰黑及灰绿色泥岩，深灰、浅灰、灰色泥质粉砂岩，灰色、浅灰色粉砂岩夹含钙、钙质粉砂岩，厚度为160～200m，储层平均孔隙度为9.60%，平均渗透率为3.30mD。油田南部自然电位曲线负异常明显，呈中等幅度，整体呈两个反旋回段。

青三段岩性为棕红、紫红色及灰色泥岩，粉砂质泥岩，灰、褐灰色泥质粉砂岩、粉砂岩。油田南部地层厚度一般为250～300m，北部地层厚度一般为350～390m。自然电位曲线负异常明显，呈中—低幅度。另外，在乾124井、乾139井于青三段底部发育大套玄武岩，厚度分别为62.5m和57m。

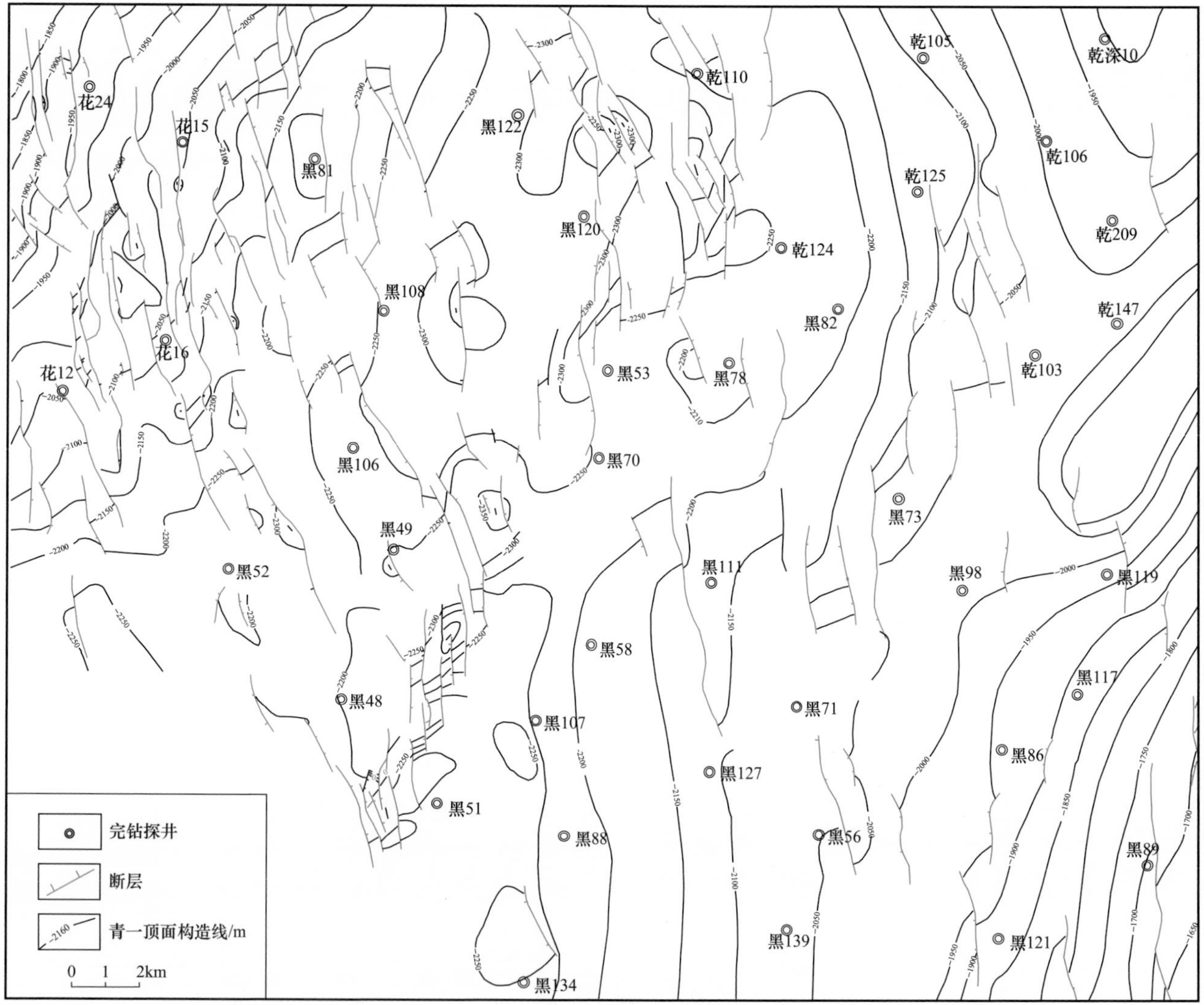

图 1-8-4　大情字井油田青一段顶面构造图

大情字井油田储集空间以原生粒间孔隙、微孔隙为主，岩石类型以长石砂岩和岩屑长石砂岩为主，成分成熟度较低，分选好，点接触，孔隙式胶结为主，成岩作用表现为压实、胶结、交代及溶蚀作用。

大情字井油田青一段黏土矿物成分：伊利石的相对含量为 63.40%，高岭石的相对含量为 17.20%，绿泥石的相对含量为 16.10%，伊蒙混层占 3.30%。通过黏土膨胀率实验，青一段黏土膨胀率为 1.52%，青二段为 1.66%，泉四段为 2.98%，提示在钻井及注水过程中应予以考虑。大情字井油田储层敏感性化验资料表明：速敏微弱，中等偏强水敏，弱酸敏，盐度临界值为 20000mg/L。

五、油气藏

1. 生储盖组合

大情字井油田生储盖组合如下：烃源岩主要为青一段、青二段烃源岩，青一段、青二段、青三段砂岩为储层，泉四段、青一段、青二段、青三段、姚一段泥岩为盖层，形成自生自储、下生上储型组合（图 1-8-5）。

2. 油藏类型

大情字井油田位于松辽盆地南部中央坳陷区长岭凹陷中部，大老爷府—大情字井潜伏基岩古隆起在凹陷中部横亘东西，将长岭凹陷分成乾安、黑帝庙两个次级凹陷，大情字井构造处于两个次级凹陷之间的鞍部，宏观上形成向斜背景下多层系叠加连片含油的大型构造—岩性油藏（图 1-8-6）。新生代以来，该区长期发育在盆地沉积、沉降轴上，地层发育较齐全，局部发生过岩浆侵入和火山喷发。

大情字井油藏受构造、断层、岩性、物性等多种因素控制，是类型复杂，以青一段和青二段为主要含油层系，储层分布不稳定、非均质性严重、井段跨度大、油水关系复杂的不饱和油藏。

大情字井油田自下而上发育扶余、高台子、葡萄花、黑帝庙四套油层，其中高台子和扶余油层于 2000 年投产开发，是大情字井油田主要开发目的层。大情字井油田高台子油层青一段、青二段沉积时，该区处于西南保康砂岩体前缘，为一套水下沉积的三角洲前缘相砂泥岩薄互层沉积体，砂地比为 10%～40%，砂体平面上呈舌状、指状向北东向延伸并尖灭，具有纵向延伸远、侧向变化快的特点，相邻井的单层对比性差，单层厚2～10m，最厚 20m，无论在平面、层内及层间都存在较强的非均质性。青一段、青二段埋深为 2200～2450m，含油层物性条件较好，总体上呈现中孔低渗特点，原油具有黏度低、含硫低、密度相对中等的特点，地层水型为碳酸氢钠型，pH 值在 7 左右。油气分布主要受构造、岩性双重因素控制，油藏类型多样，油水关系十分复杂，油水层解释难度大。

3. 流体性质

大情字井油田地面原油物性好，表现为流动性强，具有"两低、一中、三高"的特点：黏度低、含硫低；原油相对密度中等；含蜡量高、凝点高、初馏点高，属于轻质原油特征。在主要生产层位中，层位越浅，地面原油黏度越高，原油相对密度越大。

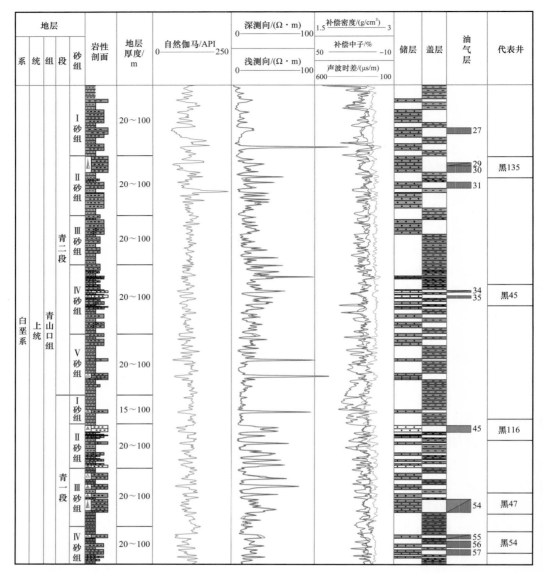

图 1-8-5 大情字井油田综合柱状图

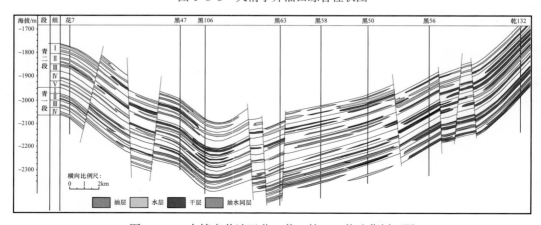

图 1-8-6 大情字井油田花 7 井—乾 132 井油藏剖面图

地面原油密度一般为 0.843～0.865g/cm³，原油黏度（50℃）一般为 10～30mPa·s，凝固点一般为 26～40℃。自下而上原油密度和黏度有逐渐上升的趋势，但变化不大。泉四段和青一段原油密度在 0.851g/cm³ 左右，到青三段原油密度为 0.858g/cm³，至姚家组原油密度为 0.861g/cm³。泉四段和青一段原油黏度为 12mPa·s 左右，到青二段原油黏度为 18mPa·s 左右，至姚家组原油黏度为 24mPa·s 左右。地层原油密度一般为 0.7877～0.8295g/cm³，地层原油黏度一般为 1.82～9.34mPa·s。

地层水矿化度一般为 10000～23000mg/L，氯离子含量为 3000～11000mg/L，水型基本一致，均为碳酸氢钠型，pH 值在 7 左右。无论在纵向上还是在平面上地层水矿化度均有明显的变化，地层水矿化度由下部泉四段的 13000mg/L 至上部青三段递增到 24000mg/L 左右，姚家组略有降低为 19000mg/L 左右。青一段和青二段地层水水型为碳酸氢钠型，青三段为硫酸氢钠型。

4. 油层温度压力

该区泉四段 I 砂组油层中部埋深 2450m，油层压力一般为 23.2～26.4MPa，平均为 24.8MPa，油层温度一般为 97～101℃，平均为 99℃；青一段油层中部埋深 2350m，油层压力一般为 20.3～24.4MPa，平均为 22.8MPa，油层温度一般为 93～104℃，平均为 97.3℃；青二段油层中部埋深 2250m，油层压力一般为 20.2～23.6MPa，平均为 22.0MPa，油层温度一般为 90～97℃，平均为 93.8℃；青三段油层中部埋深 2120m，油层压力一般为 20～22MPa，平均为 21.0MPa，油层温度一般为 83～90℃，平均为 87.9℃；姚一段油层中部埋深 1890m，油层压力为 18.11MPa，油层温度为 81.7℃。压力系数一般为 0.96～1.01，地温梯度一般为 4.0～4.3℃/100m，属正常的温度、压力系统。油藏驱动类型为溶解气驱、弹性驱和水驱。

六、油气储量

大情字井油田于 1998 年发现，2000 年计算了黑 47 区块泉四段、青一段、青二段石油探明储量，含油面积 61.40km²，石油地质储量 3170×10⁴t，技术可采储量 665.80×10⁴t；黑 52 区块青三段油层含油面积 3.00km²，石油地质储量 175×10⁴t，技术可采储量 36.70×10⁴t。经国土资源部矿产资源储量评审中心审查批准，大情字井油田新增含油面积 64.40km²，新增石油探明储量 3345×10⁴t。

2001 年在油田主体部位完成 600km² 的三维地震工作量，针对黑 46 试验区外围进行生产井部署，并且钻探一批探井、评价井和开发控制井，多口井试油、投产获得高产油流。当年计算了黑 46 区块泉四段、青一段、青二段、青三段、姚一段油层含油面积 123.10km²，石油地质储量 4761.00×10⁴t，技术可采储量 1026.30×10⁴t；黑 43 区块青二段、青三段、姚一段油层含油面积 8.20km²，石油地质储量 294.00×10⁴t，技术可采储量 53.70×10⁴t。合计新增含油面积 122.30km²，新增石油探明储量 5055.00×10⁴t，技术可采储量 1080.00×10⁴t。

2003 年在大情字井油田外围开展油藏评价工作，计算了黑 95 区块青一段油层含油面积 3.50km²，石油地质储量 121.00×10⁴t，技术可采储量 24.90×10⁴t；黑 96 区块泉四段、青一段、青二段、青三段油层含油面积 55.70km²，石油地质储量 2066.00×10⁴t，技术可采储量 433.30×10⁴t，黑 120 区块泉四段、青一段、青二段、青三段、姚一段油层含油面积 33.70km², 石油地质储量 1035.00×10⁴t, 技术可采储量 191.60×10⁴t; 花 9 区块青一段、青二段油层含油面积 28.80km², 石油地质储量 937×10⁴t, 技术可采储量 204.50×10⁴t。合计新增含油面积 121.70km², 新增探明石油地质储量 4159×10⁴t, 技术可采储量 854.30×10⁴t。

2007 年在大情字井油田南部、东部进一步开展油藏评价, 计算了黑 166 区块、黑 89 区块泉四段、青一段、青二段石油地质储量。新增探明含油面积 86.25km², 石油地质储量 1992.00×10⁴t, 石油可采储量 392.12×10⁴t。

2013 年大情字井油田黑 168 区块提交嫩四段Ⅵ砂组 (黑帝庙 H₁⁶ 油层) 的储量。申报新增含油面积 87.46km², 石油地质储量 1369.83×10⁴t, 技术可采储量 246.57×10⁴t; 溶解气地质储量 1.42×10⁸m³, 技术可采储量 0.26×10⁸m³。

2015 年大情字井油田花 17 区块提交青三段石油探明储量。申报新增含油面积 1.68km², 石油地质储量 235.33×10⁴t, 技术可采储量 57.29×10⁴t。

到 2020 年, 大情字井油田探明含油面积 501.76km², 探明石油地质储量 17118.64×10⁴t。

七、开发简况

1987 年 7 月 24 日乾 124 井试采, 到 1999 年大情字井地区仍处于勘探阶段, 为加快勘探步伐, 2000 年投入开发, 实施勘探开发一体化。

2001 年 4 月正式完成了《大情字井油田开发方案》编制。该次方案部署包括黑 46 区块、黑 47 区块和乾 124—黑 69 区块、黑 71—黑 54 区块, 确定开发的目的层是青一段、青二段、泉四段。其中, 黑 47 区块采用 600m×150m 井网, 其他区块均采用 480m×160m 菱形反九点面积注水井网。2001 年 6 月 14 日《大情字井油田开发方案》经专家审查后通过。在该方案指导下, 大情字井油田正式投入开发。

2002 年, 油田进入高效开发建产阶段。主要针对黑 79 区块、黑 75 区块、花 9 区块等区块进行规模建产, 利用三维地震成果和沉积微相成果优化部署, 围绕关键井逐步外推, 同时又部署了一批控制井, 并开展了区块注水政策攻关。共部署开发井 210 口, 建产能 33.69×10⁴t。

2003 年进入深入认识研究和一定规模的建产阶段。开展了油藏类型及油气富集规律研究, 共部署完钻开发井 78 口, 建产能 10.86×10⁴t。

2004 年针对复杂的油藏类型, 吉林油田勘探开发研究院科技人员不断加强油藏研究, 取得了大情字井油田西坡以构造控制为主、东坡以岩性油藏为主的认识, 同时对青三段低阻油层的识别取得突破。共部署完钻开发井 160 口, 建产能 14.36×10⁴t。

2005 年油藏认识上明确东坡沉积相带、条带状渗透性砂体对控藏的作用, 明确西坡、中央断裂带低幅度构造对油气富集的作用。开发工作中, 多套含油层系兼顾, 依托构造打岩性油藏, 依托青一段油层打青三段油层, 依托稳定的青一段 12 号小层打其他岩性条带, 以超前注水方式开发岩性油藏。共部署完钻开发井 146 口, 油井 118 口, 建产能 19.90×10⁴t。

截至 2018 年底, 大情字井油田年产油 38.61×10⁴t, 采油速度 0.59%, 采出程度 13.42%, 综合含水率 84.13%。

第三节　乾安油田

一、概况

1. 油田基本情况

乾安油田位于吉林省松原市乾安县境内，在乾安县城东部安字井与让字井之间。油田地处松辽盆地南部，地势平坦，河湖稀少，地面海拔一般为140～150m。

乾安地区地表土碱性大，气候干旱，主导风向西南风，年平均风力三级，风速3.70m/s。季节特点为春、秋多风，冬季少雪，属大陆性季风气候，年平均气温4.70℃，最高温度37.80℃，最低温度 −34.80℃，年平均降雨量421mm左右，年蒸发量1800mm，最大冻土深度1.95m。

油田区域构造位于松辽盆地南部中央坳陷区长岭凹陷北端向新立构造抬起的斜坡上，为构造背景下的低渗透岩性油藏。1979年发现，1986年投入开发，开发目的层为上白垩统青三段高台子油层，油品为稀油。

油田东西边界经度分别为西经123°57′32″、东经124°13′18″；南北边界纬度分别为南纬44°48′41″、北纬45°5′43″。

2. 勘探简史

乾安地区地质普查始于1956年。1956—1958年，地质部二普、904航测队及石油工业部松辽石油勘探局等单位在该区进行电法、地面重磁力航空磁测及地震普查等工作，发现重力高、磁异常，经进一步钻探确认乾安构造，当时定名为帅字井构造（1962年改名乾安构造），1960年在构造高点钻帅1井，于姚家组（1326～1322m）井壁取心发现四颗油砂。

1975—1981年，吉林省石油会战指挥部钻井指挥部在乾安构造部位钻井12口。其中，1977年2月第一口探井乾深1井完钻，1978年12月19日至1979年2月17日，于高台子油层压裂首次获得3.30m³/d的工业油流，当年用气举法试油获扶余油层自喷产油4.91m³/d，高台子油层产油2.03m³/d，合试产油最高达5.20m³/d，杨大城子油层仅见油花，从而发现乾安油田。同年，根据石油工业部指示，乾安地区列为重点探区，打探井41口，取心井25口。吉林省石油会战指挥部勘探开发研究院加强地质综合研究工作，特别是区域性沉积相研究工作，取得突破性成果，认为乾安地区为保康砂岩体前缘，属河流三角洲分流平原相和前缘相沉积，是油气聚集的有利地区。

1984年4月，在该构造西南端钻探乾深10井，5月在高台子油层采用气举法试油，初产原油5.30m³/d，压裂后气举产油11m³/d，证实该区高台子油层的开发价值。1984年7月，集中油田钻探优势力量，抽调仅有的六部大型钻机详探乾安地区，以高台子油层为主要目的层，以乾深10井为中心，南北展开钻探，在130km²范围内布探井11口，1984年底全部完钻。经试油有6口井获工业油流，其中，乾107井气举试油获得突破，日产油15.50m³，探井成功率为72.70%。仅用半年时间，在乾深10井区探明含油面积40.10km²，探明石油地质储量3366×10⁴t。

二、地层

乾安地区地层发育较全，自下而上钻遇的地层为上白垩统的泉头组、青山口组、姚家组、嫩江组、四方台组、明水组，新近系的大安组、泰康组和第四系。其中泉头组—嫩江组为连续沉积，地层由西向东增厚。晚白垩世末，受燕山运动Ⅴ幕及其以后各次构造运动的影响，嫩江组以上地层多为不整合接触。含油层位为青山口组三段和姚家组一段，依据沉积特征及沉积旋回将青三段划分为12个砂组42个小层。各层位地层厚度、岩性特征及接触关系详见表1-8-3。

表 1-8-3　乾安油田地层层序表

界	系	统	组	段	厚度 /m	岩性描述	与下伏地层接触关系
新生界	新近系		第四系		50～90	黄土、黏土，底部为砂砾	不整合
		上新统	泰康组		90～100	上部为黄绿、灰绿色泥岩，夹泥质粉砂岩，下部为砂砾岩	不整合
		中新统	大安组		40～60	上部为黄灰—灰色泥岩，粉砂质泥岩，底部为砾岩层	不整合
中生界	白垩系	上统	明水组	二	90～100	灰绿、棕褐色泥岩，夹泥质粉砂岩	整合
				一		棕灰、棕褐色泥岩，夹泥质粉砂岩	
			四方台组		250～320	以灰、绿灰、灰绿及灰白色粉砂岩、泥质粉砂岩为主，夹灰、绿灰及紫红色泥岩	不整合
			嫩江组	五	50～140	以深灰色泥岩为主，夹紫红、灰色泥岩、粉砂质泥岩	整合
				四	240～250	以灰黑色泥岩为主，夹紫红、棕红色泥岩及灰色粉砂岩、泥质粉砂岩	整合
				三	70～80	为大套灰、黑色泥岩，偶夹灰色细砂岩	整合
				二	40～120	为大套灰黑色泥岩，底部为油页岩	整合
				一	70～75	以灰黑色泥岩为主，中部夹油页岩	整合
			姚家组	三+二	75～100	由灰绿、紫红色泥岩和灰白色含钙粉砂岩、泥质粉砂岩、粉砂岩组成	整合
				一	45～65	大套紫红色泥岩，偶夹灰绿色泥岩、灰白色钙质粉砂岩、粉砂岩	整合
			青山口组	三+二	470～570	上部主要为紫红、深灰色泥岩、粉砂质泥岩与灰色泥质粉砂岩、灰褐色粉砂岩（局部含钙）组成不等厚互层；下部主要为灰黑、灰色泥岩层，偶见浅灰色粉砂岩和泥质粉砂岩	整合
				一	80～95	以大段灰黑色泥岩为主，偶见浅灰色粉砂岩和泥质粉砂岩	整合
			泉头组	四	105～125	以紫红色泥岩为主，夹棕灰、棕红色粉细砂岩及泥质粉砂岩	整合

三、构造

该区宏观构造面貌由深层到浅层基本一致，具有较好的继承性。下部（T₂反射层以下）断层较发育，向上则明显变少。

乾安油田含油目的层主要为青三段，其顶面构造特征为一西倾斜坡，地层倾角2°左右，坡上发育北北西向断层，断层规模较小，延伸一般2～6km，断距20m左右。局部构造不发育，仅在乾深1井区发育一背斜构造。构造最大圈闭线为－1275m，轴向近南北，长轴长120km，短轴长50km，闭合面积45km²，闭合高度39m，高点位于乾深1井附近。构造主体部位断层不发育，仅在斜坡部位发育有近南北向延伸的正断层，断层延伸长度一般2～6km，断距在20m左右。油层分布于背斜轴部以西的斜坡上，构造较缓，地层倾角2°左右。

按断层的形成期次可分为四种类型：早期断层、中期断层、晚期断层和长期断层。

早期断层：基底断层或断穿侏罗系、登娄库组的断层。这类断层可部分延伸至T₂层，极少数延伸至T₁层。该类断层在盆地演化的中、晚期基本处于停滞状态。

中期断层：该类断层多形成于青山口组沉积早期，主要断穿泉头组上部和青山口组，向浅层断距变小，多数消失在青二段＋青三段和姚家组中，部分断层断穿T₁层，该期断层数量最多，青三段以该期为主。

晚期断层：嫩江组沉积之后产生的断层。该期断层断开层位多数为T₁层及其以上地层，少数断层向下断穿T₂层，断层延伸长度较短，成带状分布。

长期断层：这类断层形成时期比较早，而后一直持续活动，断开层位较多，断层的断距到浅层逐渐变小，该期断层在该区发育较少（图1-8-7）。

四、储层

乾安油田含油层位为青山口组三段（高台子油层）和姚家组一段（葡萄花油层）。青三段厚度为300～380m，姚一段为45～65m。泉头组四段至姚家组沉积时期，该区主要接受西南保康水系沉积。泉四段为低水位沉积，分支河道微相占主体，青一段、青二段为水进沉积，以湖相泥沉积为主。青三段沉积时期，湖盆快速衰退，由三角洲前缘相向三角洲分流平原相逐渐过渡，姚家组沉积时期，以河流相为主。发育有分支河道、分支间湾、河口坝、水下分支河道、分支间湾、远沙坝、席状砂及湖相泥等微相。其中，青三段沉积时期，该区主要发育水下分支河道、河口坝微相；姚家组沉积时期则为河流相沉积，砂岩不发育。

青三段砂岩比较发育，单井砂岩厚度一般40～70m，最厚可达100m。受沉积演化的控制，各砂组砂岩发育不均衡，总体来说青三段的砂体主要受控于西南物源，砂体西南部厚，向北东方向逐渐减薄、尖灭。平面上砂体多呈条带状、朵叶状分布，顺物源方向砂体延伸较远，横切物源方向砂体侧变较快。

姚家组物源来自西部，砂岩由西向东呈条带状分布，连通性较差。砂岩厚度一般2～8m，一般发育1～2个单砂层。

储层岩性以粉砂岩为主，含少量细砂岩，砂岩颗粒粒径一般为0.03～0.13mm。岩石颗粒分选中等—好，风化程度中等—浅，磨圆度为次棱角状。岩石矿物成分由石英、长石和岩屑组成，其中石英含量占24%～28%、平均26%，长石含量占35%～44%、平均

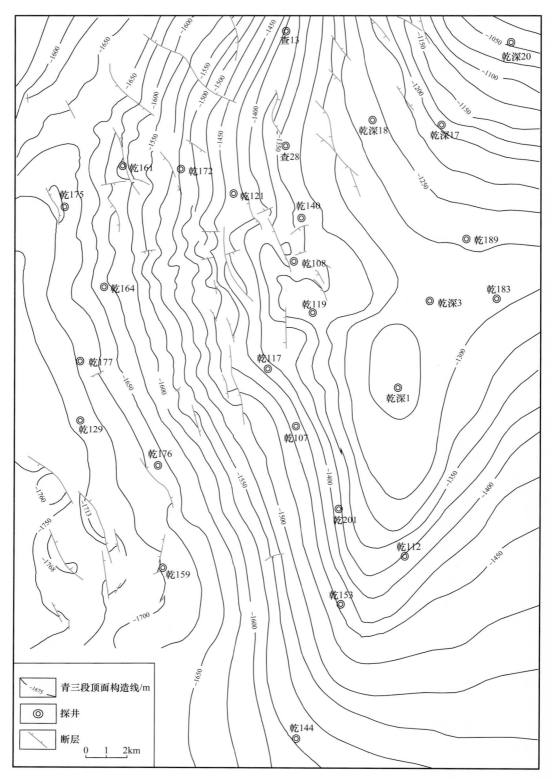

图 1-8-7 乾安油田青三段顶面构造图

43%，岩屑含量占 23%～28%、平均 25%，为岩屑质长石砂岩。石英、长石均见不同程度次生加大，长石见泥化、绢云母化及灰质、片钠铝石交代现象，岩屑以酸性喷出岩为主。碎屑堆积较紧密，粒间被微晶灰质、硅质充填，常见灰质交代碎屑现象，并见介屑集中呈定向条带分布。岩石胶结物以泥质和灰质为主，含少量硅质。岩石颗粒间为点—线接触，胶结类型为孔隙式、接触式和再生—孔隙式。

储层孔隙度一般为 5%～20%，最大为 24%，平均为 11.2%；储层渗透率一般为 0.01～10mD，最大为 35.4mD，平均为 2.45mD；油层孔隙度一般为 10%～19%，平均为 14.1%；渗透率一般为 0.1～40.4mD，平均为 4.2mD。储层孔隙类型以粒间孔为主，见少量长石岩屑粒内溶孔，孔隙具有分选较差、细歪度特征，排驱压力在 0.3MPa 左右，中值压力在 0.9MPa 左右，平均孔喉半径在 1.0μm 左右，孔喉半径主峰位于 0.6～1.6μm，占总孔喉的 55%。

五、油气藏

1. 生储盖组合

乾安油田生储盖组合如下：烃源岩主要为青一段、青二段，青一段、青二段、青三段砂岩为储层，泉四段、青一段、青二段、青三段、姚一段泥岩为盖层，形成自生自储、下生上储型组合（图 1-8-8）。

2. 油藏类型

乾安油田砂岩多呈条带状或透镜状分布，其油藏类型为岩性油藏和断层—岩性复合油藏。砂岩相对发育区，顺物源方向砂岩连通性好，横切物源方向岩性侧变快，形成侧向封堵，油气在上倾方向由于砂岩上倾尖灭形成封挡而聚集成藏；在砂岩不发育区，砂体呈透镜状分布，储层的厚度薄、物性变化大，砂体的连通性较差，易于形成砂岩上倾尖灭或砂岩透镜体岩性油藏。此外，在砂岩发育区，上倾方向受反向正断层封堵，可形成断层—岩性油藏。高台子油层油水关系复杂，全区无统一的油水界面，油层受各单砂体控制，在空间上呈层状分布，在各自的系统中油水遵循重力平衡原理分布。在单砂体的高部位含油相对饱满，发育纯油层，随着构造的降低含油性变差，渐变为油水同层和水层。在单砂体的相同构造深度由于砂体的侧变导致砂体主流线的含油饱和度较高，而砂体侧变部分含油饱和度降低、束缚水饱和度增高，在以压裂为增产手段试油中，破坏了储层的原始状态，束缚水变为可动水，使这部分储油层油水同出（图 1-8-9）。

3. 流体性质

地面原油性质：青三段原油密度一般为 0.841～0.874g/cm³，平均为 0.858g/cm³，黏度（50℃）一般为 10～40mPa·s，平均为 25mPa·s，胶质含量为 8.4%～27%，平均为 16.2%，沥青质含量平均为 0.9%，含硫量平均为 0.04%，凝点平均为 35℃，初馏点平均为 120℃；姚一段原油密度一般为 0.852～0.868g/cm³，平均为 0.866g/cm³，黏度（50℃）一般为 13～48mPa·s，平均为 26mPa·s，胶质含量为 15.8%～27.6%，平均为 21.7%，沥青质含量平均为 0.41%，含蜡量平均为 23.6%，含硫量平均为 0.12%，凝点平均为 37℃，初馏点平均为 117℃。

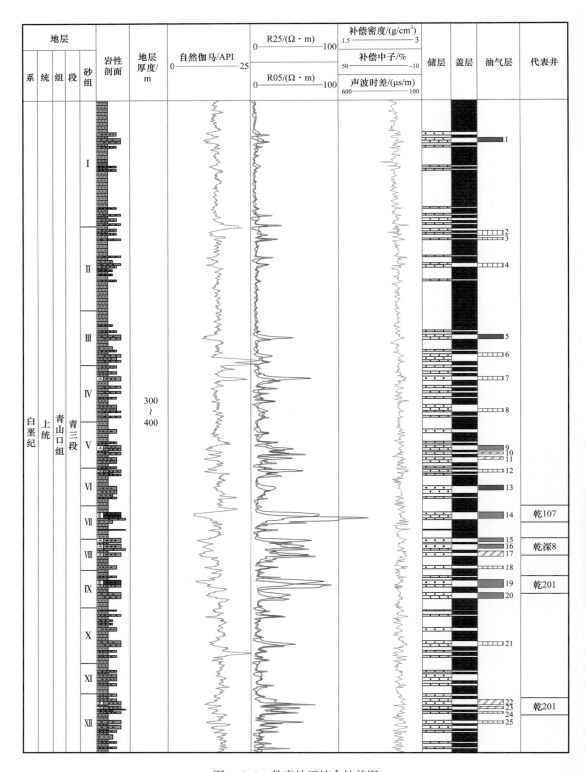

图 1-8-8　乾安油田综合柱状图

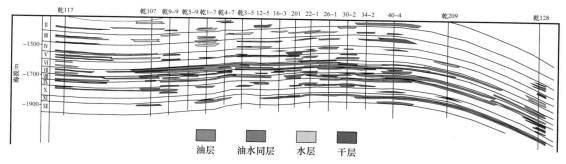

图 1-8-9 乾安油田乾 117 井—乾 128 井青三段油藏剖面图

地层原油性质：原始饱和压力范围为 4.55～9.6MPa，平均为 7.48MPa；气油比范围为 14.9～61.2m³/t，平均为 38.3m³/t；体积系数范围为 1.0786～1.198，平均为 1.136；原油黏度范围为 3.9～7.61mPa·s，平均为 5.13mPa·s。

地层水性质：青三段地层水总矿化度一般为 12000～20000mg/L，平均为 15000mg/L，氯离子含量一般为 4000～5000mg/L，pH 值为 7～8，水型为碳酸氢钠型；姚一段地层水总矿化度一般为 13000～26000mg/L，平均为 20000mg/L，氯离子含量一般为 4600～10000mg/L，pH 值为 7 左右，水型为碳酸氢钠型。

4. 地层温度压力

根据油层温度、压力实测资料，油层温度一般为 70～90℃，油层平均地温梯度为 4.3℃/100m，属正常的温度系统。油田压力系数为 0.98，油层压力一般为 16～20MPa，属正常的压力系统。油藏驱动类型以弹性驱为主。

六、油气储量

乾安油田于 1979 年发现，1984 年以乾深 10 井为中心，钻探了 11 口探井，其中乾 107 井等 6 口井试油获工业油流，当年计算了乾深 6 区块高台子油层的石油地质储量，经全国矿产储量委员会审查后，批准乾安油田新增含油面积 40.10km²，新增石油地质储量 3366×10⁴t，可采储量 1010.00×10⁴t。

1985 年，完钻探井 21 口，在探明含油面积外，又扩大了含油面积。计算了乾 118 区块和乾 128 区块高台子油层石油地质储量，经全国矿产储量委员会审查，批准乾安油田新增含油面积 96.30km²，新增石油地质储量 3629×10⁴t，可采储量 1018.0×10⁴t。

1990 年，对已开发储量进行评价，重新计算乾 128 区块探明石油地质储量为 1770×10⁴t，含油面积不变，可采储量为 392.30×10⁴t。1991 年经全国矿产储量委员会审查后，批准乾安油田乾 128 区块复算升级石油地质储量 1770×10⁴t，含油面积 27.00km²，可采储量 392.30×10⁴t。

1986—1995 年，陆续在油田外围的南部和北部钻探了乾 206 井、乾 130 井、乾深 12 井等探井，试油均获得工业油流。1989 年计算乾 206 区块葡萄花油层石油地质储量，经全国矿产储量委员会审查后，批准乾安油田乾 206 区块新增探明含油面积 8.50km²，新增探明石油地质储量 218×10⁴t，可采储量 55.00×10⁴t。1994 年计算乾 130 区块高台子油层石油地质储量，1995 年经全国矿产储量委员会审查后，批准乾安油田乾 130 区块新增探明含油面积 25.50km²，新增探明石油地质储量 782×10⁴t，可采储量

140.80×10⁴t。1998 年计算乾深 12 区块高台子油层和葡萄花油层石油地质储量，1999 年经全国矿产储量委员会审查后，批准乾安油田乾深 12 区块新增探明含油面积 8.6km²，新增探明石油地质储量 193×10⁴t，可采储量 37.3×10⁴t。

2001 年 10 月在乾安油田西北部钻探乾 162 井，在青三段以抽油方式求产获得工业油流，2002 年先后钻探了乾 163 井、乾 165 井、乾 118-1 井等井，试油均获得工业油流。计算了乾 162 区块、乾 174 区块、乾 118-2 区块高台子油层石油地质储量，2004 年经全国矿产储量委员会审查后，批准乾安油田高台子油层新增探明含油面积 75.90km²，探明石油地质储量 2580×10⁴t，可采储量为 516×10⁴t。

到 2020 年，乾安油田共探明含油面积 246.44km²，探明石油地质储量 9806.8×10⁴t。

七、开发简况

乾安油田于 1985 年 3 月开辟了生产试验区，6 月 1 日乾安采油厂第一口生产井乾 107 井正式投入开采，日产原油 15t。至 1985 年底，共投产油井 23 口，平均日产油 173t，生产方式为机械采油，原油集输主要依靠单井罐储油，通过汽车拉油外运。

1986 年编制了乾安油田高台子油层的开发方案，对油田进行大面积开发。1987—1988 年油田进入全面产能建设，1988 年底年产原油 34.60×10⁴t。之后进入稳产阶段，原油产量从 1989 年至 1992 年稳产在 30×10⁴t 水平线上，开发方面进行了注水政策、完善井网及井网方式调整。1993 年后产量开始递减，到 2001 年年产油降到 18.89×10⁴t，这期间有四个合作公司合作开发了乾安油田周边六个区块。2003 年有新的区块投入开发，相继开发乾北区块和乾 21-11 区块，并先后进行了加密调整和扩边工作，油田产量上升。同时又有三个合作公司合作开发油田周边三个区块，油田在自营和合作开发模式下，步入了上产阶段。

截至 2018 年底，乾安油田在自营和合作的经营模式下，经历了 30 多年的注水开发，年产油 16.74×10⁴t，采油速度 0.24%，采出程度 13.97%，综合含水率 84.77%。

第四节　长岭Ⅰ号气田

一、概况

1. 气田基本情况

长岭Ⅰ号气田位于吉林省前郭县查干花镇境内，距松原市 81km，北邻大情字井油田，东部和东南部分别为大老爷府气田和双坨子气田。区内地势平坦，地面海拔 160~180m，年降雨量 400~600mm，1 月平均气温 -19~-11℃，7 月平均气温 23~24℃。研究区内有公路通过，交通便利，有利于天然气的勘探、开发与运输，具有优越的自然地理和经济条件。

区域构造位置位于松辽盆地南部长岭断陷中部凸起带，为火山岩构造气藏。2005 年发现，2007 年投入开发，目的层为下白垩统营城组和登娄库组。

气田东西边界经度坐标分别为西经 123°57′40″、东经 124°02′23″，南北边界纬度坐标分别为南纬 44°35′24″、北纬 44°41′36″。

2. 勘探简史

长岭地区于 20 世纪 50 年代开始石油地质普查，先后完成了重、磁、电及模拟地震等资料的录取。

1996—1999 年，深层天然气勘探在长岭断陷东部斜坡带取得了初步勘探成果，发现了双坨子、伏龙泉和大老爷府等深层油气田，并通过盆地模拟和资源评价证实长岭断陷存在巨大的资源潜力。

2000—2003 年，吉林油田公司加大了长岭断陷深层勘探力度，并有针对性地部署二维地震，初步分析了长岭断陷地质结构和地层格架。

2004—2005 年，吉林油田公司优选了长岭断陷内的哈尔金构造作为深层勘探的风险目标，并在有利火山岩相带的构造高部位部署了长深 1 井，该井在深层火山岩气藏获得突破，当年提交天然气预测地质储量 $558 \times 10^8 m^3$。由此发现了长岭 I 号气田。

二、地层

据地震资料及钻井揭示，长岭断陷自下而上发育前震旦系、石炭系—二叠系、下白垩统火石岭组、沙河子组、营城组和登娄库组及上白垩统的泉头组一段、二段（表 1-8-4）。

表 1-8-4　长岭断陷地层层序表

地层			地层代号	厚度 /m	岩性描述
系	统	组			
白垩系	上统	泉头组	K_2q_2	240～258	中上部为大段紫红色泥岩夹灰色粉砂岩，下部岩性变粗，为灰色粉细砂岩夹薄层红色泥岩
			K_2q_1	160～250	中上部由暗紫色泥岩与浅灰、灰色细砂岩（局部含钙）组成不等厚互层，下部由暗紫色泥岩与含砾粗砂岩、杂色砂砾岩组成不等厚互层
	下统	登娄库组	K_1d	150～285	大段灰色细砂岩（局部含砾）与紫红、灰色泥岩组成不等厚互层
		营城组	K_1yc	340～365	发育中酸性火山熔岩和火山碎屑岩
		沙河子组	K_1sh	380～400	中上部发育大段块状暗色泥岩夹薄层粉、细砂岩，下部发育粉砂岩薄层，底部发育砂砾岩
		火石岭组	J_3hs	600～700	上部发育大段火山熔岩，中下部发育火山碎屑岩
石炭系—二叠系			C—P		花岗岩或变质岩（钻井未揭示）
前震旦系			AnZ		

三、构造

长岭断陷哈尔金构造是长期继承性发育的断鼻构造，其东部发育一条控制沉积的主干断裂，其他断裂发育规模较小。根据断裂规模、成因及纵向展布特点，可将该区断裂划分为断陷期断裂、坳陷期断裂和反转期断裂。早期的断陷期断裂，主要发育于构造东部，为高角度的拉张性正断层，该断裂发育于火石岭组，断穿 T_4 界面，后期继承性发育，消失在青山口组，为油气聚集提供了良好的通道。

坳陷期断裂主要发育于构造的翼部，表现为高角度的同生正断层，在登娄库组至泉头组沉积时期继承性发育，这些断裂向上沟通浅部地层的储层，易形成次生油气藏。反转期断裂表现为高角度的剪切正断层，发育在青山口组以上，对深部油气藏没有影响。

长岭 I 号气田营城组顶面构造特征整体表现为西倾的断鼻构造（图 1-8-10），构造顶部宽缓，西翼较原构造变陡（长深 107 井），最大圈闭线 3870m，高点海拔 –3365m，幅度 505m，圈闭面积 108km²。东部受断层控制，呈北东走向，延伸长度为 19km，断距为 30～220m，南部断层平面延伸长度为 8.4km，断距为 20～100m。北部发育 10 条近南北走向的断层，断层延伸长度为 2～6km，断距为 20～30m。

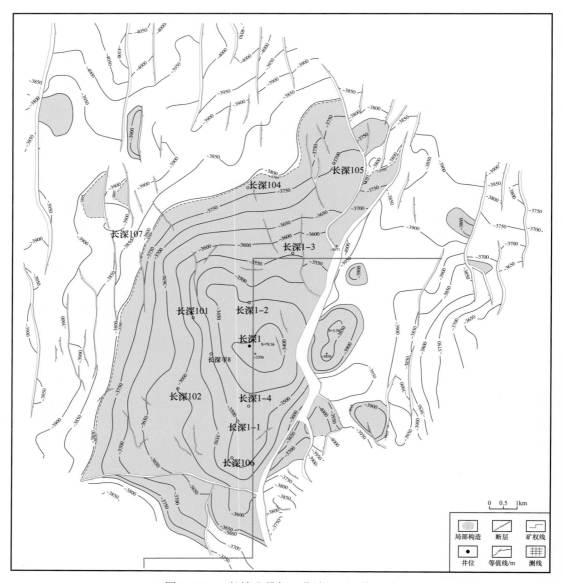

图 1-8-10 长岭 I 号气田营城组顶面构造图

四、储层

营城组火山岩：由于火山岩体空间展布特征复杂，不同火山岩体内部储层展布特征差异大，因此以火山岩体解剖为依据，通过构建合理的火山岩体空间展布格架，与井点数据一起约束地震信息，使储层反演结果更趋近于实际。长岭 I 号气田火山岩储层总的有效厚度为 20～180m，平均约为 80m，整体上构造高部位有效储层厚度大，周围靠近气水界面处最薄，厚值区分布在吉林油田的长深 1 井以及东北油气分公司的腰深 1 井附近。

松辽盆地南部火山岩储层的物性变化大，非均质性强。储层物性与埋深关系不大，一般情况下，储层物性不因埋藏深度的增加而减小，这与岩浆快速冷凝抗压实能力强有关。储层物性与岩性关系密切，原地溶蚀角砾岩物性最好，其次为流纹岩和火山角砾岩，较差的是凝灰岩。长岭 I 号气田营城组火山岩储层岩心分析孔隙度为 3%～23%，中值为 6.8%，渗透率为 0.01～17.31mD，中值为 0.48mD，气层孔隙度为 2.8%～9.5%，平均约为 6%，属于中孔、特低渗储层。平面上，孔隙度具有"南北高、中部低，近火山口高、火山岩体叠置部分低"的特点。

登娄库组碎屑岩：长岭 I 号气田登娄库组储层岩性以粉、细砂岩为主，局部含砾。岩石类型多为细中粒岩屑长石砂岩或长石岩屑砂岩，岩石矿物成熟度较高，石英占 28%～40%，长石占 27%～31%，岩屑占 29%～35%。岩屑成分主要为火山岩，火山岩岩屑多为酸性喷出岩岩屑，颗粒粒径为 0.25～0.5mm，风化程度中等，分选较好，磨圆度呈次棱角—次圆状，接触关系以点、线接触为主。石英次生加大发育，方解石、含铁方解石孔隙式胶结，分布较均匀，个别岩屑被彻底交代。

五、油气藏

1. 气藏类型

长岭 I 号气田生储盖组合如下：烃源岩层主要为白垩系沙河子组湖相泥岩，白垩系营城组火山岩、登娄库组砂砾岩为储层，上部泉一段泥岩为区域盖层，形成下生上储型气藏组合（图 1-8-11）。

营城组火山岩气藏：长岭 I 号气田营城组顶面构造为西倾的断鼻构造，从气层平面、剖面分布特征上分析，气层分布受构造高低和圈闭幅度控制。位于构造圈闭高部位上的长深 1 井、长深 1-2 井、长深 103 井含气井段长，单井揭示的气柱高度大；位于构造圈闭低部位的探井含气井段短，单井揭示的气柱高度小（如长深 102 井位于构造西部较低部位，揭示气柱高度 34m）。天然气分布主要受构造控制，气藏类型为构造气藏（图 1-8-12）。

研究表明，近火山口相带的火山岩储层物性好，含气饱满，而远离火山口相带的火山岩储层物性差，含气饱和度低。纵向上天然气的分布受火山岩的相带和储层岩性的控制，一般溢流相的原地溶蚀角砾岩和上部亚相的流纹岩含气饱和度高，溢流相的中部亚相和爆发相的熔结凝灰岩物性差，束缚水饱和度高，含气饱和度低。

火山岩储层由于断裂发育，储集物性变好，再加上裂缝、孔洞使得原生孔隙和次生

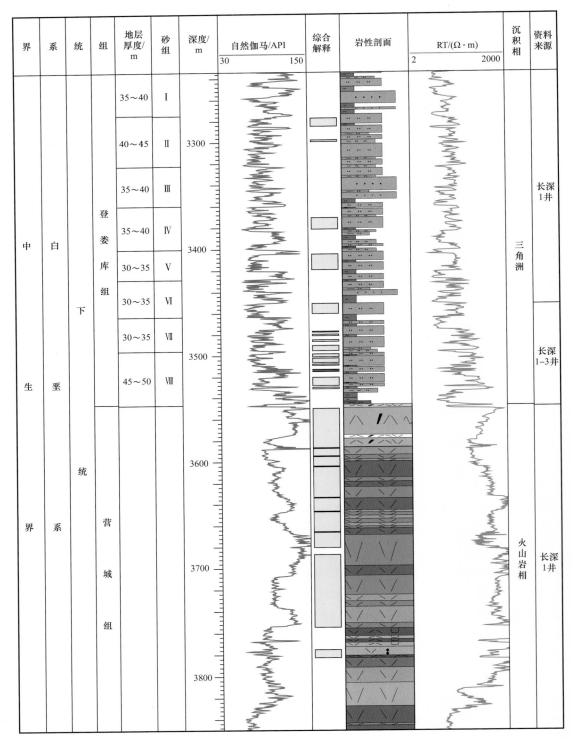

图 1-8-11 长岭 I 号气田综合柱状图

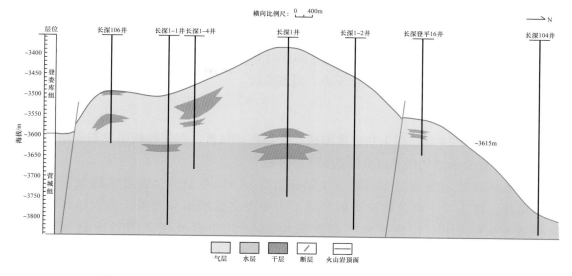

横向比例尺: 0 400m

N

图 1-8-12　长岭 I 号气田长深 106 井—长深 104 井登娄库组气藏剖面图

孔隙相互沟通，使得气藏具有统一的气水界面。通过气藏气水界面综合分析，确定长深 1 区块哈尔金构造气水界面海拔深度为 -3643m，最大气柱高度为 260m。

登娄库组碎屑岩气藏：从长岭断陷区域勘探成果来看，登娄库组具有区域含气特征，含气井段长度和单井揭示气柱高度不受构造高低和圈闭幅度控制，气水分异较差，试气一般气水同出。分析认为登娄库组天然气分布主要受岩性控制，气藏类型为岩性气藏。

2. 流体性质

长岭 I 号气田营城组天然气是以烃类气为主的混合气，甲烷含量为 62%～75%，平均为 66.96%；乙烷含量为 0.11%～1.92%，平均为 1.72%；重烃含量为 0.057%～0.21%，平均为 0.09%；氮气含量为 3.32%～7.82%，平均为 3.96%；二氧化碳含量为 23.79%～29.97%，平均为 27.27%；天然气密度为 0.76～0.86kg/m³，平均为 0.84kg/m³。地层水总矿化度一般为 30000～50000mg/L，平均为 40314.5mg/L；钾钠离子含量一般为 3000～15000mg/L，平均为 11299.8mg/L；氯离子含量一般为 500～4000mg/L，平均为 2048.8mg/L；硫酸根（SO_4^{2-}）含量为 110～1133mg/L，碳酸氢根（HCO_3^-）含量一般为 20000～40000mg/L，平均为 26398.3mg/L，分析认为与其高二氧化碳含量有关；pH 值平均为 7.5，水型为 $NaHCO_3$ 型。

登娄库组天然气是以甲烷为主的烃类气，甲烷含量为 91.54%～91.87%，平均为 91.71%；乙烷含量为 1.62%～1.68%，平均为 1.65%；重烃含量为 0.20%～0.23%，平均为 0.21%；氮气含量为 6.23%～6.25%，平均为 6.24%；二氧化碳含量为 0.04%～0.33%，平均为 0.19%；天然气相对密度为 0.59。地层水总矿化度一般为 12000～16000mg/L，平均为 14314.5mg/L；钾钠离子含量一般为 5000～6000mg/L，平均为 5299.8mg/L；氯离子含量一般为 7500～10000mg/L，平均为 8948.8mg/L；硫酸根（SO_4^{2-}）含量为 110～1133mg/L，碳酸氢根（HCO_3^-）含量一般为 200～300mg/L，pH 值平均为 6.0，水型为 $CaCl_2$ 型。

3. 气层温度压力

长岭 I 号气田测得地层压力为 36.42～42.69MPa，压力系数为 1.052～1.206；地层温度为 130.50～140.00℃，温度梯度为 3.691～3.837℃/100m。根据测试成果，综合认为营城组及登娄库组气藏均属于正常压力、温度系统。

六、油气储量

2005 年 9 月 24 日长深 1 井中途测试，获得高产气流，在长岭断陷发现深层火山岩气藏，当年提交天然气预测地质储量 $558 \times 10^8 m^3$。

2006 年在哈尔金构造上部署了 1 口评价井和 3 口控制井。通过实施欠平衡和近平衡钻探，这 4 口井均获得较好的产量。当年提交营城组和登娄库组天然气控制地质储量 $609.31 \times 10^8 m^3$，叠合含气面积 $42.68 km^2$，其中营城组天然气控制地质储量 $407.43 \times 10^8 m^3$，含气面积 $42.68 km^2$；登娄库组天然气控制地质储量 $201.89 \times 10^8 m^3$，含气面积 $26.09 km^2$。

2007 年又相继钻探了长深 102 井、长深 104 井、长深 105 井 3 口评价井，当年提交探明天然气地质储量 $706.30 \times 10^8 m^3$（其中烃类气地质储量 $560.84 \times 10^8 m^3$，二氧化碳气地质储量 $145.46 \times 10^8 m^3$），叠合含气面积 $44.91 km^2$，技术可采储量 $389.20 \times 10^8 m^3$（其中烃类气技术可采储量 $301.92 \times 10^8 m^3$，二氧化碳气技术可采储量 $87.28 \times 10^8 m^3$）。其中，营城组新增探明天然气地质储量 $533.42 \times 10^8 m^3$，含气面积 $44.23 km^2$，技术可采储量 $320.05 \times 10^8 m^3$；登娄库组新增探明天然气地质储量 $172.88 \times 10^8 m^3$，叠合含气面积 $33.31 km^2$，技术可采储量 $69.15 \times 10^8 m^3$。2017 年，为了核实长岭 I 号气田储量规模，为下步开发调整落实资源，对长岭 I 号气田营城组天然气探明储量进行了储量复算。复算后长岭 I 号气田营城组天然气探明地质储量为 $316.47 \times 10^8 m^3$，其中烃类气 $243.68 \times 10^8 m^3$，二氧化碳 $72.79 \times 10^8 m^3$，含气面积 $27.80 km^2$。

到 2020 年，长岭 I 号气田探明天然气地质储量 $489.35 \times 10^8 m^3$，含气面积 $36.91 km^2$。

七、开发简况

2008 年 11 月长岭 I 号气田正式投产，采用以水平井为主、稀井高产的开发理念，开展营城组气藏整体建产。2009 年营城组气藏进入采用水平井全面建产阶段，先后部署完钻了长深平 2—长深平 7 井，初期平均单井日产气量在 $26 \times 10^4 \sim 36 \times 10^4 m^3$ 之间。2010 年共完钻 15 口井，包括直井 8 口和水平井 7 口，形成年产 $9 \times 10^8 m^3$ 天然气生产能力。

2011 年 3 月，吉林油田向中国石油天然气股份有限公司提交扩能开发方案，方案动用含气面积 $36.96 km^2$，动用地质储量 $450.13 \times 10^8 m^3$，形成 $15.015 \times 10^8 m^3$ 的年产规模。

2012 年 1 月底，长岭 I 号气田天然气产量处于最高峰，日产气 $406 \times 10^4 m^3$，日产水 $61 m^3$，水气比 $15 m^3/10^6 m^3$，年天然气生产能力 $11.5 \times 10^8 m^3$。2013 年气藏开始见水，但气藏仍处于高产稳产阶段。截至 2014 年底，长岭 I 号气田投产 22 口井，其中直井 9 口，水平井 13 口，日产气 $300 \times 10^4 m^3$，累计产天然气 $59.0 \times 10^8 m^3$。

进入 2015 年，长岭 I 号气田开始呈现递减趋势，日产气从 2014 年底的 $300 \times 10^4 m^3$ 降到 2016 年底的 $232 \times 10^4 m^3$。

截至 2017 年 9 月底，营城组日产气 $204 \times 10^4 m^3$，日产水 $580.5 m^3$，水气比 $284.6 m^3/10^6 m^3$，累计产气 $79.61 \times 10^8 m^3$。

第五节　龙凤山气田

一、概况

1. 气田基本情况

龙凤山气田位于吉林省长岭县前七号镇，地处松辽平原，距长岭县 20km、长春市 120km。气田东部距长岭油气田 10.0km。

区内地势平坦，地面海拔 140～230m，交通便利。气候属温湿—半干旱季风气候，冬长夏短、春秋风大、天气多变。年平均气温 –3～7℃，最冷在 1 月，最热在 7 月，全年无霜期 120～160d，年均降水量 350～1000mm，每年 6 月至 8 月降水量约占全年的 60%。

气田区域构造位置位于松辽盆地南部长岭断陷西南部的龙凤山次洼，属鼻状构造背景下的地层岩性气藏。含油气层段为下白垩统营城组、沙河子组、火石岭组，属于凝析气藏。

气田东西边界的经度分别为西经 123°44′15″、东经 123°47′36″，南北边界的纬度分别为南纬 44°08′30″、北纬 44°11′48″。

2. 勘探简史

龙凤山地区油气勘探始于 20 世纪 90 年代，早期目的层主要针对坳陷层开展石油普查勘探。2006 年以前的地震资料品质较差，难以落实构造。2008 年采集资料相对较好，主要目的层反射波组清晰，可连续追踪。2010 年以断陷层为突破领域，评价优选龙凤山构造西南部部署实施北 1 井。于火石岭组非常规储层煤层见气显示，全烃最高为 17.591%，甲烷为 10.355%。测井解释煤层气 4 层 20.2m。2012 年积极转变勘探思路，对地震进行攻关，重新处理 2 条 51km。2013 年重新采集二维地震 5 条 135km，对长岭断陷重新认识断陷结构，评价勘探潜力，加强区带评价研究。评价后认为，断陷层沙河子组是分隔独立的，火山岩发育有四期，并重新刻画了长岭断陷沙河子组的分布特征，在长岭断陷南部发现龙凤山次洼。通过优选，在靠近龙凤山次洼的龙凤山圈闭部署北 2 井，于沙河子组获工业气流，发现龙凤山气田。北 2 井的新发现打破了长岭断陷层长期无进展的僵局。

北 2 井突破以后，为了进一步评价含气范围，按照积极进攻长岭断陷的总体思路，加大了对长岭断陷构造背景下岩性气藏的评价力度。在位置更高、相带更有利的地区实施评价井北 201 井。评价展示效果良好，发育多套含气层系。2014 年 5—10 月分别对营城组 VI 砂组、IV 砂组测试，获得日产天然气 $6 \times 10^4 m^3$、油 35m³ 的工业油气流。实现了长岭断陷层致密碎屑岩勘探的战略性突破，对整个长岭断陷的碎屑岩勘探具有引领作用。2015 年营城组 IV 砂组探明含油面积 13.3km²，新增探明天然气地质储量 $32.48 \times 10^8 m^3$，凝析油 $97.95 \times 10^4 t$。2018 年北 213 井火石岭组火山岩 3382.8～3649m 日产原油 20.67m^3、日产天然气 3.84×10^4m^3，首次实现了松辽盆地南部断陷火石岭组新层系和中基性火山岩新类型的突破。

二、地层

龙凤山气田自下而上钻遇的地层为下白垩统火石岭组（K_1hs）、沙河子组（K_1sh）、营城组（K_1yc）、登娄库组（K_1d），上白垩统泉头组（K_2q）、青山口组（K_2qn）、姚家组（K_2y）、嫩江组（K_2n）、明水组（K_2m）、四方台组（K_2s），新近系泰康组（Nt）（表 1-8-5）。

表 1-8-5　龙凤山气田地层层序表

地层				地层代号	厚度/m	岩性描述
系	统	组	段			
第四系				Q	20～50	灰黄色表土层、含砾细砂层，砂砾层与下伏地层呈区域不整合接触
新近系		泰康组		Nt	40～80	灰黄、灰绿、灰色泥岩与杂色砂砾岩互层。与下伏地层呈不整合接触。河流相沉积
白垩系	上统	四方台组		K_2s	190～290	棕红、灰色泥岩与灰色粉砂岩、细砂岩互层。与下伏地层呈不整合接触。河流相沉积
		明水组		K_2m	50～150	一段由灰绿或灰棕色砂岩、砂质泥岩及黑色泥岩组成两个正旋回；二段下部为灰白色粉细砂岩、棕红或灰绿色泥岩，上部由棕红色泥岩、灰或灰白色含砾砂岩、细砂岩、泥质粉砂岩组成。曲流河和浅湖沉积
		嫩江组		K_2n	300～340	灰、深灰、灰绿色泥岩夹浅灰色粉砂岩，底部深灰、灰黑色油页岩与深灰色泥岩互层。与下伏地层呈整合接触。湖相沉积
		姚家组		K_2y	160～190	棕红色与灰色泥质粉砂岩、粉砂岩互层。与下伏地层呈整合接触。河流相沉积
		青山口组		K_2qn	240～290	棕红、灰绿色泥岩与灰色粉砂岩、细砂岩互层。与下伏地层呈整合接触。湖相、三角洲相沉积
		泉头组	四段	K_2q_4	70～100	棕红色泥岩与泥质粉砂岩、粉砂岩、细砂岩互层。河流相沉积
			三段	K_2q_3	260～310	棕红色泥岩与灰色粉砂岩、细砂岩、中砂岩互层。河流相沉积
			二段	K_2q_2	180～220	棕红、棕褐色泥岩与灰色粉砂岩、细砂岩、中砂岩互层。河流相沉积
			一段	K_2q_1	90～130	棕红、棕褐色泥岩与灰色、灰白色粉砂岩、细砂岩、中砂岩、含砾中、粗砂岩互层。与下伏地层呈不整合接触。河流相沉积

地层				地层代号	厚度/m	岩性描述
系	统	组	段			
白垩系	下统	登娄库组		K_1d	150~1700	棕褐、灰褐色泥岩与灰色粉砂岩、细砂岩、砂砾岩互层。河流相、三角洲相沉积。与下伏地层呈不整合接触
		营城组		K_1yc	600~1000	上部凝灰岩、安山岩、玄武岩、流纹岩；下部灰、灰黑色泥岩与灰色粉砂岩、细砂岩、中砂岩互层。与下伏地层呈不整合接触
		沙河子组		K_1sh	500~2000	灰、深灰色泥岩与灰色细砂岩等厚—不等厚互层
		火石岭组		K_1hs	0~450	上部灰、灰黑色凝灰岩、玄武岩、玄武质安山岩夹灰黑色泥岩，下部灰黑色泥岩、灰色粉砂岩、砂砾岩互层。冲积扇、湖相沉积和火山建造。与下伏地层呈不整合接触
基底						片麻岩、花岗岩

依据营城组岩性、电性、沉积旋回，将其纵向上划分为 7 个砂组，从上到下分别为营Ⅰ砂组、营Ⅱ砂组、营Ⅲ砂组、营Ⅳ砂组、营Ⅴ砂组、营Ⅵ砂组、营Ⅶ砂组，气层组划分与砂组一致。

三、构造

龙凤山地区断裂发育。构造受北北东向基底拆离断层 F1 控制，形成北西断、南东超的箕状洼陷，南部缓坡带发育继承性斜坡，构造走向为北东向。早期控制断陷层沉积的断层主要是 F1 拆离断层，延伸较远，控制了登娄库组以下地层的沉积。F2 断裂、F3 断裂、F4 断裂为次级断裂，主要控制了营城组和沙河子组，同时控制了砂体和含油气分布范围。火石岭组火山岩顶面共发育 11 条规模不等的正断层，主要呈北北东向和北东向展布，断层形成时间为火石岭组沉积末期，断距较大、延伸长度中等。沙河子组—营城组沉积时期活动强烈，控制沙河子组—营城组沉积，对营城组和火石岭组油气藏的形成及油气运移起输导和封堵作用。

龙凤山地区火石岭组、营城组整体呈"西南高、东北低"的西南鼻状隆起向北东深洼区延伸的鼻状构造，并且发育多个鼻状构造。构造演化从火石岭组到嫩江组沉积时期分别经历了断陷期（火石岭组—营城组沉积时期）、断—坳转换期（登娄库组—泉头组沉积时期）、坳陷期（青山口组—嫩江组沉积时期）和萎缩期（四方台组—明水组沉积时期）四大阶段。

营城组发育鼻状构造背景下的构造—岩性圈闭。圈闭呈北北东走向，砂组向南地层减薄形成地层超覆尖灭，气层西部受北北东走向西倾正断层 F4 控制。火石岭组火山岩岩体为西南高东北低的单斜构造，东西向火山岩体夹持于断裂之间，南北边界为火山岩岩性边界（图 1-8-13）。

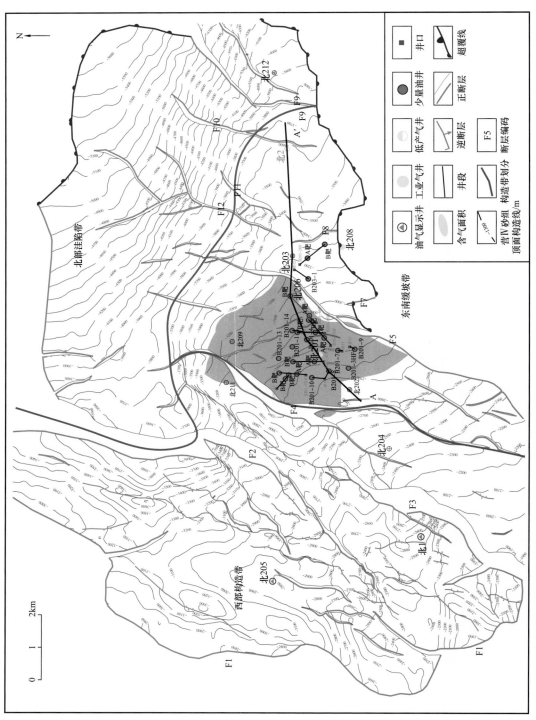

图 1-8-13　松辽盆地南部龙凤山气田营IV砂组顶面构造图

四、储层

龙凤山次洼营城组扇三角洲分布在东南缓坡带上，发育规模较小，受同沉积断层控制其沉积形态。完整的扇三角洲由扇三角洲平原、扇三角洲前缘和前扇三角洲组成，龙凤山气田主要发育前缘亚相。营城组单砂体平均厚度主要分布在 0.8～54.5m 之间，平均厚度为 6.1m。孔隙按照成因可划分为原生孔隙和次生孔隙两种，以次生孔隙为主。孔隙类型主要有粒间溶孔、粒内溶孔、次生缝。营城组孔隙度分布范围为 0.7%～14.3%，集中在 4%～6%，平均值为 5.6%；渗透率分布范围为 0.004～8.9mD，集中在 0.1～1mD，平均值为 0.26mD，为低孔—超低孔、低渗—超低渗储层。

火石岭组储层岩性为凝灰岩，孔隙类型主要为粒间溶孔，孔隙度分布范围为 0.5%～13.8%，平均值为 4.1%；渗透率分布范围为 0.01～7.75mD，平均值为 0.6mD，为低孔—超低孔、低渗—超低渗储层。

五、油气藏

1. 生储盖组合

龙凤山地区存在沙河子组厚层暗色泥岩，既可作为优质烃源岩，也可作为直接盖层。

龙凤山地区主力砂组为营城组Ⅳ砂组，受 3 个物源的影响，砂体具有明显的分带性，距离物源近则砂体较厚，砂体厚度向远端逐渐减薄。

火石岭组含油气段主要为下部火山岩，平面上火山岩基本叠合连片，各火山机构有各自的厚度中心。

龙凤山地区断陷层火石岭组—营城组发育多套生储盖组合，主要有以下两种形式。

（1）下生上储式。沙河子组为主力烃源岩，生成的油气通过断层向上运移和砂体的横向运移至营城组砂岩成藏，营城组泥岩和火山岩为盖层。

（2）上生下储式，沙河子组为主力烃源岩，生成的油气通过断层或直接与火山岩对接，运移至火石岭组火山岩较好的储层中，沙河子组泥岩为盖层（图 1-8-14）。

2. 气藏类型

营城组和火石岭组气藏受断层的侧向封闭遮挡和岩性封堵的双重控制作用，发育油气藏类型为构造—岩性油气藏，西部受断层遮挡，砂组向南地层减薄形成地层超覆尖灭，向东超覆形成圈闭边界，向北进入洼陷区，砂体减薄形成岩性尖灭，营城组高点埋深 2400m，气藏属鼻状构造背景下的地层—岩性气藏。北 201 井营城组Ⅳ砂组气藏压力位于相包络线（露点线）上方，温度在临界温度与临界凝析温度之间，根据气藏原始地层条件（31.41MPa、114.28℃）与临界点相对位置关系判断，Ⅳ砂组气藏原始地层条件下流体为气相，属于凝析气藏。驱动类型以弹性驱动为主。

龙凤山气田营城组气藏中部温度为 113.93～132.26℃，地层压力为 31.38～36.55MPa，压力系数为 0.85～1.02，地温梯度为 3.2～3.32℃/100m，北 201 井区营城组Ⅳ砂组露点压力为 30.5MPa。含气饱和度为 64.2%～67.8%。气层平均有效厚度为 8.2～9.4m。

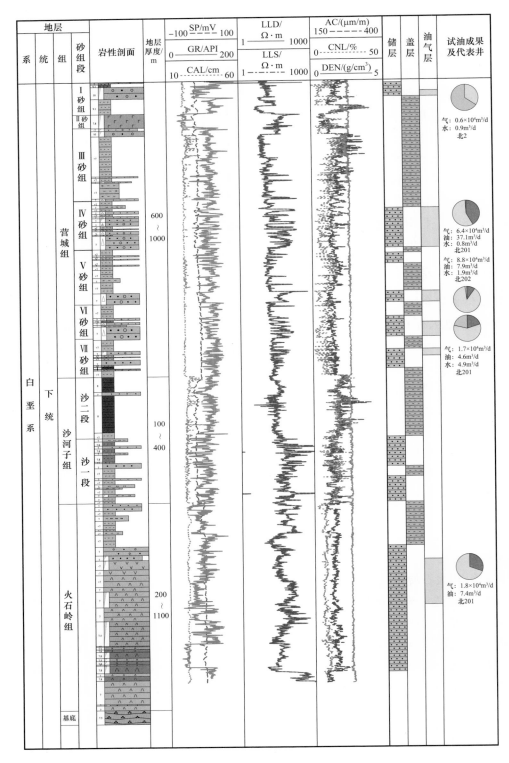

图 1-8-14　龙凤山气田综合柱状图

火石岭组火山岩岩体为西南高东北低的单斜构造，东西向火山岩岩体夹持于断裂之间，南北边界为火山岩岩性边界。火山岩包络顶面埋深为2900～4800m，构造高差1900m（图1-8-15）。

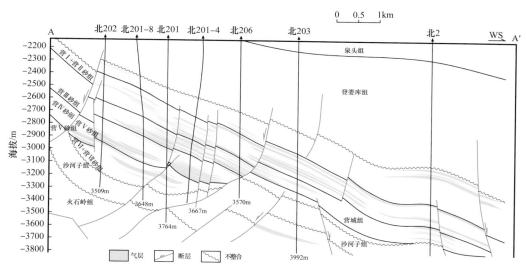

图1-8-15　龙凤山气田北202井—北2井东西向火石岭组—营城组气藏剖面图

3. 流体性质

天然气性质：龙凤山气田营Ⅳ砂组天然气成分主要为甲烷，含量为70%～83%；乙烷含量在7.65%～11.59%之间；丙烷含量为0.07%～4.12%，异丁烷低于1%；非烃组分主要为二氧化碳和氮气，二氧化碳含量为0～6.26%，氮气含量为1.64%～14.6%，不含H_2S。天然气相对密度为0.63～0.72。营城组Ⅳ砂组气油比为3032.9m^3/m^3；体积系数为0.0037299；压缩系数为12.21。

凝析油性质：龙凤山气田营Ⅳ砂组原油密度为0.7652～0.8256g/cm^3，原油黏度（50℃）为1.0059～10.012mPa·s。初馏点为95～130℃，凝点为-30～10℃；含蜡量较少。火石岭组原油黏度比营城组原油黏度略大，原油含硫量非常小，具有陆相原油特征，为低密度、低黏度的轻质油。

地层水性质：水型为碳酸氢钠型和氯化钙型，矿化度为3241.22～16409mg/L，阳离子含量以$K^+ + Na^+$为主，阴离子以Cl^-为主，pH值为6～7。

4. 温度压力

龙凤山气田营城组气藏中部埋深3131.3～3749.1m，中部温度为113.93～132.26℃，地层压力为31.38～36.55MPa，压力系数为0.85～1.02，地温梯度为3.2～3.32℃/100m，属正常的温度、压力系统。北201井区营城组Ⅳ砂组露点压力为30.5MPa。气藏驱动类型以弹性驱动为主。

六、油气储量

2015年龙凤山气田北201井区白垩系营城组Ⅳ砂组提交探明含气面积13.3km^2，新增探明天然气地质储量32.48×$10^8 m^3$，天然气可采储量12.99×$10^8 m^3$；凝析油97.95×$10^4 t$，凝析油可采储量19.58×$10^4 t$。

截至 2020 年，龙凤山气田累计探明天然气地质储量 $279.12 \times 10^8 \mathrm{m}^3$。

七、开发简况

2015 年北 2 井和北 201 井试气获商业油气流后，龙凤山气田实施了勘探开发一体化推进及有效建产，在营城组Ⅳ砂组先后部署 12 口开发评价井，当年投产 16 口（包括探井 6 口），日产气 $46.6 \times 10^4 \mathrm{m}^3$，日产油 107.8t，实现了当年评价，当年建产，当年见效。

截至 2018 年底，共有勘探和开发井数 35 口，累计天然气产量 $3.3 \times 10^8 \mathrm{m}^3$，累计产油 $5.6 \times 10^4 \mathrm{t}$，日产油 54.9t，日产气 $47.5 \times 10^4 \mathrm{m}^3$，采出程度 10.23%，采气速度 3.67%。

第九章　典型油气勘探案例

第一节　大情字井油田岩性油藏勘探实践

大情字井油田位于松辽盆地南部中央坳陷区长岭凹陷的南部，为一个大型负向构造，是松辽盆地南部最大的生烃凹陷。自1999年以来，吉林油田突出岩性油藏勘探思路，以大情字井生烃凹陷和保康沉积体系前缘相带两个关键要素为重点，深化油气成藏条件研究，突出负向构造成藏模式、机理及油气分布规律的深入研究，充分应用高精度三维地震技术、低渗透油层压裂改造技术，采取勘探开发一体化模式，形成了"认识指导、技术保障、管理提效"的综合勘探方法。经过勘探实践证实了大情字井地区为大面积岩性油藏富集区，具有 $4.0 \times 10^8 t$ 的勘探潜力。2000—2015年，累计探明石油地质储量 $1.59 \times 10^8 t$，并新建一个百万吨级产油基地。大情字井地区的勘探实践丰富了向斜区找油理论，验证了勘探无禁区、找油无止境的勘探思想，为陆上超大型岩性油藏勘探积累了经验。

一、勘探历程

大情字井油田50年的油气勘探史，是几代找油人坚定信念、大胆探索、反复认识、孜孜以求、锲而不舍的勘探史，是解放思想、科学决策、勇于实践的一个成功战例。从第一口工业油流井的发现，到大面积岩性油藏的勘探成功，其复杂曲折的过程可以归结为四个阶段。

1.区域普查，发现油气

1955年松辽盆地开始石油地质普查，拉开了吉林油气区大规模石油勘探的序幕；1959年9月29日扶余Ⅲ号构造扶27井泉四段扶余油层试油获油流 $0.6m^3$，标志着松辽盆地南部第一个油田——扶余油田的诞生。为扩大成果和进一步落实松辽盆地南部的含油性，1961—1965年，石油工业部松辽石油会战指挥部在全盆地进行了联网地震勘探，确定了区域性地震地层界面关系，并在大情字井地区发现黑帝庙构造。为侦查黑帝庙构造含油性，1962年4月10日钻探黑1井于嫩四段以提捞的方式获油4.01t，首次突破大情字井地区工业油流关，发现的油层命名为黑帝庙油层。随后在距该井1.5km处又钻探黑2井，但未发现油气显示，显现黑帝庙油层油气分布复杂多变。这一阶段虽然没有大的突破，但展示了良好的资源潜力，为后续工作提供了依据。

2.预探构造，小有收获

进入20世纪70年代，在二级构造带控油理论的指导下，吉林油田的勘探取得突破性进展，先后发现一批油田（红岗、木头、新北、新立、乾安等油田），但同时条件较好的大型构造均已发现，勘探工作逐渐转向外围。1987年，在大情字井地区完成测网为2km×2km的常规二维地震，落实一批低幅度构造圈闭。在1987—1988年钻探5口探井，其中乾110井和乾124井于青一段高台子油层试油分别获得3.97t/d、6.22t/d油流，首次突破长岭凹陷青一段高台子油层工业油流关，但仍有3口井油气显示级别较差未下套管，显现出低幅度构造控制的油藏复杂、产能低、勘探效益低的特点；在当时的勘探技术条件下，油层埋藏深、低幅度构造落实难度大，勘探处于徘徊期。

3. 技术进步，带动突破

"九五"以来，随着勘探工作由勘探背斜油气藏向寻找岩性油气藏转变，吉林油田充分认识到先进的勘探设备和勘探技术的重要性，先后引进了一批高精度的先进勘探设备，1997年在已完成地震测网的基础上加密地震测线，完成大情字井地区内插1km×1km的二维高分辨地震。通过高分辨地震勘探，又落实了一批小幅度构造，并在同年5月优选圈闭钻探黑43井，在青山口组、姚家组见到油斑—油浸级别油气显示，1998年4月于青二段高台子油层压裂后试油获11.38t的高产油流，突破低幅度构造圈闭的高产油流关；随后针对构造圈闭钻探黑45井、黑46井、黑47井等井均获得成功，其中黑45井、黑46井分别获得20.46t/d、18.5t/d的高产油流，进一步证实了该地区构造圈闭具有较好的成藏条件，并于1998年提交石油预测地质储量1646×10^4t。综合分析该区青一段、青二段，地层虽然埋藏深（2250～2550m），但储层物性较好（孔隙度11%～14%）、单井产量高、圈闭钻探成功率高，具有较大的效益勘探潜力。

4. 转变思路，实现跨越

大情字井地区向斜部位低幅度构造圈闭勘探获得突破后，并没有满足已有成果，继续深入开展油气成藏条件的再认识，在研究中紧紧抓住"大情字井生烃凹陷"和"三角洲前缘带"这两个关键因素，得出"油气主要围绕在生烃凹陷中心，在沉积体系的前缘相带易形成大面积分布"的认识，得出大情字井地区中部组合可以形成岩性、断层—岩性、上倾尖灭多种油气藏类型和纵向上可叠加连片的认识。基于大量的实际研究工作，明确了勘探方向，坚定了勘探信心，勘探部署思路实现了从构造到岩性的根本性转变。在新认识的指导下，遵照实践、认识、再实践、再认识的思想，确定了"三步走"的部署思路：第一步稳中求进，先打构造圈闭，保证钻探成功率；第二步扩大战果，通过高精度三维地震勘探，脱离构造圈闭针对断层—岩性圈闭部署钻探黑50井等井见到良好的油气显示，试油黑50井获得2.01t的工业油流，突破构造圈闭外工业油流关，成功"上坡"证实断层—岩性油藏的存在；第三步在高精度三维地震储层精细刻画的基础上部署黑53井和黑101井两口"下凹"井，脱离断层钻探岩性圈闭获得成功，在青一段试油分别获得3.32t/d、2.58t/d工业油流，成功"下凹"，证实大情字井地区大型岩性油藏的存在。在此基础上，开发早期介入、勘探向后延伸的勘探开发一体化工作模式的实施进一步显现出岩性油藏的开发价值，为长岭凹陷大型岩性油藏的发现坚定了信心。1999年底在该区储量未完全落实的情况下，首先建立开发生产试验区，不但证实了开发井可以稳产，而且当年（2000年）建成了16×10^4t/a生产能力，证实"三低"（低渗透、低丰度、低产能）储量较好的开发效益。截至2015年底，大情字井油田已累计探明石油地质储量1.59×10^8t，动用地质储量9273×10^4t，动用面积249.3km^2，累计建产能244.7×10^4t/a。

二、勘探实践与启示

大情字井地区岩性油藏勘探取得突破后，当时的勘探面临两个问题：一是勘探方向与勘探目标问题；二是岩性勘探的手段问题，即如何有效识别岩性圈闭，如何提高低渗透储层产能。面对这样的难题，勘探战线群策群力，通过不断实践形成了认识指导、技术保障、管理提效益的工作方针。

（1）负向构造找油思路的形成，"满凹含油"认识的逐步成熟，指导了岩性油藏勘探方向。

在过去40多年的勘探过程中，吉林油田在大情字井地区一直在陆相生油理论、隆起区背斜找油思路的指导下开展勘探。随着勘探程度的不断提高，勘探目标由原来的寻找简单大规模的构造、断块型油藏向寻找复杂的小型断块及复合型油藏转变。在20世纪90年代后期，通过分析大情字井地区的勘探现状，认为大情字井负向构造单元、岩性油藏的勘探程度很低，分析认为剩余资源量的绝大部分应该主要赋存于这一勘探领域内，负向构造岩性油藏将是发现整装规模储量的重要勘探接替领域，具有很大的勘探潜力。因此，大情字井地区勘探要想取得突破，实现油气资源的转化，必须积极转变勘探观念，积极探索负向构造岩性油藏新领域。为此，通过分析大情字井"富油凹陷"和"保乾沉积体系前缘相带"两个关键要素，深入开展沉积微相、油气成藏条件和成藏模式研究，认为大情字井地区"油气主要围绕生烃凹陷中心，在沉积体系的前缘相带形成大面积分布""青山口组暗色泥岩与砂岩的叠合范围宏观上控制了油气的分布范围"。随着研究的不断深入和工作量的不断投入，大情字井地区"满凹含油"的认识逐步成熟，有效地指导了大情字井负向构造的勘探，为该区全面展开岩性油藏勘探指明了方向。

（2）以高精度三维地震勘探为突破口，精细刻画储层，有效地指导了岩性油藏目标勘探部署。

从制约大情字井油田岩性油藏勘探的众多问题中分析得出，高精度三维地震勘探技术是制约岩性油藏勘探突破的首要"瓶颈"。抓住这个主要矛盾，首先从采集入手，针对大情字井地区目的层储层薄、厚度变化大、连续性差、油层埋藏深等特点，突出设计攻关，强化激发、接收因素质量控制，摸索出一套适合吉林油气区地质特点的采集方法。在观测系统设计上，采用小方形面元、高覆盖次数、大道数、横向上较小滚动距；在激发环节上，利用微测井方法追踪高速层顶界面，采用在潜水面以下"追踪岩性"打井的方法，最大限度展宽地震子波的频带；在接收环节上，根据表层及深层地震地质条件，选择不同类型的检波器，采用检波器组合、井组合压制环境噪声。通过以上方法的运用，取得了较好的采集效果。在资料处理上经过不断的实践和探索，开发和应用了七项关键处理技术（高精度振幅保真处理、叠前和叠后多域的提高信噪比处理、叠前和叠后提高分辨率处理、折射波静校正、分频剩余静校正处理、速度分析和DMO处理及高精度的偏移成像处理技术），形成了一套适合吉林油气区地质特点的高精度资料处理流程和质量控制方法，基本满足了大情字井地区岩性目标解释的需求。资料解释上，针对大情字井地区地质特点，形成了不同沉积相带及砂地比的储层预测配套技术，很好地解决了岩性圈闭目标落实和井位目标部署问题。在高精度三维地震储层精细刻画的基础上，针对岩性油藏钻探的多口探井均获得成功，探井成功率由以前的 35% 提高到 65% 以上，证实大情字井地区大型岩性油藏的存在。

（3）大强度储层压裂改造技术的应用，提高了单井产能，提升了低渗透复杂岩性油藏储量形象。

证实大情字井地区发育大型岩性油藏后，对于这种具有油层埋藏深（2250～2550m）、厚度薄（2～5m）、相带变化大等特点的含油气区，能否保持长期稳产、向斜区岩性油藏能否大面积开发，有了明确的答案，这直接关系到勘探方向、勘探投入问题。通过深化油藏工程结合，强化技术理论研究、实验方法研究等工作，形成了以储层压裂改造为核心的增产技术和方法，解放了大情字井地区"三低"储量，为进一步高效开发提供了可靠的技术保障。具体实施过程中，采取了超前研究、精心设计、全程指导、及时调整的工作思路，坚持油藏与工程相结合、油层改造与油层保护相结合、科学先进与低成本相结合的工作原则，主要通过以下四方面工作，见到了明显效果。一是在压裂设计上针对储层特点，形成以三个转移为主的设计方法，完善了各地区的压裂技术模式，即设计对象由单一井层向区域规律性认识转移，设计目标由常规储层向复杂岩性储层转移，设计由单一设计向系统综合性设计转移，使压裂设计更具有科学性、适用性、可操作性，设计符合率不断提高。二是在储层测试技术上形成以小型压裂测试为主的四项测试与评价方法的综合测试模式，即小型测试压裂技术、裂缝监测技术、压前压后试井评价技术、裂缝方位测试技术。通过测试与评价加深了对复杂储层的认识程度，储层压裂改造的针对性不断提高。如情西 102-34 井压前二关双对数导数曲线上峰值高，储层伤害和伤害严重，自然产能低，需要进行储层压裂改造；从情西 102-34 井压后试井评价曲线看，二关双对数导数曲线上峰值平滑，表明储层伤害和伤害解除，试采结果产量一直稳产在 10t/d 以上，证明了评价结果的正确性和指导性。三是在施工工艺上通过机理研究和现场试验，形成了以优化设计提高人工裂缝导流能力为主的七项压裂技术模式，即降滤失防污染技术、变排量控高技术、前置砂塞及段塞加砂技术、高砂比深穿透技术、射孔与压裂匹配技术、全程水化剂破胶、高温压裂液配方体系等技术，使长岭凹陷压裂技术不断满足储层改造的需求，现场施工成功率不断提高。四是在压裂施工材料上进行优化，形成两项以高温低伤害压裂液体系和高导流能力支撑剂为主的技术模式，即高温低伤害水基瓜尔胶压裂体系、粉陶与粉砂降滤失材料、不同闭合压力等级下的石英砂与陶粒材料，在满足不同储层压力、不同流体性质需要的同时，使人工裂缝长期导流能力不断提高，为实现单井产能的最大化提供材料保证。由于压裂技术的不断进步，使大情字井地区相继发现一批高产油流井，单井产能平均提高 3～8 倍，扩大了大情字井地区勘探领域和储量规模。如黑 148 井青一段高台子油层，埋藏深度 2023.4～2026.8m，通过采取段塞降滤、快速返排等压裂技术，压后试油获得日产 62.5m³ 高产工业油流，扩大了大情字井东南地区效益勘探开发领域；黑 96-7 井青二段高台子油层，埋藏深度 2118.8～2125.0m，通过大规模压裂技术，压后试油获得日产 30.0m³ 高产油流，坚定了大情字井多层系效益开发信心。通过采取配套的压裂工艺技术，提高了储层改造程度和认识程度，突破了长岭凹陷大于 2000m 深层高产油流关，让已有的埋深产能下限认识成为历史，全面提升了该区大面积岩性油藏储量形象，为大情字井油田规模效益开发提供了技术保障。

（4）勘探开发一体化的有效实施，实现了增储上产的统一和效益最大化。

为了充分认识大情字井地区的资源分布，及时将发现的储量转化为产能建设、实现增储上产的统一，吉林油田公司提出了实施勘探开发一体化的工作思路，即"坚持一个中心，树立两个观念，实施三个统一，搞好四个结合，理顺五个环节"。"一个中心"是坚持以实现经济效益最大化为中心；"两个观念"是树立多专业联合运作市场管理机制观念，树立增储上产同时推进观念；"三个统一"是实施统一工作部署，统一综合研究，统一资料录取；"四个结合"是搞好地上地下相结合、速度和效益相结合、新系统和老系统相结合，近期和长远相结合；"五个环节"是遵循"整体部署、分批实施、先肥后瘦、跟踪研究、及时调整"的工作程序。一方面，开发研究早期介入，积极向勘探延伸，紧跟勘探动态，了解区域评价远景区的勘探进展、认识预测区的地质规律、研究控制区的开发潜力。勘探取得突破后，开发及时介入；当预探成功进入评价勘探阶段后，勘探开发共同研究，产能建设工作与探明储量同步进行。具体开发部署及实施过程中，坚持"整体优化部署、分批滚动实施"的原则，逐步提高储量动用程度。另一方面，勘探向开发渗透，充分利用已开发投产区块密井网的地质再认识成果，不断修正、完善聚油控油规律，进一步指导勘探部署，突出外甩勘探，以求发现更多的储量。勘探不以探明储量数量为目的，勘探工作旨在经济可采储量，做到既能加快探明储量的落实，又能加快产能建设步伐，达到提高勘探开发总体效益的目的。在组织形式上，建立高效精干的组织机构，即组织管理机构、技术支持机构、项目实施机构，明确工作职责，规范运作程序。组织管理以技术支持和项目运行为依托；技术支持是组织决策和项目实施的基础，依赖于研究部门的技术支持，接受管理机构的审查；项目实施是组织决策与技术研究成果的最终体现，并接受组织管理机构的监督。真正做到勘探开发相结合的实效性、步调一致性。通过勘探开发一体化的有效实施，实现了增储上产的统一和效益最大化，加速了油田开发进程。2000—2015年底，大情字井油田已累计探明石油地质储量 1.59×10^8t，动用地质储量 9273×10^4t，动用面积 $249.3km^2$，累计建产能 244.7×10^4t/a。

大情字井油田勘探实践突破了前人"低幅度构造控制油气分布的认识"，形成了"青山口组暗色泥岩与砂岩的叠合范围宏观上控制了油气的分布范围"的认识，指导了负向构造的勘探，发现了亿吨级储量规模，揭开了大情字井向斜区岩性油藏勘探的序幕，显现岩性目标广阔的勘探前景。

第二节　吉林油田扶余油层致密油勘探实践

扶余油层是松辽盆地南部发现最早、资源量最大、分布范围最广的油层。扶余油层第四次资源评价总资源量为 18.8×10^8t，已探明石油地质储量 8.9×10^8t，剩余资源量 9.9×10^8t，80%为致密油；占吉林油田剩余石油资源的43%，是吉林油田下步上产增储的重点层位。

目前，吉林油田正处在生存发展的关键时期，油田公司领导层高瞻远瞩，利用三年所有制改革契机，瞄准扶余油层致密油领域，实行管理创新，成立致密油项目部，独立运作，推进"五个一体化"（勘探开发一体化、地质工程一体化、科研生产一体化、设计监督一体化、生产经营一体化），实现致密油效益开发，展现扶余油层致密油良好的勘探开发潜力，进一步体现了转变思路是关键、技术进步是基础、创新管理是保障。

一、勘探历程

1. 区域普查结硕果，南北辉映现松辽

1955—1957 年地质部成立了松辽石油普查大队开展石油地质普查工作。1958 年通过核磁、重力、磁法普查和电法大剖面，以及浅井和基准井钻探，基本掌握了松辽盆地全貌，初步证实了松辽盆地是个区域性含油气盆地。

1958 年 9 月 26 日松辽盆地北部松基三井在白垩系姚家组试油，自喷获得日产 14.93m³ 油流，揭开了松辽盆地北部大庆油田发现的序幕。

1959 年 9 月 29 日，在松辽盆地南部扶余Ⅲ号构造雅达红构造高点完钻的扶 27 井在泉四段应用土法试油获日产 0.599m³ 油流，实现了松辽盆地南部工业油流的突破，命名为扶余油层；南北辉映，证实松辽盆地的含油性；同时，揭开扶余油层勘探开发的序幕。

2. 古隆起上绽豪情，一举擒获三油田

1960—1975 年，按照构造控油论认识，应用重磁电资料发现扶新古隆起多个构造高点，针对扶余Ⅲ号构造、新立构造、木头构造开展勘探，三个构造相继获得突破，证实古隆起构造油藏良好的含油性，1964 年探明扶余油田、1972 年探明新木油田、1973 年探明新立油田，累计探明石油地质储量 3.4×10^8t，迎来了吉林油田第一个储量增长高峰期。

3. 拓展领域战斜坡，认识深化捷报传

1976—2000 年，随着松辽盆地南部地质认识深化及勘探工作深入，勘探思路由古隆起为主的构造油藏，转变为斜坡区寻找断层—岩性、构造—岩性油藏；油层埋深也由构造油藏的小于 1000m，拓展到斜坡区油层埋深在 1000～1750m；地震勘探技术也获得很大进步，从二维地震进步到二维高分辨率地震。随着技术进步、认识深化，在扶新隆起西斜坡区相继发现了三个油田，1981 年发现新庙油田、1989 年发现新民油田、1997 年发现两井油田，1994 年在大安构造发现大安油田，累计提交探明石油地质储量 2.4×10^8t，迎来吉林油田第二个储量增长高峰期。

4. 大胆进凹十五载，致密领域展新颜

2000 年开始对扶余油层开展整体研究，形成"满凹含油"的"深盆油"认识，确立了针对扶余油层的"立足大场面，开辟新领域，寻找大型整装油田"的勘探指导思想，勘探目标转变为向斜区和凹陷区的岩性油藏；2006 年 8 月在让 53 井泉四段 2087.4～2091.2m 井段压后试油获日产 3.75t 工业油流，油层孔隙度 5%～7%，渗透率小于 0.1mD，突破了扶余油层物性下限（原下限 8%）；在随后的钻探中，完钻井均见到油气显示，试油获日产 1.0～16.0t 的油流，但试采均表现为低产液（小于 3.0m³）、低产油（小于 1.0t/d）特点；证实凹陷区扶余油层连片成藏、满凹含油，有利区面积近 5000km²，资源潜力大，但直井试采效益差的特点。

2012 年转变思路，按照致密油水平井＋体积压裂技术理念，开展扶余油层致密油产能攻关，钻探乾 246 水平井和让平 1—让平 4 水平井组，通过水平井体积压裂，水平井试油、试采产量达到直井的 5～10 倍，

2013 年至今，通过进一步攻关，进一步落实致密油"甜点"分布区，水平井钻井、

蓄能体积压裂等工程技术逐步完善，建立乾 246、让 70 致密油水平井试验区，实现了致密油效益开发从技术可行到经济可行。近三年在扶余油层致密油领域累计提交探明控制预测三级储量 $13500 \times 10^4 t$，其中探明储量 $3147 \times 10^4 t$；累计建产能 $20.28 \times 10^4 t/a$，2018 年产量 $18 \times 10^4 t$，为吉林油田公司稳产 $500 \times 10^4 t$ 起到重要支撑作用。

二、勘探实践与启示

扶余油层是吉林油田勘探开发程度最高的油层，同时也是剩余资源最多的油层；面对剩余资源连片分布、直井低产的现状，积极转变思路，借鉴美国页岩油气勘探开发思路，按照"三个转变"一举突破扶余油层试油高产、试采稳产瓶颈，展现了致密油的良好潜力，实现扶余油层勘探上的重大突破。

1. "三个转变"破迷雾，致密领域开新花

扶余油层在"满凹含油""深盆油"认识指导下，在凹陷低部位钻探相继获得突破，2006 年让 53 井在孔隙度下限（孔隙度 8%）之下试油获得工业油流后，证实中央坳陷区扶余油层叠加连片含油的特点；但在随后的试采过程中，一直表现为低产稳产状态，储量规模大、开发没效益；有效的开发方式是扶余油层进一步攻关的关键。

进入 2009 年，非常规油气勘探开发获得重大突破，推动美国成功超过俄罗斯成为第一大产气国，其突破的关键是水平井＋体积压裂技术不断进步并规模应用。扶余油层岩性油藏区比低渗透储层物性还要差、单井产量还要低，对这样的资源要进行规模开发，必须解放思想、转变工作思路。吉林油田公司赵志魁副总经理指出，扶余油层的岩性油藏按照常规的思路已经不能解决问题，必须应用非常规的理念，提出了"三个转变"的思路，即油藏认识由岩性油藏向致密油、井型由直井向水平井、压裂方式由缝网压裂向体积压裂转变。勘探打水平井组攻关扶余油层有效开发方式，水平井行吗？这个决策在当时引来了诸多质疑！赵志魁副总经理说勘探就要走前人没走过、不敢走的路，只要解放思想、坚定信念、持续攻关，就没有不能动用的储量，就一定会获得大发现、大突破。

2012 年完钻了乾 246 水平井、让平 1 水平井等 4 口水平井组，应用水平井裸眼滑套、固井滑套完井方式，进行水平井体积压裂，乾 246 井试油获得日产 12.2t 高产油流，试采一年后稳产 4.2t/d。让平 1 井—让平 4 井试油也获得日产 19.25～68.7t 高产油流，试采一年后稳产油 9.7t/d；水平井稳产量是直井的 4～10 倍，实现扶余油层致密油勘探开发的重大突破，展现了致密油的效益前景。

2. 建立开发试验区，实现上产又增储

扶余油层致密油水平井获得突破的喜悦让大家看到了非常规资源勘探开发的曙光，如何进一步扩大规模？特别是在近几年国际油价持续走低，勘探开发效益越来越低的阶段，如何实现致密油的效益开发？

按照中国石油天然气股份有限公司先上产、后增储的要求，吉林油田公司领导层高瞻远瞩，建立乾 246 致密油开发试验区，按照致密油"甜点"开发的理念，攻关技术、降低成本、探索致密油效益开发途径。

1）地质认识打基础，集中评价锁乾安

经综合评价，致密油有利区主要位于中央坳陷区，有利面积 $5000km^2$，第四次资源

评价致密油资源近 10×10^8t。深化认识，明确扶余油层致密油"三位一体"成藏特征。一是中央坳陷区发育广覆式分布的较高成熟度的青一段优质烃源岩提供了物质基础，青一段暗色泥岩厚度 40～120m，有机质类型以 I 型为主，TOC 为 1%～2.5%、S_1+S_2 为 6～10mg/g，R_o 为 0.7%～1%；生烃能力大。二是泉四段河道砂体相互叠置，大面积连续分布，为成藏提供了储集空间。泉四段沉积时期中央坳陷发育广大的三角洲沉积体系，砂体厚度 35～110m，交错叠置，中央坳陷区具有"满盆含砂"的特征。三是扶余油层致密油储层成岩作用强，物性差，孔隙连通性差，油水分异差，整体连片，为低饱和度岩性油藏。"一体"是指泉头组顶面 T_2 反射层断裂发育，能有效沟通青山口组烃源岩和泉四段致密储层，形成源储一体（源储紧邻）。

深化致密油成藏条件研究，按照烃源岩、致密储层、构造背景、断裂发育程度、储层物性、流体特征等综合研究成果，把致密油区划分为七个有利区带，锁定乾安致密油富集区作为一体化重点攻关目标；该区的油层厚度大，为 10～35m，具有鼻状构造背景、CO_2 发育、流体性质好等诸多有利条件，有利面积 560km²，资源规模超过 2.0×10^8t；已钻探的直井均见到油流，油藏落实，优选乾 246 块、让 70 块两个区块作为重点区，进行开发试验，揭示产能水平。

2）地震攻关识砂体，融合技术找"甜点"

非常规油气藏的形成条件和分布管理与常规油气藏不完全相同，其评价的重点不再是圈闭落实，而是通过开展烃源岩评价、储层集中发育段的地质评价为核心的综合优选"甜点"。国内外的致密油勘探实践表明，致密油富集高产受"甜点"区控制，有效储量和产量中"甜点"区占 60%～80%；"甜点"就是指相对优质的有效储层，即在致密储层中存在相对高孔、高渗、裂缝发育的储层，是致密油勘探开发中的核心内容；通过研究"甜点"区形成的关键，预测致密储层中"甜点"的形成与分布规律，可以有效指导致密油的勘探开发。

扶余油层 I 砂组的储层分布特点，明确三角洲前缘河道砂体为"甜点"，针对其开展地震地质相结合的预测攻关，根据其"泥包砂"特征，应用正演反演结合，明确 I 砂组河道砂体在地震上"复波"响应特征，通过处理攻关、属性及反演落实"复波"在平面展布特点，结合储层厚度、孔隙度、有效厚度的平面特点，通过融合技术刻画优选出"甜点"有利面积 40km²，实钻证实 I 砂组预测符合率达到 91%，完钻水平井砂岩钻遇率 88.8%、油层钻遇率 80.1%，投产后初期水平井产量均大于 10t/d，取得较好效果，为乾 246 开发试验区的建立起到了关键作用。

3）开发试验结硕果，致密领域捷报传

2015—2018 年在乾安地区建立乾 246 块、让 70 块两个开发试验区，累计完钻水平井 100 口左右，建产能 18.5 × 10⁴t/a，2017 年实现年产油 17 × 10⁴t；其中乾 246 块第二年稳定产量 7.5t/d，含水率 81.5%，高于设计产量（6.5t/d）；让 70 区块第二年稳定产量 7.2t/d，含水率 83.5%，高于设计产量（7.0t/d）；两个开发试验区均获得成功。

同时，自 2015 年至今，累计提交探明石油地质储量 3147 × 10⁴t，控制石油地质储量 3141 × 10⁴t，预测石油地质储量 7177 × 10⁴t，累计产油 21 × 10⁴t。上述成功充分展现了致密油的效益勘探开发潜力。

3. 攻关技术破瓶颈，技术经济皆可行

北美巴肯、鹰滩等致密油气藏成功开发经验表明，水平井分段体积压裂技术是大幅度提高单井产量、减少钻井数量、节约土地资源、保护生态环境的最有效技术，是实现低品位、非常规资源有效动用的关键。2012年在乾246区块、让平1—让平4区块实现水平井＋体积压裂的突破，证实针对致密油勘探发现的技术可行性，如何实现致密油开发的经济可行，还需要进一步攻关试验。

1）加快攻关钻完井，努力提高速质效

乾安地区前期水平井钻完井存在以下三个方面的问题：第一，该区井壁稳定性差，同时CO_2发育，容易导致坍塌、井漏、井涌，施工难度大；第二，前期采用二开深表套、三开小井眼、四开小井眼等多种方式完井，钻完井技术没有完全定型，且采用上述的井身结构导致钻井周期长、投资高；第三，前期试验的二开浅表套完井工艺存在套管下入难度大、水平段固井合格率和优质率低（60%～70%）。针对乾246区块复杂的地质情况，为了提高钻速、缩短周期、降低成本，优选二开浅表套井身结构。为了保障施工质量，降低井控和安全钻井风险，在钻井液、钻井工艺、固井完井工艺三个方面开展了有针对性的技术攻关。

首先，优化井身结构，采用二开浅表套井身结构，实现井身优化，降低钻井周期。其次，研发了钾铵基聚合物强封堵钻井液体系，具有防塌、抗CO_2能力强的特点，配合优选优质降滤失剂控制滤失量，提高井壁稳定性，保护储层，满足二开浅表套施工需要。再次，集成应用钻井提速工艺技术，采用直井段＋水平段应用稳平钻具组合、造斜段应用倒桩钻具组合，通过钻具组合优化，有效解放钻压、缓解托压，轨迹调整次数明显减少，实现了机械钻速大幅度提高。设计与应用个性化PDC钻头，平均钻速提高了49.83%，提速效果显著。最后，优化固井完井技术，优选应用晶体微膨胀水泥浆体系，提高了水泥浆性能；采用漂浮固井技术，降低完井管串下入难度，并配合选用半刚性扶正器，解决套管不居中的难题。通过以上举措，全面保障了固井完井质量。

提质提效成果显著，平均钻井周期26.3d，钻井周期降幅38.5%，完井管串安全下入率100%，水平段固井合格率、固井优质率100%，较好地保障了后期施工。

2）压裂技术大突破，实现蓄能又提产

致密油水平井体积压裂能够大幅度提产的关键是理念上注重"改造"油气藏，尽可能提高改造的油气藏体积，水平井采用分段多簇压裂，对油层"立体"改造，使裂缝最大化接触油层，以获得最大SRV和泄油能力，形成"人工"油藏；加大压裂液规模，实现快速注水、增能，形成油藏局部高压，以水带油、以水驱油，提高单井产量。

通过室内实验与现场实施相结合，与后期试采效果相匹配，优化压裂参数，明确排量$12m^3/min$可以实现主次多裂缝相互交错的复杂缝网；单段液量$1300m^3$左右可使局部压力上升2MPa；段间距70～90m、簇间距25～30m可以形成较好缝网；同时为保障大排量、大液量体积压裂目标的实现，配套二开套管完井工艺，优选通径、无限级、高效率、成熟的快钻桥塞压裂工艺。

通过蓄能体积压裂的水平井，地层压力由压力系数1.0左右提高到1.33，提高了33%；稳定产油量由常规压裂的4.5t/d提高到7.0t/d；开井后见油周期缩短了42d；自喷时间由原来的一个月提高到现在的500d；实现了致密油水平井效益、稳产。

4.管理创新非常规，保障提质又增效

致密油作为非常规资源表现为超低渗透率、单井产量低、大面积连片含油、局部富集、发育"甜点"。这样的资源要进行规模开发，必须解放思想、转变思路，在充分认识非常规资源特点的前提下采用非常规的理念、非常规的技术、非常规的管理办法来开展工作。

吉林油田公司针对扶余油层致密油的特点，采用非常规的理念——创新管理模式成立致密油项目部，实现致密油勘探评价开发一体化；攻关非常规技术——水平井钻完井技术、蓄能体积压裂技术、工厂化作业等；实施非常规管理——坚持科研与生产、地质与工程、勘探与开发、技术与经济、生产与经验五个一体化，统管市场化探索低成本发展的道路，推动致密油资源落实、产量提高，实现规模效益。

2015年8月，按照吉林油田公司扩大自主经营权改革的总体部署，成立了致密油开发项目经理部（简称致密油项目部），工作职责为评价资源、产能建设和生产经营；分为前线和后线，前线发挥建设单位职能，负责生产运行及开发管理，后线负责方案设计、技术监督及经营管理；项目部在运行过程中，按照公司对下放管理权限的总体要求，实行扁平化管理，一体化实施，市场化运作。

1）扁平化管理，提高工作效率

实现"三个改变"，一是改变原有方案论证及联审流程，自主组织方案，方案成熟后自主组织吉林油田公司内部专家及公司主管领导进行方案联审，审定后编制正式方案向公司报备并组织投资立项。二是改变原有产能建设项目施工由多部门管理的模式，由项目部按照自主拟订方案的技术要求自主组织施工，在土地协调、生产组织、队伍管理、质量管控等方面完全自主负责。三是改变原有经营模式，在守法合规前提下，由项目部独立自主负责组织计划、合同、招标选商等工作，过程中由相关部门进行监督和审计，通过压缩管理层级，缩短管理链条，提高工作效率。领导层在各负其责的分权管理体制下，各科室管理层之间既有明确的独立分工，又有相互的协作联系，实现指令快速上传下达。同时，应用现代化信息通信手段，畅通信息渠道，保障决策执行。

2）一体化实施，保障开发效果

以致密油项目部为中心，实行"五个一体化"管理，打破原有各自为战旧格局，以链条式贯穿于生产经营始终，形成你中有我、我中有你、环环相扣的链式结构，提高运行效率、提升实施效果。

勘探开发一体化：打破勘探、开发各自为战的框架，按照一体化思路，围绕上产增储为中心，统筹部署；在部署上，淡化井别，按照直井控藏、水平井建产的部署原则，统一组织实施钻探及资料录取，加快资源转化节奏，实现发现即建产。

地质工程一体化：牢牢抓住质量和效益的牛鼻子，地质与工程统一部署、统一设计、统一实施，地质配合工程实现，工程紧跟地质需求，做到衔接到位、同向发力。水平井入靶成功率达到98%以上；实行平台化或相对集中化井场设计，降低后期生产管理难度，单井年节约运行成本7万元以上。

科研生产一体化：科研服务生产、生产紧跟科研。室内研究上，统筹五院科研力量设置综合性专项攻关项目，根据负责岗位及科研成果质量，给予津贴及专项奖励，充分释放科研人员活力，科研成果快速指导形成方案设计，通过方案联审快速转化形成生产力。成果应用上，五院技术专家全程进驻现场，将研究成果既应用于现场施工，又用实施数据验证成果质量，通过前后线联动及会诊，复杂问题迎刃而解，实现水平井钻探效果与科研成果转化质量的"双提高"，同时也推进了多项自主特色技术系列的形成。

设计监督一体化：改变原有坐镇后线、遥控指挥的监督模式，所有工程施工项目实行"谁设计谁监督"，研究院、物探院、钻井院及采油院设计人员轮流驻井监督，全方位加强现场施工管理和质量监督，完井质量和压裂成功率均达到了历史最好水平。

生产经营一体化：项目部运行过程中理清了流程，明确了节点，各环节间形成"链条式"管理，分工明确，协同作战，灵活调整，运行畅通。优先下达土地投资，超前组织井场征用及道路修垫，将钻前准备时间提前30d；生产过程中未招标采购的临时性生产应急物资金额小于一定额度的，由前线自主组织采购，在合法合规、成本可控范围内，确保生产优先。

3）市场化运作，实现降本增效

转变经营理念，实现降本增效。降本增效理念：降本≠降价，市场化运作的目的是实现降本增效，是要通过甲、乙双方科学合理的优化组织运行，降低运行成本，减少不必要的浪费和损失，同时又要实现甲方提质增效、乙方有利润空间，即增产和降本相辅相成。

引进市场竞争机制，放开水平井钻井市场；第一轮招标以2012年计价下浮30%为拦标价，钻井投资降为675万元，较2012年计价下浮了175万元。第二轮招标仍以2012年计价下浮30%为拦标价，但基于钻井周期同比缩短40%，仍有一定利润空间的情况下，中标价在拦标价基础上下浮达到了15%，钻井投资降为575万元，较第一轮下浮了100万元。第三轮招标仍以2012年计价下浮30%为拦标价，由于采取集中化作业方式大幅降低了运行及管理成本，因此中标价在拦标价基础上下浮达到了18%~22%，钻井投资降为550万元，较第二轮下浮了25万元。钻井通过三轮招标，引进了3支民营钻井队伍，保障了钻探施工能力，同时单井投资实现了35%的大幅度下浮。

以市场化招标为载体，全面探索形成降投资有效途径。以钻井招标及工程总承包试验为基础，进一步探索压裂降投资，经过两轮招标及洽谈，单井压裂投资由979万元降至767万元。

截至2017年底，依托致密气项目部运行机制，钻探主体工程及辅助工程基本实现公开化招标，单井投资较2014年的2243万元降到2018年的1500万元；在油价为55美元/bbl情况下，内部收益率大于6%。通过逐步试验和探索降投资途径，为吉林油田低品位资源开发探索出了一条可行之路。

第三节　长岭Ⅰ号气田火山岩气藏勘探实践

长岭Ⅰ号气田位于长岭断陷中部凸起带的哈尔金构造上，为一长期发育的古构造。2004年吉林油田公司在"油气并举"战略方针指导下，通过对长岭断陷目标搜索与评价，认为中部凸起带的哈尔金构造东、西分别邻近查干花和神字井洼槽，具有较好的气源条件。利用大情字井南部三维地震资料，采用波阻抗反演、波形分类、相干体等分析技术，精细火山岩顶面构造、相带和储层刻画，落实了长岭Ⅰ号靶点目标，2005年实施钻探长深1井，天然气勘探获得重大突破，2007年于登娄库组和营城组提交天然气探明地质储量 $706 \times 10^8 m^3$，形成年建产能 $10 \times 10^8 m^3$ 的大中型气田，长岭Ⅰ号气田勘探实践，为火山岩气藏勘探提供了经典的勘探战例。

一、勘探历程

松辽盆地南部天然气勘探，从早期以浅层构造为主的油气兼探中的发现，到以深层次生气藏为主碎屑岩勘探，再到以火山岩气藏为主的火山岩勘探，自1955年至2007年历时三个阶段。

1955—1987年，以浅层构造为主的油气兼探阶段：松辽盆地南部勘探始于20世纪50年代，先后进行了重、磁、电勘探，天然气的发现均与石油相伴而获，中央坳陷区发现英台、红岗、大安、新立、木头、乾安、孤店等中浅层油气藏，东南隆起区发现了农安、万金塔、四家子、茅山等深层油气藏（田）。

1987—2003年，深层次生气藏勘探阶段：研究认为，邻近断陷湖盆长期发育的继承性构造，是天然气长期运聚的指向区；嫩江组沉积末期，盆地受区域东西向挤压应力作用，形成近南北走向的反转构造带，构造带上发育的部分断裂沟通断陷层烃源岩，破坏原生气藏，在坳陷层泉头组—登娄库组圈闭中聚集成藏。根据这一认识，利用普通二维地震资料和部分三维地震资料，发现和落实了伏龙泉、双坨子、大老爷府、布海、小合隆和小城子等构造，经过钻探部署，发现了双坨子、伏龙泉、布海、小合隆和小城子等中小型气藏（田），平均单井日产气 $2 \times 10^4 \sim 3 \times 10^4 m^3$，合计提交探明天然气地质储量 $35 \times 10^8 m^3$。

2004—2007年，深层火山岩气藏勘探阶段：东部断陷带由于受后期构造运动改造强烈，原生气藏破坏较严重，发现的气藏多为泉三段、泉一段和登娄库组次生气藏，天然气分布主要受构造控制，气藏压力低、产量低、规模小，制约着深层勘探的部署。

2004年，根据长岭断陷东部斜坡带取得的勘探成果，发现了双坨子、伏龙泉、大老爷府等深层油气藏（田），通过盆地模拟和资源评价研究认为，长岭断陷存在巨大的资源潜力，且长岭断陷后期构造活动弱，深层气藏保存条件好，因此，深层勘探领域由东部断陷带调整到中部断陷带长岭断陷。适逢松辽盆地北部徐家围子断陷营城组火山岩获得突破，勘探目标定位为火山岩。经过一年多区域构造格架研究和目标搜索，把勘探目标锁定在哈尔金构造上。

哈尔金构造是长期发育的古隆起，营城组火山岩生、储、盖配置关系好，东、西邻近神字井、查干花生烃洼槽，具有较好的气源条件，火山岩处于近火山口相带，储层发育，上覆登娄库组盖层，具备形成大中型天然气藏的地质条件，是实现深层火山岩天然气勘探战略突破的首选目标。

根据这一认识成果，2004年吉林油田公司优选了长岭断陷哈尔金构造作为深层风险勘探目标，并在有利火山岩相带的构造高部位部署了长深1井。该井于2005年5月10日开钻，在钻至营城组火山岩时实施欠平衡钻进，钻井液密度为0.95～1.10 g/cm³，9月29日完钻，完钻井深3911.8m，层位营城组。气测录井见5层134m气测异常，峰值0.88%～30.81%，基值0.01%～1.28%，测井解释气层5层99m，差气层4层

108m，含气层 1 层 13m，累计气层厚 220m。在欠平衡钻进过程中，共 5 次点火，4 次成功点燃，其中钻至井深 3656m 处点火，火焰高 15m、长 10m、宽 3m，呈蓝黄色，流量为 $1.15 \times 10^3 m^3/h$。2005 年 9 月 25 日进行中途裸眼测试，测试井段 3550～3911m，用 9.52mm 油嘴、40mm 孔板，在井口油压 28MPa 条件下求产，获日产 $46 \times 10^4 m^3$ 高产气流，应用一点法推算无阻流量达 $150 \times 10^4 m^3$ 以上，至此在长岭断陷发现火山岩气藏。长深 1 井火山岩气藏的发现拉开了松辽盆地南部天然气勘探的序幕，当年提交天然气预测地质储量 $558 \times 10^8 m^3$，2007 年于营城组火山岩探明天然气地质储量 $530 \times 10^8 m^3$。

二、勘探实践与启示

有位勘探家说过：地质信息的客观解析、创造性思维的理性决策、先进技术的有效运用是实现勘探梦想的三大要素。主体的理性思维和持之以恒的探索精神是任何求索、发现的先决条件；对客体科学论证、精细设计以及先进技术的运用是每个勘探战例成功的保障。同时果断的决策、严密的组织管理能够使勘探家的理想得以在实践过程中快速成为现实。总结长岭 I 号火山岩气藏勘探成功的经验，是实施油气并举、推进风险勘探的结果，是勘探思路创新、勘探战略调整的结果，是深化天然气成藏地质规律认识的结果，是工程技术进步和地质与工程紧密结合的结果，是科学决策、精心设计、周密组织、严格管理的结果。

（1）不断深化的地质认识，是火山岩气藏勘探成功的重要基础。

吉林油气区天然气地质研究和勘探历程在 2004 年前大体分两个阶段：一是 1955—1987 年以东部断陷带浅层构造为主的勘探阶段；二是 1987—2003 年以碎屑岩储层为主的次生气藏勘探阶段。在这两个阶段，应该说对天然气地质研究工作从未间断，也可以说在逐步深化，但是受研究方法和研究手段等因素的制约，在天然气地质和成藏规律的认识上还比较局限，勘探部署沿用中央坳陷石油勘探的模式，以中央坳陷、东南隆起中浅层的构造圈闭为目标，发现的仅仅是小型低产"次生型"构造—岩性、岩性—构造气藏；对大中型气藏应具备的有效储层缺乏足够的认识，目的层一直以碎屑岩储层为主。

那么，在松辽盆地南部到底什么样的地质条件有利于天然气成藏和富集呢？带着这一问题，吉林油田的地质研究人员进行了积极探索。

一是对天然气成藏特点进行了重新审视。研究发现，由于天然气具有分子量小、易扩散的特点，对盖层和保存条件要求高；天然气生、聚、散动态平衡，多期成藏，晚期为主；高产气藏需要一定埋藏深度和较好的储层渗透性。

二是依据上述认识对深部断陷进行了重新评价。评价表明：东部断陷带（王府断陷—德惠断陷）于嫩江组沉积末期抬升，遭受剥蚀，早期大量生烃，保存条件差，后期油气大量散失，次生气藏规模小，压力小，产量低，侏罗系原生油气藏是勘探重点；西部断陷带断陷规模小，营城组至泉头组沉积末期长期处于隆升剥蚀状态，深层不具备成藏条件；中部断陷带（长岭断陷）上覆地层较厚，持续生排烃、保存条件好，资源潜力大，特别是埋藏较深的气藏，以天然气和凝析油为主，尚处于勘探的早期。同时，国内外大中型气田，尤其是大庆徐家围子气田的发现，为吉林油气区天然气勘探提供了有益的借鉴。

2004 年，吉林油田公司加大了长岭断陷深层勘探力度，针对性地部署二维地震

465.96km，进一步明确了断陷结构和地层格架，二维、三维地震联合解释落实生烃洼槽面积7900km^2，是所有断陷生烃面积最大的断陷。

通过大量的地质综合研究工作，得出的结论如下：松辽盆地南部长岭断陷是天然气勘探的最有利领域，是实现油气并举发展天然气业务的重要接替战场。这一结论，有力地指导了长深1井的钻探部署。

（2）勘探思路的调整，是火山岩气藏发现的根本所在。

思路决定出路。解放思想，不断破除思想障碍的束缚，是每个勘探工作者的基本素质。只有解放思想，大胆创新，敢于突破前人和超越自我，敢于突破和超越传统的地质认识和工作思路，才能在勘探上不断有所突破。解放思想，最重要的是要在勘探思路上求解放、求突破。要善于根据变化了的形势确定勘探重点，不断修正完善新的适用的勘探思路，以此指导勘探部署、指导勘探实践。

实施油气并举战略，加快松辽盆地南部天然气勘探，必须依赖于正确有效的勘探思路。长深1井的突破，正是勘探思路的重要突破。围绕战略突破，围绕天然气勘探，2004年底，吉林油田公司在深层天然气勘探思路上做出了三个调整：在盆地层面上，由东部的王府断陷—德惠断陷调整到西部的长岭断陷；在断陷层面上，由断陷边缘调整到断陷腹部；在纵向目的层上，由上部的泉头组一段、二段和登娄库组致密砂岩储层调整到下部的营城组火山岩、砂砾岩储层。同时明确了"要以长岭断陷中部凸起带、东部斜坡带为主攻方向，应用深井欠平衡钻井完井等技术，加快天然气区域勘探，力争取得重大发现"。适值中国石油天然气股份有限公司设立了风险勘探专项资金和激励政策，长深1井被列入中国石油第一批风险勘探计划。据此在长岭断陷腹部部署了长深1井，并于火山岩储层获得了重大突破。

（3）先进适用的配套技术，是火山岩气藏勘探成功的关键因素。

"物探是油气勘探的先行官""钻头不到油气不冒""测井是油气勘探开发的眼睛""井下作业是增储上产的动力"等，这些形象的说法都表明了工程技术服务在油气勘探开发中的重要地位和作用。

工程技术在整个油气上游业务发展中具有特别重要的地位，发挥着其他业务不可替代的作用。在2004年中国石油天然气集团公司勘探开发工程技术工作会议上，公司总裁深刻指出："没有工程技术的不断进步，就难以取得油气勘探开发上的重大突破；没有工程技术服务队伍与油气田分公司的共同艰辛努力，就不会有油气勘探开发持续稳定发展的良好局面。"

为加快吉林油气区天然气发现进程，确保长岭Ⅰ号火山岩气藏的勘探成功，吉林油田在加大天然气勘探投入的同时，切实加快了地震勘探和钻探部署，加大了先进适用技术应用力度，大力发展针对深层的地震勘探技术、欠平衡钻井完井技术，引进了斯伦贝谢测井新技术。这些先进适用技术的应用，为吉林油气区天然气业务发展和长深1井的成功提供了强有力的技术保障。

三维地震技术为落实火山岩顶面构造、识别火山岩有效储层分布提供了保障。火山岩地震识别技术是长岭Ⅰ号火山岩气藏发现的前提，通过类比，确认低频、强振幅、丘状杂乱反射为火山岩相地震反射特征，落实长岭Ⅰ号火山岩顶面构造为西倾的断鼻构造，圈闭面积93.47km^2，幅度325m；利用时间切片扫描预测火山岩平面展布；利用速度反演的剖面波阻抗特征，高速中找低速，确定火山岩有利储层最大厚度为800m，有利分布范围118km²；利用振幅属性对火山岩进行平面划相，划分出爆发相、溢流相等。根据松辽盆地北部徐深1火山岩储层物性特点，分析认为长岭Ⅰ号构造营城组爆发相、溢流相火山岩发育并具有较好的物性条件。同时利用相干体切片、地层倾角和方位角等综合技术预测裂缝发育部位，结合神字井和查干花两个生烃洼槽，建立长岭Ⅰ号火山岩成藏模式，最终落实了钻探靶位。

欠平衡钻井技术为长岭Ⅰ号火山岩气藏的发现提供了保障。长深1井于火山岩段实施欠平衡钻井，当钻井液密度为0.9～1.12g/cm³时，气测异常明显，并点火成功，火焰高达10m。在此基础上，及时实施裸眼中途地层测试，一举获得了重大突破。欠平衡钻井技术，对于及时发现和保护气层起到了关键性作用。

先进的测井技术系列为识别特殊储层的气层提供了保障。长深1井火山岩地层测井由斯伦贝谢公司承担，其max500测井系列可以提供较为准确的气水判别标准，FMI成像测井可以确定孔洞和裂缝发育程度，核磁共振测井可以计算孔隙度与饱和度，阵列侧向测井能够计算冲洗带电阻率，ECS测井可以有效识别火山岩岩性。例如，长深1井3号层，岩性为凝灰岩，裂隙发育，密度为2.46～2.56g/cm³，孔隙度为5%～12%，解释为气层；7号层，岩性为流纹岩，孔洞发育，密度为2.46～2.56g/cm³，孔隙度为8%～12%，解释为气层。上述测井技术的应用为精确识别气层及储量计算提供了有效手段。

（4）科学严格的勘探管理，是火山岩气藏勘探成功的有力保证。

勘探管理必须以狠抓科学决策、规范管理为重点。科学决策是降低勘探风险的根本途径，对勘探工作成败起着决定性的作用。长岭Ⅰ号火山岩气藏的钻探成功，离不开吉林油田公司的科学部署和精心设计，离不开中国石油天然气股份有限公司专家组的严格审查和悉心指导，离不开中国石油天然气股份有限公司和勘探与生产公司领导的科学决策和政策支持。这些都是长岭1号火山岩气藏钻探成功的有力保证。

长岭Ⅰ号火山岩气藏的钻探成功，离不开工程与地质的紧密结合。吉林油田两个公司加强各专业间的协作配合，工序上紧密衔接，运行上密切配合，充分发挥了整体合力。为了打好长深1井，吉林油田两个公司联合成立了钻探现场指挥领导小组，建立了一整套的制度、流程和标准，加强了全过程项目管理。吉油集团公司购置了新型50DB钻机，组建了50200一流的钻井队，保证了钻井任务的安全优质顺利完成。同时北京勘探开发研究院、东方地球物理公司等单位充分发挥技术优势，为长深1井钻探成功提供了重要技术支持。

长岭Ⅰ号火山岩气藏发现，是勘探思路创新、地质认识深化、工程技术进步的结果，实现了天然气勘探历史性重大突破，揭示了松辽盆地南部深层良好的勘探远景，在吉林油田勘探史上具有重要的里程碑意义。

长岭Ⅰ号火山岩气藏发现，拉开了吉林油田天然气业务大发展的序幕，在实施油气并举、以气补油，培育新的经济增长点上迈出了坚实步伐，为吉林油田跨入中国石油大油气田公司行列奠定了资源基础。

长岭Ⅰ号火山岩气藏发现，为缓解吉林省天然气供给的紧张局面和促进地方经济社会发展提供了新的资源保障。

长岭 I 号火山岩气藏发现，与大庆油气区徐深 1 井形成了南北辉映、气贯松辽的大场面，为优化我国天然气工业布局、振兴东北老工业基地创造了条件。

第四节　龙凤山致密碎屑凝析气藏勘探实践

龙凤山气田位于长岭断陷西南部北正镇鼻状构造带上，为继承性古构造背景控制下的构造—岩性凝析气藏。龙凤山气田是中国石化东北油气分公司近年新发现的一个高效气田，提交的储量具有品位高、可动用性强的特点。龙凤山气田勘探实现了当年设计、当年建设、当年投产，为东北油气分公司扭亏为盈做出了重要贡献。2012 年东北油气分公司积极转变勘探思路，对地震进行攻关，重新认识断陷结构，评价断陷潜力，重新刻画了长岭断陷沙河子组的分布特征，通过优选向南甩开，在龙凤山圈闭部署北 2 井。该井于沙河子组试气获工业气流，发现了龙凤山气田。2013 年为了进一步评价北 2 井的含气范围，在位置更高、相带更有利的地区部署实施北 201 井。在营城组压裂后日产气 $6 \times 10^4 m^3$，日产油 $35 m^3$（凝析油），突破了断陷层碎屑岩"产能低、效益差"的传统认识，为长岭断陷碎屑岩勘探打开了新局面。2018 年 3 月 26 日，北 213 井火石岭组中基性火山岩获得日产气 $3.84 \times 10^4 m^3$，日产油 $20.67 m^3$（凝析油），首次实现了松南断陷新层系和火山岩新类型的突破。截至 2018 年，龙凤山气田累计探明天然气地质储量 $32.48 \times 10^8 m^3$，探明石油（凝析油）地质储量 $97.95 \times 10^4 t$，形成年建产能 $3.3 \times 10^8 m^3$ 的中型气田，为凝析气藏高效快速一体化开发的经典勘探战例。

一、勘探历程

龙凤山地区油气勘探始于 20 世纪 90 年代，至 2018 年历经普查勘探、勘探突破、评建一体化三个阶段。

1. 普查勘探，发现油气

龙凤山地区地震采集始于 20 世纪 90 年代，早期目的层主要针对坳陷层开展石油普查勘探。地震资料主要包括 20 世纪 90 年代及 2006 年的二维地震测线。但地震资料品质较差，难于落实构造。2008 年重新进行该区地震采集，品质相对较好，主要目的层反射波组清晰，可连续追踪。综合研究认为，长岭断陷烃源岩主要为沙河子组和营城组暗色泥岩。从长岭次凹南部断陷层主要烃源岩的生烃期与构造圈闭的形成时期的匹配关系来看，总体上构造圈闭的形成时间要早于烃源岩的生烃高峰期，二者具有良好的时间配置关系。泉头组及以下圈闭均为有效圈闭，能长期捕获油气。2010 年以断陷层为突破领域，评价优选龙凤山构造西南部部署实施北 1 井。该井于火石岭组非常规储层煤层见天然气显示，全烃最高为 17.591%，甲烷为 10.355%。测井解释煤层气 4 层 20.2m。

2. 预探评价，实现突破

长期以来，长岭断陷深部勘探由于受到地震资料品质的影响，对断陷层结构及充填特征认识不清，导致勘探效果一直不明显。2012 年积极转变勘探思路，对地震进行攻关，重新处理 2 条 51km。2013 年重新采集二维地震 5 条 135km，通过长岭断陷结构认识，加强区带研究、勘探潜力评价，认为沙河子组是分隔独立的，发育有四期火山岩。重新刻画长岭断陷沙河子组的分布特征，在长岭断陷南部发现龙凤山次洼。通过优选在靠近龙凤山次洼的龙凤山圈闭部署预探井北2井。该井于2013年6月至8月对营城组底部和沙河子组顶部3867.3～3943.9m井段进行测试，日产天然气$1.1 \times 10^4 m^3$，发现龙凤山气田。北2井的新发现打破了长岭断陷层长期无进展的僵局。

北2井突破以后，为了进一步评价含气范围，按照积极进攻长岭的总体思路，加大了对长岭断陷层构造背景下岩性气藏的评价力度，在位置更高、相带更有利的地区实施评价井北201井。评价展开效果良好，发育多套含气层系。2014年5月至10月分别对营城组Ⅵ砂组、Ⅳ砂组测试，获得日产天然气$6 \times 10^4 m^3$、油35m^3的工业油气流。实现了长岭断陷致密碎屑岩勘探的战略性突破，对整个长岭断陷的碎屑岩勘探具有引领作用。

3. 评建一体，快速建产

北201井试气获商业油气流后，龙凤山气田被列为东北油气分公司一号工程，成立勘探开发工作推进领导小组。勘探展开评价，开发做好建产区块部署，工程做好工艺改造和地面工程设计，其他部门做好运行、协调、销售管理等工作，实现龙凤山地区的有效建产。2015年11月5日龙凤山试采站正式投产。截至2018年12月30日，平均日产天然气$47.5 \times 10^4 m^3$，平均日产凝析油54.85t；累计产天然气$3.3 \times 10^8 m^3$，累计产凝析油$5.6 \times 10^4 t$。

二、勘探实践与启示

（1）基础研究是创新的前提，创新认识是突破的源泉。

长岭断陷具有断坳双层结构，坳陷层沉积厚度大，断陷层埋深大，断陷层还存在火山岩和碎屑岩两种充填物，导致对断陷层结构及充填特征认识不清，认为碎屑岩储层差。前期研究认为，长岭断陷发育前神字井次凹、查干花次凹及长岭次凹等。从勘探成果来看，前两个次凹均发育沙河子组烃源岩，北部前神字井次凹缓坡带发现了松南气田，东部查干花次凹缓坡带发现了腰深2、腰深3含气构造，而中西部面积最大的长岭次凹受地震资料影响对沙河子组的分布认识不清，且一直没有获得突破。

2012年，通过长岭新二维地震资料重新认识长岭次凹，认为长岭次凹沙河子组沉积时期发育多个单断箕状次洼，具有独立的沉积中心和独立的成藏系统。在长岭断陷南部发现龙凤山次洼，评价认为存在营城组—沙河子组烃源岩，与东部新安镇次洼分割独立，具有较大勘探潜力。通过地震反射特征对比发现长岭断陷西部还存在其他类型的独立次洼，这些独立次洼周边发育构造、岩性等不同类型的圈闭，碎屑岩和火山岩储层均发育，近源成藏特征明显。通过区带评价，在龙凤山次洼西南部选择鼻状构造高部位部署北2井，在营城组、沙河子组试气获工业气流，证实了沙河子组—营城组为优质烃源岩。北2井的发现打破了长岭断陷层多年天然气勘探无进展的僵局，进一步证实了长岭断陷仍然具有较大的资源基础，必将成为一个新的天然气重点增储区域。

2013年针对龙凤山地区的勘探工作，东北油气分公司的研究人员加强了基础地质研究和攻关。一是重新认识原型盆地结构、地层展布、烃源岩热演化；二是重新认识叠合盆地复杂的油气调整与定型过程；三是重新编制了一批基础的系列工业制图。该阶段持续开展深化基础研究，重视原型盆地成藏关键期研究，深化原生油气藏的富集规律认识。加强构造演化研究，配合盖层研究，深化沉积相和储层的研究。加强了保存条件等方面的研究，同时加大了对龙凤山构造背景下岩性气藏的评价力度，地质认识不断取得创新，进而有利指导了下一步的勘探。在原生油气藏评价、改造型含油气盆地评价等方面成效显著。断陷层碎屑岩油气藏分布较为复杂，通过不断的探索，在气藏特点分析和典型气藏解剖的基础上，总结提出以四个关键要素为主的改造型盆地断陷层碎屑岩油气藏"四元"控藏理论，即：营城组、沙河子组生烃中心控制油气藏的分布；登娄库组沉积末期、嫩江组沉积末期两个成藏关键期古构造背景决定了原生油气藏富集区；营城组上部稳定泥岩盖层与晚期断裂的组合控制保存条件，决定了油气主要富集层系；储层非均质性强，储层物性是决定产能的关键因素。有效储层控制因素分析研究表明，龙凤山地区广泛发育的浊沸石胶结、溶蚀对该区储层的改善作用显著。龙凤山地区通过含气储层预测，为寻找优质储层、快速建产提供了有利的部署依据。根据研究取得的新成果认识，优选评价，精心部署，实施的北 201 井获得重大突破，压裂后日产气 $6 \times 10^4 m^3$，日产油 35m^3，实现了断陷层碎屑岩勘探的战略性突破。

龙凤山气田的发现，在于突破了断陷层碎屑岩"产能低、效益差"的传统认识。

（2）解放思想，积极探索，是拓展发现气藏新类型的关键要素。

松南盆地火石岭组位于沙河子组主力生烃层系之下，广泛发育中基性火山岩。然而勘探程度低，以火石岭组为目的层的探井在东北油气分公司仅占松南地区主要目的层总井数的 4%。火石岭组储层埋深较大，物性条件差，地震资料品质差，早期主要以兼顾勘探为主。同时，中基性火山岩储层非均质性较强，初产低且产量下降快，因此没有作为勘探的重点。

龙凤山地区在前期钻探碎屑岩过程中兼探过火石岭组火山岩。在北 203 井火石岭组凝灰岩钻遇气流，北 204 井安山岩钻遇低产油流，但当时由于火山岩体边界模糊、难于描述、埋深较大等问题，并没有展开评价。2017 年，转变思路，重新认识、评价火石岭组火山岩，取得重要进展。通过井震结合，精细刻画，丰富完善了火山岩地震相识别技术，转变了对火石岭组火山岩的两个认识。一是转变了中基性火山岩储层差的认识。中基性火山岩储层物性受埋深影响小，存在构造裂缝、溶蚀孔隙，并且火石岭组火山岩经历长期暴露，局部发育好的储层。二是转变了火石岭组中基性火山岩油气成藏条件差的认识。火石岭组上部覆盖沙河子组主力生烃层系，内部发育潜在烃源岩。火石岭组火山岩位于古构造背景之上，与烃源岩侧向对接，是发育新生古储、自生自储油气藏的有利区，与烃源岩对接有利的火山机构成藏条件有利。东北油气分公司研究人员创新认识，通过井震结合，精细刻画，丰富完善了火山岩地震相识别技术。在对储层特征深入解剖下，强化了火山机构与内幕有效储层刻画技术攻关，初步建立了"三定三识"地震地质识别技术。通过解剖已钻井"三定"，定岩性、岩相和模型，建立与地震反射特征的对应关系，建立地震地质综合识别模式；依据建立模式"三识"，识包络、格架和物性，通过地震属性分析，融合、叠前叠后反演等技术手段加强"三识"技术应用，结合正演认识优选预测方法，精细识别火山岩格架及内部有效储层。2017 年，通过深入研究对火山岩创新认识，对北 203、北 204 火山岩体进行重新刻画，识别三个火山机构。围绕沙河子组烃源岩，整体评价火石岭组火山岩油气藏特征，在北 203 井高部位部署北 213 井。北 213 井 3382 进入火石岭组火山岩，总厚度 437m。钻遇三个富集层段，气测显示 214m，测井解释气层 9 层 144m。2018 年对 3382.8～3649m 井段三段分压合试，初期日产气 3.8×10^4～$6.2 \times 10^4 m^3$，日产凝析油 13.4～23.9m³。目前进行分层试采，日产气 $2.6 \times 10^4 m^3$，日产凝析油 3.98m³。首次实现了松南断陷火石岭组中基性火山岩的勘探突破。北 213 井火石岭组火山岩突破后，进一步向全区拓展，整体刻画评价龙凤山地区中—基性火山岩油气藏，强化火山岩体刻画和有利储层预测，邻生烃洼陷南部分布一系列火山群，火山岩与烃源岩交错对接，成藏条件有利。勘探开发一体化滚动评价，实现了长岭龙凤山地区火石岭组中—基性火山岩整体控制和商业发现。

根据北 213-1 井钻后评价，整体与前期认识一致，即气藏具有两层结构，下部为火山岩，上部为碎屑岩。经过两年的研究评价，证实了龙凤山次洼火石岭组具有"火山岩多期次喷发、多机构叠合连片，主体区整体含气、构造—储层'甜点'富集"的特点。龙凤山火石岭组火山岩整体实现了评价建产，2018 年龙凤山气田北 213 井区火石岭组（$K_1 hs$）新增控制天然气含气面积 13.05km²，新增天然气地质储量 $101.14 \times 10^8 m^3$，新增凝析油地质储量 $327.09 \times 10^4 t$。

（3）技术进步是推进复杂地质条件下油气勘探发现的强大动力。

① 重视地震采集处理技术攻关。长岭断陷深部勘探层由于受到地震资料品质的影响，对断陷层结构及充填特征认识不清，导致勘探效果一直不明显。2012 年积极转变勘探思路，对地震进行攻关，重新处理 2 条 51km。2013 年重新采集二维地震 5 条 135km，对长岭断陷重新认识断陷结构，评价勘探潜力。加强区带评价研究，认为长岭次洼沙河子组沉积时期并不是一个整体的次洼，而是多个次洼分割独立的。具有"洼隆相间"的格局、东西分带的特征。研究认为，在长岭断陷层沙河子组发育的断陷，均可能发育优质烃源岩。其中，龙凤山次洼厚度达 800m，为下步"选洼定带"奠定基础。

长岭断陷层复杂圈闭的刻画是勘探长期面临的难题，对地震资料品质提出了更高的要求。2013 年龙凤山三维地震通过加强地震采集和目标的处理攻关、叠前偏移处理，为精细刻画圈闭、识别预测储层以及水平井轨迹设计等提供了有力支撑。在地震资料拓频处理基础上，通过分步预测、逐级聚焦，初步形成了一套能够精细刻画有效储层的关键技术。综合古地貌、地震相、地震属性分析，刻画沉积扇体的规模和范围，描述有利相带；依据井震结合，综合储层地震反射模式、地震属性技术，根据砂组描述扇体主力优势相展布范围，应用主力小层沉积微相刻画水下分流河道及优质储层范围；利用地震叠后波阻抗反演、叠后地质统计学孔隙度反演，波阻抗基本能够区分砂岩和泥岩，但难以有效识别出气砂，尚不能满足精细评价的需要；开展地震叠前弹性参数反演、叠前气砂敏感因子反演，开展有效储层描述。

② 推进储层预测技术攻关。通过对龙凤山气田火山岩储层精细攻关研究，探索形成了火山机构模型约束下的地质地震一体化储层识别技术。火山岩井速度充填模型约束下的精细速度建模：利用已钻井火山岩速度，优化速度体，提高火山岩目标的地震资料成像质量，处理后火山岩包络更加清楚，内幕成像归位更加合理。"三步法"识别火山机构包络面：利用全频带地震数据，总结中—基性火山岩地震平剖反射特征、挖掘地震属性特征，去除多解性"三步法"逐步优化解释方案，识别出火山机构顶底包络，落实了火山岩空间分布。基于改进模型的火山机构内幕有效储层地震预测：针对火山岩内幕有效储层预测中两个建模问题进行技术改进，优化解决方案，提升了应用效果。针对不同

类型火山岩储层，不断优化地球物理预测方法，在龙凤山气田显著提高了有效储层预测精度，已钻井气层钻遇率提高到70%。

③ 重视测井综合识别技术应用。龙凤山碎屑岩油气藏层系主要是营城组Ⅲ砂组、Ⅳ砂组、Ⅴ砂组、Ⅵ砂组，油气藏类型以构造—岩性复合油气藏为主，整体表现为气层纵向叠置、横向连续性相对差、油气沿构造脊高部位富集的特点。储层物性是控制龙凤山气田各气层富集程度的关键因素，物性与产量正相关。早期受测井资料和认识程度限制，油气层识别难度大，通过深化四性关系研究，结合特殊测井方法研究，逐渐分区、分类别建立起测井识别图版，识别油气层精度逐步提高。选取电阻率、声波、密度与孔隙度、渗透率匹配最好的数据点，作有效孔隙度—产量、有效渗透率—产量关系图，结果显示有效孔隙度、渗透率与产量具有一定的正相关性。随着有效孔隙度、渗透率增加，产量整体呈递增趋势，孔隙度与产量相关性好于渗透率与产量相关性；孔隙度不小于9%，渗透率不小于0.15mD对应产量较高。

④ 重视储层保护与改造、水平井分段压裂技术攻关。龙凤山凝析气田具有特低孔、特低渗储层的特点，储层保护与改造效果直接关系到储量的发现与有效动用。针对龙凤山气田火山岩储层厚度大、显示段长、纵横向变化快的特点，地质与工程深入结合压裂改造方案，开展储层细分"甜点"描述。通过一井一策、一层一策的方式，不断优选工艺、调整设计方案。第一阶段沿用碎屑岩压裂思路，采用大规模造长缝压裂工艺，提高泄气半径。改造采用以双翼缝为主导的常规单一压裂模式，初产效果较好，但稳产能力弱。第二阶段针对裂缝发育的特点，采用近井复杂缝、远端造长缝压裂工艺思路。现场实践探索复杂缝压裂，在北213井压裂测试中取得突破，日产天然气$3.84 \times 10^4 m^3$，日产原油$20.67 m^3$。第三阶段针对非均质性强的特点，采用密切割多尺度缝高导流压裂。现场应用中在北213-2HF井压裂后日产天然气$5.23 \times 10^4 m^3$，日产原油$67.45 m^3$，实现了增产稳产的效果。水平井分段压裂改造效果明显，如龙凤山北201-2HF井，水平段708m，解释气层6层207.78m层，差气层5层44.25m，分6段压裂，10mm油嘴放喷，日产天然气$17 \times 10^4 m^3$，日产原油29m³。

龙凤山气田水平井穿层压裂工艺技术效果良好，如龙凤山北201-24HF井，在隔层厚度10m、储隔层应力差6MPa以下，通过设计优化实现了穿层的目的，取得了很好的改造效果。

（4）大力推进勘探开发地质工程一体化评价、一体化攻关，是加快发现、加快储量动用、提高勘探开发效率的有效途径。

龙凤山气田是东北油气分公司在松辽盆地南部唯一发现并开发利用的凝析气藏，不仅有碎屑岩储层，还有火山岩储层，具有成藏条件复杂、储层非均质性强、机构识别难度大、内幕反射复杂等特点。勘探开发面临巨大挑战，亟须破解这些难题的新理念、新技术、新实践。因此，东北油气分公司大力推行勘探开发工程一体化，"打基础、抓关键、强管理"等多措并举。在地质工程一体化基础上，落实勘探开发工程一体化研究部署，不断推进龙凤山气田勘探开发工作，加快气田建设步伐。

为了实现高质量勘探，一体化工作绝不仅仅停留在技术领域，同样通过管理模式的创新进一步促进一体化工作。

① 设置一体化管理机构、一体化研究团队。实现三个一体化：一是组建勘探开发工

程部一体化管理机构，二是针对重点地区组建一体化项目团队，三是建设勘探开发协同办公平台、形成资料共享和研究成果共享。

② 勘探开发一体化研究、一体化部署。以龙凤山地区火山岩为重点，开展一体化研究，并形成了多个重要认识：一是龙凤山地区发现多个火山机构，各机构独立成藏；二是龙凤山火山岩按照构造位置不同分别发育高位火山岩、中位火山岩、低位火山岩；三是龙凤山火山岩多期次喷发、多机构叠合连片，主体区整体含气、构造—储层"甜点"富集。并且根据研究认识，确定了下步重点部署思路。勘探开发协同配合，整体优化、加快部署，勘探见显示、滚动即跟进。

③ 预探井、评价井、滚评井、开发井统筹部署。北201井突破后，勘探开发一体化展开。勘探纵向评价，落实含油气层系，发现了营城组Ⅲ砂组、Ⅳ砂组、Ⅴ砂组、Ⅵ砂组和火石岭组火山岩含油层系；横向展开，扩大含油气规模。开发以富集区块为中心滚动评价，评建一体化展开。根据认识程度、风险程度、部署意义统筹部署，确定井别。以龙凤山气田火山岩为例，部署预探井北9井和北5井，分别探索龙凤山西部火山岩、低位火山岩含气性；部署评价井北217井、北218井等井，甩开评价与北213井火山机构成藏特征相似的待评价火山机构；部署滚评井北213-20井等井，评价北213井火山机构高部位含气性以及探索含气边界；部署开发井北213-1井、北213-2HF井等井，评价北213井火山机构周边产量情况。根据部署意义，推进一体化部署，实现龙凤山气田的高效开发。

④ 以效益为中心，根据认识程度、部署目的，优化井型。一是开发井，围绕龙凤山地区已发现的5个火山期次，立体评价，分期次部署，提高单井日产，在井型选取上基本采用水平井；二是预探井，甩开探索龙凤山地区未评价的火山机构，由于风险较大、认识程度不清等原因，此类预探井主要以突破为目的，在井型的选取上基本采用直井。

龙凤山气田从2013年北2井和北201井获得突破以后，到部署实施的北213井再次取得新发现，仅用了5年的时间，先后发现了碎屑岩致密储层和火山岩储层，实现了勘探突破，是松南盆地唯一发现并开发利用的凝析气藏，也是高效快速勘探开发一体化的典型代表。截至2018年底，已投产36口井，日产天然气$47.5 \times 10^4 m^3$，日产凝析油54.85t。

第十章　油气资源潜力与勘探方向

截至目前，松辽盆地南部已开展了四次油气资源评价。1985 年开展了全国第一次资源评价，将松辽盆地南部划分为 13 个油气聚集带，研究工作仅限于宏观规律的总结，应用了氯仿沥青 "A" 的方法定性评价了吉林油气区石油资源为 18.5×10^8t。1992 年以二级构造带为区带开展全国第二次资源评价，计算石油资源量为 30.7×10^8t，首次计算天然气远景资源量为 $2328 \times 10^8m^3$，但全国第二次资源评价以二级构造带为区带的评价范围太大，目标不具体，可操作性不强。2001—2002 年开展了第三次中国石油资源评价，首次把勘探程度较高的地区作为刻度区或重点解剖区，并把松辽盆地南部中浅层按照运聚单元划分为 17 个区带进行评价，同时对深层 19 个断陷进行了评价，最终确定松辽盆地南部石油资源量为 23.9×10^8t，天然气资源量为 $8488 \times 10^8m^3$。第三次中国石油资源评价结果分别在一定时期内指导了油气勘探工作，但随着勘探工作量的大幅增加，成果认识的丰富、深层天然气的大发现以及非常规资源的规模勘探，2013 年启动了第四次全国新一轮资源评价。本轮资源评价首次开展了针对致密油、致密气的资源评价，综合第三次中国石油资源评价十余年勘探成果，中浅层石油资源重新按照成藏类型进行单元划分，深层天然气首次划分为碎屑岩次生气、火山岩气和致密气三种类型进行评价。通过第四次全国新一轮资源评价，计算松辽盆地南部石油资源量为 33.3×10^8t，天然气资源量为 $2.86 \times 10^{12}m^3$。由于中浅层的天然气和深层石油资源规模相对较小，且分布零散，不做具体介绍，本章重点介绍松辽盆地南部中浅层常规油、致密油及深层常规气、致密气的资源评价，并分析了各领域的剩余资源潜力，明确了近中期油田勘探方向。

第一节　资源评价结果

第四次全国新一轮资源评价突出了非常规资源的评价，针对性建立了致密油、致密气的刻度区和评价单元，采用了有针对性的评价方法。与前三次资源评价相比，加强了对松辽盆地南部深层天然气各断陷的评价，更加真实地反映了资源现状。该次资源评价的方法体系以成因法为基础，以统计法和类比法为主开展工作。

一、资源评价体系

按照 "勘探程度高" "地质规律认识程度高" "油气资源探明率较高或资源的分布与潜力的认识程度高" 的原则，考虑松辽盆地南部资源类型、油气藏类型和油层组合等因素，优选 7 个刻度区。

松辽盆地中浅层石油建立了 4 个刻度区，其中常规油刻度区 3 个，致密油刻度区 1 个。常规油下部组合建立了扶新隆起带刻度区，为典型的岩性构造油藏；中部组合考虑不同沉积体系、不同油藏类型建立了两个刻度区，即西南沉积体系的以构造—岩性油藏为主的乾安大情字井刻度区、西部沉积体系以岩性—构造油藏为主的英台四方坨子刻度区。致密油勘探是近五年才开始开展的，坳陷区还未进行开发，为了有效落实致密油资源的分类，该次资源评价选取已开发的红岗大安区带作为刻度区。该次资源评价深层针对次生碎屑岩气藏、火山岩气藏和致密气藏分别建立了刻度区，均位于英台断陷，主要是由于英台断陷勘探程度高，认识相对清晰，气藏类型相对较为典型。

通过刻度区解剖，建立不同层位、不同油气藏类型的关键参数，主要包括运聚系数、油气资源丰度、可采系数、含油（气）面积系数等，可作为评价区类比的参照标准。

松辽盆地南部共划分为 40 个评价单元，包括松辽盆地南部中浅层 16 个评价单元，松辽盆地南部深层 24 个评价单元。评价单元的划分主要考虑资源类型的差异，将常规油气藏与非常规油气藏分开评价，同时考虑勘探程度的差别。在资料较丰富的中浅层分油藏组合建立评价单元，而松辽盆地南部深层勘探程度较低，资料较少，主要考虑气藏类型按照断陷或洼槽来划分评价单元。

松辽盆地南部中浅层纵向上分为 3 个组合，即上部黑帝庙油层组合、中部萨尔图、葡萄花、高台子油层组合和下部扶余、杨大城子油层组合。针对松辽盆地南部中浅层常规油藏和致密油藏两种资源类型，将 3 个常规油藏组合划分了 13 个区带，致密油藏划分了 3 个区带。松辽盆地南部深层勘探程度较低，该次常规天然气和致密砂岩气的资源评价均以断陷为评价单元。其中，常规天然气划分了 15 个评价单元，致密砂岩气划分了 9 个评价单元。

松辽盆地南部中浅层以区带为主要评价单元，主要采用类比法、统计法计算资源量。其中，勘探程度较高的区带利用统计法和类比法计算资源量，不具备应用统计法条件的区带，利用类比法计算，不同成藏类型选取不同的刻度区。针对致密油 3 个区带，主要以红岗大安区带为刻度区进行类比计算，应用非常规评价方法中的资源丰度类比法、小面元法及容积法。

松辽盆地南部深层勘探程度较低，该次评价方法以类比法为主，以成因法为辅。类比法主要采用面积丰度类比法，分别选取类比刻度区和评价区进行类比和资源量估算。对资料较丰富的 8 个断陷（英台、王府、德惠、长岭、梨树、榆树、双辽、孤店）利用盆地模拟法计算生烃量，再与刻度区类比求取评价区运聚系数，从而获得评价区资源量。

二、松辽盆地南部中浅层石油资源评价

松辽盆地南部中浅层勘探程度较高，油藏认识清楚，该次资源评价分常规油藏和致密油藏分别进行评价。

1. 常规油资源评价结果

通过整理松辽盆地南部中浅层 13 个常规石油评价区带的储量序列，乾安断层岩性区带、黑帝庙岩性区带、红岗西斜坡区带 3 个区带储量提交较少或无储量，不满足统计法计算资源量条件，主要应用类比法计算资源量。其他 10 个评价区带，主要应用油藏规模序列法、油藏发现序列法进行资源量计算，部分评价区带可采用广义帕莱托法进行资源量计算。

松辽盆地南部中浅层各个评价区带整体勘探程度较高，通过各类方法计算各个区带

的石油资源量差距较小，最后综合确定各个区带的最终资源量时，油藏规模序列法、油藏发现序列法、广义帕莱托法及类比法权重值相同，各个区带的最终结果为各种方法计算结果的平均值，最终确定松辽盆地南部中浅层常规油资源量为 $22.5 \times 10^8 t$。其中上部组合黑帝庙油层资源量为 $1.9 \times 10^8 t$，中部组合萨尔图、葡萄花、高台子油层资源量为 $11.5 \times 10^8 t$，下部扶余、杨大城子油层资源量为 $9.1 \times 10^8 t$（表 1-10-1）。

表 1-10-1　松辽盆地南部中浅层常规油资源量汇总表

序号	评价单元		地质资源量 /10⁴t				
	油层组合	区带	规模序列	发现序列	广义帕莱托	面积类比法	综合
1	上部组合黑帝庙油层	沿江构造岩性区带	10502	10336	8281	10514	9908
2		乾安断层岩性区带				3087	3087
3		黑帝庙岩性区带				6033	6033
4	中部组合萨尔图、葡萄花、高台子油层	西部斜坡区带	14800	14925		14367	14697
5		英台四方坨子区带	14080	14240		14147	14156
6		红岗大安区带	15046	14894	10919	15189	14012
7		乾安大情字井区带	64513	64873		65695	65027
8		孤店大老爷府区带	4017	3919	4742	4532	4303
9		扶新隆起区带	2825	2896	2488	3300	2877
10	下部组合扶余、杨大城子油层	扶新隆起区带	70336	70779			70558
11		长春岭区带	8042	8030		7993	8022
12		红岗西斜坡区带				2168	2168
13		孤店大老爷府区带	9994	10222	9908	10939	10266
合计							225112

整体来看，松辽盆地南部中浅层常规油探明率为 51%，发现率为 65%，处于勘探中期。其中扶余油层常规油是吉林油田勘探 50 年来的主力勘探目的层，目前探明率达到 66%，发现率达 89%，符合松辽盆地南部中浅层勘探中期的发展阶段；中部组合探明率为 46%，发现率为 60%，主要是由于高台子油层虽然一直是吉林油田勘探目的层，但葡萄花油层一直为兼探层，勘探程度相对低，探明率低，使得中部组合整体探明率略低于扶余油层常规油。

2. 致密油资源评价结果

松辽盆地南部致密油主要分布于中央坳陷埋深大于 1750m 的扶余油层，扶余油层河道砂体相互叠置，砂体大面积连续分布，埋深在 1750～2500m，储层物性差，孔隙度一般为 6%～10%，渗透率一般为 0.04～1mD。该次评价致密油区范围按照渗透率小于 1mD 划分。

综合考虑储层分布特征、构造背景等将整个致密油区划分为三个区带，由西向东分别为红岗大安海坨子区带、长岭凹陷区带及新北让字井斜坡区带，区带面积分别为 1533km²、2352km²、1428km²。致密油三个区带，目前已提交探明储量 2.5×10^8t，三级储量 5×10^8t，主要提交储量区位于红岗大安海坨子区带。综合评价三个区带，红岗大安海坨子区带致密油藏物性好，油源充足，但多数已发现，探明率较高；长岭凹陷区带油源条件优越，但储层埋藏深，物性差，油藏动用难度大；新北让字井斜坡区带油层厚度大，物性相对较好，油源充足，展现该区带良好的动用前景。

针对非常规油气资源的特殊性，该次采用多种适用性计算方法评价非常规资源量。针对三个评价区带，分别选用容积法、资源丰度类比法和小面元分类法计算资源量。

综合对比三种方法，资源量结果相差不大，资源丰度类比法精细考虑到各类参数的取值，分类原则也是基于资源丰度及地质认识，计算结果相对可靠，该种方法权重值稍高，为 0.4，其余两种方法由于原理相同，权重值均为 0.3，最终确定致密油总资源量为 9.7×10^8t，可采资源量为 1.37×10^8t（表 1-10-2）。

表 1-10-2　松辽盆地南部各区带致密油资源结果汇总表

计算单元	小面元法			容积法			资源丰度类比法			各方法综合	
	资源量/10⁴t		权重系数	资源量/10⁴t		权重系数	资源量/10⁴t		权重系数	资源量/10⁴t	
	地质	可采		地质	可采		地质	可采		地质	可采
红岗大安海坨子区带	30418	5044	0.3	33716	5395	0.3	35626	6413	0.4	33491	5697
长岭凹陷区带	28538	2690		29186	2627		26522	4774		27926	3505
新北让字井斜坡区带	38337	3764		33072	2976		34964	6294		35408	4540
合计	97526	11498		95974	10998		97112	17480		96825	13742

三、松辽盆地南部深层天然气资源评价

松辽盆地南部深层主要为天然气资源，相比于第三次中国石油资源评价，勘探程度有了较大的提高，各个主要断陷认识相对清楚，但钻井密度较小，资源发现程度较低，尚处于勘探初期。该次资源评价分为常规气和致密砂岩气分别评价，其中常规气包括次生碎屑岩气藏和火山岩气藏。

1. 深层常规气资源评价

松辽盆地南部深层常规天然气中火山岩气藏主要分布在营城组和火石岭组，次生碎屑岩气藏主要分布于泉一段和登娄库组。常规气共有 15 个评价单元，评价方法以类比法为主，以成因法计算资源量为辅。15 个评价单元均应用类比法计算资源量，对资料较丰富的 8 个断陷 18 个评价单元利用盆地模拟法计算生烃量。

由于松辽盆地南部深层勘探程度较低，火山岩、碎屑岩及致密气藏均以营城组、沙河子组及火石岭组烃源岩为主力烃源岩，总生气量如何分配无法准确量化，因此，确定最终资源量时，成因法权重系数较低，为 0.4，类比法权重系数较高，为 0.6；其中

长岭断陷埋深较大，烃源岩分布落实程度较低，因此长岭断陷各洼成因法权重值为 0.2，类比法权重值为 0.8。最终确定深层火山岩气藏资源量为 $6891 \times 10^8 \text{m}^3$，碎屑岩资源量为 $4298 \times 10^8 \text{m}^3$，常规气总资源量为 $11190 \times 10^8 \text{m}^3$（表 1-10-3）。

表 1-10-3　松辽盆地南部深层常规天然气资源结果汇总表

序号	区带		资源类型	类比法		成因法		总资源量 / 10^8m^3
	断陷	洼槽		资源量 / 10^8m^3	权重系数	资源量 / 10^8m^3	权重系数	
1	英台		火山岩					954
2			碎屑岩					431
3	德惠		火山岩	942		965		920
4			碎屑岩	482		496		487
5	王府		火山岩	1010	0.6	1000	0.4	1006
6			碎屑岩	620		556		595
7	梨树		碎屑岩	1131		1063		1104
8	长岭	前神字井	火山岩	1754		1197		1642
9		查干花	火山岩	885		330		774
10		黑帝庙	火山岩	559	0.8	277	0.2	503
11		哈什坨	火山岩	232		183		222
12		伏龙泉	碎屑岩	456		404		445
13	双辽		火山岩	966		485		870
14	镇赉		碎屑岩	261				261
15	洮南		碎屑岩	505				505
16	平安		碎屑岩	240				240
17	白城		碎屑岩	231				231
合计								11190

火山岩气藏以长岭断陷资源量最大，为 $3140 \times 10^8 \text{m}^3$，其次为英台断陷、王府断陷、德惠断陷；次生碎屑岩气藏资源量最大的为梨树断陷，为 $1104 \times 10^8 \text{m}^3$。综合来看，长岭断陷常规气资源量最大，为 $3586 \times 10^8 \text{m}^3$，其次为王府断陷、德惠断陷、英台断陷及梨树断陷，资源量分别为 $1601 \times 10^8 \text{m}^3$、$1407 \times 10^8 \text{m}^3$、$1385 \times 10^8 \text{m}^3$、$1104 \times 10^8 \text{m}^3$。

2. 致密砂岩气资源评价

松辽盆地南部深层致密砂岩气主要赋存于英台、王府、德惠、长岭、孤店、梨树、榆树及大安 8 个断陷中，选取英台断陷营二段致密气作为类比刻度区。松辽盆地南部深层致密气主要储存于营城组、沙河子组及火石岭组的致密砂岩中，为连续分布的岩性气藏。

松辽盆地南部深层整体勘探程度较低，针对非常规致密气藏的各种评价方法中，小面元法或是 EUR 类比法均无法应用，该次评价主要采用资源丰度分类类比法、盆地模拟法及快速评价法计算致密气资源量。三类评价方法中，资源丰度类比法综合考虑多个成藏因素，并进行分类评价，评价过程最为精细，而盆地模拟法计算的生气量无法精确分配到各类气藏中，快速评价法考虑参数较少，方法较为简单，因此确定致密气最终资源量时，类比法权重系数最高为 0.6，其余两种方法权重值均为 0.2，最终计算松辽盆地南部深层致密气地质资源量为 $17346 \times 10^8 \mathrm{m}^3$，详见表 1-10-4。

表 1-10-4　松辽盆地南部深层各评价区带致密气资源量汇总表

序号	区带	类比法		成因法		快速评价法		汇总 / $10^8 \mathrm{m}^3$
		资源量 / $10^8 \mathrm{m}^3$	权重值	资源量 / $10^8 \mathrm{m}^3$	权重值	资源量 / $10^8 \mathrm{m}^3$	权重值	
1	英台断陷					1950	1.0	1950
2	王府断陷	2134	0.6	2726	0.2	2097	0.2	2134
3	德惠断陷	1799	0.6	1485	0.2	1653	0.2	1706
4	梨树断陷	5043	0.6	4198	0.2	5823	0.2	5030
5	榆树断陷	1396	0.6	1455	0.2	1310	0.2	1391
6	孤店断陷	1067	0.6	451	0.2	1787	0.2	1088
7	大安断陷	607	0.8			643	0.2	614
8	伏龙泉—双坨子—大老爷府	1855	0.6	1606	0.2	2159	0.2	1866
9	乾北洼槽	545	0.6	473	0.2	596	0.2	541
10	前神字井	1048	0.6	805	0.2	1180	0.2	1026
	合计							17346

四、小结

通过第四次资源评价，落实松辽盆地南部石油资源量为 $33.3 \times 10^8 \mathrm{t}$，天然气资源量为 $28659 \times 10^8 \mathrm{m}^3$。其中，松辽盆地南部中浅层石油资源量为 $32.2 \times 10^8 \mathrm{t}$，天然气资源量为 $123 \times 10^8 \mathrm{m}^3$；松辽盆地南部深层石油资源量为 $1.1 \times 10^8 \mathrm{t}$，天然气资源量为 $28536 \times 10^8 \mathrm{m}^3$。常规石油资源量为 $23.6 \times 10^8 \mathrm{t}$，致密油资源量为 $9.7 \times 10^8 \mathrm{t}$；常规天然气资源量为 $11190 \times 10^8 \mathrm{m}^3$，致密气资源量为 $17346 \times 10^8 \mathrm{m}^3$。

第二节　剩余资源潜力分析

松辽盆地南部石油资源量为 $33.3 \times 10^8 \mathrm{t}$，天然气资源量为 $2.86 \times 10^{12} \mathrm{m}^3$，其中石油资源主要分布于松辽盆地南部中浅层（泉二段以上地层），为 $32.2 \times 10^8 \mathrm{t}$，截至 2018 年

末，提交三级储量 $20.2 \times 10^8 t$，发现率为 62.7%；天然气资源量主要分布于松辽盆地南部深层（泉二段及以下地层），为 $2.85 \times 10^{12} m^3$，截至 2018 年末，提交三级储量为 $0.77 \times 10^{12} m^3$，发现率仅为 27.2%。

一、松辽盆地南部中浅层剩余资源潜力分析

松辽盆地南部中浅层石油资源量为 $32.2 \times 10^8 t$，截至 2018 年末，探明石油储量 $15.3 \times 10^8 t$，提交三级储量 $20.2 \times 10^8 t$，待发现石油资源量为 $12 \times 10^8 t$，主要分布于下部组合扶余油层和中部组合的高台子油层。其中，下部组合扶杨油层待发现资源量为 $6.6 \times 10^8 t$，以致密油为主，主要分布于中央坳陷区，中部组合高台子油层待发现资源量为 $2.9 \times 10^8 t$，葡萄花油层和萨尔图油层待发现资源量均为 $1.0 \times 10^8 t$，高台子油层和葡萄花油层平面上主要分布于大情字井地区，萨尔图油层待发现资源主要分布于西部斜坡，分布较为零散；上部组合黑帝庙油层待发现资源量较小，仅为 $0.55 \times 10^8 t$（图 1-10-1）。

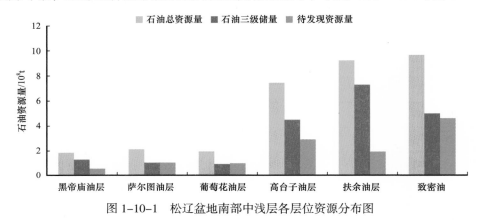

图 1-10-1　松辽盆地南部中浅层各层位资源分布图

1. 下部组合剩余油气资源分布

下部组合扶余油层总资源量为 $18.8 \times 10^8 t$，其中常规油资源量为 $9.1 \times 10^8 t$，致密油资源量为 $9.7 \times 10^8 t$。扶余油层常规油目前已提交三级储量为 $8.1 \times 10^8 t$，剩余资源 $1 \times 10^8 t$，资源发现率 89%，主体构造区及岩性构造区均已发现，剩余资源主要分布于中央坳陷区以东的扶新南坡、民东、大老爷府—孤店区块，构造背景以斜坡、堑带为主，为侧向运移聚集成藏，分布零散，油水关系较为复杂，丰度一般小于 $20 \times 10^4 t/km^2$。

松辽盆地南部扶余油层致密油已提交三级储量 $5.4 \times 10^8 t$，主要集中于具有一定构造背景的红岗—大安和乾安地区，待发现资源量为 $4.3 \times 10^8 t$，主要分布于余字井、孤店、新北等地区，资源量为 $2.95 \times 10^8 t$，有利区带总面积为 $1900 km^2$，与已发现资源相比，这些地区均分布于凹陷区，物性较差，孔隙度一般小于 7%，渗透率一般小于 0.1mD，有效储层厚度一般小于 8m，效益动用难度较大。

2. 中部组合剩余油气资源分布

中部组合总资源量为 $11.5 \times 10^8 t$，已提交三级储量 $6.6 \times 10^8 t$，资源发现率为 56.6%，待发现资源量为 $5.9 \times 10^8 t$，纵向上主要分布于高台子油层，平面上主要分布于大情字井地区。

高台子油层是松辽盆地南部发育较广泛的油层，已发现英台、四方坨子、一棵树、

红岗、大安北、海坨子、乾安、双坨子和大老爷府9个油田，待发现资源主要分布于西南沉积体系的大情字井地区，构造平缓，具备形成大面积岩性油藏的条件。近几年，通过精细沉积研究，纵向上细划探明储量区的研究单元，开展小层级沉积微相研究，明确主砂体展布。结合沉积、油层、断层研究，进一步深化主要目的层成藏认识，明确了剩余资源主要分布于砂地比小于20%的外前缘，主要为烃源岩包夹薄砂岩型的岩性油藏，大面积连片分布，单层厚度薄，一般为1～5m，砂岩纵向发育多套薄层，累计厚度为4～12m，横向变化快，局部相对稳定。综合评价认为，松辽盆地南部高台子油层有利面积为3000km^2，剩余资源量为2.9×10^8t，主要分布在西南沉积体系的大情字井地区。

二、松辽盆地南部深层天然气剩余资源分布

松辽盆地南部深层天然气资源量为2.86×10^{12}m^3，截至2018年末，探明天然气储量0.22×10^{12}m^3，提交天然气三级储量0.77×10^{12}m^3，天然气发现率仅为27%，待发现天然气资源为2.09×10^{12}m^3，待发现资源类型以致密砂岩气为主，资源量为1.4×10^{12}m^3，占总待发现资源的67%，其次为火山岩气藏，待发现资源量为0.42×10^{12}m^3（图1-10-2），平面上主要分布于长岭、王府、德惠、梨树等几个大的断陷（图1-10-3）。

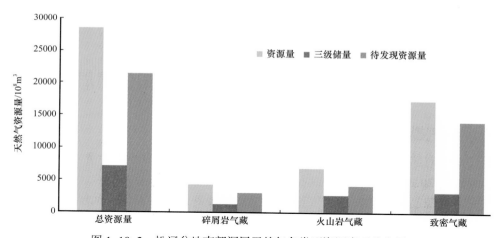

图1-10-2　松辽盆地南部深层天然气各类型资源序列分布图

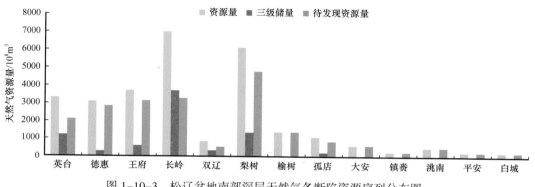

图1-10-3　松辽盆地南部深层天然气各断陷资源序列分布图

1. 火山岩气藏待发现资源分布

火山岩气藏剩余资源量为 $0.42 \times 10^{12} m^3$，纵向上主要分布于营城组和火石岭组的火山熔岩和火山碎屑岩中，已发现资源分布于长岭断陷、英台断陷、王府断陷和双辽断陷。通过已发现资源分析认为，近源大型火山机构利于气藏聚集，火山岩储层岩性多样，多以中性粗安岩和酸性流纹岩及火山碎屑岩为主，储层储集空间类型多，孔隙结构复杂，非均质性强，原生孔隙、次生孔隙和裂缝均有发育，火山岩气藏多为单机构控藏，即各火山机构间不连通，每个火山机构形成一套含气系统，构造高部位的有效储层易于富集，形成构造—岩性或岩性—构造气藏。根据目前认识认为，火山岩待发现资源主要分布在德惠、王府及长岭断陷。

2. 致密砂岩气藏待发现资源分布

松辽盆地南部深层致密气为沉火山碎屑岩或碎屑岩与泥岩互层形成的大面积岩性气藏，纵向上主要分布于断陷期的营城组、沙河子组、火石岭组，平面上主要集中分布于长岭断陷、德惠断陷、梨树断陷和王府断陷。待发现资源量为 $1.4 \times 10^{12} m^3$，发现率仅为 17.6%。埋深一般为 3000～4500m，岩性主要为沉火山碎屑岩和碎屑岩两种，孔隙度一般为 4%～7%，渗透率为 0.01～0.1mD。相比常规气来说，致密砂岩气藏产能较低，但成藏相对简单、气藏连续分布、资源潜力大。通过近些年的集中攻关，目前在英台和德惠断陷致密气藏已实现了局部动用，预计随着技术的不断进步，认识的不断创新，致密砂岩气藏将成为松辽盆地南部天然气勘探的主力。

第三节 松辽盆地南部勘探方向和前景展望

一、油气勘探方向

松辽盆地南部中浅层石油资源量 $32.2 \times 10^8 t$，已探明石油地质储量 $15.3 \times 10^8 t$，提交石油三级储量 $20.2 \times 10^8 t$，石油探明率达到 47.5%，石油发现率 62.7%，目前已进入勘探中期，剩余资源品质变差，中上部组合常规油剩余资源主要表现为油层薄、丰度低、资源分散的特点；下部组合扶余油层剩余资源以致密油为主，具有埋深大、物性差、有效储层厚度薄、效益较差的特点。根据资源特点和潜力分析认为，松辽盆地南部中浅层常规油是效益勘探的主要领域，这是由于常规油认识清晰，埋深适中，地面管线完备，一旦发现即可效益动用，下步重点围绕大情字井富油区带，开展精细化工作，通过新认识指导勘探部署，寻找效益区带。致密油仍是近期储量提交的主要区域，自 2012 年以来致密油持续开展产能攻关试验等一系列措施，目前已实现效益建产，虽然剩余资源品质较差，但相比常规油来说油藏分布较为连续，丰度相对较大，通过一体化研究攻关，能够实现其他区带致密油的有效动用。

深层天然气剩余资源量为 $2.1 \times 10^{12} m^3$，主要集中于松辽盆地南部深层长岭断陷、王府断陷、德惠断陷和梨树断陷等几个大型断陷。整体来看，剩余资源埋深大，一般为 3000～4500m，物性差，孔隙度一般为 4%～7%，存在多层系、多种类型气藏，成藏规律及分布规律复杂。剩余资源动用的主要问题为单井产能从 0.1×10^4～$10 \times 10^4 m^3$ 不等，局部存在甜点，动用难度大。下步重点开展致密砂岩气藏的产能攻关试验，通过深化成藏认识，细化流体识别技术，开展提产技术攻关，力争获得产能突破，同时可兼探火山岩、碎屑岩次生气藏，在局部实现立体勘探。

二、勘探前景展望

目前松辽盆地南部非常规资源相对明确的主要为扶余油层致密油和深层的致密气。其中，扶余油层致密油通过近几年的研究和勘探实践证实了其满坳含油的特征，通过水平井技术实现了局部动用。通过第四次全国新一轮资源评价，明确了松辽盆地南部致密油可探明资源量为 $9.7 \times 10^8 t$，未来主要是进一步明确致密油富集规律，攻关水平井和蓄能压裂等技术，提高产能，使之为油田贡献更大的效益。致密气藏的评估、开发和生产技术有40多年的发展历史。松辽盆地南部致密气藏资源丰富、潜力巨大，要实现致密气藏资源向产量的转化，缓解常规天然气开发压力，急需突破地质认识与工艺技术的瓶颈。致密气藏具有不同于低渗透气藏的孔隙结构、渗流特征等，应深入研究其开发机理、井型井网优化、合理的配产等开发技术政策，为致密气藏规模有效开发做好技术储备。致密气藏开发的主体工艺技术包括直井分层压裂、大型压裂、水平井分段压裂技术等，需继续强化工艺技术攻关，尽快形成低成本的配套工艺技术。

松辽盆地还发育页岩油气，据不完全统计，237口探井在嫩江组泥页岩中发现油气显示，457口井在青山口组泥页岩中发现油气显示，45口井在沙河子组泥页岩中发现油气显示，揭示嫩江组、青山口组和沙河子组具备形成页岩油气藏的条件。2014年针对塔25井和增深3井开展了青一段岩心现场解吸试验，其中塔25井岩心解吸气为 $0.6 \sim 2.77 m^3/t$，增深3井岩心解吸气为 $0.46 \sim 0.83 m^3/t$；9口井在青山口组泥页岩中获得工业油气流，其中新172井获得日产5.3t工业油流，城深5-1井获得日产 $6.0 \times 10^4 m^3$ 的高产气流，揭示青山口组页岩油气具备良好的勘探价值。嫩江组泥页岩厚度为 $10 \sim 90 m$，分布面积为 $3.3 \times 10^4 km^2$，有机质丰度为 $1\% \sim 2.1\%$，镜质组反射率为 $0.4\% \sim 0.8\%$；青山口组泥页岩厚度为 $10 \sim 80 m$，分布面积为 $4.3 \times 10^4 km^2$，有机质丰度为 $1.3\% \sim 2.5\%$，镜质组反射率为 $0.55\% \sim 1.1\%$；沙河子组暗色泥岩厚度为 $50 \sim 500 m$，分布面积约为 $1 \times 10^4 km^2$，有机质丰度为 $0.9\% \sim 1.5\%$，镜质组反射率大于1.0%。整体来看，三套泥页岩分布面积大，有机质丰度高，具备形成规模页岩油气的条件。页岩油气的研究尚处于起步阶段，下步重点工作是系统开展页岩油气资源评价，超前开展技术攻关试验，做好资源和技术储备。一是加强泥页岩的有机质丰度、有机质成熟度、矿物组成、微观孔隙和物性测试分析；二是在泥页岩段发现显示及时取心，开展现场解吸试验，为资源评价提供参数；三是开展七性关系研究和老井复查工作，分析页岩油气富集条件，明确有利区带和资源潜力；四是开展页岩油气增产改造技术试验，主要为泥页岩的敏感性、导流能力和岩石力学性质，压裂液的配伍性，以及裂缝的有效支撑等试验分析。

基岩油气藏同样也是松辽盆地未来的一个重要领域。松辽盆地在上古生界见油气显示井14口，获得油气流井5口，证明松辽盆地上古生界存在油气生成、运移和聚集的过程，存在有效的上古生界油气系统，只要圈闭落实，后期保存条件好，就可以形成油气藏。综合分析，松辽盆地上古生界可形成多种生储盖组合方式，新生古储型——烃源岩为中生界下白垩统营城组—沙河子组，储层为上古生界顶面风化壳或内部储层，烃源岩生成的油气通过垂向断裂向下进入风化壳储层中，或烃源岩通过断层与上古生界侧向接触，形成侧向供烃模式，油气进入上古生界储层或风化壳中聚集成藏，如农 103 等；古生古储型——烃源岩为二叠系林西组暗色泥岩或哲斯组石灰岩，储层为碎屑岩，生成的油气直接或通过断层运移到储层、圈闭中聚集成藏，形成构造或岩性油气藏。由于对上古生界有针对性钻探的探井较少，只在四深 1 井、伏 17 井等见到气测显示。古生古储型是上古生界最普遍发育的成藏模式，潜力巨大。

第二篇
东部盆地群

第一章　伊　通　盆　地

伊通盆地构造位置位于郯庐断裂带北段佳伊断裂带内。佳伊断裂带自南向北发育有叶赫、伊通、舒兰等一系列呈北东向展布的狭长型中—新生代裂陷盆地，伊通盆地位于断裂带中段，规模相对较大。盆地南以叶赫断隆为界，北抵第二松花江断裂与舒兰地堑分界，西北紧靠大黑山断隆，东南紧邻那丹哈达岭断隆，属于受边界走滑断裂控制夹持在两大断隆之间的狭长地堑。盆地南北长300km，东西宽5~20km，面积近3500km²（图2-1-1）；盆地呈北东向展布，由南向北依次发育莫里青断陷、鹿乡断陷和岔路河断陷。

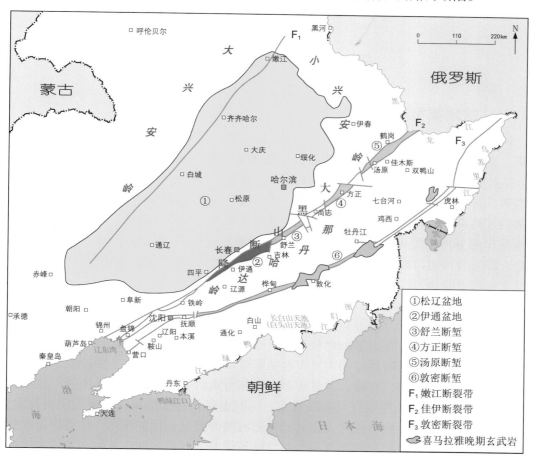

图 2-1-1　伊通盆地构造位置图

1950年至1960年伊通盆地先后开展了航磁、重力、电法勘探。1981年吉林油田对伊通盆地开展了石油地质调查工作，认为其具有含油气前景，并建议开展地震和钻探工作。

1984年冬季开始在岔路河断陷开展二维地震采集，1987年于万昌构造钻探的昌2井获得了工业油气流，从而突破了岔路河断陷工业油流关，证实了伊通盆地为一含油气盆地；1988 年，鹿乡断陷（当时称伊丹隆起）勘探正式开始。五星构造带上的昌 10 井于双阳组二段获得日产 145t 高产油流，发现了长春油田。1995 年在莫里青断陷凹陷区发现岩性油藏，探明石油地质储量 2212×10^4t，发现了莫里青油田；2008 年在断褶带认识指导下，在莫里青西北缘部署的伊 59 井在双二段自喷求产获得日产 116.56t 的高产油流；2010 年提交探明石油地质储量 4599.9×10^4t，扩大了莫里青油田的规模。之后在鹿乡西北缘、岔路河西北缘钻多口探井，于双二段、奢岭组、万昌组相继获得发现。三个断陷中莫里青断陷烃源岩品质好，东南缘常规储层不发育，基岩具备较好成藏条件。2014 年优选伊 11 井大理岩段开展老井试油，通过酸化压裂获得日产 $36m^3$ 高产油流，之后重点针对源内潜山开展钻探部署，多口井获得工业油流，实现了基岩新层系的突破。

截至 2018 年底，伊通盆地共完成二维数字地震 5518.98km，完成三维地震 $3153.11km^2$；完钻探井 186 口，累计进尺 50.46×10^4m，探明石油地质储量 7975.86×10^4t，勘探主要目的层为基岩、双阳组、奢岭组、永吉组和万昌组，石油资源量 3.88×10^8t，天然气资源量 $3536 \times 10^8m^3$。

第一节　区域地质特征

一、盆地类型与成盆模式

伊通盆地位于郯庐断裂带限定的范围内，盆地几何形态平面上呈狭长形，盆地快速沉降，剖面上为地堑。盆地东南缘边界为张性正断层，西北缘边界为挤压性质的逆断层。从控盆边界断层和内部构造变形来看，伊通盆地与伸展盆地有着完全不同的控盆断层结构，具有走滑—伸展盆地典型结构特征。现今的伊通盆地地幔并未上拱，只是处于平缓的过渡带，新生代以来其裂陷成盆过程不具备先期地幔上拱地球动力构造条件；深部地质作用分析认为火山熔岩来自深部，岩石圈厚度达 60～90km，且具有逐渐增厚的趋势。综上分析可以确定伊通盆地为走滑—伸展盆地类型，主要成盆期具有被动裂陷和区域斜向伸展的动力特征。

综合对伊通盆地地球动力背景、盆地周缘地质特征、深部地质作用等方面的系统研究，由地球动力学背景分析可知：伊通盆地早期（晚白垩世）在西太平洋板块斜向（北北西向）俯冲作用下，在大黑山地垒与那丹哈达岭刚性块体间受太平洋板块俯冲方向的改变，使其两侧的那丹哈达岭和大黑山地垒刚性块体在右旋分离过程中产生的区域张应力作用下开始发生裂陷，在晚白垩世前形成的左行走滑断裂—西北边界断裂不仅起到限制作用，即限制盆地后期发育与空间展布，同时也是构造变形薄弱带使裂陷更易发生，随着断裂活动的加深导致岩浆和火山活动对岩石圈伸展起到促进作用，使得伊通盆地进一步裂陷而发展形成走滑—伸展盆地，在盆地形成的主要成盆期具有被动裂陷和区域斜向伸展的动力特征（图 2-1-2）。新生代以来，那丹哈达岭和大黑山地垒刚性块体间在右旋过程中的分离运动并不是均衡发展的，而是具有脉动式活动特征，即块体在地幔对流产生分离运动过程中，使岩石圈产生断裂的拉张应力有一个能量聚集、释放、再聚集、再释放的过程，只有当能量聚集到断裂发生的临界点才发生断裂、产生裂陷作用和引起火山活动，盆地处于快速沉降发展阶段。随着断裂活动的停止，聚集的能量得以释放，火山活动也趋于停止，在暂时归于平静构造条件下，盆地在热沉降作用下以缓慢的凹陷型差异沉降为主，与之相伴的盆地周缘刚性块体在重力均衡作用下以隆升为主，在隆升过程中随着区域应力场的转换，位于东南向的那丹哈达岭地块由于抬升作用在盆内产生构造反转，位于西南向的大黑山地块由于隆升产生侧向挤压应力向盆内逆冲挤压，形成强烈变形的西北缘断褶带（图2-1-3）。

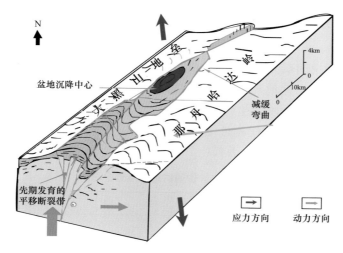

（双阳组—永吉组沉积期主成盆期）

图 2-1-2　伊通盆地斜向伸展断陷期盆地演化模式图

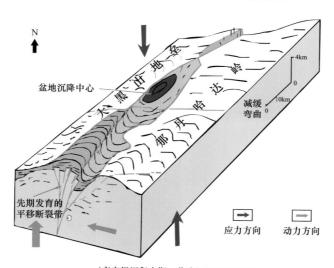

（齐家组沉积末期—岔路河组沉积早期）

图 2-1-3　伊通盆地构造反转时期盆地演化模式图

　　由此可见，在时空上伊通盆地发育与演化的动力学特征与沉降过程表现为，在西太平洋板块俯冲与地幔对流作用下，刚性块体间拉张和热隆升产生的伸展裂陷与断裂发生后重力均衡调节和热沉降过程中产生的挤压抬升具有此消彼长的关系。盆地沉降与抬升具有脉冲式的发育特征，表现为伊通盆地伸展裂陷的两期性，即早期古新世末—始新世（57—40Ma）和晚期中新世—上新世（12—8Ma）。早期为主成盆期，晚期为张性断裂期；早期裂陷受西北边界断层和盆内近东西向基底断裂的控制，裂陷中心沿盆地轴线斜向排列，分别发育在大南—新安一带，显示呈北北东—南南西向伸展；后期张裂作用短暂，主要以沿盆地边界断裂火山活动为特征。在两期裂陷之间为构造反转期，分别发生在古近纪末和新构造活动时期，早期以西南缘小孤山斜坡—尖山至马鞍山断阶抬升作用为主，晚期以西北缘隆升挤压逆冲作用为主。

二、地层划分与对比

1. 地层划分

伊通盆地地表被第四系大面积覆盖，仅在盆地边缘见到零星分布的白垩系和侏罗系露头。据钻井、地震资料，盆地基底岩系为海西期、燕山期花岗岩，以中酸性侵入岩为主，年龄为67—152Ma，局部为晚古生代变质岩，白垩纪地层仅在鹿乡、岔路河断陷零星分布。盆地沉积盖层主要为新生代古近纪、新近纪沉积岩，地层厚度2000～6000m；古近系发育双阳组、奢岭组、永吉组、万昌组、齐家组；新近系发育岔路河组（表2-1-1）。

表2-1-1　伊通盆地地层划分表

地层				地震反射界面	接触关系
第四系	组、段		Q		
新近系	岔路河组		N_1c	T_n	角度不整合
古近系	渐新统	齐家组	二	E_3q_2		
			一	E_3q_1	T_a	整合
		万昌组	三	E_3w_3		
			二	E_3w_2		
			一	E_3w_1	T_b	不整合
	始新统	永吉组	四	E_2y_4		
			三	E_2y_3		
			二	E_2y_2	T_c	
			一	E_2y_1	T_d	局部不整合
		奢岭组	二	E_2sh_2		
			一	E_2sh_1	T_f	整合
		双阳组	三	E_2s_3		
			二	E_2s_2		
			一	E_2s_1	T_g	角度不整合
前古近系					
基岩					

伊通盆地地层岩性主要为砂砾岩、砂岩和黑、灰、灰绿色泥岩。地层中富含藻类和孢粉化石，植物碎屑、煤线普遍发育，但浮游生物和动植物化石少见。

前人依据孢粉化石、岩石绝对年龄、古地磁、钻井岩石组合特征，结合地震资料标定，将盆地地层划分为三统、六组、十四段。自下而上分别如下：始新统双阳组（E_2s）（分为一段、二段、三段）；始新统奢岭组（E_2sh）（分为一段、二段）；始新统永吉组（E_2y）（分为一段、二段、三段、四段）；渐新统万昌组（E_3w）（分为一段、二段、三段）；渐新统齐家组（E_3q）（分为一段、二段），以及新近系中新统岔路河组（N_1c）。与之相对应的地震反射界面 T_g 为基底反射层；T_f 为双阳组顶面；T_d 为奢岭组顶面；T_e 为永二段底面反射界面，T_b 为永吉组顶面；T_a 为万昌组顶面；T_n 为齐家组顶面。由于盆地内大部分区域缺失永一段（永一段仅分布在岔路河断陷北部），T_c 为一明显的不整合界面。

1）双阳组（E_2s）

全盆地分布，以莫里青断陷最为发育，鹿乡断陷、岔路河断陷次之，孤店斜坡缺失，厚度为 500～800m，岩性为黑—灰绿色泥岩、粉砂岩、细砂—砂砾岩互层，底部为砾岩。纵向上分为三个岩性段，与下伏前古近系呈角度不整合接触。

2）奢岭组（E_2sh）

全盆地分布，与双阳组为整合接触渐变关系，岔路河断陷波太凹陷最为发育，新安堡凹陷次之。厚度变化较大，一般为 400～700m。岩性为灰黑色泥岩、粉砂岩和细—中砂岩。纵向上划分为两个岩性段，万昌构造以南缺失奢二段，与下伏双阳组呈局部不整合接触。

3）永吉组（E_2y）

分布范围广，厚度横向变化不大，钻井揭示地层厚度 800～1000m，沿盆地北缘相对较发育，波太凹陷最厚达 1200m。岩性主要为深灰、灰黑色泥岩、粉砂岩和细砂岩互层，万昌构造以南缺失永一段，在盆地南缘与下伏地层呈局部不整合接触。

4）万昌组（E_3w）

该组全盆地分布，以岔路河断陷发育最全，厚度 800～1200m。岩性为灰、灰绿色泥岩与灰白、杂色砂岩、砂砾岩互层，与下伏永吉组呈角度不整合接触。

5）齐家组（E_3q）

主要分布于岔路河断陷，厚 400～600m，呈西北缘厚、东南缘减薄的趋势。岩性为灰绿、浅灰色泥岩夹砂岩条带。纵向上可分为两个岩性段，与下伏地层呈局部不整合接触。

6）岔路河组（N_1c）

分布在岔路河断陷，厚 300～400m，呈西北厚、东南减薄的趋势，岩性为灰绿、浅灰色泥质岩与杂色砂砾岩互层，与下伏齐家组为角度不整合接触。

7）第四系（Q）

地层厚 20～40m，岩性为黑色腐殖土、黄色砂质黏土、杂色砂砾层，与下伏岔路河组为角度不整合接触。

2. 生物地层学特征

1）微体化石

伊通盆地微体浮游藻类化石较为丰富。尽管化石的种属与渤海湾盆地不尽相同，但是时代基本可以对比。始新世中晚期（双阳组沉积早期），在伊通盆地双阳组下部大量出现沟鞭藻组合 *Bohaidina-Parabohaidina* 和 *Zhongyuandinium-Achomosphaera-Bohaidina*（中原藻—无脊球藻—渤海藻组合）；层位上可能比渤海湾盆地低，*Bohaidina-Parabohaidina*（渤海藻属—副渤海藻属组合）出现在渤海湾盆地沙三段，时代为始新世中晚期。

2）孢粉组合

伊通盆地与渤海湾盆地有较好对应关系。始新世中晚期，在渤海湾盆地的孔店组一段和沙河街组四段，伊通盆地双阳组三段和奢岭组一段，均出现*Ephedripites*（麻黄粉）-*Ulmipollenites*（榆粉）-*Schizaeoisporites*（希指蕨孢）组合；渤海湾盆地沙河街组二段和三段，伊通盆地永吉组均出现*Taxodiaceaepollenites*（杉粉）-*Quercoidites*（栎粉）-*Ephedripites*（麻黄粉）-*Tricolpites*（扁三沟粉）-*Ulmipollenites*（榆粉）组合；其时代应该相当；渤海湾盆地沙河街组一段、伊通盆地万昌组一段均出现*Quercoidites*（栎粉）（图2-1-4）。

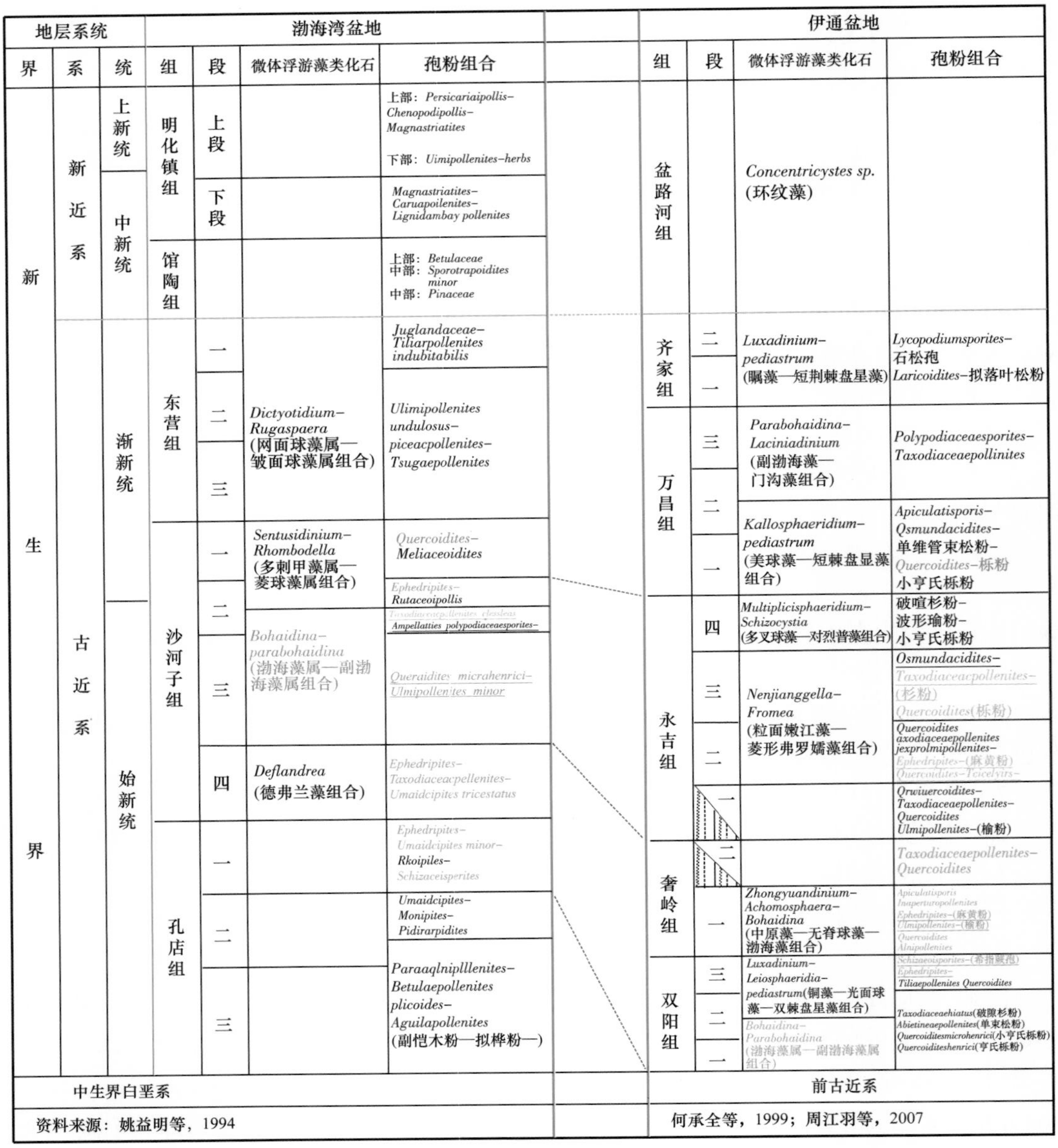

地层系统 界	系	统	组	段	渤海湾盆地 微体浮游藻类化石	渤海湾盆地 孢粉组合	伊通盆地 组	段	伊通盆地 微体浮游藻类化石	伊通盆地 孢粉组合
新生界	新近系	上新统	明化镇组	上段		上部：*Persicariaipollis*-*Chenopodipollis*-*Magnastriatites*；下部：*Ulmipollenites*-herbs	盆路河组		*Concentricystes* sp.（环纹藻）	
		中新统		下段		*Magnastriatites*-*Caruapoilenites*-*Lignidambay pollenites*				
			馆陶组			上部：*Betulaceae*；中部：*Sporotrapoidites minor*；中部：*Pinaceae*				
	古近系	渐新统	东营组	一		*Juglandaceae*-*Tiliarpollenites indubitabilis*	齐家组	二	*Luxadinium*-*pediastrum*（瞩藻—短荆棘盘星藻）	*Lycopodiumsporites*-石松孢
				二	*Dictyotidium*-*Rugaspaera*（网面球藻属—皱面球藻属组合）	*Ulimipollenites undulosus*-*piceacpollenites*-*Tsugaepollenites*		一		*Laricoidites*-拟落叶松粉
				三			万昌组	三	*Parabohaidina*-*Laciniadinium*（副渤海藻—门沟藻组合）	*Polypodiaceaesporites*-*Taxodiaceaepollinites*
生界			沙河子组	一	*Sentusidinium*-*Rhombodella*（多刺甲藻属—菱球藻属组合）	*Quercoidites*-*Meliaceoidites*			*Kallosphaeridium*-*pediastrum*（美球藻—短棘盘显藻组合）	*Apiculatisporis*-*Qsmundacidites*-单维管束松粉；*Quercoidites*-栎粉；小亨氏栎粉
				二	*Bohaidina*-*parabohaidina*（渤海藻属—副渤海藻属组合）	*Ephedripites*-*Rutaceoipollis*；*Ampellatties polypodiaceaesporites*	永吉组	四	*Multiplicisphaeridium*-*Schizocystia*（多叉球藻—对烈普藻组合）	破喧杉粉-波形瑜粉-小亨氏栎粉
				三		*Queraidites micrahenrici*-*Ulmipollenites minor*		三	*Nenjianggella*-*Fromea*（粒面嫩江藻—菱形弗罗嬬藻组合）	*Osmundacidites*-；*Taxodiaceaepollenites*-（杉粉）；*Quercoidites*（栎粉）
		始新统	沙河街组	四	*Deflandrea*（德弗兰藻组合）	*Ephedripites*-*Taxodiaceaepollenites*-*Umaidipites tricestatus*		二		*Quercoidites*-*axodiaceaepollenites*-*jexprolmipollenites*；*Ephedripites*-（麻黄粉）；*Quercoidites*-*Tcocelyirs*
			孔店组	一		*Ephedripites*-*Umaidipites minor*-*Rkoipiles*-*Schizaeisporites*		一		*Qreiiuercoidites*-*Taxodiaceaepollenites*-*Quercoidites*-*Ulmipollenites*-（榆粉）
				二		*Umaidipites*-*Monipites*-*Pidirarpdites*	奢岭组	二		*Taxodiaceaepollenites*-*Quercoidites*
				三		*Paraaqlnipllienites*-*Betulaepollenites plicoides*-*Aguilapollenites*（副恺木粉—拟桦粉—）		一	*Zhongyuandinium*-*Achomosphaera*-*Bohaidina*（中原藻—无脊球藻—渤海藻组合）	*Apiculatisporis*-*Inapertuaropollenites*；*Ephedripites*-（麻黄粉）；*Quercoidites*
							双阳组	三	*Luxadinium*-*Leiosphaeridia*-*pediastrum*（铜藻—光面球藻—双棘盘星藻组合）	*Schizaeoisporites*-（希指蕨孢）；*Tiliapollenites Quercoidites*
								二	*Bohaidina*-*Parabohaidina*（渤海藻属—副渤海藻属组合）	*Taxodiaceaehiatus*（破喧杉粉）；*Abietineaepollenites*（单束松粉）
								一		*Quercoiditesmicrohenrici*（小亨氏栎粉）；*Quercoiditeshenrici*（亨氏栎粉）
中生界白垩系							前古近系			
资料来源：姚益明等，1994							何承全等，1999；周江羽等，2007			

图2-1-4　伊通盆地与渤海湾盆地生物地层对比图

三、构造特征

1. 构造单元

2006年吉林油田公司委托江苏省有色金属地质勘查局八一四队在伊通盆地开展1∶100000重力、连续电磁剖面CEMP测量工作，完成重力物理点13298个，CEMP剖面11条（1001点、247.50km），重新确定了伊通盆地边界断裂位置、性质及产状、基底起伏形态、埋深，并落实了盆地内火山岩展布特征。

参照以往划分方案，根据盆地基底起伏、断裂分隔作用、构造形态、沉积物厚度、地层产状和盆地构造演化史等特征，参照2006年八一四队伊通盆地重磁电解释成果，结合盆地重力区域异常、剩余异常特征和盆地范围的三维地震连片构造解释成果，将盆地划分为岔路河断陷、鹿乡断陷、莫里青断陷3个一级构造单元和12个二级构造单元（表2-1-2）。

表 2-1-2　伊通盆地构造单元划分表

盆地	断陷	二级构造单元
伊通盆地	莫里青断陷	西北缘断褶带
		靠山凹陷
		马鞍山断阶带
		尖山隆起带
		小孤山斜坡带
	鹿乡断陷	五星构造带
		大南凹陷
	岔路河断陷	孤店斜坡带
		波泥河—太平凹陷
		万昌构造带
		新安堡凹陷
		梁家构造带

截至2018年底，伊通盆地三维地震资料已经实现全覆盖，根据三维连片构造解释成果描述不同构造单元特征。

西北缘断褶带：西北边缘发育一条贯穿整个伊通盆地的控盆主断裂，在双阳组—永吉组沉积主成盆期为一高角度张扭性走滑正断层；在新近系万昌组沉积以来，受区域挤压和大黑山隆升共同作用发生挤压反转，造成盆地西北缘边界断裂及其附近地层发生了强烈的挤压、逆冲和褶皱变形，并形成一个北东向延伸的狭长复杂构造带，2009年开始称之为西北缘断褶带。它平行于西北缘边界断裂展布，地层向西北盆地边缘抬升终止；宽2～4km，分布面积约100km²。邻近靠山凹陷西北缘断褶带的突出地质特点是距边界断层 1～2.5km 发育两条相邻的、规模较大的北东向逆冲断层，逆断层延伸长度 27.4km，断距 100～260m。由于斜向逆冲，导致部分地层重复，重复地层最厚达 160m。

靠山凹陷：发育于莫里青断陷西南部，受西北缘边界断裂及伴生伸展断裂的控制，北东向展布，是莫里青断陷的主体构造单元，约占整个莫里青断陷构造面积的 45%，是一个非常完整的负向构造单元。靠山凹陷南宽北窄、西陡东缓、北厚南薄，凹陷中心位于伊 56 井以西，凹陷内地层分布稳定，构造断层不发育。整个双阳组沉积时期构造断裂继承性较好，伊 24 井区附近北部为伊丹断槽（次凹），南部为靠山凹陷主体位置。围绕凹陷在其东、西、南各自形成了多个鼻状构造。

马鞍山断阶带：一个被夹持在靠山凹陷与尖山隆起之间的被断层复杂化的构造单元，是一个由隆起向凹陷过渡的西北倾斜坡带。在斜坡带上由于正断层发育而形成一些局部的小断鼻或断块。主要断层为莫里青 1 号同沉积正断层，北东走向、北西倾、延伸距离较长，断距在 200m 左右。其他断层分为两组，一组与 1 号断层近于平行，数量少；另一组为近东西走向的正断层，平面延伸长度 1～6km，断距一般为 15～80m，其展布特征为沿构造斜坡呈阶梯式向北掉落。

尖山隆起带：位于莫里青断陷的东南缘，是受基底长期隆起与基底断层共同作用形成的隆起带。双阳组沉积薄且稳定，构造平缓，隆起上形成了北东向和近东西向正断层，断层主要受基底断裂发育控制，未能形成局部构造圈闭。

小孤山斜坡带：位于莫里青断陷的西南端，属于靠山凹陷西南翼，地层逐渐向西南抬起而消失。构造特点是一个北东倾向的单斜构造，东北部地层埋藏深，向西南部地层埋藏变浅。在双阳组沉积末期，该区带中部发育几条北西向延伸的正断层，受断层切割形成一些局部断鼻构造，但面积比较小。

大南凹陷：处于大南凹陷西北缘盆地边界的断裂带，由于受边界断层和 17 号断层发育影响，断裂较为发育；大南凹陷内断层不发育；大南凹陷西南斜坡带上发育北东向正断层数条，一般延伸 1～2.5km，断距 15～30m，其中的大台子断层为重要的大型控制沉积断层，该断层长 10km，断距 200m 左右，其控制下盘双阳组的沉积，该断层消失在永吉组的泥岩中，后期有微弱反转，形成牵引构造。大南凹陷西南部地层抬起，双阳组增厚，说明古沉积沉降中心位于鹿乡断陷的西南部，后期由于构造运动使其隆升，所以该区的烃源岩发育，构造背景好，勘探潜力较大。

五星构造带：处于鹿乡断陷东部 2 号断层的上升盘，受 2 号断层长期活动影响造成基底抬升形成隆起，地层东高西低、南高北低，是该区重要含油气构造带，长春油田就位于该构造带内。五星构造带受 2 号断层和 17 号断层的影响，断裂较为发育，主要发育近东西向和南北向两套断裂，可形成断块圈闭；东侧遭受明显剥蚀，内部断裂发育，走向主要为近东西向，断裂形成时期主要为盆地演化早中期，断裂剖面形态主要为平直式，组合样式为地堑或"Y"字形断裂系。中新世盆地反转期受侧向挤压应力，靠近东南缘边界断裂的地层发生挠曲变形；靠近 2 号断裂带附近早期形成的断层在晚期被挤压、改造强烈，而位于构造带中部的断裂受改造作用相对较弱。五星构造带内部断裂发育，形成断块、断鼻、断背斜。

梁家构造带：处于 2 号断层下降盘，与五星构造带隔 2 号断层相望。它是因 2 号断层下降盘下降而形成的一个滚动断背斜构造，其西北侧邻近西南—北东向延伸的新安堡凹陷。从主要目的层奢岭组顶面构造形态分析，梁家构造为一走向近南北的继承性发育的断背斜构造，面积 33.07km²，高点海拔 −2370m，最大圈闭线 −2900m，圈闭幅度 530m。梁家构造断层不发育，但在梁家构造翼部发育一些近东西向正断层。断裂发育分为三期，早期断穿双阳组至基底，中期断穿奢岭组、永吉组，晚期断穿万昌组、齐家组。

万昌构造带：位于岔路河断陷新安堡凹陷与梁家构造带的东侧，平面上呈大型鼻状构造，它是岔路河断陷东南缘继承性发育的一个大型隆起构造带，构造带前缘呈鼻状向西北延伸，分隔新安堡和波泥河—太平两个生油凹陷。万昌构造是指与东南缘边界断裂相接触，被断层复杂化了的穹窿背斜构造，其围斜倾角 20°～30°，构造幅度 1300m，面积 170km²。万昌构造受左旋走滑应力场作用，断层发育且复杂，平面上呈北西向、北东向和东西向展布，其中近东西向断层占绝对优势，同时在奢岭组和双阳组发育有共轭断层，走向近南北，从而形成了一些断鼻和断块。

新安堡凹陷：岔路河断陷的生烃凹陷有两个，即新安堡凹陷和波泥河—太平凹陷，主力生烃凹陷是新安堡凹陷。新安堡凹陷受西北缘断层和 2 号断层控制而形成的沿着西北缘边界断层呈北东向展布的狭长型向斜构造，位于西北缘昌 40—昌 37—昌 43 井区。向斜翼部发育北西向正断层，在昌 40 井—昌 37 井附近发育一条倾向西南的北西向大断层，基底最大埋深超过 6000m。该断陷从双阳组沉积时沿着西北缘深断陷开始发育，一直延续到万昌组沉积时期，其中，双阳组—奢岭组沉积早期沉降幅度大，沉积地层厚度大，是岔路河断陷湖泊发育的主要时期，此阶段发育两个沉降中心，一个靠近东北角 2 号断层，一个靠近昌 40 井附近；到了永吉组沉积时期由于受到后期构造运动影响，两个沉积中心逐渐合并成一个相对统一的向斜构造，万昌组后期受到挤压抬升，构造反转，地层沉积厚度变薄。

波泥河—太平凹陷：简称波太坳陷，也是岔路河断陷的生烃凹陷之一，它位于新安堡凹陷东侧和万昌构造西北侧的昌 48—昌 7—昌 8—昌 50 井区，万昌构造侧翼 F3 大断层及其附近南北向延伸的斜向多级断阶鼻状带将新安堡凹陷和波太凹陷分开。它也是受西北缘断层控制而形成的平行于西北缘边界断层呈北东向展布的宽缓型向斜构造，向斜翼部发育北西向正断层。岔路河断陷早期双阳组沉积时期沉积中心位于新安堡凹陷；奢岭组至永吉组沉积时期沉积中心北迁到波太凹陷，发育深水湖泊相泥质岩沉积。

孤店斜坡带：位于岔路河断陷的东北部，为一个长期发育的构造斜坡带，呈北北东向展布。斜坡带西低东高，西侧与波太凹陷相邻，东部为斜坡过渡到那丹哈达岭。孤店斜坡带断裂较发育且多为反向正断层，断裂走向基本为北东向，其中下部双阳组、奢岭组中断裂数量较少，中上部永吉组、万昌组、齐家组中断裂数量增多，其成因主要与晚期构造反转作用有关，即新近纪在基底隆升并向盆地内部掀斜作用下，使得孤店斜坡带进一步翘倾并遭受剥蚀，同时形成一系列调节性反向正断层。

2. 断裂特征

根据地质图、重力、航磁以及地震资料，综合确定伊通盆地发育近东西向、北北西向和北东向三组断裂系统。

按断裂级别可分三类：第一类为控盆断裂，即西北缘断裂和东南缘断裂；第二类为控制各断陷或构造带的二级断裂，即在盆地形成早期，在区域张扭性应力作用下，因盆地东南缘边界弯曲多变，沿其构造转折部位发育了一系列张扭性调节断层，自西南向东北依次发育了马鞍山断裂、2号断裂、3号断裂、4号断裂，以及位于盆地西北缘的挤压逆冲断裂；第三类为盆地内部次级断裂，发育众多、分带明显、演化复杂，对盆地内部构造特征及油气成藏具有重要意义。

结合地球动力背景、深部地质作用、盆缘和盆内构造特征与变形历史分析，确定伊通盆地类型为一个线性右行走滑—伸展盆地，是郯庐巨型走滑断裂的一部分（孙家振等，2008）。伊通盆地西北缘断裂为主控盆断裂，断裂边界平直，具有明显走滑断层特征，该断裂是控制伊通盆地构造演化的主要断裂构造，总体为由早期张扭转换为晚期压扭，构造性质发生了多次改变，后期遭受强烈挤压，使靠近西北缘的地层发生强烈破碎变形，形成有一定宽度（宽2～5km）的挤压破碎带即断褶带，它是由断背斜组成的走滑断褶带。伊通线性走滑盆地边界具有花状构造样式，三个次级断陷的断裂特征各有不同，具有一定的分带性，这主要与走滑扭动及挤压叠加作用有关（图2-1-5）。

西北缘构造样式类型	发育部位	剖面样式	成因分析
弱挤压走滑型	靠山伊丹段	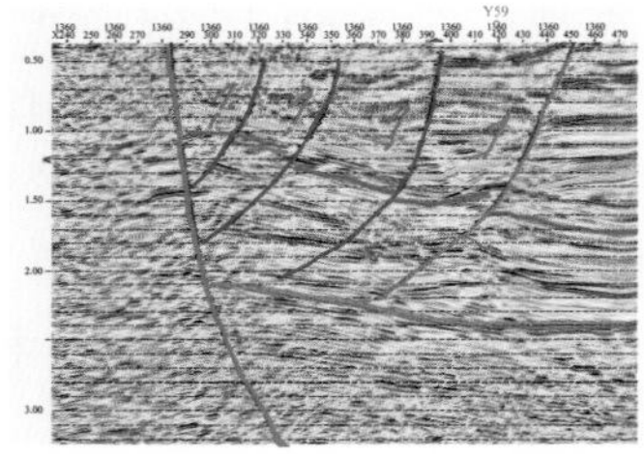	走滑作用强烈，侧向挤压弱
挤压走滑型	五星新安堡段	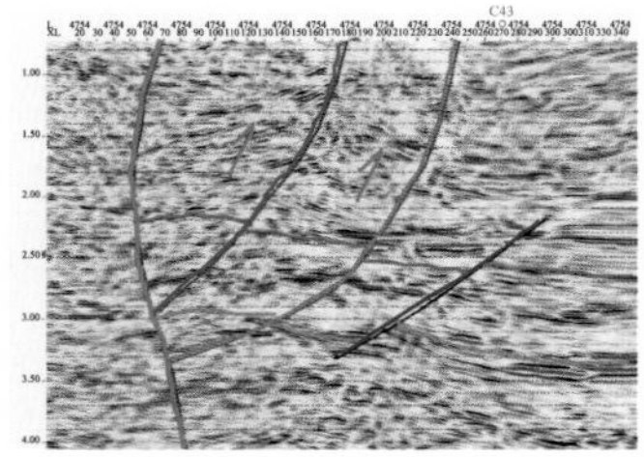	走滑作用较强，侧向挤压较强
强挤压型	波太段	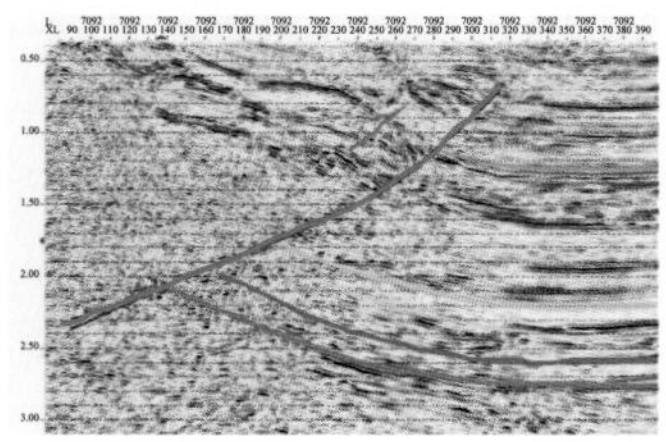	走滑作用弱，盆缘基岩侧向强挤压

图2-1-5 伊通盆地西北缘断裂走滑断裂剖面特征分类

位于盆地西南侧的莫里青断陷的西北缘边界断裂倾向盆地内部，走滑次级断层发育，呈似花状构造，边缘地层变形相对较弱，剖面可见花状构造带内反射同相轴，具有一定的连续性，成盆期地层未倒转，盆缘基岩块体侧向挤压弱；鹿乡断陷西北缘边界断裂倾向盆地内部，走滑次级断层较发育，走滑带内地层呈背形状，侧向挤压逆冲较强；岔路河断陷西北缘新安堡段边界断裂倾向盆地外部，走滑次级断层较发育，走滑带内地层呈背形状，侧向挤压较强；岔路河断陷西北缘波太凹陷段西北缘边界断裂倒转倾向盆地外部，边缘地层近乎破碎，成盆期地层近乎倒转，大黑山地垒块强烈侧向挤压。

1）边界断裂特征

伊通盆地受控于近于平行的东、西两条边界断裂，性质均为正断层，断裂产状近似直立、相向倾斜，即西北缘边界断裂倾向东南，东南缘边界断裂倾向北西，形成典型双断式盆地（图2-1-6）。两条边界断裂存在明显的不协调特征，西北缘断裂早期具备右旋走滑性质，后期受基底隆升、派生大黑山侧向挤压逆冲特征，古近纪呈伸展走滑，新近纪呈挤压走滑；而东南缘断裂局部倾角可能呈舒缓波状产出。两条断层均反映先期受拉张应力作用，后期受挤压扭变应力作用。

值得注意的是新近纪以来的构造反转对莫里青断陷东南缘边界断裂改造作用最强烈，在紧邻莫里青断陷东南侧的伊丹刚性块体强烈隆升以及向西偏北方向往盆内推挤作用下，尖山构造带被强烈抬升并遭受剥蚀，使得该地区东南缘断裂向盆内推进，盆地范围缩小，特别是在莫里青东南地区，盆地范围（边界断裂）较早期有很明显的缩小，盆地边界形态也因晚期地层抬升遭受剥蚀呈现不规则锯齿状。

2）二级断裂特征

在控制断陷或构造带的二级断裂中，马鞍山断裂和2号、3号、4号断裂均为张扭性断裂。其中，马鞍山断裂走向近北东，倾向北西；2号、3号、4号断裂呈近东西向雁列展布，倾向为北北西，规模上2号断裂最大，3号、4号断裂规模依次减小。上述断裂在双阳组—奢岭组沉积期活动十分强烈，此后马鞍山断裂和3号、4号断裂活动性明显变弱，而2号断裂一直到齐家组沉积期还很活跃。2号断裂在规模、演化特征和对二级构造单元构造、沉积、成藏控制作用方面强于3号、4号断裂。

西北缘挤压逆冲断裂是二级断裂中唯一一条挤压成因的断裂，走向北东，倾向北西，贯穿了整个盆地西北侧，该断裂在伊通盆地主成盆期（始新世—渐新世）尚未形成，是新近纪以来盆地反转期大黑山隆升和侧向走滑产生的压扭应力作用结果，该断褶带内部构造相当复杂，发育众多挤压褶皱和小断裂，断褶带内地层变形（破碎）强烈，但其外边界相对较明确，为盆缘地层挤压强烈变形带与盆内较稳定沉积地层的分界（图2-1-6）。

（1）2号断裂。

2号断裂夹于西北缘断裂和东南缘断裂之间（图2-1-6），是岔路河断陷和鹿乡断陷的分界线。该断裂带主要由两条平行断层组成，一条断层活动时期较早，主要发育于万昌组沉积之前。该断裂带早期（始新世—渐新世）主要以同沉积构造活动为主，晚期（新近纪以来）为反转改造，使得断层面中部突出，上、下部向伊丹断隆方向弯曲变形，下盘变形弱、上盘变形强，东段变形弱、中西段变形强，东段断面缓、西部断面陡，东段分支少或没有分支、往西分支增多并复杂化，在中上部地层靠近2号断裂主断层发育了一个后期挤压形成的构造转换面。

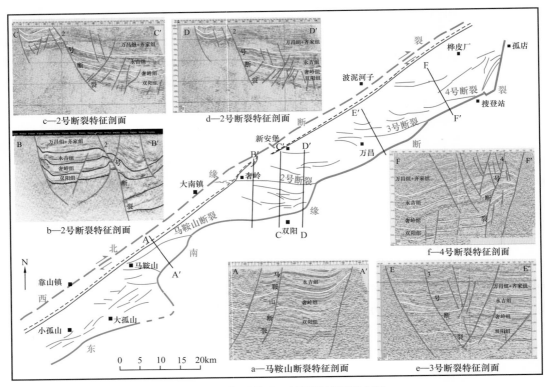

图 2-1-6　伊通盆地二级断裂特征综合图

2 号断层是盆内最大的一条长期发育的生长正断层，长度约 20km，它横切伊通盆地，断裂走向南东 98° 左右，倾向北北东，倾角 45°～60°，并且有东陡西缓的特点，控制着梁家构造带与五星构造带的形成和发育。2 号断裂带的活动历史较为复杂，经历了早期较强的正断层活动时期和晚期挤压活动时期。最早活动时期是与伊通裂谷盆地一起开始活动的，断裂性质可能为岔路河伸展断块与鹿乡伸展断块之间的转换断层。该时期 2 号断层活动的主要依据为在 2 号断裂带上、下盘双阳组一段的厚度存在一定差别。在双阳组沉积时期活动强烈，奢岭组沉积时期活动较弱。2 号断裂带对扇三角洲的发育具有一定控制作用。古近纪末期沿 2 号断层发生了北西—南东向挤压逆冲作用，使得 2 号断裂带附近地层发生挤压和褶皱变形。

（2）3 号断层。

3 号断层位于万昌构造带东北侧，走向近东西向，倾向正北，与东南缘边界断裂相连，西端伸至万昌构造带轴部偏北（图 2-1-6）。垂向上 3 号断裂早期活动强烈，到永吉组二段沉积期活动明显减弱。由地震剖面可见，3 号断层在白垩纪活动强烈，以后明显变弱。从走向上来看，东侧的发育略强于西侧。到了奢岭组沉积时期，断层发育有所加剧，到永吉组沉积时期，在走向上变为西部活动最为强烈，中部较弱，局部地区趋于停止。在地震剖面上可以看到顶部存在少量位移很小的断层及反转构造，可以推测 3 号断层在盆地形成的晚期经历了一定的构造反转改造作用。

（3）4 号断层。

4 号断层位于搜登站西侧地区，走向近东西向，倾向南西，平面延伸约 8km

（图 2-1-6）。该断裂也是由区域张扭作用产生，与 2 号、3 号断层及马鞍山断裂性质相似，为具有调节作用的张扭性正断裂，从晚白垩世就已经开始活动，对双阳组具有明显控制作用，晚期活动减弱，新近纪因盆地反转、基底隆升而遭受一定程度的改造，在断裂上部发育了数条次生小断裂。4 号生长断层活动时期主要为双阳组和永吉组沉积时期，其中奢岭组沉积时期为强烈活动期，到永吉组沉积时期活动减小，在盆地边缘趋于停止。平面上 4 号断层的活动强度由东向西有逐渐增强的趋势，向盆地内侧的剖面断距和断层生长指数都比盆地边缘要大。

（4）马鞍山断层。

马鞍山断层位于伊丹隆起西侧的莫里青断陷与鹿乡断陷大南凹陷相邻地区，走向近北东向，倾向西北，平面延伸约 15km，发育有少量分支断裂，东北侧在地震工区外，推测应该与东南缘断裂相连（图 2-1-6）。该断裂也是因区域张扭作用产生，与 2 号、3 号及 4 号断裂性质相似，为具有调节作用的张扭性正断裂。马鞍山断裂也是从晚白垩世就已经开始活动，对断层两侧地层具有明显控制作用，晚期活动减弱，新近纪因构造反转、基底隆升而遭受一定程度改造和变形，主体为铲形，部分地段形成座椅状剖面形态。

（5）西北缘挤压逆冲断层。

西北缘挤压逆冲断层是伊通盆地各二级断裂中唯一的因挤压作用而形成的断层，其成因与新近纪区域应力改变及西北缘边界断裂演化密切相关。西北缘边界断裂为早期（白垩纪）形成的断入岩石圈基底的断裂，具左旋走滑性质，新生代以来，西北缘边界断裂以垂直升降为主，右旋走滑为辅，晚期在大黑山隆升分解的侧向挤压应力作用下发生挤压逆冲活动和相关的褶皱变形。受晚期强烈挤压，在莫里青、鹿乡及岔路河断陷西北缘发育了一个平行西北缘断裂的大型断褶带（图 2-1-6），延伸范围从莫里青一直到岔路河断陷，变形宽度为 2～4km。

3）盆内次级断裂特征

伊通盆地各二级构造单元内部次级小断层十分发育，断层性质有张性正断层、张扭性正断层、压性逆断层和压扭性逆断层。断层平面分布总体具有一定的分带性和方向性。盆地内部张性或张扭性小断裂主要分布于盆地东南侧构造高部位及缓坡，压性或压扭性小断层主要分布于西北缘断褶带。多数走向为近东西向或北东向，少量为北西或南北向（图 2-1-6）。

莫里青断陷东南侧是盆地内部断裂发育集中区带，主要分布在尖山构造带及大孤山斜坡带，断裂发育时间较早，为张性或张扭性正断层，剖面上表现为陡倾的正断层，多呈断阶状分布，后期反转改造作用在尖山构造带最强烈，在环尖山构造带相对低部位，反转挤压作用强于基底隆升作用，地层受挤压发生褶皱变形，断面受反转挤压发生明显的弯曲变形。在大孤山断阶带和小孤山斜坡带，次级断裂靠近东南缘边界断裂，平面多呈北东向展布，剖面组合呈断阶状。单条断层规模较小，主要为斜坡部位调节性断层，该地区断层受晚期反转挤压作用改造较弱。

在鹿乡断陷，次级断裂主要发育于五星构造带及西北缘断褶带，断层性质包括张性或张扭性正断层和压性或压扭性逆断层，其中张性或张扭性正断层主要分布于五星构造带，呈近东西向和南北向展布；压性或压扭性小断层主要分布于西北缘断褶带。

在岔路河断陷，内部断层相当发育，具有成片成带分布特征且主要位于断陷东南缘的构造高部位及其侧缘，具体分布相对集中区域为梁家构造带、万昌构造带、昌26井东侧、昌9—昌8井一带及孤店斜坡带，断裂展布特征以近东西向为主，孤店斜坡带等地发育了北东向小断层。岔路河断陷的各凹陷内部及断陷东南侧的次级断层基本都是正断层，具有张性或张扭性特征，而在西北缘断褶带内部则发育有中小型逆断层。

伊通盆地所处特殊的大地构造位置使其经历了复杂的区域应力作用，包括走滑、拉张、挤压、基底隆升等，导致地层变形强烈、断裂类型及样式众多，伊通盆地内部断裂的构造样式包括正向断阶、反向断阶、"Y"字形、叠瓦状、地堑式、地垒式、似花状、羽状等（图2-1-7），断裂的剖面形态有铲式、平直式、座椅式等。上述特征反映了伊通盆地应力作用的分期性、多样性和断裂演化的分区分带性及复杂性。

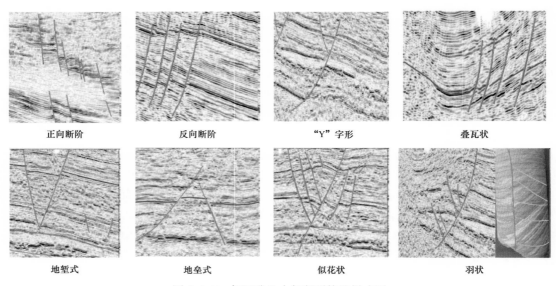

正向断阶　　　　　　反向断阶　　　　　　"Y"字形　　　　　　叠瓦状

地堑式　　　　　　地垒式　　　　　　似花状　　　　　　羽状

图2-1-7　伊通盆地内部断裂构造样式图

3. 断裂期次及对油气藏的控制作用

盆内断层从发育时间上可以分为四类，它们对局部构造的形成和演化及对油气藏的影响都存在很大的差异。

1）长期发育的断层

长期发育的断层以2号断层和莫里青1号断层为代表。这类断层从盆地形成起就开始活动，到盆地消亡时才结束活动。这类断层规模较大（断距较大，平面延伸较长），数量有限，对沉积和构造单元的分布和对局部构造的形成起重要的控制作用。如永吉组沉积后，由于2号断层（加上17号断层）的强烈活动，盆地现今二级构造单元的格局才逐渐形成，对梁家构造带和五星构造带的形成起直接的控制作用；莫里青1号断层及其所在断阶带断层的活动，造成靠山凹陷和尖山断隆之间的差异沉降，同时它们组成了莫里青的重要构造带——马鞍山断阶带。这类断层由于规模较大、长期活动，对油气藏的形成分布可以产生以下几个方面的影响。

（1）控制次一级断层的形成和发育，形成断层封闭的断鼻型和断块型构造圈闭，如2号断层下降盘所在的梁家构造带形成的断鼻型构造圈闭。

（2）对断层两盘（尤其是下降盘）块体的翘倾和变形起控制作用，促使油气的再分配。

（3）往往能成为油气运移的良好通道。这类断层长期活动，容易使断层保持开启状态，成为油气运移的通道。如新安堡凹陷生成的油气可以通过2号断层运移到五星构造带。

2）基底小断层

该类断层一般只控制双阳组一段（少量包括双二段）的沉积，以后活动终止。这类断层数量多，规模较小（极少量的断层断距很大，如梁家构造带北西走向的断层），走向各异，北东向、北西向和近东西向都有分布；断层性质各异，张性正断层和张剪性断层都有。这类断层由于后期不再活动，往往具有较好的封闭性，如在双阳组形成圈闭，圈闭的有效性往往较高。由于此类断层规模较小，形成的圈闭规模十分有限，深度也相对较大。在尖山断隆、五星构造带的东南部这类圈闭有一定的意义。

3）双阳组和奢岭组沉积期间发育的断层

这类断层以东西走向为主，主要都是张性正断层，规模中等，断距一般为50～200m，其中少量断穿 T_c 地震反射界面（永吉组一段顶面），如岔路河断陷万昌构造围斜部位发育的断层，梁家构造发育的大部分断层。由于这类断层后期停止活动，往往具有较好的封闭性，再加上双阳组和奢岭组是伊通地堑的主要目的层，因此这类断层对伊通地堑构造圈闭和油气藏形成都起重要作用。如梁家构造就是此类断层形成的，其圈闭的有效性相对较好。

莫里青断陷靠山凹陷的南侧、五星构造带靠2号断层一侧、梁家构造带、万昌构造带及围斜部位此类断层较为发育。

4）永吉组沉积后发育的断层

以万昌构造顶部发育的断层为代表，岔路河断陷东南缘附近局部构造顶部较为发育，其他区域也有发育，但数量较少。这类断层一般规模较小，断距中等偏小，主要为近东西走向，以张性正断层为主，往往发育在局部构造的顶部。较浅层发育的此类断层，在新近纪末的挤压构造力作用下具有少量的逆冲位移，并伴随着岩层的褶皱弯曲作用。

由于这类断层主要在后期活动，封闭性一般较差，其中断入目的层的此类断层对油气藏往往起破坏作用。

4. 火山活动特征

伊通盆地岩浆活动频繁，盆地西北和东南两侧出露各期次的大面积侵入岩和火山岩。八一四队对航磁异常处理并综合地表出露火山岩资料，圈定了伊通盆地火成岩分布范围。其中，海西期和燕山期中酸性花岗岩和花岗闪长岩最为发育，分布面积也较大。火山岩主要是新生代第二期、第三期基性玄武岩，基底岩性以中酸性侵入岩体为主。

（1）前人研究伊通盆地及其周边地区新生代火山活动认为，由碱性系列的玄武岩、橄榄玄武岩、玄武集块岩等组成，以裂隙式喷发为主，兼有中心式喷发，构成伊通—舒兰火山群。

（2）伊通盆地及其周边地区发育四期新生代火山活动。第一期是晚白垩世至古近纪早期的产物，分布于范家屯至大屯间的 4 个火山群；第二期活跃于始新世，如舒兰火山群中的前团山及后团山火山，呈透镜状夹于煤系地层中；第三期活动在古近纪中新世，舒兰火山群的 27 座火山、伊通火山群的 16 座火山全部发生于此期；第四期发生于第四纪早更新世晚期，见于舒兰地区的凤凰山火山，为层状玄武岩熔岩。

（3）火山岩岩性以基性玄武岩为主，当沿基底断裂的裂隙喷溢时，由于其黏度小，流动较迅速，在通道滞留时间较短，对成烃、成藏的影响较小；当岩浆喷出地表后，由于其流动性好，覆盖面积大，热量快速散失，故对成藏影响有限。

5. 盆地沉积充填序列

断陷盆地一般具有近物源、沉积快、厚度大、相带窄、沉积体系规模小等特点。伊通盆地北东向狭长、北西向很窄，物源来自北西和南东两侧的隆起区，所以近物源、分选差、相带窄的沉积特征更为突出。

伊通盆地沉积环境极不稳定，物源条件复杂（剥蚀量、水动力条件变化大），砂体可以快速、短暂、突发性地进入湖泊水体（近岸冲积扇、扇三角洲、三角洲前缘薄层席状砂体），不一定形成河口坝和水下分流河道沉积；可能是扇端席状砂体或辫状河道前缘席状砂体直接进入湖泊形成的。从双阳组至齐家组，其沉积中心有逐渐从西南向东北迁移的趋势。双阳组沉积期总体上表现为南深北浅的格局，而齐家组沉积期则形成南高北低的地势。

盆地内发育六种沉积体系，即冲积扇沉积体系、扇三角洲体系、辫状河三角洲体系、湖泊体系、重力流体系和近岸水下扇体系，不同地质时期，沉积体系空间配置具有明显差异性和阶段性。垂向上相变明显，往往是突变关系，表现为沉积体系和沉积相发育的不完整和不连续，常见前扇三角洲和三角洲前缘组合，往往缺乏扇三角洲或三角洲平原相，直接被湖泊泥岩覆盖（图 2-1-8）。

伊通盆地存在两大物源体系，即东南缘和西北缘，并均以点源为主。盆缘物源体系发育具有明显的不对称性。双阳组一段沉积时，物源主要来自东部昌 30 井—星 23 井—星 25 井一线附近，双阳组二段沉积时，东部物源明显加强，形成较大规模的扇三角洲—辫状河道沉积。西部奢岭地区出现新的物源区，形成了较大规模的星 106 井—星 27 井一线的辫状河道—湖泊三角洲沉积体系；双三段沉积时，东部和西部源区仍然存在，但剥蚀速率明显减小。

奢岭组一段沉积时，东部物源区再次强烈剥蚀，形成大范围的扇三角洲—水下扇沉积，西部源区未见大规模剥蚀沉积；永吉组二段沉积时，东部源区剥蚀强度明显减弱，永吉组三段沉积时，西部源区再次活动，永吉组四段沉积时，东部源区仍然处于剥蚀状态，西部源区可能未见剥蚀；万昌组沉积时期，西北物源补给则明显增强，甚至出现两个物源体系的砂体垂向叠置，其汇合点大致位于星 2 井、万参 1 井和昌 8 井一线。因此，主要物源区在东部，处于长期隆升剥蚀状态，在双阳组二段和奢岭组一段沉积期存在二次较大规模隆升剥蚀。西部源区只在双二段、双三段、永三段存在明显的剥蚀状态。

沉积体系展布的空间配置和分带性明显受盆缘断裂控制。扇三角洲和冲积扇沉积体系广泛分布于盆缘断裂两侧，近岸水下扇沉积体系主要分布于奢岭组和永吉组的西北盆缘断裂两侧，在 2 号断层下降盘的奢岭组和永吉组出现了深水重力流沉积。

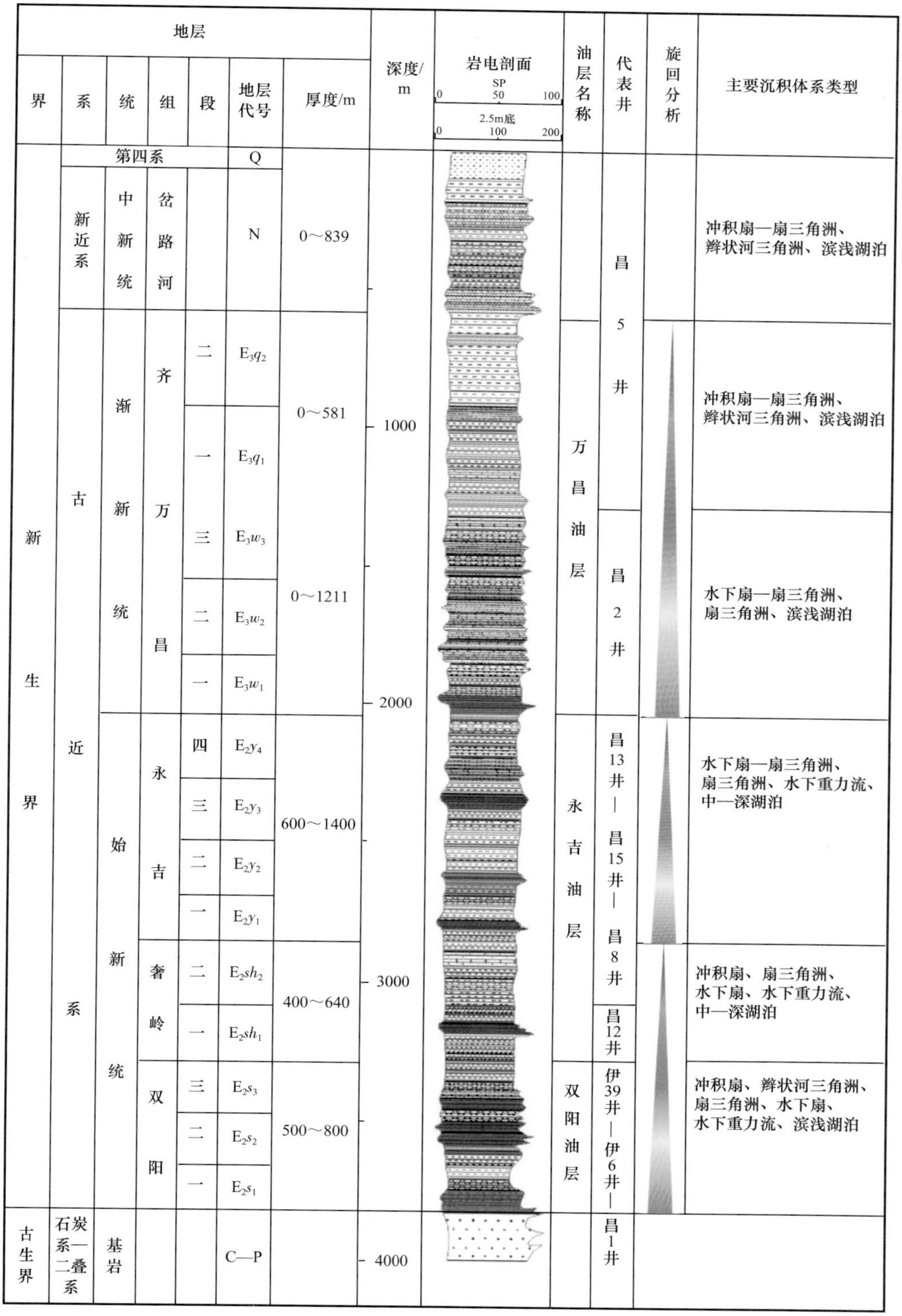

地层							深度/m	岩电剖面 SP 0 50 100 / 2.5m底 0 100 200	油层名称	代表井	旋回分析	主要沉积体系类型
界	系	统	组	段	地层代号	厚度/m						
			第四系		Q							
新生界	新近系	中新统	岔路河		N	0~839				昌5井		冲积扇—扇三角洲、辫状河三角洲、滨浅湖泊
	古近系	渐新统	齐万昌	二	E_3q_2	0~581	1000		万昌油层			冲积扇—扇三角洲、辫状河三角洲、滨浅湖泊
				一	E_3q_1					昌2井		
				三	E_3w_3	0~1211						水下扇—扇三角洲、扇三角洲、滨浅湖泊
				二	E_3w_2							
				一	E_3w_1		2000					
新生界	古近系	始新统	永吉	四	E_2y_4	600~1400			永吉油层	昌13井—昌15井—昌8井		水下扇—扇三角洲、扇三角洲、水下重力流、中—深湖泊
				三	E_2y_3							
				二	E_2y_2							
				一	E_2y_1							
			奢岭	二	E_2sh_2	400~640	3000			昌12井		冲积扇、扇三角洲、水下扇、水下重力流、中—深湖泊
				一	E_2sh_1							
			双阳	三	E_2s_3	500~800			双阳油层	伊39井—伊6井		冲积扇、辫状河三角洲、扇三角洲、水下扇、水下重力流、滨浅湖泊
				二	E_2s_2							
				一	E_2s_1							
古生界	石炭系—二叠系		基岩		C—P		4000			昌1井		

图 2-1-8 伊通盆地充填序列

　　沉积体系展布与水进、水退亦密切相关。水体进退与扇三角洲的进积与退积呈互为消长关系。从盆缘至盆地中央，依次出现扇三角洲或近岸水下扇至湖泊沉积体系。双阳组沉积时期盆地形成孤立的、范围较大的深湖沉积区；奢岭组沉积时期和永吉组沉积时期为盆地最大水进期，形成广泛的深湖沉积区，且不同凹陷的深湖区相互连通，扇三角洲发育规模较小；万昌组沉积时期为盆地最大水退期，形成滨浅湖沉积区，扇三角洲体系明显向盆地中央延伸。

扇三角洲的发育与古隆起密切相关，在莫里青地区和波泥河—太平凹陷南北两侧物源位置随时期而变化，但在五星构造带和万昌隆起带自双阳组沉积期至万昌组沉积期始终是扇三角洲发育的地带；扇三角洲前缘亚相单个砂体层序发育往往很薄，一般为6～10m，垂向上可能频繁重复出现。

6. 盆地构造演化史

伊通盆地自投入油气勘探以来，先后有许多学者对其进行研究，长期以来大多数学者认为其是一个裂谷盆地，主要经历了断陷和坳陷两个阶段。综合分析认为伊通盆地是一个受西太平洋俯冲板块和陆内走滑断裂控制的、盆地沉降与隆升具有脉动式同步发展特点的被动型走滑—伸展盆地类型，盆地演化过程具有较为复杂的历史，不能简单地用断陷盆地的演化模式概括。因此，在系统研究盆地内部构造演化剖面、野外露头、盆地沉降方式、构造活动样式、边界断裂的活动历史和沉积相的分布特征等工作基础上，认为伊通盆地在白垩纪残留盆地基础上，新生代主成盆期演化历史经历了盆地的形成期、扩张期、强烈差异沉降与隆升期、盆地挤压抬升期、萎缩期和再次沉降期6个主要演化阶段（图2-1-9）。

1）初始断陷阶段——斜向伸展断陷

白垩纪—古新世，以伊丹隆起为界，盆地南北基底分别为加里东和海西构造旋回褶皱回返的地槽系，岩性以变质岩和花岗岩为主。进入海西旋回之后，印支运动在此时期表现不明显，全区整体抬升剥蚀，无三叠纪地层沉积。燕山运动早期，该区以岩浆活动为主，盆地周边花岗岩广为分布；到燕山运动中晚期，断裂活动形成大小不等的零星断陷，接受了侏罗纪和白垩纪沉积。

白垩纪末断裂活动，全区再次抬升遭受风化剥蚀，早期零星断陷主要残留在岔路河断陷靠近盆地南缘和北缘边界断裂带附近，分布面积较大。在伊通盆地西北缘大黑山靠盆地一侧可见白垩系洪积相砾岩沉积体呈槽状不整合堆积在晚古生代混合花岗岩和变质岩系之上；同时，在盆地内部万昌构造侧翼 T_g 反射界面（双阳组一段与前古近系的界面）与花岗岩结晶基底反射层之间见明显的小型断陷反射结构特征，与 T_g 反射为渐变过渡关系，与基底反射为突变不整合接触关系，推测为白垩系洪积相充填式沉积。

在双一段沉积时，裂陷的形态仍保留不对称箕状断陷特点，靠近主断裂一侧沉降作用强，沉积厚度相对较大，向斜坡部位迅速减薄，在盆地中段五星构造带至新安堡凹陷之间剖面上可见一系列小型断陷。

2）断陷发展阶段——斜向伸展＋热拱张

进入始新世双阳组沉积时期，随着太平洋板块运动方向从北北西向改变为北西西向，与之相对应的郯庐断裂开始右行走滑，那丹哈达岭和大黑山地块发生分离运动，从而在先期断裂存在的基础上产生斜向伸展使得裂陷变宽加深；并随着这一过程的演进断裂深达地幔上部，促使深部熔岩物质沿裂陷上涌，使得裂陷作用进一步发展，开始伊通盆地断陷发展阶段。

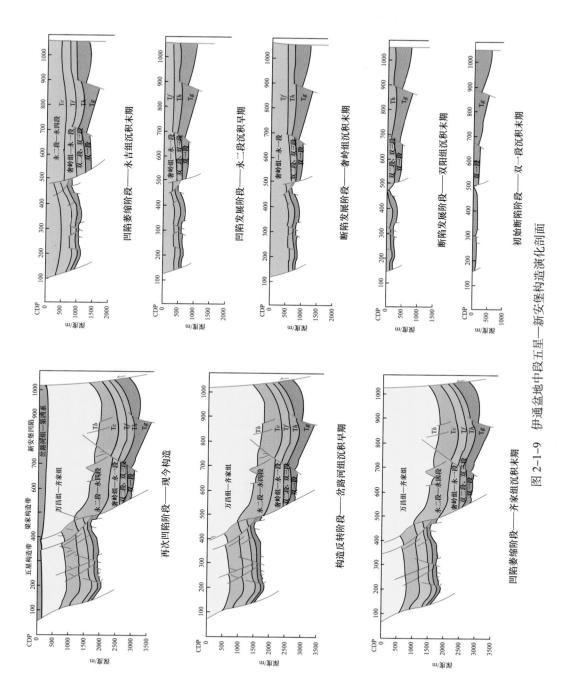

图 2-1-9　伊通盆地中段五星—新安堡构造演化剖面

表现为伊通盆地为整体差异沉降，普遍接受双阳组沉积。盆地南部莫里青断陷与鹿乡断陷之间为沉降和沉积中心区，接受了1200m厚的以湖相泥岩为主的沉积，其他部位平均厚度为800～1000m；盆地北部岔路河断陷相对抬升，沉积较薄，平均厚度在600～800m；在五星构造带、搜登站至孤店斜坡沉积最薄，厚度仅200m。断陷的总体形态具南降北抬、东高西低的古地貌特征。

双阳组沉积时期在区域拉张应力场作用下，边界断裂开始活动，并伴生了少量基底正断层。盆地开始整体沉降，逐渐成为滨浅湖至半深湖环境，接受了双阳组沉积。双阳组一段沉积早期，属于盆地早期填平补齐阶段，盆缘发育冲积扇体系，盆地内部发育辫状河流体系，局部发育小型滨浅湖泊沉积，这在大多数钻井的双一段底部沉积层序中可以见到；双一段沉积中晚期开始，盆地进一步沉降，湖泊面积逐渐扩大，深水—半深水湖泊较为发育。双阳组二段沉积时，以浅水湖泊为主，在中部地区2号断裂带以南，广泛发育扇三角洲和辫状河道沉积，砂体呈北西西—南东东向展布，形成较大规模的储集砂体；南部地区局部发育半深湖和滨湖沉积体系。双阳组三段沉积时，以滨浅湖泊为主，东部地区发育冲积扇扇中辫状河道和扇三角洲沉积，西部奢岭长春油田和南部鹿乡镇附近发育扇三角洲沉积。

3）稳定沉降阶段——热沉降

到奢岭组沉积时期，由于块体间拉张应力得以释放，裂陷和伸展作用减弱，在火山活动停止转入热沉降阶段，盆地进入相对稳定的凹陷发展阶段。盆地内断裂活动基本停止，在演化剖面上可以看出在双阳组发育的小型断裂延伸至奢岭组中部即中止。

伊通盆地整体转入稳定沉降发展阶段，盆地南部和北部波太凹陷沉降幅度大，这可能与盆地南北两端早期火山活动热拱张作用强、后期热沉降相对幅度大因素有关。欠补偿的半深湖—深湖亚相沉积广为发育，在南部和北部波太凹陷沉积厚度为1000～1200m。沉积中心在莫里青断陷和鹿乡断陷靠近西北缘发育，在波太凹陷偏北，在五星构造带至万昌构造带为低幅度隆起，沉积厚度较薄，仅为200～400m，呈现两端凹、中间隆的古构造格局。随着盆缘断裂活动加剧，断陷湖泊水体加深，该区广泛发育深湖—半深湖泊体系，2号断裂带附近则发育滨浅湖泊体系。东部盆缘附近发育冲积扇和扇三角洲体系，并快速向西扩展发育水下重力流体系（包括水下扇和水下重力流沉积），形成较大规模储集砂体。

到永吉组沉积时期，沉降作用进一步减弱，湖盆变浅为过补偿沉积。受伊丹隆起向西北抬升的影响，莫里青与鹿乡断陷连通通道变窄；与之相对应，五星构造带差异隆升基本停止，鹿乡断陷与岔路河断陷连为一体，湖盆范围变广，水体变浅，主要为浅湖沉积。永吉组具有北厚南薄的特点，全盆地分布较稳定，一般在600～800m之间，在岔路河断陷沉降中心位于新安堡靠近西北缘一侧，沉积厚度达1200m，在莫里青断陷沉降中心受伊丹隆起的影响，沉积中心与伊丹隆起西南翼平行，呈北北西向，与西北缘断裂近于正交。

永吉组二段沉积开始，发生广泛的湖面扩大，沉积物向东逐渐超覆，盆地边缘广泛发育扇三角洲沉积体系；永吉组四段沉积时，以深水—半深水湖泊沉积为主，伴有水下重力流沉积发育，盆地东南缘发育冲积扇扇中辫状河道和扇三角洲平原沉积。

4）差异沉降阶段——差异沉降与隆升

万昌组—齐家组沉积期，在重力补偿和块体间应力调整作用下，盆地转入差异沉降和隆升阶段。盆地南端断裂活动基本停止，小孤山斜坡、尖山构造带和伊丹隆起相继转入隆升，使得莫里青断陷整体抬升，仅在尖山构造带下降盘保留少量沉积，厚度在 200～400m 之间，其余地区遭受程度不等的剥蚀。与之相对应，在盆地中段和北段新安堡至波太凹陷，由于应力调节作用岔路河断陷仍保留沉降过程，且具有南高北低的特点，东南缘沉积厚度为 1000～1200m，向西北逐渐增厚，靠近西北缘断裂在新安堡凹陷最厚达 2400m，沉降沉积中心线与西北缘断裂平行。

源区隆升幅度有所加强，物源供应充分，粗碎屑含量明显增加，地层厚度加大，以含砾砂岩、砂砾岩夹细碎屑岩沉积为主，发育滨湖扇三角洲和近岸水下扇沉积。齐家组沉积时期主控断层活动减弱，夷平作用增强。

5）构造反转阶段——基底隆升挤压

齐家组沉积末期，受大黑山地垒基底隆升派生的侧向挤压和那丹哈达岭隆升共同作用，全盆地开始隆升压扭、地层被抬升并遭受广泛剥蚀，伊通盆地南部广大地区缺失齐家组沉积；在盆地西北缘开始形成逆（逆冲）断层和相关的变形褶皱构造带，齐家组以滨浅水沉积体系为主，岩性较万昌组明显变细，物源供应不充分，湖盆逐渐萎缩。

6）再次凹陷阶段——挤压挠曲凹陷

岔路河组沉积早期，由于大黑山地垒和那丹哈达岭块体运动的不均衡性，存在短暂的张性断陷过程，其间的沉积由于后期抬升剥蚀而未能保存下来，但沿盆地边缘断裂集中时间段（12—8Ma）发生的深部熔岩上涌，形成伊通火山群，即是裂陷的佐证之一；其次，在盆地内部万昌组以上地层普遍发育各种样式的张性正断裂系，也是区域张性应力状态的具体响应。

至此之后，新构造运动以来，随着西太平洋板块运动方式的改变，郯庐断裂由右行改变为左行，大黑山地垒与那丹哈达岭由分离向会聚转化，盆地总体处于挤压应力状态，西北缘大黑山地垒基底隆升并产生侧向挤压应力，由于侧向挤压应力持续向盆地内发生挤压逆冲作用，从而使西北缘断褶带进一步隆升变形，在断褶带前沿形成前沿凹陷。如在盆地北部以波太凹陷最为典型，沉积厚度达 1000m，盆地南部在鹿乡与莫里青之间受资料缺乏限制，凹陷形态尚不十分清晰，但根据现今地面特征二龙湖水库与西北缘断裂带平行，基本也反映属于断褶带前沿凹陷。这种凹陷主要是隆升和挤压作用形成的，靠近基底隆升块体一侧沉积厚度大，凹陷的主控断层为逆断层，沉降和沉积中心与基底面向下凹的弧形呈对应关系，剖面上呈不对称的楔形特征，平面上凹陷中心轴向与控凹逆（冲）断层具有平行展布关系。

在盆地东南缘由于那丹哈达岭抬升，总体处在抬升剥蚀过程中，其中五星构造带、马鞍山断阶带、尖山构造带和小孤山斜坡带的隆升幅度较大。

综上所述，伊通盆地类型特殊，新生代以来经历了由右行张扭分离运动到左行压扭会聚运动全部演化过程，由于块体间应力释放和重力不均衡作用，张裂与挤压变形具有脉动式的活动特征，使得盆地的演化过程复杂。

第二节　石油地质特征

一、烃源岩特征

伊通盆地由西南向东北依次发育莫里青断陷靠山凹陷、鹿乡断陷大南凹陷与岔路河断陷新安堡凹陷和波太凹陷，这四个凹陷在古近系双阳组、奢岭组、永吉组沉积时期多数继承性发育湖泊相沉积环境，深灰色、灰黑色等暗色泥质烃源岩发育，平面分布稳定，是重要的生烃区带（图 2-1-10）。纵向上发育双阳组、奢岭组、永吉组多套暗色泥岩，研究利用了近 200 口单井资料，对烃源岩有机质丰度、类型、成熟度系统地开展了评价。

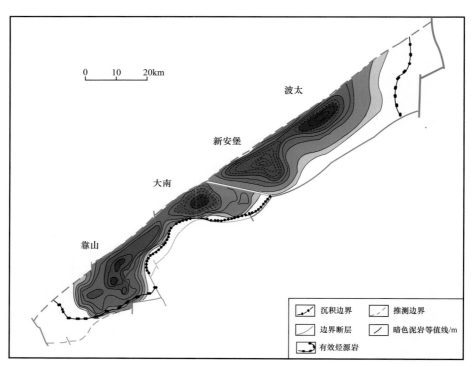

图 2-1-10　伊通盆地主要生烃凹陷分布示意图

伊通盆地古近系双阳组烃源岩有机质丰度相对较高，类型好，在各断陷均为主力烃源岩，其次为奢岭组，在鹿乡断陷和岔路河断陷发育有效烃源岩，永吉组烃源岩品质较差，成熟度较低，生烃能力较差。莫里青断陷双阳组有机质类型最好，成熟度指标指示处于大量生油阶段；奢岭组一段、永吉组二段成熟度低，生烃能力有限。鹿乡断陷大南凹陷双阳组类型较好，成熟度较高，油气同生；奢一段也有一定生烃能力。岔路河断陷新安堡凹陷双阳组、奢一段烃源岩厚度大，成熟度高，双阳组达到了高成熟阶段，进入大量生气和生凝析油气阶段；永吉组也有一定的生烃能力。波太凹陷与新安堡凹陷相比，有机质类型稍差，成熟度相对低一些。

莫里青断陷、鹿乡断陷烃源岩生油门限分别为 1400m、1500m（镜质组反射率 R_o 均为 0.5%）；岔路河断陷新安堡、波太凹陷生烃门限分别为 2200m 和 2000m，对应 R_o 分别为 0.55% 和 0.6%；莫里青断陷、鹿乡断陷排烃门限分别为 2500m 和 2200m，对应 R_o 分别为 0.65% 和 0.7%；岔路河断陷新安堡、波太凹陷排烃门限较深，分别为 3400m 和 2900m，对应 R_o 分别为 0.9% 和 0.8%。

伊通盆地烃源岩生烃特点是生轻质油最早，起始门限 R_o 在 0.5%~0.6% 之间；生气和重质油的起始门限基本一致，R_o 在 0.7%~0.8% 之间；生气窗范围最宽，R_o 在 0.7%~3.0% 之间；生重质油窗范围最窄，R_o 在 0.7%~1.3% 之间。受三个断陷烃源岩成熟度及生烃母质差异的影响，莫里青断陷以生油为主；岔路河断陷以生气为主，可能下气上油；鹿乡断陷介于二者之间。

莫里青断陷计算石油资源量为 1.54×10^8t，其中 92% 来自双阳组；鹿乡断陷石油资源量为 0.81×10^8t，其中 65% 来自双阳组，33% 来自奢岭组；岔路河断陷石油资源量为 1.53×10^8t，双阳组贡献约 59%，奢岭组约占 36%，永吉组约占 6%。莫里青断陷天然气资源量为 66×10^8m³，主要来自双阳组；鹿乡断陷天然气资源量为 37×10^8m³，也来自双阳组；岔路河断陷天然气资源量为 3433×10^8m³。

烃源岩评价包括两方面：一是评价烃源岩分布特征；二是评价烃源岩的质量，主要是评价烃源岩有机质丰度、母质类型、成熟度三个方面的地球化学特征。一般来说，烃源岩有机质丰度影响油气生成的数量，母质类型决定有机质向油气转化的方向，成熟度控制了有机质向烃类的转化程度。

1. 烃源岩分布特征

为了揭示暗色泥岩烃源岩分布特征，通过对岔路河 46 口探井、莫里青 58 口探井、鹿乡 49 口探井的永吉组、奢岭组、双阳组暗色泥岩进行系统统计，分组段编制了暗色泥岩厚度平面图。

伊通盆地暗色泥岩发育，尤其是双阳组泥岩普遍发育。统计结果表明，三个断陷中莫里青断陷双阳组暗色泥岩厚度大，最大厚度为 520m，主体分布在断陷西北偏东部的靠山凹陷。其中，莫里青断陷双二段泥岩最发育，平均厚度为 285m；双一段、双三段平均厚度分别为 100m、135m。鹿乡断陷双阳组泥岩平均厚度在 410m 以上；岔路河断陷暗色泥岩厚度最小为 285m（图 2-1-11 至图 2-1-19）。

2. 烃源岩质量评价

有机质丰度是指单位质量岩石中有机质的数量，一般来说岩石中有机质丰度越高，其生烃能力就越强，烃源岩就越好。中国石油天然气总公司于 1995 年发布了行业标准，适用于陆相淡水—半咸水湖相沉积的泥岩生油岩。在淡水—半咸水沉积中，主力油源层的有机碳含量均在 1.0% 以上，为好烃源岩，大于 2.0% 为最好；氯仿沥青 "A" 含量在 0.1% 以上为好烃源岩。

1）有机质丰度

伊通盆地三个断陷均发育双阳组、奢岭组和永吉组暗色泥岩，但三个断陷的有机质丰度在各层位均有差异（表 2-1-3）。

莫里青地区的双阳组一段、三段与永吉组二段的有机碳含量较高，平均值在 1.2% 以上，以双阳组一段最高，达到 1.93%；奢岭组一段达到了 1.0% 左右；永吉组二段暗色泥岩有机碳含量均值为1.22%左右，均达到了好烃源岩指标；永吉组三段和四段暗色泥岩有机碳含量与前者相比要低一些，分别为0.97%和0.74%，分别为中等烃源岩和较差—中等烃源岩。

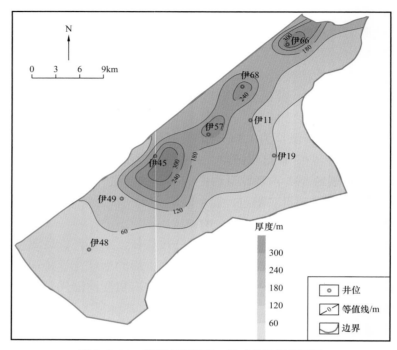

图2-1-11　莫里青断陷双一段暗色泥岩等厚图

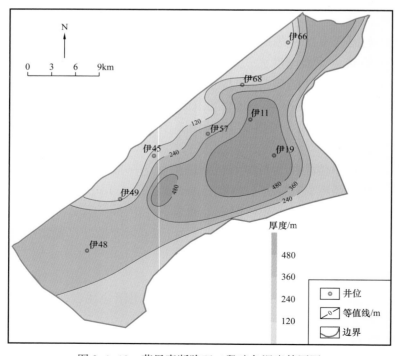

图2-1-12　莫里青断陷双二段暗色泥岩等厚图

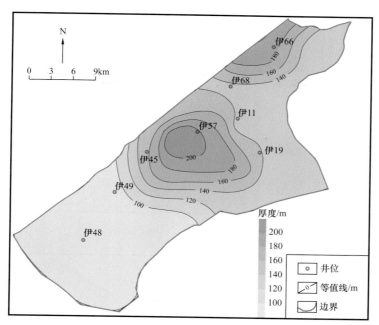

图 2-1-13 莫里青断陷双三段暗色泥岩等厚图

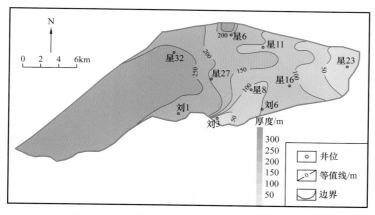

图 2-1-14 鹿乡断陷双一段暗色泥岩等厚图

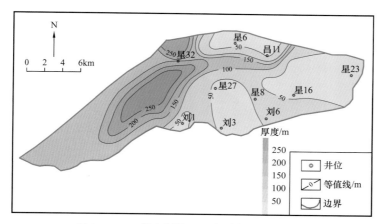

图 2-1-15 鹿乡断陷双二段暗色泥岩等厚图

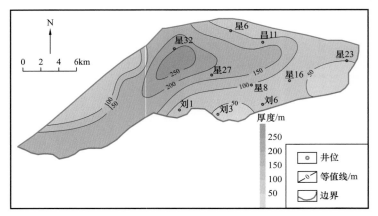

图 2-1-16　鹿乡断陷双三段暗色泥岩等厚图

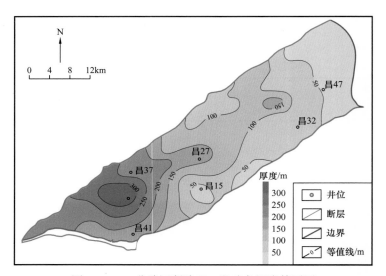

图 2-1-17　岔路河断陷双一段暗色泥岩等厚图

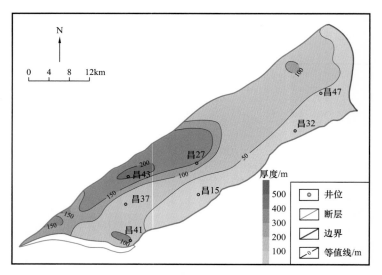

图 2-1-18　岔路河断陷双二段暗色泥岩等厚图

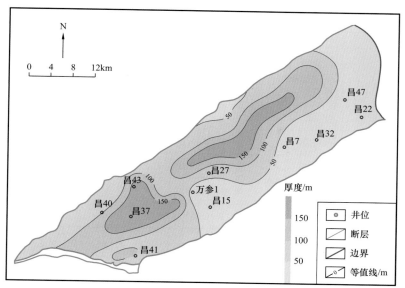

图 2-1-19　岔路河断陷双三段暗色泥岩等厚图

表 2-1-3　伊通盆地各断陷有机质丰度统计表

断陷	层位		TOC/%	氯仿沥青"A"/%
	组	段		
莫里青	双阳组	双一段	0.40～6.66/59（1.93）	0.005～0.791/150（0.102）
		双三段	0.48～2.42/52（1.30）	
	奢岭组	奢一段	0.40～3.71/49（1.05）	0.010～0.067/18（0.028）
	永吉组	永二段	0.60～1.90/27（1.22）	0.002～0.049/26（0.025）
		永三段	0.42～1.85/5（0.97）	
		永四段	0.74～0.74/1（0.74）	
鹿乡	双阳组	双一段	0.50～6.47/94（1.40）	0.005～0.607/158（0.079）
		双二段	0.40～1.82/37（0.89）	
		双三段	0.42～1.96/53（0.97）	
	奢岭组	奢一段	0.56～2.19/116（1.00）	0.010～0.291/94（0.035）
	永吉组	永二段	0.56～1.53/27（0.87）	0.007～0.073/52（0.023）
		永三段	0.52～0.94/20（0.69）	
		永四段	0.60～0.98/31（0.56）	
岔路河	双阳组	双一段	0.40～4.46/70（1.23）	0.007～0.485/49（0.077）
		双二段	0.41～1.61/52（0.86）	
		双三段	0.44～2.23/48（1.24）	

断陷	层位		TOC/%	氯仿沥青"A"/%
	组	段		
岔路河	奢岭组	奢一段	0.55～2.60/74（1.51）	0.015～0.228/22（0.076）
		奢二段	0.40～2.08/91（1.08）	
	永吉组	永一段	0.40～4.46/70（1.23）	0.005～0.237/91（0.035）
		永二段	0.42～1.56/105（0.75）	
		永三段	0.40～1.29/158（0.63）	
		永四段	0.43～1.34/112（0.70）	

注：数据格式为最小值～最大值/样品数（均值）。

鹿乡地区双阳组一段有机质丰度高，在0.5%～6.47%之间，均值为1.4%，为好烃源岩；其次为奢岭组一段、双阳组二段和三段，TOC含量均值分别为1.0%、0.89%和0.97%，永吉组二段也达到了0.87%，主要为中等烃源岩；永吉组三段和四段暗色泥岩TOC含量低，均值分别为0.69%和0.56%，为较差烃源岩。

岔路河地区双阳组和奢岭组有机质丰度较高，奢岭组一段TOC含量均值最高，为1.51%。双阳组一段和三段TOC含量均值皆为1.2%左右，奢岭组二段为1.08%，为好—中等烃源岩；永吉组一段TOC含量高于永吉组二段、三段和四段，均值为1.23%，双阳组二段暗色泥岩TOC含量达到了0.86%，基本为中等烃源岩；永吉组二段、三段和四段TOC含量稍低，均值分别为0.75%、0.63%和0.70%，主要为较差—中等烃源岩。

综合分析各断陷烃源岩有机质丰度特征，双阳组一段和三段、奢岭组一段和二段在各区属于好烃源岩，永吉组各段品质较差，以较差—中等烃源岩为主。

氯仿沥青"A"数据较少，因此以组为单位进行统计，从结果来看齐家组和万昌组泥岩基本为较差—非烃源岩，永吉组暗色泥岩仅在岔路河断陷局部见中等—好烃源岩，奢岭组暗色泥岩在莫里青断陷、鹿乡断陷主要为较差—中等烃源岩，在岔路河断陷略好一些，为中—好烃源岩，双阳组泥岩在各断陷均表现为中等—好烃源岩。

从有机碳与可溶有机质含量的评价结果来看，两者的评价结果有一定差异。主要原因与泥岩的母质类型、成熟度和运移作用等有关。综合来看，双阳组烃源岩在各断陷品质均较好，另外岔路河断陷内部的奢岭组烃源岩品质也较好。

2）有机质类型

岩石热解法和干酪根显微组分法是判断烃源岩有机质类型的主要方法，伊通盆地利用两种方法确定的有机质类型基本一致。

从氢指数（HI）与最大热解温度（T_{max}）关系图版（图2-1-20）看出，莫里青断陷双阳组有机质类型主要为II_1型至II_2型，少量III型，其中双一段、双二段为II_2型，少量II_1型。双三段、奢一段相当，以III型为主，II_2型次之。永吉组主要为III型。

鹿乡断陷双阳组有机质类型最好（图2-1-21），其中，双一段为II型干酪根。双二段、双三段相当，主要是II_2型干酪根。奢岭组次于双阳组，主要类型为II_2型至III型干酪根。永吉组最差，主要为III型干酪根。

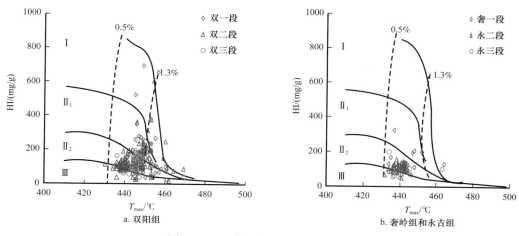

图 2-1-20　莫里青断陷 HI—T_{max} 图

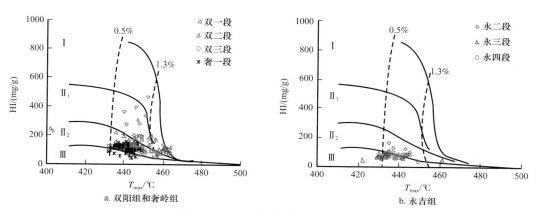

图 2-1-21　鹿乡断陷 HI—T_{max} 图

　　岔路河断陷新安堡凹陷双阳组和奢岭组有机质类型相当（图 2-1-22），以 II_2 型干酪根为主，少量 III 型干酪根。其中，双一段最好，为 II_2 型干酪根。永吉组以 III 型干酪根为主，不如双阳组，永二段稍好，永四段全为 III 型、最差。岔路河断陷波太凹陷有机质类型不如新安堡凹陷，有机质类型普遍较差，为 II_2 型至 III 型（图 2-1-23）。

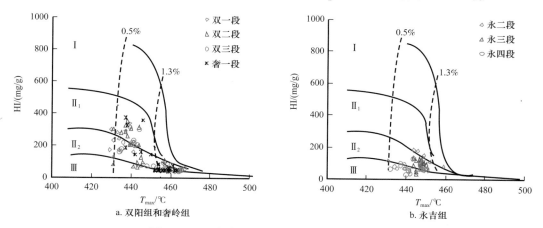

图 2-1-22　岔路河断陷新安堡凹陷 HI—T_{max} 图

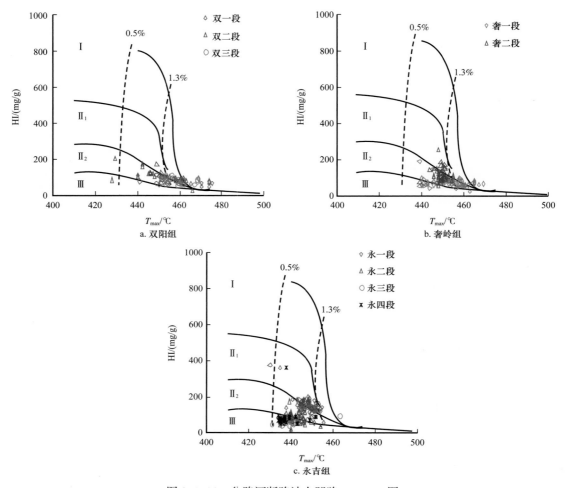

图 2-1-23　岔路河断陷波太凹陷 HI—T_{max} 图

莫里青断陷有机质类型双一段、双二段最好，以Ⅱ型为主，双三段、奢一段相当，永吉组差一些；鹿乡断陷双一段最好，以Ⅱ型为主，双二段、双三段相当，奢岭组不如双阳组，永吉组最差；岔路河断陷新安堡凹陷双一段、双二段、双三段、奢一段类型接近，其中双一段最好，以Ⅱ型为主，永吉组不如双阳组；波太凹陷有机质类型普遍较差，主要为Ⅱ₂型至Ⅲ型。

3）有机质成熟度

由于镜质组反射率 R_o 随热演化程度的升高而稳定增大，使 R_o 成为目前应用最为权威的成熟度指标，一般根据 R_o 与深度关系来分析有机质成熟程度和确定生油气门限。

（1）R_o 与深度关系及 R_o 频率分布。

莫里青断陷有机质在 1400m 时 R_o 达到 0.5%，进入成熟阶段。R_o 频率分布表明双阳组一段达到了成熟阶段，双二段、双三段部分达到了成熟阶段，奢一段、永吉组都处于未成熟—低成熟阶段（图 2-1-24）。

鹿乡断陷有机质在 1400m 时进入成熟阶段。R_o 频率分布表明双阳组一段、二段都达到了成熟阶段，双三段大部分达到了成熟阶段，奢一段部分达到了成熟阶段；永吉组都处于未成熟—低成熟阶段（图 2-1-25）。

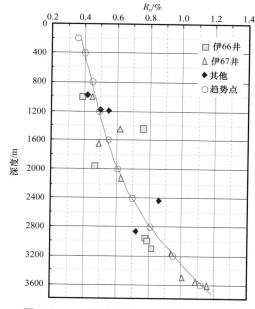

图 2-1-24 莫里青断陷 R_o 与深度关系图

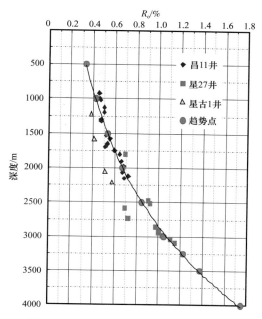

图 2-1-25 鹿乡断陷 R_o 与深度关系图

新安堡凹陷有机质在 2000m 时开始成熟。R_o 频率分布表明双阳组一段、二段都达到了成熟阶段，且双一段大部分已达到高成熟阶段，双二段处于成熟—高成熟阶段，双三段、奢一段、永二段主要处于成熟阶段，永三段、永四段有一部分达到了成熟阶段，大部分处于未成熟—低成熟阶段（图 2-1-26）。

波太凹陷有机质在 1500m 时进入成熟阶段。R_o 频率分布表明波太凹陷成熟度较高，双阳组一段、二段处于成熟—高成熟阶段，双三段主要处于成熟阶段、部分处于高成熟阶段。奢岭组处于成熟阶段，永吉组处于未成熟—低成熟阶段（图 2-1-27）。

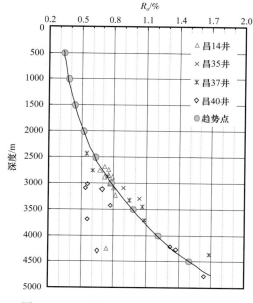

图 2-1-26 新安堡凹陷 R_o 与深度关系图

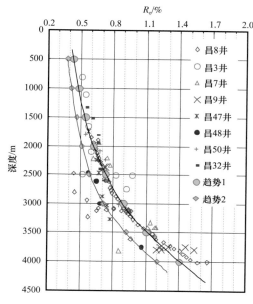

图 2-1-27 波太凹陷 R_o 与深度关系图

（2）镜质组反射率 R_o 平面分布。

从莫里青断陷 R_o 等值线图（图 2-1-28 至图 2-1-30）中可以看出，双阳组 R_o 最大值为 1.3%，最小值为 0.3%；其中双一段 R_o 最大值为 1.3%，双二段 R_o 最大值为 1.1%，双三段 R_o 最大值为 0.9%，其 R_o 值大于 0.7% 的范围在该断陷的西北缘。奢一段 R_o 最大值为 0.8%，R_o 最小值为 0.3%，其 R_o 值大于 0.7% 的范围在该区域的北部一角。永二段及以上地层 R_o 值基本在 0.5% 以下，成熟度低。

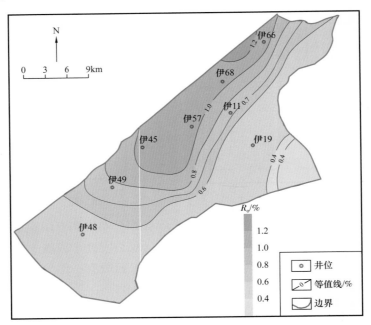

图 2-1-28　莫里青断陷双一段 R_o 等值线图

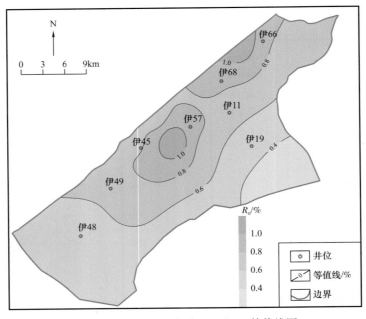

图 2-1-29　莫里青断陷双二段 R_o 等值线图

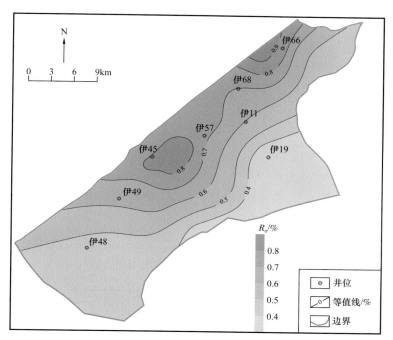

图 2-1-30　莫里青断陷双三段 R_o 等值线图

从鹿乡断陷 R_o 等值线图（图 2-1-31 至图 2-1-33）中可以看出，双阳组大部分地区 R_o 值大于 0.7%，R_o 最大值为 1.7%，R_o 最小值为 0.3%；双一段 R_o 最大值为 1.7%，除了东部地区大部分地区 R_o 值大于 0.7%；双二段 R_o 最大值为 1.3%，除了东部地区外均成熟；双三段 R_o 最大值为 1.2%，R_o 值大于 0.7% 的区域位于中部、西部和北部。奢一段 R_o 最大值为 1.1%，R_o 最小值为 0.3%，R_o 值大于 0.7% 的区域位于中部、西部和北部。永吉组内除永二段大南凹陷中心小部分 R_o 值大于 0.7% 外，其他层位成熟度均较低。

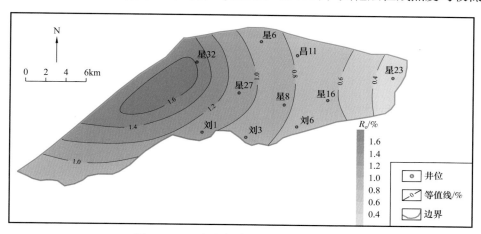

图 2-1-31　鹿乡断陷双一段 R_o 等值线图

从岔路河断陷 R_o 等值线图（图 2-1-34 至图 2-1-36）中看出，双阳组 R_o 最大值为 2.1%，R_o 最小值为 0.6%；双一段绝大部分正处于成熟期；双二段 R_o 最大值为 1.9%，都处于成熟—高成熟期；双三段 R_o 最大值为 1.7%，其绝大部分正处于成熟期。奢岭组 R_o 最大值为 1.3%，最小值为 0.7%，绝大部分正处于成熟期。永吉组内永一段 R_o 最大值为 1.1%，其绝大部分区域正处于成熟期，永二段、永三段也大部分成熟，永四段小部分成熟。

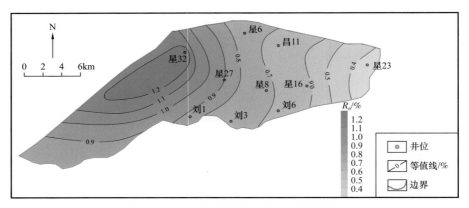

图 2-1-32　鹿乡断陷双二段 R_o 等值线图

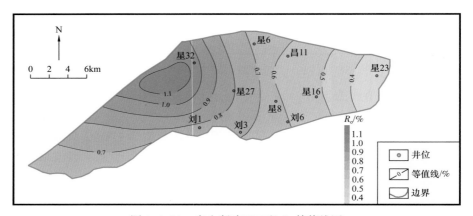

图 2-1-33　鹿乡断陷双三段 R_o 等值线图

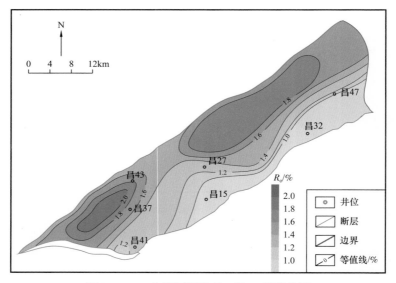

图 2-1-34　岔路河断陷双一段 R_o 等值线图

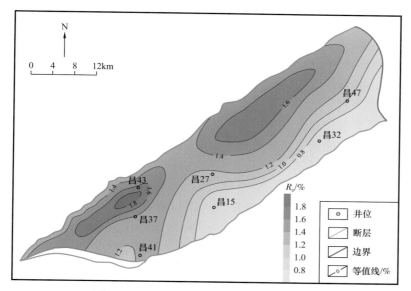

图 2-1-35 岔路河断陷双二段 R_o 等值线图

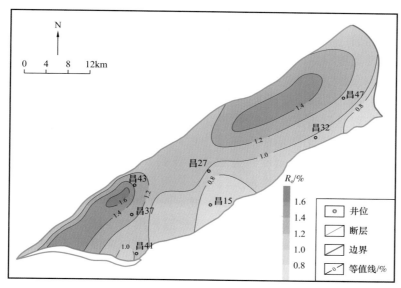

图 2-1-36 岔路河断陷双三段 R_o 等值线图

统计分析可以看出，莫里青断陷、鹿乡断陷在深度达到 1400m 时，有机质开始成熟，R_o 值达到 0.5%，呈现出深度越深成熟度越高的规律。其中，莫里青断陷有机质成熟区主要集中在双阳组和奢岭组，永吉组未成熟，成熟区域位于该断陷的中部和西北部，双一段包含了南部地区。鹿乡断陷双一段、双二段有机质成熟度达到成熟阶段，双三段和奢岭组部分成熟，永吉组则未成熟，成熟区域主要位于除该断陷东部的大部分区域，双三段和奢岭组的成熟区域主要位于该断陷中部和西北部。岔路河断陷中的新安堡凹陷有机质在深度达到 2000m 时开始成熟，波太凹陷则在 1500m 时达到成熟，双一段、双二段有机质成熟度处于高成熟阶段，双三段及奢岭组处于成熟阶段，永吉组大部分未成熟，其有机质成熟区域位于除该断陷东部一小部分外的绝大部分区域。

— 441 —

3. 烃源岩总体评价

伊通盆地烃源岩综合评价结果表明：不同层位烃源岩平面发育特征，以及烃源岩的有机质丰度、类型、成熟度指标有很大差别，反映不同层位烃源岩对油气生成的贡献不同。

从纵向上看，伊通盆地烃源岩具有随着层位由老到新其生烃能力由好到差的变化规律，其中双阳组烃源岩有机质丰度高，成熟度适中，是伊通盆地的主要烃源岩；奢岭组较双阳组略差，但丰度较高，在莫里青断陷成熟度较低，有效烃源岩主要分布于岔路河断陷；永吉组有机质丰度低、成熟度不高，有机质类型差，对伊通盆地的油气生成贡献不大。

从平面上看，莫里青断陷双阳组有机质丰度、类型、成熟度各指标均达到好的烃源岩级别；奢岭组、永吉组有机质丰度好、类型以Ⅲ型为主，成熟度低，未达到生烃门限。钻井揭示双阳组厚度为 422～1223m，单井最大厚度为 1223m（伊 51 井），一般为 800～1000m。莫里青断陷靠山凹陷烃源岩质量好，厚度大，分布范围广。其主要受控于沉积环境，伊通盆地始新世双一段沉积时期进入初始断陷阶段，沉积了以泥岩和低位体系域碎屑为主的沉积；双二段、双三段沉积时进入断陷湖盆的活跃期，盆地整体下降，湖盆水体扩大，沉积了双阳组二段和三段。此时莫里青断陷是伊通盆地的沉积、沉降中心，接受了大约 1200m 厚的以湖相泥岩为主并伴有周边物源供给的近岸砂体的沉积，这些大套发育的、富含有机质的厚层湖相暗色泥岩处于深水还原环境，成为地球化学指标良好的烃源岩，是莫里青断陷的油气来源。

鹿乡断陷以双阳组为主力烃源岩，双阳组各指标均达到好烃源岩级别；奢岭组有机质丰度高，干酪根类型以Ⅱ₂型至Ⅲ型为主，部分地区可达成熟阶段；永吉组有机质丰度高，有机质类型以Ⅲ型为主，有机质成熟度未达到生烃门限。

岔路河断陷新安堡凹陷双阳组有机质丰度高，有机质类型以Ⅱ₂型为主，有机质成熟度处于成熟—高成熟阶段；奢岭组有机质丰度高，有机质类型以Ⅱ₂型为主，有机质成熟度处于成熟阶段；永吉组内除永二段外，烃源岩评价各指标均较差，故新安堡凹陷以双阳组、奢岭组及永二段为主力烃源岩。波太凹陷双阳组有机质丰度较莫里青、鹿乡断陷低，有机质类型多为Ⅱ₂型至Ⅲ型，有机质成熟度处于成熟—高成熟阶段；奢岭组有机质丰度高，有机质类型多为Ⅱ₂型至Ⅲ型，有机质成熟度处于成熟阶段；永吉组烃源岩评价各指标均较差，故波太凹陷以双阳组和奢岭组为主力烃源岩。

4. 油—源对比分析

在烃源岩、原油饱和烃气相色谱、饱和烃色谱质谱分析的基础之上，以岔路河断陷、鹿乡断陷和莫里青断陷为单元分别从烃源岩及原油正构烷烃分布特征、甾萜烷组成特征以及甾萜烷参数三方面进行油—源对比，分析不同断陷原油与烃源岩的亲缘关系。

1）岔路河断陷油—源对比

原油饱和烃气相色谱、甾萜烷组成特征反映岔路河断陷梁家构造带原油与新安堡洼槽具有较好的相似性。原油正构烷烃分布特征表现为前锋型，$\alpha\alpha\alpha C_{27}$、$C_{28}$、$C_{29}$ 甾烷关系为 $C_{28} < C_{27} < C_{29}$，含有少量的 C_{30}-4 甲基甾烷，C_{29} 降藿烷含量相对 C_{30}-17α 重排藿烷较低（图 2-1-37 至图 2-1-42）。与万参 1 井双二段和昌 27 井双一段烃源岩具有很好的可比性（图 2-1-43 至图 2-1-46），说明母岩主要为新安堡凹陷双阳组烃源岩。但从烃源岩评价和成熟度模拟结果来看，奢岭组烃源岩有机质丰度高，成熟度在 0.75%～1.5% 之间，应

该也是岔路河断陷的主要烃源岩；而永吉组烃源岩有机质丰度和成熟度都相对比较低，不可能成为主要烃源岩。

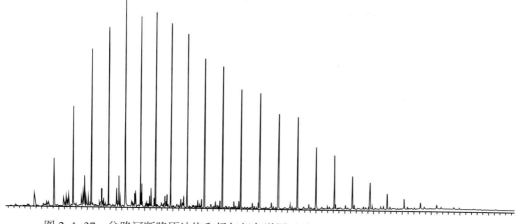

图 2-1-37　岔路河断陷原油饱和烃气相色谱图（昌 29 井，永二段，2620～2624m）

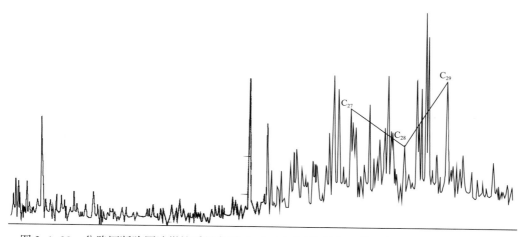

图 2-1-38　岔路河断陷原油甾烷质量色谱（m/z=217）图（昌 29 井，永二段，2620～2624m）

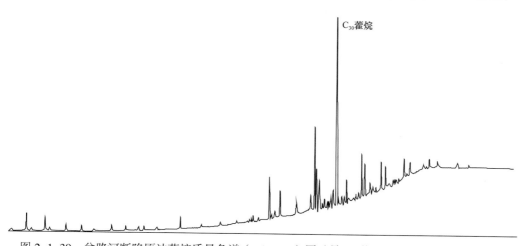

图 2-1-39　岔路河断陷原油萜烷质量色谱（m/z=191）图（昌 29 井，永二段，2620～2624m）

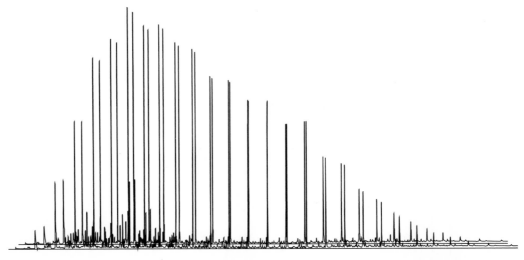

图 2-1-40　岔路河断陷原油饱和烃气相色谱图（昌 30 井，永二段，2266～2270m）

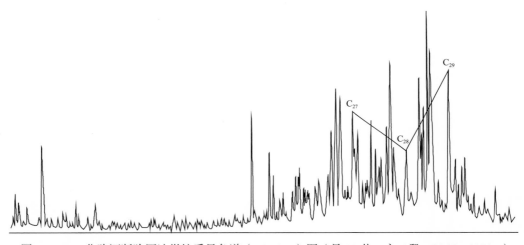

图 2-1-41　岔路河断陷原油甾烷质量色谱（m/z=217）图（昌 30 井，永二段，2266～2270m）

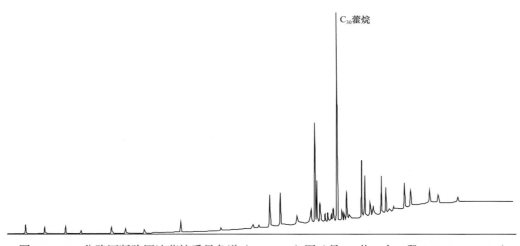

图 2-1-42　岔路河断陷原油萜烷质量色谱（m/z=191）图（昌 30 井，永二段，2266～2270m）

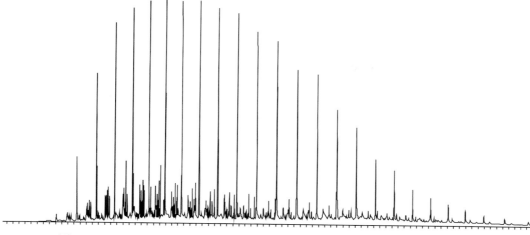

图 2-1-43　岔路河断陷烃源岩饱和烃气相色谱图（昌 27 井，双一段，3905.5m）

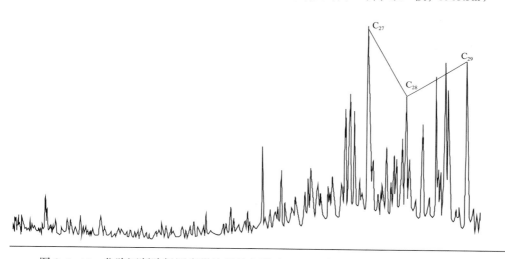

图 2-1-44　岔路河断陷烃源岩甾烷质量色谱（m/z=217）图（昌 27 井，双一段，3905.5m）

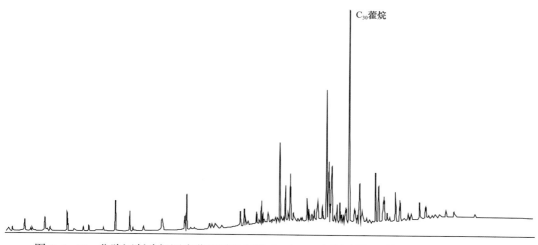

图 2-1-45　岔路河断陷烃源岩萜烷质量色谱（m/z=191）图（昌 27 井，双一段，3905.5m）

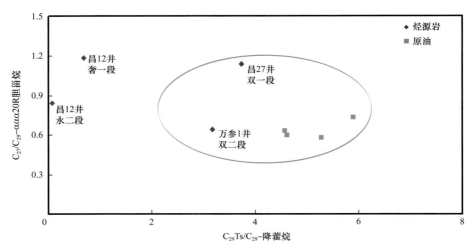

图 2-1-46　岔路河断陷油源对比关系图（$C_{29}Ts$- 新降藿烷）

2）鹿乡断陷油—源对比

鹿乡断陷五星构造带原油之间具有很好的可比性，饱和烃色谱和色谱质谱图反映刘3 井原油与刘 2 井双阳组烃源岩具有亲缘关系（图 2-1-47 至图 2-1-52）。五星构造带2 号断层附近的原油与大南凹陷刘 2 井双阳组烃源岩和新安堡凹陷双阳组烃源岩都有很好的相似性，这些原油应该是大南凹陷双阳组烃源岩和新安堡凹陷双阳组烃源岩的混合来源。

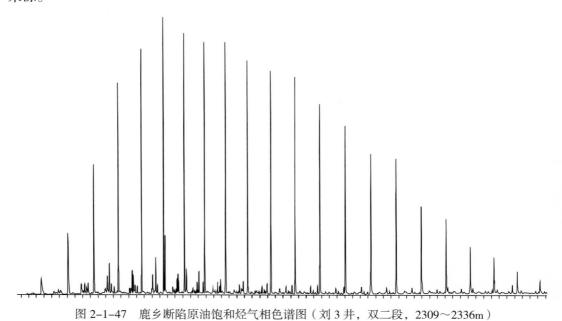

图 2-1-47　鹿乡断陷原油饱和烃气相色谱图（刘 3 井，双二段，2309～2336m）

3）莫里青断陷油—源对比

莫里青断陷原油饱和烃色谱和色谱质谱特征具有显著的相似性，并与伊 50 井双一段烃源岩具有很好的可比性（图 2-1-53 至图 2-1-58），因此莫里青断陷原油可能主要来自靠山凹陷双一段、双二段烃源岩。

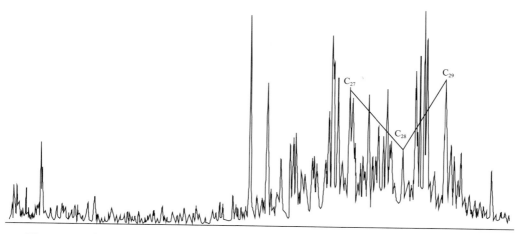

图 2-1-48　鹿乡断陷原油甾烷质量色谱（m/z=217）图（刘 3 井，双二段，2309～2336m）

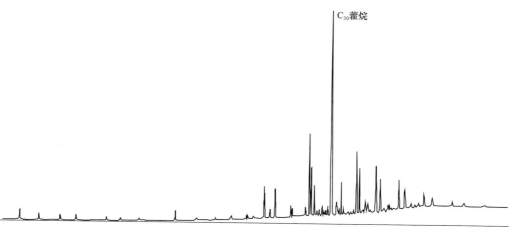

图 2-1-49　鹿乡断陷原油萜烷质量色谱（m/z=191）图（刘 3 井，双二段，2309～2336m）

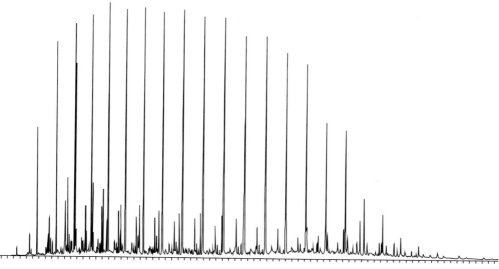

图 2-1-50　鹿乡断陷烃源岩饱和烃气相色谱图（刘 2 井，双一段，2978.52～2980.15m）

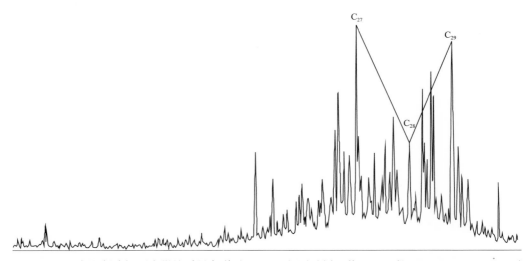

图 2-1-51　鹿乡断陷烃源岩甾烷质量色谱（m/z=217）图（刘 2 井，双一段，2978.52～2980.15m）

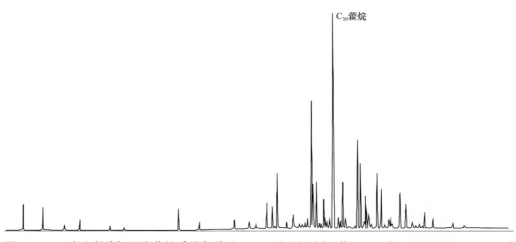

图 2-1-52　鹿乡断陷烃源岩萜烷质量色谱（m/z=191）图（刘 2 井，双一段，2978.52～2980.15m）

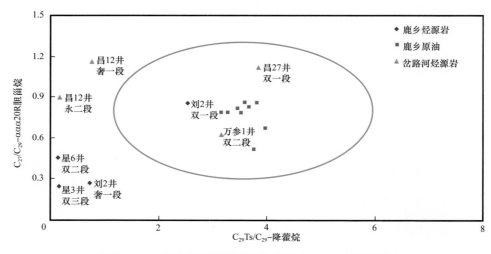

图 2-1-53　鹿乡断陷油源对比关系图（C_{29}Ts- 新降藿烷）

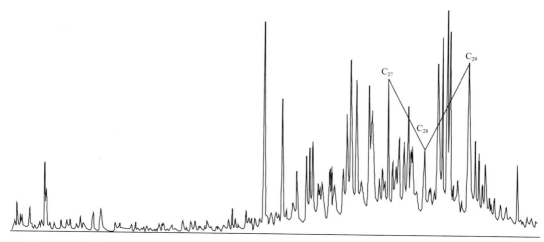

图 2-1-54　莫里青断陷原油甾烷质量色谱（m/z=217）图（伊 45 井，双二段，2717.6～2738m）

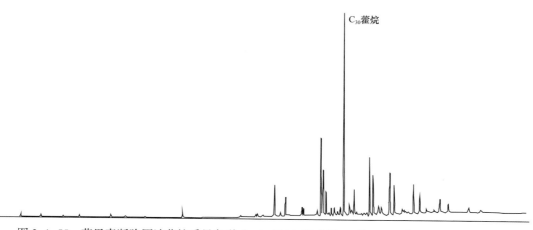

图 2-1-55　莫里青断陷原油萜烷质量色谱（m/z=191）图（伊 45 井，双二段，2717.6～2738m）

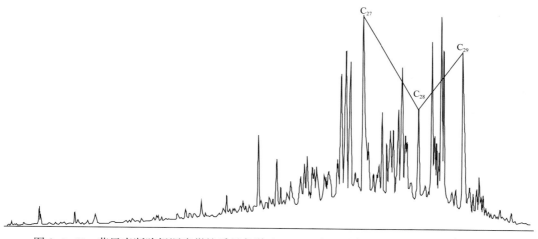

图 2-1-56　莫里青断陷烃源岩甾烷质量色谱（m/z=217）图（伊 50 井，双一段，2998.1m）

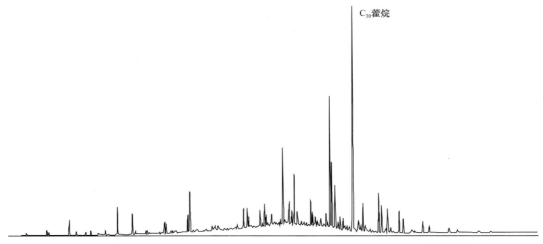

图 2-1-57　莫里青断陷烃源岩萜烷质量色谱（m/z=191）图（伊 50 井，双一段，2998.1m）

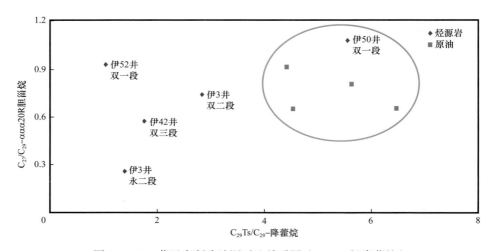

图 2-1-58　莫里青断陷油源对比关系图（$C_{29}Ts$- 新降藿烷）

二、沉积特征

据钻井资料揭示，伊通盆地钻遇地层自下而上为晚古生代石炭系—二叠系，古近系双阳组、奢岭组、永吉组、万昌组、齐家组，新近系岔路河组和第四系，一般缺失奢岭组二段及永吉组一段，晚古生代基岩一般为海西期花岗岩、变质岩，与基底和上覆新近系都呈不整合接触。

沉积研究表明盆地发育两大物源体系，即东南缘和西北缘物源体系，并以点源为主。物源体系具有明显的不对称性，万昌组沉积以前（尤其是奢岭组和永吉组沉积以前），以东南物源体系发育为主，在万昌组沉积时期，西北物源补给明显增强。东西两大物源体系平面上可在次级凹陷内垂向相互叠置。

由于盆地北东向狭长、北西向较窄，来自西北、东南两侧隆起区的物源呈现近源、沉积快、分选差、相带窄、沉积体系规模小的断陷湖盆沉积特点。在断陷湖盆沉积背景下，盆地发育冲积扇、扇三角洲、辫状河三角洲体系、近岸水下扇（湖底扇）、深水重力流及湖泊六种沉积体系。在不同地质历史时期，沉积体系空间分布具有明显差异性和阶段性。垂向上相变特征明显，往往呈突变接触关系，表现为沉积体系和沉积相发育的不完整和不连续，常见扇三角洲前缘和前扇三角洲组合，缺少扇三角洲平原相，表现为直接被湖泊相泥岩覆盖。

1. 沉积相类型

伊通盆地主要发育扇三角洲、近岸水下扇（湖底扇）、湖泊三种沉积相类型，可识别出扇三角洲平原、扇三角洲前缘、前扇三角洲、内扇、中扇、外扇、滨浅湖、半深湖、深湖9种亚相（表2-1-4）。

表2-1-4　伊通盆地主要沉积相类型

相	亚相	微相
扇三角洲	扇三角洲平原	水上分流河道
		水上分流河道间
	扇三角洲前缘	水下分流河道
		水下分流河道间
		河口坝
		席状砂
	前扇三角洲	前扇三角洲泥
近岸水下扇	内扇	主沟道、沟道间
	中扇	辫状水道
		辫状水道间
		辫状水道侧缘
	外扇	外扇席状砂
		外扇泥
湖泊	滨浅湖	滨浅湖砂、浅湖泥
	半深湖	半深湖薄层泥
	深湖	深湖厚层泥

2. 沉积相分布特征

双阳组一段沉积初期为盆地早期填平补齐沉积，盆地东南缘以发育冲积扇和辫状河冲积平原、辫状河三角洲为特点，而盆地西北缘则以发育水下扇为特点。中晚期水体逐渐加深，进入湖泊沉积阶段，但盆地西南缘却没有水域覆盖而遭受剥蚀。沉积物输入和分散受盆内北西向基底次级断裂的控制，扇三角洲总体呈北西向展布，而水下扇砂体则总体呈南东向展布（图2-1-59）。

双阳组二段沉积时期，盆地水体开始加深，原来出露地表的西南缘也开始接受沉积。此阶段盆地东南缘及2号断裂带附近以发育辫状河冲积平原、扇三角洲、滨岸滩坝为特点，砂体范围明显扩大，盆地西北缘仍以发育水下扇为主。盆缘两侧物源广泛发育，形成冲积扇—扇三角洲沉积和水下扇沉积。2号断裂带下盘和扇体前缘形成水下重力流砂体。莫里青断陷物源主要来自西北缘而形成大规模的水下扇沉积，而东南缘由于物源不够充足而没有形成显著砂体，为滨浅湖相沉积（图2-1-60）。

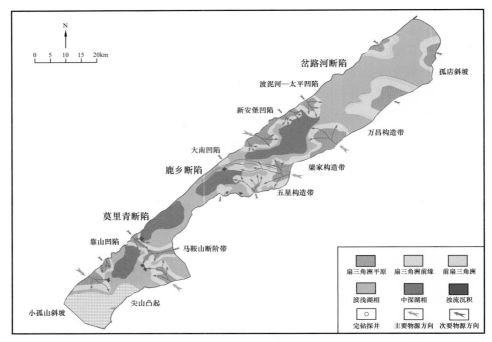

图 2-1-59　双阳组一段沉积相平面分布图

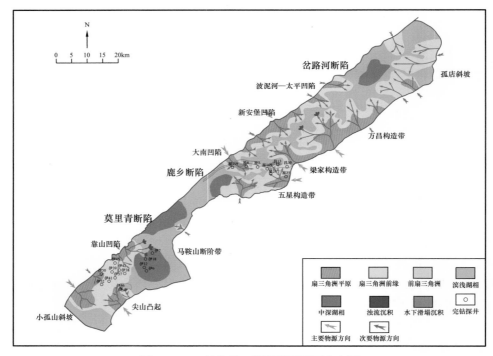

图 2-1-60　双阳组二段沉积相平面分布图

双阳组三段沉积时期，继承了上一时期的沉积特点，但水体进一步加深，深湖面积增大。盆地东南缘以扇三角洲平原和前缘沉积为主，盆地西北缘仍以水下扇为主。但这一时期物源供应明显减弱，导致沉积砂体范围明显缩小，且岔路河断陷、鹿乡断陷西北缘基本没有规模砂体分布；而莫里青断陷的西北缘水下扇砂体范围也较上一沉积时期明显缩小，东南缘依然是滨浅湖相沉积。2号断裂开始活动，控制了梁家构造带—五星构造带砂体的分布，湖泊水体加深，而盆地东北部孤店斜坡地区开始隆升遭受剥蚀（图2-1-61）。

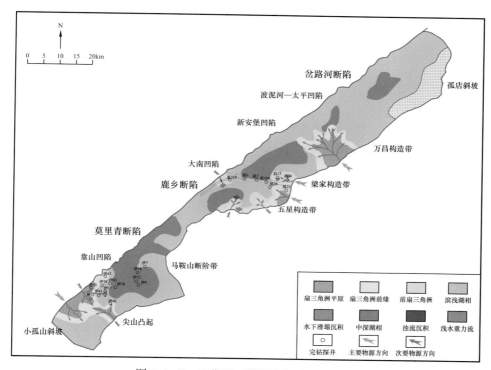

图 2-1-61　双阳组三段沉积相平面分布图

奢岭组一段沉积时期，水体进一步加深，深湖面积进一步扩大。这一时期盆地接受沉积的时间较长，沉积地层普遍较厚，岔路河和鹿乡断陷厚度一般在350m左右，而莫里青断陷沉积地层稍厚，在600m左右。盆地东南缘仍以扇三角洲和辫状河三角洲、前扇三角洲浊积扇沉积为主，西北缘以水下扇沉积为主。这一时期莫里青断陷东南缘也开始有物源供应，发育扇三角洲在水下部分的沉积砂体。2号断裂对梁家构造带砂体控制明显（图2-1-62）。

奢岭组二段沉积初期，盆地大规模大面积强烈隆升，水体迅速消退，受后期挤压抬升剥蚀的影响，盆地范围强烈萎缩。盆地西南部隆起抬升使奢岭组一段在该地区遭到剥蚀，并导致奢岭组二段几乎在全盆地缺失，仅在万昌构造带以东地区保留滨浅湖、浅水浊积扇和水下滑塌沉积（图2-1-63）。

永吉组一段沉积时期，整个盆地仍处在强烈隆升阶段，但在中期停止抬升，永吉组一段沉积后期新一幕成盆构造活动开始，凹陷范围局限于波太凹陷和孤店斜坡，但沉积范围明显大于奢二段沉积时期。盆地东北部已经开始沉降并且水体开始加深而出现半深湖，这时盆地东北部开始接受沉积，发育滨浅湖、半深湖和滨岸沙坝、浅水浊积扇、滑塌沉积等砂体；强烈的构造活动导致低位扇体十分发育；边缘发育多个小型扇三角洲。岔路河西北侧物源开始出现，其他地区仍然遭受剥蚀而缺失沉积（图2-1-64）。

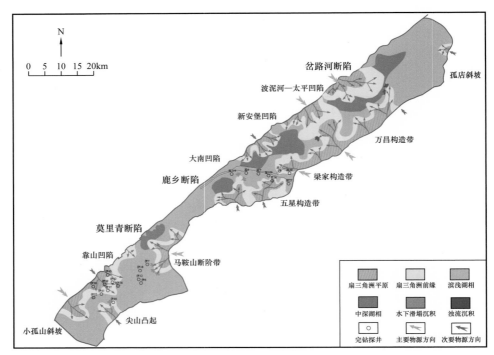

图 2-1-62　奢岭组一段沉积相平面分布图

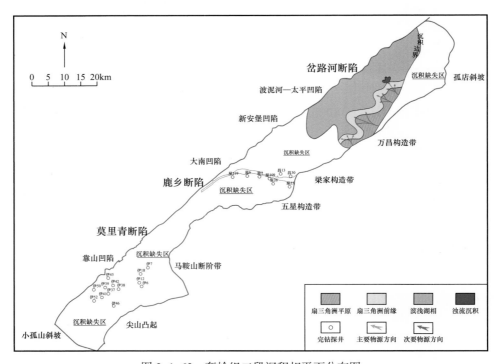

图 2-1-63　奢岭组二段沉积相平面分布图

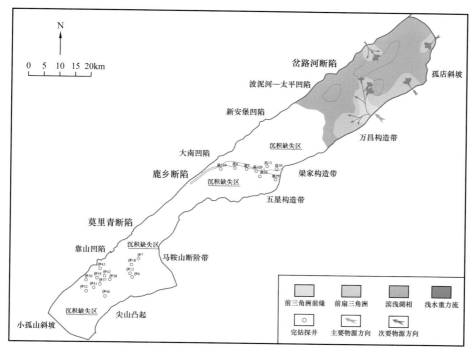

图 2-1-64　永吉组一段沉积相平面分布图

永吉组二段沉积开始，又经历了一次大面积的湖扩过程，全盆地都被水域覆盖而接受沉积，大南、新安堡凹陷和靠山凹陷进入半深湖沉积。盆地广泛发育近岸水下扇、扇三角洲、前扇三角洲和浊积扇沉积砂体，但莫里青断陷物源供应不够充足，水下扇砂体规模较小，新安堡凹陷泥底辟发育（图 2-1-65）。

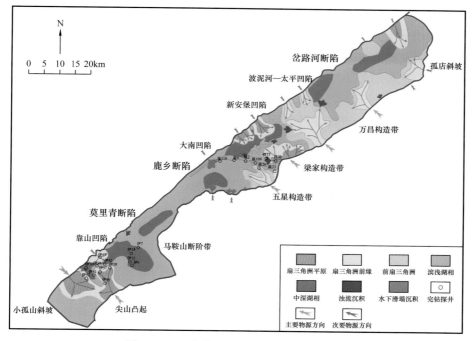

图 2-1-65　永吉组二段沉积相平面分布图

永吉组三段沉积格局类似于永吉组二段，物源供应充足，砂体分布范围明显扩大。莫里青断陷水下扇砂体规模尤其扩大，东南缘和西北缘水下扇砂体甚至相互叠置，但孤店斜坡遭受剥蚀（图2-1-66）。

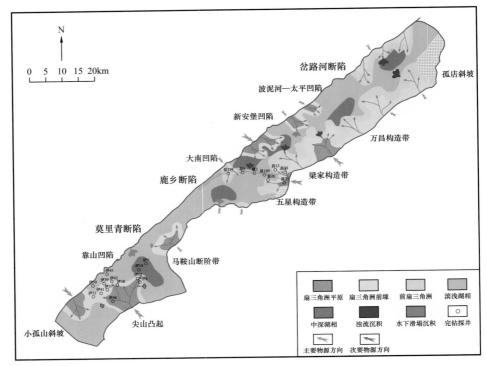

图2-1-66　永吉组三段沉积相平面分布图

永吉组四段沉积开始，砂体又一次向湖泊中心大面积推进，盆地西北侧的大南、波太凹陷物源供给加大，发育近岸水下扇。东南缘则发育扇三角洲、前扇三角洲和浊积扇沉积，新安堡凹陷泥底辟发育。莫里青断陷砂体规模较前期有所缩小（图2-1-67）。

万昌组一段沉积时期，物源区隆升幅度有所加强，物源供应充分，粗碎屑含量明显增加，地层厚度同时加大，以含砾砂岩、砂砾岩夹细碎屑岩沉积为主，发育扇三角洲和辫状河三角洲沉积，水体逐渐变浅。除了万昌构造带和五星构造带南部物源，盆地西北侧物源供应明显加大，成为主要物源供给区。东南缘大型扇三角洲体系发育，且扇三角洲前缘普遍越过今断陷中心，重力流扇体的规模也较大（图2-1-68）。

万昌组二段沉积格局基本保持万昌组一段面貌，但辫状河冲积平原面积继续扩大，扇体继续向盆内推进。孤店斜坡的搜登物源供给加大，岔路河断陷扇前浊积扇和滑塌堆积发育。盆地西北侧物源供应丰富，发育大规模水下扇沉积砂体。2号断层在这个时期对盆地的控制作用不甚明显（图2-1-69）。

万昌组三段沉积时期，延续前期沉积格局，岔路河西北侧最北部物源（河湾子）停止供给，主要物源是西北侧的新安堡、大南以及东南侧的搜登和万昌地区，西北缘发育水下扇沉积砂体，东面缘发育扇三角洲和浅水重力流砂体。盆地东北部的孤店斜坡和2号断裂带控制的五星构造带遭受不同程度的剥蚀或断层断失（图2-1-70）。

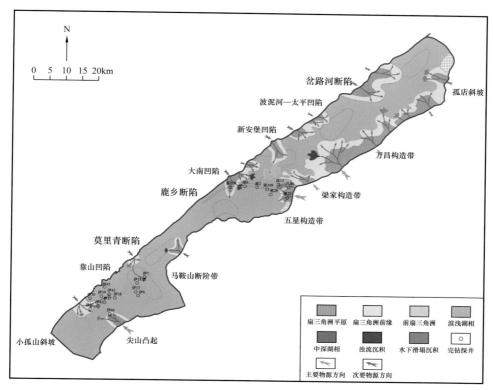

图 2-1-67　永吉组四段沉积相平面分布图

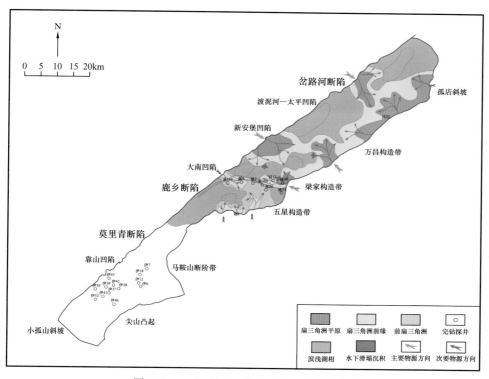

图 2-1-68　万昌组一段沉积相平面分布图

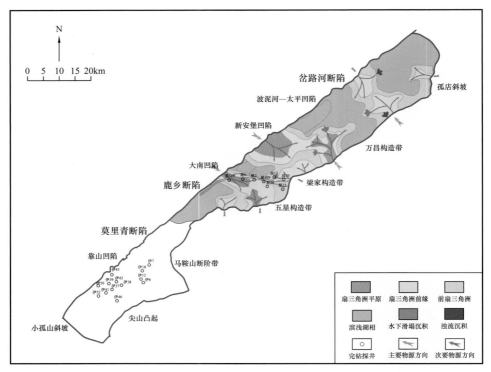

图 2-1-69　万昌组二段沉积相平面分布图

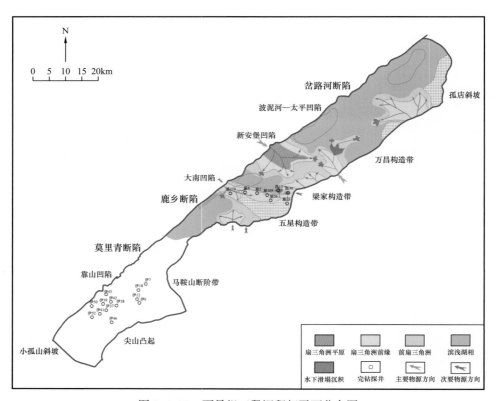

图 2-1-70　万昌组三段沉积相平面分布图

扇三角洲和冲积扇沉积体系广泛分布于奢岭组和永吉组的西北盆缘断裂下降盘，在2号断层下降盘的奢岭组和永吉组中出现了深水重力流沉积区。沉积体系的空间配置明显受盆缘断裂控制，从盆缘至盆地中央，依次出现扇三角洲或近岸水下扇至湖泊沉积体系，双阳组沉积时期盆地形成孤立且范围较小的深湖沉积区，奢岭组沉积时期和永吉组沉积时期则形成较为广泛的深湖沉积区，且不同凹陷的深湖区相互连通。万昌组沉积时期和齐家组沉积时期又出现滨浅湖沉积区。扇三角洲的发育与古隆起密切相关，尽管在莫里青地区和波太凹陷南北两侧物源位置随时期而变化，但五星构造带和万昌隆起带自双阳组至万昌组始终是扇三角洲较发育的地带。沉积体系展布与水进、水退密切相关，水体进退与扇三角洲的进积与退积呈互为消长关系。

奢岭组沉积时期和永吉组沉积时期为盆地最大水进期，扇三角洲发育规模较小。万昌组沉积时期为盆地最大水退期，扇三角洲体系明显向盆地中央延伸。从双阳组沉积时期至齐家组沉积时期其沉积中心有逐渐从西南向东北迁移的趋势。双阳组沉积时期在总体上形成南深北浅的局面，而齐家组沉积时期则形成南高北低的地势。

3. 沉积模式与沉积演化

伊通盆地属于走滑—伸展盆地，受早期基底隆升产生的侧向挤压应力作用，盆地形成具有被动裂陷和区域斜向伸展的动力特征。

受区域性和盆内次级构造运动（包括盆缘断裂、盆地内部二级、三级断裂）以及沉积物源区的控制，盆地形成经历了白垩纪—古新世的初始断陷阶段（斜向伸展断陷）、古近纪双阳组沉积时期的断陷发展阶段（斜向伸展＋热拱张）、古近纪奢岭组沉积时期和永吉组沉积时期的稳定沉降阶段（热沉降）、古近纪万昌组沉积时期和齐家组沉积时期的差异沉降阶段（差异沉降与隆升）、古近纪齐家组沉积末期的构造反转阶段（基底隆升挤压）、新近纪岔路河组沉积时期的再次凹陷阶段（挤压挠曲凹陷）的构造演化历史，控制了盆地沉积演化和沉积中心的迁移。

双阳组沉积早期，盆地处于填平补齐阶段，以冲积扇和辫状河道沉积为主，沉积中心位于盆缘陡坡带一侧。双阳组沉积中晚期，水体逐渐加深，发育冲积扇—扇三角洲—水下扇—湖泊沉积，沉积中心在莫里青断陷与鹿乡断陷之间。

奢岭组沉积时期，盆地裂陷作用加强，水体明显加深，发育扇三角洲—水下重力流—中深湖泊沉积，沉积中心位于莫里青断陷和鹿乡断陷靠西北缘主断裂附近，奢岭组沉积晚期和永吉组沉积早期，盆地又一次经历大范围的抬升剥蚀过程，沉积范围仅限于盆地的东北部万昌构造带—孤店斜坡一线，发育扇三角洲—滨浅湖泊—浅水重力流沉积。

永吉组二段沉积开始，盆地大规模沉降，水体加深，发育扇三角洲—水下扇—中深湖泊—水下重力流沉积，沉积中心位于靠山凹陷—新安堡凹陷—波太凹陷一侧。

万昌组—齐家组沉积时期，受盆地差异沉降和隆升影响，物源供应充分，水体逐渐变浅，发育扇三角洲—辫状河三角洲—浅水重力流—湖泊沉积，盆地西北缘水体相对较深，发育水下扇沉积。沉积中心主要位于盆地西北缘大南凹陷—新安堡凹陷—波太凹陷附近。齐家组沉积末期，盆地发生构造反转，遭受广泛抬升剥蚀，到岔路河沉积早期，受大规模侧向挤压作用，沉积作用主要发生在盆地北部波太地区。

从盆地物源方向分析，伊通盆地主要是接受来自盆地东南缘和西北缘的物源供应而形成规模砂体。而从盆地的构造演化历史和盆地的边缘构造特征来看，盆地东南缘坡度较缓，而盆地西北缘坡度则较陡，这两种特有的物源入盆环境，形成两种独特的砂体沉积模式，即缓坡带沉积模式和陡坡带沉积模式。

盆地东南缘由于坡度较缓，使得物源入盆搬运路径较长，因而突发性沉积物易于在尚未进入湖盆就已经就地堆积，这样一般形成冲积扇或扇三角洲，横剖面上相应具有典型的岩相变化特征。而沉积物入湖后由于坡度或水下密度流的影响在尚未固结成岩前再次搬运，形成新的沉积体如水下滑塌沉积、水下泥石流沉积和浅水或深水浊流沉积砂体（图2-1-71）。

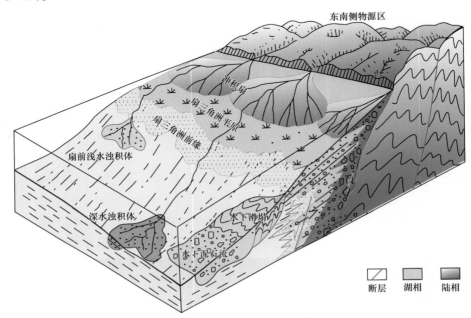

图 2-1-71 伊通盆地东南缘缓坡带沉积模式图

盆地西北缘则由于坡度较陡，物源入盆搬运路径短，突发性沉积物骤然入水沉积形成近岸水下扇砂体，横剖面上相应具有典型的岩相变化特征。沉积物入湖后同样受坡度或密度流的影响而再次搬运形成新的沉积体，如在水下扇扇缘外形成浅水浊积砂体或受内扇中水下分流河道动能的影响而进一步沿陡坡向深水域搬运，从而形成深水浊流沉积砂体（图2-1-72）。

三、储层特征及生储盖组合

1. 储层特征

1）储层岩石学特征

伊通盆地储层包括碎屑岩和花岗岩、大理岩（基岩）三类，以碎屑岩储层为主。碎屑岩储层共发育六套，即双一段、双二段、双三段、奢一段、永一段—万一段—万二段、齐一段。

（1）储层岩性。

碎屑岩储层的岩性主要为砂砾岩、中粗砂岩、中砂岩、中细砂岩、细砂岩和粉砂岩等，其中双一段底部主要为冲积扇砂砾岩，双二段储层为全区分布的砂砾岩、砂岩，是长春油田、莫里青油田的主要储层；奢一段储层以砂砾岩、含砾砂岩为主；永一段储层为粉砂岩、中细砂岩；万一段储层为砂砾岩、粉砂岩。

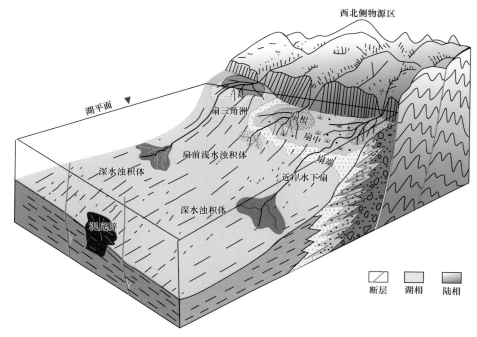

图 2-1-72　伊通盆地西北缘陡坡带沉积模式图

（2）岩石类型。

碎屑岩储层其成分成熟度中—低，岩性主要为长石砂岩、岩屑长石砂岩和长石岩屑砂岩。总体反映近物源的沉积作用特点。

碎屑组分以石英、长石为主，岩屑相对较少。碎屑组分一般分布是石英55%～75%，最高可达96%；长石15%～30%，最高可达58%；岩屑10%～15%，最高可达40%。岩屑成分较复杂，三大岩类岩屑均可见，泥质岩屑多呈假杂基状。碎屑组分分布差异变化主要受沉积相带控制。不同断陷和不同层位的砂岩碎屑组分有差异（表2-1-5至表2-1-7）。

（3）胶结物特征。

砂岩填隙物主要为原杂基组分、硅质胶结物、碳酸盐胶结物、自生黏土矿物等。原杂基为黏土矿物，主要为伊蒙混层，在成岩作用（胶结作用、交代作用和重结晶作用）改造下使成分变得复杂，有少量泥屑也被压实成假杂基。原杂基受原始沉积条件控制，其含量分布不均匀，但均较高，为8%～20%，一般为10%左右。胶结物以硅质为主，且多以次生加大边产出，也可见长石次生加大；有少量碳酸盐胶结物，可见早期泥晶方解石残余。胶结物含量3%～8%，一般为5%，硅质胶结物含量和岩石成分成熟度成正比。自生黏土矿物主要有高岭石和伊利石，高岭石多为交代长石和岩屑成因，其分布基本无规律，这与复杂的成岩环境有关，伊利石多为重结晶和其他黏土矿物转化而来。

表 2-1-5　莫里青断陷碎屑岩岩石学特征表

地层	碎屑物/%			填隙物/% 最小值~最大值 平均值（样品数）	结构特征			
	石英 最小值~最大值 平均值（样品数）	长石 最小值~最大值 平均值（样品数）	岩屑		粒径/mm 最小值~最大值 平均值（样品数）	分选性	磨圆度	接触关系
奢岭组	4~65 52.14（7）	23~27 25.70（7）	22.16	0~2 0.57（7）	0.01~0.25 0.154（7）	中	次棱角	
双二段	30~75 49.5（122）	11~35 25.77（122）	29.28	0~27 5.98（122）	0~7.40 0.457（122）	差~中等	次棱角	点
双一段	8~96 46.26（133）	5~41 15.37（133）	38.38	0~13 4.56（133）	0.01~4.00 0.664（133）	以中等为主	次棱角	点

表 2-1-6　鹿乡断陷碎屑岩岩石学特征表

地层	碎屑物/%			填隙物/% 最小值~最大值 平均值（样品数）	结构特征			
	石英 最小值~最大值 平均值（样品数）	长石 最小值~最大值 平均值（样品数）	岩屑		粒径/mm 最小值~最大值 平均值（样品数）	分选性	磨圆度	接触关系
奢岭组	6~38 28.20（10）	43~57 48.20（10）	23.60	0~12 5.10（10）	0.08~0.80 0.310（10）	差~中等	次棱角	点
双二段	5~78 56.74（213）	3~44 29.60（213）	13.66	0~7 1.47（213）	0.05~2.00 0.288（213）	中等~好	次棱角	点、线
双一段	24~74 53.70（175）	18~58 37.76（175）	8.54	0~26 2.62（175）	0.01~1.50 0.349（175）	中等~好	次棱角	颗粒

表 2-1-7　岔路河断陷碎屑岩岩石学特征表

地层	碎屑物/%			填隙物/% 最小值~最大值 / 平均值（样品数）	粒径/mm 最小值~最大值 / 平均值（样品数）	结构特征		接触关系
	石英 最小值~最大值 / 平均值（样品数）	长石 最小值~最大值 / 平均值（样品数）	岩屑			分选性	磨圆度	
万昌组	$\dfrac{35\sim54}{43.78（24）}$	$\dfrac{5\sim54}{39.70（24）}$	16.25	$\dfrac{3\sim27}{4.83（24）}$	$\dfrac{0.01\sim2.00}{0.337（24）}$	中-较好	次棱角	点
永吉组	$\dfrac{0\sim67}{43.10（99）}$	$\dfrac{22\sim54}{36.23（99）}$	20.67	$\dfrac{2\sim27}{3.17（99）}$	$\dfrac{0.01\sim1.89}{0.495（99）}$	差-中等	次棱角	点
奢岭组	$\dfrac{0\sim66}{39.50（43）}$	$\dfrac{15\sim45}{32.84（43）}$	27.66	$\dfrac{1\sim9}{3.83（43）}$	$\dfrac{0.02\sim1.89}{0.350（43）}$	好-中-差	次棱角	点
双阳组	$\dfrac{20\sim80}{59.76（50）}$	$\dfrac{15\sim50}{29.60（50）}$	10.64	$\dfrac{2\sim17}{6.26（50）}$	$\dfrac{0.02\sim2.00}{0.223（49）}$	中等-好	次棱角	点、线

（4）结构特征。

碎屑岩储层的粒度分布范围较广，从粉砂岩至含砾粗砂岩均有分布。碎屑颗粒以次圆状至次棱角状为主，分选差至中等，接触关系以点至线接触为主，相应的胶结类型也以孔隙—接触式为主，结构成熟度低—中等。

从碎屑成分、结构和填隙物来看，储层形成于近源堆积，其后期成岩变化较明显，可能存在一个较长期弱酸环境，使早期泥晶方解石溶解。

2）成岩作用和成岩阶段划分

（1）成岩作用。

伊通盆地砂岩储层在长期埋藏过程中经历了较为复杂的成岩演化。发生的成岩作用主要有机械压实作用、黏土矿物的沉淀和转化、硅质增生胶结作用、碳酸盐胶结交代作用、溶解及溶蚀作用等。

① 机械压实作用：该作用贯穿整个埋藏成岩阶段，对早期成岩阶段作用最明显，但压实程度和深度有关，深度小于2000m，其压实作用不是很明显，可见原生残余孔隙；深度超过2000m，压实作用显著。其特征是，浅部地层砂岩孔隙度随深度增加明显降低，长轴矿物呈定向排列，颗粒密集程度高，相同粒级砂岩在浅处以点—线接触为主，较深处则以线—凹凸接触为主，深部甚至出现缝合接触，常可见塑性颗粒边缘压弯变形，泥屑被压实成假杂基现象。较强的压实作用使得石英颗粒变形被压裂，许多石英颗粒表面见到似菱形体解理的裂纹。压实作用是其主要成岩作用。

② 黏土矿物的沉淀和转化：砂岩中黏土矿物的类型和含量影响着储层的物性和敏感性。自生黏土矿物在砂岩中以胶结物和交代形式出现，该区砂岩中见到的自生黏土矿物主要有高岭石、伊利石、伊蒙混层和绿蒙混层。

③ 硅质增生胶结作用：硅质增生包括石英次生加大和长石次生加大。二者在该区均有发育，尤其石英的次生加大可以区分出不同的级别。石英次生加大的程度和丰度随着埋藏深度的增加有明显的增加趋势，存在多期硅质胶结，约在1600m深度只有少数颗粒具加大边，加大级别Ⅰ级至Ⅱ级，昌12井在3700m左右石英加大达Ⅲ级，局部可形成粒间硅质胶结。长石加大不及石英加大发育，且主要发育于2300m以下，而且碱性长石和斜长石都有微弱钠长石化现象。

④ 碳酸盐胶结交代作用：碳酸岩胶结物和交代物以含铁方解石相对含量较高，主要以交代长石、花岗岩岩屑和高岭石的方式出现，同时，亦可形成粒间局部连晶胶结。碳酸盐岩胶结作用大致发生在1600m左右，长石高岭石化，岩屑黏土化。杂基黏土对颗粒交代，主要为黏土矿物（伊利石）交代石英、长石与岩屑等颗粒。

⑤ 溶解及溶蚀作用：该区砂岩储层主要为骨架颗粒溶解和黏土矿物溶解，其次是碳酸盐胶结物和交代物溶解。

a. 骨架颗粒溶解作用：表现为被溶解的碎屑岩颗粒主要为长石、花岗岩岩屑和酸性喷出岩岩屑。钾长石和斜长石均可发生溶解，尤以钾长石的溶解十分普遍和强烈，往往沿节理方向溶解形成"肋骨状"长石残余，有时长石完全溶解，仅保留少量残余。花岗岩岩屑和凝灰岩岩屑的溶解主要是岩屑中长石组分的溶解。

b. 黏土矿物的溶解作用：被溶解黏土矿物主要为高岭石、伊利石和伊蒙混层矿物。在该区，黏土矿物溶解对次生孔隙的贡献仅次于长石溶解。

c.碳酸盐胶结物的溶解作用：主要是含铁方解石胶结物和交代物的溶解。

溶解作用是伊通盆地砂岩储层重要的成岩作用，大大改善了储层（特别是深层）的性质。溶解作用发生的深度在鹿乡断陷和莫里青断陷为1600m以下，溶解作用形成大量次生孔隙，在岔路河断陷为2200～2700m，强度也较鹿乡断陷弱。

（2）成岩阶段划分及成岩模式。

按中国石油天然气集团有限公司碎屑岩成岩阶段划分方案，将伊通盆地碎屑岩埋藏成岩期划分为早成岩阶段A、B期和晚成岩阶段A、B期（图2-1-73）。

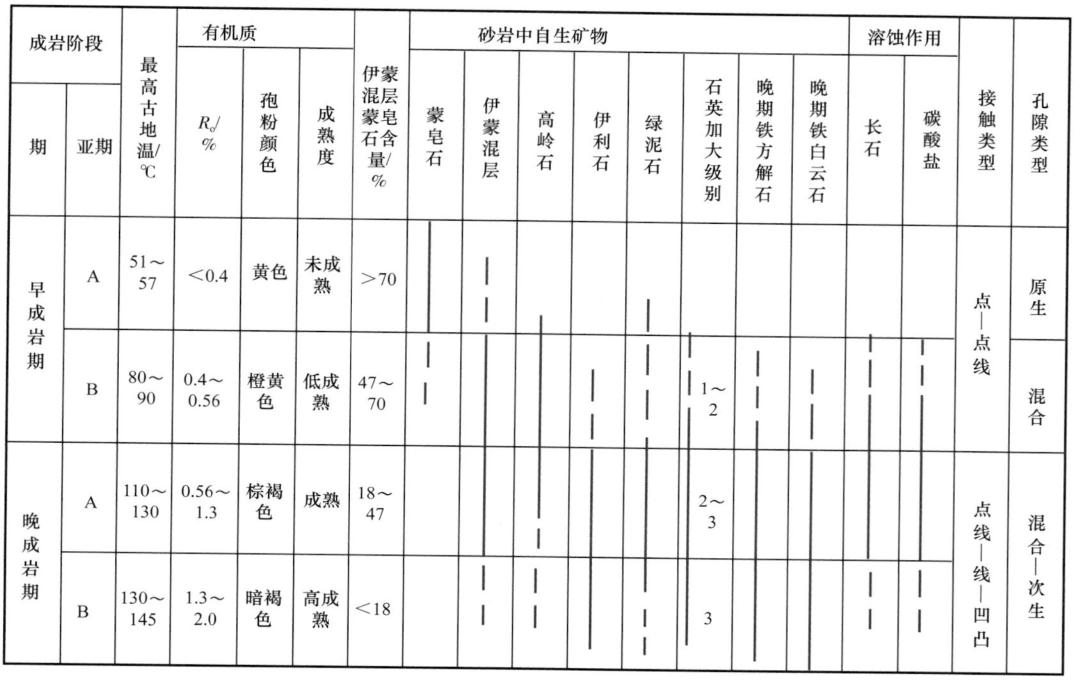

成岩阶段		最高古地温/℃	有机质			伊蒙混层蒙皂石含量/%	砂岩中自生矿物								溶蚀作用		接触类型	孔隙类型
期	亚期		R_o/%	孢粉颜色	成熟度		蒙皂石	伊蒙混层	高岭石	伊利石	绿泥石	石英加大级别	晚期铁方解石	晚期铁白云石	长石	碳酸盐		
早成岩期	A	51～57	<0.4	黄色	未成熟	>70											点—点线	原生
	B	80～90	0.4～0.56	橙黄色	低成熟	47～70						1～2						混合
晚成岩期	A	110～130	0.56～1.3	棕褐色	成熟	18～47						2～3					点线—线—凹凸	混合—次生
	B	130～145	1.3～2.0	暗褐色	高成熟	<18						3						

图2-1-73　伊通盆地成岩阶段划分图

① 早成岩A期：最高古地温51～57℃，有机质未成熟，R_o小于0.4%，孢粉颜色为黄色。原生粒间孔隙发育，一般未见石英加大，长石溶解较少。富蒙皂石，伊蒙混层中蒙皂石含量大于70%，埋藏深度相当于蒙皂石带。

② 早成岩B期：最高古地温80～90℃，有机质半成熟，R_o为0.4%～0.56%，孢粉颜色为橙黄色，有长石溶解和碳酸盐胶结，原生孔隙为主，见少量次生孔隙。蒙皂石开始明显向伊蒙混层转化，蒙皂石在伊蒙混层中由70%降至47%，石英加大Ⅰ级至Ⅱ级，埋深相当于渐变带。

③ 晚成岩A期：最高古地温110～130℃，有机质成熟，孢粉颜色为棕褐色，R_o为0.56%～1.3%。晚期含铁碳酸盐类胶结物，特别是铁白云石常以交代、加大或胶结形式出现，长石等碎屑颗粒被溶解，次生孔隙较发育，石英次生加大Ⅱ级至Ⅲ级。伊蒙混层中，蒙皂石含量由47%降至18%，可见自生高岭石，丝发状自生伊利石，埋藏深度相当于第Ⅰ、第Ⅱ迅速转化带。

④ 晚成岩B期：最高古地温130～145℃，有机质高成熟，R_o大于1.3%，孢粉颜色为暗褐色，石英次生加大Ⅲ级以上，伊蒙混层中，蒙皂石含量小于18%，扫描电镜下，

颗粒间自生晶体相连接，颗粒致密堆积，孔隙不发育，为残余孔隙，岩石变得致密坚硬，储集性能变差，埋藏深度相当于亚稳定带。

伊通盆地成岩作用明显受地层埋藏深度控制，结合储层砂岩孔隙演化特点，归纳出储层砂岩在不同深度带中成岩作用特点及其共生组合，即成岩模式。

a. 浅埋藏带：以机械压实作用为主，此外，有早期长石高岭石化，石英次生加大开始发育，加大级别为Ⅰ级，原生粒间孔隙发育，并随深度增加快速减少。

b. 中等埋深带：蒙皂石消失，伊蒙混层和高岭石增多，稍晚有伊利石沉淀，硅质增生进一步增强，达Ⅱ级至Ⅲ级。碳酸盐胶结作用发生，该期进入生油门限，有机质脱羧产生酸性流体溶解，溶蚀不稳定组分（主要是长石、不稳定岩屑和碳酸盐矿物）形成次生孔隙发育带，孔隙类型为原生孔隙和次生孔隙形成的混合孔隙。

c. 深埋藏带：伊蒙混层和高岭石减少，伊利石继续增加，石英次生加大可达Ⅲ级，钠长石化明显，溶解作用减弱，该带以强烈的胶结作用为特征，原生孔隙和次生孔隙达到不可压缩状态，孔隙类型为残余孔隙。

鹿乡断陷双阳组砂岩储层基本上处于中等埋藏带。岔路河断陷的永吉组、奢岭组砂岩储层近于中埋藏带，双阳组已进入深埋藏带，万昌组砂岩储层处于浅埋藏带。莫里青断陷双阳组处于中—浅埋藏带。

3）砂岩储层储集特性

（1）孔隙类型。

据铸体薄片观察，伊通盆地砂岩储层主要发育以下几种类型孔隙。

① 原生粒间孔隙。

原生粒间孔隙是本区储层中的主要储集空间，其发育程度主要受机械压实作用和胶结作用（包括早期泥质充填）影响，鹿乡断陷和莫里青断陷双阳组储层处于中埋藏带，其原生面孔隙度为 10%～15%，岔路河断陷为深埋藏带，仅存 5% 左右的原生孔隙。

② 次生孔隙。

大部分的次生孔隙都是由于溶解作用造成的。

a. 次生粒间孔隙，次生粒间孔隙主要有两种成因类型：一种是由于粒间胶结物（碳酸盐和黏土矿物）的溶解形成，并常见残余泥质；另一种为骨架颗粒（长石和岩屑）部分溶解而形成的扩大粒间孔隙。

b. 粒内溶孔，是由碎屑颗粒内部不稳定组分溶解形成，最常见的是长石、花岗岩岩屑和酸性火山岩岩屑的粒内溶孔。

c. 残粒孔，通常是长石颗粒强烈溶解并保存少量溶解残余。

d. 铸模孔，不稳定颗粒完全被溶蚀掉，通过原来周围的泥质壳保留其外形，常见的为长石铸模孔。

e. 超大孔隙，由铸模孔及粒间孔组合而形成明显大于周围颗粒的孔隙。

f. 晶间微孔，主要为高岭石晶间微孔。

g. 成岩裂缝，为长石、岩屑颗粒受挤压破裂形成。

上述七种类型的次生孔隙主要发育于中埋藏带，且以粒间扩大孔、粒内溶孔为主，面孔隙度估计为 5%～10%，是储层另一种重要的储集空间。

伊通地堑双阳组埋深差异较大，孔隙类型也有差异。例如，埋藏深度较浅的鹿乡断陷和莫里青断陷，双阳组埋深（1800～3200m）主要处于中埋藏带，而岔路河断陷双阳组埋深在2200～4000m，一部分处于中埋藏带，大部分处于深埋藏带，不仅有中埋藏带所具备的原生孔隙和七种类型的次生孔隙，而且还具有深埋藏带被改造和缩小了的残余孔隙，显然，砂岩物性随埋藏深度增加而降低。

（2）砂岩储集物性特点。

伊通盆地砂岩储集物性有较好规律，主要受构造和埋深控制。

① 平面上，莫里青断陷、鹿乡断陷与岔路河断陷物性展布遵循同一规律，即从盆地边缘至盆地中心，从沉积砂体中心向砂体边部，物性由好变差。以鹿乡断陷双二段砂岩为例，从盆地边缘的星7井至星18井，再到靠近盆地中心的星1井，砂岩孔隙度的平均值依次是22.9%、19.3%、13.1%，呈明显的降低趋势。位于沉积砂体中心部位的星18井至位于砂体侧缘的星16井，砂岩孔隙度由19.3%降为15.3%。

同时，物性亦受到构造位置的影响。鹿乡断陷双二段高断块部位及其2号断层附近，物性明显变好。星6井—昌10井附近，渗透率均值在100mD以上，星109井附近渗透率约80mD，而与盆地边缘较靠近的星3井渗透率仅为2.37mD。

不同地区的同一层位物性明显不同。双一段砂岩物性由好变差的顺序如下：莫里青断陷、鹿乡断陷、岔路河断陷。莫里青断陷砂岩孔隙度在6%～26%之间均有分布，渗透率为0.01～100mD，个别达1000mD。鹿乡断陷孔隙度主要为8%～14%，渗透率主要分布在0.1～10mD之间。岔路河断陷双一段砂岩物性明显降低，孔隙度仅为4%～10%，渗透率主要分布在0.01～1mD之间，少数分布在1～10mD之间。

莫里青断陷和鹿乡断陷双二段砂岩孔隙度差别不明显，主要分布在12%～16%之间，较岔路河断陷明显偏高，岔路河断陷仅为2%～6%。渗透率方面，各断陷有显著差别。鹿乡断陷最好，主要分布在1～200mD之间，莫里青断陷次之，分布在0.01～10mD之间，岔路河断陷最差，几乎全部在0.1mD以下。

对于双三段，鹿乡断陷与岔路河断陷砂岩渗透率值均较低，绝大部分在1mD以下，但前者孔隙度相对较高，主要分布在8%～12%之间，后者孔隙度很低，主要分布在4%～6%之间。莫里青断陷双三段含砂率极低。

② 剖面上，根据伊通盆地各井储层砂岩实测孔隙度和渗透率随深度的变化趋势可以看出，该区砂岩储层物性表现出明显的非均质性（图2-1-74至图2-1-76）。

孔隙度随深度的变化大致相同，浅部孔隙度随深度增加而直线下降，约在1500m，孔隙度减少到12%～15%；1500m之下，孔隙度明显增加，并形成次生孔隙带。次生孔隙大量发育的深度为1800～2500m，此时孔隙度最大可达20%。

2号断层上升盘主要储层砂岩实测孔隙度和渗透率随深度的变化进一步证明，在1700～2600m深度范围内存在一个明显的次生孔隙带。

岔路河断陷孔隙度的变化主要表现在次生孔隙发育带不明显。次生孔隙开始发育的临界深度为1800m，临界孔隙度为10%；在3000m左右，孔隙度最大达11%。

2. 生储盖组合

伊通盆地在形成演化过程中经历了断陷期、坳陷期、盆地反转期，经历了双一段沉积期、双三段沉积期、永四段沉积期三次水进以及奢岭组沉积末期、永三段沉积期等水退过程，分别形成了双阳组、奢岭组、永吉组三套主要烃源岩和双阳组、奢岭组、永吉组、万昌组、齐家组和基岩潜山六套主要储层以及双阳组、奢岭组、永吉组、齐家组四套区域性盖层，具备了形成生、储、盖层的宏观配置条件。

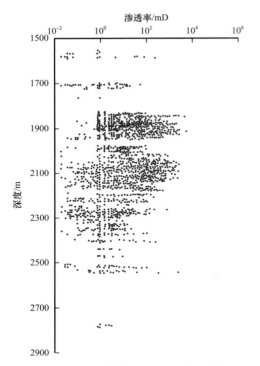

图 2-1-74　鹿乡断陷双阳组渗透率随深度变化图

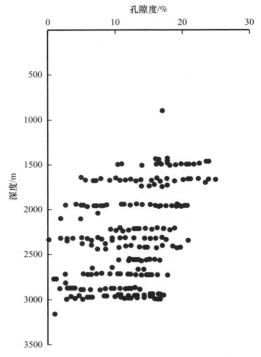

图 2-1-75　莫里青断陷砂岩孔隙度与深度关系图

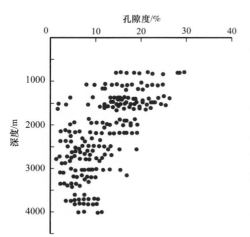

图 2-1-76　岔路河断陷砂岩孔隙度与深度关系图

伊通盆地生、储、盖层在各断陷内广泛发育，从探井揭示的油气分布特征来看，生储盖组合有"下生上储""自生自储""新生古储"三种主要类型。

自生自储型，以双阳组油层为代表，主要发育在莫里青断陷、鹿乡断陷，以双一段、双三段为主要烃源岩、封盖层，双一段、双二段为主要储油层，自生自储，是伊通盆地已发现石油储量最多的勘探领域。

下生上储型，以万昌组为代表，主要发育在岔路河断陷，烃源岩层为下部永吉组、奢岭组，储层为万昌组，封盖层为齐家组，形成下生上储式组合。

新生古储型，以基岩为代表，主要发育在莫里青断陷、鹿乡断陷五星构造带、岔路河断陷。双阳组为主要烃源岩，封盖层是双阳组泥岩、内幕致密花岗岩或者基性火山岩等，基岩风化壳或者潜山内幕裂缝为主要储层，形成新生古储式组合。

具体以莫里青断陷双阳组、基岩和岔路河断陷梁家构造带奢岭组、永吉组及万昌组为例，论述宏观的"生储盖"组合类型及其特征。

1）自生自储型

主要指各盆地内的双阳组油层，在同一个组内有暗色泥岩提供烃源岩和盖层条件，并与各类砂岩储层交互沉积，使其形成自生自储自盖式组合类型（图2-1-77）。

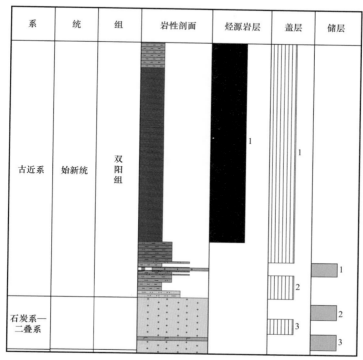

图2-1-77　伊通盆地伊6井双一段"自生自储型"组合

该类型是伊通盆地主要的生储盖组合形式。区域上由于双阳组在各断陷的暗色泥岩分布面积相对较广、厚度较大，且有机质各项指标都证实其为最有利的烃源岩，且发育特低孔、低渗砂岩储层，二者交互发育或侧向相邻，构成良好的自生自储自盖组合。莫里青断陷双一段大套暗色泥岩作为生油层，同时，双二段各砂组间的湖相暗色泥岩层分布稳定，本身既可成为良好的生油层，又可作为良好的层间盖层。双二段不同时期沉积的近岸水下扇体作为储层，双三段大套泥岩作为盖层，双阳组自身构成了"自生自储型"生储盖组合。

2）下生上储型

这类组合主要是下部永吉组、奢岭组或者双阳组为烃源岩，通过断裂向上或侧向运移至上部万昌组中的砂岩、砂砾岩储层中，而上覆万昌组、齐家组泥岩作为盖层，使其形成"下生上储型"组合类型（图2-1-78）。

3）新生古储型

这类组合主要是上覆双阳组为烃源岩，通过断裂对接或不整合面向下分别运移至基岩裂缝潜山和基岩风化壳等有利储层中，以上覆泥岩或者致密花岗岩等作为盖层，使其形成"新生古储型"生储盖组合（图2-1-79）。

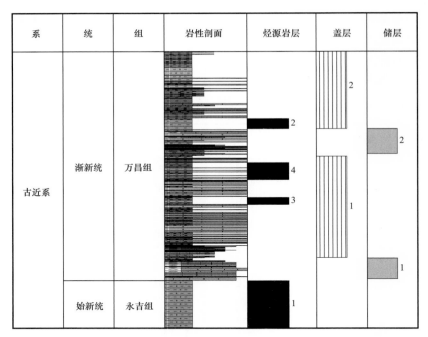

图 2-1-78　伊通盆地昌 51 井万昌组"下生上储型"组合

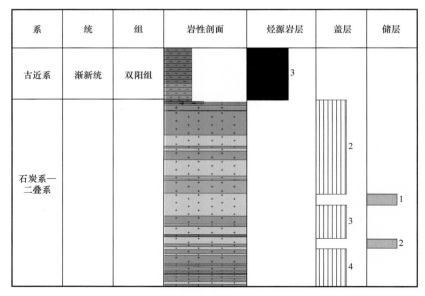

图 2-1-79　伊通盆地伊 56-2 井石炭系—二叠系基岩"新生古储型"组合

第三节　油气藏形成及分布

伊通盆地三个断陷均有油气藏发现，其中莫里青断陷、鹿乡断陷以石油为主，岔路河断陷石油、天然气均有发育。莫里青断陷勘探程度最高，发现油藏最多，其次为鹿乡断陷，岔路河断陷勘探程度最低。由于断陷湖盆成藏受控于盆地形成时期的构造运动、断裂分布、沉积体系演化、砂体类型及其空间变化等因素，与松辽大型陆相湖盆相比，伊通盆地的油气藏类型呈现多样化、规模小的地质特点。钻探实践证明，双阳组、奢岭组是盆地主要油气勘探目的层；永吉组、万昌组、齐家组仅在岔路河断陷获得工业油气流，多属于次生油气藏；基岩内幕潜山油气藏主要分布在莫里青断陷东南缘马鞍山断阶带。

一、油气藏类型

伊通盆地存在构造、地层岩性、复合型3类11亚类油气藏（表2-1-8）。

表2-1-8　伊通盆地油气藏类型

类别	亚类	形成油气藏的圈闭特点	典型油气藏
构造油气藏	背斜油气藏	古隆起控制的继承性构造或者由于挤压作用形成的褶皱背斜构造以及同沉积低幅度构造等	岔路河断陷万昌背斜构造油气藏
	断背斜油气藏	背斜构造被断层切割改造形成不完整背斜构造	梁家断背斜构造油藏
	断块油气藏	由交叉断层组成高断块或弧形断层形成的断块	鹿乡昌10井断块油藏
	断鼻油气藏	反向断层切割局部构造背景形成断鼻形态构造	鹿乡刘3井断鼻构造
地层岩性油气藏	地层超覆油气藏	在斜坡构造背景上，由于地层持续隆起抬升出露地表形成地层尖灭带，后期地层整体沉降，上倾尖灭带又被不渗透层覆盖形成地层超覆圈闭	万昌构造翼部昌2井万一段油气藏
	砂体上倾尖灭油气藏	沿地层上倾方向砂岩储层相变为低渗透或者不渗透层	小孤山斜坡伊52井区块双一段油藏
	砂岩透镜体油气藏	砂岩储层四周被非渗透性岩层所包围的透镜状或者不规则形状	莫里青油田双二段油藏
	古潜山油气藏	非渗透性、低渗透性基岩由于裂缝存在或古潜山不整合面风化带而具有储油性能的圈闭	莫里青伊56-2井基岩油藏及伊11井基岩油藏
复合型油气藏	构造—岩性油气藏	砂岩储层一侧相变为非渗透层，另一侧受构造控制形成的圈闭	岔路河断陷昌51井万一段气藏
	断层—岩性油气藏	砂岩储层上倾方向为断层遮挡，侧向砂层尖灭，有时还有鼻状构造背景	尖山隆起带伊6井双一段油藏
	构造—地层油气藏	由构造和地层两种地质因素控制	

1.构造油气藏

1）背斜油气藏

万昌构造是岔路河断陷典型的长期演化形成的穹隆背斜构造，它的东南缘与铲式边界断层接触，构造前缘呈鼻状向西北延伸，分隔新安堡凹陷和波太凹陷，构造围斜倾角20°～30°，幅度1300m，面积约170km²。

万昌构造是于早期基岩微隆起的背景上在永吉组—齐家组沉积期间形成的滚动背斜构造，东南缘受边界断层控制，新近纪末期的挤压作用改造使其顶部塌陷和先期断层进一步活动，有的断层甚至断至地表。万昌构造顶部由于断层活动期较晚，断至地表，一般对油气成藏起破坏作用，油气可能早期成藏，后期遭到破坏，而处于万昌构造周缘

（万昌构造围斜）的断层在永吉组沉积后大多数停止活动，往往具有较好的封闭性。尽管万昌构造顶部由于断层发育和活动时间较晚、封闭性较差，难以形成完整的有效构造圈闭，但由于局部存在交叉断层控制的小型断块圈闭，所以在万昌隆起局部构造区域油气可以局部聚集成藏，如昌15井。

2）断背斜油气藏

梁家断背斜构造是岔路河断陷典型的断背斜油气藏。它位于岔路河断陷西南端2号断层下降盘，西北紧邻新安堡生油凹陷，是油气长期运移指向地区。

从地震剖面及构造特征分析，梁家断背斜构造在奢一段、永二段顶面构造特征具有继承性，形态基本一致，整体为一个沿2号断层发育的断背斜构造，构造内发育三个局部高点。

梁家断背斜构造在奢一段、永二段沉积时期近岸水下扇发育，来自东南部物源的砂体平面上呈扇形展布，扇主体区砂岩厚度大、层数多，其与断背斜构造叠合形成断背斜构造圈闭，来自邻近西北侧新安堡凹陷的油气在梁家断背斜构造中聚集成油气藏（图2-1-80）。

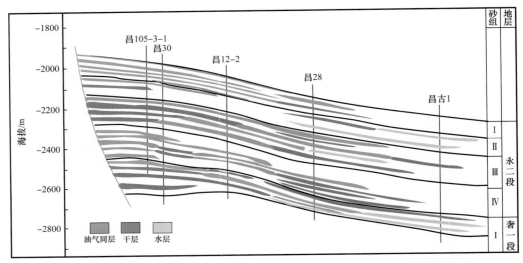

图2-1-80　岔路河断陷昌105-3-1井—昌古1井奢一段、永二段断背斜油藏剖面图

3）断块油气藏

处于鹿乡断陷五星构造带北部的长春油田属于典型的断块油气藏。五星构造 T_f（双阳组顶）地震反射界面为西倾单斜，南北两侧分别被2号断层和边界断层夹持，面积约为99km²。

五星构造带上发育正断层，走向有北东和近东西两个方向，断距50m左右，最大可达100m。靠近长春油田附近主要断层有2号断层和17号断层。由于五星构造带受两组断层相互切割，形成了昌10井、星6井、昌307井等地层走向近东西向的多个小断块。其中星6断块构造面积为2.40km²，昌10断块构造面积为1.80km²，星307断块构造面积为0.70km²。

五星构造带油气分布主要受断层控制，断块高部为油气聚集的有利部位，油气藏类型属于受构造控制的断块油气藏。每一断块为一储油单元，同一断块内的油层大体具有统一油气水界面，星 6 块油气界面为 –1840m，油水界面为 –1910m；昌 10 块油气界面为 –1610m，油水界面为 –1685m；星 307 块油气界面为 –1630m，油水界面为 –1680m。

油气分布在构造高部位，油气水纵向上分布的规律是上气、中油、下水，含油井段和油层厚度由构造低部位向构造高部位逐渐增大、加厚（图 2-1-81）。

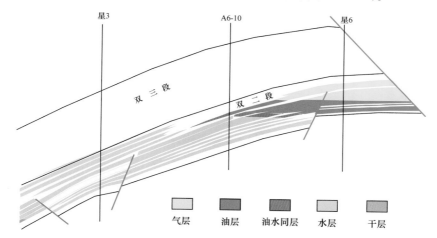

图 2-1-81　长春油田星 3 井—星 6 井双二段断块油藏剖面图

4）断鼻油藏

伊通盆地在东南缘受边界断裂控制，发育了一系列断鼻构造，如鹿乡断陷的刘家构造带，位于东南缘边界的刘 3 井区块双二段顶面为一断鼻构造。刘 3 区块油藏分布范围较小，构造高部位刘 3 井区为油层，构造部位相对较低的刘 3-1 井区则变为水层，油水界面清楚，油藏受断鼻构造控制，双二段油藏类型为断鼻油藏（图 2-1-82）。

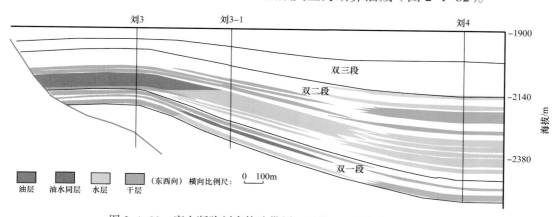

图 2-1-82　鹿乡断陷刘家构造带刘 3 区块双二段断鼻油藏剖面图

2. 地层岩性油气藏

1）砂岩上倾尖灭油气藏

莫里青断陷伊 52 区块双一段为典型的砂岩上倾尖灭油藏。伊 52 区块双阳组整体构造形态为由北北东向南西方向逐步抬升的、被数条北西向正断层复杂化的单斜构造，西南部地层陡，向北及北西变缓。

在斜坡构造背景下，来自西北物源砂体逐步尖灭在上倾斜坡构造上，砂体向低部位具有较好连通性，双一段上覆为泥岩层封盖，其下部有来自西北靠山凹陷的油气供给。伊52区块在构造上倾方向油气分布受岩性控制，在构造低部位油气分布受构造因素控制，油藏类型属于砂岩上倾尖灭型油藏（图2-1-83）。

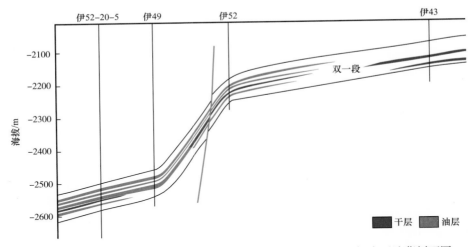

图2-1-83　莫里青断陷伊52-20-5井—伊43井双一段砂岩上倾尖灭油藏剖面图

2）砂岩透镜体油气藏

莫里青断陷伊59区块双二段油层为此种类型油藏。双二段地层厚度600～800m，纵向上划分为5个砂组，Ⅰ砂组至Ⅴ砂组均有油层分布，但主力油层主要分布于Ⅰ砂组至Ⅳ砂组，Ⅴ砂组油层仅零星分布。

双二段Ⅲ砂组、Ⅳ砂组含油性受储层岩性及其物性因素控制，平面上双二段渗透性砂岩储层控制着油层平面分布，在靠山凹陷主体区，Ⅲ砂组、Ⅳ砂组油层分布范围基本覆盖了莫里青断陷靠山凹陷大部分区域（图2-1-84）。

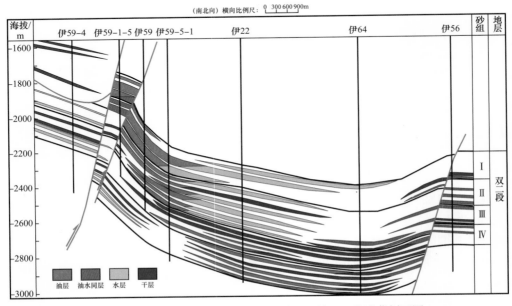

图2-1-84　莫里青断陷伊59-4井—伊56井双二段油藏剖面图

靠山凹陷双阳组二段透镜体砂岩储层分布范围较广，砂体周围被泥岩包围，烃源岩生成的油气直接进入透镜体砂岩并聚集成藏，属于自生自储型岩性油藏。油层分布受生烃灶和沉积相带双重控制，主要分布于深水重力流沉积扇体和扇三角洲前缘相带。

3）古潜山油气藏

伊通盆地基底以下发育多种类型的潜山，由于中、低潜山邻近油源，所以是首选勘探目标。

从潜山与油源对接关系看，伊通盆地大部分潜山是由断层控制的单面山，泥岩与潜山直接接触，构成良好的源、储对接关系。

昌37井是岔路河断陷典型的古潜山气藏。昌37井所处齐家潜山基底顶面构造圈闭面积为13km²，顶面埋深4700m。古近系双阳组侧向供烃，潜山内部裂缝和基质溶孔组成有效储层，潜山上部的致密层和双一段泥岩作为区域盖层，油气通过侧向运移聚集形成"新生古储"型古潜山气藏（图2-1-85）。

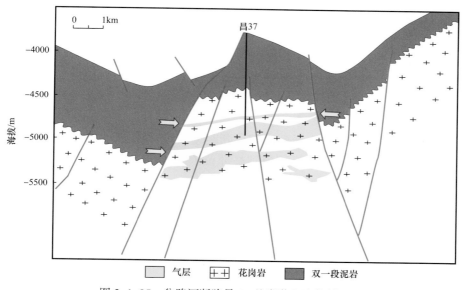

图2-1-85　岔路河断陷昌37基岩潜山油藏剖面图

从昌37井气藏可以看出，古潜山油气成藏需要具备四个基本条件：（1）基岩潜山具备近烃源岩的供给条件；（2）基岩内幕发育裂缝—溶蚀型储层，需具备裂缝大规模发育的断裂或者溶蚀地质条件；（3）基岩与烃源岩对接，存在沟通烃源岩和裂缝圈闭的输导条件；（4）良好的构造背景，存在大断距或者双断式低潜山，具有优先捕获油气的优势。

3.复合型油气藏

1）构造—岩性油气藏

岔路河断陷昌51井万一段属于浅层次生构造—岩性气藏。昌51井位于昌49南断背斜构造，T_a反射层3.5km²，按挤压走滑模式，在昌49井区浅层解释万昌组顶面（T_a），发现一个7.5km²逆断裂控制的背斜构造，部署在该构造上的昌51井在万二段发现砂砾岩荧光油气显示，测井解释气水2层14m，试气获得8.4×10⁴m³/d高产气流。

昌51井在深部处于新安堡凹陷，油源条件好，下部双阳组、奢岭组泥岩生成的油气沿着断层垂向运移至浅层构造，来自西北缘的万昌组近岸水下扇体作为储层，万一段上部、齐家组发育相对稳定的厚层泥岩盖层，形成浅层次生构造—岩性气藏（图 2-1-86）。

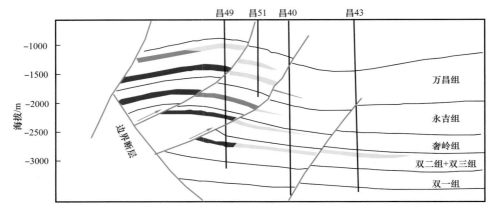

图 2-1-86　岔路河断陷西北缘昌 49 井—昌 43 井油藏剖面图

2）断层—岩性油气藏

伊 6 区块双一段属于断层—岩性油藏。该区块双一段底面整体构造形态为被多条南西—北东走向的断层切割的东南向西北倾没的斜坡。由西北向东南方向地层呈阶梯状抬升。

近东西向断层控制沉积，由低到高部位断距逐渐减小，断距变化由 300～400m 减小到 100～150m。在不同断阶内由低部位到高部位依次分布为油和气。同一断阶内，储层岩性及物性影响储层含油性。

从过伊 6 井东南向油藏剖面可知，在构造上倾方向油气分布受岩性控制，在构造低部位油气分布受断层（构造）因素控制，油藏类型属于断层—岩性油藏（图 2-1-87）。

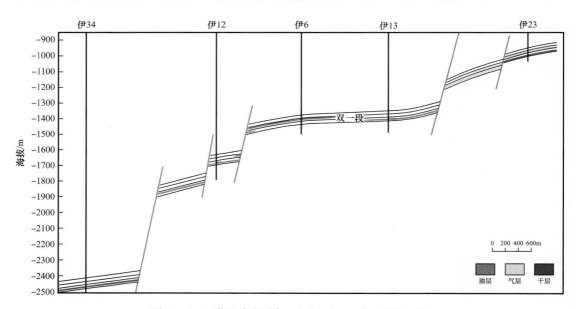

图 2-1-87　莫里青断陷伊 34 井—伊 23 井油藏剖面图

二、伊通盆地油气成藏模式

成藏模式可以理解为具有相似成藏机理和成藏特征的一系列油气藏的成藏条件与成藏机制的高度概括，它包括成因和来源、油气输导与运移、油气储集与充注过程、油气聚集与遮挡条件、成藏关键因素等。成藏模式图既能体现"源—输导—圈闭—油气藏"要素的时空配置与形成机理，又能体现成藏的关键要素。一般比较直观建立成藏模式的思路是以体现"源—导—藏"等主要成藏要素配置的二维、三维地质格架模型来表达油气从烃源岩到圈闭运移过程以及各类型油藏的空间分布形态。

伊通盆地不断在碎屑岩和基岩潜山勘探取得突破，多层系含油的地质特点逐步显现。在烃源岩及其演化特征、构造特征、储层分布、流体识别、沉积微相、成藏条件、油藏解剖等综合研究基础上，系统分析了油气生成、运聚及油层分布规律，总结出伊通盆地不同断陷、不同含油层系的油气成藏特点，归纳为四种成藏模式：（1）莫里青断陷双阳组油气成藏模式；（2）基岩潜山油气成藏模式；（3）鹿乡断陷双阳组—奢岭组油气成藏模式；（4）岔路河断陷复合油气藏油气成藏模式。

1.莫里青断陷双阳组油气成藏模式

1）莫里青断陷双阳组一段、二段油气成藏模式

为了总结莫里青断陷双二段油层油气分布规律，掌握油层发育特点，对双二段油层的油气成藏过程进行分析，并进一步总结提升为成藏模式来解释油气成藏的规律，进而指导油气勘探。

众所周知，油气藏的形成不仅需要有油源、储层、盖层等"生储盖"条件匹配，更需要圈闭形成期与油气运移聚集期相匹配，通过输导系统的传导，油气自生油凹陷逐渐运移到圈闭中并聚集成藏。

莫里青断陷发育双阳组、奢岭组和永吉组三套暗色泥岩，但真正进入生油门限，能够大量生烃的主要是双阳组暗色泥岩。因此双阳组烃源岩，尤其是双一段的烃源岩是莫里青断陷油气形成的主力烃源岩。

研究成果表明，莫里青断陷双阳组烃源岩大约在2500m进入成熟阶段，2700～3000m达到生烃高峰和排烃门限。由此可知：莫里青断陷双阳组烃源岩只有在地质历史时期古埋藏深度达到2500m以下的有机质才开始成熟，达到2700m以下开始大量生烃和排烃，也就是说，在莫里青断陷生油窗可以视为2500～3000m。当莫里青断陷烃源岩埋藏深度达到石油窗深度时就能生烃而成为有效烃源岩，并认为进入生烃高峰及排烃门限的有效烃源岩基本控制了莫里青断陷油气藏的形成与分布。

从以上分析可以推断：莫里青断陷靠山凹陷双阳组烃源岩基本上埋深达到2500m时进入成熟生烃阶段，属于进入生烃高峰及排烃门限的有效烃源岩，而靠山凹陷周缘埋藏深度低于2500m区域内的双阳组烃源岩可能是无效烃源岩，这些无效生烃区域包括靠山凹陷西南侧伊49区块至伊52区块，以及位于东南缘的尖山隆起带的伊6区块至伊23区块。

从双二段"生储盖"组合特征和双二段油层平面、剖面分布特点可以总结出莫里青断陷双阳组二段油气平面分布规律，并归纳出双二段油层油气成藏模式。

双二段油层主体分布在靠山凹陷有效烃源岩内（油气多数分布在埋深2500m以下的双二段中），属于源内成藏，油气成藏以垂向运移为主，靠山凹陷内形成的油气就近运

移至双二段扇体内的中扇相带成藏；平面上，双二段油气主要分布在靠山凹陷及其周缘地区。

从双二段油气成藏模式（图2-1-88）可以推断出双二段油层油气成藏过程：从莫里青断陷西北缘逆断层形成演化过程可知，双阳组有效烃源岩主要分布在莫里青断陷西北缘逆断层东南侧的靠山凹陷，齐家组沉积后，双阳组一段、二段烃源岩埋深达到门限而生油，随着西北缘逆断层的持续活动开始排烃，油气一部分从生烃中心运移至双二段下部的Ⅲ砂组、Ⅳ砂组形成自生自储的岩性油藏；一部分向西北缘逆断层断裂带低势区运移，在双二段Ⅰ砂组、Ⅱ砂组分异聚集成藏；受逆断层持续活动影响，部分油气沿着逆断层继续向上倾方向运移，在两条逆断层之间形成的断阶内聚集成藏。万昌组沉积后期，随着区域挤压作用的增强，两条逆断层都具有挤压封闭性，由于油气沿着逆断层继续向上倾方向运移的数量有限，油气并未充满整个西北缘断阶带构造，高部位为纯油，低部位是水，油气在双二段Ⅱ砂组底部存在油水界面。个别地区由于裂缝的存在，有少部分油气继续向地层上倾方向运移，但目前钻探揭示，双二段油层在断阶外还没有形成油气富集区。从目前双阳组勘探成果图上可以总结出莫里青断陷双阳组油层平面分布规律。双二段油层基本分布在有效烃源岩（2700m）以下埋深范围内，即分布在伊49井—伊31井一线以北靠山凹陷内，属于源内成藏，油气成藏以垂向运移就近成藏为主。

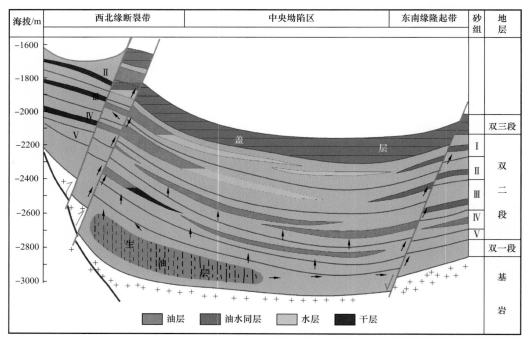

图2-1-88 莫里青断陷双二段油层油气成藏模式图

2）莫里青断陷小孤山斜坡伊52区块双一段油气成藏模式

钻井揭示双一段油层主要分布于靠山凹陷周缘斜坡高部位，多数属于源外成藏，油气成藏以侧向运移为主，平面上双阳组一段、二段油气分布具有很好的互补性，双二段油气分布在靠山凹陷内侧，而双一段油气则分布在靠山凹陷周缘斜坡区。下面以靠山凹陷西南侧小孤山斜坡伊52区块和东南侧马鞍山断阶带分别论述油气成藏模式。

（1）莫里青断陷伊52区块双一段构造—岩性油藏成藏模式。

伊52区块双一段暗色泥岩本身由于埋深浅不是有效生油岩，不具备生烃条件，油气主要来源于伊49井—伊31井一线以东的靠山凹陷，即伊49井断裂带以东靠山凹陷内地层埋深超过2700m范围内的有效烃源岩，这就决定了油气以阶梯式方式通过砂体或者双一段底部不整合面作为输导层，以顺向断层作为阶梯运移通道，从靠山凹陷沿着向斜周缘依次向上部低势区斜坡部位运移，油气运移至斜坡部位的扇三角洲有效砂体内聚集成藏。靠近伊52井东侧的伊49北西向断裂带起到沟通油源及输导油气的作用。

（2）伊52区块油气成藏模式。

靠山凹陷内的油气以阶梯式方式通过砂体或者双一段底部砂砾岩体、不整合面等作为输导层，以顺向断层作为阶梯运移通道，从靠山凹陷沿着向斜周缘依次向上部低势区斜坡部位运移，油气运移至斜坡部位的扇三角洲有效砂体内聚集成藏。

（3）马鞍山断阶—尖山隆起带伊6区块双一段油气成藏模式。

伊6区块油气成藏主要受断层和扇三角洲分流河道砂体分布控制。来源于靠山凹陷的油气沿着阶梯式上升的顺向正断层向尖山隆起运移，油气遇到受断层遮挡的局部构造高部位的河道砂体而聚集成藏，来自靠山凹陷深部的天然气更是运移至局部构造最高部位的伊14井区、伊23井区、伊54井区的断鼻构造圈闭中差异聚集成藏（图2-1-89）。

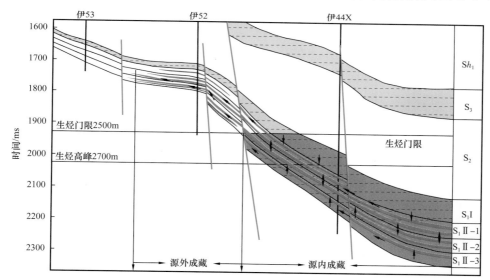

图2-1-89　莫里青断陷小孤山斜坡伊52区块双一段油气成藏模式

总体来说，莫里青断陷双一段油藏受构造和岩性双重因素的控制。宏观上，构造背景控制着油气富集，微观上有效砂体边界控制着油气空间展布，为常温、常压系统；推测凹陷中是浊积岩透镜体油藏发育的有利区，由于浊积体埋藏相对较深，油气供应充足，具有异常高压的特点。

伊6区块油气成藏模式：处于莫里青断陷靠山凹陷内的油气以阶梯式方式通过砂体或者双一段底部砂砾岩体、不整合面等作为输导层，以顺向断层作为阶梯运移通道，从靠山凹陷沿着向斜周缘依次向上部低势区斜坡部位运移，油气运移至斜坡部位的扇三角洲有效砂体内聚集成藏（图2-1-90）。

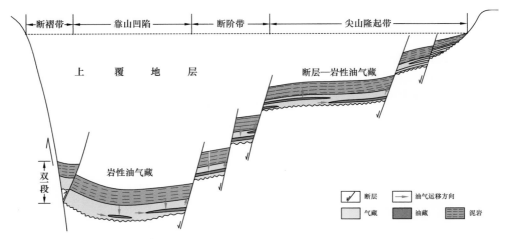

图 2-1-90　莫里青断陷马鞍山断阶—尖山隆起伊 6 区块油气成藏模式

2. 基岩潜山油气成藏模式

烃源岩评价认为莫里青断陷双阳组烃源岩埋深 2400m 对应 R_o 为 0.7%，此时烃源岩开始生烃，达到生油门限，油源供给充足。

莫里青断陷东南缘发育一组近东西走向、西北倾向的正断层，并且逐一向靠山凹陷中心尖灭消失，断层节节北掉，将马鞍山断裂北段切割成多个抬斜断块，形成阶梯式断裂斜坡构造。

靠近莫里青断陷东南缘中部发育的 1 号断层断距大，双阳组顶界最大断距可达 350m，断面陡，在地震剖面上近于直立，是一条主控断层，直接分隔靠山凹陷与马鞍山断裂构造带。向南 1 号断层断距逐渐减小，断层两盘地层厚度、产状趋于一致，由于断陷的抬起，断层最终消失。向东 1 号正断层直接控制了莫里青断陷东南缘地层沉积和构造演化。1 号断层是莫里青断陷最重要的同生断层，它是靠山凹陷源内生成的油气向基岩运移最直接的供烃窗口。

双阳组沉积区域研究表明，双阳组沉积时期，东南缘处于湖相沉积，砂体不发育，双阳组是此时期的沉积中心，以泥岩沉积为主，平面分布稳定，可以视为基岩上覆直接盖层。马鞍山断阶带断裂多数晚期不活动，有利于油气保存。莫里青断陷基岩潜山发育源内潜山、近源断阶潜山、远源断阶斜坡潜山和源下潜山四种潜山类型。源内潜山是指基岩顶面处于有效烃源岩范围内的正向构造，油气主要是侧向运聚，包括源内低潜山（多面供烃）和源内断阶潜山（单面供烃），它们主要分布于马鞍山断阶带。近源断阶潜山是指潜山处于有效烃源岩范围之外，侧向对接有效烃源岩，断阶单面供烃，除了侧向直接供烃，还可通过断层面接力运移，主要分布于尖山断隆带（如伊 23 风化壳气藏）。远源断阶斜坡潜山是指断阶位于下降盘或者斜坡区的基岩处于有效烃源岩范围之外，直接接触的烃源岩未达到生油门限，油气主要从较远处生油凹陷通过不整合面、断层面或者基岩内幕裂缝输导层运移，主要分布于尖山断隆带、小孤山斜坡和伊丹凸起。源下潜山是指凹陷深处被有效烃源岩覆盖的负向构造，靠烃源岩超压向下排烃运聚，主要分布于靠山凹陷。

基岩潜山油气成藏模式：莫里青断陷东南缘发育一系列北西倾正断层，走向近东西向，通过切割双阳组及基底构成多级供烃窗口，整体供烃高度为 1500m 以上，靠山凹陷及其周缘有效烃源岩生成的油气，在烃源岩超压等动力下，可以通过供烃窗口（断裂与基岩潜山对界面），沿着不整合面及内幕裂缝性输导层横向运移，由于双阳组储层不发育，油气选择性沿着网状裂缝—孔隙性空间运移至基岩潜山内有效圈闭成藏；当油气充注满局部有效圈闭后，垂向上油气选择低势区继续向上运聚至远源基岩裂缝圈闭成藏，也有一部分天然气沿着基岩风化壳运移至东南缘基岩顶面附近或者双一段底砾岩中聚集成油藏或者气藏（图 2-1-91）。

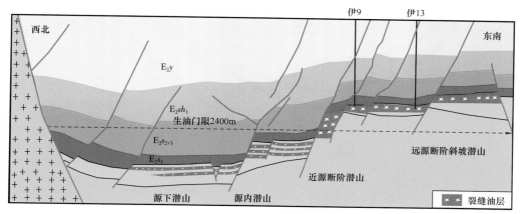

图 2-1-91　莫里青基岩油气成藏模式

3. 鹿乡断陷双阳组—奢岭组油气成藏模式

鹿乡断陷完钻探井 59 口，见油气显示井 51 口，主力油层埋深为 500～3200m，试油井 50 口，其中工业油气流井 16 口，低产油气流井 8 口，油气藏类型主要有断层（构造）油气藏、岩性油气藏、断块油气藏三类，主要含油层系是双一段、双二段，奢岭组和基岩潜山是次要含油层系，目前发现油气藏不具备规模。

鹿乡断陷奢岭组油气显示井多数试油获得少量油气流（如星 119 井获得气 5710m³/d，油 0.99t/d），仅有 2013 年在西北缘小断鼻构造钻探的星 32 井获得 4.8m³/d 工业油流。基岩由于以花岗岩为主，在五星构造带北部高部位见到低产裂缝性油藏，如星 1 井、星 101 井、星 505 井三口井获得低产油气流，其中星 101 井在基岩井段 2464～2498m 用氮气助排试油求产，日产油 1.4t，累计产油 21.3t。

鹿乡断陷油气成藏模式：大南凹陷生成的油气多数运移到高部位构造型圈闭富集成藏，低部位由于缺少构造型圈闭，油气圈闭少和富集程度低。从大南凹陷西北缘到东南缘，鹿乡断陷依次在双阳组一段、二段形成构造（断层）—岩性油气藏、岩性油气藏以及断块与断鼻构造圈闭油气藏，奢岭组仅在西北缘和靠近 2 号断层附近形成的断层—岩性圈闭中聚集成藏，具有"下生上储式"油气藏特征（图 2-1-92、图 2-1-93）。

4. 岔路河断陷复合油气藏成藏模式

伊通盆地岔路河断陷勘探面积为 1250km²，从南到北分别为梁家构造带、新安堡凹陷、万昌构造带、波太凹陷、搜登站构造带和孤店斜坡带，断陷内包括新安堡和波太两个主要生烃凹陷。

根据"源—导—藏"主要成藏要素配置关系，分别建立新安堡和波太凹陷两个生烃凹陷的油气成藏模式。

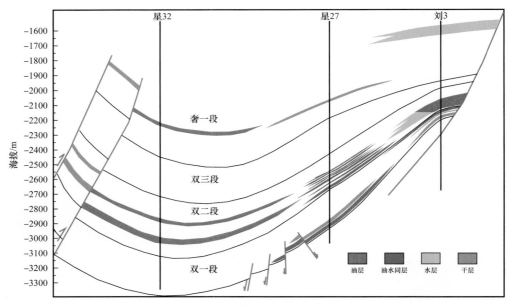

图 2-1-92　鹿乡断陷近南北向油气成藏模式

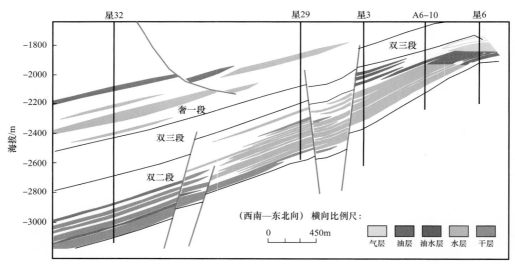

图 2-1-93　鹿乡断陷近东西向油气成藏模式

1）新安堡凹陷油气成藏模式

岔路河断陷新安堡凹陷面积为 450km²，多数获得工业油流探井都处于该凹陷。在新安堡凹陷南梁家构造带，主要含油气层位为奢一段和永二段，如昌 30 井、昌 105 井；在新安堡凹陷及其周缘，主要含油气层位为双二段，如昌 43 井。以下对这两个层位按着源—储—导模式分别总结其油气成藏模式。

（1）新安堡凹陷双二段致密气成藏模式。

烃源岩评价表明，岔路河断陷双阳组有效烃源岩主要分布在新安堡凹陷，暗色泥岩在双一段、双二段、双三段各层段均有发育。有机质类型以Ⅱ型至Ⅲ型干酪根为主，按照生烃门限为 2000m，双一段、双二段烃源岩处于成熟—高成熟阶段，双三段烃源岩为成熟阶段。

　　岔路河断陷新安堡凹陷双一段泥岩厚度大，一般暗色泥岩厚度200～300m，有机质丰度高，TOC大于1.4%，双二段以扇三角洲和水下扇沉积为主，昌25井、昌34井揭示双二段砂岩气测显示，单层厚度大，为10～30m，一般累计厚度30～107m；物性条件好，孔隙度4%～12%，渗透率0.02～5.6mD。研究认为，岔路河断陷双二段具备致密气藏形成条件。有效烃源岩发育的新安堡凹陷基本控制了双二段致密气分布，双一段是主力生烃源岩，双二段储层砂岩被上下两套烃源岩夹持，源、储一体的砂岩在上覆双三段稳定分布的泥岩封盖条件下形成致密气藏。

　　新安堡凹陷双二段致密气成藏模式：新安堡凹陷双一段烃源岩生成的油气运移到围斜高部位构造型圈闭富集成藏，从凹陷西北缘到东南缘，依次在双二段中形成构造（断层）—岩性、断块与断鼻构造圈闭油气成藏（图2-1-94）。

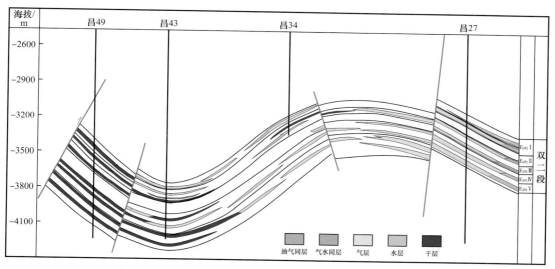

图2-1-94　新安堡凹陷双二段致密气成藏模式（近南北向）

（2）新安堡凹陷奢岭组—永吉组成藏模式。

　　以新安堡凹陷为主力烃凹槽，除了在双二段形成致密气藏，在西南侧梁家构造带高部位的奢岭组和永吉组还形成常规油气藏，如梁家构造上有昌105井、昌30井、昌12井、昌13井、昌29井5口探井分别在永二段和奢一段获得工业油气流。

　　梁家构造整体形态为一个受2号断层控制而形成的断背斜（断鼻）构造，具备油气成藏的有利条件。

　　沉积研究认为奢一段—永二段近岸水下扇发育，储层岩性以砂砾岩、含砾细砂岩为主，这些扇体不同层次地伸入东北向生烃湖相泥岩中，有利于在扇体前端形成岩性圈闭，同时，构造带被断层切割，在扇体中部形成断层—岩性圈闭，在扇体根部与鼻状构造配置形成构造—岩性圈闭。梁家构造存在断鼻、断块、断层—岩性、构造—岩性以及岩性等多类型圈闭，构成一个多层系含油气的成藏模式（图2-1-95）。

　　2）波太凹陷油气成藏模式

　　波太凹陷勘探面积580km²，完钻探井16口，主要含油气层位为奢一段、永一段。波太凹陷奢岭组是主力生烃层系，奢岭组泥岩最大厚度超过700m，永吉组泥岩最大厚度在 900m 左右，奢一段泥岩主要分布在断陷西北缘，最厚达 500m；奢二段和永一段只在岔路河断陷北部发育，最厚分别为 250m 和 400m。

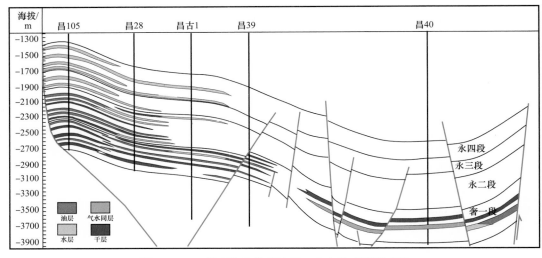

图 2-1-95　梁家构造带奢岭组—永吉组成藏模式图

波太凹陷奢岭组沉积时期主要发育近岸水下扇、扇三角洲、湖泊等沉积相类型，西北缘昌 58 井在奢二段沉积时期发育近岸水下扇，是一种以沉积物重力流方式从盆地边缘进入较深水湖泊而形成的水下扇沉积。

波太凹陷奢岭组属于自生自储式成藏组合，源、储一体，从西北缘断褶带经波太凹陷主体区再到东南缘断裂围斜区，奢岭组油层存在三种油藏类型，依次为以昌 48 井为代表的西北缘构造（断层）—岩性油气藏、在凹陷低部位形成以昌 60 井代表的岩性油气藏、在东南缘斜坡区形成以昌 27 井为代表的上倾尖灭或断裂遮挡圈闭油气藏。根据这些有油气显示的典型井解剖，概括出代表波太凹陷奢岭组的成藏模式图（图 2-1-96）。

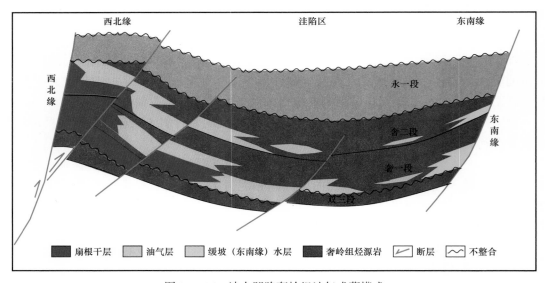

图 2-1-96　波太凹陷奢岭组油气成藏模式

三、伊通盆地油气分布规律

油气分布规律是在伊通盆地典型油气藏解剖和分析其油气成藏过程、总结油气成藏模式的基础上，对油气空间展布特点的进一步升华，主要强调宏观上的分布规律。油气分布规律的认识受制于盆地的勘探程度和对油气成藏机理的深入剖析，总结油气分布规律需要对盆地的"生储盖组合"特征有宏观准确把握，需要立足于全盆地格局，要全面解析和归纳盆地油气藏形成与分布的内在本质联系，这是一个不断修正和完善的过程。

伊通盆地油气分布规律的总结主要从油气纵向与横向分布特征、油气分布主要控制因素和油气宏观分布规律三个方面加以论述。

1. 油气分布特征

探井油气显示表明，莫里青断陷油气纵向分布层位自下至上依次为基岩潜山、双一段底砾岩、双二段扇三角洲与湖底扇、奢一段浅部断块四个层段；平面上主力双一段底砾岩和中上部油层集中分布于靠山凹陷东南和西北部斜坡区；双二段主要富集于西北缘断褶带、西南部小孤山斜坡带及靠山凹陷围斜区域。

鹿乡断陷油气分布受控于西北缘大南凹陷，油气纵向分布特征与莫里青断陷基本一致，油层主要分布在花岗岩基岩风化壳、双一段、双二段及零星存在的奢一段次生油气层。但平面富集区分布有差异，鹿乡断陷主力油层双阳组二段主要富集于大南凹陷东南缘五星构造带高断块、局部刘家构造带，西北缘仅在局部断块型小构造如星 32 井的奢一段见到工业油流，规模较小，双二段见油斑显示，试油未获得突破。双一段主要分布于大南凹陷东南围斜部位，仅昌 27 井获得工业油流，油气富集程度较差。

岔路河断陷油气分布自下至上依次为基岩潜山、双二段、奢一段、奢二段、永一段、永二段、永四段的扇三角洲、水下扇以及浅部万一段、万二段、齐一段九个层段。平面上油气主要围绕新安堡主力生烃凹陷而富集在东南缘梁家构造带的奢一段、永二段和西北缘双阳组二段。岔路河断陷伴随着新近纪以来的后期构造反转和断裂演化，在梁家构造带上和西北缘邻近大南凹陷的昌 49—昌 51 井区还形成了万一段、万二段、齐一段次生油藏、气藏；受控于沉积演化，在波太凹陷西北缘奢一段、奢二段和永二段还存在零星分布的局部断层—岩性油气藏，在波太凹陷东南侧孤店斜坡带还存在永一段浊积体岩性油藏。

三个断陷西北缘构造断裂特征和油藏特征具有差异性，成藏条件复杂，但油气资源丰富，具有良好的勘探前景。总结三个断陷西北缘油层分布特点如下：

莫里青断陷西北缘边界断裂倾向盆内，向东伊丹段边界断裂近乎直立，花状构造发育，右旋走滑作用最强烈，花状构造带内地层变形相对较强，走滑次级断层反转强烈，盆缘基岩块体侧向挤压，西北缘构造样式类型属于弱挤压走滑型。

岔路河断褶带西北缘边界断裂倒倾向盆外，三角带凹槽变形强烈，边缘地层近乎破碎，成盆期地层近乎倒转，大黑山地垒块强烈侧向挤压。西北缘构造样式类型属于强挤压弱走滑型。

鹿乡断陷西北缘断褶带构造特征介于莫里青断陷与岔路河断陷之间，走滑作用较强，侧向挤压也较强，更接近于莫里青断陷变形特征。盆地边界断裂倾向盆内，走滑次级断层较发育，走滑带内地层呈背斜状，侧向挤压逆冲较强。西北缘构造样式类型属于挤压走滑型。

受西北缘断裂性质、扇体规模、地层倾向变化及储层埋深等因素影响，三个断陷西北缘油气成藏特点及富集程度不同，尤其是断裂构造特征的差异决定了断层—岩性圈闭规模大小不同，从而决定了油气富集程度和勘探潜力差别较大。

（1）莫里青断陷西北缘发育两条横贯西北缘的逆断层，与双二段大型近岸水下扇体配置形成油气富集高产油藏（伊45—伊59区块）。

（2）鹿乡断陷西北缘受埋深影响，含油气层位变浅，在奢一段形成前缘砂体尖灭的断层—岩性油藏（星32区块）。

（3）受储层埋深和生油母质影响，岔路河断陷则发育浅层万昌组次生构造—岩性气藏、断层—岩性气藏和深部奢一段、双二段断层—岩性油气藏（昌43区块）。

（4）西北缘断褶带油气勘探有利范围一般认为是从西北缘边界控藏断层到盆内近凹陷中心扇体延伸的前端距离所控制。

莫里青断陷西北缘断褶带控藏逆断层倾向与地层倾向相反，形成的"屋脊式"构造圈闭范围大，其与双二段发育扇体的中扇亚相叠合区域大，形成的有利成藏区带范围最大，油层厚度大，油气富集高产，找到储量最多。

鹿乡断陷西北缘地层倾角较小，逆断层断距小，特征不明显，导致"屋脊式"构造圈闭范围小，中扇亚相与构造高部位叠合区域小，油层厚度小，但盆内地层上倾方向靠渗透性砂岩尖灭形成有效圈闭。岔路河断陷与鹿乡断陷西北缘构造特征相近，"屋脊式"构造圈闭范围更小，油气富集带小。

从横切伊通盆地油藏大剖面可以直观地看出油层分布特点和垂向上层位变化，从西南莫里青断陷到中部鹿乡断陷，再到东北岔路河断陷呈现出含油层系逐步增多（从单一双阳组油层为主、局部具有奢一段油层，到岔路河断陷双阳组、奢岭组、永吉组、万昌组、齐家组的多套油层），同一层位如双阳组油层埋藏深度逐渐变深，油藏由油多气少到油少气多，流体密度从重到轻的分布特点（图2-1-97）。

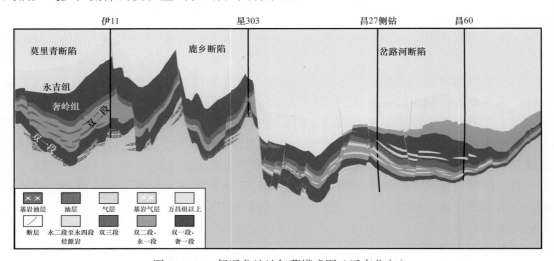

图2-1-97 伊通盆地油气藏模式图（近南北向）

综合评价伊通盆地油气勘探开发潜力，明确了伊通盆地最重要的成藏组合是下部双阳组自生自储式含油气成藏组合，即底部双一段为主力烃源岩，中部双二段扇体为储层，上部双三段为区域盖层，正向构造（断裂）带控制油气富集成藏。吉林油田已发现并开发的长春油田、莫里青油田都是这类成藏组合。

2. 油气分布主要控制因素

1）有效烃源岩控制岩性油气藏平面分布

烃源岩的类型、丰度和演化程度直接影响岩性油气藏的形成。不同的烃源岩类型决定了是形成油藏还是气藏；丰度的高低影响到油气藏的数量、规模和充满度；演化程度控制能否形成油气藏，也决定形成何种类型的油气藏。

从伊通盆地已发现油气藏的钻探成果统计分析，莫里青断陷靠山凹陷双阳组有效烃源岩的展布特征有效地控制了双二段岩性油气藏的平面分布；岔路河断陷新安堡凹陷双阳组有效烃源岩同样也较好地控制了双二段致密气藏的平面分布。

（1）莫里青断陷靠山凹陷双二段岩性油气藏分布特点。

通过对莫里青断陷靠山凹陷纵横向油藏解剖和统计钻遇双阳组探井平面油气显示发现，莫里青断陷油气分布具有较强的规律性，见油气显示井分布轮廓基本围绕双阳组一段主力生烃分布范围，油气集中分布于莫里青1号断层和西北边界断层所夹持的双阳组内，由于凹陷区缺少构造圈闭，油气分布受生烃凹陷控制，具有满凹分布特点。

沉积相研究表明，莫里青断陷双阳组物源来自西北部体系，发育大型呈裙带状展布的湖底扇，来自扇体前缘相带的砂体不同层次地伸入靠山凹陷湖区内，同时由于沉积过程中多期次的湖进、湖退，导致相带往复迁移，造成砂泥岩层交互沉积。湖相泥岩既可作良好的生油层，又可成为良好的盖层。这种平面分布稳定的优质烃源岩与湖底扇前缘相带叠加连片的层状薄层砂、断续砂及透镜状砂体有机配置，构成良好的自生自储式生储盖组合，从而使得靠山凹陷本身形成大面积分布的源内岩性油气藏，油气分布仍遵循基本的石油地质"源控论"。

莫里青断陷双二段湖底扇（扇三角洲）前缘、浊积扇直接插入生烃凹陷的泥岩中，形成砂岩与暗色泥岩纵向上交互、横向上叠加连片的沉积特点。湖相砂体的不连续性是形成岩性圈闭的前提，凹陷内有利生烃灶和储集砂岩空间匹配是形成岩性油气藏的关键。

（2）岔路河断陷新安堡凹陷双二段岩性油气藏分布特点。

岔路河断陷新安堡凹陷双一段暗色泥岩厚度为 $300\sim700m$ ，有机质类型主要为 II_2 型，双一段埋深在 4000m 以下，大部分已达到高成熟阶段，以生轻质油和气为主。

双二段属于近岸水下扇沉积，储层埋深 $3000\sim4500m$ ，物性较差，孔隙度一般小于 10% ，渗透率为 $0.01\sim5mD$ ，属于致密储层。纵向上位于双二段上下的双一段、双三段发育厚层暗色泥岩，双二段本身也存在较厚的层间泥岩段，构成典型"源储一体"的地质特色，形成围绕新安堡主洼槽大面积叠加连片的双二段致密气藏。

通过莫里青断陷靠山和岔路河断陷新安堡两个主力生烃凹陷的双二段成藏特点分析可以得出，双一段主力有效烃源岩的分布范围基本限定了源内岩性油气藏的分布范围，烃源岩展布对油气藏的空间分布起到了重要控制作用。

2）有利沉积相带控制油气富集

沉积相类型是控制油气成藏的一个关键要素，"相控论"实质就是强调油气成藏既需要有发育厚度大的储层，又需要储层储集性能好。优质储层发育一般受到盆地构造和沉积演化所控制，在断陷湖相盆地处在不同构造位置，其沉积相带不同，水动力条件差异大，导致沉积物碎屑颗粒的大小、分选、磨圆度及泥质含量不同，物性差异较大，因此沉积相带就成为控制储层储集物性的主要因素，发育厚度大、物性好的储集砂体的有利相带一般有利于油气成藏。

从岔路河断陷西北缘昌43井、昌49井双二段钻探效果对比分析可知，昌43井钻遇双二段近岸水下扇中扇亚相，储层岩性为细砂岩、含砾细砂岩，厚度大，物性好，试油产量高，中扇亚相带控制了油气富集；而处于昌43井北侧局部构造上的昌49井在双二段未钻探到中扇亚相带，而是钻探到双二段近岸水下扇扇根相带，岩性为杂色致密砂砾岩，物性极差，油气未能运聚成藏。

通常断陷湖盆的浊积扇内扇亚相和近岸水下扇中扇亚相是物性好的有利储集相带，这些相带往往发育厚度大的砂体，容易储集油气，形成富油气区带。究其原因，主要是由于近岸水下扇的中扇、浊积扇的内扇砂体物性好所致，钻遇中扇亚相带的探井一般会获得高产油气流。

莫里青断陷西北缘伊59区块双二段油气富集程度也同样受沉积相带的明显控制，沿西北缘至东南缘，双二段湖底扇沉积可以清楚地划分为内扇、中扇和外扇三个亚相。主要钻探湖底扇中扇亚相带的伊59井、伊60井等探井双二段砂体含油厚度大、物性好、产量高，而钻探在内扇亚相带的伊59-4井不含油，以干层为主，两个相带油气富集程度差别大，这较好地说明了沉积相带对油气富集成藏的控制作用，再一次证实了有利的中扇储集相带控制油气成藏的地质观点。

3）二级正向构造带控制着构造型油气富集成藏

构造型圈闭发育的二级构造带往往控制油气大面积成带成藏，是形成油气富集区带的重点领域，如大庆长垣二级构造带、扶新隆起带二级构造带。一般情况下，在油气供给充足的条件下，二级构造带大小控制着盆地绝大部分优质油气资源量分布。伊通盆地油气主要富集在莫里青断陷西北缘伊45—伊59区块逆断层构造型圈闭褶皱带、鹿乡断陷东南缘五星构造带高断块和岔路河断陷梁家断背斜构造带，这三个构造带分别提交了探明储量、控制储量和进行油田开发生产。

（1）莫里青断陷伊45—伊59区块逆断层构造型圈闭褶皱带。

莫里青断陷西北缘构造位置较高，是新近纪构造反转期在走滑挤压应力作用下发展形成的一个正向二级构造带。在靠近盆地边缘发育一条断距较大的边界断层，该断层贯穿整个莫里青断陷，在伊45—伊59井区距边界断层1～2.5km发育两条相邻的逆断层，延伸长度达25.4km。在逆冲过程中发生走滑，逆断层断距发生变化，断距为100～260m。由于斜向逆冲导致双阳组二段部分地层重复，重复地层最厚达160m，平面上重复段地层厚度为100～400m。

西北缘断褶带在逆断层的控制下，在断层附近形成了沿北东向呈条带展布的局部断鼻和断阶构造。其中比较大的局部构造称之为莫里青西北缘1号断鼻构造。该构造在双二段各砂组反射层上均有发育，形成时期为奢岭组一段沉积末期，随着逆断层的产生而形成，它是伊 59 区块油气聚集成藏的最有利场所，也是油田开发的主力区带，不但双二段油层重复厚度大，而且处于中扇亚相带产量高。

（2）鹿乡断陷东南缘五星构造带断块、基岩潜山和构造—岩性油气藏。

鹿乡断陷的五星构造带为一个典型的断块圈闭、构造—岩性复合圈闭发育的二级构造带。断块油气藏往往为高产油气藏（昌 10 井、昌 307 井），这主要是二级构造带往往邻近生油凹陷，油气横向短距离运聚便可形成高产油气田。

鹿乡断陷大南凹陷双阳组主力烃源岩生成的油气沿大南斜坡，在烃源岩超压作用下，通过双二段砂层和基底不整合面长期向五星构造带运移聚集成藏。五星构造带发育三套含油层系，双二段砂岩、双一段底砾岩和基岩风化壳。双二段油气主要分布在 17 号断层上升盘，少数分布在 2 号断层和 17 号断层夹持的断块。17 号断层派生的次一级断层使 17 号断层上升盘被切割成多个独立的断块，每个断块为独立的油气聚集单元，油气藏内油气水垂向分异明显，具有气顶气。双一段底砾岩油气分布不均，主要受构造和岩性双重因素控制，形成构造背景下的岩性油气藏，因此，五星构造带双一段为构造—岩性复合油气藏。五星构造带具有断块、基岩潜山和构造—岩性三种不同类型的油气藏，油气藏纵向上叠加形成了五星构造油气聚集带。

（3）岔路河断陷梁家断背斜构造带。

整体构造形态为一个受 2 号断层控制而形成的继承性断背斜构造，从主要含油层奢岭组顶面（T_d）构造形态分析，梁家断背斜构造圈闭面积 33.07km²，高点海拔 −2370m，最大圈闭线 −2900m，圈闭幅度 530m。目前该构造上有 4 口井获得高产（日产油初期大于 50m³），2017 年底提交控制石油地质储量 797 × 10⁴t，建产能 3.4 × 10⁴t/a。

4）沟通有效烃源岩的断层是形成断层—岩性圈闭油气藏的主控因素

断层在沟通油气源岩形成油气藏方面具有两种作用：一种是起着垂向通道运移作用，另一种是侧向起着遮挡作用。伊通盆地钻探证实，断层与烃源岩沟通有三个方向，一是垂向沟通烃源岩，形成下生上储式次生油气藏；二是阶梯断层向上倾斜坡地层横向输导油气，在源外构造型圈闭中形成侧生旁储式油气藏；三是近油源下降盘断层面与上升盘储层直接对接，烃源岩依靠超压作用直接侧向供烃，形成新生古储基岩潜山油气藏或者形成源、储一体对接型双二段致密气藏。

（1）下生上储式次生油气藏：伊通盆地中上部组合奢岭组和万昌组、齐家组发育次生油气藏，这些油气藏都是来自下部双阳组成熟烃源岩生成的油气，依靠沟通烃源岩的断层通道使油气垂向运移至浅部地层中聚集成藏。成藏期开启的断裂起着纵向输导油气作用，油气以垂向运移为主，侧向运移较为有限，据此可以判定靠近油气源断裂的构造型圈闭容易形成油气藏，而在无断层沟通处的地层难以形成油气藏。这种类型油气藏在莫里青断陷奢岭组勘探中得到验证。

莫里青断陷奢岭组见到油气显示的探井零星分布，包括位于靠山凹陷西南斜坡的伊 46 井、伊 12 井，位于靠山凹陷东北缘的伊 21 井、伊 63 井，这四口井所钻探的油藏都是由断层沟通下部双阳组烃源岩，油气垂向运移到上部奢岭组而形成的次生断层—岩性油藏。

（2）古潜山源储对接型油气藏：莫里青断陷东南缘基岩潜山是由断层控制的单面山，下降盘双阳组泥岩与上升盘基岩裂缝性潜山直接接触，构成良好的侧向运聚条件；

从声波时差曲线上分析，双阳组一段优质烃源岩普遍存在欠压实而形成超压动力，研究认为其向下排驱油气能力为600～1100m，在双一段主力烃源岩超压作用动力下，油气向高潜山横向运移，形成新生古储的古潜山源储对接型油气藏。

莫里青断陷东南缘1号断层附近基岩源储对接供烃窗口大，是形成源内潜山油气藏的最有利区带。已经在这个区带上部署伊18-3井、伊56-2井、伊72井、伊74井、伊78井、伊77井、伊79井7口探井，其中完钻的伊18-3井、伊78井已经试油获得工业油流，伊56-2井获得36m³高产油流。

岔路河断陷新安堡凹陷靠近西北缘，在断陷早期，双阳组是沉积和沉降中心，在新安堡凹陷内双阳组发育1000m厚的烃源岩，烃源岩演化达到过成熟阶段，以生气为主；双二段属于来自西北缘的湖底扇砂体沉积，储层埋深2500～5000m，物性较差，属于致密储层。新安堡凹陷双二段生储盖条件优越，高成熟度巨厚烃源岩广覆式生烃、持续性充注，为双二段成藏提供了充足气源；西北缘发育一系列不同级别的控藏、控源断裂，有效沟通与遮挡油气；大面积发育湖底扇砂体为致密气成藏提供充足的储集空间，形成源储一体、自生自储、叠加连片的致密砂岩油气藏。

3. 油气藏平面分布规律

伊通盆地不同断陷油气围绕着各自生油凹陷呈现规律性分布，即石油主要分布在盆地西北缘"断层—岩性"圈闭和局部构造圈闭中，油气不但受构造背景控制，同时更受沉积相带控制，一般分布于有利的构造岩相带中。天然气主要分布在深层基岩潜山构造圈闭和浅层断层—岩性圈闭，浅层气藏一般属于次生气藏，受控于与断层展布相关的构造（断层）—岩性圈闭，平面分布范围局限；基岩潜山油气藏属于新生古储的构造型裂缝气藏，油气藏富集主要受到储集岩裂缝的发育程度控制，非均质性强，分布范围受到裂缝—孔隙空间展布范围控制，一般情况下分布较局限。

纵观伊通盆地不同断陷、不同层位油气藏分布特点，可以归纳出油气藏平面分布的宏观规律。伊通盆地三个次一级断陷油气平面分布规律如下：从断陷西北缘到中部生油凹陷再到东南缘可简单划分为三种类型油气藏富集带，即西北缘断层—岩性复合型、中部凹陷岩性型和东南缘构造—岩性型三个油气富集带。

1）西北缘断层—岩性复合型油气富集带

精细油藏解剖可知：莫里青断陷西北缘伊59区块双二段油藏类型为典型的构造（断层）—岩性油藏。鹿乡断陷西北缘同样具备形成构造（断层）—岩性圈闭条件，星32井奢一段就是典型的构造（断层）—岩性油藏；岔路河断陷西北缘昌48井也是这类油藏典型的代表，在此不再叙述。

2）中部凹陷岩性型油气富集带

鹿乡断陷的大南凹陷与莫里青断陷的靠山凹陷具有相似成藏条件。双阳组与奢岭组两套烃源岩演化程度相当，双二段及双一段下部储层发育，生储盖配置优越，形成以岩性控油为主的大面积分布的岩性、断层—岩性油气藏。

岔路河断陷新安堡凹陷发育双二段致密气藏，波太凹陷永一段发育浊积扇岩性圈闭油藏，昌8井于永一段测试获少量油气流，显示该区具有勘探价值，可作为有利勘探远景区。

平面上看，无论西南鹿乡断陷的靠山凹陷还是东北部岔路河断陷的新安堡凹陷和波太凹陷，都发育岩性控制为主的油气藏。

3）东南缘构造—岩性复合型油气富集带

莫里青断陷东南缘尖山隆起带上分布着伊 6 区块双一段构造—岩性油藏；向东岔路河断陷发育刘 3 井构造—岩性油藏；再到岔路河断陷则发育邻近 2 号断层的梁家构造带昌 30 区块永二段、奢一段岩性—构造油气藏和万昌隆起带昌 15 井奢岭组气藏。

四、剩余资源潜力和主要区带

伊通盆地四次资源评价针对不同地质特点，采用了类比法、成因法和统计法等多种评价方法，计算伊通盆地石油资源量为 $3.88 \times 10^8 t$，天然气资源量为 $3536 \times 10^8 m^3$。其中，莫里青断陷石油资源量为 $1.54 \times 10^8 t$，天然气资源量为 $66 \times 10^8 m^3$；鹿乡断陷石油资源量为 $0.81 \times 10^8 t$，天然气资源量为 $37 \times 10^8 m^3$；岔路河断陷石油资源量为 $1.53 \times 10^8 t$，天然气资源量为 $3433 \times 10^8 m^3$。

伊通盆地的主体探区由莫里青、鹿乡和岔路河三个断陷组成；发育波太、新安堡、大南和靠山四个生烃凹陷，面积 1250km²；有效烃源岩厚度大（800～1000m），含油气层系多，勘探目的层包括基岩潜山、双阳组、奢岭组、永吉组和万昌组，气藏类型以断层—岩性、岩性及岩性—构造等为主，资源潜力大。2013—2016 年资源评价计算伊通盆地石油剩余资源量为 $3.1 \times 10^8 t$，天然气剩余资源量为 $3492 \times 10^8 m^3$，其中莫里青地区石油剩余资源量为 $8212 \times 10^4 t$，鹿乡断陷石油剩余资源量为 $7020 \times 10^4 t$，岔路河断陷石油剩余资源量为 $1.53 \times 10^8 t$，天然气剩余资源量为 $3433 \times 10^8 m^3$。下步勘探的重点目标为莫里青断陷基岩潜山、岔路河断陷致密气及岔路河断陷西北缘常规油气藏。

1. 莫里青断陷剩余资源分布

莫里青断陷面积 750km²，完钻探井 67 口，主要勘探目的层为双二段、双一段和基岩潜山，可探明石油资源量为 $1.54 \times 10^8 t$，可探明天然气资源量为 $121 \times 10^8 m^3$。已经发现了莫里青油田，探明石油地质储量为 $7191 \times 10^4 t$，剩余可探明石油资源量为 $0.8 \times 10^8 t$。综合评价认为，莫里青断陷剩余资源主要分布在靠山凹陷、基岩潜山和伊丹断槽。2014 年进一步深化潜山的成藏认识，确认伊通潜山具备有利的成藏条件：（1）具有较好的油气源条件，双阳组烃源岩发育，最大暗色泥岩厚度可达 800m，有机碳含量 1%～2%，有机质类型主要为 II 型，镜质组反射率 0.6%～2.0%，处于成熟—高成熟阶段，总体评价为成熟的较好烃源岩；（2）潜山具有较好的储集条件，储层以花岗岩和大理岩为主，大理岩的储集空间主要为裂缝和溶孔，具有较好的物性条件，花岗岩的储集空间以裂缝为主；（3）源储匹配关系较好，油气源充足，潜山直接与双阳组烃源岩侧向对接，供烃高度较大，最大可达 1000m；（4）具有较好的区域盖层条件，大面积的双阳组泥岩直接覆盖于潜山之上，形成区域性盖层，利于潜山成藏和保存。通过以上研究，明确了伊通潜山近期的勘探方向，以新生古储的大理岩潜山作为主攻目标，初步锁定莫里青断陷马鞍山断阶带为有利区，初步评价有利区面积 150km²，具备 $5000 \times 10^4 t$ 的石油资源潜力。

2. 鹿乡断陷剩余资源分布

鹿乡断陷面积 330km²，完钻探井 53 口，主要勘探目的层为奢岭组和双二段，可探明石油资源量为 $9633 \times 10^4 t$，可探明天然气资源量为 $37 \times 10^8 m^3$。目前已经发现双阳油田，探明石油地质储量为 $785.36 \times 10^4 t$，预测石油地质储量为 $455 \times 10^4 t$；探明天然气地质储量为 $16.53 \times 10^8 m^3$。待探明石油资源量为 $8857.64 \times 10^4 t$。

鹿乡断陷主要烃源岩为双阳组、奢岭组，演化程度较高，部分已进入高演化阶段，已产生一定数量的天然气，但仍以生油为主。主要目的层为双二段、双一段及奢岭组。平面上油气分布可分成五星构造带、东南缘断鼻带、大南凹陷三个带，目前勘探主要集中于前两个构造带，大南凹陷勘探程度较低，已钻探结果表明，凹陷内双二段砂岩发育，含砂率可达50%～60%，物性好，以构造控油为主，可形成断鼻或断块油气藏，双一段砂岩横向不连续，但烃源岩厚度大、指标好，可形成一定规模的岩性油气藏，是下步重点勘探领域。另外，西北缘逆断层具有良好的封挡作用，且紧邻生烃洼槽，双阳组和奢岭组可形成断层—岩性油藏和岩性—构造油藏。

3. 岔路河断陷剩余资源分布

岔路河断陷面积1270km²，完钻探井57口，石油资源量为2.56×10⁸t，天然气资源量为3433×10⁸m³。该区勘探程度较低，目前未提交油气探明储量。钻井揭示基岩潜山、双阳组、奢岭组、永吉组和万昌组等多套含油气层系。资源主要分布于岔路河断陷西北缘和中部隐伏隆起带。

岔路河断陷西北缘具备形成大型断层—岩性油气藏的石油地质条件。岔路河断陷西北缘发育两条贯穿整个断陷并且断至基底的断层，是在奢岭组沉积末期—永吉组沉积时期开始形成的逆断层，起到沟通油气源及上倾方向对油气的封堵作用。在万昌组—齐家组沉积时期，新安堡凹陷和波太凹陷内的双一段、双二段烃源岩埋深达到生烃门限而生成油气，并随着边界断层和两条逆断层的持续活动开始排烃，油气沿着活动期开启的逆断层向上运移，在逆断层附近形成断层—岩性油气藏。岔路河组沉积时期至今，随着大黑山的隆升、挤压作用的增强，西北缘边界断层进一步上冲并派生侧向挤压应力，由于应力传递作用使得凹陷内早期发育的两条逆断层发育成逆冲断距较大的控藏断层。而且由于走滑和逆冲应力的往复作用，造成逆断层断面内有大量的断层泥充填，使得这两条逆断层本身成为遮挡层，并因对油气运移起着封堵作用而成为油气藏边界。伊通盆地岔路河断陷发育两个大型生油凹陷——新安堡凹陷和波太凹陷，为该区油气成藏提供了充分的油源保障。双阳组、奢岭组、万昌组沉积时期岔路河断陷西北缘发育多期次湖底扇沉积，形成良好的储集空间；双三段、奢岭组、万昌组、齐家组沉积时期稳定发育的泥岩形成岔路河地区多套区域盖层。良好的油源、盖层和储层条件与西北缘控藏断层有机配置，有利于在岔路河断陷西北缘断褶带前缘形成断层—岩性油藏。勘探实践证实岔路河断陷西北缘发育双二段、奢岭组和万昌组三套主力油气层，其中昌43井于双二段压裂试油，日产油21.6m³、日产气15000m³，证实了岔路河断陷西北缘具备富集油气的石油地质条件；昌40井在奢岭组压裂试油，获得日产27000m³的工业气流；昌51井于万二段应用滑溜水新的压裂液体系，获得日产80400m³的高产气流。在岔路河断陷北部昌50井于奢岭组试油见到少量油气流，证实西北缘具有较大的勘探潜力。

岔路河断陷双二段沉积时期东南、西北物源稳定，发育多支扇体，砂体多期次叠加连片，具有满盆含砂特征。岩性主要为砂岩、砂砾岩，物性受埋深影响大，在中部隐伏隆起带双二段砂岩孔隙度一般小于10%，单层厚度一般为10～30m，南部总厚度一般超过150m，北部超过50m，横向连通差，纵向叠加连片。双二段砂岩夹持在双一段和双三段两套烃源岩之间，同时双二段烃源岩也较为发育，生储盖配置有利，形成大面积分布的岩性气藏，在凹陷区内连片分布，非气即干，有利勘探面积830km²。

第四节　莫里青油田

一、概况

1. 油田基本情况

莫里青油田位于吉林省伊通县境内，北距省城长春市 60km，东为长春油田和伊通县城，距油田西北部 30km 处有京哈铁路通过。油田内有公路穿过，交通便利。区内地势较平坦，地面条件较好，地面海拔 220～270m。1 月平均气温 –19～–17℃，7 月平均气温 22～23℃，年降水量 380～550mm。区域构造位置位于伊通盆地莫里青断陷靠山凹陷和西北缘断褶带内，是受岩性、构造双重控制的构造—岩性油藏，1993 年发现，2003 年采取国际合作方式开始投入开发。开发目的层为双阳组二段（双阳油层），油品为稀油。

油田东西边界经度分别为西经 124°56′40″、东经 125°8′4″；南北边界纬度分别为南纬 43°16′43″、北纬 43°25′45″。

2. 勘探简史

莫里青地区勘探始于 1981 年，进行了野外地质踏勘，1985 年以后，在该区先后完成了二维、三维地震勘探，1988 年 10 月在莫里青断陷内开始钻探，在录井中，双一段、双二段均见到不同级别的油气显示，展示了该区良好的勘探远景。1992 年 5 月在该区完钻伊 37 井，该井在录井中见含油显示 3 层 8.72m，并在 1993 年 6 月常规测试，获日产 16.27t 的工业油流，从而打开了莫里青地区的勘探局面，之后相继完钻了伊 38 井、伊 39 井、伊 40 井、伊 41 井、伊 42 井等，均获得工业油流。

1994 年开始对该区进行详探，于当年提交莫里青油田双二段探明地质储量 2212×10^4t，含油面积 32.2km²。

1995 年 3 月在莫里青油田西北地区完钻伊 45 井，同年 7 月对双二段试油，压裂后获日产 11.48t 的工业油流。随后相继钻探了伊 44x 井、伊 47 井、伊 49 井、伊 50 井，这些井均在双一段获得工业油流。

2001 年，为了扩展伊 45 井区、伊 49 井区储量规模，钻探了伊 51 井、伊 52 井和伊 53 井，其中伊 52 井双一段获工业油流，但油质较稠，伊 53 井没有见到油气显示，伊 51 井在录井过程中见到良好油气显示，但由于套管悬挂器处有漏点，导致压裂失败，没有获得工业油流，该区双二段勘探再次遇阻。

2004 年在伊 6 区块的上倾高部位钻探了伊 54 井和伊 55 井，均获得高产气流。其中伊 54 井用 13mm 油嘴放喷求产，日产气高达 8.3×10^4m³，进一步证实了该区块油气富集的勘探潜力。

2006 年以后，随着莫里青油田的开发和对莫里青断陷油气富集规律研究的不断深入，相继对伊通盆地加强了区域沉积相、构造和成藏特征等综合地质研究，在油气成藏地质认识上取得了突破性进展。2007 年 10 月，针对靠山凹陷向斜低部位部署的伊 56 井在双二段压后试油，抽汲求产获得 6.4t/d 的工业油流，突破了靠山凹陷向斜低部位的工业油流关。2008 年针对靠山凹陷斜坡部位部署的伊 57 井首次采用硅酸盐钻井液体系进行钻井，大大减少了常规钻井液体系对储层的伤害，对该井双二段试油，射后直压，抽汲求产，获得 3.78t/d 的工业油流。为了进一步落实莫里青断陷西北缘断褶带的含油气性，针对西北缘断褶带钻探了伊 59 井，该井双二段射孔后分压合试，自喷求产，获得 116.56t/d 的高产油流，从而发现了莫里青油田伊 59 区块。

二、地层

伊通盆地地表被第四系大面积覆盖。据钻井、地震资料分析，盆地基底岩系为海西期、燕山期花岗岩，局部为晚古生代变质岩。盆地内主要为古近纪沉积地层，侏罗系—白垩系仅在岔路河断陷内零星分布。莫里青断陷基岩主要为花岗岩及千枚岩，上覆古近系始新统沉积地层，自下而上依次为双阳组（一段至三段）、奢岭组（一段）、永吉组（二段至四段），渐新统的万昌组（一段、二段），新近系的岔路河组和第四系。缺失古近系始新统的奢岭组二段、永吉组一段和渐新统的齐家组。各组之间地层均为不整合接触，各组段岩性特征见表 2-1-9。

表 2-1-9 莫里青油田地层划分表

地层					层位代号	厚度/m	岩性描述
系	统	组	段	油层名称			
第四系					Q	0～50	灰黑色沼泽土、黄土、杂色砂砾岩
新近系		岔路河组			Nc	50～670	灰绿色泥岩、粉砂质泥岩和杂色砂砾岩组成不等厚互层
古近系	渐新统	万昌组			E₃w	150～660	厚层块状灰、灰绿色泥岩，夹灰色粉砂质泥岩、泥质粉砂岩、粉砂岩、砂砾岩
	始新统	永吉组			E₂y	400～1300	厚层块状深灰色泥岩，夹灰色粉砂质泥岩、泥质粉砂岩、粉砂岩
		奢岭组			E₂sh	350～800	大段深灰色泥岩为主，夹灰色粉砂质泥岩、灰白色泥质粉砂岩、灰色粉砂岩
		双阳组	三段	双阳油层	E₂s₃	50～230	深灰色泥岩为主，夹粉砂质泥岩、灰白色泥质粉砂岩
			二段		E₂s₂	510～780	深灰、灰黑色泥岩、灰白色泥质粉砂岩、粉砂岩、细砂岩、杂色含砾砂岩互层
			一段		E₂s₁	40～230	大段黑色泥岩，底部发育灰、灰白色砂砾岩
基岩							灰色、肉红色花岗岩、杂色片麻岩

三、构造

伊通地堑为一东高西低、隆凹相间、由断裂控制的断陷型盆地（地堑）。

莫里青断陷是由两条北东向边界断层所控制的继承性发育的新生界断陷。双阳组二段顶界面反射层在声波时差曲线上呈现一明显的台阶，对应地震剖面上为波峰反射。一般表现为单相位，中强振幅，连续性较好，视频率在30Hz左右，反射时间在730～1900ms之间。从地震剖面分析，双阳组各层构造特征具有继承性，形态基本一致。双二段顶面构造形态为一北东—南西向延伸的狭长向斜，西北及东南方向构造位置较高，中部构造位置较低（图2-1-98）。由于靠近断陷边界，西北及东南边界发育多条断层。其中，莫里青西北缘发育两条延伸长度较大的逆断层和一个"U"形走滑地块，对油气藏的形成起着重要控制作用。根据断陷结构、地层展布和构造发育特点，可将莫里青断陷进一步划分为西北缘断褶带、西部斜坡带、中部向斜带、东部斜坡带四个区带。

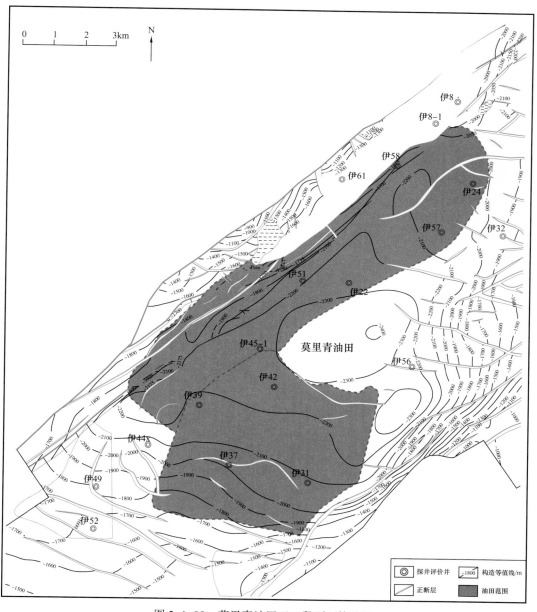

图 2-1-98　莫里青油田双二段顶面构造图

双一段顶面构造形态总体表现为西南向东北倾的斜坡，主体区海拔高度2200～2800m，东北部靠近靠山凹陷的伊51井区海拔高度达3300m。

东南方向小孤山斜坡部位海拔高度仅1300m，地层跨度达2000m，地层倾角5°～10°。西北及东南方向分别发育与盆地走向一致的北西—南东向断层，断距较大。西北缘方向发育两条近平行的逆断层，断距100～300m。

斜坡上断层较发育，均属正断层。主要断层为莫里青1号断层，走向为北东方向，北西倾，延伸距离较长，位于本区东南角，断距在200m左右。其他断层分两组，一组与1号断层近于平行，数量少，另一组为近东西走向的正断层，平面延伸长度1～6km，断距十几米到几十米，其展布特征为沿构造斜坡呈阶梯式北掉。

四、储层

莫里青地区双阳组二段储层大面积分布，主要为水下扇砂砾质或砂质沉积与深水暗色泥岩的交互组合，该区西北边缘发育有扇三角洲沉积。双阳组一段储层仅在伊49区块分布，为湖底扇及扇三角洲相。

储层岩性主要为粉砂岩、细砂岩、粗砂岩和砂砾岩，含砾较普遍，多为快速堆积的不等粒砂砾岩。具有近源短流变化快、单砂体薄、厚度差异大、横向连通差的特点。双二段储层岩石的成分成熟度较低，其碎屑成分石英含量为30%～45%，平均为43.7%，长石含量为15%～37%，平均为24.4%，岩屑含量为17%～38%，平均为27.3%，岩石类型为长石质岩屑砂岩。碳酸盐含量一般为1%～3%，最高达22.7%。在结构特征上，主要为不等粒混杂结构，基质含量一般为5%～10%，最高达18%，最大粒径4.0mm，主要粒级0.1～1.0mm。

胶结物和充填物复杂，主要为泥质，其中高岭石、方解石、黏土及云母充填普遍，不同程度出现水云母充填。储层的岩性变化导致了物性条件差异，孔隙度一般为6%～21.8%，平均为11.3%，渗透率一般为0.06～39.85mD，平均为1.98mD，碳酸盐含量一般为0.2%～20.8%，平均为2.6%；油层孔隙度一般为6%～21.8%，平均为12.9%，渗透率一般为0.1～39.8mD，平均为2.27mD，碳酸盐含量一般为0.1%～10.0%，平均为1.8%。

双一段砂岩物源主要来自西北，储层集中分布在Ⅱ砂组，平面上呈扇形展布，自西北向东南方向砂岩厚度逐渐减薄。纵向上砂体叠加连片。靠近物源区砂岩厚度大、层数多，向扇的外缘方向砂岩厚度逐渐变薄、层数逐渐减少，至伊31井—伊40井—伊43井一线尖灭。双一段储层岩性以砂砾岩为主，其次为中砂—粗砂岩，颗粒直径一般为0.039～1.6mm。碎屑中的石英含量一般为36%～60%，长石含量为25%～30%，岩屑含量为5%～30%。分选中等—较差，磨圆度为次棱角状。胶结物主要为泥质、少量灰质及次生高岭石，泥质含量一般为4%～24%。胶结类型以孔隙式为主，少数为孔隙—再生式。孔隙度一般为8%～16%，平均为12.3%，渗透率一般为0.2～12.8mD，平均为4.90mD，碳酸盐含量一般为1%～4%，平均为2.2%。储油层孔隙度一般为11%～17%，平均为13.1%，渗透率一般为1.6～12.8mD，平均为5.59mD，碳酸盐含量一般为0.5%～4%，平均为2.0%。

五、油气藏

1. 生储盖组合

莫里青油田生储盖组合如下：烃源岩层主要为双阳组一段湖相泥岩，双阳组二段砂岩为储层，双阳组三段和奢岭组一段泥岩为盖层的生储盖组合特征（图2-1-99）。

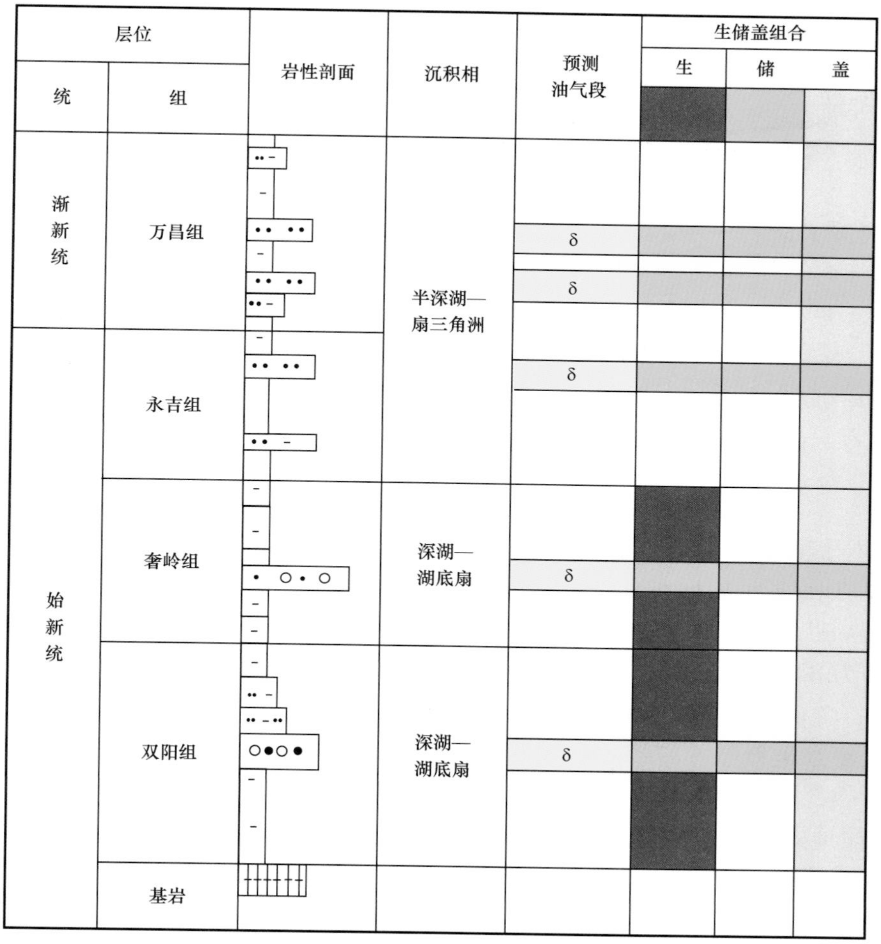

层位		岩性剖面	沉积相	预测油气段	生储盖组合		
统	组				生	储	盖
渐新统	万昌组		半深湖—扇三角洲	δ δ			
	永吉组			δ			
始新统	奢岭组		深湖—湖底扇	δ			
	双阳组		深湖—湖底扇	δ			
	基岩						

图 2-1-99　莫里青油田综合柱状图

2. 油藏类型

莫里青油田产油层主要分布于双二段下部，其油层顶面埋深2200~2800m，单井平均含油井段长约105m。该区双二段油层主要表现为油层和干层，油水同层和水层少见，未见气层。双二段油层主要有以下几个特点。

（1）构造斜坡为油气运移的指向，对油气聚集具有一定的控制作用。

（2）储层砂岩物性的变化导致了油气富集程度和产能的差异。

（3）早期发育的断层对油气具有良好的封堵作用。

（4）砂体的上倾方向及侧向受岩性、物性变化而形成遮挡，形成岩性圈闭。

（5）该区1号断裂对莫里青地区的油气分布作用明显，该断层由于发育较早，在油气向上倾方向运移与聚集起到了良好的控制作用。

综上所述，莫里青油田双二段油藏类型为构造—岩性油藏。

双一段油层以纯油层为主，含水率一般低于10%，但是位于含油区南部远离生烃凹陷的生产井含水率略高于北部的生产井。从构造特征分析，储层含油性与构造高低没有直接关系，相同物性条件下，靠近生烃凹陷的井含油饱和度高。含油性主要受储层岩性、物性控制，油藏类型为岩性油藏（图2-1-100）。

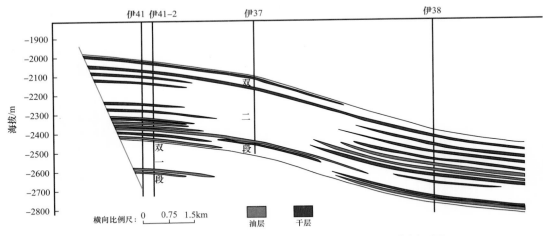

图 2-1-100　莫里青油田伊 41 井—伊 38 井双阳油层油藏剖面图

3. 流体性质

双二段地面原油密度在平面上和纵向上变化不大，一般为 $0.8058\sim0.8650g/cm^3$，平均为 $0.8413g/cm^3$；地面原油黏度（50℃）一般为 $4.1\sim12.4mPa\cdot s$，平均为 $7.58mPa\cdot s$；胶质含量为 8.8%～15.8%，平均为14.6%；含蜡量平均为20.5%；沥青质平均含量为0.85%；含硫量平均为0.09%；凝点平均为32.0℃；初馏点平均为110℃；地层原油密度一般为 $0.7091\sim0.7427g/cm^3$，平均为 $0.724g/cm^3$，地层原油黏度一般为 $0.816\sim2.418mPa\cdot s$，平均为 $1.477mPa\cdot s$。

双二段地层水总矿化度一般为 $4426\sim6721mg/L$，自西北缘至凹陷主体区地层水矿化度有逐渐降低的趋势，碳酸氢根含量一般为 $1458\sim3408mg/L$，氯离子含量一般为 $202\sim2898mg/L$，pH 值为 7～9，水型为 $NaHCO_3$ 型。

双一段地面原油密度一般为 $0.8458\sim0.8604g/cm^3$，平均为 $0.8554g/cm^3$；地面原油黏度（50℃）一般为 $6.5\sim65.5mPa\cdot s$，平均为 $24.12mPa\cdot s$；胶质含量为11.4%～17.8%，平均为14.6%；含蜡量平均为39.13%；沥青质平均含量为1.02%；含硫量平均为0.06%；凝点一般为38～49℃，平均为43℃；初馏点平均为147℃。

双一段地层水总矿化度一般为 $7341.1\sim9845.5mg/L$，自西北缘至凹陷主体区地层水矿化度有逐渐降低的趋势，碳酸氢根含量一般为 $1578.6\sim4947.9mg/L$，氯离子含量一般为 $354.5\sim3285.9mg/L$，pH 值为 7～8.3，水型为 $NaHCO_3$ 型。

4. 油层温度压力

双二段油层温度一般为82.22～115℃，压力一般为20～35MPa，压力系数为0.98，属正常的温度、压力系统。油层温度为115.56℃，平均为102℃，温度梯度为3.6～4.1℃/100m。

双一段油层温度一般为95～104℃，压力一般为22～36MPa，压力系数在1.00左右，属正常的温度、压力系统。

六、油气储量

莫里青油田在伊37井钻探获得成功后，1993—1995年完钻7口探井均获成功，并于1994年底探明石油地质储量$2212×10^4$t，溶解气地质储量$10.18×10^8m^3$，石油技术可采储量$442.40×10^4$t，溶解气技术可采储量$2.03×10^8m^3$，并于2003年采取国际合作方式开始投入开发。

2005年，吉林油田开展了储量套改工作，莫里青油田套改后含油面积$32.2km^2$，原油地质储量$2226.59×10^4$t，技术可采储量为$445.32×10^4$t；溶解气地质储量$10.24×10^8m^3$，技术可采储量为$2.05×10^8m^3$。

2008年伊59井获得高产后，通过三年的勘探评价，证实了该区西北缘及凹陷主体区整体含油。2010年在伊59区块双二段提交原油探明地质储量$4592.51×10^4$t，叠合含油面积$37.96km^2$，溶解气地质储量为$45.31×10^8m^3$，原油技术可采储量$834.40×10^4$t，溶解气技术可采储量$8.21×10^8m^3$。

在双二段油层有效开发的同时，加强对双一段油层的研究和认识，认为双一段油层同样具有开发动用的潜力。2011年，在伊49区块钻探了一口开发控制井伊52-6-1井，该井采用热油管投产，初期日产油达20t。2012年在伊49井区又部署了2口评价井，均获得高产油流。对该区评价部署的同时，优选有利区块进行了开发井部署，2012—2013年以伊52井—伊61井为中心，采用滚动开发方式，陆续完钻了74口开发井。2013年在该区双一段油层落实原油探明地质储量$652.92×10^4$t，叠合含油面积$16.83km^2$，溶解气地质储量$3.51×10^8m^3$，石油技术可采储量$130.59×10^4$t，溶解气技术可采储量$0.70×10^8m^3$。

目前莫里青油田探明含油面积$77.22km^2$，探明石油地质储量$7190.50×10^4$t。

七、开发简况

莫里青油田于1994年提交探明储量，于2003年采取国际合作方式开始投入开发。截至2017年底，莫里青油田共完成各类井259口，其中采油井210口，注水井47口。油井开井数175口，平均单井井口日产油1.3t。动用含油面积$15.68km^2$，动用石油地质储量$1378.81×10^4$t，剩余石油地质储量$1087.46×10^4$t，储量动用率55.91%。

2008年初，莫里青地区西北缘的伊59井、伊60井、伊59-1井、伊59-2井等探评井获得高产油流后及时开展试采工作，并在伊45井区和伊59井区开辟生产试验区。2008年底采用212m×212m正方形反九点面积注水井网，在伊45井区、伊59井区两个区块开辟开发试验区，共完钻开发井17口，试验区开发井稳定日产量达到8.0t。2009年11月于伊45井区、伊59井区两个开发试验区开展了4个井组的注水开发试验。在伊45井区和伊59井区各选两个井组，注采井距分别为212m和150m。

截至2018年底，莫里青油田共有油井599口，开井491口，水井总数147口，开井数118口。年产油$30.2×10^4$t，采油速度0.69%，采出程度8.05%，综合含水率42.44%。

第五节　典型勘探实例

伊通盆地是吉林油气区一个油气资源都比较丰富的断陷盆地，而位于伊通盆地西南部的莫里青断陷靠山凹陷更是一个富含油气的凹陷，该断陷成藏条件好，纵观靠山凹陷莫里青油田的勘探过程可谓一波三折，由于受到地震资料品质差和钻探、试油、压裂等配套工程技术落后的制约，始终没有获得突破，从而影响了对油气分布规律和油气成藏机制的认识，在20世纪90年代初至"十一五"末（2010年）对靠山凹陷勘探没有获得工业油流，但始终没有放弃勘探，"十二五"初期，经过综合研究认为靠山凹陷具备成藏条件，决定组织专家组，成立前线指挥部，重新勘探靠山凹陷，勘探初期遇到多次挫折，但每次勘探失败后，不气馁，总结失败原因，明确攻关目标，经过不断改进工程技术，不断深化地质认识，勘探工作不断取得新进展，一举拿下了三级储量达到亿吨级的莫里青油田。

一、伊通盆地莫里青断陷勘探历程

伊通盆地内的莫里青断陷面积 640km²，基底埋深 1500～3900m，三维地震基本覆盖全区，勘探主要目的层为双阳组二段，地层厚度 600～800m，储层主要为砂岩和砂砾岩。本节主要论述的是莫里青断陷富家屯地区，作为勘探老区，坚持勘探，随着地质认识、技术的提高，获得新发现的过程。

1950—1960 年先后开展了航磁、重力、电法勘探，发现了伊通盆地；1981 年吉林油田对伊通盆地开展了石油地质调查工作，提出了该区具有含油气前景，并建议开展地震和钻探工作。伊通盆地从 1984 年冬季开始进行二维地震采集工作，1985 年开始探井预探工作，但这两项工作都是在岔路河断陷首先开展的。1987 年在岔路河断陷万昌构造钻探的昌 2 井获得了工业油气流，从而突破了工业油流关，证实了伊通盆地具有较好含油气前景；1988 年在鹿乡断陷钻探的昌 10 井获得了高产油气流，证实了伊通盆地是一个富油气盆地，被列为全国主要含油气盆地之一，从而打开了伊通盆地大规模勘探的局面。总结伊通盆地莫里青断陷的勘探历程大体可分为三个阶段：预探发现阶段、勘探低谷阶段、突破阶段。

1. 预探初期发现阶段（1987—1994 年）

1）勘探初期突破工业油流关，掀起勘探的热潮

20 世纪 80 年代初期进行野外地质考察，初步分析莫里青地区具备油气成藏的地质条件。1987 年冬季，对莫里青断陷进行了二维地震采集工作。从 1988 年开始钻探，在1988 年 10 月至 1989 年 9 月，在莫里青断陷钻探 3 口探井，3 口井全部失利。1989 年11 月 19 日在莫里青断陷尖山隆起区完钻伊 6 井，在双阳组一段获得日产油 61.52t 的高产油流，首次在莫里青断陷突破高产油流关，掀起了莫里青断陷勘探工作的高潮。1989年冬季开始对莫里青断陷进行三维地震采集工作，到 1992 年为止，4 年采集了 4 个工区，满覆盖面积 446.48km²。由于伊 6 井获得高产，次年探井工作量大幅度增加，在 1990 年钻了 15 口探井，13 口井部署于尖山隆起区和马鞍山断阶带，其中 5 口井获得高产油

气流，8 口井失利，失利的原因是储层不发育。在靠山凹陷中部署了 2 口探井，全部失利，其中伊 3 井失利原因是缺乏储层，伊 8 井在双阳组二段见到良好显示，但没有获得工业油流，失利原因是深度大、物性差、没有储层保护措施。

2）高潮后的失落

1991 年钻探了 11 口探井，全部失利。由于伊 8 井在双阳组二段见到良好的油气显示，所以在靠山凹陷中伊 8 井区周围钻探了 6 口探井，皆见到良好显示，但没有获得工业油流，其中伊 22 井储层最发育，见到油气显示层累计厚度 104.5m，测井解释油层累计厚度 189.4m，但仅获得少量油流，失利的原因与伊 8 井相同。尖山隆起探井成功率不高，但产量高，所以在尖山隆起构造高部位部署探井 5 口，皆失利。

3）凹陷中突破油流关

在靠山凹陷中虽然没有获得工业油流，但大部分井都见到了良好显示，所以 1992 年在靠山凹陷中钻探了 6 口探井，其中位于靠山凹陷南部的 3 口井获得工业油流，突破了油流关，从而打开了靠山凹陷南部的勘探局面；中部的伊 34 井见到良好显示，但没有获得工业油流，伊 36 井、伊 33 井失利的原因是缺乏储层。

由于在靠山凹陷的南部突破了油流关，为了落实该区的储量规模，因此 1993—1994 年在该区相继完钻了 6 口探井，其中位于靠山凹陷南部的 5 口探井获得工业油流；由于伊 34 井见到良好显示，并且见到了少量油流，因此 1994 年在伊 34 井北部署了伊 35 井，该井在双阳组一段获得了工业油流。

4）阶段小结

莫里青断陷是一个 $640km^2$ 的小断陷，在这一阶段，由于第四口预探井（伊 6 井）获得高产油流，钻井工作量迅速增加，在此勘探阶段完成三维地震采集 $446.48km^2$，共钻探了 43 口探井，完成了目前总探井数的 68.3%，工业油流井比较集中，都具有构造背景好、埋藏浅的特点，1994 年在靠山凹陷南部双二段提交探明石油地质储量 $2212×10^4t$，含油面积 $32.2km^2$。同年，在尖山隆起和马鞍山断阶带的伊 6 区块双一段提交预测石油地质储量 $1395×10^4t$。

在这一勘探阶段，靠山凹陷的富家屯地区共钻探 11 口探井，除了 1 口工程报废井（伊 2 井），其余 10 口井皆见到良好油气显示，但由于没有采取任何储层保护措施，因此没有获得工业油流，自此对该区勘探几乎停滞，1995—2006 年在富家屯地区仅钻探 1 口探井（伊 51 井）。

2. 勘探低谷阶段（1995—2005 年）

由于第一阶段完钻的探井数量较多，而且分布较均匀，成功率为 32.5%，对盆地的成藏条件有了一定的认识，否定了大部分区域的勘探潜力，所以在该阶段钻探井数较少，历经 11 年，共完钻 11 口探井，该阶段外甩预探井较少，大部分探井位于第一勘探阶段发现的储量区边部，目的是落实储量规模。

1）靠山凹陷南部储量区扩边成功

于 1995 年 4 月在靠山凹陷南部已经提交探明储量区的西北和东南各部署 1 口探井，在储量区西北部钻探的伊 45 井获得成功，压裂后获日产 11.48t 的工业油流，东南部钻探的伊 46 井仅获少量油流。在 1997—1998 年，为了落实该井区的储量规模，钻探了 4

口探井，部署在伊45井周围的3口探井，其中两口探井获工业油流，1口探井获少量油流，外甩于储量区西南的伊48井失利。于1997年在伊45井区双二段提交控制石油地质储量986×10⁴t，含油面积12.6km²；次年在伊49井区双一段提交控制石油地质储量990×10⁴t。

2）丧失勘探信心，勘探几乎停止

断陷规模小，探井分布均匀，没有值得外甩勘探的领域，所以勘探工作量投入较少。1999—2005年，仅有两年进行预探井钻探，其他年度没有进行预探井的钻探。其中，在2001年，完钻3口探井，钻探目的是扩展伊45井区、伊49井区控制储量的规模；在控制储量区的南部部署两口探井，其中伊52井获工业油流，油质较稠，无工业开发价值，伊53井没有见到油气显示；在控制储量区的北部（富家屯地区）部署伊51井，见到良好显示，没有获得工业油流。2004年为了进一步落实伊6区块的储量规模，在伊6区块储量区内的上倾高部位钻探了伊54井和伊55井，均获得工业气流，但相邻的两口老井（1990年钻探）已经获得高产气流，所以这两口井的发现意义不大。

3）阶段小结

在该勘探阶段钻井工作量投入较少，外甩井全部失利，唯一的勘探成果是靠山凹陷南部探明区扩边成功，提交了1976×10⁴t的控制储量。在此期间，富家屯地区仅钻探了伊51井，为了保护储层，采用了欠平衡钻井技术，但由于技术不成熟，使用的钻井液密度仍然较大（完井液相对密度1.35），而且套管有漏点，对储层不能进行压裂改造，所以没有获得工业油流，对双二段进行测试，仅获少量油流。当时的地质认识是"靠山凹陷储层埋藏深，物性较差，试油出少量油流，基本为干层，从而给人们留下在该区获得高产油气流的可能性小的结论"，对勘探发现起到了一定的制约作用，一时间使得该区的勘探工作陷入被动，钻探工作几乎停滞。

3. 不懈探索，迟来的收获——突破阶段（2006年至今）

2006年以后，随着莫里青油田的开发和对莫里青断陷油气富集规律研究的不断深入，相继对伊通盆地进行了区域沉积相、区域构造和区域成藏研究，提出了"伊通盆地莫里青断陷富家屯地区整体含油，西北缘断褶带是油气富集区带"的观点。同时，针对莫里青断陷双二段储层具有强烈水敏的特征，在钻井液和压裂液的选取和配置方面均做了大量试验，形成了具有针对性的储层保护和改造技术，在新认识指导和新技术的工程质量保证下，勘探获得重大突破。

1）在失利的老探区之上突破油流关

针对伊通盆地复杂的地质条件，通过加大工程技术和成藏条件研究攻关力度，随着地质认识深入和工程技术的进步，吉林油田再一次把伊通盆地莫里青断陷靠山凹陷作为勘探重点。2007年10月11日完钻的伊56井获得5.41t/d的工业油流，突破了靠山凹陷向斜低部位的工业油流关，证实了岩性控藏的地质观点，为下步勘探提供了可靠依据。钻井工程技术的改造和试油压裂工艺的提高对成功钻探伊56井起到了关键作用。考虑到该区水敏特征明显、含油井段长、深度大的特点，为了减少钻井液对储层的伤害，准确分析该区真实的产油能力，2008年部署的伊57井首次采用硅酸盐钻井液体系进行钻井，大大减少了常规钻井液体系对储层的伤害。伊57井位于靠山凹陷主体东部斜坡部位，获得 3.78t/d 的工业油流。

2）西北缘断褶带喜获高产油流

随着靠山凹陷主体部位钻井的突破，低部位含油性已经得到证实。通过对该区构造特征及其构造发育史的系统研究，认为莫里青地区西北缘发育逆断层，构造背景好，有利于油气的聚集和保存。

2008 年针对西北缘断褶带部署了伊 59 井、伊 60 井，其中伊 59 井在双二段见油迹—油浸级油气显示 23 层共 149.4m；测井解释油层 29 层共 187.4m，对该井双二段 80 号、85 号层射孔后分压合试，自喷求产（15mm 油嘴），获得 182m³/d 的高产油流；伊 60 井在双二段见荧光—油浸级油气显示 42 层共 150.2m；测井解释油层 32 层共 100m，该井双二段 51 号层试油获得日产 86.52t 的高产油流。

3）新发现的油田规模大，开发效益好

伊 56 井、伊 57 井、伊 59 井、伊 60 井钻探的相继成功，证明了莫里青断陷靠山凹陷发育大面积的岩性油气藏，不仅整体含油，而且具备高产条件，展示出富家屯地区西北缘巨大的勘探潜力及良好的开发价值。2008 年在莫里青地区双二段（双阳油层）整体提交预测石油地质储量 7379×10^4t，含油面积 96.2km²。

为了进一步落实高产效益区块的规模，2009 年钻探了 4 口探井，2 口井获得工业油流，其中伊 58 井试油获得 81m³/d 的高产油流，相继完钻评价井 11 口，10 口井获工业油流，其中有 5 口评价井日产油量超 20m³，落实了该区块油藏规模，2009 年在该区提交控制石油地质储量 5708×10^4t。2010 年在该区提交 4600×10^4t 的探明石油地质储量。自该区勘探突破并提交探明储量，应用复杂断陷盆地油藏精细描述、强敏感性储层、多层系油藏工程设计配套技术，优选"甜点"，逐步开发，每年都滚动开发一定储量，是吉林油田低油价条件下，少数滚动开发目标之一。截至 2017 年，累计动用地质储量 2406×10^4t，完钻开发井 328 口，新建产能 54.1×10^4t，累计产出原油 117×10^4t，使长春采油厂在年产油 2×10^4t 濒临关停的被动局面下，实现快速上产并稳产 20×10^4t。

二、莫里青断陷富家屯地区的勘探实践

油气勘探是一项不断探索未知领域的过程，对于勘探程度较高的盆地，如果没有地质认识的突破，勘探工作就会徘徊不前；如果没有勘探技术的提高，就无法改变勘探局面。正是由于深化莫里青断陷的地质认识和提高勘探技术，从而获得了莫里青断陷靠山凹陷勘探的重大突破。

1. 坚持不懈，重新认识老区的勘探潜力

1）扎实的研究基础是勘探成功的动力源泉

20 世纪 90 年代初钻探老井的失利产生了"储层物性差，该区没有工业价值"的错误观点，2003 年采用欠平衡钻井技术，在靠近该区西北缘的区域钻探了伊 51 井，但由于固井质量不好，不能对储层实施压裂改造，因此仍然没有获得工业油流，使这一错误的观点沿用了许多年。另外，由于地震资料采集于 20 世纪 90 年代初，资料品质差，分辨率低；当时采集的三维地震炮点没有上山，西北缘边界处覆盖次数不够，另外，由于伊通盆地不同时期应力场多变，造成断裂系统复杂，从而导致盆地西北缘边界模糊，多

解性强，地质模式不易建立；构造解释方案不易确定，从而导致盆地西北缘边界断裂的性质不清，地层倾角较大，多年来，一直没有信心钻探盆地西北缘。

为了客观地认识伊通盆地的勘探潜力，2006年从基础研究入手，相继对伊通盆地进行了区域沉积相、区域构造和区域成藏研究，重新认识了伊通盆地的勘探潜力。为了落实盆地边界性质，2007年在伊通盆地部署了重力、电法等工作量，通过野外露头勘察，结合重力、大地电法以及地震资料综合分析，确定了盆地西北缘具有挤压逆冲的性质，建立了西北缘断褶带的地质模式。由于西北缘地震资料品质差，构造解释难度较大，通过加强地震与地质的结合力度，在地质模式的指导下，确定了西北缘的地震资料解释方案，落实了构造特征；研究认为莫里青断陷双二段近岸水下扇体具备形成大面积断层—岩性油藏的基本石油地质条件，提出了"伊通盆地西北缘断褶带是一条近北东向横贯盆地的油气富集带"的地质观点。其主要依据如下：邻近生烃凹陷，烃源岩厚度大，质量好，有利于油气富集；规模较大的近岸水下扇体，物性好、厚度大；盆地演化后期（齐家组沉积末期）盆地受到较强的挤压作用，挤压作用不仅使断层具有封闭性，而且形成了良好的构造背景，同时也增强了生、排烃动力，形成了两组近南西—北东向的大型逆断层，横切西北物源方向的扇体，对双阳组油气的聚集成藏和油气富集起着重要控制作用，油气主要在近岸水下扇沉积体系的中扇、外扇亚相带形成大面积分布的断层—岩性油气藏。

2）锲而不舍，老区勘探获得重大突破

新的地质认识增强了对该区的勘探信心，在上述认识的指导下，突破老观点的束缚，2007年在扇体的前缘、扇中及西北缘分别部署了伊56井、伊57井、伊59井3口探井，全部获得工业油流。其中伊56井、伊57井证实了靠山凹陷整体含油，同时也证明了靠山凹陷中部在新工程技术条件下，可以获得工业油流；位于西北缘的伊59井获得日产超过100m³的高产油流，证实了西北缘断褶带是一个富油气区带；这3口井打开了老探区的勘探局面，随后在断褶带内部部署的伊60井、伊58井均获得高产油流，钻探的评价井和开发井效果良好，自此，发现了一个大型整装油田，开发动用效果良好。

2. 深究老井失利原因是勘探突破的关键

莫里青断陷靠山凹陷目的层是双二段，埋深2100～3000m。富家屯地区20世纪90年代初期，共完钻探井11口，分布较均匀，其中有10口井获少量油气流，但没有获得工业油流，当时认为储层质量差，该区油藏没有工业价值，"九五"至"十五"期间（1996—2005年）在该区几乎没有投入探井工作量。

1）老井失利的原因深究过程

（1）储层条件的原因。

由于富家屯地区油层厚度大，大部分井都见到了良好显示，因此勘探者一直没有灰心，陆续钻探了12口井，但没有获得工业油流，最初认识是"储层质量差影响了单井产量，快速沉积的水下扇，分选、磨圆差，泥质含量偏高，储层物性差，不可能获得工业油流"，然而通过研究发现储层物性还可以，孔隙度主要分布在10%～18%之间，渗透率主要分布在0.1～2.5mD之间，油层厚度大，平均有效厚度46.8m，具备高产条件。

（2）钻井工程技术落后的原因。

该区的钻井工程难度较大，主要原因是储层埋藏深度大（2250～3000m），泥岩的欠压实作用明显，常出现井壁掉块、卡钻问题，维护井壁难度大，在老井的钻探过程中，只能依靠提高钻井液密度维护井壁，不仅钻井速度慢、钻井周期长，而且对储层造成了伤害。针对这一问题，2001年实施了欠平衡钻井试验，钻探了伊51井，但当时的欠平衡技术不过关，完井液密度为1.33g/cm³，漏斗黏度为139s，钻时4个月，没有达到保护储层的目的，而且套管存在漏点，不能实施压裂改造措施，导致没有突破油流关。

（3）储层改造技术落后的原因。

通过进一步深究老井低产的原因，提出"可能是储层改造的效果不好，压裂规模不够导致低产"的观点，于是对老井的含油层进行优选，选择含油性最好的层段进行压裂，但效果不好，如伊34井的11号层经过2次压裂，均未获得工业油流，该层的各种资料表明含油性非常好，而且在1992年对其测试，获得了0.017t/d的油流，在1997年实施了第一次压裂，加砂9m³，试油结果为干层。考虑到压裂液对强水敏储层有伤害，2007年应用了柴油乳化压裂液对其实施了二次压裂，加陶粒22m³，试油结果为获得0.29t/d油流，仍然没有获得工业油流，类似的工作还有伊24井的35号、36号层，伊34井的22号、23号层，压裂后都没有效果，研究认为由于强水敏储层已经被伤害，储层内部的孔隙结构已经被破坏，导致老井的改造效果不好。

2）老井失利的原因探讨的结论

综合分析认为该区具备成藏条件，为了探究没有获得工业油流的原因，从地质研究至试油过程进行系统分析，最终明确该区探井失利的原因是工程技术制约了勘探发现。该区的储层具有强水敏特征，在老井的钻井过程中，使用的是水基钻井液，钻井液密度一般大于1.4g/cm³，钻井速度慢，所用时间长，储层受到严重伤害；另外，20世纪90年代初的压裂技术较落后，加砂量少，造缝长度小，压裂液与强水敏储层不配伍，严重伤害了储层，导致老探井见到良好显示，但没有获得工业油流。

利用新的工程技术，获得了良好的勘探效果。在靠山凹陷部署的探井、评价井全部获得工业油流，2009年为了落实该区的控制储量规模，在老井伊22井、伊24井的旁边分别部署了伊22-1井、伊24-1井两口替代井，均获得工业油流，进一步证实了老井区具备工业价值。

3. 勘探技术的提高是勘探获得突破的保障

针对莫里青断陷储层特征，在钻井、压裂的过程中，强调储层保护工作，针对钻井液、压裂液进行了大量试验，使用乳化压裂液降低水敏伤害，提高携砂能力，应用硅酸盐钻井液体系，实现了伊通盆地强水敏储层的保护。在流体识别方面进行了钻井液侵入、地层水矿化度影响测井资料校正攻关，对老井测井资料重新解释，有效解决了储层及油气水层识别问题。在新认识指导和新技术的工程质量保证下，在莫里青断陷西北缘油气勘探获得重大突破。

1）大力推广物探技术应用，对勘探目标要做到精雕细刻

莫里青断陷西北缘地震成像难度大，地震采集和处理上都存在一些难点，因此在该区地震采集、处理过程中应用了许多高新技术，如利用山地地震采集技术，得到盆地西

北缘满覆盖资料；利用叠前深度偏移处理技术，提高了西北缘地震成像品质，利用叠前、叠后联合反演技术预测扇体的形态，为该区的勘探、评价、开发工作提供了可靠依据，因此，通过大力推广应用物探技术，精细刻画盆地的构造和储层，落实有利于油气聚集区带是勘探突破的关键条件。

2）硅酸盐钻井液不仅保证了工程质量，而且有效地保护了储层

针对伊通地区钻井过程中出现的永吉组、奢岭组、双阳组严重坍塌和储层伤害的问题，开展了KCl—硅酸盐钻井液的研究工作。通过常用处理剂与硅酸盐配伍性研究，硅酸盐钻井液的流变性、防塌性、抗温性研究，储层保护性能研究与评价，优选出强抑制性、强封堵能力的KCl—硅酸盐钻井液体系。与以往使用的聚合醇等钻井液相比，抑制性提高20%，回收率达到96%（油基钻井液97%），渗透率恢复值提高33%，达到95%。经伊通地区探井现场应用表明，KCl—硅酸盐钻井液与其他钻井液体系对比，前者有以下优点。

（1）储层保护效果好。

依据测试资料，使用KCl—硅酸盐钻井液的探井，储层表皮系数一般小于0，表明储层无伤害。

（2）该体系抑制性强，稳定井壁性能好。

2008年开始，在伊通盆地普遍推广使用KCl—硅酸盐钻井液，井塌事故大幅度降低，保证了钻井工作的顺利进行。

（3）钻井液体系优良。

由于该体系是低固相、粗分散钻井液体系，与细分散钻井液相比，有利于提高机械钻速，现场应用也证明了该体系有利于提高机械钻速。

3）针对伊通盆地敏感性储层，采用压裂改造新技术大幅度提高了产能

针对伊通盆地敏感性储层，形成以提高裂缝导流能力为目标的压裂优化设计技术；应用乳化压裂液体系降低储层伤害，提高携砂能力；优选压裂管柱和井下工具，有效避免事故；确定压后最佳返排时间和返排程序，有效避免返排出砂。

新技术使老区重放新彩。靠山凹陷富家屯地区12口老井没有获得工业油流，在新技术条件下，钻探的探井、评价井共22口井，18口井获得工业油流，其中9口井日产油大于30m³，在两口老井旁边各钻探了1口替代井（伊24-1井、伊22-1井）全部获得工业油流，开发试验提前进行，开发井效果良好（平均日产油8t以上），足以说明新技术在产能建设中发挥了不容置疑的重大作用。

4）流体识别技术攻关的结果为研究油气分布规律提供了依据

伊通盆地地质条件复杂，应用的测井系列较多，钻井液相对密度大，钻井时间长，伤害储层，而且钻井液种类多，对测井资料影响较大，地层水变化幅度较大，为测井解释带来较大难度，导致该区的测井解释结果与试油结果符合率较低，严重影响了成藏规律的研究。为此，进行以下3项技术攻关，大幅度提高了测井解释精度，为该区油气分布规律的研究提供了依据。

（1）测井曲线的标准化技术。

应用测井曲线的标准化技术削减该区测井系列多（数控、3700、5700系列、EXCELL2000）、施工单位多、解释标准不统一等问题。

（2）钻井液侵入校正技术。

依据侧向电阻率资料，反演地层真电阻率，削减钻井液侵入对电阻率测井的影响。该项技术应用流体识别解释，取得了很好的效果。

（3）地层水矿化度对电性影响研究。

通过模拟地层水矿化度变化对油水层电性下限的影响规律，解释高阻出水、低阻出油的困惑。

第二章 外围盆地

外围盆地是指位于吉林油气区内，松辽盆地及伊通盆地以东、地处吉林省境内东南部、面积大小不等的 55 个沉积盆地的总称，总面积约 $2.5 \times 10^4 km^2$，其中盆地面积大于 $1000km^2$ 的有 6 个，盆地面积介于 $500 \sim 1000km^2$ 的有 5 个，吉林油田公司主要针对辽源盆地、柳河盆地、通化盆地、鸭绿江盆地和蛟河盆地开展了工作。整个外围盆地勘探程度较低，仅在部分盆地实施了重磁电勘探、二维地震勘探和地质井钻探等少量工作（表 2-2-1）。现将勘探程度相对较高、研究工作相对较多的辽源盆地、柳河盆地、通化盆地和鸭绿江盆地勘探成果简述如下。

表 2-2-1 吉林油气区外围盆地勘探工作量一览表

盆地名称	盆地面积 / km^2	2006 年前			2006 年后								
		地表化探 / km^2	重力普查 / km^2	二维地震 / km	时频电磁 / km	微生物化学勘探 / km^2	重磁勘探 / km^2	电法勘探 / km	二维地震	地质井		参数井	
										井数 / 口	进尺 / m	井数 / 口	进尺 / m
双阳	400			67					101				
辽源	550			53	100	24	901	102	344	2	3000	1	1570
辉桦	1000		1738						88				
柳河	1050	2007		64					400	3	4500	1	3200
通化	1500		16				2407	205	203	10	20000	1	3786
鸭绿江	10000						10600	1424	472	9	1600	1	4500
蛟河	550	550					740	78		2	2000		
额穆	1280	861	1450										
松江	750						1074	113					

第一节 辽 源 盆 地

一、盆地概况

1. 地理位置

辽源盆地主体位于吉林省辽源市境内，其西部延伸入辽宁省西丰县，北邻伊通盆地莫里青断陷。盆地呈北西向展布，面积约 $550km^2$，为中生代含煤及火山碎屑岩断陷型盆地。盆地内地势较为平坦，一般海拔在300m左右，交通便利，利于开展各项勘探工作。

2. 勘探简况

1990年之前，辽源盆地主要以煤矿部门的找煤勘探工作为主，积累了丰富的有关地层、构造、沉积和古生物的相关资料，同时，据煤矿部门的钻井资料记载，在盆地内的平岗煤矿发现油砂和安山岩裂缝内存在液态烃，从而引起石油界的关注。

1991年，吉林油田开始了辽源盆地的油气勘探工作，进行了首次石油地质调查。1993年，开展了野外地质踏勘和资料收集工作，对盆地烃源岩和储层进行了初步评价，同时开展了盆地1∶200000重力和1∶500000航磁资料处理和解释。通过上述工作初步认为盆地形成于区域地质发展的断陷期，属断陷型含煤及火山碎屑岩建造盆地。2000年，为进一步了解盆地结构，完成了两条共计58km的二维地震勘探，受当时的采集技术和地表条件的限制，地震资料品质较差，不能满足对盆地结构研究的需要。2007年以后，吉林油田为了寻找油气勘探接替领域，加大了对外围盆地的勘探力度，相继在盆地内开展了重磁电震勘探和钻探工作（表2-2-1），初步落实了盆地基本石油地质条件。

二、区域地质

1. 区域构造位置及基底岩性

辽源盆地大地构造位置位于兴蒙地槽褶皱区吉林地槽褶皱带石岭隆起之上，基底岩性主要为晚海西期的斜长片麻岩和黑云母花岗岩，其次为上奥陶统石缝组变质砂岩和大理岩，据重磁电震资料推测，盆地基底最大埋深约为4.5km。

2. 地层

辽源盆地地层主要为下白垩统（图2-2-1），遍布全盆地，厚度约5000m，第四系分布也较广，主要沿沟壑分布于盆地内部。盆地自下而上地层特征分别如下。

1）白垩系

（1）德仁组（K_1dr）。

该组主要分布在平岗坳陷东部边缘的新生村—老龙村一带，岩性以安山岩、集块岩、凝灰岩为主，底部为砾岩和含砾砂岩。火山岩为混合式喷发产物，由酸性岩浆喷发开始，经过大量中性岩浆喷发，最后又以酸性岩浆喷发结束。该组厚度为950～1500m。

（2）久大组（K_1j）。

该组主要分布在平岗坳陷东部的夏家街、安恕和灵镇一带，呈环状分布，下部为薄层凝灰质砂砾岩和黑色页岩，上部为灰色砂岩、页岩夹多层煤，产植物和动物化石，属火山活动间歇期湖沼相沉积产物，是盆地内暗色泥岩较发育的层段，地层厚度为350～500m，与下伏德仁组呈整合接触。

（3）安民组（K_1a）。

该组分布较广，主要见于盆地东部，岩性主要为安山岩、安山玄武岩和火山碎屑岩夹少量煤线，厚度变化较大，为350～1200m。

（4）长安组（K_1c）。

该组主要分布于盆地的中部，岩性为黄褐、黄灰、灰色中粗粒、细粒凝灰质砂岩，黑色页岩夹粉砂岩、细砂岩及煤层，厚度为200～900m，与下伏安民组呈整合接触。

界	系	统	组	岩性剖面	地层厚度/m	岩性简述
新生界	第四系				0～60	表土、灰白色砂砾岩及灰色玄武岩
中生界	白垩系	上统	泉头组		50～210	黄色砂砾岩、粗砂岩夹紫红色泥岩
		下统	英华村组		250～670	灰白色砾岩、黄灰色中砂岩夹薄层泥岩
			长安组		350～980	灰黑色砂质页岩、页岩、泥岩和煤层夹凝灰质砂岩和灰绿色安山质集块岩
			安民组		530～930	灰绿、黄褐色安山岩夹少量泥岩和砂岩
			久大组		400～830	灰黑色泥岩、灰色粉砂岩夹灰黑色安山岩和灰绿色集块岩
			德仁组		420～1630	上部为多斑安山岩、凝灰岩夹少量碎屑岩，下部为黄褐色砂岩、砾岩
古生界	奥陶系—志留系					褐红色花岗岩、灰白色大理岩

图 2-2-1　辽源盆地地层柱状图

（5）英华村组（K$_1$y）。

该组分布较局限，主要分布于盆地中央，岩性为火山碎屑岩，厚度为 100～350m，与下伏长安组呈整合接触。

（6）泉头组（K$_2$q）。

该组紧邻英华村组分布，岩性为紫红色泥岩和黄色砂岩，厚度为 100～300m，与下伏英华村组呈整合接触。

2）第四系

主要为砂砾岩及黏土层，厚度为 0～60m。

3. 构造

包括断裂、构造单元划分、构造发育史三个方面。

1）断裂

盆地内断裂发育，主要为北西向和北东向两组断裂（图 2-2-2）。北西向断裂规模较大，控制了盆地的形成和发展；北东向断裂为后期发育的断裂，主要发育在坳陷内部，对坳陷的局部形态起到了控制和改造作用。

2）构造单元划分

盆地基底可划分为平岗坳陷、辽源坳陷和长西隆起三个一级构造单元。其中，平岗坳陷又进一步划分为泉太凹陷、共安凹陷和马梁凸起三个二级构造单元；辽源坳陷又进一步划分为云顶凹陷、金岗凹陷、永胜凸起和石河凸起四个二级构造单元（图2-2-2）。

图 2-2-2　辽源盆地断裂分布及构造单元划分图

平岗坳陷西断东超、北深南浅，基底最大埋深约 4000m；辽源坳陷东断西超、南深北浅，基底最大埋深约 4500m；长西隆起的东南部基底出露地表，西北部两个坳陷彼此相连，沉积建造基本一致，推测平岗和辽源两个坳陷在初期可能为统一的湖盆，后期受构造运动影响，长西隆起的东南部抬升遭受剥蚀，基岩出露，西北抬升剥蚀幅度相对较小，残留部分沉积地层，致使两个坳陷间还彼此相连。另外与该盆地相邻的渭津盆地、辽河源盆地在形成的初始时期可能为同一个盆地。由于目前盆地勘探程度较低，是否为同一盆地有待于进一步证实。

3）构造发育史

辽源盆地受佳伊断裂南段主干断裂和盆地内部发育的北西和北东向断裂的控制，构造演化和形成可分为快速断陷、整体坳陷和萎缩抬升三个时期。

整体坳陷期：随着佳伊断裂带逐渐趋于稳定，辽源盆地受到北东—南西方向拉张力逐渐减小，伴随岩石圈的冷却，岩浆活动基本不发育，辽源盆地由断陷期转为整体坳陷期，由原火山热液充填盆地转为辽源与平岗相对独立的陆源碎屑湖盆沉积。原有北西—南东走向断层活动相对稳定，且盆地处于板块俯冲带后部张裂区，整体受到北西—南东方向张力，形成一系列北东—南西走向的正断层，控制盆地边界。长安组沉积时期由于盆地坳陷程度较深，属半深湖沉积，为半深湖泥岩夹粉砂、砂岩，局部仍可见到安山质凝灰岩、安山岩等火山岩建造。在构造运动相对稳定的条件下，随着盆地充填的不断进行，岩性向上逐渐变粗，形成英华村组的陆源三角洲相含砾砂岩和中细砂岩沉积建造。随着盆地沉降变缓，构造下沉幅度较小，在物源不断填充的情况下，沉积可容空间极小，发育为河湖沉积阶段的紫红色砂砾岩，指示水体较浅条件下的氧化环境。

萎缩抬升期：由于太平洋板块俯冲，原本俯冲带后部张裂运动转换为强烈挤压运动，平岗坳陷东缘、西缘、南缘及辽源坳陷北缘均可见北东—南西向低角度逆掩断层，而泉太镇可观察到花岗岩由北东向南西逆冲，形成飞来峰。在北东—南西方向挤压作用下，佳伊断裂带及以东区域普遍发生隆升运动，到早白垩世以后，构造运动以抬升为主，盆地露出水面，开始遭受风化剥蚀，由于盆地边缘抬升的幅度较大，故遭受剥蚀亦较深。

综上所述，辽源盆地的形成和发展主要是受北西、北东两组断裂所控制，大体上经历了三个发展阶段：一是北西向断裂受北东—南西向拉张力作用，盆地初始伸展断陷，并沉积了德仁组、久大组、安民组；二是北东、北西向断层受整体拉张力作用，盆地出现稳定整体坳陷，沉积长安组、英华村组、泉头组；三是盆地抬升，遭受剥蚀。

三、石油地质

1. 烃源岩

辽源盆地发育下白垩统长安组、安民组和久大组三套烃源岩，烃源岩岩性主要为灰黑色和黑色泥岩，以长安组暗色泥岩最为发育，厚度为80～410m；其次为久大组，厚度为50～100m；安民组泥岩厚度稍薄，为10～45m。

1）有机质丰度

长安组共完成了31块泥岩样品分析化验，有机碳含量为0.62%～5.62%，平均为2.69%，仅有一块样品的有机碳含量小于1.0%，其余样品的有机碳含量均大于1.0%，并且80%的样品的有机碳含量大于2.0%；生烃潜量为0.8316～15.4682mg/g，平均为3.70mg/g。依据陆相烃源岩评价标准，长安组烃源岩为好—最好烃源岩，是该盆地主要烃源岩之一。

安民组完成了20块泥岩样品分析化验，有机碳含量为0.619%～11.155%，平均为3.0%，超过90%的样品有机碳含量大于1.0%，可见该组暗色泥岩厚度虽然不大，但泥岩有机碳含量较高，不失为一套好的烃源岩层系；生烃潜量为0.4909～36.8638mg/g，平均为7.7279mg/g。评价认为该套烃源岩为好—最好烃源岩。

久大组共完成了 65 块泥岩样品分析化验，其中有 11 块样品有机碳含量低于 0.4%，属非烃源岩样品，其余有机碳含量为 0.48%～6.172%，平均为 1.85%，80% 的泥岩样品的有机碳含量大于 1.0%；生烃潜量为 0.1021～44.6437mg/g，平均为 5.7438mg/g，也是一套好—最好级别的烃源岩。

综上所述，辽源盆地下白垩统主要为还原环境下的沼泽—深湖相沉积，具有较好的生油能力，而且煤田钻孔已经证实烃源岩有过生油过程。

2）有机质类型

辽源盆地用于确定泥岩有机质类型的分析化验资料较少，仅有少量岩心的干酪根显微组分资料。干酪根显微组分表明：长安组和久大组烃源岩有机质类型主要是 II_2 型（腐泥—腐殖型）和 III 型（腐殖型），同时长安组有少量的 II_1 型（腐殖—腐泥型）。

3）有机质成熟度

岩心的镜质组分析测试表明：长安组烃源岩 R_o 为 0.7%～1.3%，处于成熟阶段；久大组烃源岩 R_o 为 2.48%～2.86%，处于过成熟阶段，这可能与该组地层中火山岩较发育，且埋深较大有关。

综上所述，辽源盆地烃源岩具有有机质丰度高、演化程度适中、以生气为主等特点，具有较好的生烃条件。

2. 储层

辽源盆地发育砂岩和火山岩两类储集岩。盆地内长安组、安民组和久大组均发育厚层砂岩，砂地比为 25%～45%。长安组 23 块砂岩物性分析表明：孔隙度为 2.0%～20.7%，中孔占总数的 26%，低孔占总数的 13%，特低孔占总数的 35%，超低孔占总数的 26%；渗透率为 0.0014～15.95mD，低渗占总数的 17.4%，特低渗占总数的 34.8%，超低渗占总数的 26.1%。碎屑岩以特低孔—超低渗致密储层为主。砂岩储层的裂缝普遍发育，面孔率为 0.21%～0.81%，可以改善砂岩储层的储集和渗流条件，为油气成藏提供了空间。

安民组和久大组火山岩极为发育，占地层的 36%～83%，主要岩性为安山岩，安山岩的有效孔隙度为 6.0%～20%，渗透率为 0.01～9.96mD，依据火山岩储层类型划分标准，储层为 IV 类储层。但是火山岩储层的裂缝较为发育，可以改善火山岩储层的储集和渗流条件，煤田钻孔发现油气均储集在安山岩的裂隙和孔洞中，其储集能力得到证实。

综合上述分析，辽源盆地储层具备一定的油气储渗能力。

3. 盖层及保存条件

辽源盆地发育多套品质较好的区域性盖层，包括长安组、久大组和安民组的泥岩及煤层，同时在安民组和久大组还发育厚度较大的火山岩，火山岩既可以作为储层，又可以作为良好的区域盖层，由此形成三套独立的含油层系。目前，煤田和油田的钻探已经证实存在久大组和安民组两套含油层系，长安组是否含油气有待进一步验证。

4. 油气显示

据煤田资料记载，1987—1992 年，东煤地质局在平岗坳陷的南部共安区开展煤田普查，有 6 口井在安民组的火山岩气孔和裂缝中发现原油，原油呈褐色，岩心出筒后，原油可以外流，证实辽源盆地烃源岩已经历过生油气过程。

四、含油气远景评价

辽源盆地发育了长安组、安民组和久大组三套烃源岩，有机质丰度高，均已进入了生烃门限，已经历生烃和排烃过程。盆地内发育砂岩和火山岩两类储层，裂缝较为发育，具有较好的储集能力。沉积岩和火山岩互层，有利于油气的生成和保存，可能形成三套含油气组合，目前已发现久大组和安民组两套含油气层系，证实了盆地确有油气的生成和运聚。盆地构造格架为"两坳一隆"，在坳陷内又发育凹陷和凸起，同时局部构造也较为发育，有利于油气聚集成藏。综合评价认为，辽源盆地具有较好的油气成藏条件，展现了良好的勘探潜力。

第二节 柳河盆地和通化盆地

一、盆地概况

1.地理位置

柳河盆地主体位于吉林省柳河县境内，以柳河县城为中心，向东北在河洼地区与辉桦地堑斜接，向西南经安口镇延入辽宁省境内。盆地地貌上呈一狭长的河谷平原，其平均宽度约 10km，长约 120km，面积约 1050km²，境内有一统河顺势纵贯全区，并于辉南镇汇入辉发河。

通化盆地主体位于吉林省通化县境内，呈底边平行于柳河地堑的倒置的梯形，两者以太古宇地垒相隔，最近距离约 1km。盆地北起三源浦镇，南至通化县城，西至辽宁省新宾县汪清门镇，东抵通化市区，面积约 1500km²，为中生代断陷型盆地。盆地地势大体呈北东高西南低，地貌以低山丘陵为主，地面海拔 300～850m，内有蝲蛄河及二密河等浑江支流交织成网，为鱼米之乡。盆地内交通方便，由通化至长春的铁路及公路穿过盆地东缘，通化至辽宁新宾县的县级公路横跨盆地中部，通化至相邻县、镇的乡级公路交织成网，利于开展各项勘探工作。

2.勘探简况

前人对柳河盆地和通化盆地进行过地层、构造和古生物等方面的区域地质研究，积累了大量的资料，为石油地质研究奠定了基础。通化盆地的油气普查始于 1982 年，当年开展了地面地质踏勘工作，发现盆地的亨通山组、下桦皮甸子组、鹰嘴砬子组和果松组的部分层段有机质较为丰富，是火山活动期后温暖潮湿环境下的湖沼相沉积，具有较好的生烃物质基础，但由于对构造环境了解较少，只提出了进一步工作的建议。到 2007 年盆地内仅仅进行过航磁资料解释、油气地球化学普查和少量的二维地震勘探。2007 年以后，吉林油田公司逐步加大了对两个盆地的油气勘探投入，相继在柳河盆地投入了重磁勘探 3500km²，电法勘探 638km，二维地震勘探 400km，完钻地质井 3 口，参数井 1 口；通化盆地投入重磁勘探 2407km²，电法勘探 205km，二维地震勘探 203km，地质井 16 口，参数井 1 口（表 2-2-1）。这些勘探工作量的投入，对盆地的结构、构造、地层和烃源岩等有了进一步的认识，通化盆地有 6 口井在亨通山组和下桦皮甸子组见到油迹、油斑和油浸显示，证实通化盆地确实是一个含油气盆地。但由于重磁电资料精度有限，二维地震资料品质差，导致盆地结构和构造不落实，今后需要加强地震的采集处理攻关。

二、区域地质

1.区域构造位置及基底岩性

柳河盆地和通化盆地皆位于华北准地台之上，板块学说观点认为属于欧亚大陆东缘岩浆弧之上，其中柳河盆地与敦化—密山断裂带有着密切的共生关系。

盆地基底为太古宇—中元古界的各类古老变质岩，其中太古宇鞍山群是一套以混合岩、变粒岩等为主的变质岩系，主要出露在盆地周缘。据重磁电震资料推测，柳河盆地基底埋深为1800～3500m，通化盆地基底埋深为2800～4500m。

2.地层

柳河盆地和通化盆地基底之上主要沉积了中侏罗统侯家屯组和下白垩统果松组、鹰嘴砬子组、林子头组、下桦皮甸子组、亨通山组、三棵榆树组和黑崴子组（图2-2-3），岩性主要为沉积岩、火山岩和火山碎屑岩等。

界	系	统	组	岩性剖面	地层厚度/m	岩性简述
新生界	第四系				20～150	杂色表土及灰色砂砾岩
中生界	白垩系	下统	黑崴子组		50～300	杂色砂砾岩、紫色粉砂岩和紫红色泥岩
			三棵榆树组		800～2000	紫灰色安山岩、灰紫色流纹岩和流纹质角砾岩，底部为紫灰色砾岩
			亨通山组		250～700	灰色粉砂岩、砂岩、凝灰质砂岩与灰色、灰黑色泥岩互层，夹少量凝灰岩
			下桦皮甸子组		450～1000	灰色粉砂岩、细砂岩、凝灰质砂岩和灰黑色页岩，砂质页岩、泥岩互层
			林子头组		650～800	上部为灰黑色页岩、灰白色凝灰质砂岩、砂岩，下部为灰色凝灰岩、集块岩和安山岩
			鹰嘴砬子组		480～810	上部为灰色砂岩、灰黑色页岩、灰色凝灰岩及安山岩，下部为紫色凝灰质砂岩夹页岩
			果松组		550～1100	灰色安山岩、凝灰岩、凝灰质砂岩和紫色钙质粉砂岩，底部为凝灰质角砾岩
	侏罗系	中统	侯家屯组		500～830	紫色粉砂岩、砂岩夹黄绿色泥质粉砂岩、灰色粉砂岩和少量泥灰岩透镜体
太古宇						灰白色花岗片麻岩、混合岩等

图2-2-3　柳河盆地和通化盆地地层柱状图

1）侏罗系

侏罗系主要见有中侏罗统的侯家屯组（J_2h）。该组在柳河县安口镇侯家屯、通化市西郊及辽宁省新宾县红升镇、旺清门镇、夹河北村等地均有出露，并在红升镇的侯家屯组可见鱼类和植物化石，以紫红色和青灰色泥质粉砂岩为主，部分剖面可见紫红色冲积扇相、河流相砾岩，厚度为500～830m。

2）白垩系

下白垩统是两个盆地发育的主要地层，自下而上主要岩性特征如下：

（1）果松组（K_1g）。

主要为灰绿色、紫灰色杏仁状、致密状、斑状中性安山岩，夹凝灰熔岩、流纹岩、粗面安山岩及火山碎屑岩和凝灰质砂砾岩等，为一套火山岩—火山碎屑岩建造，厚度为550～1100m。该组在两个盆地分布较广，在柳河盆地内主要分布在盆地的西缘和西南部，在通化盆地内主要分布在盆地四周，地表分布面积约占盆地的1/3。

（2）鹰嘴砬子组（K_1y）。

主要为黄绿色、黑灰色和灰紫色粉砂岩、砂岩、粉砂质泥岩和泥岩，夹泥灰岩、煤层和凝灰岩，含丰富的鱼类、双壳类和植物化石，该组地层相对较薄，为火山活动期后的平静时期沉积，厚度为480～810m，与下伏果松组和上覆林子头组均为整合接触。

（3）林子头组（K_1l）。

可分为两个岩性段，下部以灰绿、灰色流纹质凝灰岩、凝灰质熔岩、安山岩及集块岩为主；上部以灰色凝灰质砂岩、砾岩、砂岩、粉砂岩和灰黑色页岩为主，产丰富的淡水动物化石，厚度为650～800m。该组属于下白垩统沉积中期火山岩—火山碎屑岩建造，其分布范围远小于果松组，表明此期的火山活动规模小于果松组沉积时期，且以爆发式为主。

（4）下桦皮甸子组（K_1x）。

以灰黑、黑色泥岩、页岩、粉砂质泥岩为主，夹薄层砂岩、含砾砂岩，泥岩质地较纯，以发育丰富的完整鱼类化石为特征，为湖泊相沉积，厚度为450～1000m，与下伏林子头组呈整合接触。

（5）亨通山组（K_1ht）。

主要为暗色含砂页岩、泥岩以及少量熔结凝灰岩、凝灰岩和沉凝灰岩，并夹有煤线，底部为含砾砂岩、岩屑凝灰岩、沉凝灰岩。以湖泊、沼泽相的含煤建造为特征，以发育火山碎屑岩与下桦皮甸子组相区别，厚度为250～700m，与下伏下桦皮甸子组呈整合接触。柳河盆地主要分布在亨通山镇和安口镇一带，分布较局限；通化盆地主要分布在增盛沟屯—三棵榆树镇—大倒木屯环形条带内，同时在盆地北部的红石镇也有分布，分布较广。

（6）三棵榆树组（K_1s）。

以紫灰、绿灰、深灰、灰绿色中性安山岩、粗面安山岩为主，夹中酸性熔岩和火山角砾岩，厚度为800～2000m。该组主要分布在通化盆地的中部，在柳河盆地无该套火山岩地层。

（7）黑崴子组（K_1hw）。

主要由紫红、紫和杂色砾岩、砂岩及粉砂岩组成，属山间盆地型类磨拉石建造，反映出干燥气候及强氧化条件的沉积环境。该组分布较局限，仅在两个盆地内零星分布，厚度为50～300m，与下伏三棵榆树组呈角度不整合接触。

3. 构造

柳河盆地和通化盆地的断裂均比较发育，其构造线方向主要为北东向，除此之外，两者尚有差异。

柳河盆地为一北东向地堑，沉积盖层以不完整的复向斜形式充填其内，向斜轴与盆地中线基本平行。向斜的北段及中段的东南翼被边缘断层所切，呈单斜状；西北翼较完整，与基底呈角度不整合关系；向斜两翼有次级背向斜鱼贯排列。

通化盆地为不对称向斜盆地，主要延伸方向为北东向，控制盆地西缘的为北东向的三源浦—样子哨断裂带，与控制柳河地堑的北东向断裂同属敦化—密山深断裂的分支。地质资料表明：位于辽东半岛的庄河断裂穿过营口—宽甸隆起后在太子河坳陷（东西向）与浑江坳陷（北东向）转折处通过，便进入铁岭—靖宇隆起的南坡，成为通化、柳河、新宾之间的断裂束。三源浦断裂所构成的地堑盆地与柳河地堑在辉南附近与敦化—密山长槽状地堑连在一起，构成庄河断裂；该盆地的构造线方向主要为北东向，为北东向展布的梯形断陷盆地，其中生代地层呈近圆形的复向斜，北界为断层接触，南界为超覆接触。北东向与东西向构造复合部位控制了火山活动，而火山机构又制约了某些地层及相带分布格局。

1）断裂

盆地内断裂可分为东西向、北东向和北西向三组。东西向断裂以压性为主，时代较老，属前中生代华北地台的基本构造组成部分，中生代以后该组断裂多被改造，大部分只见残迹，但其活动迹象至今依然可见。北东向和北西向断裂原与东西向断裂呈共轭关系，由于后期太平洋板块的俯冲及张应力的作用，使北东向断裂得到强化、发展构成中生代的主要断裂，它对中生代地层的展布及盆地的发育均起到了控制作用。这组断裂在复杂的地史演化过程中，其力学性质以张性为主，但其后期有较大规模的挤压，如柳河地堑的南缘断裂；在相同的地史演化过程中，北西向断裂在中生代则表现为以张扭性为主的从属断裂，它对地堑及其表层构造均起着破坏作用，如安口镇—侯家屯断裂。盆地的主要断裂一般均具有长期性、多旋回性和继承性的发育特点（图2-2-4）。

2）构造单元划分

柳河盆地构造形态为单斜型地堑，地层产状倾向东南，倾角由北向东南变陡。西北缘基本是沉积边界，东南缘为断层控制。盆地内断层以北东向压性断层为主，被北西向或西南向断层切割，控制基底起伏形态。盆地由南向北发育新宾坳陷、向阳—安口坳陷和亨通山坳陷，基底最大埋深约为3000m。

通化盆地基底划分为三棵榆树坳陷、二密坳陷和三源浦坳陷及快大茂隆起、英戈布隆起和中央断隆带，形成"三坳三隆"的构造格架（图2-2-4），基底最大埋深约为3500m。

3）构造发育史

盆地的发育史较为久远，最古老的构造形迹可追溯到前古生代，但对盆地的形成起主导作用的仅有海西运动和燕山运动，导致了盆地的升、降、断、坳的演化。海西运动发生于古生代晚期，它使该区隆起剥蚀，印支运动使前中生界褶皱产生北东向的压扭性断裂，为盆地发育的前奏。盆地大规模的陷落发生在侏罗纪的燕山运动。

图 2-2-4　柳河盆地和通化盆地构造单元分布图

综合分析表明，通化地区中生代地层形成及演化史可概括为如下阶段。

（1）中侏罗世断陷沉积期。

柳河和通化盆地位于华北板块东北缘，华北板块在晚二叠世—早三叠世碰撞拼接之后，燕山运动开始作用，欧亚东部陆缘开始由古亚洲洋构造域向滨太平洋构造域转化，至早—中侏罗世，在法拉隆板块斜向剪切作用之下，形成了北东向系列断陷盆地，包括柳河、通化和红庙子等盆地，即是该时期的地质作用产物，从而形成了本区中生代第一套陆相断陷盆地沉积，即中侏罗统侯家屯组。

（2）晚侏罗世—早白垩世挤压隆升阶段。

进入晚侏罗世—早白垩世早期，伊泽奈琦板块以北西向向欧亚大陆边缘斜向俯冲，该区遭受第一期挤压隆升构造运动，使通化盆地遭受了最小 180m 的地层剥蚀、柳河盆地遭受了最小 300m 的地层剥蚀，缺失了晚侏罗世地层，形成了与上覆果松组局部角度不整合接触关系。

（3）早白垩世果松组火山喷发阶段。

进入早白垩世果松组沉积时期，受伊泽奈琦板块斜向俯冲的影响，欧亚大陆边缘岩石圈拆沉减薄，此时期欧亚大陆边缘东部处于左旋张扭构造应力场，产生了平行主位移带的北北东向左旋断层以及近南北向的正断层。由于叠加了早白垩世东亚大陆边缘岩石圈板块的底侵拆沉、岩石圈板块的强烈减薄作用，形成了北北东向和南北向控盆断层，同时导致了强烈的火山喷发，发育了大规模多期次的果松组沉积期火山活动，形成了巨厚的陆相中性火山岩—火山碎屑岩建造。

（4）早白垩世鹰嘴砬子组湖沼沉积阶段。

进入早白垩世鹰嘴砬子组沉积时期，随着拆沉作用的加强，在大规模的果松组沉积时期火山活动之后，欧亚大陆东部边缘进入了火山间歇宁静期，形成了以湖泊暗色细碎屑岩沉积为主、间夹湖沼相煤层和碳质泥岩沉积为辅的鹰嘴砬子组。

（5）早白垩世林子头组火山喷发阶段。

进入早白垩世林子头组沉积时期，随着拆沉作用的继续，再次爆发了规模相对较小的火山活动，形成了以火山碎屑岩建造为主，其次为火山岩、沉火山碎屑岩及碎屑岩建造。此时，火山活动规模及范围远远小于果松组沉积时期，且以爆发式为主。

（6）早白垩世下桦皮甸子组—亨通山组湖泊沉积阶段。

进入早白垩世下桦皮甸子组—亨通山组沉积时期，随着拆沉作用的进一步加强，在林子头组沉积时期火山活动之后，欧亚大陆东部边缘进入了快速沉降期，形成了以厚层半深湖相暗色泥岩沉积为主的下桦皮甸子组—亨通山组，为盆地提供了重要的烃源岩条件。

（7）早白垩世三棵榆树组火山喷发阶段。

进入早白垩世三棵榆树组沉积时期，伊泽奈琦板块俯冲方向与前期相同，具有相同的构造应力场，但不同的是，在此时期，伊泽奈琦板块俯冲速率由原来的30cm/a骤降至21cm/a。由于"急刹车"脉动效应产生构造反转，岩石圈拉张减薄，造成第三次火山活动，形成了厚度巨大的中基性、中性及酸性火山岩建造，火山岩厚度可达3000m以上。

综上所述，柳河和通化中生代盆地总体经历了六个沉积建造时期，遭受了四次构造运动的改造，造成了通化盆地累计剥蚀地层厚度最小3460m，柳河盆地南部累计剥蚀地层厚度最小3280m，柳河盆地北部累计剥蚀地层厚度最小1250m。

三、石油地质

1. 烃源岩

柳河和通化盆地目前较落实的烃源岩发育层位主要为下白垩统亨通山组、下桦皮甸子组和鹰嘴砬子组，其岩性主要为灰、灰黑和黑色泥岩，同时，林子头组露头也发育少量的暗色泥岩，也具有一定的生烃能力。

上述各组的暗色泥岩主要分布在柳河盆地的向阳凹陷、安口凹陷，通化盆地主要分布在三棵榆树凹陷，其特点如下：

（1）它们是盆地发育的平静时期，也是火山活动后的潮湿温暖期，具备形成沼泽和湖相的沉积背景。

（2）具有还原条件下的湖相沉积特征，如各段泥岩均为深灰色或黑色、具微细水平层理、含有较多的动植物化石、特别是鱼类化石丰富，在页岩中含有零星的黄铁矿晶体等。

（3）属含煤层系，部分碎屑岩中含有油页岩。

（4）盆地处于岩浆岩之上，有较好的地热条件，加之目的层之上的巨厚白垩系沉积，使其生油岩都已进入生油门限深度，其转化条件较好。

1）下白垩统亨通山组烃源岩

柳河盆地亨通山组暗色泥岩仅有柳参1井揭示，厚度为53m，露头揭示其厚度为90～150m。暗色泥岩有机质丰度为0.4%～2.3%，多数为0.6%～1.5%，为一套差—中等的烃源岩。干酪根类型指数为25～70，有机质类型为II_1型至II_2型，有机质成熟度为0.65%～0.77%，均值为0.74%，处于低成熟—成熟阶段。

通化盆地亨通山组暗色泥岩较厚，钻井揭示其厚度为32～320m，有机质丰度较柳河盆地亨通山组高，为0.4%～3.86%，多数为0.6%～2.0%，氯仿沥青"A"为0.003%～0.1811%，为一套中等—好的烃源岩。干酪根类型指数均大于80，为I型干酪根，有机质成熟度为0.9%～1.5%，处于成熟—高成熟阶段。

2）下白垩统下桦皮甸子组烃源岩

柳河盆地下桦皮甸子组烃源岩，柳参1井和柳地1井揭示厚度分别为227m和183m，露头区的厚度为120～240m，该组烃源岩厚度较大，分布较亨通山组广。暗色泥岩有机质丰度为0.4%～1.89%，多数为0.6%～1.0%，为一套差—中等的烃源岩。干酪根类型指数为30～80，有机质类型为II_1型至II_2型，有机质成熟度为0.83%～1.13%，均值为0.94%，处于成熟阶段。

通化盆地下桦皮甸子组暗色泥岩厚度为40～280m，有机质丰度较柳河盆地亨通山组高，为0.6%～3.5%，众数为1.0%～2.0%，为一套中等—好的烃源岩。干酪根类型指数均大于80，为I型干酪根，有机质成熟度为0.8%～1.4%，处于成熟—高成熟阶段。通化盆地亨通山组和下桦皮甸子组的烃源岩优于柳河盆地。

3）下白垩统鹰嘴砬子组烃源岩

柳河盆地柳地1井和柳地2井揭示了鹰嘴砬子组暗色泥岩，厚度分别为240m和605m，暗色泥岩有机质丰度为0.4%～1.59%，多数为0.4%～1.0%，平均为0.62%，总体为一套差—中等的烃源岩。I型腐泥型占43%、II_1型腐殖—腐泥型占43%、III型腐殖型占14%，I型至II_1型占绝对优势。该组有机质成熟度为0.74%～1.887%，均值为1.146%，T_{max}为446～524℃，表明烃源岩处于成熟—高成熟阶段。

据通化盆地露头资料，鹰嘴砬子组暗色泥岩厚度为60～130m，暗色泥岩有机质丰度为0.4%～3.2%，多数为0.4%～1.3%，平均为1.61%，总体为一套中等—好的烃源岩。有机质类型以II_1型为主，T_{max}为438～525℃，表明烃源岩处于成熟—高成熟阶段。同时在该组的火山岩气孔内发现有沥青，证实该组烃源岩发生过油气生成过程。

4）林子头组烃源岩

柳参1井和柳地1井钻遇林子头组。柳参1井林子头组钻遇地层较少，泥岩厚度小，无烃源岩样品测试数据，柳地1井暗色泥岩厚度为118m，烃源岩测试数据仅有6个样品，有机质丰度最大值为1.03%，平均值为0.38%，为差—中等烃源岩。有机质类型为II_1型腐殖—腐泥型，T_{max}为460～550℃，表明烃源岩处于成熟—高成熟阶段。

5）侯家屯组烃源岩

据区域地质资料，柳河和通化盆地发育的中侏罗统侯家屯组也发育暗色泥岩，露头并没有发现品质较好的泥岩，通过少量的样品测试，其有机质丰度为0.44%～2.33%，均值为 0.68%，多数小于 1.0%，为一套差—中等烃源岩。T_{max} 为 441～498℃，表明烃源岩处于成熟—高成熟阶段。

综上所述，柳河盆地和通化盆地主要烃源岩层应为亨通山组和下桦皮甸子组的暗色泥岩，其他层位暗色泥岩也具有一定的生烃能力。

2. 储层

柳河盆地和通化盆地发育有较厚的砂岩和火山岩，这两种岩性都可以作为油气的储层。

柳河盆地物性测试样品共计 38 个，侯家屯组、果松组、鹰嘴砬子组、林子头组、下桦皮甸子组和亨通山组的砂岩或火山岩，其孔隙度多数小于 10%，平均孔隙度为 5.6%，渗透率全部小于 1.0mD，平均渗透率为 0.41mD，为特低孔超低渗储层。可见柳河盆地储层物性较差，但由于测试样品绝大多数来自露头，数据误差较大，推测盆地内部可能发育有利于砂体发育的沉积相带，在该相带可能发育有物性较好的储层。

通化盆地下桦皮甸子组、亨通山组及侯家屯组砂岩发育，其分布面积广，单层厚度大，与果松组、林子头组及三棵榆树组的大套火山岩共同提供了储集空间。储层物性测试样品主要集中在亨通山组，其次是下桦皮甸子组。亨通山组砂岩孔隙度为 2.7%～13.6%，平均孔隙度为 7.16%，多数样品孔隙度小于 10%，占测试样品的 64%，仅有 34% 的样品孔隙度为 10%～15%；渗透率为 0.01～0.1mD，平均渗透率为 0.03mD，为特低孔超低渗储层，虽然物性较差，但具有一定的储渗能力，同时岩石中裂缝发育，可以起到改善储层的作用。

3. 盖层条件和生储盖组合

柳河盆地和通化盆地发育多套品质较好的区域性盖层，包括亨通山组、下桦皮甸子组、林子头组、鹰嘴砬子组和侯家屯组泥岩，可作为封盖油气的良好盖层，同时还发育泥岩与火山岩互层，火山岩既可以作为储层，又可以作为良好的区域盖层。

柳河盆地和通化盆地生、储、盖层在盆地内广泛发育，决定了生储盖组合类型的多样化。结合钻井资料认为，盆地主要的生储盖组合归纳为以下三种类型。

自生自储型：该类型是盆地主要的生储盖组合形式，盆地内的下桦皮甸子组和亨通山组，区域上由于下桦皮甸子组和亨通山组烃源岩和砂体发育，二者交互发育或侧向相邻，构成良好的自生自储式生储盖组合。

下生上储型：这类组合主要是下桦皮甸子组和亨通山组提供烃源，通过断裂或不整合面向上分别运移至亨通山组中的砂岩、砂砾岩及三棵榆树组火山岩等有利储层中，以泥岩、火山岩作为盖层，使其形成下生上储上盖式生储盖组合。局部地区侯家屯组与鹰嘴砬子组也可以提供烃源，向上分别运移至果松组与林子头组的火山岩内，构成下生上储式生储盖组合。

上生下储型：这类组合主要是下桦皮甸子组或部分地区的亨通山组、鹰嘴砬子组作为烃源岩，油气通过断裂向下或侧向运移至林子头组或果松组中的砂岩、砂砾岩或火山岩等有利储层中，而上覆泥岩或火山岩作为盖层，使其形成上生下储型生储盖组合类型。

4. 油气显示

截至 2020 年，通化盆地已完钻地质井 16 口、参数井 1 口，其中在三棵榆树凹陷内有 7 口井在亨通山组和下桦皮甸子组见到油浸、油迹和油斑等级别油气显示，证实盆地经历了油气生成和运聚过程。

四、有利勘探区带

根据盆地构造格架，结合烃源岩分布、储层展布、盖层和油气成藏配置关系研究，圈定通化盆地三棵榆树坳陷为有利勘探区带，有利勘探面积350km²。

三棵榆树坳陷南北长约30km，东西宽约20km，面积约600km²，是通化盆地内最大的一个次级构造单元。该坳陷地层发育较全，烃源岩发育，且已见到良好的油气显示，因此，优选三棵榆树坳陷为通化盆地内有利勘探区带。按照源控论思想，有效烃源岩控制油气分布范围，勘探部署应围绕烃源岩的分布展开，沉积相带控制储层分布范围，坳陷内沉积相主要为扇三角洲和湖底扇等沉积，盖层决定油气保存，三棵榆树组火山岩为良好的盖层。综合考虑生储盖等石油地质条件，优选三棵榆树坳陷内有利勘探面积350km²，根据资料分析，盆地可能发育岩性油气藏、断层—岩性油气藏和裂缝型油气藏。

第三节　鸭绿江盆地

一、盆地概况

1.地理位置

鸭绿江盆地位于吉林省东南部的长白山麓，行政区划隶属于通化市和白山市地区，主体位于白山市境内，盆地东部为长白山火山群，南部为中国与朝鲜的边界线鸭绿江，西部紧邻通化盆地，西北部为龙岗山脉，盆地面积约10000km²，为华北地台东北缘的古生代海相残留盆地与中生代坳陷盆地叠合的复合盆地。

盆地地表属典型的复杂山地地貌，地形起伏剧烈，其西北部为龙岗山脉，山脉地面海拔为800~1200m；中部的老岭山脉斜贯于盆地之中，面积约1100km²，海拔高度为1000~1400m。盆地地表岩性复杂，从太古宙—新生代岩石均有出露，地表85%被变质岩、石灰岩和火山岩覆盖，部分地区近地表为松散的砂砾石堆积，地震施工条件较差。

盆地地处北温带，接近亚寒带。东部距黄海、日本海较近，气候湿润多雨，形成了显著的温带大陆性季风气候特点，并有明显的四季更替。全区大部分地区年平均气温为3~5℃，全年日照2200~3000h，可以满足一季作物生长的需要。年降水量在550~910mm之间，自东部向西部有明显的湿润、半湿润和半干旱的差异。

盆地内林业和矿产业发达，交通方便，白山市和通化市至省会长春市有铁路，鹤大高速由东至西贯穿盆地，区内除汉族外，少数民族中以朝鲜族居多。

2.勘探简况

2007年之前，主要是地矿和煤炭部门在通化盆地开展过以寻找各种金属矿产和煤为主的区域地质研究，其中地矿部门完成了1∶200000区域地质调查，1∶200000重力普查，1∶100000~1∶50000航磁测量；煤炭部门完成了1∶100000~1∶25000地质测量4000km²，完钻地质浅井1000余口，同时，对区内的地层、构造、古生物等基础地质和成煤规律进行了研究，积累了大量的地质资料，为石油地质研究奠定了基础。

2007年，吉林油田开始对通化盆地进行石油地质普查，在踏勘过程中获取了大量的有关盆地构造、地层和烃源岩的相关资料，提交的报告认为盆地类型为古生代海相残留盆地与中生代断陷盆地叠合而成的盆地，盆地具备油气形成的基本地质条件，按其性质可与国内的鄂尔多斯盆地和塔里木盆地类比。2008—2014年，为了进一步了解盆地结构、构造、断裂特征和地层分布，首先完成了重磁电勘探工作，其中完成重磁勘探10600km^2、电法勘探1424km，受重磁电资料勘探精度限制，无法精确落实盆地结构。2010年和2016年开展了二维地震勘探，完成测线总长472km，受鸭绿江盆地山地地貌、地表岩性的影响，二维地震资料的成像差、分辨率低，也不能满足对盆地结构、构造和地层分布研究的需要。2012年，为了获取盆地内各项地质参数，优选长白坳陷部署参数井1口，完钻井深为4500m，该井钻遇地层多为沉积岩、火山岩、火山碎屑和变质岩，足见该盆地地层和构造等地质条件的复杂性。

二、区域地质

1.区域构造位置及基底岩性

鸭绿江盆地大地构造位置位于华北板块东北缘，处于西伯利亚—蒙古板块南缘、华南板块和滨太平洋板块边缘活化带相拼接的叠合部位，盆地Ⅱ级大地构造单元属辽东台隆区，该区以临江—长白大断裂和浑江断裂为界，进一步划分为铁岭—靖宇台隆、太子河—浑江坳陷和营口—宽甸隆起等三个Ⅲ级构造单元，鸭绿江盆地的主体位于太子河—浑江坳陷内。

盆地的基底是由元古宇的老岭群、集安群和太古宇鞍山群三套不同类型的混合变质岩系组成，老岭群主要由石英岩、碳质板岩、大理岩和千枚岩组成，集安群主要由变粒岩、片麻岩、斜长角闪岩和混合岩组成，鞍山群主要由各类片麻岩、条带状磁铁石英岩、角闪岩和各种混合岩类组成。基底岩石在地表主要出露在盆地南部、西部和北部。据重磁电资料推测，盆地基底埋深为2000~4500m。

2.地层

盆地基底之上沉积了震旦系、寒武系、奥陶系、石炭系、二叠系、三叠系和白垩系（图2-2-5），缺失上奥陶统、志留系、泥盆系和下石炭统，盆地前中生代地层为华北地台地层单元，与鄂尔多斯盆地地层相似，厚度为5000~14000m。

1）震旦系

为浅海相碎屑岩—碳酸盐岩建造，自下而上由白房子组、钓鱼台组、南芬组、桥头组、万隆组和八道江组组成，其岩性主要为页岩、粉砂岩、海绿石石英砂岩、泥灰岩、石灰岩、鲕粒灰岩和藻礁灰岩，地层厚度为1500~3000m，与下伏元古宇老岭群呈区域角度不整合接触。

2）寒武系

为浅海相碳酸盐岩—碎屑岩沉积建造，自下而上由碱厂组、馒头组、毛庄组、徐庄组、张夏组、崮山组、长山组和凤山组组成，其岩性主要由砂岩、粉砂岩、页岩、角砾状灰岩、生物碎屑灰岩、鲕状灰岩、竹叶状灰岩和泥灰岩等碎屑岩和碳酸盐岩组成，地层厚度为500~1100m，与下伏震旦系呈平行不整合接触。

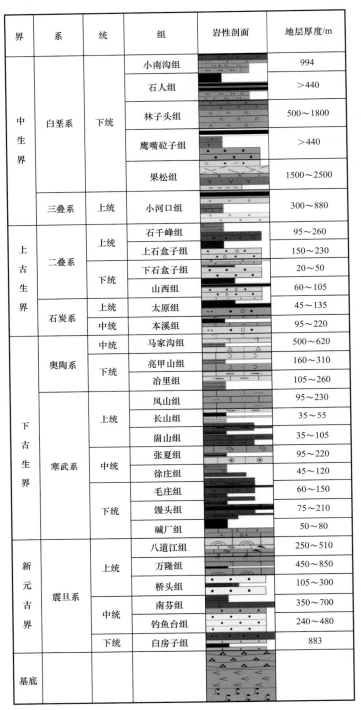

界	系	统	组	岩性剖面	地层厚度/m
中生界	白垩系	下统	小南沟组		994
			石人组		>440
			林子头组		500～1800
			鹰嘴砬子组		>440
			果松组		1500～2500
	三叠系	上统	小河口组		300～880
上古生界	二叠系	上统	石千峰组		95～260
			上石盒子组		150～230
		下统	下石盒子组		20～50
			山西组		60～105
	石炭系	上统	太原组		45～135
		中统	本溪组		95～220
下古生界	奥陶系	中统	马家沟组		500～620
		下统	亮甲山组		160～310
			冶里组		105～260
	寒武系	上统	凤山组		95～230
			长山组		35～55
			崮山组		35～105
		中统	张夏组		95～220
			徐庄组		45～120
		下统	毛庄组		60～150
			馒头组		75～210
			碱厂组		50～80
新元古界	震旦系	上统	八道江组		250～510
			万隆组		450～850
			桥头组		105～300
		中统	南芬组		350～700
			钓鱼台组		240～480
		下统	白房子组		883
基底					

图 2-2-5 鸭绿江盆地地层柱状图

3）奥陶系

为浅海碳酸盐岩沉积，自下而上由冶里组、亮甲山组和马家沟组组成，主要由石灰岩、豹皮灰岩、白云质灰岩、泥质条带灰岩及页岩组成，地层厚度为 700～1050m，与下伏寒武系呈整合接触。

4）石炭系

为海陆交互相沉积，由本溪组和太原组组成，以砂岩、粉砂岩、页岩和泥岩互层为主，夹3～4层富含海相动物化石的石灰岩、薄层铝土页岩及2～4层可采煤层，地层厚度为150～350m，与下伏奥陶系呈区域平行不整合接触。

5）二叠系

为陆相碎屑岩沉积，由山西组、石盒子组和石千峰组组成，地层岩性主要为灰色—灰黑色及黄绿色砂岩、页岩互层，夹3～4层无烟煤，地层厚度为200～450m，与下伏石炭系呈整合接触。

图2-2-5为鸭绿江盆地地层柱状图。

6）三叠系

仅发育上三叠统小河口组，其下部主要为黄褐色巨砾岩、砾岩及砂岩透镜体，上部为砂岩、粉砂岩夹碳质页岩及劣质煤层，地层厚度为150～400m，与下伏二叠系呈不整合接触。

7）白垩系

仅发育下白垩统，由果松组、鹰嘴砬子组、林子头组、石人组和小南沟组组成，主要为中、酸性火山岩夹湖沼相泥岩和少量煤线，该套地层在盆地内分布范围较广，与下伏地层呈角度不整合接触。

8）古近系—新近系

由马鞍山组组成，主要为黄、灰白色黏土质页岩及硅藻土、疏松砾岩、砂岩，局部夹玄武岩。

9）第四系

主要为大面积分布的玄武岩和表土，其中玄武岩主要分布在盆地东部。

3. 岩浆活动

鸭绿江盆地除前寒武纪混合花岗岩、巨斑状花岗岩、基性火山岩（已变质为斜长角闪岩等）古老岩浆活动外，显生宙岩浆活动主要发育在印支期、燕山期及喜马拉雅期。

1）印支期岩浆岩

主要为侵入岩类，缺少相应的喷出岩类。吉林南部地区原划为印支期岩体较少，仅七道沟乡幸福山一个岩体。但近年的研究表明，印支期在吉南及辽东地区广泛发育。目前在吉林南部地区，已有高精度的同位素年龄资料证实的印支期岩体还有通化南龙头村（原划为燕山早期，年龄217Ma±9Ma）、岔信子（原划为海西期，年龄216Ma±6Ma）、小苇沙河（原划为海西期，年龄217Ma±7Ma）、临江东北蚂蚁河（原划为燕山早期，年龄226Ma±3Ma）等岩体。印支期侵入岩岩性主要为石英闪长岩、辉石闪长岩、花岗闪长岩及二长岩等。

2）燕山期岩浆岩

燕山期岩浆岩在区内较为发育，既有侵入相，又发育喷出相。其中侵入相主要为中酸性的富碱质侵入体，而喷出相（被归入地层系统）则既有中酸性，又有中基性火山岩。盆地内为该时期的主要侵入岩岩体有老秃顶子、草山、梨树沟、遥林等岩体，它们均形成于中生代侏罗纪，年龄为170—160Ma；喷出相主要包括前述果松组和林子头组。此外，在果松镇西南部还发育有燕山期次火山岩，可能与果松组火山岩同时。

3）喜马拉雅期岩浆岩

在区内主要表现为大面积的第四纪长白山玄武岩喷发，覆盖于前新生代地层之上，形成玄武岩台地，柱状节理发育。台地之上，地势平坦。长白山火山岩致密坚硬，又较大面积发育，可作为良好的盖层，成为对油气成藏有利的一面。

4.构造

鸭绿江盆地经历多期构造运动，从新元古代至现今，主要经历了芹峪、加里东、海西、印支、燕山和喜马拉雅六大构造旋回，表现出不同构造动力体系的叠加。

1）断裂

盆地内的断裂主要以北东向为主，其次为近东西和北西向断裂，共同构成盆地的断裂构造体系。近东西和北西向断裂形成于古生代，多为高角度正断层，常被北东向断层切割。而北东向断层多为逆冲断层，主要形成于中生代。在众多的断裂中，三条大型逆冲断裂控制了盆地的边界（图2-2-6），包括西北部的浑江逆冲断裂、东北部的夹皮沟逆冲断裂和南部的沿江逆冲断裂。浑江逆冲大断裂走向呈北东向，倾向北西，长约160km，断层上盘为基底变质岩系，由西北向东南逆冲掩覆在盆地内不同时代沉积地层之上，为盆地的西北缘边界断裂。沿江逆冲大断裂走向呈近东西向，倾向南，长约

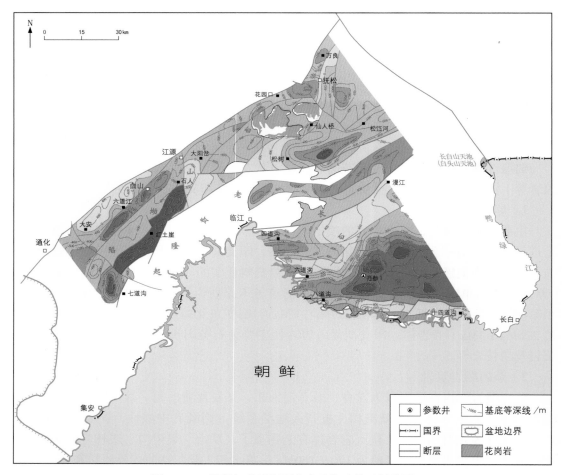

图2-2-6　鸭绿江盆地断裂分布及构造单元划分图

90km。断层上盘为基底变质岩系，逆冲掩覆在盆地内不同时代沉积地层之上，控制了鸭绿江盆地的南缘边界。夹皮沟逆冲断裂目前还不落实。

2）构造单元

根据区域构造特征以及重力、磁力和电法资料成果，鸭绿江盆地可划分为"两坳一隆"三个Ⅰ级构造单元，即白山坳陷、老岭隆起和长白坳陷，在各Ⅰ级构造单元内部还可以进一步划分出若干Ⅱ级凹陷、断坡和凸起（图2-2-6）。

（1）白山坳陷。

位于盆地北部，浑江逆冲断裂为其北缘边界断裂，盆地中部的七道沟—红土崖—松树镇断裂控制了其南部边界。整个白山坳陷呈北东向展布，向东略有张开至北东东向。坳陷内以石人—江源调节断裂为界，两侧次级构造单元形态有明显差异。石人—江源西侧的凹陷和断坡（相对凸起地带）为较完整的北东向展布；而其东侧，受三个向北西方向逆冲断裂的影响，构造破碎，各次级构造单元以近东西向展布为主。白山坳陷可分为8个Ⅱ级构造单元，其中松树镇凹陷可能具备油气勘探潜力。

（2）长白坳陷。

位于盆地东南部，面积2600km²，沿江断裂为其南边界，鸭绿江断裂为其北边界，凹陷整体呈现向西收敛向东撒开的帚状形态。

（3）老岭隆起。

位于盆地中部，为基底凸起区，在地质发展过程中具有大型地垒性质，沉积盖层分布零星而且较薄，构造变动以块断式升降运动为主。

3）构造发育史

鸭绿江盆地从新元古代至现今，主要经历了芹峪、加里东、海西、印支、燕山和喜马拉雅六大构造旋回，表现出了不同时代构造动力体系的叠加和复合，不同的构造动力体系控制了鸭绿江盆地的形成和演化，依据鸭绿江盆地所处的板块构造演化特征，可划分为离散、靠拢和会聚三个构造演化阶段。

（1）离散阶段。

离散阶段为芹峪—加里东时期，主要经历了板块的拉张—俯冲挤压—抬升的过程，此时期为古太平洋扩张期，形成了克拉通沉积。新元古代，在泛亚洲古板块伸展裂陷的基础上进一步加剧，形成华南、华北和西伯利亚三大板块，在华北板块南缘与华南板块之间形成了古秦岭洋；在华北板块北缘与西伯利亚板块之间形成了古蒙古洋。华北板块主要受芹峪运动影响，东南缘沿郯庐断裂形成伸展裂陷，早期形成北北东向徐淮—胶辽坳拉槽（克拉通盆地雏形），沉积了震旦系海相碎屑岩和富含叠层石的海相碳酸盐岩。

早古生代，受早加里东运动影响，华北板块进入克拉通盆地稳定发展时期，形成了寒武纪—中奥陶世海相碳酸盐岩夹碎屑岩建造。中奥陶世末期，受晚加里东运动的影响，华北板块北缘的古蒙古洋向南俯冲挤压，而南缘古秦岭洋向北挤压俯冲，导致华北板块整体抬升，区内形成古陆并长期处于剥蚀状态，导致鸭绿江盆地缺失晚奥陶世、志留纪、泥盆纪和早石炭世的地层沉积。

（2）靠拢阶段。

靠拢阶段主要发生在海西期，主要表现为华北板块与西伯利亚板块靠拢、拼接和闭合。中石炭世，受早海西构造运动影响，华北板块北缘的古蒙古洋向北迁移，向南继续俯冲消减，使得华北板块北缘抬升，造成鸭绿江盆地的西北缘龙岗隆升。而华北板块南缘的古秦岭洋的向北俯冲消减作用，向东、西两侧迁移，使得华北板块南缘整体下沉接受海侵，形成被动大陆边缘的海陆交互相沉积。二叠纪末期，受晚海西运动影响，西伯利亚板块与华北板块北缘聚敛拼合在一起，华北板块南缘的古秦岭洋继续向北俯冲消减，造成鸭绿江盆地的东南缘隆起剥蚀，盆地则由被动大陆边缘沉积转变为陆内坳陷沉积，早期为含煤沉积，晚期为干燥气候下的红色内陆盆地沉积。

（3）会聚阶段。

会聚阶段分为印支、燕山和喜马拉雅三个时期。该时期板块活动强烈，受滨太平洋板块强烈俯冲以及华南板块与华北板块的碰撞造山的综合影响，发生了多期强烈的陆内构造活动，造就了复杂的盆—山耦合关系，形成了前陆盆地、断陷或坳陷盆地和再生前陆盆地。

鸭绿江盆地主要发生了印支期、燕山早期和燕山晚期三期构造变形运动，受三期构造变形作用影响，盆地产生规模巨大的逆冲断裂及大规模推覆构造。

三叠纪早期，受海西期西伯利亚板块与华北板块拼接碰撞产生的后效应影响，以南北向挤压隆升为主，致使盆地内缺失中三叠世地层沉积。三叠纪晚期，受太平洋板块北北西向向欧亚板块俯冲，华南板块由南向北的挤压应力的综合影响，产生左旋挤压扭动应力场，盆地内形成了北北东向大型的龙岗复式背斜、浑江复式向斜和老岭复式背斜，由此产生了由东南向西北逆冲、逆掩的大型拆离断层，在晚古生代的被动大陆边缘盆地之上，开始了周缘前陆盆地沉积。由此可见，印支运动新生了北东向的构造格局，使得盆地构造展布方向发生了根本变化。

在印支运动改造的基础上叠加了燕山早期运动的改造，太平洋板块继续向北北西方向俯冲，左旋挤压进一步加剧，使得盆地构造展布方向继续发生逆时针偏转，形成北北东向的构造格局。

鸭绿江盆地内发现的中—晚侏罗世双峰式火山岩，揭示了盆地在印支和燕山早期的俯冲—碰撞造山后的伸展垮塌、走滑拉张环境，燕山中期的应力主要表现为拉张裂陷，形成了多个断陷盆地，并有大规模的岩浆岩喷发和侵入，形成了中—晚侏罗世火山岩大片铺盖及中基性岩浆的侵入，在其间歇期中有含煤岩系和红色岩系沉积，不整合于前陆层序地层之上。

燕山晚期，伴随着华北板块与华南板块的碰撞造山，随着苏鲁—大别造山带的隆升造山，引发了由东南—西北的挤压作用，使得印支期和燕山早期形成的大型逆冲、逆掩拆离断层重新活动，导致老地层和基底逆冲推覆于中生代地层之上，在大型逆冲断层前锋形成了再生前陆盆地沉积。

喜马拉雅期，太平洋板块向北西西向运动和俯冲，引起软流圈热隆起的形成，在软流圈热隆起的底辟作用及岩石圈在隆起过程中，使岩石圈被拉伸减薄，从而发生破裂、下沉和伸展，在长白山和靖宇县表现出沿断裂和火山口有大量的玄武岩和粗面岩喷溢。

综上所述，鸭绿江盆地主要经历了芹峪、加里东、印支和燕山四大构造运动，形成了加里东、印支和燕山三大构造演化界面。依据大型区域不整合和平行不整合及沉积旋回或沉积建造性质的根本改变，盆地纵向上划分为基底、震旦纪—中奥陶世、石炭纪—早三叠世和晚三叠世—早白垩世四个构造层。

三、石油地质

1. 烃源岩

鸭绿江盆地存在三套烃源岩层系，从上至下分别为白垩系鹰嘴砬子组、石炭系—二叠系煤系地层、寒武系青沟子组，岩性主要为陆相、海相和海陆交互相泥质岩。

1）白垩系鹰嘴砬子组泥岩

该套烃源岩主要分布在石人凹陷、抚松凹陷和义和凹陷内，岩性主要是湖沼相泥岩夹少量煤线，面积约 150km²，厚度大于 75m。鹰嘴砬子组泥岩分析化验 30 块样品，有机碳含量为 0.40%～32.22%，其中 7 块样品有机碳含量为 0.40%～0.58%，占 23.3%，属于差烃源岩；12 块样品有机碳含量为 0.62%～0.87%，占 40%，属于中等烃源岩；4 块样品有机碳含量为 1.17%～1.47%，占 13.4%，属于好烃源岩；7 块样品有机碳含量为 3.37%～32.22%，占 23.3%，属于最好烃源岩。17 块样品干酪根镜检分析表明，4 块样品为 II_1 型，5 块样品为 II_2 型，8 块样品为 III 型。16 块样品镜质组反射率分析表明，3 块样品无可测组分，3 块样品镜质组反射率为 0.68%～0.69%，处于低成熟阶段；6 块样品镜质组反射率为 0.71%～1.06%，处于成熟阶段；4 块样品镜质组反射率为 2.66%～2.89%，处于过成熟阶段。鹰嘴砬子组暗色泥岩具有一定的生烃能力。

2）石炭系—二叠系煤系地层泥岩

该套烃源岩主要包括石炭系的本溪组、太原组和二叠系的山西组，岩性主要是煤层、泥岩、粉砂质泥岩等。从目前的资料分析，该套暗色泥岩主要分布在松树镇凹陷和石人凹陷内，面积约为 500km²，厚度为 50～100m，暗色泥岩有机碳含量为 0.4%～2.0%，平均为 1.4%，其中 80% 的样品有机碳含量超过 1.0%，为中等—好的烃源岩，有机质类型主要以 II 型为主，镜质组反射率为 2.0%～3.0%，达到了高成熟—过成熟阶段，该套暗色泥岩生烃潜量比较落实，是鸭绿江盆地的主要烃源岩。

3）寒武系青沟子组泥质岩

青沟子组为盆地克拉通坳陷期沉积的海相地层，主要分布在盆地的石人凹陷和松树镇凹陷内，可作为烃源岩的岩性主要为暗色页岩和泥质灰岩，面积约为 500km²，厚度为 30～60m。青沟子组页岩有机碳含量普遍偏低，为 0.40%～1.44%，其中 90% 样品有机碳含量低于 1.0%；泥质灰岩有机碳含量均小于 1.0%，为 0.40%～0.93%，为差—中等烃源岩。24 块样品干酪根镜检，20 块样品为 II 型，4 块样品为 I 型。15 块样品的镜质组反射率为 0.63%～1.33%，87% 样品的镜质组反射率为 0.7%～1.3%，处于成熟阶段。青沟子组时代较老，但镜质组反射率反而偏低，其原因还有待进一步分析。

2. 储层

鸭绿江盆地储层纵向上发育层位多，包括震旦系、寒武系和奥陶系内发育的颗粒灰岩和风化壳，石炭系—二叠系内发育的陆相砂岩，白垩系内发育的陆相砂岩、火山岩及火山碎屑岩，这些岩石都可作为良好的储层。

储层从古生界至中生界均有分布，体现为地质时代老、演化历史长、后期改造强烈。其中碳酸盐岩层系可形成多种类型的储层，如洞穴型储层、裂隙（风化、构造）型储层、溶蚀孔隙型储层等，非均质性较强。另外，生物礁是一种独特的生物群落，它们的存在表明，当时的古环境有大量生物繁殖，为油气生成提供了充足的有机质。同时，生物礁本身由于其巨大的厚度、隆起的地形以及形成的岩石具有大量的孔隙，也为油气储集提供了有利的天然条件。通过野外地质勘查及综合煤炭部门资料，在盆地内发现了万隆组和八道江组的生物礁灰岩；奥陶系马家沟组顶部大型风化壳；马家沟组、冶里组和亮甲山组白云岩；张夏组的鲕粒灰岩；石炭纪—二叠纪、中生代砂岩以及火山岩等有利储层。另外，盆地的构造变形强度大，导致裂缝发育，也为油气储集提供了有利的条件。

3. 生储盖组合

寒武系青沟子组黑色页岩、石炭系—二叠系本溪组、太原组和山西组的黑色泥岩、碳质页岩和煤层、三叠系小河口组黑色泥岩均可作为有效烃源岩；寒武系的毛庄组、徐庄组和张夏组的鲕粒灰岩，石炭系—二叠系太原组、山西组和石盒子组的砂岩，侏罗系长白组的火山岩可作为良好的储层；寒武系中的紫色页岩、石炭系—二叠系的暗色泥岩、铝土岩、侏罗系的火山岩可作为良好的盖层；推测可形成自生自储、下生上储和上生下储三种类型的生储盖组合。

四、勘探潜力评价

鸭绿江盆地经历了多期构造运动，其中印支期和燕山期构造运动对古生代盆地进行了强烈改造，造成古生代盆地现今十分复杂的地质构造格局，直接影响到古生代地层的赋存状况、古生界烃源岩的热演化、古生界油气聚集成藏以及古生界原生油气藏的形成和后期保存等。

中生代断陷盆地与古生代海相残留盆地的叠合、复合构成了鸭绿江盆地油气成藏的重要构造背景和基本条件。分析认为中生代断陷盆地叠加对油气的生成、运移和聚集成藏较为有利，构造运动形成的大量构造圈闭，处于油气运聚的有利指向区，可为油气的聚集提供有利的空间，该领域成藏条件优越，油气资源丰富。同时，奥陶系马家沟组顶面发育大型风化壳，山西组和石盒子组广泛稳定分布的砂体，与烃源岩有机配置可形成岩性油气藏。推测油气成藏可能受构造和岩性等多因素控制，可形成构造油气藏、构造—岩性油气藏、岩性油气藏。因此，鸭绿江盆地具备形成规模油气藏的地质条件，具有古生代海相碳酸盐岩和中生代前陆盆地两大勘探领域。

参 考 文 献

《中国地层典》编委会，2000. 中国地层典—白垩系 ［M］. 北京：地质出版社.

Simon A W，吴福元，张兴洲，2001. 中国东北麻山杂岩晚泛非期变质的锆石 SHRIMP 年龄证据及全球大陆再造意义 ［J］. 地球化学，30（1）：35-50.

操应长，葸克来，朱如凯，等，2015. 松辽盆地南部泉四段扶余油层致密砂岩储层微观孔喉结构特征 ［J］. 中国石油大学学报（自然科学版），39（5）：7-17.

曹华，龚晶晶，汪贵锋，2006. 超压的成因及其与油气成藏的关系 ［J］. 天然气地球科学，17（3）：422-425.

陈发景，汪新文，1996. 含油气盆地球动力学模式 ［J］. 地质论评，42（4）：304-309.

陈孔全，徐言岗，唐黎明，等，1995. 松辽盆地十屋断陷油气成藏条件 ［J］. 石油与天然气地质，16（4）：337-342.

陈丕基，1989. 郯庐断裂巨大平移的时代与格局 ［J］. 科学通报（4）：289-293.

陈丕基，2000. 中国陆相侏罗、白垩系划分对比评述 ［J］. 地层学杂志，24（2）：114-119.

陈丕基，施泽龙，叶宁，等，1998. 松花江生物群与东北白垩系地层序列 ［J］. 古生物学报，37（3）：380-385.

陈琦，邹新民，1993. 内蒙古造山带南部古板块构造演化 ［J］. 地质论评，39（6）：478-483.

陈胜早，1995. 中国及邻域的深部构造及其成矿意义 ［J］. 地质学报，69（1）：1-14.

陈跃军，2004. 吉林省东—南部中生代火山事件地层研究 ［D］. 长春：吉林大学.

崔同翠，1987. 松辽盆地白垩纪叶肢介化石 ［M］. 北京：石油工业出版社.

戴金星，裴锡古，戚厚发，1992. 中国天然气地质学（卷一）［M］. 北京：石油工业出版社.

丁正言，韩广玲，张惠，等，1991. 松辽盆地南部油气聚集的成因类型和分布模式 ［M］. 北京：石油工业出版社.

董洁，1988. 吉林通化三棵榆树剖面叶肢介化石初步研究 ［J］. 古生物学报，27（6）：722-728.

杜金虎，2010. 松辽盆地中生界火山岩天然气勘探 ［M］. 北京：石油工业出版社.

方石，刘招君，胡显辉，2003. 松辽盆地布海合隆地区泉头组河流相层序地层学特征 ［J］. 石油实验地质，25（1）：8-38.

冯志强，王玉华，雷茂盛，等，2007. 松辽盆地深层火山岩气藏勘探技术与进展 ［J］. 天然气工业，27（8）：9-12.

冯子辉，印长海，陆加敏，等，2013. 致密砂砾岩气形成主控因素与富集规律——以松辽盆地徐家围子断陷下白垩统营城组为例 ［J］. 石油勘探与开发，40（6）：650-656.

傅维洲，杨宝俊，刘财，1998. 中国满洲里—绥芬河地学断面地震学研究 ［J］. 长春科技大学学报，28（2）：206-212.

高福红，许文良，杨德彬，等，2007. 松辽盆地南部基底花岗质岩石锆石 LA-ICP-MS U-Pb 定年：对盆地基底形成时代的制约 ［J］. 中国科学 D 辑：地球科学，37（3）：331-335.

高瑞祺，1982. 被子植物花粉的演化 ［J］. 古生物学报，21（2）：217-224.

高瑞祺，蔡希源，1998. 大油田形成地质条件与分布规律 ［M］. 北京：石油工业出版社.

高瑞祺，蔡希源，2004. 大庆油气勘探的新进展及勘探经验的初步总结 ［M］. 北京：石油工业出版社.

高瑞祺，张莹，崔同翠，1994. 松辽盆地白垩纪石油地层 ［M］. 北京：石油工业出版社.

高瑞祺，赵传本，1976. 松辽盆地晚白垩世孢粉化石 ［M］. 北京：科学出版社.

高瑞祺，赵传本，乔秀云，等，1999. 松辽盆地白垩纪石油地层孢粉学［M］. 北京：地质出版社.

高锡兴，1998. 中国含油气盆地油田水［M］. 北京：石油工业出版社.

高有峰，吴艳辉，刘万洙，等，2013. 松辽盆地南部英台断陷营城组火山岩晶间微孔特征及储层效应［J］. 石油学报，34（4）：667-674.

顾知微，于菁珊，1999. 松辽地区白垩纪双壳类化石［M］. 北京：科学出版社.

郭双兴，1984. 松辽盆地晚白垩世植物［J］. 古生物学报，23（1）：85-90.

郭巍，刘招君，董惠民，等，2004. 松辽盆地层序地层特征及油气聚集规律［J］. 吉林大学学报（地球科学版），34（2）：216-221.

郝诒纯，苏德英，李友桂，等，1974. 松辽平原白垩—第三纪介形虫化石［M］. 北京：地质出版社.

黑龙江省区域地层表编写组，1979. 东北地区区域地层表（黑龙江省分册）［M］. 北京：地质出版社.

侯启军，2005. 松辽盆地古龙地区深层断陷地质特征［J］. 石油勘探与开发，32（5）：4.

侯启军，2010. 深盆油藏：松辽盆地扶杨油层油藏形成与分布［M］. 北京：石油工业出版社.

侯启军，2011. 松辽盆地南部火山岩储层主控因素［J］. 石油学报，32（5）：749-756.

侯启军，赵志魁，王立武，等，2009. 松辽盆地深层天然气富集条件的特殊性［J］. 大庆石油学院学报，33（2）：31-36.

胡纯心，杨帅，陆永潮，等，2013. 长岭凹陷多环坡折地貌发育特征及对沉积过程的控制［J］. 石油实验地质，35（1）：17-23.

胡望水，2010. 松辽盆地南部浅层气成藏特征及勘探潜力［D］. 荆州：长江大学.

黄汲清，1980. 中国大地构造演化（1∶400万大地构造图册简要说明）［M］. 北京：科学出版社.

黄汲清，任纪舜，1980. 中国大地构造及其演化（1∶400万中国大地构造图简要说明书）［M］. 北京：科学出版社.

黄立言，1990. 我国对中国大陆及邻海岩石圈研究的进展［J］. 地质论评，36（6）：564-570.

黄清华，吴怀春，万晓樵，等，2011. 松辽盆地白垩系综合年代地层学研究新进展［J］. 地层学杂志，35（3）：250-257.

黄清华，张文婧，贾琼，等，2009. 松辽盆地上、下白垩统界线划分［J］. 地学前缘，16（6）：77-84.

黄玉龙，王璞珺，舒萍，等，2010. 松辽盆地营城组中基性火山岩储层特征及成储机理［J］. 岩石学报，26（1）：82-92.

黄志龙，2005. 松辽盆地南部深层天然气成藏条件与有利区带预测［D］. 北京：中国石油大学（北京）.

吉林省地质矿产局，1988. 吉林省区域地质志［M］. 北京：地质出版社.

吉林省地质矿产局，1992. 吉林省古生物图册［M］. 长春：吉林科学技术出版社.

吉林省地质矿产局，1997. 全国地层多层划分对比研究：吉林省岩石地层［M］. 武汉：中国地质大学出版社.

吉林省区域地层表编写组，1978. 东北地区区域地层表——吉林省分册［M］. 北京：地质出版社.

季强，2004. 中国辽西中生代热河生物群［M］. 北京：地质出版社.

贾承造，2004. 在松辽盆地深层天然气勘探研讨会上的总结讲话［R］//贾承造. 松辽盆地深层天然气勘探研讨会报告集［G］. 北京：石油工业出版社.

贾承造，赵文智，邹才能，等，2004. 岩性地层油气藏勘探研究两项核心技术［J］. 石油勘探与开发，31（3）：3-9.

金旭，江原幸雄，许惠平，1995. 中国满洲里—绥芬河热流断面［J］. 科学通报，40（2）：161-163.

金振民，Green H W，1993.幔源气体和中国东部现代弧后地热标志［J］.中国科学（B），23（4）：410–416.

康伟力，2004.松辽盆地南部天然气勘探方向与技术对策［R］//贾承造.松辽盆地深层天然气勘探研讨会报告集［G］.北京：石油工业出版社.

黎文本，2001.从孢粉组合论证松辽盆地泉头组的地质时代及上、下白垩统界线［J］.古生物学报，40（2）：153–176.

黎文本，李建国，2005.吉林榆树—302孔阿尔布期孢粉组合［J］.古生物学报，44（2）：209–228.

李超文，2006.吉林省东南部晚中生代火山作用及其深部过程研究［D］.广州：中国科学院广州地球化学研究所.

李春昱，郭令智，朱夏，1986.板块构造基本问题［M］.北京：地震出版社.

李东津，董洁，1986.吉林省陆相侏罗—白垩系界线研究［J］.地层学杂志，10（1）：60–64.

李东津，张普林，朱乃文，等，1988.吉林通化三棵榆树侏罗—白垩系界线上、下化石群的演化［J］.古生物学报，27（6）：30–39.

李继亮，1992.中国东南地区大地构造基本问题［M］.北京：科学出版社.

李锦轶，1998.中国东北及邻区若干地质构造问题的新认识［J］.地质论评，44（4）：339–347.

李思田，1988.断陷盆地分析与运聚规律［M］.北京：地质出版社.

李思田，路凤香，林畅松，1997.中国东部及邻区中、新生代盆地演化及地球动力学背景［M］.武汉：中国地质大学出版社.

李天福，1998.钾质火山岩的成因研究［J］.地学前缘，5（3）：133–143.

李霞，董成，胡志方，2010.松辽盆地南部深层火山岩储层成岩作用类型及特征［J］.断块油气田，17（4）：393–396.

李星学，1959.中国上白垩纪沉积中首次发现的一种被子植物——*Trapa?microphylla* Lesq.［J］.古生物学报，7（1）：33–40.

李星学，1995.中国地质时期植物群［M］.广州：广东科技出版社.

李兆鼐，1993.中国东部中生代安山质火山岩的地质-地球化学类型［J］.地学研究（26）：122–124.

林强，葛文春，孙德有，等，1998.中国东北地区中生代火山岩的大地构造意义［J］.地质科学，33（2）：129–138.

刘鸿友，沈安江，王艳清，等，2003.松辽盆地南部泉头组嫩江组层序地层与油气藏成因成藏组合［J］.吉林大学学报（地球科学版），33（4）：469–473.

刘茂强，米家榕，1981.吉林临江附近早侏罗世植物群及下伏火山岩地质时代的讨论［J］.长春地质学院学报（3）：18.

刘天佑，1993.松辽盆地构造演化的重磁场特征分析［J］.地球科学，18（4）：490–496.

刘永江，张兴洲，金巍，等，2010.东北地区晚古生代区域构造演化［J］.中国地质，37（4）：943–951.

刘招军，董清水，王嗣敏，等，2002.陆相层序地层学导论与应用［M］.北京：石油工业出版社.

卢良兆，徐学纯，1998.中朝克拉通北部早前寒武纪变质作用演化的三种主要样式及其地质动力学［J］.高校地质学报，4（1）：1–10.

卢双舫，2010.松辽盆地南部深层烃源岩评价［D］.大庆：东北石油大学.

卢双舫，2015.资源评价重点刻度区地震解释与盆地模拟［D］.北京：中国石油大学（北京）.

卢双舫，王朋岩，付广，等，2003. 从天然气富集的主控因素剖析我国主要含气盆地天然气的勘探前景 [J]. 石油学报，24（3）：34-37.

马凤珍，孙嘉儒，1988. 吉林通化三棵榆树剖面侏罗—白垩系鱼类化石群 [J]. 古生物学报，27（6）：694-712.

蒙启安，黄清华，万晓樵，等，2013. 松辽盆地松科 1 井嫩江组磁极性带及其地质时代 [J]. 地层学杂志，37（2）：139-143.

莫午零，吴朝东，张顺，等，2012. 松辽盆地北部上白垩统嫩江组物源及古流向分析 [J]. 石油实验地质，34（1）：40-46.

聂凤军，Bjorl A，1994. 内蒙古温都尔庙群变质火山—沉积岩 Sm—Nd 同位素研究 [J]. 科学通报，39（13）：1211-1214.

聂恰耶娃，刘宗云，苏德英，等，1959. 松辽平原下白垩纪介形虫化石 [M]. 北京：地质出版社.

裴福萍，许文良，杨德彬，等，2006. 松辽盆地基底变质岩中锆石 U—Pb 年代学及其地质意义 [J]. 科学通报，51（24）：2881-2887.

彭作林，郑建京，1995. 中国主要沉积盆地分类 [J]. 沉积学报，13（2）：150-159.

漆家福，陈发景，1995. 下辽河—辽东湾新生代裂陷盆地的构造解析 [M]. 北京：地质出版社.

裘亦楠，薛叔浩，1997. 油气储层评价技术 [M]. 北京：石油工业出版社.

曲福生，1992. 松辽盆地石油和天然气勘查史（1949—1989）[M]. 北京：地质出版社.

任纪舜，1989. 中国东部及邻区大地构造演化的新见解 [J]. 中国区域地质（4）：289-300.

任纪舜，杨巍然，1998. 中国东部岩石圈结构与构造岩浆演化 [M]. 北京：原子能出版社.

任建业，胡祥云，张俊霞，1998. 中国大陆东部晚中生代构造活化及其演化过程 [J]. 大地构造与成矿学，22（2）：89-96.

任延广，朱德丰，万传彪，等，2004. 松辽盆地北部深层地质特征与天然气勘探方向 [J]. 中国石油勘探，9（4）：8.

邵济安，张履桥，牟保磊，1998. 大兴安岭中南段中生代构造演化 [J]. 中国科学（D），28（3）：193-200.

邵济安，赵国龙，王忠，等，1999. 大兴安岭中生代火山活动构造背景 [J]. 地质论评，45（S）：422-430.

舒萍，丁日新，纪学雁，等，2007. 松辽盆地庆深气田储层火山岩锆石地质年代学研究 [J]. 岩石矿物学杂志，26（3）：239-246.

宋传中，钱德玲，1993. 西北太平洋岛弧系列成因的探讨 [J]. 地质论评，39（1）：1-8.

宋之琛，郑亚惠，李曼英，等，1999. 中国孢粉化石——晚白垩世和第三纪孢粉（第一卷）[M]. 北京：科学出版社.

孙岩，戴春森，1993. 论构造地球化学研究 [J]. 地球科学进展，8（3）：1-6.

唐克东，1995. 中国东北及邻区大陆边缘构造 [J]. 地质学报，69（1）：16-30.

田在艺，1992. 中国东北地区中新生代沉积盆地构造形成演化及其油气展望 [J]. 石油地震地质，4（2）.

田在艺，韩屏，1993. 中国东北地区中新生代含油气盆地构造分析与成因机制 [J]. 石油勘探与开发，20（4）：1-8.

万传彪，乔秀云，孔惠，等，2002. 黑龙江北安地区早白垩世孢粉组合 [J]. 微体古生物学报，19（1）：83-90.

王成文，金巍，张兴洲，等，2008.东北及邻区大地构造属性的新认识［J］.地层学杂志，32（2）：119-136.

王成文，孙跃武，李宁，等，2009.中国东北及邻区晚古生代地层分布规律的大地构造意义［J］.中国科学D辑：地球科学，39（10）：1429-1437.

王东方，权恒，1984.大兴安岭中生代构造岩浆作用［J］.地球科学，26（3）：81-90.

王方正，1998.大地构造火成岩石学研究［J］.地学前缘，5（4）：245-250.

王果寿，邱岐，张欣国，等，2012.松辽盆地梨树断陷十屋油田区营城组沙河子组储层成岩作用分析［J］.石油实验地质，34（5）：474-480.

王鸿祯，刘本培，李思田，1990.中国及邻区构造与地理和生物古地理［M］.北京：中国地质大学出版社.

王骏，王东坡，C.A.乌沙科夫，等，1997.东北亚沉积盆地的形成演化及其含油气远景［M］.北京：地质出版社.

王力，习乃昌，1987.吉林省九台地区三叠系底界年龄的确定［J］.吉林地质，（3）：91-93.

王璞珺，迟元林，刘万洙，等，2003.松辽盆地火山岩相类型特征和储层意义［J］.吉林大学学报（地球科学版），33（4）：449-456.

王璞珺，冯志强，2008.盆地火山岩：岩性·岩相·储层·气藏·勘探［M］.北京：科学出版社.

王仁厚，许坤，秦德荣，等，1999.辽河油田外围探区中生代生物地层［M］.北京：石油工业出版社.

王淑英，1988.吉林通化侏罗—白垩纪孢粉组合［J］，古生物学报，27（6）：729-736.

王淑英，1989.吉林省营城组孢粉组合［J］.地层学杂志，13（1）：34-39.

王莹，沃AC，1997.东北亚南部中生代大陆构造［J］.黑龙江地质，8（2）：1-4.

王友勤，苏养正，刘尔义，1997.东北区区域地层［M］.武汉：中国地质大学出版社.

王振，卢辉楠，赵传本，1985.松辽盆地及其邻区白垩纪轮藻类［M］.哈尔滨：黑龙江省科学技术出版社.

魏兆胜，于孝玉，孙岩，等，2014.长岭致密砂岩气田储层表征及开发技术［M］.北京：石油工业出版社.

吴大铭，张裕明，方仲景，等，1981.论中国郯庐断裂带的活动［J］.地震地质（4）：1-7.

吴福元，孙德有，李惠民，等，2000.松辽盆地基底岩石的锆石U—Pb年龄［J］.科学通报，45（6）：656-660.

夏军，王成善，李秀华，1993.海拉尔及其邻区中生代火山岩的特征与边缘陆块型火山岩的提出［J］.成都地质学院学报，20（4）：67-79.

徐备，陈斌，1996.内蒙古锡林郭勒杂岩Sm—Nd，Rb—Sr同位素年代研究［J］.科学通报，41（2）：153-155.

徐备，陈斌，1997.内蒙古北部华北板块与西伯利亚板块之间中古生代造山带的结构及演化［J］.中国科学（D），27（3）：227-232.

徐嘉炜，1980.郯—庐断裂带巨大的左行平移运动［J］.合肥工业大学学报（1）：12-21.

徐嘉炜，1985.郯庐断裂带北段巨大平移研究的若干进展［J］.地质论评，6（4）：83-86.

徐嘉炜，崔可领，刘庆，等，1985.东亚大陆边缘中生代的左行平移大断裂作用［J］.海洋地质与第四纪地质，5（2）：51-64.

许敏，薛林福，1998.岩石圈流变性与沉积盆地——以辽西—辽北—松辽盆地区为例［J］.长春科技大学学报，28（4）：406-410.

薛天武，1997.吉林省通化市东南部七道沟—老岭一带中生代地层及岩浆活动特征［J］.吉林地质，16（4）：23-29.

亚洲地质图编图组，1982.亚洲地质［M］.北京：地质出版社.

杨帆，王宏语，聂文彬，等，2012.松辽盆地南部梨树断陷下白垩统营城组物源分析［J］.断块油气田，19（6）：701-705.

杨惠心，李朋武，禹惠民，1998.中国东北地区主要地体古地磁学研究［J］.长春科技大学学报，28（2）：202-205.

杨特波，王宏语，樊太亮，等，2013.梨树断陷苏家屯地区营城组沉积特征［J］.石油与天然气地质，34（3）：349-356.

杨万里，1985.松辽盆地石油地质［M］.北京：石油工业出版社.

杨学林，1959.吉林东部中生代地层划分和对比并论"密山统"［J］.地质论评，19（10）：459-464.

叶得泉，1976.松辽盆地白垩纪介形类化石［M］.北京：科学出版社.

叶得泉，黄清华，张莹，等，2002.松辽盆地白垩纪介形类生物地层学［M］.北京：石油工业出版社.

叶得泉，钟筱春，1990.中国北方含油气区白垩系［M］.北京：石油工业出版社.

袁西坡，梁继刚，1985.从晚古生代煤系论郯庐断裂形成及中新生代活动的若干基本特征［M］.北京：地质出版社.

岳永君，何国琦，1994.内蒙古林西二八地一带的下二叠统双峰式火山岩组合［J］.地学研究（26）：106-117.

张功成，1998.中国东北部晚古生代裂陷作用与伸展构造［J］.长春科技大学学报，28（3）：266-272.

张功成，蔡希源，1996.裂陷盆地分析原理和方法［M］.北京：石油工业出版社.

张宏，权恒，赵春荆，等，1999.辽西—大兴安岭晚侏罗世—早白垩世火山岩形成动力学背景的新认识［J］.地质论评，45（S）：431-443.

张文堂，陈丕基，沈炎彬，1976.中国的叶肢介化石［M］.北京：科学出版社.

张兴洲，杨宝俊，吴福元，等，2006.中国兴蒙—吉黑地区岩石圈结构基本特征［J］.中国地质，33（4）：816-823.

章凤奇，陈汉林，董传万，等，2008.松辽盆地北部存在前寒武纪基底的证据［J］.中国地质，35（3）：421-428.

赵传本，1976.大庆油田巴尔姆孢的发现及其意义［J］.古生物学报，15（2）：132-146.

赵国龙，杨桂林，王忠，等，1989.大兴安岭中南部中生代火山岩［M］.北京：科学技术出版社.

赵静，2017.致密砂砾岩有效储层主控因素——以松辽盆地南部A断陷为例［J］.断块油气田，24（2）：165-168.

赵静，白连德，2016.松辽盆地南部火山岩优质储层主控因素［J］.特种油气藏，23（3）：52-56.

赵文智，2004.深化地质研究，加快建设第五大气区［R］//贾承造.松辽盆地深层天然气勘探研讨会报告集［G］.北京：石油工业出版社.

赵文智，邹才能，冯志强，等，2008.松辽盆地深层火山岩气藏地质特征及评价技术［J］.石油勘探与开发，35（2）：129-142.

赵文智，邹才能，汪泽成，等，2004.富油气凹陷"满凹含油"论——内涵与意义［J］.石油勘探与开发，31（2）：130-142.

赵占银，董清水，宋立忠，等，2008.松辽盆地南部河流相岩性油藏形成机制［M］.北京：石油工业出版社.

赵振华，周玲棣，1994.我国某些富碱侵入岩的稀土元素地球化学［J］.中国科学（B），14（10）：1109-1120.

赵政璋，2004.解放思想，坚定寻找千亿立方米大气田的信心［R］//贾承造.松辽盆地深层天然气勘探研讨会报告集［G］.北京：石油工业出版社.

赵志魁，张金亮，赵占银，等，2009.松辽盆地南部坳陷湖盆沉积相和储层研究［M］.北京：石油工业出版社.

中国石油吉林油田分公司，2010.吉林油田50年［M］.北京：石油工业出版社.

中国石油吉林油田公司编纂委员会，2010.吉林油田大事记（1955—2010）［M］.吉林：吉林大学出版社.

中国石油天然气股份有限公司吉林油田分公司，2013.中国石油吉林油田年鉴（2012）［M］.长春：吉林大学出版社.

中国石油天然气股份有限公司吉林油田分公司，2014.中国石油吉林油田年鉴（2013）［M］.长春：吉林大学出版社.

中国石油天然气股份有限公司吉林油田分公司，2015.中国石油吉林油田年鉴（2014）［M］.长春：吉林大学出版社.

中国石油天然气股份有限公司吉林油田分公司，2016.中国石油吉林油田年鉴（2015）［M］.长春：吉林大学出版社.

中国石油天然气股份有限公司吉林油田分公司，2017.中国石油吉林油田年鉴（2016）［M］.长春：吉林大学出版社.

周建波，石爱国，景妍，2016.东北地块群：构造演化与古大陆重建［J］.吉林大学学报（地球科学版），46（4）：1042-1055.

周建波，张兴洲，Simon A W，等，2011.中国东北500Ma泛非期孔兹岩带的确定及其意义［J］.岩石学报，27（4）：1235-1245.

周卓明，沈忠民，张玺，等，2013.松辽盆地梨树断陷苏家屯次洼页岩气成藏条件分析［J］.石油实验地质，35（3）：263-268.

朱夏，1983.中国中新生代盆地构造和演化［M］.北京：科学出版社.

朱夏，1987.关于中国东部大陆边缘构造演化［J］.海洋地质与第四纪地质，7（3）：115-120.

邹才能，贾承造，赵文智，等，2005.松辽盆地南部岩性地层油气藏成藏动力和分布规律［J］.石油勘探与开发，32（4）：125-130.

邹才能，陶士振，侯连华，等，2013.非常规油气地质［M］.北京：地质出版社.

Li W B，Liu Z S，1994.The Cretaceous palynofloras and their bearing on stratigraphic correlation in China［J］.Cretaceous Research，15：333-365.

附录 大事记

1955 年

1 月 20 日至 2 月 21 日 地质部在北京召开第一次石油普查工作会议。

9 月 8 日至 9 月 30 日 地质部东北地质局派出 6 人组成的"松辽平原石油地质踏勘组",韩景行任组长,从而拉开了松辽盆地第一轮石油普查的大幕。踏勘组自吉林市顺第二松花江、沿哈大铁路两侧及阜新地区进行石油地质踏勘。

1956 年

1 月 1 日至 1 月 5 日 地质部在北京召开了全国石油普查工作会议。会议总结了1955 年石油普查工作,部署了 1956 年的石油普查工作任务。

1 月 24 日至 2 月 4 日 石油工业部在北京召开第一届石油勘探会议。在苏联考察的康世恩提交书面发言,建议对松辽盆地开展石油地质普查工作。

1957 年

3 月 22 日 组建了以邱中建为队长的 116 综合研究队,进行资料收集和地质调查。

1958 年

4 月 17 日 松辽石油普查大队 501 队钻机在吉林省前郭尔罗斯蒙古族自治县达里巴村施工的地质剖面井——南 17 井,首次在松辽盆地白垩纪地层中钻遇含油砂岩。

8 月 6 日 石油工业部 32115 钻井队在前郭尔罗斯蒙古族自治县钻探松基二井,钻井液和岩屑见油气显示,但试油未获得突破。

8 月 27 日 石油工业部决定在松辽石油勘探处的基础上,组建松辽石油勘探局,设在长春市,李荆和任局长。

1959 年

9 月 29 日 地质部松辽石油普查大队对扶余Ⅲ号构造(当时名为雅达红构造)上钻探的扶 27 井试油,获日产 $0.599m^3$ 的工业油流,由此发现了扶余油田。这是吉林省境内发现的第一个油田。

1960 年

1 月 14 日 根据中央指示精神,地质部收回松辽及各省石油普查大队,成立综合性区域性大队。

6 月 24 日 新立构造的吉 13 井在黑帝庙油层获工业油流。

9 月 11 日 吉林省白城地委决定成立"吉林省白城专区扶余油化厂",并从 9 月 1日开始使用印签。

1961 年

5 月 8 日　红 1 井射开 3 个萨尔图油层段合试，日产油 5.90t，从而证实了红岗油田的工业价值。

1962 年

4 月 10 日　长岭凹陷南部的黑 1 井在嫩江组上部获工业油流，并命名该油层为黑帝庙油层。

1963 年

3 月 30 日　石油工业部下发《关于对扶余油田 10 口探井总体设计书的建议》的公函，同意扶余油田用轻便钻机打 10 口浅探井，以了解油层情况和扩大储油面积。

9 月 20 日　大安构造大 4 井的高台子油层和葡萄花油层获工业油流。

1966 年

8 月　中共吉林省委决定，将吉林省扶余油化厂改名为"吉林省工农油田"。

1970 年

4 月 2 日　经省革委会和石油工业部军管会批准，扶余油矿成立会战指挥部，并决定组织 1970 年油田生产建设大会战，全面开发扶余油田，后被称为"七〇"大会战。

8 月 14 日　省革委会批复，扶余油矿（扶余油化厂）更名为"吉林省七〇油田"。

1971 年

8 月 24 日　经"七〇"油田革委会研究决定，成立"七〇"油田勘探指挥部。

1972 年

2 月 27 日　为了扩大扶新隆起带勘探成果，同时，为了尽快恢复在勘探前期就有大的发现，选择新 3 井进行试油。于嫩江组三段黑帝庙油层获日产 0.545t 的工业油流，同时，新 5 井在自喷条件下获得日产 1.524m³ 的工业油流。

1973 年

6 月 22 日　经省委批准，成立吉林省石油会战指挥部，8 月 1 日正式办公。在成立省石油会战指挥部的同时，成立勘探指挥部，负责扶余、红岗油田以外的区域性地质勘探。勘探指挥部由"七〇"油田和红岗油田两家成建制调集队伍组成。配备有地震、试油、测井、勘探地质研究队伍，是吉林油气区首次形成较为完整的勘探机构和队伍建制。

8 月 10 日　在木 101 井扶余油层获高产油流，初产原油 18.7m³/d，压裂以后达到 36m³/d，发现了木头油田。

10 月　于新立构造高点部署实施新 103 井，是年 12 月，压裂后试油，于杨大城子油层获 31.43t/d 高产工业油流，由此发现新立油田。进一步揭示了扶新隆起带的含油潜力。

1974 年

12 月　采用压裂工艺措施对坨 1 井青二段高台子油层 1 号层（789.4～792.2m）重新试油，获得日产油 3.13t、日产天然气 3.56×10⁴m³ 的高产油气流，证明了双坨子构造的工业价值。

1975 年

4 月　撤销勘探指挥部建制，组建以勘探开发地质研究评价设计为主的地质指挥部。

1977 年

7 月 25 日　经国家地质总局批准，"石油普查大队"（中国石油化工股份有限公司东北油气分公司前身）正式成立。办公地点设在长春市大屯镇。于当年在合心（长春市郊）地区进行地震工作与钻井工作。施工了合 1 井与合 2 井，并在井中见到油气显示与含油砂岩。

1978 年

4 月 4 日　吉林省石油会战指挥部决定，试油大队从钻井指挥部分离出来，成立会战指挥部直属大队。

4 月 10 日　吉林省石油会战指挥部临时党委决定，规划设计室和地质指挥部合并，组建吉林省石油会战指挥部地质规划研究院。

1979 年

2 月 17 日　乾安构造第一口探井乾深 1 井完钻。于高台子油层压裂首次获得 3.30m³/d 工业油流，当年用气举法试油获得扶余油层自喷 4.91m³/d、高台子油层 2.03m³/d、合试最高达 5.20m³/d 工业油流，从而发现乾安油田。

9 月 13 日　地质部撤销石油普查大队编制，组成吉林石油普查会战指挥所，隶属地质部第二石油普查勘探指挥部。会战指挥所在松辽盆地南部开展大面积油气普查工作。

1980 年

11 月 12 日　地质部吉林石油普查会战指挥所在长岭凹陷南部钻探的松南 3 井完钻，嫩江组五段＋四段和青山口组三段＋二段分别见到了油气显示。

1981 年

10 月 4 日　地质部吉林石油普查会战指挥所在长岭凹陷大老爷府构造钻探的松南 1 井完钻，姚家组、青山口组、泉头组四段分别见到含油显示 15 层，气层显示 9 层。

10 月 27 日　经吉林省人民政府批准，将吉林省石油会战指挥部更名为"吉林省油田管理局"。

1982 年

9 月　海 2 井试油，分别于杨大城子油层获原油 2.05m³/d；扶余、高台子油层合试获原油 4.80m³；扶余油层单试获原油 1.90m³/d；高台子油层 1462.40～1473.80m 单试获 1.30m³/d 的工业油流，从而发现了海坨子油田。

1983 年

5 月　地矿部吉林石油普查会战指挥所更名为地矿部吉林石油普查勘探指挥所，由地质矿产部石油地质海洋地质局直接领导，办公地点设在长春市和平大街 2 号。

7 月 3 日　新庙地区新 232 井在扶余油层首获 1.20t/d 的工业油流，发现了新庙油田，从而打开了该区的勘探局面。

1984 年

8 月 14 日至 21 日　扶 119 井常规试油，射孔井段 182.8～190.8m，提捞产油微量，产水 0.005t。1985 年 10 月开展热吞吐试油，10 月 23 日开始投产，投产初期日产油 8.7t，发现了永平油田。

1985 年

9 月 3 日　在梨树断陷南部老公林子构造钻探的松南 12 井完钻，登娄库组及以上层位共钻遇 20 层气显示层和 3 层荧光显示，这是指挥所在梨树断陷打出的第一口气显示井。

1986 年

6 月 16 日　吉林油田管理局在岔路河地区钻探的第一口深探井万参 1 井完钻，该井当时成为吉林油田最深的一口探井，也是佳伊地堑南段第一口参数井。完钻井深 3910m。

7 月 21 日　东北油气分公司在梨树断陷小五家子构造上钻探的松南 13 井测试获工业油气流（日产油 4.18m³，日产天然气 1.5×10⁴m³），发现了四五家子油气田。这是松辽盆地南部二轮油气普查在断陷层的第一口发现井。实现了松辽盆地南部断陷领域勘探突破。

9 月　在四家子构造高部位完钻四 2 井，完钻井深 1804.86m。完钻层位侏罗系怀德油层，9 月 22 日采用自喷方式试油，井段 1450.00～1463.20m，试油获得了工业油气流，日产天然气 2.57×10⁴m³，日产油 1.06t，从而发现了四五家子油田。

12 月 31 日　部署在四方坨子构造顶部的方 2 井在高台子油层中部（1623.40～1627m）试油，自喷方式求产，获得日产原油 7.64t、日产天然气 6.62×10³m³ 的油气流，发现四方坨子油田（现归英台油田管辖）。

1987 年

6 月 23 日至 10 月 17 日　万昌构造翼部昌 2 井试油，获得日产凝析油 4.44t、日产天然气 7.59×10⁴m³，突破了伊通地堑出油关。

9 月 28 日　地质矿产部吉林石油普查勘探指挥所在梨树断陷皮家构造第一口普查井松南 10 井完钻，在营城组、沙河子组获得良好油气显示，虽然测试未获工业气流，但证明该构造含气。

1988 年

4 月 13 日　在伊丹隆起五星构造上完钻的昌 10 井，自喷求产，获日产油 294.03t、日产气 2.7×10⁴m³ 的高产油气流。由此，发现长春油气田。

7 月 4 日　一棵树构造上完钻的方 3 井，在高台子油层试油，日产原油 10.29t、日产天然气 5.74×10³m³。由此发现一棵树油田（现归英台油田管辖）。

12 月 18 日　中国石油物探局 2107 队和吉林油田管理局地质调查处 2248 队在伊通盆地鹿乡断陷共同采集三维地震 218km²。这是吉林油田第一块三维地震。

1989 年

6 月 8 日　在梨树断陷后五家户构造上钻探的松南 24 井钻遇泉一段下部时发生井

喷，井段 1159.6～1184.2m 中途测试获天然气 $4.3 \times 10^4 m^3/d$，这是吉林石油普查勘探指挥所在松辽盆地南部二轮油气普查打出的第一口天然气发现井，发现了后五家户气田。

9 月 29 日　吉林油田管理局在扶 27 井举行吉林省第一口出油井纪念碑揭幕式。

11 月 23 日、11 月 28 日　民 2 井、民 1 井在扶余油层压裂后试油相继获工业油流，从而发现了新民油田。

1990 年

11 月 8 日　在伏龙泉断陷钻探的松南 2 井常规测试泉头组三段获高产工业气流，日产天然气 $70 \times 10^4 m^3$，发现了伏龙泉气田。

1991 年

9 月 10 日　四五家子油气田 W-2 井正式向公主岭市输送天然气，松南地区油气滚动勘探开发步入一个新阶段。

11 月 20 日至 12 月 9 日　孤 13 井采用常规测试方式试油，于扶余油层获得 10.35t/d 的工业油流，发现了两井油田。

1992 年

1 月 16 日　吉林油田管理局勘探开发研究院勘探所被授予"全国地质勘查功勋单位"称号。

11 月　后五家户气田在白垩系泉头组杨大城子气藏、农安气藏和登娄库组小城子气藏向全国矿产储量委员会提交天然气探明地质储量 $11.31 \times 10^8 m^3$，含气面积 $8.6km^2$。这是东北油气分公司第一次提交天然气探明地质储量，为日后长春（中国第一汽车集团公司，简称一汽）、四平两市输送天然气奠定了坚实的基础。

1993 年

5 月 17 日至 6 月 6 日　老 3 井高台子油层试油，日产油 1.05t；6 月 11 日至 6 月 21 日，对老 4 井泉四段扶余油层试油，获得日产油 6.04t、日产气 $3.48 \times 10^3 m^3$ 的工业油气流，从而发现了大老爷府油田。

6 月 18 日　伊 37 井对双阳组二段Ⅳ砂组 58 号解释层进行试油，获日产油 16.27t 的工业油流，从而打开了莫里青断陷的勘探局面，发现了莫里青油田。

7 月 15 日　后五家户气田南站建成投产，并向长春、四平两市输送天然气。

1995 年

3 月 14 日　"莫里青油田发现"获中国石油天然气总公司 1994 年度油气勘探重要发现二等奖。

4 月 25 日　松南 54 井在登娄库组 1331.3～1355.8m 井段测试获工业气流，日产气 $2.9 \times 10^4 m^3$，发现了八屋气田。

6 月　地质矿产部批准"地质矿产部吉林石油普查会战指挥所"更名为"地质矿产部东北石油局"，为副局级单位。

1996 年

2 月 2 日至 2 月 5 日　嫩 303 井于葡萄花油层试油，井段 1559.10～1577.50m，获日产油 13.03t 的高产油流，含水率低于 5%，从而成为南山湾油田的发现井，为南山湾油田开发奠定了基础。

3 月 19 日至 3 月 30 日　布 1 井于泉二段（1210～1212m）试气获日产 $1.28 \times 10^4 m^3$ 的工业气流；4 月 2 日至 4 月 7 日于泉三段（897.40～905.60m）试气获日产 $6.79 \times 10^4 m^3$ 的工业气流，从而发现了布海气田。

10 月 25 日　梨树断陷中央构造带孤家子构造松南 76 井试气，对泉头组 1630.5～1636.0m 和 1639.0～1645.0m 井段常规测试，获日产气 $13.23 \times 10^4 m^3$ 的高产工业气流，发现了孤家子气田。

12 月 20 日　根据吉林省人民政府《关于吉林省油田管理局改制为吉林石油集团的批复》，吉林石油集团有限责任公司召开第一次董事会。是月 26 日，吉林石油集团有限责任公司宣告成立。

1997 年

7 月　"地质矿产部东北石油局"更名为"中国新星石油公司东北石油局"。

1998 年

5 月 6 日　长岭断陷南部东岭构造上钻探的第一口预探井松南 101 井完钻，试油获得日产 10730m³ 的工业气流，该层压裂后日产气达到了 62502m³ 的较高产工业气流。发现了长岭油气田。

5 月 20 日　国务院办公厅下发《关于组建中国石油天然气集团公司和中国石油化工集团公司有关石油公司划转问题的通知》。通知规定，吉林石油集团有限责任公司划归中国石油天然气集团公司。

7 月 8 日　松南 78 井泉头组 1435.2～1436.2m 井段试油，抽汲后日产天然气 44520m³。发现秦家屯油气田。

7 月 16 日　吉林石油集团有限责任公司划归中国石油天然气总公司交接签字仪式在长春南湖宾馆举行。

1999 年

5 月 9 日　孤家子气田正式向吉林市输气，结束了吉林市没有天然气的历史。

8 月 20 日　吉林石油集团有限责任公司重组为中国石油吉林油田分公司和吉林石油集团有限责任公司。

2000 年

1 月 1 日　中国石油吉林油田分公司、吉林石油集团有限责任公司正式独立运作。

2 月 28 日　完钻的英 143 井，是英台百万吨产能建设标志性井，"勘探开发一体化"技术的发源地，吉林油田企业精神教育基地。

是月，中国新星石油公司东北石油局随中国新星石油公司整体并入中国石化集团，更名为中国石油化工集团新星公司东北石油局。

7 月　梨树断陷太平庄构造施工第一口探井 SN118 井，是年在营城组 1286.4～1301.4m 井段，经压裂后试油获日产原油 7.2m³，发现了太平庄油田。

2002 年

9 月　长岭凹陷腰英台三号区块 DB16 井在泉头组四段测试获得日产 10.8t 原油，于青一段 V 砂组和青二段 IV 砂组中试油获工业油流，实现了腰英台地区的油气突破，发现腰英台油田。

是年，中国石化集团新星公司重组改制，东北石油局划出上市部分，设立为中国石化新星公司东北分公司，与东北石油局合署办公。

2003 年

4 月　长岭凹陷所图 I 号构造 SN301 井在 2230.8～2237.6m 测试获日产原油 15t，发现所图油田。

5 月 23 日　管理体制调整，中国石油化工集团新星东北分公司东北石油局更名为中国石油化工集团东北石油局（东北分公司）。升格为正局级单位。

11 月　梨树断陷北部斜坡带皮家构造松南 SN139 井 2068.8～2110.8m 井段，常规测试获得日产天然气 29219m³，发现皮家气田。

2004 年

9 月 16 日　完钻的扶平 1 井，是国内第一口浅层水平定向井，也是吉林油田企业精神教育基地。

2005 年

3 月 20 日　中国石油化工股份有限公司东北分公司在登娄库背斜带松南 360 井对泉一段 1302.2～1323.7m 井段进行了压裂对比测试，采用 5mm×8mm 工作制度，用临界速度流量计求产，日产天然气 9872m³。首次于登娄库构造获工业天然气流。其后对泉一段 1181.6～1190.9m 井段进行常规测试，采用工作制度 3mm×10mm，用临界速度流量计求产，日产天然气 6554m³，实现了在登娄库背斜带上油气勘探的新突破。

5 月 17 日　长深 1 井顺利开钻。该井位于长岭断陷哈尔金构造，设计井深 4600m。该井开启了吉林油田深层天然气火山岩勘探序幕。

9 月 25 日　长深 1 井中途测试，获日产 $46×10^4m^3$ 高产气流，无阻流量达 $150×10^4m^3$，发现了长岭 I 号气田。

2006 年

8 月 7 日　东北油气分公司的腰深 1 井在营城组 3545.0～3745.0m 井段裸眼测试，获得无阻流量为 $29.66×10^4m^3$ 的高产工业气流，从而取得了长岭断陷层火山岩领域的重大突破，发现了松南气田。

2007 年

7 月 1 日　中国石油天然气集团有限公司对吉林油田集团有限公司与吉林油田公司进行重组整合，并整体委托吉林油田公司对吉林油田集团有限公司现有业务、资产和人员实行全面管理。

2008 年

1 月 8 日　中国石化集团对东北地区的石油勘探队伍进行了整合，将东北分公司

（东北石油局）、中国石化北方勘探分公司与华东分公司吉林项目部整合在一起，组成新的"东北油气分公司、东北石油局"，实行"一套班子、两块牌子"的管理体制。

2009 年

10 月　梨树断陷七棵树构造十屋 8 井试油获高产油流，对沙河子组（井段 1927.6～1932.6m，1935.3～1942.7m）进行压裂，日产油 37.8m³，日产气 825m³。发现七棵树油田。

2010 年

11 月　梨树断陷金山构造梨 6 井营城组、沙河子组分别测试获日产气 1676m³、18754m³ 的工业天然气流，发现金山气田。

2011 年

1 月 17 日　吉林油田公司召开建矿 50 周年庆祝大会。

3 月 10 日　梨树断陷苏家屯次洼十屋 33X 井营一段（2603.8～2608.7m 井段）压裂测试，获得日产 7.6m³ 的工业油流。发现苏家屯油田。

6 月 20 日至 27 日　部署在山东屯构造的王府 1 井，通过试气，在火石岭组上部流纹岩与下部安山岩分压合试获得日产 7.9×10⁴m³ 的高产气流。

2012 年

5 月　梨树断陷双龙次洼龙 1 井营城组 1425.9～1447.8m 井段（7 层 9.3m）压裂试油，获得日产 10.2m³ 的工业油流。发现了双龙油田。

2013 年

6 月至 8 月　中国石油化工股份有限公司东北油气分公司对北 2 井在营城组 Ⅴ 砂组 3867.3～3943.9m 井段进行测试，压裂后 4mm 油嘴放喷求产，油压由 0.2MPa 上升至 1.9MPa，后又降至 0.1MPa，测瞬时产气量 1826～67466m³，平均稳定日产气量 4183m³。发现了龙凤山气田。

2014 年

10 月　北 201 井营城组 Ⅳ 砂组 3140.8～3167.4m 井段获高产工业油气流。压裂后 5mm 油嘴放喷求产，油压由 19.5MPa 上升至 20MPa，套压由 13MPa 上升至 19.9MPa，获 5.9×10⁴～6×10⁴m³ 高产气流，日产油（凝析油）35～43m³。北 201 井在长岭断陷层碎屑岩首获高产，对整个长岭断陷的碎屑岩勘探具有引领作用。

2015 年

3 月 24 日　中国石油化工股份有限公司东北油气分公司在松南 2 井登娄库组 2601.8～2632.5m 井段压后 4mm 油嘴、12mm 孔板求产，油压 7.2MPa，套压 8.7MPa，日产气 12136m³，获工业天然气流；营城组、沙河子组获低产气流。证实了伏龙泉西部斜坡带为成藏有利区带，为下一步勘探评价的重点地区。

9 月 24 日至 11 月 11 日　对伊 11 井进行试油（2492.0～2497.6m、2521.2～2525.6m 井段）。在常规测试获日产油 0.33m³ 的前提下，积极引进辽河油田公司的酸化压裂技术，顺利完成了伊 11 井六级交替稠化酸化压裂，日产油 31.52m³，累计产油 199.75m³。伊 11

井大理岩获得高产油气流，实现了伊通潜山勘探的重要突破。

2016 年

5月31日　德1井对第二测试层1061.9～1074.5m（营城组）常规测试。日产气 $2\times10^4m^3$，无阻流量为 $5\times10^4m^3$。天然气组分中 C_1 含量为63.623%，CO_2 含量为26.334%。德惠断陷万金塔构造天然气勘探取得新突破。

2017 年

8月4日　中国页岩油（致密油）发展战略研究研讨会在吉林油田公司召开。与会院士、专家表示，会做好吉林油田在页岩油（致密油）开发中面临困难、问题的征集，全力支持吉林油田页岩油（致密油）开发工作。

12月6日　中国地质调查局油气资源调查中心吉页油1井顺利开钻。标志着吉林油气区页岩油的勘探工作进入了一个新阶段。

2018 年

3月26日　东北油气分公司在长岭断陷龙凤山次洼北213井火石岭组火山岩3382.8～3649m（11层159.2m）进行压裂试气，获得日产天然气 $3.84\times10^4m^3$，日产原油 $20.67m^3$。北213井和苏201井的突破，首次实现了松南断陷火石岭组中基性火山岩天然气勘探的重大突破，使得东北油气分公司勘探开发一体化全面展开，龙凤山、苏家屯次凹成为增储上产重要区带。

5月8日　梨树断陷苏家屯次凹苏201井火石岭组火山岩2357.9～2373.8m（1层15.9m）试气获得商业气流。常规射孔，6mm油嘴放喷求产，油压3.2MPa，日产气 $1.45\times10^4m^3$；压后6mm油嘴放喷求产，油压9.2MPa，套压11.3MPa，日产气 $2.95\times10^4m^3$。

12月19日　东北油气分公司在梨树断陷十屋208井登娄库组1675.9～1683.4m（2层4.6m）常规试气获工业气流。7mm油嘴放喷排液求产，临界速度流量计测得瞬时气量 2.03×10^4～$4.41\times10^4m^3/d$，平均气量 $3.22\times10^4m^3/d$；5mm油嘴放喷求产，临界速度流量计测得瞬时气量 1.7×10^4～$2.67\times10^4m^3/d$，平均气量 $2.39\times10^4m^3/d$。梨树断陷中浅层天然气勘探取得新进展。

2020 年

3月20日　长深40井开始进流程试气，在压后排液过程中，采用6mm油嘴、50.80mm孔板，喜获 $11.3\times10^4m^3/d$ 高产工业气流，截至11月底，累计产气 $833\times10^4m^3$。长深40井的突破和发现，是继长深1井之后15年来吉林油田深层天然气勘探的又一战略突破，是坚决贯彻"源内勘探"指导思想的重大成果。

《中国石油地质志》

（第二版）

编辑出版组

总　策　划：周家尧

组　　　长：章卫兵

副 组 长：庞奇伟　　马新福　　李　中

责任编辑：孙　宇　　林庆咸　　冉毅凤　　孙　娟　　方代煊

　　　　　王金凤　　金平阳　　何　莉　　崔淑红　　刘俊妍

　　　　　别涵宇　　邹杨格　　潘玉全　　张　贺　　张　倩

　　　　　王　瑞　　王长会　　沈瞳瞳　　常泽军　　何丽萍

　　　　　申公显　　李熹蓉　　吴英敏　　张旭东　　白云雪

　　　　　陈益卉　　张新冉　　王　凯　　邢　蕊　　陈　莹

特邀编辑：马　纪　　谭忠心　　马金华　　郭建强　　鲜德清

　　　　　王焕弟　　李　欣